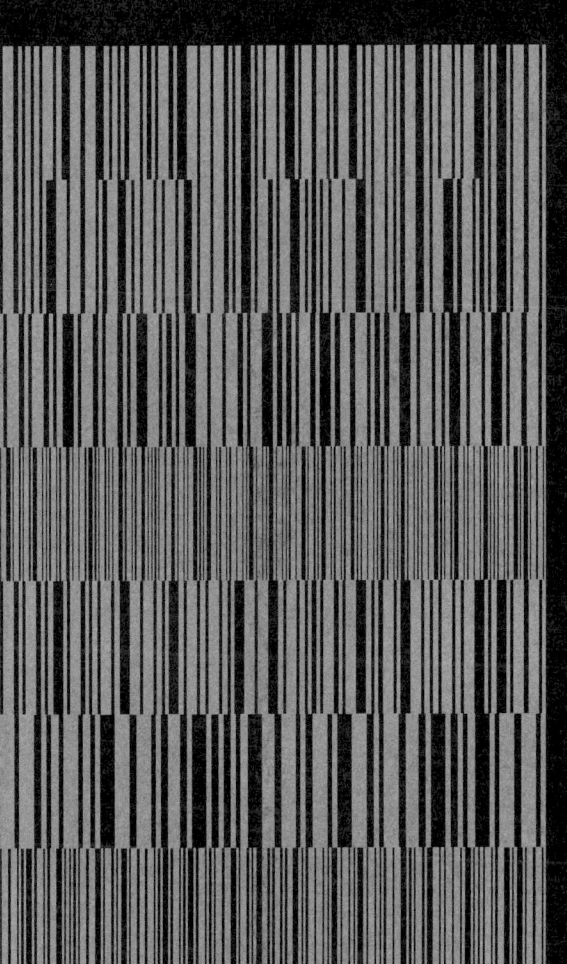

Mathpedia 1000

マスペディア1000
リチャード・エルウィス=著
宮本寿代=訳

数 NUMBERS

基本_8
計算_14
数体系_24
有理数_32
約数と倍数_37
帰納法_43
数の表現法_46
超越数_58
定規と
コンパスによる
作図_61
ディオファントス
方程式_70
素数_86

幾何学 GEOMETRY

ユークリッド幾何学_110
三角形_119
円_128
多角形と多面体_133
変換_147
充填形_151
曲線と曲面_161
極座標_170
離散幾何学_177
微分幾何学_183
位相幾何学_188
結び目理論_198
非ユークリッド幾何学_202
代数的位相幾何学_204
代数幾何学_208
ディオファントス幾何学_216

代数学 ALGEBRA

文字で数を表す_224
方程式_227
ベクトルと行列_236
群論_249
抽象代数学_260

論理学 LOGIC

基本論理_360
演繹法_362
集合論_377
ヒルベルト
プログラム_392
複雑性理論_399
計算可能性
理論_407
モデル理論_413
不確実性と
パラドクス_417

超数学 METAMATHEMATICS

数学という営み_426
数学と技術_433
数学の哲学_438

確率論と統計学 PROBABILITY & STATISTICS

統計学_448
確率論_456
確率分布_469
確率過程_477
暗号学_480

006

108

数列_288
級数_293
連続性_297
微分学_302
積分学_313
複素解析_322
べき級数_326
累乗_329

222

組み合わせ論_270
グラフ理論_275
ラムゼー理論_281

離散数学 DISCRETE MATHEMATICS

フラクタル_335
力学系_341
微分方程式_348
フーリエ解析_352

268

解析学 ANALYSIS

286

358

424

ニュートン力学_490
波動_496
場と流れ_499
特殊相対性_509
重力_519
量子力学_526
場の量子論_538

446

数理物理学 MATHEMATICAL PHYSICS

ゲーム理論_550
フィボナッチ_559
黄金分割_562
パズルと難問_565

488

ゲームとレクリエーション GAMES & RECREATION

548

まえがき_004
索引_576

まえがき

　名前が知られている最古の数学者はアーメスである。この人物は、紀元前1650年ごろのエジプトの書記官であり、自身が「古代の書」と呼んだ複雑な数学問題の数々を書き写し、研究した。

　アーメスの手による写本は現在、リンド・パピルスとして知られている。そのリンド・パピルスやさらに古い石板の記録から、古代エジプトや古代バビロンの学者たちが記数法を精緻化したこと、代数学や幾何学や数論における難問に取り組んでいたことが判明した。

　数学の研究は文明と同じくらいの歴史を誇る一方で、こんにちの世界の現代性を表すものでもある。私たちは、リンド・パピルス以来、アーメスが夢にも思わなかったような科学技術の進歩を目の当たりにしてきた。こうした進歩の中核をなすものこそ、数学の発展なのである。

　数学は、あらゆる状況で応用可能な基本言語を提供してきた。数学が最も大きな役割を果たしたのは、物理学の分野だろう。17世紀初頭にガリレオが、「宇宙は純粋に数学で記述できるだろう」という革命的な視点を示したことから、量子力学や相対論といった、世界に変化をもたらす理論への道が拓けた。

　数学に依存しているのは物理学に限ったことではない。社会科学では、確率論や統計学によって理論を実証している。じつのところ、ビジネスや政治の世界でもそうだ。さらには、情報技術の出現に伴い、これまでとはまた別の密接な関係をコンピューター科学との間に持つようになった。

　影響を与える範囲が広がるだけではなく、数学自体も驚くほどの速さで発展を続けている。

　歴史上の偉大な数学者の1人として名を連ねるアンリ・ポアンカレは、エリック・テンプル・ベル曰く「最後の博学の士」だった。彼は、当時の数学の全分野をあますところなく体得した最後の人物だったのである。ポアンカレがこの世を去ったのは1912年のことだ。

　いまや、位相幾何学全体を体得したといいきれる人などいないはずだ。幾何学や論理学の全体ともなるとなおさらのことだ。これらですら、数学全体からすればほんの一部にすぎない。

　ポアンカレは、数学の歴史における激動の時代を生きた。古くから受け継がれてきた考え方が一掃され、新たな種が撒かれ、20世紀に花を咲かせた。その結果、私たちの目の前に広がる数学の世界は、かつて最高の先見性を持っていた人たちでさえも思い描けなかったほどに豊かで複雑だ。

　本書で私が目指すのは、いまの数学の世界がどのようなもので、いかにしてそうなったかの概要を示すことだ。数学の全景をぼんやりととらえ

た地図を描いてもよかったのだが、おそらくそれは役に立たないし、おもしろくもないだろう。

　だからそれはやめて、数学の世界に点在する興味深い名所から1000枚の「絵葉書」を描くことにした。それでも、じゅうぶん数学の全景が味わえるはずだ。

　1000というのは非常に小さな数だ。本当に重要なところ、真にすばらしい定理、注目すべき未解決問題、中核をなす考え方を選びだすことは、私にとってかなりの難題だった。

　本書では、1つの分野を3段階で紹介している。全体が10章にわかれており、それぞれの章が1つの分野を網羅している。これが第1段階だ。

　各章は、2段階目として節にわかれている。ここでは範囲を狭め、たとえば「素数」などの1つのトピックに焦点を当てている。節は、第3段階にあたる個々の項目を集めてできている。

　本書の読み進め方は、何を得ようとしているかに合わせるといいだろう。素数に興味があるならば、素数の節を読み通すことで全体像をつかめる。

　リーマン予想についての簡潔な説明を求めているのであれば、その項目を読めばいい。ただし、「リーマン予想の簡潔な説明」は不可能なので、少し前の、必要な事柄が書いてあるいくつかの項目も理解する必要があるだろう。

　もちろん、拾い読みも可能だ。そうすることで、これまで知らなかった話題に出会えることだろう。

　本書で想定する読者は、初心者から知識のある学生、熱狂的数学ファンに至るまで、数学に興味のあるすべての人たちである。読者がいま、どんな知識を持っているとしても、学びとなり、心惹きつけられる題材が見つかるはずだ。

　本書では、高度で複雑なテーマも扱っている。それこそが数学の本質であるから、尻込みしていては目的にそぐわない。とはいえ、難解な概念を持ちだす前に、関連のある基礎概念を説明し、理解するための足掛かりを提供するような構成にしてある。

　私の役割は、基礎的な考え方から極めて抽象的な考え方まで、すべての考え方を、可能な限り単刀直入に、焦点を絞った形でお見せすることだ。

　私は困難を楽しみ、最善を尽くした。あとは、読者のみなさんが、本書を存分に味わってくれることを願うばかりである。

リチャード・エルウィス

NUMBERS
数

数学とは何か？　多くの人が「数の科学」だと答えるだろう。これは決して間違いではない。時を経るにつれて、私たちは数の正体を深く理解するようになった。そして、注目に値するさまざまな数体系が明らかにされてきた。それぞれ特徴を持ち、それぞれ謎を秘めている。数論と呼ばれる分野は、数体系をテーマとする研究分野だ。たとえば、自然数（0、1、2、3、4、5、……）という数体系がある。

　まずは、加法、減法、乗法、除法によって、自然数を組み合わせて計算することから始めよう。

　その後、数をめぐる大テーマを2つ紹介する。

　1つ目は素数、つまり、ほかのすべての数を組み立てる要素であり、それ以上分割できない数だ。現在でも、素数の全貌は明らかになっていない。主な未解決問題としては、ランダウの問題やリーマン予想が知られている。

　数論における重要なテーマの2つ目は、ディオファントス方程式だ。この方程式は、整数の間に成り立つ関係を表すものだ。たとえば、カタラン予想（ミハイレスクの定理）は、8（2^3）と9（3^2）が唯一の隣り合う累乗数（ほかの自然数の累乗になっている自然数）であることを示している。

The Basics

基本

001 加法（足し算） ADDITION

　何千年も前から現在に至るまで、数は主に、数えるために使われる。じつは、数えるときにすでに、足し算の考え方を使っている。コレクションに新たなアイテムを1つ増やすとき、総量に1を加えなくてはならないからだ。足し算というのは、この考え方を、「コレクションにすでに5つのアイテムがあるとき、さらに3つのアイテムを増やしたらどうなるだろうか？」というように拡張したものだ。

　大きな数を効率的に加えるためには、記数法の発展が必要だった。

　数学には、足し算にかかわるいろいろな専門用語がある。コレクションの**総和**とは、すべてが合わさったときの合計。さらにたくさんの数を加えるとなると、**級数**と呼ばれるものが登場する。

　足し算は数だけではなく、**多項式**や**ベクトル**といった、多彩なものを対象としている。

002 減法（引き算） SUBTRACTION

　数学的な引き算のとらえ方は、あまりなじみのない考え方になるだろう。**負の数**が出現してからというもの、どの数にも、**加法に関する逆元**があると考えられるようになった。

　もとの数と足し合わせると完全に打ち消し合い、0になるというのが逆元の定義だ（たとえば10に対しては-10）。

　数学的にとらえたとき、引き算は、2段階の手順を踏んで行うことになる。「20-9」を計算するためには、まず9を逆元である-9に置き換え、そしてそれを20に加えるのだ。だから、「20-9」というのは、じつのところ「20+(-9)」を略記したものだ。

　子供たちをよく悩ませる、「足し算では加える順序は重要ではない（3+7 = 7+3）のに、なぜ引き算では順序が大事（3-7 ≠ 7-3）なのか」という問題はこれで解決する。引き算を足し算のように考えれば、3+(-7) = (-7)+3であり、順序は重要ではないのだ。

　では、-7-(-4)のような負の数の引き算はどのようになるだろうか？同じルールを適用し、-4を逆元の4に置き換え、それから加えればよい。つまり、-7+4 = -3だ。

003 乗法（掛け算） MULTIPLICATION

掛け算は、足し算の繰り返しとして登場した。4人家族の全員が2個ずつビーズを持っているとき、全部合わせていくつのビーズがあるだろうか？ 答は、2+2+2+2個、すなわち、4×2個だ。

この定義からは、$n×m$と$m×n$が等しくなることは自明ではない。しかし、n列m行からなる長方形を考えればこれが正しいことがわかる。n個のビーズが並んだ行がm行あるとして数えてみれば、全部で$n×m$個だ。逆にm個のビーズが並んだ列がn列あるとみなすと$m×n$個になる。総数が数え方によって変わることはないので、これらは等しくなくてはならない。

掛け算にまつわる用語と記号を紹介しよう。「乗ずる」というのはあまりなじみのない言葉かもしれないが、これは「〜の何倍」を表すものだ。たとえば、3に7を乗ずると21になるというのは、3の7倍は21だ、ということになる。「〜の何倍」という表現は分数に対しても使うことができる。$6×\frac{1}{2}=3$は、6の$\frac{1}{2}$倍が3になるということだ。

最もよく使う掛け算記号は「×」だ。数学者は「・」と書くか、何も書かないのを好むことのほうが多い。$3·x$や$3x$は、$3×x$という意味だ。多くの数を掛け合わせるときには、積の表記法を用いる。

$3×5=15$なので、3は15の**約数**（**因数**）であるといい、15は3の**倍数**であるという。ある数の素因数というのはその数の基本的な構成要素のことであり、あらゆる数がそれぞれ一意に素因数の積で表現できることは、**算術の基本定理**が主張するところである。

004 和と積 SUMS AND PRODUCTS

1から100までの数をすべて足し合わせていくとしよう。すべての数を書きだすと時間も紙も大量に使わなくてはならない。そこで数学者たちが考えたのが略記法だ。

彼らは、ギリシャ文字のシグマの大文字を和を意味する記号として使う。

$$\sum_{j=1}^{100} j$$

シグマの上下にある数字は足し合わせる数の範囲を示す。今回

は数をそのまま加えるだけなので、シグマのあとは j のみだが、数式を書くことでさまざまな数を足し合わせることができる。

たとえば、1から100までの数の平方数を加えるなら

$$\sum_{j=1}^{100} j^2 = 1^2 + 2^2 + 3^2 + \cdots + 100^2$$

と書けばよい。こうした式には、簡単に計算するための公式がある。

掛け算の場合は、積を意味する記号としてギリシャ文字のパイの大文字を使う（この例は100の階乗を意味するので、「100!」と書くこともできる）。

$$\prod_{j=1}^{100} j = 1 \times 2 \times 3 \times \cdots \times 100$$

005 累乗 POWERS

足し算の繰り返しが掛け算である（4×3 = 3+3+3+3）。同じように、掛け算の繰り返しが**累乗**だ。たとえば、$3^4 = 3 \times 3 \times 3 \times 3$ となる。ここで、3を**基数**、4を**指数**（あるいは**べき数**という）。累乗には特別な呼び方をされるものがある。2乗は平方、3乗は立方だ。

x^n は $1 \times \underbrace{x \times x \times x \times \cdots \times x}_{n \text{ 回}}$ だと考えることができる。このことから、$x^1 = x$、$x^0 = 1$ だとわかる（これは、深遠な定理というわけではなく約束事だ。でも、学生たちはしばしば抵抗を感じ、x^0 は0だと言い張る）。

006 指数法則 THE LAWS OF POWERS

累乗同士を掛け合わせるとどうなるだろうか？ $2^3 \times 2^4$ を展開してみると、$\underbrace{2 \times 2 \times 2}_{} \times \underbrace{2 \times 2 \times 2 \times 2}_{}$ となることがわかる。つまりこれは、2^7 である。

このとき、7 = 3+4 となっているのは偶然ではない。そして、これを一般化したのが、以下に示す**指数の第1法則**だ。

$$x^a \times x^b = x^{a+b}$$

次に、**指数の第2法則**を紹介しよう。具体例として、$(5^2)^3 = \underbrace{5 \times 5 \times 5 \times 5 \times 5 \times 5}_{} = 5^6$ を考える。

ここで注目すべき重要な点は、2×3 = 6であることだ。これを一般

化したのが第2法則だ。

$$(x^a)^b = x^{a \times b}$$

累乗や指数法則は、指数が負の数の場合にも簡単に拡張できる。さらに、**複素数**など、もっと広いクラスにも拡張可能だ。ただし、その場合はもう少しややこしく、**指数関数**の力を借りることになる。

007 負の累乗 NEGATIVE POWERS

10^{-2}のような負の累乗に意味を持たせるためには、まず正の累乗についてしっかりと調べ、それを拡張するのがよいだろう。10を累乗してより大きな数を得るためには10を掛け続ければよい。まず10^1(10)に10を掛ければ$10^2 = 10 \times 10 = 100$となる。さらに10を掛けると$10^3 = 10^2 \times 10 = 100 \times 10 = 1000$……といった具合になる。

こうした手続きを逆向きにしてみよう。たとえば10^6(1000000)から始めて、数を小さくしていくのだ。べき数を1つ小さくするためには10で割ればよい。$10^5 = 10^6 \div 10 = 1000000 \div 10 = 100000$だ。$10^4$とするために、ふたたび10で割る。こうしていくとやがて10^1(10)になる。

さらに同じ手順を続けよう。べき数をもう1つ小さくして10^0とするために、ふたたび10で割る。すると$10^0 = 10^1 \div 10 = 1$となる。さらに続ければ、負の累乗の登場だ。$10^{-1} = 10^0 \div 10 = 1 \div 10 = \frac{1}{10}$。$10^{-2} = 10^{-1} \div 10 = \frac{1}{10} \div 10 = \frac{1}{100}$……。パターンとしては次の通りだ。

$$10^{-n} = \underbrace{\frac{1}{10} \times \frac{1}{10} \times \cdots \times \frac{1}{10}}_{n\,[回]}$$

これは、0以外のどの数でも成り立つ。つまり、xの負の累乗は、xの逆数の正の累乗、すなわち$x^{-n} = (x^{-1})^n$と定義されるのだ。

008 根 ROOTS

2乗して16になる数は何か？ 答はもちろん4だ。このとき、4を16の**2乗根**という。同じように、3を3乗すると27なので、3は27の**3乗根**だ。さらに同じように、$2^5 = 32$より、2は32の**5乗根**だ。これらを表すために、$\sqrt{}$という記号が使われる。たとえば、$\sqrt[5]{32} = 2$であり、$\sqrt[3]{27} = 3$だ。2乗根の場合、小さな2を書かないのが慣例で、$\sqrt{16} = 4$とだけ書く。**根**は、指数が分数となるような累乗としても表

すことができる。

009 分数の累乗 FRACTIONAL POWERS

分数の累乗とは何を意味するのだろうか？ 3^4が「3を4回掛けたもの」なのだから、$3^{\frac{1}{2}}$は「3を$\frac{1}{2}$回掛けたもの」のはずだ。$\frac{1}{2}$回掛けるなどということを考えるのは意味がないようにも思えるが、**根**の考え方を使うことで意味を見出すことができる。

$32^{\frac{1}{5}}$のような表記に意味があるとしたら、指数の第2法則、$(x^a)^b = x^{a \times b}$を満たすはずだ。そうであるならば、$(32^{\frac{1}{5}})^5 = 32^{\frac{1}{5} \times 5} = 32^1 = 32$とならなければいけない。つまり、$32^{\frac{1}{5}}$は、5乗すれば32になる数ということだ。だから$32^{\frac{1}{5}} = \sqrt[5]{32} = 2$でなくてはならない。同様に、$27^{\frac{1}{3}} = \sqrt[3]{27} = 3$、$16^{\frac{1}{2}} = \sqrt{16} = 4$となる。一般に、$x^{\frac{1}{n}} = \sqrt[n]{x}$となるのだ。

$32^{\frac{4}{5}}$のような表記はどうなるだろうか？ ふたたび指数の第2法則を使うと、$(32^{\frac{1}{5}})^4 = 2^4 = 16$となる。同じように、$27^{\frac{4}{3}} = 3^4 = 81$だ。分数の累乗では、$x^{\frac{m}{n}} = (\sqrt[n]{x})^m$が成り立つのである。

010 対数 LOGARITHMS

「引き算と足し算」「割り算と掛け算」に関係があるのと同様、「**対数と累乗**」にはある関係が存在する。$2^3 = 8$は、$\log_2(8) = 3$と書き換えることができるのである。ここで、$\log_2(8)$とは「2を底とする8の対数」を意味する。$\log_3(81)$がいくつになるかを計算するためには、$3^? = 81$を解く必要がある（答はもちろん4）。

1以外の正の数であれば、どんな数でも対数の底にできる。特によく使われる底が2つある。10とeだ。

10の累乗は数の大きさを表現するのにとても便利なので、10を底とした対数は、数がどのくらいの桁数になるのかを評価するうえで大変有用である。事実、$\log_{10} N$はNを10進法で表記した場合のおおよその桁数になる。

一方、eを底とした対数は**自然対数**と呼ばれ、純粋数学では一番よく使われる。

011 対数の法則 THE LAWS OF LOGARITHMS

指数の第1法則、$x^a \times x^b = x^{a+b}$に対応するのが**対数の第1法則**だ。任意のcおよびdに対して次のようになる。

$$\log(cd) = \log c + \log d$$

なぜこれが成り立つのかを確かめるために、指数の第1法則において、$c = x^a$, $d = x^b$と定義する。これらの対数をとると、$a = \log c$、$b = \log d$となる。また、$cd = x^{a+b}$であることから、$a+b = \log(cd)$となる。こうして上記の結果が得られる。

対数の第2法則は、指数の第2法則に対応するもので、任意のc、dに対して以下のようになる。

$$\log(c^d) = d \times \log c$$

012 計算尺 SLIDE RULES

足し算のための**計算尺**の仕組みは次の通りだ。

センチメートル単位の目盛りがついた2本の定規を用意し、上下に並べて置く。4+7を計算したいのであれば、上側の定規を横にずらして、その始点を下側の定規の「4」の目盛りに合わせる。上側の定規の「7」の目盛りを探し、そこでの下側の定規の目盛りの値を読む。☞Fig

この単純な考え方に少し手を加えれば対数の計算尺が作れる。すると、足し算ではなく掛け算ができる。

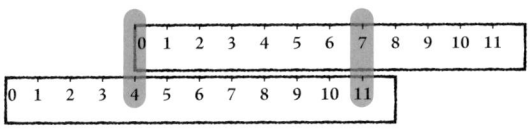

013 対数の計算尺 LOGARITHMIC SLIDE RULES

電卓がなかった時代、大きな数の掛け算には時間がかかり、間違いも起こりやすかった。**対数の計算尺**というのは、対数を利用して掛け算を手早く簡単に行うための道具だ。重要なポイントは対数の第1法則（$\log(cd) = \log c + \log d$）である。

この法則は、対数を利用することで掛け算を足し算に変換できることを示している。つまり、2つの数を掛けるとき、その結果（cd）の対数は、もとの数の対数の和（$\log c + \log d$）になるのだ。

対数の計算尺は、通常の計算尺と同じような仕組みながら、1つ

大きな違いがある。ごくふつうの定規のように端から4センチメートルのところに「4」と記されているのではなく、端からlog 4センチメートルのところに「4」と記された**対数定規**を用いるのだ（したがって、対数定規は「0」ではなく「1」から始まる。というのもlog 1 = 0だからだ）。☞*Fig*

対数の計算尺は任意の数を底にして作ることができる。ちなみに、1620年代に初めて対数定規を設計したウィリアム・オートレッドは自然対数を使っていた。

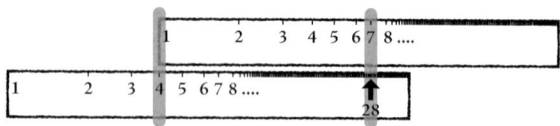

Arithmetic

014 筆算：足し算 ADDITION BY HAND

765と123を足そうとするとき、765に1を123回足し合わせるよりも遥かにいい方法がある。基本となる考え方はとても単純で、2つの数を桁が揃うように縦に並べて書き、縦列ごとに足し算するのだ。

$$\begin{array}{r} 765 \\ +123 \\ \hline 888 \end{array}$$

縦列に並ぶ数を加えたときにそれが9より大きくなると、少しめんどうだ。56と37を足し合わせる場合を考えよう。計算は、必ず1の位から始める。ここでは、6と7を足すことになるので13となる。

1の位の末尾の数は3となるので、これを1の位の列内に答として書けばいいのだが、10が残ったままとなる。そのため、次の位を計算するときに加える必要がある。10の位の縦列を足し合わせる前に一番上に1を追記するのだ。

$$\begin{array}{r} 1 \\ 56 \\ +37 \\ \hline 93 \end{array}$$

この方法は、3つ以上の数の足し算へと一般化可能だ。

$$\begin{array}{r}{\scriptstyle 1\,2\,2}\\ 339\\ 389\\ +273\\ \hline 1001\end{array}$$

015 筆算:引き算 SUBTRACTION BY HAND

基本となる考え方は、筆算で足し算をする場合と同じである。数を縦一列に並べ、1の位から列ごとに処理していく。

$$\begin{array}{r}96\\ -34\\ \hline 62\end{array}$$

今度は小さな数から大きな数を引かなくてはならないところが問題となる。

$$\begin{array}{r}73\\ -58\\ \hline ?\end{array}$$

ここでは、8を3から引かなくてはならないのだが、そうすると負の数が出てくる(途中で負の数が登場するのは、可能な限り避けたい)。負の数の計算を回避するためには、73をバラバラにわけるといい。7個の10(T:tens)と3個の1(U:units)にわけるのが自然だが、計算には不便だ。だから6個の10と13個の1にわけてしまおう。

T	U
6	13
−5	−8

こうして、以前と同じように進めることができる。筆算のなかにこれを書くなら、次のようになる。

$$\begin{array}{r}{\scriptstyle 6}\\ 7^{1}3\\ -5\,8\\ \hline 1\,5\end{array}$$

016 筆算:掛け算（表を使う方法）
MULTIPLICATION BY HAND, TABLE METHOD

九九の表を覚えていれば、1桁の数同士を掛け合わせるのは簡単だ。それだけではなく、10進記数法のおかげで大きな数を掛け合わせるのもだいぶ楽になる。

53×7を計算するために、53を5個の10と3個の1にわけよう。重要なのは、各部分を別々に掛け算してもよいということだ。すなわち、(50+3)×7=(50×7)+(3×7) である。これは、次のような表を利用した方法で計算できる。

	7
50	350
3	21

計算の最後に、表に書かれた数をすべて加える。すると、350+21 = 371 となる。この方法は、もっと桁数の多い計算にも簡単に拡張できる。以下に、123×45 の場合を示す。

	40	5
100	4000	500
20	800	100
3	120	15

ここでも、計算の最後に足し算をする。すると、4000+800+120+500+100+15 = 5535 となる。

017 筆算:掛け算　MULTIPLICATION BY HAND, COLUMN METHOD

表を使って掛け算をする方法の代わりとして、最後にまとめて足すのではなく、列ごとに順次足していく方法がある。

$$\begin{array}{r} 13 \\ \times\ 5 \\ \hline \end{array}$$

まず1の位の列を計算する。1の位の列に入る数は5だが、10が1つ余っている。その10は、10の位の列で掛け算をしたあとに加える必要がある。

$$\begin{array}{r} \overset{1}{1}3 \\ \times\ 5 \\ \hline 65 \end{array}$$

13に40を掛けるには、4を掛け、それからすべてを左方向に1列分移動し、0を末尾に書き加えるだけでいい。

$$\begin{array}{r} \overset{1}{1}3 \\ \times 40 \\ \hline 520 \end{array}$$

13に45を掛けるためには、40と5をそれぞれ13に掛けてから加える。この2つの計算を上下に並べて書くと足すのもすばやくできる。

$$\begin{array}{r} 13 \\ \times 45 \\ \hline 65 \\ 520 \\ \hline 585 \end{array}$$

018 筆算：割り算（短除法） SHORT DIVISION

短除法とは、大きな数（被除数）を1桁の数（除数）で割るための方法の1つだ。基本的な考え方は、被除数を左側から1桁ずつ割っていくというものだ。各桁の上に、その桁の数字のなかに除数がいくつ入っているのかを記す。

$$\begin{array}{r} 132 \\ 3\overline{)396} \end{array}$$

ややこしいのは、1つの桁に除数がぴたりと収まらず、剰余が出るときだ。次の例では、1が剰余となって出てくる。先ほどと同じように2を7の上に書く。そして1を次の桁に繰り下げ、8の前に置く。そして18と考える。

$$\begin{array}{r} 2\ 6 \\ 3\overline{)7^18} \end{array}$$

このような繰り下げを何回か行わなくてはならない場合も多い。

$$\begin{array}{r} 0\ 3\ 2 \\ 9\overline{)2\,2^2 8^1 8} \end{array}$$

019 筆算：割り算（長除法） LONG DIVISION

長除法は短除法と本質的には同じ手続きだ。しかし、除数が大き

くなるにつれて、繰り下げを行う桁数が多くなり、剰余の計算に時間がかかるようになる。長除法では、繰り下げすべき剰余を除算の記号のなかに詰め込んでしまうのではなく、下に書きだす。つまり

$$18 \overline{)8 8^8 4^{12} 6} 0\ 4\ 7$$

ではなく、

$$\begin{array}{r} 047 \\ 18\overline{)846} \\ -72 \\ \hline 126 \end{array}$$

のように、書き下すのだ。

　18は100の位の列にある8を割ることはできないので、10の位に対応する84が18で割られる最初の数だ。$4 \times 18 = 72$、および$5 \times 18 = 90$より、18は84のなかに4つあるとわかる。4を上に書き、72を84の下に書く。そして引き算をすると剰余は12となる。

　この12は次の列へ繰り下げられ、846の次の桁（つまり6）が下りてきて126となる。この126が次に18で割られる数だ。126は18のちょうど7倍なので、一番上に7と書き、計算終了だ。

020 割り切れるかどうかを調べる DIVISIBILITY TESTS

　ある整数がほかの整数で割り切れるかどうかはどのようにすればわかるだろうか？　一般的には、簡単に知る手立てはない。ただし、小さな数に限れば、うまくいく秘訣がいろいろある。ふだん数字を書くときに使う方法である10進記数法ならではの、ちょっとした性質を調べるのだ。

・末尾が0、2、4、6、8のいずれかなら、その数は2で割り切れる。
・末尾が0、5のいずれかなら、その数は5で割り切れる。
・末尾が0なら、その数は10で割り切れる。

　最後の1つは、100、1000などで割り切れるかどうかを調べる方法へと簡単に拡張できる。

021 3や9で割り切れるかどうか DIVISIBILITY BY 3 AND 9

　各桁の数字を加えたものが3の倍数になっていれば、その数は3で割り切れる。123の場合、$1+2+3=6$であり、6は3の倍数であるこ

とから、3で割り切れる。一方、235は3で割り切れない。2+3+5 = 10であって、10は3の倍数ではないからだ。

これが機能するのは、「xyz」と書かれる数の実際の値が、$100x+10y+z$となっているからだ。これは$99x+9y+x+y+z$と書くことができる。ここで、$99x+9y$はもちろん3で割り切れる。だから$99x+9y+x+y+z$全体が3で割り切れるのは、$x+y+z$が3で割り切れるときに限られる。この証明から、同じことが9の場合にあてはまることもわかる。たとえば、972が9で割り切れることは、9+7+2 = 18として、18が9の倍数であることを確認すればよい。一方、1001は9では割り切れない。1+0+0+1 = 2だからだ。

022 6で割り切れるかどうか DIVISIBILITY BY 6

6で割り切れるかどうかを調べるのは、2で割り切れるかどうかと、3で割り切れるかどうかを同時に調べればよい。ある整数が6で割り切れるのは、その数が偶数で、各桁の数字を加えると3の倍数になるときに限られる。

たとえば、431は6で割り切れない。偶数ではないからだ。430もまた6で割り切れない。各桁の数字を加えると7となって、3の倍数にはならないからだ。一方、432は偶数であり、各桁の数字を加えると9、つまり3の倍数なので、6で割り切れる（各桁の数字を加えたものが6の倍数である必要はないことに注意）。

023 2や4で割り切れるかどうか DIVISIBILITY BY 2 AND 4

ある数が2で割り切れるかどうかは、末尾の桁の数字を見るだけでわかる。これが成り立つ理由は、「xyz」と書かれる数が実際には$100x+10y+z$であり、$100x+10y$は常に2で割り切れるからだ。結局のところ、「xyz」が2で割り切れるかどうかは、zだけに依存する。

同様に、ある数が4で割り切れるかどうかは末尾の2桁を見るだけでわかる。末尾2桁が4で割り切れる数なら、もとの数も4で割り切れる。だから1924は4で割り切れる。というのも24が4で割り切れるからだ。他方、846は4では割り切れない。46が4で割り切れないからだ。「$wxyz$」は$1000w+100x+10y+z$を略記したものであり、$1000w+100x$は常に4で割り切れるので、「$wxyz$」が4で割り切れるかどうかは$10y+z$が4で割り切れるかどうかのみにかかっている。

024 8で割り切れるかどうか DIVISIBILITY BY 8

4で割り切れるかどうかを調べる方法は、8、16、32、……で割り切れるかどうかを調べる場合に対しても簡単に拡張できる。まず、8で割り切れるかどうかは、末尾の3桁を見ればじゅうぶんに判断できる。7448が8で割り切れるかどうかは、448が8で割り切れるかどうかにかかっている。

この方法を使うには、1000までの8の倍数を覚えておかなくてはならない。それでもなお、大きな数が8で割り切れるかどうかを判定するためにはこの方法が効果的だ。

同様に、16で割り切れるかどうかは末尾の4桁から判断できる。32やそれ以降の数で割り切れるかどうかも同じような方法で調べられる。

025 7で割り切れるかどうか DIVISIBILITY BY 7

10までの数のうち、その数で割り切れるかどうかの見極めに一番手がかかるのが7だ。

調べ方の1つに、次のような方法がある。「末尾の桁を切りはなして2倍する。そしてその結果を、末尾を切りはなしたときに残った数から引く。引き算の結果が7で割り切れればもとの数も7で割り切れる」というものだ。例として、224を考えよう。末尾の4を切りはなして2倍すると8になる。次に22から8を引くと14になる。14は7で割り切れるので、224も7で割り切れる。

数が大きい場合には、このちょっとした計算を幾度か繰り返さなくてはならない。3028を考えてみよう。8を切りはなして2倍すると16だ。302から16を引くと286となる。ここで、この手順を繰り返す。すなわち、末尾の6を切りはなして2倍した12を28から引くと16となる。これは7では割り切れない。したがって286は7では割り切れない。それゆえに3028も7では割り切れない。

この判定方法が成り立つ理由は次の通りだ。すべての数は、$10x+y$と表記できる。224の場合、$x = 22$、$y = 4$だ。また、$10x+y$が7で割り切れるのは、$20x+2y$が7で割り切れるときに限られる(2を掛けても7で割り切れるかどうかは変わらない)。ここで、$20x+2y = 21x-x+2y$と変形しよう。$21x$はもちろん7で割り切れる。

だから、もとの数が7で割り切れるかどうかは、$-x+2y$ が7で割り切れるかどうかに依存する。

026 11で割り切れるかどうか DIVISIBILITY BY 11

11で割り切れるかどうか調べる方法はエレガントだ。各桁の数字の**交代和**をとればよい。交代和というのは、1番目の桁の数字を加え、2番目の数字を引き、3番目を加え、……といった操作だ。その結果が11で割り切れればもとの数も11で割り切れる。もう少し詳しく紹介しよう。たとえば、5桁の数「$vwxyz$」を考える。この数が11で割り切れるのは、$v-w+x-y+z$ が11で割り切れるときである（$v-w+x-y+z=0$ の場合も、11で割り切れる）。

この判定方法が成り立つのは、99、9999、999999、……といった数がどれも11で割り切れるからだ。また、9、999、99999などは11で割り切れないが、11、1001、100001なら割り切れる。
「$vwxyz$」を $10000v+1000w+100x+10y+z$ と書き表すと、これは $9999v+1001w+99x+11y+v-w+x-y+z$ と変形できる。$9999v+1001w+99x+11y$ は必ず11で割り切れるから、もとの数が11で割り切れるかどうかは、$v-w+x-y+z$ が11で割り切れるかどうかにかかっているのだ。

027 ほかの素数で割り切れるかどうか
DIVISIBILITY BY OTHER PRIMES

任意の合成数（素数ではない数）で割り切れるかどうかを調べる最も効果的な方法は、その合成数を構成するすべての素数で割り切れるかを調べるというものだ。

幸いなことに、7以外の素数についても7の場合と同じような方法が存在する。末尾の桁を切りはなして適当な定数を掛け、残った数に加えるか、残った数から引くかするのだ。

・13で割り切れるかどうかを調べるためには、末尾の桁を切りはなして4を掛け、残った数に加える。197の場合であれば、7を切りはなし、4を掛けて28とし、それを19に加える。そうして得られた47は13で割り切れないので197も13で割り切れない。

・17の場合は、末尾の桁を切りはなして5を掛け、それを残りの数から引く。272であれば、2を切りはなして5を掛けた10を27から引

き、17とする。これは17で割り切れるので272も17で割り切れる。
- 19ならば、末尾の桁を切りはなして2倍し、その結果を残りの数に加える。

同様の方法が、さらに大きな素数についても存在する。

028 2つの平方数の差 DIFFERENCE OF TWO SQUARES

極めて簡潔ながらとても便利な代数恒等式の1つに、**2つの平方数の差**がある。任意の数 a, b に対して $a^2-b^2 = (a+b)(a-b)$ というものだ。証明は以下の通り、括弧を開くだけですむ。

$$(a+b)(a-b) = a^2+ab-ab-b^2$$

これは、数や代数的変数のどんな組み合わせに対しても成り立つ。たとえば、$15^2-3^2 = (15+3)(15-3)$ になるし、16は 4^2 なので $x^2-16=(x+4)(x-4)$ が成り立つ。この恒等式には多くの用途があり、すばやく暗算を行うのにも有効だ。

029 平方数を使った計算 ARITHMETIC USING SQUARES

計算のスピードを上げるためのトレーニングをするなら、まず取り組むべき課題の1つが、小さいほうから32個までの整数の平方数を頭に入れることだ。平方数自体が役に立つし、異なる2数を掛けるためにも使える。

秘訣は、2つの平方数の差を利用することだ。2数がどちらも奇数、あるいはどちらも偶数である場合には、その中間の数が必ず存在する。

たとえば、14×18を計算したいときには、16がその中間の数であることに注目する。するとこの問題を (16-2)×(16+2) と書き換えることができる。これこそ、2つの平方数の差 16^2-2^2 だ。$16^2 = 256$ を覚えていれば、答は252とすぐにわかる。

2数がともに奇数、あるいは、ともに偶数でないときは、2段階の計算になる。たとえば、15×18を計算する場合、(14×18)+18のようにわける。14×18 = 252は上で計算した。これにわけた分を足せばよいので、252+18 = 270となる。

030 九去法 CASTING OUT NINES

九去法は計算ミスをチェックするのに役立つ方法だ。基本となる

のは、各桁の数字を加え、その結果から9をできるだけたくさん引き、0以上8以下の値を得るという作業だ。

たとえば、16987の場合には次のように考える。1と6を足すと7となる。次の9は足さなくていい。その次の8を加えると15となり、そこから9を引くと6になる。次の7を加えて13となり、そこから9を引くと答は4となる。これを$N(16987) = 4$と書く。

九去法を使って、たとえば、16987+41245を計算した答が58242となったとき、次のようにして誤りがあるかどうかを確かめられる。まず、$N(16987) = 4$、$N(41245) = 7$となる。これらを足し合わせ、ふたたび九去法を使うと、$4+7-9 = 2$となる。

一方、先ほどの計算結果に九去法を使うと、$N(58242) = 3$となる。これらが一致しないので、計算に誤りがある。実際には、16987+41245 = 58232である。

この方法は、引き算、掛け算、割り算についても同じように使える。たとえば、845×637を計算して538265になったとする。$N(845) = 8$、$N(637) = 7$となるので、これらを掛けると56だ。同じ手順を繰り返し、$N(56) = 5+6-9 = 2$が左辺に対する九去法の結果として得られる。一方、$N(538265) = 2$でもあり、これらのN値は一致し、無事に検査は終了する。

この方法は、9を法とする計算を利用した答の検査である。これは誤りを簡単に検出するツールだが、検出漏れもあり得るので注意が必要だ（たとえば、答のなかで2つの桁の数字が入れ替わっていてもそれを検出することはできない）。

03 トラハテンベルクの計算 TRACHTENBERG ARITHMETIC

ヤコフ・トラハテンベルクはロシアの数学者・技術者で、1917年のロシア革命後、ドイツに逃れた。ユダヤ人だったトラハテンベルクは、あけすけに発言する反戦主義者であり、ナチスの台頭後に拘束され強制収容所に収監された。7年間の収容所生活の間に、速さを重視した新しい暗算の仕組みを考えだした。その方法は、現在の速算の基本となっている。

1944年、トラハテンベルクは妻の手を借りてスイスに逃亡し、死刑宣告を免れた。チューリッヒに数学研究所を創設し、自分の考案した方法を多くの学生に教え続けた。

032 トラハテンベルクの11の掛け算
TRACHTENBERG MULTIPLICATION BY 11

　トラハテンベルクの計算の一例として、726154のような大きな数に11を掛ける方法を紹介しよう。

　726154の各桁を右から左へと進んでいく。まず、末尾の桁の4を書き取る。次に、末尾の2桁の5と4を足し合わせて9を書き取る。ここまでで94となる。次に、もとの数の末尾から2番目、3番目にある1と5を加えた6を書き取る。これで694となった。こうして、桁の数字を順に2つずつ足し合わせていく。やがて7と2を加えて9を得るところまでくる。これで987694となる。最後の手順は残りの桁の7をそのまま書き取ることだ。こうして答は7987694となる。

　この方法がややこしくなる要因が1つだけある。2つの桁を足し合わせて10以上になる場合だ。たとえば、87に11を掛ける場合には、まず7を書き取る。次に7と8を足し合わせると15となる。そこで、5を書き取り、1は次の手順に繰り上げる。ここまでで57となる。最後の手順として、通常なら残りの桁の8を書き取るが、今回は、前の手順で繰り上げた1も加えなくてはならない。そこで最終的な答は957となる。

　要するにこの方法で肝心なのは「各桁の数字と隣の桁の数字とを足し合わせる」ことだ。この「隣」とは自分の右側にある桁のことだ。少し練習してみると、この方法を使うとあっという間に11を掛けられるようになる。

　ヤコフ・トラハテンベルクは、1から12までのすべての数について同じような掛け算の方法を考案した。たとえば、12を掛ける場合の同様のルールは、「各桁を2倍して隣に加える」となる。

Number Systems

033 数体系 NUMBER SYSTEMS

　一番古くからある数体系は、人間がものを数えるために何千年も使ってきたもの、つまり、0、1、2、3、4、5、……からなる**自然数**の体系Nだ。

文明が発達するにつれ、さらに複雑な数体系が求められるようになった。**利益や負債**を評価するために、**負の数**が必要になったのだ。こうして、**整数の体系 Z** が誕生した。

　しかし、必ずしもすべてのものごとが整数で評価できるというわけではない。半日、3分の2メートルといった表現がすでに、整数を超えた体系の必要性を示唆している。こんにち、**分数**と整数を合わせた体系として**有理数 Q** が知られている。

　ところが、ピタゴラス学派の人たちが気づいたように、有理数だけですべての長さを測れるわけではない。有理数と有理数の間にある隙間を埋めることによって、**実数 R** という体系に至った。

　しかし、16世紀に、方程式を解こうと取り組んでいたイタリアの代数学者たちは、それでもなお不じゅうぶんであることを悟った。それを解消したのが、-1 の平方根を導入することで生まれた**複素数 C** という体系だ。

034 数学という学問　MATHEMATICAL DISCIPLINES

　それぞれの数体系について徹底した研究が進み、各体系の性質や特異性が数学者たちに知られるようになった。**N** と **Q** は、簡単で扱いやすいように思えるのだが、じつのところかなり謎が多く、研究するのは難儀である。これを扱うのが**数論**という分野だ。

　それとは対極的に、**C** は遠くから眺めているとややこしく見えるものだが、勇気を持って近づいてみれば、思いのほか簡潔であり、それでいて強力であることがわかる。**C** を扱う**複素解析**の発展は、19世紀における偉業の1つだ。

　Q と **C** のはざまの **R** は、長さを理解するのにふさわしい。それに初めて目を向けたのは、古代ギリシャ人だった。**幾何学と位相幾何学**のかなりの部分は **R** で成り立っている。

035 自然数　NATURAL NUMBERS

　1970年代のことだ。スワジランドにあるレボンボ山脈の洞窟内で、考古学者らがヒヒの脚の骨を発見した。その骨には29本の切り込みが見られた。29というのは月の周期を思わせる数であり、切り込みは数を記すために使われたと考えられる。

　レボンボの骨と呼ばれるこの遺物は紀元前3万5000年あたりの

もので、数学にかかわる遺物としては歴史上最も古い。そういえるのは、これが何千年にもわたって人間が何かを数えるために使ってきた**自然数**（0、1、2、3、4、5、……）という数体系を示すものだからだ。

自然数の体系は**N**と表す。理論的観点からいえば、**N**の持つ決定的な特徴は**数学的帰納法**であり、0から始めて繰り返し1を加えていけば、最終的にはすべての数を得ることができる。

じつは、**N**が0、1、2、3、4、5、……か、1、2、3、4、5、……かについて数学者の意見はわかれている。争点は、ゼロが自然であるかどうかだ。

036 ゼロが誕生する前 THE PREHISTORY OF ZERO

いま**ゼロ**として理解されているものは、それ自体が1つの数であると受け入れられるまでに多くの年月を必要とした。ゼロは無を象徴する何らかの存在であるという考えに至るためには、想像力をたくましくする必要があったのだ。

ゼロが普及したきっかけは、位取り記数法の発展である。数は限りなくたくさんあるが、数を表すために新しい記号を作り続けるというのは、私たちの望むところではない。

こんにち私たちは、1から9、そして0という記号だけを使って、どんな数でも表すことができる。それぞれの数字が、それが示す値だけではなく、どこに置かれるかに応じて別の情報を伝えているからだ。だからたとえば、「512」の「5」は5つの「100」を示し、一方、「54」の「5」は5つの「10」を示すのだ。

もし、無いことを示すゼロが存在しなかったとしたら、たとえば203を表すときにどうなるだろうか？　古代バビロニア人は、単に間をあけていただけだった。その考え方にしたがうと、203は「2　3」と書くことになる（実際のところ、バビロニア人はアラビア数字も10進法も使っていなかった）。この場合の問題点は明らかだ。23と間違えられやすいのだ。紀元前3世紀を迎えるころには、バビロニア人はほかの文化の人たちと同様に、空欄を示す位置保持用の記号を使って紛らわしくないようにしていた。

一方、古代中国の数学者はゼロという数学的概念を持っており、さらには、負の数の概念も持っていた（ただし、表記方法は未熟なものだった）。

037 ブラーマグプタのゼロ BRAHMAGUPTA'S ZERO

バビロニア人の表記法と中国人のゼロの概念が一体となり、一人前の数としてゼロが発展したのはインドでのことだった。紀元628年、ブラーマグプタはゼロの定義を形式的に**「任意の数をその数自身から引いた結果」**とした。

この算術にもとづいた洞察は、現在なら当然のことのように思えるかもしれないが、じつのところ、昔から受け継がれてきた人間の思考が決定的な大躍進を遂げた証拠である。その思考とは、「数にゼロを加えたり、数からゼロを引いたりしても、もとの数は何ら変わらない。そして、数にゼロを掛けるとゼロになる」というものだ。

ブラーマグプタは研究を進め、負の数に関する基本的理論も発展させた。ところが、負の数が広く受け入れられるまでには、さらに多くの時間を要した。

038 ゼロの自然さ THE NATURALNESS OF ZERO

数学の歴史のなかで、注目に値するような意見の衝突がたびたび起きている。ゴットフリート・ライプニッツとアイザック・ニュートンが、微積分学の発展を通じて激しく争ったのはよく知られたところだ。

とりわけ長く続く議論でありながら解決のめどがほぼ立っていないものが、**ゼロ**を自然数として分類するべきか否かというものだ。レボンボの骨に印を刻んでいた人たちはゼロを自然数と考えていなかったようだが、現在の数学者たちの意見はわかれている。

本書では、無(ゼロ)こそが自然であるという禅のような見解を採用する。だが、そうすると、0が1番目の自然数であり、1が2番目、2が3番目、……となってしまうという煩わしさがある。だから、たとえば**数列**を扱う際には、ゼロを除いて考えたほうが都合がいい。

039 利益と負債 PROFIT AND DEBT

数の主な用途がものを数えることだとしたら、負の数にはどんな意味があるのだろうか？ マイナス3個のリンゴを持っているとは？

負の数の始まりとしてもっともらしいのは、取引だ。ここでは、正の数が利益を表し、負の数が負債を示す。古代中国の数学者は数を算木で表し、赤と黒の木をそれぞれ正の数、負の数として区別して

いた（この色は西洋世界では逆だ。西洋では、「黒字」は「収入超過」を、「赤字」は「支出超過」を意味する）。

040 負の数 NEGATIVE NUMBERS

由来はさておき、負の数は長い間信頼できないものだと思われていた。負の数を何かほかのものの間に合わせの表現だと考え、それ自体をきちんとした数とみなさない人が多かったのだ。

多くの数学者は負の数を計算のための道具としては進んで採用したものの、最終的な答が負の数になったとき、論理的に矛盾していると考えてそれを破棄してしまうことも多かった（複素数も同様に、しばらくの間安定した地位を得られなかった）。

ところが、628年に風向きが変わった。この年、インドの数学者であるブラーマグプタが正の整数と負の整数と0を組み合わせた算術に関する著書を執筆したからだ。そしてこれは、現在、**整数の体系**と呼ばれている。

041 整数 INTEGERS

整数とは、正の数、負の数、ゼロを合わせたすべての数だ。整数の体系は Z と表される。これはドイツ語で「数」を意味するzahlenを表している。Z の強みは、0より大きくなったり小さくなったりする量を同時に評価できるところだ。つまり、利益と負債が1つのスケールで評価できるということだ。

数学的な見方からすると、Z はより狭い体系である自然数 N に比べて行儀がいい。自然数の場合、足し算をしたときの答は自然数のなかに収まっているものの、引き算をするとそうとは限らない。2-3を解くには、自然数をはなれなくてはならないのだ。ところが、整数においては、どんな2数を引いても問題ない。

整数のおかげで多くの方程式を解くことができる。たとえば、$x+3=2$ は自然数だけからなる方程式なのに、自然数のなかに解はない。でも整数のなかには解を持つ。もっといえば、任意の方程式 $x+a=b$（a、bともに整数）が、整数のなかに解を持っている。

042 有理数 RATIONAL NUMBERS

「整数の分数」という形で表現される任意の数を**有理**（rational）**数**と

いう(割合[ratio]を意味するものであって、論理的とか思索的な数ということではない)。$2\left(\frac{2}{1}\right)$、$\frac{17}{8}$、$\frac{-3}{4}$ などが有理数だ。有理数が発展した理由は簡単だ。時間や距離や資源を評価するために、半月や3分の1マイルや4分の3ガロンなどの量が便利なのはいうまでもないだろう。

　数学者はすべての有理数からなる体系を**Q**と表現する(Qは商を意味するquotientを表す)。有理数は整数すべてを含む。これは、数学的な利点をもたらしてくれる。整数の体系のなかでは、割り算はうまくいかない(たとえば、8は2で割り切れても、3では割り切れない)が、有理数であれば問題ない。有理数は、**体**という代数系をなすのだ。体とは、任意の数に対して、足し算、引き算、掛け算、割り算を行ったとき、その結果が同じ体系に含まれるものをいう。唯一の例外が0で、0で割ることはできない。

043 **実数** REAL NUMBERS

　整数は一定の距離だけはなれている。ある整数から隣の整数までの距離は必ず1だ。有理数の場合はそうではない。有理数には、「隣の数」というものが存在しないのだ。$1+\frac{1}{2}$ や $1+\frac{1}{3}$ や $1+\frac{1}{10}$ や $1+\frac{1}{20000}$ のように、1にどんなに近づいてもさらにより近い有理数が存在する。

　そうなると、有理数と有理数の間には「隙間」があると言い張るのはおかしいような気がしてくる。しかし、隙間は間違いなく存在する。$\sqrt{2}$ の**無理数性**(irrationality)を披露しよう。$y = x^2 - 2$ のグラフを描き、x軸と交わるところを調べてみると、それは、有理数と有理数の間となっているのだ。

　こうした隙間を埋めることで、**R**という**実数の体系**が得られる。**R**は**実数直線**とも呼ばれ、無限に続く直線上のすべての点だと考えることができる。実数直線には**完備性**がある。これは、どこにも隙間がないという意味だ。

044 **虚数** IMAGINARY NUMBERS

　16世紀イタリアの数学界は、**3次方程式**や**4次方程式**を解くことに執心していた。この研究の妨げとなっていたのは、$x^2 = -1$ のように、低次で単純な方程式のなかに実数解を持たないものがあることだった。これは、どんな実数もその平方は負の数にはならないという負の数の

掛け算に対するルールの帰結である。

ところがイタリアの代数学者たちは、この方程式の解となる空虚な数の存在を素直に受け入れ、それを「i」と呼ぶことにすれば、このiは計算に使えるし、ほかの方程式を解く場合にも正しい解を導きだせるのに気づいた。

iに実数を掛けたもの、たとえば$3i$やπiや$-\frac{1}{2}i$を**虚数**と呼ぶ。虚数という言葉は誤解を招きやすく悔やまれる。虚数は、複素数の体系に含まれる数であり、その体系は1572年にラファエル・ボンベリが築きあげた。そして、複素数の体系は、実数の体系から直接的かつ明確な方法で導きだすことができるものである。

実際のところ、iはπや-3と同じく、空虚なものではないのだ。しかし、残念ながら、その名前が変わることはなかった。

---

045 複素数 COMPLEX NUMBERS

複素数の体系（**C**）は、実数に虚数を「形式的に」加えることで構成されている。実際、個々の複素数は、実数（たとえば$\frac{1}{2}$）に虚数（たとえば$3i$）を加えた形（$\frac{1}{2}+3i$）で表される。するとこうした数は、複素演算の規則にしたがって、足したり、引いたり、掛けたり、割ったりできる。

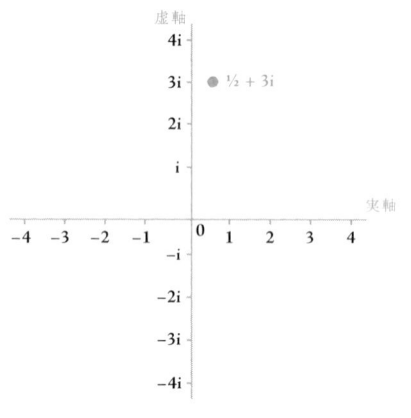

アルガン図は複素数を2次元平面として表現する標準的な方法だ。すると複素数は、実軸を横軸、虚軸を縦軸とする、おなじみのデカルト座標のように見える。この**複素平面**は、幾何学にとってもすばらしい環境だ。ここで、幾何学と代数学の考え方が見事に整合するからだ。☞*Fig*

いろいろな意味で、複素数は数の概念の進化にとって終着点となっている。**代数学の基本定理**によれば、複素数を使うことで、多項式を解くという目的は完全に達成されるのである。

046 四元数 QUATERNIONS

歴史的に重要な時機を迎えるたびに、数学者たちは数にはどういう意味があるのかと考察を重ねた。重要な時機というのは、0 や負の数や無理数の導入のことだ。しかし、こうした拡張は、複素数まできたところで自然と停止した。代数学の基本定理が示すように、解きたい方程式が、ここまでで解けてしまうからだ。

でも、ここで立ち止まることはない。複素数はなおも広い体系へと拡張できる。複素数は実数の組 (a, b) と、-1 の平方根である i という成分とが合わさって構成されている。複素数はすべて $a+ib$ という形で表記できる。

1843 年になると、ウィリアム・ハミルトン卿が 4 つの実数の組 (a, b, c, d) と 3 つの新たな成分 (i, j, k) にもとづく体系を見出した。任意の**四元数**は $a+ib+jc+kd$ という形で表記できる。四元数の基本となる規則は $i^2 = j^2 = k^2 = ijk = -1$ だ。ハミルトンはこの発見にたいそう興奮し、この方程式をダブリンにあるブルーム橋に刻んだ(いまでもその場所に石の銘板が残っている)。

とはいえ、四元数への拡張はすんなりとはいかない。四元数では掛け算が**非可換**なのだ。つまり、$A \times B = B \times A$ が必ずしも成り立つわけではない。専門的にいえば、四元数は**体**ではない。四元数は、その発見以来数学における主要なテーマになった。後に人気は下火になるものの、3 次元空間や 4 次元空間における回転をうまくとらえられるという理由から、こんにちでも使われ続けている。

047 八元数 OCTONIONS

ウィリアム・ハミルトン卿は四元数の体系を見出したとき、友人であるジョン・グレイブズに手紙を書き、自分の大発見について説明している。グレイブズからの返事は「もしもその錬金術で 3 ポンドの金を生みだせるなら、もっと先まで進めばいいではないか」というものだった。

グレイブズはその言葉通り、さらに大規模な体系を考えだした。これが現在、**八元数**と呼ばれているものだ。これは、8 つの実数の組 $(a_0, a_1, a_2, a_3, a_4, a_5, a_6, a_7)$ と新たな 7 つの要素 $(i_1, i_2, i_3, i_4, i_5, i_6, i_7)$ (それぞれ 2 乗すると -1 となる)からなる。八元数は一般的に $a_0+i_1a_1+i_2a_2$

$+i_3a_3+i_4a_4+i_5a_5+i_6a_6+i_7a_7$ という形で表せる。

048 フルヴィッツの定理 HURWITZ'S THEOREM

ハミルトンは四元数を作り、グレイブズは八元数を作った。この一般化はさらにどこまで進められるのだろうか?

1898 年、アドルフ・フルヴィッツはこれがじつはもう限界に達していることを証明した。実数と複素数、四元数、八元数の 4 つだけが**ノルム多元体**(幾何学的に意味のある方法で掛け算と割り算が可能な実数を含む構造)なのだ。

数理物理学者のジョン・バエズはこの一族について 2002 年に次のように説明している。
「実数は一族の頼もしい稼ぎ手であって、私たちみんなが頼りにする完備な順序体だ。複素数は少々突発的なところもあるが、それでも立派な弟だ。順序体ではないが代数的に完備。四元数は非可換の、風変わりないとこであって、一族の重要な集まりからは遠ざけられている。それから八元数は正気を失った老齢のおじだ。誰も彼を屋根裏から出してはやらない。非結合的なのだ」

非結合的とは、八元数 A、B、C を掛けると、$A\times(B\times C) \neq (A\times B)\times C$ であるということだ。これはごく基本的な代数の法則の 1 つに反している。四元数と八元数は、正気を失っているにもかかわらず(もしくは、正気を失っているがために)、たとえば**例外型リー群**などのほかの数学的例外を説明するのに使われる。

Rational Numbers

有理数

049 逆数 RECIPROCALS

ある数の**逆数**(**乗法に関する逆元**ともいう)とは、その数に掛けて 1 にするために必要な数のことだ。つまり、2 の逆数は $\frac{1}{2}$ であり、$\frac{1}{2}$ の逆数は 2 だ。分数の逆数は簡単に見つかる。分母と分子を逆にするだけでいい。

x の逆数は $\frac{1}{x}$、あるいは x^{-1} だ。数学者にとっては(歴史にこだわらなければ)、逆数をとるというのは、割り算や負の累乗といった概念より、もっと根源的なものだ。

逆数をとることを通じて大きな数と小さな数が互いを映すものとみなせるようになる。100万の逆数は100万分の1であり、100万分の1の逆数は100万だ。

1つだけ逆数を持たない数がある。$x \times 0 = 1$を満たす数xは存在しない。だから0の逆数は存在しない。

---

050 除法（割り算） DIVISION

割り算は、ある数が別の数のなかにいくつ収まるのかを評価するものだ。15のなかには3がちょうど5つある（$5 \times 3 = 15$となる）ので$15 \div 3 = 5$だ。これは分数にも同じようにあてはまり、$\frac{1}{4}$は$\frac{1}{2}$のなかにちょうど2つある（$2 \times \frac{1}{4} = \frac{1}{2}$となる）ので$\frac{1}{2} \div \frac{1}{4} = 2$だ。

また別の見方をすれば、割り算は逆数をとるという、ごく基本的な操作からなると考えることができる。

すなわち、$m \div n$というのは、mにnの逆数を掛けること、すなわち$m \times \frac{1}{n}$を意味すると理解してもいい。だから、$15 \div 3 = 15 \times \frac{1}{3} = 5$であり、$\frac{1}{2} \div \frac{1}{4} = \frac{1}{2} \times 4 = 2$なのだ。これはさらに分数一般に簡単に拡張できる。たとえば、$\frac{2}{5} \div \frac{3}{4} = \frac{2}{5} \times \frac{4}{3} = \frac{8}{15}$だ。

---

051 同値分数 EQUIVALENT FRACTIONS

整数の世界では、どんな数も表記方法は1通りしかない。つまり、7は7であって、ほかには書き表せない。

有理数、つまり分数の世界に入ると、不便なことが起こる。同じ数を表記するまったく別の方法がいくつもあるのだ。たとえば、$\frac{2}{3}$は、$\frac{4}{6}$や$\frac{6}{9}$や$\frac{14}{21}$と同じ数である。これらを**同値分数**と呼ぶ。（0を除く）ある数を分子に掛け、分母にも同じ数を掛けたら同値分数が得られる。$\frac{4}{6} = \frac{2}{3}$なのは、$\frac{4}{6} = \frac{2 \times 2}{3 \times 2}$だからだ。

これを逆に考えると、分子も分母もある数で割り切れるなら、**約分**して同値分数を求めることができる。たとえば$\frac{12}{15}$は、12も15もともに3で割り切れることから約分できる。これを**簡約する**といい、こうして同値分数$\frac{4}{5}$が得られる。

ほとんどの場合、分数の最適な（最も単純な）書き方は、できるだけ約分したものだ。このとき、分子と分母は公約数を持たない（**互いに素**である）。算術の基本定理から、そのような書き方が必ず存在し、しかもそれが一意であることが示される。

052 分数の掛け算 MULTIPLYING FRACTIONS

分数を掛け算するときの規則は単純で、分子同士、分母同士を掛けるだけでよい。たとえば、$\frac{2}{3} \times \frac{4}{5} = \frac{2 \times 4}{3 \times 5} = \frac{8}{15}$ だ。手っ取り早く計算するには、約分を最後ではなく、できる限り早めにすませてしまうことだ。$\frac{2}{15} \times \frac{21}{8}$ は、$\frac{42}{120}$ と計算してから簡約するのではなく、お互いの分子と分母が2と3で割り切れることに目をつけるのだ。2と3で約分しておけば、$\frac{1}{5} \times \frac{7}{4} = \frac{7}{20}$ ですむ。

053 分数の足し算 ADDING FRACTIONS

初学者がよくやる間違いに、$\frac{1}{4} + \frac{2}{3} = \frac{3}{7}$ としてしまうことがある。そうしたいのはよくわかるが、ちょっとした思考実験をしてみることでこの誤りはすぐに防げる。ケーキ $\frac{1}{2}$ 切れと、ケーキ $\frac{1}{4}$ 切れを合わせるとケーキの $\frac{3}{4}$ であって、$\frac{2}{6}$ にはならない。

共通分母を持つ分数（分母が同じ分数）同士の足し算はやりやすい。一方、共通分母を持たない2つの分数を加える場合には、共通分母となるような同値分数を探さなくてはならない。

片方の分母がもう片方の分母の倍数となっているなら簡単だ。$\frac{3}{7} + \frac{5}{14}$ を求めるために、まずは $\frac{3}{7}$ の分母を14とする。すると $\frac{6}{14}$ となる。こうして、次のように足し算ができる。$\frac{6}{14} + \frac{5}{14} = \frac{11}{14}$。

$\frac{3}{4} + \frac{1}{6}$ のような場合には、2つの分母の公倍数である4でも6でも割れる数を見つけなくてはならない。最も単純なのは、2数を掛けてしまうことだ。これなら必ずうまくいく。しかし、24ではなく、**最小公倍数12** を計算に利用すれば、あとで約分する手間が省ける。それぞれ12を分母とするように変換し、足し合わせると次のようになる。$\frac{3}{4} + \frac{1}{6} = \frac{9}{12} + \frac{2}{12} = \frac{11}{12}$。

054 循環小数 RECURRING DECIMALS

循環小数とは、小数展開が無限の繰り返しになる小数のことだ。たとえば、$\frac{1}{12} = 0.083333333\ldots\ldots$ がそうだ。これは通常 $0.08\dot{3}$ と書く。

循環する部分がさらに長いものもある。$\frac{2}{7} = 0.285714285714\allowbreak 5714\ldots\ldots$ で、これは $0.\overline{285714}$（あるいは $0.\dot{2}8571\dot{4}$）と書く。循環小数は必ず分数として書き直せる。つまり、循環小数は有理数なのである。

$\sqrt{2}$ のような無理数を小数で表すと循環することなくずっと続くので、

これは循環小数ではない。また、なかには、循環する形でも有限の形でも表現できる数が存在する。1がその例だ。

055 $0.\dot{9} = 1$

循環小数 $0.\dot{9}$（すなわち、0.99999999……）が1に等しいというのは、初等数学のなかでもかなり抵抗を感じる事実の1つだ。2数は「隣り合っている」けれども同じではないと学生たちはよく言い張る。だが、2数が等しいことは、以下の3通りの方法で証明できる（もちろんどれか1つで証明としてはじゅうぶんだ）。

I. 分数と小数の間での変換から、次のように書ける。$\frac{1}{3} = 0.\dot{3}$（つまり0.333333……）。ここで両辺に3を掛けると $1 = 0.\dot{9}$ になる。

II. $1 - 0.\dot{9} = 0.\dot{0}$ であり、また $0.\dot{0} = 0$ は明らか。つまり、1と $0.\dot{9}$ の間の距離は0である。だから、2数は同じでなくてはならない。

III. $x = 0.\dot{9}$ とする。両辺に10を掛けて $10x = 9.\dot{9}$ となる。初めの等式を2番目の式から引くと、$9x = 9$。だから $x = 1$ となる。

最後の証明は、任意の循環小数を分数に変換するための定石だ。たとえば、$x = 0.\dot{4}$ としよう。10を掛けると $10x = 4.\dot{4}$ となる。初めの等式を2番目の式から引くと、$9x = 4$。つまり、$x = \frac{4}{9}$ だ。

056 無理数 IRRATIONAL NUMBERS

「有理数」は、分数を意味する数学の専門用語だ。π、$\sqrt{2}$、自然対数の底 e のような数は分数として正確に書き表すことはできない。これらは、無理数と呼ばれる（この数が非論理的だとか、ばかげているとかいう意味ではない）。

古代ギリシャのピタゴラス教団は整数に神秘的な重要性を持たせ、すべての数は有理数であると信じていた。言い伝えによると、紀元前500年ごろ、メタポンチオンのヒッパソスが $\sqrt{2}$ が無理数であることを証明し、異端の罪に問われ溺死させられた。

057 $\sqrt{2}$ が無理数であること THE IRRATIONALITY OF $\sqrt{2}$

$\sqrt{2}$ が無理数であることは、**背理法による証明**によって示される。無理数であるというのはつまり、$\sqrt{2}$ は分数として書き表すことができないという意味だ。だから、証明するにあたってまず、$\sqrt{2}$ が分数で書き表せる、たとえば $\sqrt{2} = \frac{a}{b}$ であると仮定する。ここから目指すのは、こ

の仮定から矛盾を導きだすことだ。

　aとbに何らかの公約数があれば分数は約分できる。ここでは、すでに約分はすんでいるものと考える。つまり、aとbには公約数が存在しない。ここで、定義から、$\sqrt{2}$は2回掛けると2になる。だから$\frac{a}{b} \times \frac{a}{b} = 2$だ。すなわち、$\frac{a^2}{b^2} = 2$であり、$a^2 = 2b^2$。よって$a^2$は偶数だ。ここで、任意の奇数の平方は奇数なので、$a$自体も偶数でなくてはならない。したがって、$a$は2の倍数であり、$a = 2c$と書ける。すると$(2c)^2 = 2b^2$であり、$4c^2 = 2b^2$。一方、$b^2 = 2c^2$なので$b^2$は偶数であり、それゆえに、$b$も偶数であり、2で割り切れる。$a$と$b$には公約数がないと仮定したが、ここまでで$a$も$b$も2で割り切れることが示された。これは矛盾だ。

　この証明は、紀元前500年ごろのメタポンチオンのヒッパソスによるものとされることが多く、これを利用して任意の素数(さらにいえば、平方数ではない整数)の平方根が無理数となることを証明できる。

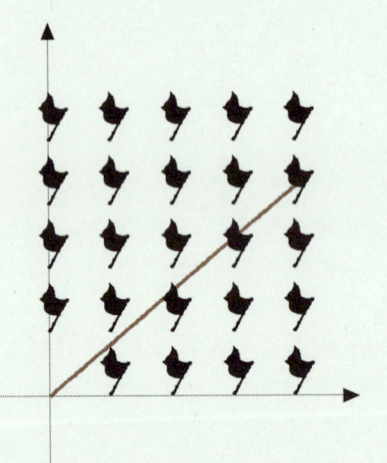

058 光線の問題
THE PROBLEM OF THE RAY

デカルト座標平面を考えよう。$(1, 1)$、$(2, 5)$、$(-4, 7)$、……のように座標が整数で表せるすべての点に旗を立てる。ここで、原点からレーザー光線が放たれ、平面上を進んでいくところを思い描こう。いずれはどこかの旗竿に当たるだろうか？　それとも当たらないままでいられるだろうか？

　その答は、光線がたどる直線の傾きmによる。この直線の方程式を$y = mx$とする。光線が点(p, q)にある旗竿に当たるのであれば、$q = mp$が成り立つ。したがって、$m = \frac{q}{p}$を満たさなくてはならない。qもpも整数なので、mは有理数だ。だから、mが有理数なら光線は旗竿に当たり、mが無理数であれば当たらないことになる。☞Fig

059 反射光線の問題 THE PROBLEM OF THE REFLECTED RAY

光線の問題の応用として、ケーニヒとスーチュは以下のようなおもしろい問題を考えた。旗竿ではなく、内壁が鏡になっている正方形を想定する。レーザー光線はこの鏡張りの正方形の一角から放たれる。どのような経路をたどるだろうか（レーザー光線が箱の角に当たった場合には、きた道を逆向きに進むものと考える）。

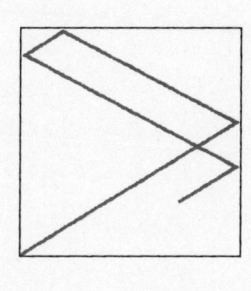

ここでも答は光線の初期の傾き m に依存する。m が有理数ならば、しばらくして光線は同じ経路をふたたびたどり始め、何度も同じ経路を回り続ける。他方、m が無理数ならば、光線は決して同じ経路をたどらない。経路を表す線は箱の内部で**稠密**だ。ただしこれは、箱の内部のあらゆる点を通過するということではない（だから**空間充填曲線**とはいえない）。☞ Fig

Factors and Multiples

060 負の数を掛ける MULTIPLYING NEGATIVE NUMBERS

アンナはボブに毎日3ドルを支払っており、これがしばらく続いているとしよう。すると、日々ボブの残高は3ドルずつ増え、アンナは3ドルずつ減る。今日から2日後、ボブの残高は今日に比べてプラス6ドルとなるだろう。2×3 = 6だからだ。逆に、今日からマイナス2日後（つまり2日前）にはボブの持ち分は、今日に比べてマイナス6ドルだった。

上記の説明を表にすると以下のようになる。

2×3 = 6
1×3 = 3
0×3 = 0
-1×3 = -3
-2×3 = -6

（真ん中の行は、いま、ボブの残高を今日の金額と比較していることを示している。0

日後の差額はもちろん0ドルだ！）

では、アンナの所持金を考えてみよう。アンナの場合は毎日3ドルずつ減っている。だからあと2日のうちに、今日の金額と比べてマイナス6ドルになるだろう。2×-3 = -6だからだ。今日からマイナス2日後はどうだろうか？　アンナは6ドル多く持っているはずだ。つまり、相対的な金額はプラス6ドルだ。これを表に記入すると、-3に対する掛け算表ができあがる。

2×-3 = -6
1×-3 = -3
0×-3 = 0
-1×-3 = 3
-2×-3 = 6

この表から、何かに負の数を掛けると必ず符号(+-)が入れ替わるが、正の数を掛けると符号は変わらないことがわかる。

061 0での割り算　DIVISION BY 0

0での割り算は、数学で起こり得る誤りとして、おそらく最もありふれているものだろう。ベテランの研究者でさえ、証明に0での割り算が紛れ込んでいるのに気づいたというぞっとするような話の数々を聞かせてくれる。

0での割り算ができないことにはもっともな理由がある。「割る」の意味を素直に考えれば理解できる。4は2を掛けて8になるので、それを$8 \div 2 = 4$と書く。ということは、$8 \div 0$を計算するためには、0を掛けて8となるような数がなくてはならない。そのような数がないことは明らかだ。また一方で、$0 \div 0$を計算するためには0を掛けて0になるような数が必要だ。でもこれはどの数でも満たすことだ！

微積分学では、$\frac{x}{y}$という形の分数について、x、yともに0に近づいていくときの挙動を研究対象とする。この分数は、xとyの関係に依存して、1. 何らかの定数に近づく、2. 無限に発散する、3. ランダムに循環する、のいずれかとなる。

062 1 = 2の証明　A PROOF THAT 1 = 2

$a = b$とする。両辺にbを掛けると、$ab = b^2$となる。両辺からa^2を引くと、$ab - a^2 = b^2 - a^2$となる。両辺を因数分解すれば、$a(b-a) = $

$(b+a)(b-a)$。両辺から$(b-a)$を消して$a = b+a$となる。$a = b$と仮定したので、$a = 2a$であり、したがって$1 = 2$となる。

この代数的論理はまったくのごまかしであり、少し形を変えたものがいくらでも考えられる。論拠を紐解いてみると、$1×0 = 2×0$(これは必ず成り立つ)からゼロを消して$1 = 2$としていることがわかるだろう。証明では、両辺から$(b-a)$を消すところが間違いだ。ここに0での割り算が巧妙に隠されている。

063 算術の基本定理
THE FUNDAMENTAL THEOREM OF ARITHMETIC

ユークリッドの『原論』の命題7.30では、素数の重要な性質が示されている。素数pで$a×b$が割り切れるなら、aまたはbのいずれかがやはりpで割り切れなくてはならない(pは10のような合成数であってはいけない。たとえば、5×4は10で割り切れるが、5も4も10では割り切れない)。

ここから得られる帰結が**算術の基本定理**だ。これは古代ギリシャでも知られていたもので、次の2つの内容からなる。

I. 任意の正の整数は素因数分解できる。
II. 素因数分解の方法はただ1つ。

だから、308は$2×2×7×11$のように分解され、308を素数の積として表す方法はほかに、順序を入れ替えるくらい($11×2×7×2$など)しかない。だから、わざわざ確認しなくても、$308 ≠ 2×2×2×3×13$だとただちにわかる。

算術の基本定理という名前から明らかなように、この事実は数学全体の基礎をなす。とはいえ、自然数の体系に特有であって、有理数では同様の定理は成り立たない。有理数では1つの数を分割する方法はいくらでもあるからだ。たとえば$2 = \frac{4}{3} × \frac{3}{2} = \frac{7}{8} × \frac{16}{7}$などとできる。

064 最大公約数 HIGHEST COMMON FACTOR

2つの自然数の**最大公約数**とは、2数のどちらをも割り切る最大の数だ。たとえば、18と24の最大公約数は6だ。両方を割り切る数でこれよりも大きいものはない。

2数の最大公約数は、その2数を素因数分解し、共通する素因数を(繰り返しも含めて)すべて掛け合わせることで得られる。たとえば、次

の2数を考える。60 = 2×2×3×5、84 = 2×2×3×7。このとき、60と84の最大公約数は2×2×3 = 12となる。同じ方法で、3つ以上の数の最大公約数を求めることもできる。8と9のような数は最大公約数が1であり、**互いに素**と呼ばれる。

065 最小公倍数 LOWEST COMMON MULTIPLE

2つの自然数の**最小公倍数**とは、2数のどちらでも割り切れる最小の数だ。4と6の最小公倍数は12だ。というのも、12は、4と6の両方で割り切れる最小の数だからだ。2数の最小公倍数は、その2数を掛け合わせて最大公約数で割ると得られる。たとえば、60と84の最小公倍数は次のように求められる。$\frac{60 \times 84}{12} = 420$。

066 完全数 PERFECT NUMBERS

ある整数のすべての約数(ただし、1を含むが、その数自身は含まない)を足し合わせたものがもとの数に一致するとき、その数を**完全数**という。一番小さな完全数は6で、その約数は1、2、3だ。次の完全数は28であり、約数は1、2、4、7、14だ。☞ *Fig*

足し算の構成要素と掛け算の構成要素が織りなすこの調和にピタゴラス学派の人たちが神秘を感じて以来、完全数は人々の好奇心をかき立ててきた。完全数は現在でも数学者たちを魅了し続けているが、偶数の完全数の研究と奇数の完全数の研究の間には大きな違いがある。

067 偶数の完全数 EVEN PERFECT NUMBERS

ユークリッドの『原論』のなかで、完全数に関する重要な性質が初めて証明されたのは、紀元前300年ごろのことだ。命題9.36で、2^k-1 が素数なら $\frac{(2^k-1)(2^k)}{2}$ が完全数であることが証明されたのだ。何世紀も経って、2^k-1 という形の素数が**メルセンヌ素数**として知られるようになってすぐに、この結果は再考されることになる。ユークリッドの結果を言い直すなら次のようになる。M がメルセンヌ素数であるなら、$\frac{M(M+1)}{2}$ は**偶数の完全数**である。

10世紀の科学者イブン・アル゠ハイサムが見出したように、ユークリッドの定理の逆もまた真だ。ある偶数が完全数ならば、それは

$\frac{M(M+1)}{2}$（Mはメルセンヌ素数）という形でなくてはならない。

たとえば、$6 = \frac{3 \times 4}{2}$ であり、$28 = \frac{7 \times 8}{2}$ だ。ところが、イブン・アル＝ハイサムはこのようになることの完全な証明は示せなかった。証明の完成はその約800年後のレオンハルト・オイラーの登場を待たなくてはならなかったのである。

ユークリッド-オイラーの定理と呼ばれることもあるこの帰結は、偶数の完全数とメルセンヌ素数を1対1に対応づけるものだ。だから、メルセンヌ素数が新しく見つかると、ただちに偶数の完全数が新たに見つかる。同様に、どちらかで問題が生じればもう片方にも問題が生じる。また、この関係はこの分野の最大の問題、偶数の完全数は有限個なのか無限にあるのか、という件に関しても成り立っている。

068 奇数の完全数 ODD PERFECT NUMBERS

奇数の完全数を見つけた人はまだ誰もいないし、現在ではその存在を疑う専門家も多い。とはいえ、奇数の完全数なるものが存在し得ないことを証明した人はいない。

たとえ奇数の完全数が存在しそうになくても、数学者たちがこれについて研究を深める妨げにはならない。数学者たちは、奇数の完全数がもしも存在するならばどのようなものなのかを詳しく調べ、ありそうな場所を突き止めたり、最終的には**背理法**で証明するべく手がかりを集めたりしたいと望んでいる。

19世紀に、ジェームス・シルベスターが、奇数の完全数なら必ず満たさなくてはならないであろうたくさんの条件を見出した。シルベスターはそうした数が存在することは、「奇跡のようなものだ」と思い込んだ。たしかに、奇数の完全数が存在すれば、極めて大きなものにならざるを得ないだろう。1991年、ブレント、コーエン、テ・リエルは、コンピューターを用いて、300桁未満の奇数の完全数が存在しないことを示した。

069 友愛数 AMICABLE PAIRS

ほとんどの数は完全数ではない。数の約数を加えていくと、もとの数に足りなかったり（そのような数を**不足数**という）、もとの数を超えてしまったり（**過剰数**という）する。ところが、過剰数と不足数が過不足

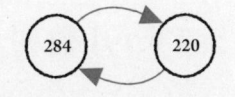

を相殺し合うことがある。たとえば、220は過剰数だ。約数は1、2、4、5、10、11、20、22、44、55、110であり、これらを合計すると284になる。284の約数は1、2、4、71、142であり、合計すると284ではなく220になる。☞Fig

古代世界やイスラム世界の数学者たちは、このような**友愛数**に魅了されていた。10世紀にはサービト・イブン・クッラが友愛数の作り方を見つけ、後にレオンハルト・オイラーがその方法の精度を向上させた。

本書執筆時点では、11,994,387個の友愛数が知られている。最も大きいものは24,073桁にも及ぶ。完全数と同じように、友愛数が無限に存在するのかどうかは未解決問題だ。また、既知の友愛数は2つとも奇数か2つとも偶数となるが、常にそうでなくてはならないことが証明されているわけではない。

070 社交数 SOCIAL NUMBERS

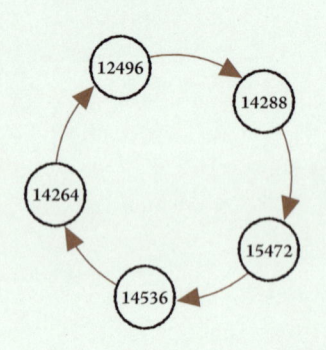

友愛数は2数からなるペアであり、それぞれの数の約数をすべて加えると、もう片方の数と一致する。ところが、もっと長いサイクルも存在し得る。

12496の約数を加えると14288になる。その約数を加えると15472となる。以降、順に約数を足し合わせていくと14536、14264となり、それから12496に戻る。これは長さが5のサイクルとなる。こうした数を**社交数**という。☞Fig

現時点では、社交数の最も長いサイクルは28で、そのサイクルは次の通りである。14316、19116、31704、47616、83328、177792、295488、629072、589786、294896、358336、418904、366556、274924、275444、243760、376736、381028、285778、152990、122410、97946、48976、45946、22976、22744、19916、17716。

071 アリコット数列 ALIQUOT SEQUENCES

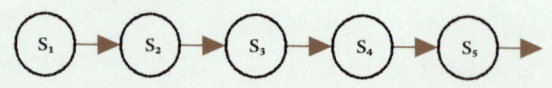

任意の数 S_1 に対し、その約数をすべて加え、新しい数 S_2 を得る。$S_1 = S_2$ ならば完全数だ。そうでなければ同じ手順を繰り返す。S_2 の約数をすべて加え、新しい数 S_3 を得る。もしも $S_1 = S_3$ ならば、S_1 と S_2 は友愛数。そうでなければまた同じ手順を繰り返す。こうして、S_4、S_5、S_6、……を得る。これを**アリコット数列**（アリコットとは「いくつか」を意味するラテン語）と呼ぶ。95 のアリコット数列は、95、25、6、6、6、……だ。これは完全数に行き着いて、あとはそのまま繰り返す。同様に、アリコット数列が友愛数や社交数に行き着けば、ただサイクルを回り続けるだけだ。☞Fig

そうならない数列は素数に行き当たり、終わってしまう。たとえば、49 で始まる数列は次の項が 8、その次が 7 になる。しかし（7 には 1 以外の約数がないため）次の項は 1 でなくてはならず、その次は 0 となる。

1888 年、ウジェーヌ・カタランはすべてのアリコット数列はこうした方法のどれかで終わるだろうと予想した。しかしいくつかの数を考えると、この予想が正しいか否か、先行きは不透明だ。最終的にどうなるのかがわからない数は少なくはない。276 はそういった数のうち最小のものだ。おおよそ 2000 項にも及ぶアリコット数列は現在まで計算が続き、いまのところただひたすらに長くなっていく。1500 項を超えたいま、その数は 150 桁を超えるものとなっている。

Induction

072 帰納法による証明 PROOF BY INDUCTION

無限に多くのことを一度で証明するにはどうしたらいいだろうか？これに応えるとても重要な技法が**数学的帰納法**だ。

すべての数がある性質（X とする）を満たすことを証明したいとしよう。帰納法では、自然数を順に攻め撃っていく。まずは論証の出発点として**基本の場合**、すなわち、0 は X を満たす整数であることを証明する。次に、**帰納的手順**として、0、……、k がすべて X を満たせば $k+1$ も同じく X を満たすことを証明する。これができれば、X を満たさない初めての数は存在しないことになるので、その後の数にも X を満たさない数は一切存在し得ない。したがって、すべての数は X を満たす。

帰納法は数学におけるドミノ倒しのようなものだ。基本の場合が先頭のドミノを押す。すると、帰納的手順によって、1番目のドミノが2番目のドミノを倒し、それが3番目を倒す、といった具合だ。やがてすべてのドミノは倒れてしまう。

帰納法は、自然数に固有の特性だ。だから、実数に対しそのままあてはめることはできない。1から100までの数を加えることは、帰納法の使い方の例だ。また、**禿げ頭のパラドクスやどの数も興味深いことの証明**などでは帰納法の考え方をおもしろおかしく使っている。

073 1729は興味深い 1729 IS INTERESTING

$$1729 = 1^3 + 12^3 = 9^3 + 10^3$$

G・H・ハーディが、類まれな数学の才能の持ち主であるシュリニヴァーサ・ラマヌジャンのもとを訪れたときのことだ。ハーディの乗ったタクシーに、1729という番号が記してあった。つまらない数だったと話すハーディに、ラマヌジャンはこう答えた。「いいえ。非常に興味深い数です。2つの数を3乗して加えた形で表せ、しかも表し方が2通りある。さらに、そのような数のなかで、最も小さな数が1729なのです」

ラマヌジャンほどの頭脳を持つ人でなかったらそうは答えず、自然数はどれも興味深いものだと言い張ることもできただろう。この、自然数は興味深いという事実は、帰納法風のひねりをきかせて証明できる。

074 どの数も興味深いことの証明

A PROOF THAT EVERY NUMBER IS INTERESTING

今回も**基本の場合**は0だ。これが、すべての数のなかでとりわけ興味深いことは間違いない。次に**帰納的手順**として、数 $0、1、2、\ldots\ldots、k$ がすべて興味深いと仮定する。次の数は $k+1$ だが、これは興味深いか否か、どちらかでなくてはならない。もしも興味深くなければ、初めての興味深くない数だ。ということは、この数には独特な興味深さがあることになる。これは矛盾だ。したがって k は興味深い数だ。これで帰納的手順は完成だ。数学的帰納法によって、すべての数が興味深いといえる。

これはもちろん、証明のまねごとであって本当の証明ではない。興

味深さというものは厳密に定義できるものではない。これを証明するには、不変の尺度を設けなくてはならない。そして、すべての数について、その不変性にもとづいて絶対的に興味深いかそうでないかを判断することになるだろう。

075 1から100まで加える ADDING UP 1 TO 100

18世紀ドイツ。とある教室で、小学校教師のビュットナー氏がクラス全員に対し、1から100までの数をすべて加えるという課題を与えた。生徒たちは行儀がよくなり、教室は静かになるだろうと期待した先生は、1人の少年が数秒で手をあげ、5050だと答えたことに驚いた。その少年は、大人になると数学の歴史に名を刻む偉大な人物になった。カール・フリードリヒ・ガウスだ。

若きガウスは連続する数を加えるための次のような公式を考えだしたに違いない。$1+2+\cdots+n = \frac{n\times(n+1)}{2}$。ガウスは、$n=100$ をこの公式にあてはめて、$\frac{100\times(100+1)}{2}$ を計算したのである。

これを幾何学的に理解する方法がある。n 番目の**三角数**を考えるのだ。これは、帰納法によってもっと厳密に証明できる。

076 1からnまで加える:帰納法による証明
ADDING 1 UP TO N, PROOF BY INDUCTION

帰納法を使って、$1+2+\cdots+n = \frac{n\times(n+1)}{2}$ を証明しよう。**基本の場合**は初めの0個の数を加えることで、明らかに答は0だ。右辺は $\frac{0\times(0+1)}{2}$ となり、$n=0$ の場合には先の式が成り立つ。

次に**帰納的手順**だ。n がある値、たとえば k のとき公式が成り立つとする。$1+2+\cdots+k = \frac{k\times(k+1)}{2}$。対応する式が次の項、$n=k+1$ のときも成り立つことを導きだしたい。ここで以下のようにする。$1+2+\cdots+k+(k+1) = \frac{k\times(k+1)}{2}+(k+1)$。多少の計算によって、右辺は $\frac{(k+1)(k+2)}{2}$ となる。これで $n=k+1$ のときにも公式が成り立つことがわかった。

077 初めの100個の平方数を加える
ADDING THE FIRST HUNDRED SQUARES

1から n まで加える公式は和の記法を用いると次のようにきちんと書ける。

$$\sum_{j=1}^{n} j = \frac{n(n+1)}{2}$$

初めのn個の平方数を加えるための同様の公式がある。これも帰納法で証明できる。

$$\sum_{j=1}^{n} j^2 = \frac{n(n+1)(2n+1)}{6}$$

ここで、$1^2+2^2+3^2+\cdots\cdots+100^2$を知りたいなら、この公式に$n=100$をあてはめさえすればいい。$\frac{100\times 101\times 201}{6}$だから338350となる。
立方数を加えるためには次のような公式が使える。

$$\sum_{j=1}^{n} j^3 = \frac{n^2(n+1)^2}{4}$$

(じつは、これは初めの公式を平方しただけだ。)もっと高次の場合には、以下の公式がある。

$$\sum_{j=1}^{n} j^4 = \frac{1}{5}n^5 + \frac{1}{2}n^4 + \frac{1}{3}n^3 - \frac{1}{30}n$$

$$\sum_{j=1}^{n} j^5 = \frac{1}{6}n^6 + \frac{1}{2}n^5 + \frac{5}{12}n^4 - \frac{1}{12}n^2$$

$$\sum_{j=1}^{n} j^6 = \frac{1}{7}n^7 + \frac{1}{2}n^6 + \frac{1}{2}n^5 - \frac{1}{6}n^3 + \frac{1}{42}n$$

高次のべき数に対して一般的な公式を与えるためにはさらなる研究が必要で、数論において重要な数列である**ベルヌーイ数**を考えなくてはならない。

数の表現法
Representations of Numbers

078 位取りと10進記数法
PLACE VALUE AND DECIMAL NOTATION

1から9まで数えるのは簡単だ。正しい記号(数字)を覚えるだけだ。ところが、10までいくと少々勝手が違う。新しい記号ではなくて、前と

同じ記号をふたたび使うことになる。これは驚くほどよくできた仕組みで、何世紀もかけて発展してきたものだ。決定的瞬間は、0を表す記号が生まれたときだ。

位取り記数法において、記号「3」は数字の3を表すだけではない。30や300や0.3も表す。記号の位置がその記号自体と同様に重要な意味を持つからだ。整数は数字を1列に並べた形で表現する。右側が1の位で1桁左に移ると10のべき数が1つずつ増えていく。位取り表を書くと1001は次のように表現できる。

千	百	十	一
1	0	0	1

10を基数とすることから、これを10進法と呼ぶ。

079 基数 BASES

10が数えあげの基数になっているという事実は、進化によって私たちが8本でも12本でもなく10本の指を得たことにも関係しているのかもしれない。しかし、数学的な観点からいえば、どの数を基数に選んでも問題ない。

実際、基数が2の2進数には（少なくともコンピューターの時代には）いくつもの利点がある。ただしここでは、記号を用いてどのように数を表現するのかだけに注目して話していることにじゅうぶん注意してほしい。10進記数法で11と書いても、2進記数法で1011と書いても、16進記数法でBと書いても、11進記数法で10と書いても、もとの数が変わるわけではない。

私たちはほとんどの場合に10進記数法を使っているが、すべてが10進法というわけでもない。時間を表すには10進記数法を使っていない。1分は60秒だし、1時間は60分だ。古代バビロニアの首都バビロンで使われていた方法を受け継いでいるのだ。

一方、古代中国では1日を100刻（1刻は約15分）にわけており、17世紀になってから西洋の方法を採用した。以来数回ほど、時と分を10進記数法に置き換える計画が持ちあがっては消えていった。

080 2進法 BINARY

2進法というのは、基数が2の記数法だ。各桁は右から、1の位、2

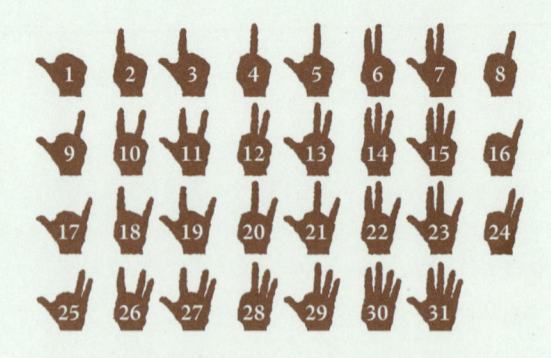

の位、4の位、8の位、16の位、(以降2のべき乗が続く)……となる。

　10進数を2進数に書き換えるためには、その数の位取りを決めればよい。たとえば、$45 = (1×32)+(1×8)+(1×4)+(1×1)$なので、2進数表記は101101となる。逆に、2進数は次のようにして10進数の表現に書き換えられる。11001は1の位が1、2の位が0、4の位が0、8の位が1、16の位が1だ。だから$1+8+16 = 25$だ。

　コンピューターにとって2が最も利便性の高い基数であるのは、1と0を、素子の「オン」および「オフ」として表すことができるからだ。こうした2進数の桁を**ビット**と呼ぶ。8ビットが1**バイト**であり、これは、コンピューターの記憶装置の容量を示すのに用いられる。

　ビット列がデータを伝達する方法は**情報理論**におけるテーマである。現代数学の大部分と同じように、2進法は17世紀にゴットフリート・ライプニッツが初めて考えだした。

　2進法はコンピューター向けに役に立つだけではない。指を使ってビットを表すことにすれば、片手で31まで、両手なら1023まで数えられる。☞Fig

08│16進法 HEXADECIMALS

　2進法はコンピューターにとって、最も簡潔な数字表現である。しかし、人間の目で見れば、1と0が長々と続いているので解釈しにくい。多くの場面で、私たちは2進法ではなく10進法を使っているが、10進数は2進数への変換が簡単ではないという欠点がある。そのため、コンピューター科学者のなかには、16を基数とする**16進記数法**を好む人もいる。0から9については10進法の場合と同じと考えていい。さらにA、B、C、D、E、Fがそれぞれ10、11、12、13、14、15

を表す。10進数「441」は16進記数法では「1B9」となる。

　2進数と16進数の間の変換は、2進数と10進数の間の変換よりも遥かに簡単だ。2進法の表現を4桁ごとに括り、それぞれ順に変換すればいい。1111001011であれば、「(00)11 1100 1011」のようにわけ、16進記数法に置き換えるのだ。これは、3CBとなる。

082 標準形 STANDARD FORM

　10進記数法のおかげで、10という数はいくつか特有の便利な性質を持つ。10を掛けたり10で割ったりすることは、小数点に対して桁を1つ、左あるいは右に移動させることになる。たとえば、47÷10 = 4.7であり、0.89×10 = 8.9だ。これを利用すると、すべての数は1以上10未満の数に、いくつかの10を掛けたり、割ったりして表すことができる。いくつかの10は、10の正の数のべき乗か、負の数のべき乗で表現できる。

　これを**標準形**という。たとえば、3.14×10^6や2.71×10^{-5}はどちらも標準形で記述されている。

　14100のような数を標準形に書き換えるためには、まず1以上10未満の数になるように小数点を移動させる。この場合、1.41だ。14100に戻すためには、10を4回掛ける必要がある。だから、14100を標準形で書くと1.41×10^4となる。0.00173などの小さな数についても手順は同じだ。まずは小数点を（今回は右へ）移動し、1.73とする。この例では、もとの数と等しくするために、10で3回割らなくてはならない。だから負の数のべき乗を用いて、1.73×10^{-3}と表せる。

　標準形が便利なのは、数がおおよそどのくらいの大きさであるかを（10の指数によって）すばやく評価できるからだ。

083 不尽根数 SURDS

　$\sqrt{2}$は**無理数**なので、分数として正確に書き表すことはできない。そればかりか、小数展開が無限に続き、循環節もないので有限小数や循環小数の形でも書けない。実際、$\sqrt{2}$を正確に表現するのに一番いい表記方法は「$\sqrt{2}$」だ。

　だから、計算の結果に$\sqrt{2}$が含まれるときには、この形のまま、たとえば$3+\sqrt{2}$のような形で正確性を維持するのはもっともなことだ。このように表現される数を**不尽根数**（surds）と呼ぶ（この呼び方は、「無言

を意味するラテン語のsurdusに由来しており、無理数に対するアル＝フワーリズミーの見方を示している）。

これは、ほかの自然数の平方根についても同様だ。こうした不尽根数としての表記を維持するのは、小数や分数で近似するよりも理にかなっているのだが、できるだけ簡潔に表記したいという思いもある。そのため、不尽根数を扱うにあたっては、$\sqrt{a \times b} = \sqrt{a} \times \sqrt{b}$、$\sqrt{a^2} = a$ を利用して完結に表記するのが習わしだ。たとえば、$\sqrt{12}$ は次のように書ける。$\sqrt{4 \times 3} = \sqrt{4} \times \sqrt{3} = 2\sqrt{3}$。

084 分母の有理化 RATIONALIZING THE DENOMINATOR

$\frac{2}{1+\sqrt{3}}$ のような表記について、分子にだけ平方根のある形に簡略化したいと思うことはよくある。実際それは、任意の分数に対して、分子と分母に同じ数を掛けることでいつでも可能だ。ただし、掛ける数を正しく選ぶところに技巧を要する。今回の例の場合、$1-\sqrt{3}$ を掛ければいい。すると次のようになる。

$$\frac{2}{1+\sqrt{3}} = \frac{2 \times (1-\sqrt{3})}{(1+\sqrt{3}) \times (1-\sqrt{3})} = \frac{2-2\sqrt{3}}{1+\sqrt{3}-\sqrt{3}-\sqrt{3} \times \sqrt{3}}$$

$$= \frac{2-2\sqrt{3}}{1-3} = \frac{2-2\sqrt{3}}{-2} = \sqrt{3}-1$$

一般に、分数の分母が $a+\sqrt{b}$ であれば、分母と分子に $a-\sqrt{b}$ を掛けることで有理化できる。こうすることで、分母が整数 a^2-b になるからだ。

085 巨大数 LARGE NUMBERS

巨大な数はいつも人を（少なくとも、特定の志向の人たちを）強く惹きつけてきた。古代インドにおけるジャイナ教徒の数学者は、極めて大きな数に、深遠で神秘的な意義を与えた。そして**ラッジュ**を、神が6カ月で進む距離だと定義した。

ちなみに、神は瞬きする間に100万キロメートル進む。この定義のもとで、1辺の長さが1ラッジュで、羊毛の詰まった立方体の箱を思い描く。そして、**パルヤ**を、1世紀に1本の羊毛を取り除きながら箱を空にするのにかかる時間だとした。

ジャイナ教徒たちはさまざまな種類の無限論を発展させたばかりか、ゲオルク・カントールの**集合論**を2000年以上も先取りしていた。

086 アルキメデスの砂粒を算えるもの
ARCHIMEDES' SAND RECKONER

アルキメデスは紀元前250年ごろの著作、『砂粒を算えるもの』のなかで、宇宙を埋め尽くすのに必要な砂粒の数を見積もった。その答は、わずか10^{63}個あればいいというものだった。この数自体には問題がある。というのもこれは、アルキメデスの時代の、太陽を中心とした宇宙論をもとに計算されたものだからだ。当時の宇宙論では、星は太陽から一定の距離のところにあると考えられていた。

それにもかかわらず、この著作は非常に大きな自然数と無限大という重要な概念の区別を明確にしたという点で大変優れたものだ。『砂粒を算えるもの』はくだらない戯言などではない。アルキメデスは当時一般的だった誤解を正そうとしていた。当時、どんな大きな数でも宇宙を計ることはできず、砂が無限に必要だと考えられていたのだ。

087 累乗を高く積みあげる TOWERS OF EXPONENTIALS

現代数学を利用して巨大数をうまく書き表すにはどうすればよいだろうか？　まずは、通常の10進記数法にしたがった表記で書きだしてみよう。この方法にしたがうと**グーゴル**（10の100乗）は次のようになる（「グーゴル」とは1938年、当時9歳のミルトン・シロッタが造った言葉だ）。

10,000,000,000,000,000,000,000,000,000,000,000,000,000,000,000,000,000,000,000,000,000,000,000,000,000,000,000,000,000,000,000,000,000

1の次に0を100個並べるのだが、10^{100}と書くほうが簡単だろう。累乗は大きな数を表現するのに適しているのだ。

おおよそどんなものを数えるにしても、累乗さえあれば大丈夫だ。宇宙にある原子の数はおおよそ10^{80}個であり、考えられるチェスのゲームの数は10^{123}ほどと見積もられる。

しかし、大きな数はいくらでも作れる。**グーゴルプレックス**とは1のあとにグーゴル個の0が続く数だ（「グーゴルプレックス」という言葉はミルトン・シロッタのおじである、数学者エドワード・カスナーが選んだものだ）。累乗を使った表記では、次のようになる。

$10^{100000000000000000000000000000000000000000000000000000000000000000000000000000000000000000000000000000}$

$10^{10^{100}}$ か $10^{10^{10^3}}$ と書くほうが、理解しやすいだろう。ここから、$10^{10^{10^{10^{10}}}}$ のように、累乗を高く積みあげることによって、系をいくらでも拡張していけることがわかる。累乗を高く積むよりも大きな数を作りだすには、クヌースの矢印表記が必要だ。

088 クヌースの矢印表記 KNUTH'S ARROWS

ドナルド・クヌースという名は、どの数学者の心にも刻まれている。組版処理プログラム *TeX* の開発者として、多くの本や専門誌において、現代の数学の見栄えをおおいに担っているからだ。1976年に、クヌースは巨大数を書きだすための効率的な表記法を考案した。これは、反復にもとづくものだ。

累乗は掛け算の繰り返しで、たとえば $4^3 = 4 \times 4 \times 4$ だ。これを矢印1つで表し、$4 \uparrow 3 = 4^3 = 64$ とする。矢印を2つ続けて書いた場合、2番目の矢印は直前の矢印 ($4\uparrow$) をその右の数だけ繰り返すことにする。つまり、$4 \uparrow\uparrow 3 = 4 \uparrow 4 \uparrow 4$、これは 4^{4^4} ということだ。これはグーゴルよりもかなり大きく、また、$4 \uparrow\uparrow 4$ は $4^{4^{4^4}}$ であり、これに比べればグーゴルプレックスなど小さな数だ。

同様に、矢印を3つ続けた場合、3番目の矢印は2番目までの繰り返しだ。$4 \uparrow\uparrow\uparrow 3 = 4 \uparrow\uparrow 4 \uparrow\uparrow 4$ であり、これは $4^{4^{\cdots^4}}$ となる。このタワーは 4^{4^4} 階建てだ。これは途方もなく大きな数で、ほかの方法で表すのはもはやほぼ不可能だ。さらに4番目の矢印は3番目の矢印の繰り返しとして定義され、以降同様に続く。

この表記の次なる問題は、矢印の数が手に負えないほど多くなることだ。これを阻止するために、$4 \uparrow\uparrow\uparrow\cdots\uparrow 3$ (矢印が n 本ある) の省略表示として、$4\{n\}3$ と書くことにする。

それでもまだ手に負えない数に対しては、もっと効果的な表記法が必要となる。たとえば、バウアーズの演算子がそうだ。

089 バウアーズの演算子 BOWERS' OPERATORS

テキサス州に住むアマチュア数学愛好家であるジョナサン・バウアーズは、多くの時間をかけてそれまでにないほどの巨大な数を見つけ、それらに名前をつけた。これを書いている時点で最も大きな数はミーミーミーロッカプーワ・ウンパと名づけられた巨大数だ。バウアーズが考えたのは、クヌースの矢印を遥かに拡張するプロセスだ。

初めの演算子は $\{\{1\}\}$ であり、次のように定義していく。

$$m\{\{1\}\}2 = m\{m\}m$$
$$m\{\{1\}\}3 = m\{m\{m\}m\}m$$
$$m\{\{1\}\}4 = m\{m\{m\{m\}m\}m\}m$$

これで数学のすべての定数のなかで最も大きなものの1つ、**グラハム数**を突き止めるにはじゅうぶんだ。続けて演算子 $\{\{2\}\}$ を以下のように定義する。

$$m\{\{2\}\}2 = m\{\{1\}\}m$$
$$m\{\{2\}\}3 = m\{\{1\}\}(m\{\{2\}\}2)$$
$$m\{\{2\}\}4 = m\{\{1\}\}(m\{\{2\}\}3)$$

さらに、演算子 $\{\{3\}\}$、$\{\{4\}\}$ 以降も同様に定義する。

ここで、$\{\{\{1\}\}\}$ を使って次の段階に進もう。$\{\{-\}\}$ と $\{-\}$ に関係性があったように、この演算子 $\{\{\{1\}\}\}$ は $\{\{-\}\}$ と関係性がある。括弧を示す新しい関数を導入して続けていけばいい。つまり、$[m, n, p, q]$ と書いて、$m\{\{……\{p\}……\}\}n$ (括弧は q 組ある) を意味することにする。もちろん、バウアーズはこれでやめてしまったわけではなく、この考え方をさらに並外れた高みへと拡張している。それでも一部の数、たとえばフリードマンのツリー数列 $TREE(3)$ のようなものには手が届きそうもない。

090 グラハム数 GRAHAM'S NUMBER

グラハム数は、これまでに実際に用いられた最も大きな数として引き合いに出されることがたびたびある。グラハム数の前に最も大きな数としての記録を持っていたのは、**スキューズ数**であり、これはわずか $10^{10^{10^{34}}}$ だった (グラハム数が変わらず王座に君臨できるかどうかは $TREE(3)$ のようなものが有益だとみなされるか否かによる)。スキューズ数は累乗の低いタワーとして簡単に書けるが、グラハム数の場合はバウアーズの演算子のように何らかの難しい仕組みの力を借りなくては書けない。バウアーズの演算子を使って書くなら、グラハム数は $3\{\{1\}\}63$ と $3\{\{1\}\}64$ の間にある。

その大きさについて説明するために、3^{3^3} (これは、7,625,597,484,987) から考えよう。ここで、新たに3の 3^{3^3} 階建てのタワーを建てる。この数を A_1 とする (これはすでに想像できないくらい大きい)。そして A_2 を3の A_1 階建てのタワーとして建て、A_3 を3の A_2 階建てのタワーとして建てる。

この手続きを A_{A_1} まで繰り返す。この数を B_1 とする（クヌースの矢印表記では $3\uparrow\uparrow\uparrow\uparrow 3$）。次に B_2 を $3\uparrow\uparrow\cdots\uparrow 3$（矢印が B_1 本ある）とする。略記するとこれは $B_2 = 3\{B_1\}3$ だ。次に、$B_3 = 3\{B_2\}3$、$B_4 = 3\{B_3\}3$ のように続ける。

グラハム数は B_{63} と B_{64} の間にある。1977 年にロナルド・グラハムがこの数を用いて以来、**ラムゼー理論**における未解決問題の解の推定値の上限になっている。

091 フリードマンのツリー数列 FRIEDMAN'S TREE SEQUENCE

1980 年代に、論理学者ハーヴェイ・フリードマンは、ラムゼー理論に由来する、急速に成長する数列を発見し、それを**ツリー**と呼んだ。$TREE(1) = 1$、$TREE(2) = 3$ のように数列は無難に始まる。ところが、$TREE(3)$ になると急に壁にぶつかってしまう。$TREE(3)$ はバウアーズの演算子でさえ書き表し切れないのだ。フリードマンは通常の数学の言葉で $TREE(3)$ を書き表そうとどう挑んでも、必ず「不可解なほど多くの記号」（たとえば、グラハム数よりも多くの記号）を含むことになるだろうことを悟った。本質的に、書き表せないのだ。バウアーズの演算子をどんどん高く積みあげて宇宙の果てまでたどり着いたとしても一向に書き切る見込みはないだろう。

フリードマンのツリー数列は急速に成長するので、（**ペアノ算術**で形式化されているような）通常の数学ではどうしてもうまく処理できない。それゆえに、これは**ゲーデルの不完全性**の具体例として認められたものの 1 つとされる。

092 連分数 CONTINUED FRACTIONS

連分数とは、以下のようなものだ。

$$a + \cfrac{b}{c + \cfrac{d}{e + \cfrac{f}{g + \cdots}}}$$

これは簡略化して次のように表記することもできる。

$$a + \frac{b}{c+} \frac{d}{e+} \frac{f}{g+}$$

通常、a、b、c、d、e、f、g …… は整数だ。数列 a、b、c、d …… が、

ある一定の数に収束する連分数を作りだすのか、無限へと発散する連分数を作りだすのかは、簡単には判断できない問題だ。

とはいえ、収束する連分数の例はたくさん知られている。無限連分数として、最も簡潔なのは、以下に示す**黄金分割**の連分数だ。

$$\varphi = 1 + \frac{1}{1+} \frac{1}{1+} \frac{1}{1+} \frac{1}{1+} \cdots$$

もう1つの例は、2の平方根を表す以下の連分数だ。

$$\sqrt{2} = 1 + \frac{1}{2+} \frac{1}{2+} \frac{1}{2+} \frac{1}{2+} \cdots$$

レオンハルト・オイラーは、連分数がずっと続いて収束するのであれば、それは**無理数**を表すということを示した。そして、数 e が以下に等しいことを示し、それによってこれが無理数であることを示したのである。

$$e = 2 + \frac{1}{1+} \frac{1}{2+} \frac{1}{1+} \frac{1}{1+} \frac{1}{4+} \frac{1}{1+} \frac{1}{1+} \frac{1}{6+} \cdots$$

ここであげたものはすべて分子が1であり、**単純連分数**と呼ばれる。

093 非単純連分数 NON-SIMPLE CONTINUED FRACTIONS

e を表す**非単純連分数**は次の通りだ。

$$e = 2 + \frac{1}{1+} \frac{1}{2+} \frac{2}{3+} \frac{3}{4+} \frac{4}{5+} \frac{5}{6+} \cdots$$

ごく初期の連分数の1つに、17世紀初期、ウィリアム・ブランカー卿が見出した次のようなものがある。

$$\frac{4}{\pi} = 1 + \frac{1^2}{2+} \frac{3^2}{2+} \frac{5^2}{2+} \frac{7^2}{2+} \cdots$$

これを操作すれば π の連分数が得られる。とはいえ、π の連分数にはなおも謎がある。

また、ラマヌジャンの連分数は非単純であるだけではなく、連分数を構成する要素が整数ですらない。

094 ラマヌジャンの連分数
RAMANUJAN'S CONTINUED FRACTIONS

インド出身の天才、シュリニヴァーサ・ラマヌジャンの友人であり、よき相談相手でもあったG・H・ハーディによると、ラマヌジャンは「世界

中のどの数学者よりも連分数を理解」していたという。ラマヌジャンは、連分数を含んだ目覚ましい公式をいくつも見出した。その多くは、ラマヌジャンの死後、乱雑に書き込まれたノートから発見されたものだ。ラマヌジャンはそれらの公式を証明しなかっただけではなく、その知的な離れ技による驚くべき偉業の数々をどのようにして成し遂げたのか、手がかりさえ残していなかった。それらの公式の証明は後世の数学者たちに委ねられ、ラマヌジャン独自の表記のなかには現在もなお解読されていないものもある。

095 連分数を作る FORMING CONTINUED FRACTIONS

通常の分数 $\frac{43}{30}$ を、単純連分数で表す方法を考えよう。基本的な手順は以下の2つだ。まず、整数部分と分数部分にわける。つまり、$\frac{43}{30}$ を $1+\frac{13}{30}$ のように分割する。次に、分数部分の上下を入れ替えたものを分母として1の下に置く。するともとの分数は次のようになる。

$$1+\cfrac{1}{\left(\cfrac{30}{13}\right)}$$

ここで、$\frac{30}{13}$ に対して同じ処理を繰り返す。まずは整数部分を切りはなして、$2+\frac{4}{13}$ とする。それから分数部分の上下を逆にして $2+\cfrac{1}{\left(\frac{13}{4}\right)}$ とする。これを先の手順と合わせれば以下の通りになる。

$$1+\cfrac{1}{2+\cfrac{1}{\left(\cfrac{13}{4}\right)}}$$

$\frac{13}{4}$ の整数部分をわけて、最終的な結果は次のようになる。

$$1+\cfrac{1}{2+\cfrac{1}{3+\cfrac{1}{4}}}$$

いまは有理数を考えているので、この手順を有限回繰り返すことでプロセスは完了する。無理数の場合、このプロセスは無限に続く。

また、これは**単純連分数**になる。というのも、分数を構成する数字がすべて整数で、分子はすべて1だからだ。実数は必ず単純連分数で書き表すことができるし、その方法は1通りしかない。

096 πの単純連分数 PI'S SIMPLE CONTINUED FRACTION

単純連分数は、次のような形をとる。

$$a + \cfrac{1}{b + \cfrac{1}{c + \cfrac{1}{d + \cdots}}}$$

これを $(a、b、c、d、……)$ と表すことにする。

ややこしい問題の1つに、π を表す単純連分数がある。その数列は以下のように始まる。3、7、15、1、292、1、1、1、2、1、3、1、14、2、1、1、2、2、2、2、1、84、2、……。2003年にはエリック・ワイスタインが1億番目の項まで計算している。ところが、そこに隠されたパターンは明らかになっていない。

初めの数項を残して計算することで、π を分数で近似することができる。たとえば、$3、\frac{22}{7}、\frac{333}{106}、\frac{355}{113}、\frac{103993}{33102}$ などがそうだ。

097 ヒンチンの定数 KHINCHIN'S CONSTANT

任意の実数 x から新しい数 K を作りだす方法を紹介しよう。

I. x は単純連分数として、一意に表示できる。つまり、π の場合と同じように、x を簡潔に表現する数列 $(a、b、c、d、e、……)$ が得られる。

II. ここで、新しい数列 $\sqrt{ab}、\sqrt[3]{abc}、\sqrt[4]{abcd}、\sqrt[5]{abcde}、……$ を作る。

III. すると、この数列は特定の数に近づく。その数こそ K で、数列 $(a、b、c、d、e、f、……)$ の幾何平均となる。

これは複雑なプロセスに思えるかもしれないが、じつに驚くような結末が待っている。なんと、x がおおよそどんな値であっても、K の値は同じになるのだ。その驚くべき数は $2.685452……$ で、**ヒンチンの定数**という。これは1936年にこの数を見出したアレクサンドル・ヒンチンの名にちなんでいる。

x がいかなる値であっても結果が同じ値になるというわけではない。たとえば、x が有理数ならば K にはならない。また e も K にはならない。とはいえ、こうした例外よりも、数列がヒンチンの定数に収束していくもののほうが数では遥かに勝っている。

ランダムに実数を選びだすと、その数が K に収束する確率はほとんど100%だ。だから、x がどんな値であっても K に行き着くことをまだ誰も証明していないというのは、驚くべき事態である。π は K に収束するように見えるが、完全な証明はまだ見つかっていない。K 自体も非常に謎めいていて、無理数であるかどうかも判然としない。

Transcendental Numbers

098 超越数 TRANSCENDENTAL NUMBERS

無理数は、整数の分数として書き表すことができない数だ。たとえば、$\sqrt{2}$ がそうだ。$\sqrt{2}$ は無理数ではあるが、整数のような無難なものから、さほどかけはなれてはいないという見方もある。$\sqrt{2} \times \sqrt{2} = 2$ のように、掛け算をするだけですぐに整数に戻す方法があるからだ。

π のような**超越数**ではそうはいかない。$\pi \times \pi$ は整数ではないし、$3\pi \times \pi \times \pi$ や $1001\pi^5 + 64\pi$ も整数ではない。じつのところ、足し算、引き算、掛け算、割り算によって、超越数を整数に戻すことはできないのである。

数 a が超越的であるとは、整数からなる**多項式**に a を代入したときに、整数値となるようなものが存在しないということだ。

超越数はすべて無理数である。しかし、$\sqrt{2}$ のような有理数の根、あるいはべき乗のすべてなど、多くの無理数は超越的ではない。超越的ではない数を**代数的**という。

099 πとeの超越性 THE TRANSCENDENCE OF PI AND E

超越数は、1844年にジョゼフ・リウヴィルが初めて発見した。リウヴィルの発見した数のなかで最も有名なのは 0.110001000000000000000001000……だ。1が1桁目、2桁目、6桁目、24桁目、といった具合に整数を階乗したときの数の順に登場する。

超越数の発見は間違いなくすばらしいものだったが、リウヴィルの発見した数は、何か重要性があるものというよりも、人工的で珍しいもののように思われた。

しかし、1873年にシャルル・エルミートが、e は超越数であることを示し、数学の範疇での超越数の重要性を確固たるものにした。1882年、フェルディナント・フォン・リンデマンが π も超越数であることを示した。これで、古くから続いた**円を正方形にする問題**に決着がついた。

超越数の重要性は確かなものとなったが、超越数がいくつあるのかをゲオルク・カントールが明らかにするとは誰も予測していなかった。

100 超越数の不可算性
CANTOR'S UNCOUNTABILITY OF TRANSCENDENTAL NUMBERS

ゲオルク・カントールの**集合論**は、古くからある、1つの性質としての無限という概念を打ち破るものだった。カントールによる、実数の不可算性と有理数の可算性を示す証明によって、無理数が有理数よりも無限に多いことがわかったのである。

しかし、カントールが成し遂げたのはそれだけではなかった。代数的数には有理数が含まれ、さらには$\sqrt{2}$のようなより一般的な無理数も多く含まれている。カントールは、すべての有理数と同様に、代数的数もまた可算であることを示したのだ。

それによってすばらしい結果が得られた。超越数は、風変わりで変則的なものではなく、ごくふつうのものなのだ。実際、ほぼすべての実数が超越的だ。私たちが最もよく使い、慣れ親しんでいる数である整数や有理数や代数的数は、超越数の宇宙のなかではほんの欠片にすぎない。

101 超越数論 TRANSCENDENTAL NUMBER THEORY

ゲオルク・カントールは、ほぼすべての実数が超越的であることを示した。そうであるなら、具体的な例が見つけにくいというのは意外なことだ。しばらくの間は、リウヴィル数やeやπだけが知られていた。

1900年にヒルベルトは未解決問題を発表した。その第7番目の問題のなかで、初めて超越数の難しさの核心、すなわち、超越性と累乗はどのように影響し合うのかという点に言及した。

これに対する回答として、1934年に、**ゲルフォント-シュナイダーの定理**という超越性に関して初めてとなる強力なルールが提示された。その定理によれば、もしもaが(0でも1でもない)代数的数であり、bが有理数ではない代数的数であれば、a^bは常に超越数であるという。だから、たとえば、$\sqrt{2}^{\sqrt{2}}$や$3^{\sqrt{7}}$は超越的といえる。これが発端となり、6指数定理や1960年代のアラン・ベイカーによる先進的な研究のような数々の成果が生まれた。ベイカーには、その研究成果が評価されフィールズ賞が授与されている。

ベイカーの研究は$b \ln a$という形をとる数の合計を調べるものだった。その結果から、ゲルフォント-シュナイダーの定理はa^bという形の

数の積にまで拡張された（ただしaとbはどちらも代数的でaは0でも1でもなく、bは有理数ではない）。これによって、たとえば$2^{\sqrt{3}} \times 5^{\sqrt{7}} \times \sqrt{10}^{\sqrt{11}}$というようなものも超越数であるとわかり、超越数の既知の例が大幅に増えた。

とはいえ、超越性というのは相変わらず突き止めるのが極めて難しいものだ。いまでさえ、e^e、$e+\pi$をはじめとして多くの数が超越数かどうかわかっていない。こうした未解決問題のほとんどは、シャヌエル予想が解決すれば決着がつくだろう。

102 6指数定理 SIX EXPONENTIALS THEOREM

6指数定理はジーゲル、シュナイダー、ラング、ラマチャンドラによって証明された。この定理は、超越数論の中心的問題である、「累乗によってどのくらいの頻度で超越的な結果が生まれるのか」に挑むものである。

定理によると、aとbが**線形独立**（どちらも相手を有理数倍したものではない［たとえば、$a \neq \frac{1}{2}b$］）な複素数で、x、y、zもお互いに線形独立な複素数（たとえば［$x \neq \frac{1}{3}y + \frac{2}{5}z$］）ならば、$e^{ax}$、$e^{bx}$、$e^{ay}$、$e^{by}$、$e^{az}$、$e^{bz}$のうち少なくとも1つは超越的だという。

zがなくても同じことが成り立つかどうかは**4指数問題**として知られる未解決問題である。この問題も、シャヌエル予想が解決すれば決着がつくだろう。

103 シャヌエル予想 SCHANUEL'S CONJECTURE

超越数論の始まり以来、重大な問題は一貫して、累乗すると超越性がどうなるかというものだった。1960年にスティーヴン・シャヌエルは、これについての包括的な予想を立てた。それは、もしも証明されれば、超越性全般に対して私たちが持つ理解を変えるであろうものだった。もっといえば、シャヌエル予想は超越数について知られている定理をほぼすべて組み込むだろうし、同時に、4指数問題、e^eや$e+\pi$の超越性などの何百もの未解決問題を片づけるだろうと思われている。

シャヌエル予想は、**ガロア理論**の専門用語で言い表されているが、要するに、ものすごく驚くようなことは待ちかまえていないというものだ。つまり、超越性と累乗は、予測し得る程度の単純な方法で互いに影

響するということだ。

　数論の専門家であるデイヴィッド・マッサーによると、シャヌエル予想は、証明できないくらいに難しいとされている。ところが、2004年にボリス・ジルバーが**モデル理論**の方法を適用して、シャヌエル予想が正しいはずだという間接的だが強力な証明を提示した。その洞察が極めて重要な予想の証明となっているかどうかを、目下調べているところだ。

Ruler and Compass Constructions

104 定規とコンパスによる作図
RULER AND COMPASS CONSTRUCTIONS

　幾何学の世界には風変わりな図や形が満ちあふれている。たいてい私たちはそれを高尚な理論的視点から考える。

　さて、どのようにすればそれらを実際に作図できるだろうか？　この問いを突き詰めると、そうした形のうちどれが最も単純な道具、つまり直線を引くための定規と、円を描くためのコンパスだけで作図できるだろうか、ということになる。これぞ、古代ギリシャの数学者を魅了した問題だ。

　このプロセスを定規とコンパスによる**作図**と呼ぶ。ただし、定規は長さを測るためには使わない、つまり、直線を引くためだけの道具とする。同様に、コンパスはすでに作図された直線の長さに合わせて（あるいはランダムに選んだ長さに）開くだけだ。

　ガウスの十七角形の作図のように、特別な例が克服されるにつれ、基盤となる幾何学の原則がしだいに明らかになった。19世紀のピエール・ヴァンツェルの功績、および**作図可能な数**の発展によって、この問いは幾何学の世界からすっかり取り除かれ、代数的数論の分野に位置づけられていった。

105 線分を2等分する　BISECTING A LINE

　紙の上に点が2つ打ってある。そして、2点のちょうど真ん中の点を、定規とコンパスだけを使って見つけたいとしよう。**ユークリッドの『原論』**の命題1.10に、次のような解答が示されている。

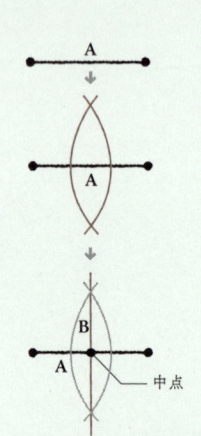

I. 2点を直線(A)で結ぶ。
II. 次に、2点間の距離の半分よりも長くコンパスを開く。コンパスの針を片方の点に置き、直線Aと交わるように弧を描く。コンパスの幅は変えずに、もう片方の点を中心とした弧も描く。
III. 2つの弧は2カ所で交わるはずだ。2カ所を直線(B)で結ぶ。
IV. 直線Aと直線Bの交点が求める点だ。

じつは、この作図法で見つかるのは中間点だけではない。直線Bは直線Aの**垂直2等分線**になっている。

106 平行線を作図する CONSTRUCTING PARALLEL LINES

ユークリッド幾何学の基本的な公理に**平行線公準**がある。この公理によれば、任意の直線LとL上にない任意の点Aに対して、Aを通りLに平行な直線が存在する。この直線は、定規とコンパスで作図できるだろうか?

『原論』の命題1.31は、それができることを示している。まず、AからLへの距離を超える幅にコンパスを開く。作図が終わるまでその幅は変えないこと。☞Fig

I. Aを中心として円(X)を描く。これは2カ所でLと交わる。そのうちの片方をBとする。
II. Bを中心としてもう1つの円(Y)を描く。これもLと2カ所で交わる。片方をCとする。
III. Cを中心として3つ目の円(Z)を描く。これはB、およびもう1点で円Xと交わる。その点をDとする。
IV. 直線ADはLに平行となる。これが求める直線だ。

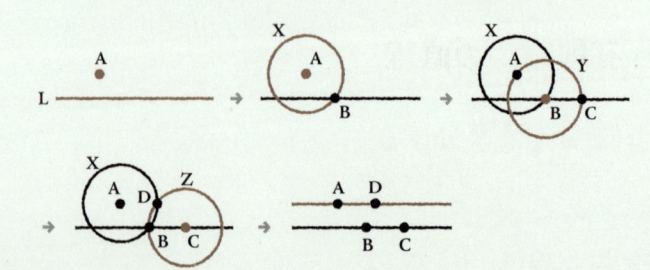

107 線分を3等分する TRISECTING A LINE

線分は定規とコンパスだけで2等分できたので、4等分も8等分も16等分も、2等分を繰り返すだけでできる。では3等分はできるだろうか？『原論』の命題6.9で、ユークリッドはこれが可能であることを示している。☞Fig

I. 線分ABを3つにわけるために、まずAを通る直線(L)をもう1本引く。

II. L上の任意の点(C)を選び、L上にもう1点Dをとる。このとき、コンパスを使ってAからCへの距離とCからDへの距離が同じになるようにする。

III. 同じ手順を繰り返し、L上に3つ目の点Eをとる。このとき、AからCへの距離がDからEへの距離と等しく、つまり、CがAからEへの線分の3分の1の点になるようにする。

IV. 新しい直線MでEとBを結ぶ。

V. Cを通る直線Nを、Mに平行になるように引く。

VI. 直線NがABと交わる点がAからBへの線分の3分の1の点になる。

ただし、5番目の手順を行うには、平行線の作図が必要である。

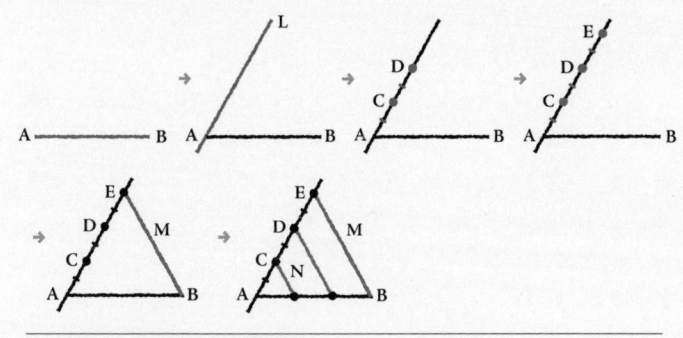

108 有理数長の直線 LINES OF RATIONAL LENGTH

線分を3等分する方法は、好みの数に等分する方法へと簡単に一般化できる。長さ1の線分さえあれば、長さ$\frac{x}{y}$の線分を自由に作ることができる(ここで$\frac{x}{y}$は任意の有理数)。

まず、線分をy等分する。次に、等分してできた部分をx個つなげる(コンパスで長い線分の一部を切り取る)。これによって、どんな有理数で

も作図できることがわかる。すべてではないが、一部の無理数も作図可能だ。たとえば、平方根の作図方法が存在する。

109 角を2等分する BISECTING AN ANGLE

ある角度で交わる2本の直線が描かれた1枚の紙がある。

取り組みたいのは、定規とコンパスだけを使ってその角度を半分にすることだ。解法はユークリッドの『原論』の命題1.9に書かれている。☞Fig

I. コンパスを任意の幅に広げる。角の頂点(V)にコンパスの針を刺して、2本の直線と交わるような弧を描く。交わった点を点A、Bとする。
II. コンパスをじゅうぶんに大きく広げて、Aを中心とする円を描く。
III. コンパスの幅は変えずに、Bを中心にしてもう1つの円を描く。
IV. 2つの円は交わるはずなので、交点をCとする。
V. VとCを直線で結ぶ。これが角の2等分線となる。

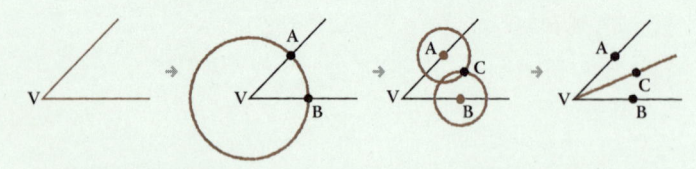

110 角を3等分する TRISECTING AN ANGLE

角を2等分する手順に特にややこしいところはない。しかし、一般的な角を3等分できるかという問題は遥かに難しい。

アルキメデスもその問題に挑んだ1人だ。そして、**アルキメデスの螺旋**を描くための道具を特別に追加することで、任意の角を3等分する方法を見出した。

しかし、定規とコンパスだけを使って角の3等分線を描くことは、アルキメデスを含め誰にもできなかった。

近似的作図方法はいくつか見つかった。たとえば、角と交差する弦を描き、その弦を3等分するというのがそうだ。

難問が解決したのは1836年になってからだ。定規とコンパスを使っただけでは角の3等分はできないということを、ピエール・ヴァンツェルが代数的に証明したのである。とはいえ、直角のような特別な場合には3等分可能だ。

‖3 アルキメデスの螺旋を使って角を3等分する
TRISECTING AN ANGLE USING A RULER, COMPASS, AND ARCHIMEDEAN SPIRAL

　原点Oを頂点とする、水平な直線と傾きのある直線がなす角があるとする。まず、Oを中心とする螺旋を描く。螺旋は、ある点Aで傾きのある直線と交わる。

　螺旋の定義$(r=\theta)$から、螺旋上の任意の点において、原点までの距離は、その点と原点とを結んだときの角度に等しい。そうすると、角を3等分するというのは、AからOまでの距離を3等分することと同じことになる。もちろん、線の3等分は作図可能だ。3等分した結果の距離を、たとえばXとしよう。コンパスをXだけ開き、これを使って原点からの距離がXである螺旋上の点Bをとる。これで角の3等分が完了だ。☞Fig

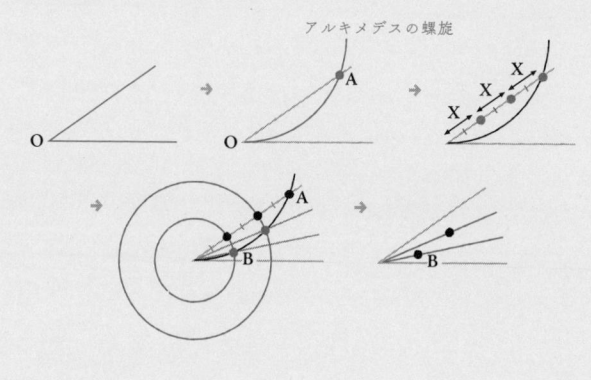

アルキメデスの螺旋

‖2 正三角形の作図
CONSTRUCTING AN EQUILATERAL TRIANGLE

　ユークリッドの『原論』の命題1.1は、正三角形が定規とコンパスで作図できることを示している。たとえば、AとBを端点に持つ線分があるとしよう。問題は、ABCが正三角形になるような点Cを見つけることになる。ユークリッドの解法は以下の通りだ。☞Fig

I.　コンパスをAB間の距離に合わせる。Aを中心として、Bを通る弧を描く。

II.　コンパスの幅はそのままで、Bを中心としてAを通る弧を描く。

III.　2つの弧の交点がCだ。

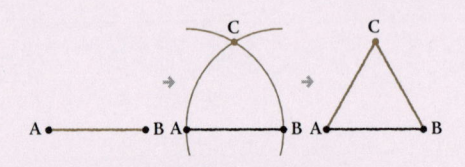

113 正方形と正五角形を作図する
CONSTRUCTING SQUARES AND PENTAGONS

　最も単純な正多角形である正三角形は作図可能だ。2番目の正多角形である正方形はどうだろうか？

　ユークリッドの『原論』の命題1.46で、これも作図可能であることが示されている。手順としては、直線L上の1点Aで直角を作ればいい。これは、Aの両側に等しい距離で点Bと点Cを取り、線分BCを2等分することで得られる。

　『原論』では正五角形、正六角形、正十五角形の作図方法も示されている。☞Fig

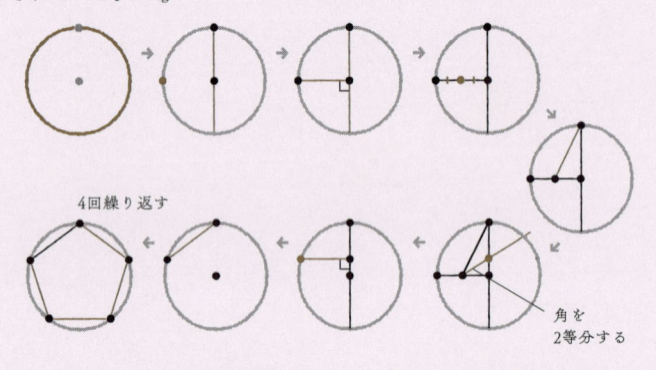

4回繰り返す

角を2等分する

114 ガウスの十七角形
GAUSS' HEPTADECAGON

　ユークリッドによる正多角形の作図方法は、ほかの多角形にも拡張できる。数学者の手により、正n角形はだいたい作図できるようになった（n=3、4、5、6、8、10、12、15、16、20、24、30、32、40、48、60、64、……）。この状況は2000年間変わらなかった。これはおおいに不満だった。7本、9本、11本、……の辺を持つ多角形は作図できないのだろうか？　もしもできないのなら、この数列にはどういった意味があるのだろうか？　ただ単に、正しい方法がまだ見つかっていないだけなのだろうか？

1796年、カール・フリードリヒ・ガウスが正十七角形の作図が可能だと発表し、数学界に衝撃を与えた。作図可能な多角形についての**フェルマー素数**を用いた分析のなかにその説明があった。

ガウスは自分の発見に興奮するあまり、自分の墓石にその形を刻んでほしいと求めた。しかし、石工は円のように見えると言い張り、ガウスの要望を断った。ドイツのブラウンシュヴァイクというガウスの故郷の町では、ガウスを讃える像に彼の愛した十七角形が添えられている。

115 作図可能な多角形 CONSTRUCTIBLE POLYGONS

ガウスが十七角形の作図方法を見つけたため、作図可能な多角形の列(3、4、5、6、8、10、12、15、16、17、20、24、30、32、40、48、60、64、……)はなおさら不可解なものに見えるだろう。ただし、ガウスは17本の辺を持つ多角形が作図可能であるという事実をただ偶然発見したのではなく、数nが特定の形式であれば正n角形は作図可能であるということも示していた。

その形式というのは、nの素因数分解と関係がある。もしもnが2のべき乗であればn角形は作図可能である。そうでない場合、n角形が作図可能であるためには、nを素因数分解したときに出てきていい素数は、フェルマー素数、すなわち、$2^{2^m}+1$という形に限られる。たとえば、$3(=2^{2^0}+1)$や$5(=2^{2^1}+1)$、それにもちろん$17(=2^{2^2}+1)$はフェルマー素数だ。さらに、フェルマー素数は、nの素因数分解のなかに1回しか出てきてはならない。

だから、ガウスが示した作図可能性の保証規準は次の通りだ。$n = 2^k \times p \times q \cdots \times s$($k$は任意の自然数、$p$、$q$、……$s$は異なるフェルマー素数)。ガウスはこれが必要条件でもあると予想した。つまり、この条件が満たされる場合のみ、n角形が作図可能なのだ。そのことは、1836年にピエール・ヴァンツェルによって証明された。

作図可能な多角形がもっとたくさん見つかるかどうかは、フェルマー素数がどれほど存在するかにかかっている。

116 平方根を作図する CONSTRUCTING A SQUARE ROOT

『原論』の2.14で、ユークリッドは定規とコンパスだけで平方根を作図する方法を示している。2つの長さ、1とxが与えられているとし

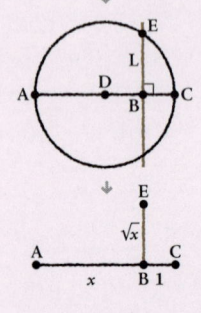

よう（簡略化のため、$x>1$とするが、この方法は$x<1$の場合にも簡単に応用可能である）。ここでの問題は、長さ$\sqrt{x}$の線分を新たに作図することである。☞Fig

I. 初めに、2本の直線を並べてつなげ、長さ$x+1$の線分ACを作る。2本の線のつなぎ目を点Bとする。

II. ACを2等分し、2等分点をDとする。

III. コンパスの幅を長さADに合わせ、Dを中心として円を描く。

IV. 次に、Bを通り、ACに直交する直線Lを引く。

V. Lが円と交わる点をEとする。

VI. 線EBの長さが$\sqrt{x}$である。

これが成り立つ理由は、DEの長さがACの半分の$\frac{x+1}{2}$、DBの長さが$\frac{x+1}{2}-1=\frac{x-1}{2}$であり、$EB$の長さを$y$として三角形$DBE$においてピタゴラスの定理を使うと、$y^2+\left(\frac{x-1}{2}\right)^2=\left(\frac{x+1}{2}\right)^2$となるからだ。これを計算すれば、$y=\sqrt{x}$であることがわかる。

117 円を正方形にする SQUARING THE CIRCLE

　円が与えられたとき、定規とコンパスのみを使って、その円と同じ面積を持つ正方形を作図する。**円積問題**とも呼ばれるこの問題は、古代ギリシャの時代から数学者を悩ませてきた。これはさらに古い問題であるπにも密接に関連するものだ。

　円の半径を1とする。すると、面積は$\pi \times 1^2 = \pi$となる。そこで求めたい正方形の辺の長さは$\sqrt{\pi}$でなくてはならない。長さ$\sqrt{\pi}$の線分を作図できれば正方形を作ることができる。すなわち、この問題の核心は$\sqrt{\pi}$の線分を作ることだ。

　さらにいうと、平方根は作図可能なので、長さπの直線が作図できればいいことになる。1836年にピエール・ヴァンツェルは、πが**超越数**ならば、作図可能な数ではないことを示した。

　パズルの最後のピースがはまったのは1882年だった。この年、リンデマン‐ワイエルシュトラースの定理によって、πが超越数であるこ

とが示されたのだ。だから、円を正方形にするのは、不可能だ。

118 円積問題の近似的解法
RAMANUJAN'S APPROXIMATE CIRCLE-SQUARING

1914年、シュリニヴァーサ・ラマヌジャンが円積問題の非常に精密な近似的解法を発見した。πは作図可能ではないが、非常に精度がよく、作図も可能なπの近似値、$\sqrt[4]{\frac{2143}{22}}$ を見出したのだ。これは小数点以下第8位まで一致する。

$\frac{2143}{22}$ は有理数なので作図可能であり、これに対して平方根を作図する手続きを2回使うのだ。すると、まずは $\sqrt{\frac{2143}{22}}$ が得られ、次に $\sqrt[4]{\frac{2143}{22}}$ が得られる。もとの円が半径1メートルならば、結果として得られる正方形はナノメートル単位で正確な長さの辺を持つことになる。

119 立方体を2倍する DOUBLING THE CUBE

紀元前430年ごろ、アテナイではおそろしい疫病が蔓延していた。アテナイの人たちはデーロス島にあるアポロの神託所に赴いた。神託によれば、疫病を鎮めるためには新しい祭壇を現在の2倍の大きさで作らなくてはならないという。人々から相談を持ち掛けられたプラトンは、その神託には幾何学を理解していないのは恥ずかしいことだとギリシャの人たちに知らしめようという意図が込められていると答えた。

立方体を2倍するという問題の発端をめぐる物語はこのように伝えられている。その話が本当であろうとなかろうと、この問題が実際に古代の数学者たちの心を奪ったことは間違いない。（3次元ではあるが）本質的には定規とコンパスによる作図、立方体が与えられたとき、2倍の体積を持つ立方体を新たに作図せよという問題だ。

もとの立方体の辺の長さを1とする。体積は1なので、新しく作るべき立方体の体積は2だ。つまり、辺の長さは $\sqrt[3]{2}$ でなくてはならない。そこで、この長さを作図することが問題の核となる。

プラトンの友人のメナエクモスが何とかそれを解決した。ただし、単純な定規とコンパスに加え、特別な道具を使っていた。メナエクモスは、放物線 $y^2 = 2x$ と $y = x^2$ が、x 座標が $\sqrt[3]{2}$ の点で交わることを利用していたのだ（デカルト座標系ができるのはまだ何千年も先であるから、驚くべき洞察である）。

この問題が特別な道具を使わないと解けないと証明されたのは、1836年のことだ。ピエール・ヴァンツェルが $\sqrt[3]{2}$ が作図可能な数ではないことを示したのだ。

120 作図可能な数 CONSTRUCTIBLE NUMBERS

定規とコンパスによる作図問題の多くは結局、「長さ1の線分と数 r が与えられたとき、長さが r の線分を作図できるだろうか？」ということになる。作図できる場合、r を**作図可能**という。たとえば、4のような整数は明らかに作図可能だ。直線を長く引き、それからコンパスを使い、長さ1の線分を4本続けて測ればいい。$\frac{m}{n}$ という形の数も作図可能だ。線分を3等分する方法を拡張して有理数長の線分を描く方法があるからだ。

これまでのところ、どのような有理数も作図可能であることがわかっている。でもこれですべてではない。平方根をとるのもまた作図可能な手続きだ。

ピエール・ヴァンツェルは、私たちにできるのはこれですべてであることを証明した。作図可能な数は有理数の足し算、引き算、掛け算、割り算をしたり、平方根をとったりして得られる数に限られる。またそのことからわかるように、作図可能な数は**体**をなす。

作図可能な数はすべて代数的だ。すなわち、πのような**超越数**は作図可能ではない。しかし、代数的数が必ずしもすべて作図可能なわけではない。たとえば、$\sqrt[3]{2}$ は作図可能ではない（$\sqrt[4]{2}$ は $\sqrt{\sqrt{2}}$ に等しいことから作図可能だ）。この洞察からヴァンツェルは何千年も未解決のままだった問題のいくつか（角の3等分や立方体の2倍など）に対する解答を見出した。ヴァンツェルは作図可能な多角形についてのガウスの研究を完成させ、円を正方形にする問題に決着をつけたのである。

ディオファントス方程式 *Diophantine Equations*

121 数論 NUMBER THEORY

数論という言葉は、数学の全体を表しているように思えるかもしれない。しかし、数論が注目するのはごくふつうの**整数**であって、より高

尚な**実数**や**複素数**ではない。整数は、数学という構造全体においてとりわけ古くからある基本的なものだ。とはいえ、そこには、**リーマン予想**や**フェルマーの最終定理**のような、数学における極めて深遠な問題が隠れている。

古代バビロニア人たちが数論に興味を持っていたというのは、**プリンプトン322**など、紀元前1800年ごろに作られた刻板からも明らかだ。古代における重要な進展といえば、紀元250年ごろにアレキサンドリアのディオファントスが著した13巻からなる『算術』に見られる。

現代における数論は、17世紀のフランスの弁護士、ピエール・ド・フェルマーによる研究を皮切りに始まった。

122 代数的数論と解析的数論
ALGEBRAIC AND ANALYTIC NUMBER THEORY

現代の数論の主な関心事は2つだ。**素数**の挙動、そして、**ディオファントス方程式**（整数間の関係を記述する公式）についての研究である。この2つのテーマは、数論における2つの主要な分野、**代数的数論**と**解析的数論**におおむね対応する。

これら2分野で用いる道具は異なる。代数的な方法では、**群**や**楕円曲線**などを通じて研究する。一方で、解析的数論の場合には、**L関数**など**複素解析**のテクニックを利用する。

ラングランズプログラムは、これら2つのテーマは、根底には同じ対象がありながら、それぞれまったく異なる視点から見ているだけではないかという興味深い提示をしている。

123 合同算術 MODULAR ARITHMETIC

合同算術とは、剰余の算術である。たとえば、「$11 \equiv 1 \pmod{5}$」という数式は「11は5を法として1と合同」ということを示しており、11を5で割ると剰余が1になるという意味だ。合同算術で問題になるのは剰余（1）だけであって、5が11のなかにいくつ含まれているのか（この場合は2個）は問題ではない。同様に、$6+6 \equiv 0 \pmod 4$ あるいは $8 \times 3 \equiv 2 \pmod{11}$ と書ける。

合同算術は、数学のなかに留まらず、日常生活でも広く使われている。時計が12時間表示なのは、私たちが12を法とする計算がで

きるからこそだ。また、もしも9日経ったら何曜日になるだろうと思ったなら、7を法とする計算をすることになるだろう。

合同算術は、数論において特に有益だ。合同算術を使えば、正確な値のわからない数についての情報が、フェルマーの小定理やガウスの平方剰余の相互法則によって示せるからだ。

124 中国の剰余定理 CHINESE REMAINDER THEOREM

紀元3世紀から5世紀のあるとき、中国人数学者、孫子が以下のように記した。「ものがいくつかあるとする。3個を単位で数えれば2個余る。5個を単位で数えれば3個余る。7個を単位で数えれば2個余る。いくつものがあるだろうか?」

現代の言い方をすれば、これは合同算術の問題だ。求めたいのは、$n \equiv 2 \pmod 3$、$n \equiv 3 \pmod 5$、$n \equiv 2 \pmod 7$ を満たす数 n だ。

中国の剰余定理はこの種の問題には必ず解があることを示している。最も簡単な問題は、以下のように、合同式を2つだけ含む。a、b、r、s を任意の数とすると、必ず数 n が存在し、$n \equiv a \pmod r$、$n \equiv b \pmod s$ を満たす。ただし、r と s は互いに素、つまり公約数を持たない。

これは、任意の個数の合同式を含む場合に簡単に拡張できる(その場合もやはり法は互いに素)。解 n は必ずしも一意ではない。23も128もともに、孫子の問題の解になる。一般に、すべての法の積(この場合には105(3×5×7))未満である解が1つだけ存在する。

125 フェルマーの小定理 FERMAT'S LITTLE THEOREM

初等数論の礎石であるフェルマーの小定理は、15^2-15 が2で割り切れること、101^7-101 が7で割り切れることに気づいたのをきっかけに見出された。1640年、ピエール・ド・フェルマーはベルナール・フレニクル・ド・ベシーに手紙を書き、自分の小定理について次のように説明した。p が任意の素数で n が任意の整数ならば、n^p-n は p で割り切れなくてはならない。

合同算術を用いてこれを書くと、$n^p-n \equiv 0 \pmod p$ または $n^p \equiv n \pmod p$ となる。n 自体が p で割り切れないなら、これは $n^{p-1} \equiv 1 \pmod p$ と同じだ。

フェルマーは、「証明を送りたいところです。でも残念ながらあまり

にも長いのです」と、いかにも彼らしい一言を添えていた。知られている最初の証明は、1683年ごろにゴットフリート・ライプニッツがつけたもので、1683年ごろの未発表の研究成果に含まれていた。また、1736年にはレオンハルト・オイラーも証明をつけている。

126 平方剰余の相互法則 QUADRATIC RECIPROCITY LAW

偉大なるドイツ人数学者、カール・フリードリヒ・ガウスは**平方剰余の相互法則**が心から気に入ったようで、「黄金定理」と呼んだ。1783年にレオンハルト・オイラーが初めて言及し、1796年にガウスがその最初の完全な証明を発表した。

この法則は、2つの奇数の素数p、qに対する、2つの問いの間にみられるエレガントな対称性に言及している。その問いとは、pがqを法として完全平方数(整数の平方数)と合同かどうか、そして、qがpを法として完全平方数と合同であるかどうかだ。この法則によれば、2つの問いに対する答は必ず同じである。ただし、$p \equiv q \equiv 3 \pmod{4}$の場合は別で、このときは答が逆になる。

さて、たとえば5と11を考えてみよう。まず$11 \equiv 1 \pmod 5$で1は完全平方数だ。だから法則にしたがえば、5も11を法として完全平方数と合同であるはずだ。これはただちに明らかとはいえないが、よく考えれば$4^2 \equiv 16 \equiv 5 \pmod{11}$がいえる。

平方剰余の相互法則は、**ピタゴラスの定理**と同様、数学のなかで、とりわけやたらと証明されているものの1つである。ガウスも1人で生涯に8通りもの証明を考えた。現在は200通りを超える証明が存在し、さまざまな技法が使われている。

127 ディオファントスの『算術』 DIOPHANTUS' ARITHMETICA

「代数学の父」として知られるアレキサンドリアのディオファントスは、紀元250年ごろの人物だ。2次方程式の整数解を調べ始めたのは古代バビロニア人ではあるが、ディオファントスの執筆した13巻からなる『算術』から、彼の名を冠したディオファントス方程式の研究への真剣な取り組みが始まった。

この著作は、数論の歴史において画期的なものだった。アレキサンドリアの大図書館の焼失に伴って失われたものと思い込まれていたが、1464年に13巻のうち6巻が発見された。すると、ヨーロッパ

の数学者たち、とりわけピエール・ド・フェルマーがおおいにそれに注目した。

128 ディオファントス方程式 DIOPHANTINE EQUATIONS

ディオファントス方程式とは**多項式**のことであって、ほかの多項式と何ら変わりはしない。違うのは、ただ整数にのみ関心を寄せていることだ。整数だけが多項式に登場し得るし、何よりもまず、その方程式に対する整数解に関心がある。

たとえば、$x^3+y^3=z^3$ を満たす実数、あるいは複素数 x, y, z を検討するのではなく、式を満たす整数が存在するかどうかを問う（この場合、答はノーだ）。

こうして関心を惹き寄せ続ける理由は、多項式が、整数間に成り立つ（あるいは成り立たない）関係を表現するのにふさわしい方法であるからだ。たとえば、**カタラン予想**では、8と9は唯一の隣り合う整数のべき数だと述べている。

129 エジプト分数 EGYPTIAN FRACTIONS

単位分数とは、分子が1である分数だ。たとえば、$\frac{1}{2}$、$\frac{1}{3}$、$\frac{1}{4}$ がそうだ（$\frac{3}{4}$ はそうではない）。任意の有理数は単位分数の和（**エジプト分数**）として書くことができる。例をあげると、$\frac{3}{4} = \frac{1}{4} + \frac{1}{4} + \frac{1}{4}$ だ。

ここで興味深いのは、異なる単位分数の和として得られる有理数だ。たとえば、$\frac{1}{2} + \frac{1}{4}$ は $\frac{3}{4}$ をエジプト分数で表したものだ。エジプト分数という呼び方の由来は、この問題が古代エジプトの数学者を魅了したことにある。紀元前1650年ごろに書かれたリンドパピルスには、$\frac{2}{n}$ という形の分数を異なる単位分数の和で表したものがリストアップされている。

1202年、ピサのレオナルド（フィボナッチという名のほうがよく知られている）は『算盤の書』を執筆し、そのなかですべての分数が異なる単位分数にわけられることを証明した。

またその表現方法を見つけるための**アルゴリズム**も提示した。ところが、これだけですべての問題が解決したわけではなかった。特定の数を表現するために必要な単位分数の数に関する問題がまだ残されているのだ。そのなかに、エルデシュ-シュトラウス予想がある。

130 エルデシュ-シュトラウス予想
ERDÖS–STRAUS CONJECTURE

$\frac{4}{n}$（n は 2 以上）という形の既知の分数は、すべて 3 個の単位分数（つまり分子が 1 の分数）の和として書くことができる。つまり、すべての n に対して、整数 x, y, z が存在し、$\frac{4}{n} = \frac{1}{x} + \frac{1}{y} + \frac{1}{z}$ を満たすということだ。たとえば、$n = 5$ の場合、答は $\frac{4}{5} = \frac{1}{2} + \frac{1}{5} + \frac{1}{10}$ だ。これが常に成り立つという主張を、1948 年にポール・エルデシュとエルンスト・シュトラウスが行ったが、以来、証明しようという試みも反証しようという試みもことごとく失敗している。

131 ベズーの補題
BÉZOUT'S LEMMA

36 と 60 の最大公約数は 12 だ。エチエンヌ・ベズーにちなんで名づけられたベズーの補題によれば、$36x + 60y = 12$ を満たす整数 x、y が存在するという。解の 1 つは $x = 2$、$y = -1$ だが、ほかにも解が無限に存在する。たとえば、$x = 7$、$y = -4$ がそうだ。

ディオファントス方程式を用いて言い換えると、次のように表現できる。a と b の最大公約数を d とすると、ベズーの補題は線形方程式 $ax + by = d$ には無限個の整数解が存在することを保証する。

ベズーの補題は、すべての線形ディオファントス方程式を理解するためのカギを握っている。

132 線形ディオファントス方程式
LINEAR DIOPHANTINE EQUATIONS

最も簡単なディオファントス方程式は、（x^2 や xy ではなく）ごく単純に x や y を含むだけの方程式である。たとえば、$6x + 8y = 11$ のような線形方程式だ。このような方程式はすべて、平面上の直線を定義する。この方程式に整数解があるか否かを問うことは、その直線上の整数

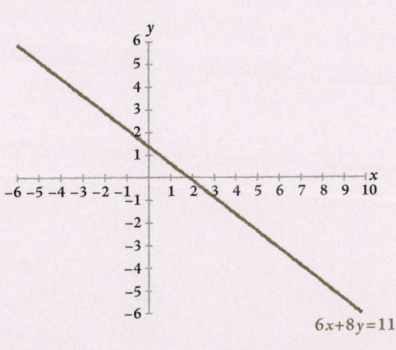

座標で表せる点を探すのと同じことだ。

ベズーの補題は、最も重要な場合を取り扱うものだ。$ax+by = d$ は、d が a と b の最大公約数である場合に解を持つ（そしてこの場合、解は無限に存在する）というのだ。実際、方程式 $ax+by = d$ は、d が a と b の最大公約数の倍数であるときにのみ解を持つ。だから、方程式 $6x+8y = 11$ には整数解は存在しない。

線形方程式が何らかの整数解を持つ場合、無限に多くの解を持つ。この結果は、$3x+4y+5z = 8$ のような、変数がもっと多い方程式にも拡張できる。ここで、3と4と5の最大公約数は1だ。8は1の倍数なので、この方程式は無限個の整数解を持つ。

133 アルキメデスの牛 ARCHIMEDES' CATTLE

紀元前250年ごろ、アルキメデスは友人のエラトステネスに手紙を送った。そのなかで、アレクサンドリアの数学者を悩ませる難問に触れていた。シチリア島の「太陽の牛」という、さまざまな色の雄牛と雌牛が集まった群れに関する問題である。白の雄牛の数を W、白の雌牛の数を w とし、同様に黒の牛の数を X と x、まだら模様の牛の数を Y と y、茶色の牛の数を Z と z と表す。

アルキメデスは線形ディオファントス方程式系によって、群れを以下のように書き表した。

$$W = \left(\frac{1}{2}+\frac{1}{3}\right)X+Z$$

$$X = \left(\frac{1}{4}+\frac{1}{5}\right)Y+Z$$

$$Y = \left(\frac{1}{6}+\frac{1}{7}\right)W+Z$$

$$w = \left(\frac{1}{3}+\frac{1}{4}\right)(X+x)$$

$$x = \left(\frac{1}{4}+\frac{1}{5}\right)(Y+y)$$

$$y = \left(\frac{1}{5}+\frac{1}{6}\right)(Z+z)$$

$$z = \left(\frac{1}{6}+\frac{1}{7}\right)(W+w)$$

この方程式を解いて群れの構成を知ることが難問なのだ。アレキサンドリアの人たちがどのようにして解いたのかはわからない。知られているなかで最小の解は、これを18世紀に再発見したヨーロッ

パの数学者によるもので、次に示す通りだ。$W = 10366482$、$X = 7460514$、$Y = 7358060$、$Z = 4149387$、$w = 7206360$、$x = 4893246$、$y = 3515820$、$z = 5439213$。牛の合計数は50389082だ。

ところがアルキメデスは、この問題を解ける人なら誰でも「数を扱う力量がないとか、数について知らないだとかいわれはしないだろうが、それでも賢者に名を連ねるほどではない」と戒めた。賢者の仲間入りをするには、この問題を、さらに以下の2つの条件のもとで解かなくてはならなかった。$W+X$が**平方数**であること、そして、$Y+Z$が**三角数**であることだ。この2条件によって、問題は線形方程式をはなれ、ますます難しくなる。1880年にA・アムサーは、この問題を$a^2 - 4729494b^2 = 1$というペル方程式の形に帰着させ、それにもとづいて1つの解の形を示した。コンピューター時代の幕開けとともに、さらに詳しく解を算出できるようになり、206,545桁にもなる完全な答が得られた。宇宙にある原子の数よりも牛の数のほうが比較にならないほど多いのだ。

134 ペル方程式 PELL EQUATIONS

最も扱いやすいディオファントス方程式は線形のものであり、それに整数解が存在するか否かを判断する手順も簡単だ。ここに平方数が導入されると、たちまち状況は曖昧になる。**完全直方体**という未知の状態がそれを実証している。

紀元前800年ごろ、ヒンズー教徒の学者バウダーヤナは$\sqrt{2}$の近似値として$\frac{577}{408}$を提示した。これは方程式$x^2 - 2y^2 = 1$を調べて得たのだろう。この方程式の解は、$x = 577$、$y = 408$である（$x = 17$、$y = 12$

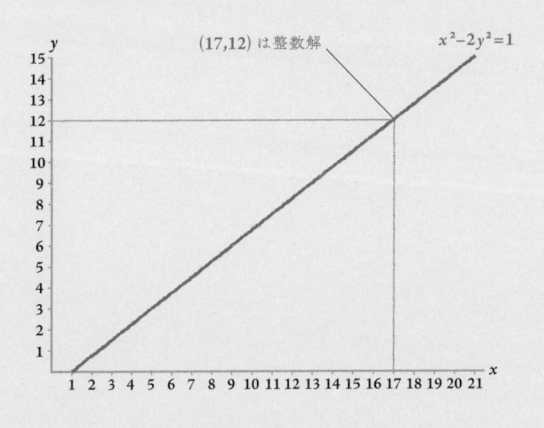

も解だ)。この $x^2-2y^2 = 1$ が、**ペル方程式**の最初の例だ。ほかの例としては、$x^2-3y^2 = 1$ があり、一般的には $x^2-ny^2 = 1$ と書ける(ここで n は平方数ではない自然数)。☞Fig

じつのところ、これらの方程式はジョン・ペルとはほとんど関係がないのだが、レオンハルト・オイラーがペルとウィリアム・ブランカーとを混同し、ペルの名前をつけてしまった。

ペル方程式は、インドではかなり古くから研究されており、紀元628年にはブラーマグプタが著しい進展をもたらした。**チャクラバーラ法**は、12世紀のバースカラ2世が導きだしたもので、**連分数**によってペル方程式を解く方法だ。これはその後おおいに発展し、$x^2-61y^2 = 1$ というとても難しい問題を解き、$x = 1766319049$、$y = 226153980$ という最小解を見出すに至った。

ヘルマン・ハンケルはチャクラバーラ法を「ラグランジュ以前に数の理論において成し遂げられた最もすばらしい成果」と呼んだ。$x^2-ny^2 = 1$ (n は任意の非平方数)には無限に多くの整数解があることを初めて厳密に証明した人物こそ、ジョゼフ・ルイ・ラグランジュである。

135 オイラーのレンガ EULER BRICKS

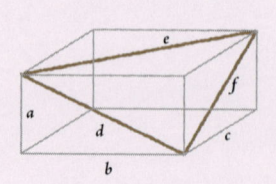

ピタゴラス数のおかげで辺と対角線の長さがいずれも整数である長方形を作図することができる。たとえば、辺の長さが3、4である長方形は、ピタゴラスの定理より、長さ5の対角線を持つ。**オイラーのレンガ**は、これを3次元に拡張したものだ。つまり、すべての長さが整数で、各面の対角線も整数である直方体だ。最も小さなオイラーのレンガは、辺が44、117、240で、1719年にパウル・ハルケによって発見された。

1740年には、盲目の数学者、ニコラス・ソーンダーソンがオイラーのレンガを無限に多く作りだす方法を見出した。この方法は後にレオンハルト・オイラー自身が拡張している。しかし、作りだせるオイラーのレンガをすべてリストアップする方法はまだ知られていない。

ピタゴラスの定理を用いて、幾何学を代数学に置き換えることができる。辺の長さが a、b、c、面の対角線の長さが d、e、f であるオイラーのレンガは、以下のディオファントス方程式を満たす。☞Fig

$$a^2+b^2=d^2,\ b^2+c^2=e^2,\ c^2+a^2=f^2$$
オイラーのレンガに続いて探求すべきものは、完全直方体だ。

136 完全直方体 PERFECT CUBOIDS

18世紀以降、オイラーのレンガは数学者を魅了してきた。それらは辺の長さも面の対角線もすべて長さが整数の直方体である。自然にこれを拡張すると、直方体の**体対角線**も整数であることが求められるだろう。これが**完全直方体**である。☞ *Fig.1*

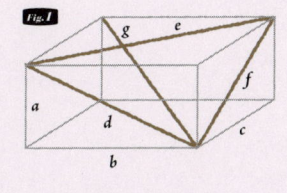

問題は、誰もそれを見たことがないという点だ。つまり、存在するのかどうかが未解決の問題なのだ。ディオファントス方程式を用いて書き表すと、求められるのは整数 a、b、c（直方体の辺を表す）、d、e、f（面の対角線を表す）、g（体対角線を表す）が以下を満たすことだ。

$$a^2+b^2=d^2,\ b^2+c^2=e^2,\ c^2+a^2=f^2,\ a^2+b^2+c^2=g^2$$

完全直方体はまだ見つかっていない。もしも存在すれば、その辺のうち1つは長さが少なくとも90億であるに違いないことはわかっている。一方、2009年に、ジョルジェ・ソーヤーとクリフォード・ライターが完全平行六面体の存在を発見した。最も小さいものは辺の長さが271、106、103であって、平行四辺形面の対角線はそれぞれ、101と183、266と312、255と323で、体対角線は374、300、278、272だ。☞ *Fig.2*

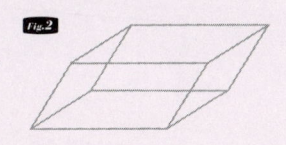

137 2平方定理 SUMS OF TWO SQUARES

古代の数学において次のようなことが問われていた。どの自然数が2個の平方数の和として書き表せるのだろうか？ **フェルマーの2平方定理**は素数の場合についてこの問いに答えるものだ。2個の平方数の和として書き表せる素数は、$4m+1$ という形のもの（および $2 = 1^2+1^2$）に限る。合成数はどうだろうか？ 6や14は書き表せないが45は書き表せる（$45 = 3^2+6^2$）。6615のような大きな数に対しては、答を探すのにはたくさんの試行錯誤が必要だ。

素数が特に重要であり、とりわけ $4m+3$ という形の素数（3、7、11、19、23、31など）がカギであることが知られている。フェルマーの定理より導

ける判定方法は次の通りだ。まず、整数 n を**算術の基本定理**を使って素数にわける。このとき、わけたもののなかに、$4m+3$ という形の素数がそれぞれ偶数回登場するなら、n は2つの平方数の和として書ける。

$6 = 2 \times 3$ が該当しないのは、3 が1回（奇数回）現れるためだ。一方、$45 = 3^2 \times 5$ は2つの平方数の和として書ける。3 が2回（偶数回）現れるからだ。これ以上試してみるまでもなく、6615 が2つの平方数の和として書けないことはわかる。なぜならば、$6615 = 3^3 \times 5 \times 7^2$ となり、3 が3回登場するからだ。

138 4平方定理 LAGRANGE'S FOUR SQUARE THEOREM

1621 年、クロード・バシェはディオファントスの『算術』（紀元250年ごろに書かれた書籍）のうち現存していた6冊を古代ギリシャ語からラテン語に翻訳した。これらの書籍が現代数論の発展に、とりわけピエール・ド・フェルマーの研究において、著しく重要な役割を果たすことになる。バシェ自身、数学者でもあった。バシェは、ディオファントスの研究には、すべての整数は4個の平方数の和として書けるという驚くべき主張が隠れていることに気づいた。例をあげると、$11 = 3^2+1^2+1^2+0^2$ であり、$1001 = 30^2+8^2+6^2+1^2$ だ。

フェルマーは後に同じような結果を見出した。**バシェ予想**として知られていたものだ。とはいえ、すべての自然数に対して初めて発表された証明は、1770 年のジョゼフ＝ルイ・ラグランジュによるものだ。この重要な定理は、**フェルマーの多角数定理**や**ウェアリング問題**によって広く一般化されている。

139 3平方定理 LEGENDRE'S THREE SQUARE THEOREM

レオンハルト・オイラーは、1749 年にフェルマーの2平方定理の証明を初めて発表し、どの数が2個の平方数の和として書けるかという問題を本質的に解決させた。1770年にはジョゼフ＝ルイ・ラグランジュが4平方定理を証明し、すべての自然数は4個の平方数の和として書けることを示した。

ややこしい問題が残った。3個の平方数の和として書けるのはどの数なのだろうか？　ほとんどの数は書き表せる。一方で、書き表せない数を最初からあげると、7、15、23、28、31、39、47、55、60、……となる。

1798年にアドリアン゠マリー・ルジャンドルはこの数列を解明した。8の倍数よりも1だけ小さい数(7、15、23、31、……)と、それらに4を繰り返し掛けた数(28、60、92、124、……、さらに112、240、368、496、……)が一緒に並んでいるのだ。手短にいうと、ルジャンドルの結果は、$4^n(8k-1)$という形の数を除いて、すべての数が3個の平方数の和として書けるというものだ。

140 三角数 TRIANGULAR NUMBERS

キャロム・ビリヤードやポケット・ビリヤードのようにキュー(突き棒)を使うスポーツでは、ゲーム開始時に15個のボールを1組として正三角形に並べて置く。15という数が選ばれたのは、それが**三角数**だからだと考えてもおかしくはない。14個や16個のボールだと、正三角形には並べられない。最も小さい三角数は1、次が3、そして6だ。

対応するボールの組を見てみると、どの場合も、第1列には1個、次の列に2個、その次は3個という具合になっている。だから三角数は、ある数nに対して、$1+2+3+4+……+n$という形なのだ。1からnまでの数を加える公式より、n番目の三角数を表す公式は$\frac{n(n+1)}{2}$となる。

☞*Fig*

これは**2項係数**$\binom{n}{2}$の公式でもある。こんな見かけだが、三角数は**握手問題**という、n人の人たちが互いに握手するとき、握手は何回行われるかという問題の解を与えてくれる。三角数は多角数のうち一番小さなものである。

141 多角数 POLYGONAL NUMBERS

三角数は正三角形の形に並べられるボールの数を表す数字だ。四角数は同様に、正方形の形に並べられるボールの数を表すものである。これを、正五角形やほかの多角形に拡張することは可能だろうか? 答は「できる」だ。とはいえ、ボールを五角形の列に並べる方法が一目瞭然なわけではないので、注意が必要だ。これまでの考え方からすると、最小の**五角数**は1、2番目が5、それ以降は五角

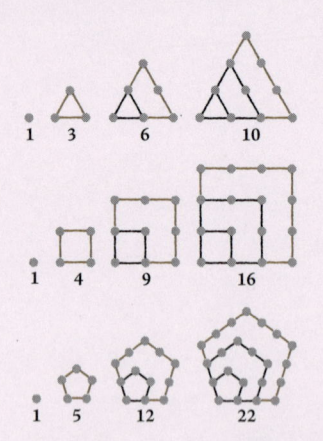

形の1つの角を挟む2辺をそれぞれボール1個分だけ長くして、(すでに並んでいる球を囲むように)五角形を完成させることで数字が得られる。これで、続く五角数は 12、22、35、51、……であることがわかる。

同様の手順で**六角数**(小さいほうからいくつか書くと、1、6、15、28、45、66 だ)、**七角数**、さらには任意の n に対して n 角数を定義できる。

m 番目の三角数を示す公式は $\frac{m(m+1)}{2}$ であり、これを書き換えると $\frac{1}{2}m^2 + \frac{1}{2}m$ となる。m 番目の四角数の公式はもちろん、m^2 だ。m 番目の五角数は $\frac{3}{2}m^2 - \frac{1}{2}m$ である。一般的なパターンがもう見えてきたかもしれない。m 番目の n 角数の公式は $(\frac{n}{2}-1)m^2 - (\frac{n}{2}-2)m$ だ。こうした数に数論的重要性があることの証拠となるのが、フェルマーの多角数定理である。☞Fig

142 フェルマーの多角数定理
FERMAT'S POLYGONAL NUMBER THEOREM

1796 年、カール・フリードリヒ・ガウスは、すべての数が3個の三角数の和として書けることを示した。アルキメデスをまねて、ガウスは以下のように書いた。

　　　　ヘウレーカ　num = △ + △ + △

ラグランジュは1770年にすでに自身の4平方定理を証明していた。すべての数は4個の平方数の和として書ける(あるいは、ガウスにならえば「num = □ + □ + □ + □」である)ことを示したのだ。

フェルマーの多角数定理は、一般に任意の数が n 個の n 角数の和で表せると主張している。先ほどの2つの結果を合わせると、多角数定理の初めの2つのケースは成立する。次にくるのは、任意の数が5個の五角数の和として書き表せるということだ。

ピエール・ド・フェルマーはいつものやり方通り、証明はできていると述べながら、それを明確に示すことはなかった。最初の完全な証明として知られているのは、1813年にオーギュスタン・ルイ・コーシーが示したものだ。

143 フェルマーの最終定理 FERMAT'S LAST THEOREM

3、4、5は、$3^2+4^2 = 5^2$(つまり、9+16 = 25)を満たすので、**ピタゴラス数**をなす。紀元前 300 年ごろ、ユークリッドは、$x^2+y^2 = z^2$ を満たす3つの自然数の組は無限にあるに違いないことを理解した。1637年、ピエール・ド・フェルマーは、その2乗をもっと高次のべき乗で置き換えたらどうなるのかについて熟慮した。

手元にあったディオファントスの『算術』のなかに、フェルマーは「1つの3乗を2つの3乗にわけることはできない。4乗を2つの4乗にわけることもできない。同様に、2次より高次のべき乗は同じ次数の2つのべき乗にわけることはできない」と書き込んだ。フェルマーは、2よりも大きな任意のnに対して、$x^n+y^n = z^n$を満たすような自然数x、y、zは存在しないと主張したのである。またも例のごとく、フェルマーは次のように続けた。「私は本当に驚くべき証明を発見した。しかし余白が狭すぎて書くことはできない」

144 ワイルズの定理 WILES' THEOREM

フェルマーの有名な主張が**最終定理**として知られるようになったのは、フェルマーが最後に書いた定理だからではない。最後まで証明されなかったからだ。フェルマーは証明があると主張してはいたが、専門家の大半は、フェルマーが完全な証明を見つけていたとは考えていない(ただし、$n = 4$の場合についてはフェルマー自身が証明している)。

この定理は、**フェルマー予想**と呼ぶほうがより正確だったし、何世紀経っても未解決のままだった。数学界の優れた頭脳の多くが熱い視線を送っていたにもかかわらずだ。

1995年にアンドリュー・ワイルズとかつての教え子であるリチャード・テイラーが、フェルマーの最終定理は楕円曲線に関する**モジュラー性定理**の結果であることを明確に示す証明を完成させた。

145 ビール予想 BEAL'S CONJECTURE

独力で成功した億万長者として、そして、史上最高額の掛け金でポーカーに興じる人としてよく知られているテキサス在住の実業家、アンドリュー・ビールは熱心なアマチュア数論学者でもある。

1993年にはフェルマーの最終定理($x^n+y^n = z^n$は、$n>2$なるnに対して

整数解を持たない)を徹底的に調べようとしていた。ビールの考え方は、指数が異なる場合を許容して公式を言い換えるというものだった。そこでビールは $x^n+y^n = z^n$ ではなく、$x^r+y^s = z^t$ (r、s、t は異なっていてもいいが、すべて2より大きくなくてはならない)を考えたのだ。同様のことを、20世紀初頭にヴィゴ・ブルンも研究していた。

新しい公式には解がある。たとえば、$3^3+6^3 = 3^5$ だし、$7^6+7^7 = 98^3$ だ。ここでビールは、自分が見つけたすべての解において、基数である x、y、z が公約数を持つことに気づいた(上記1つ目の例では3、2つ目の例では7)。

ビール予想は、これが常に成り立たなくてはならないと主張する。1997年のアメリカ数学会の発表によれば、ビールは、自分の予想が証明されるか、予想に対する反例があげられれば、賞金5万ドル(現在では10万ドルにあがっている)を支払うつもりがあるとしている。

146 カタラン予想(ミハイレスクの定理)
CATALAN'S CONJECTURE (MIHĂILESCU'S THEOREM)

8、9という数は奇妙な隣人だ。両者とも、$8 = 2^3$、$9 = 3^2$ のように、ほかの整数のべき乗で表せる。ベルギーの数学者、ウジェーヌ・カタランは、(0と1は除いて)整数の範囲でべき数が連続する例はほかに存在しないことに気づいた。

1844年の**カタラン予想**は、8と9が実際に唯一の連続したべき数だというものだったが、カタランは「これまでのところ厳密には証明できていない」と書いた。

じつは、この問題はカタラン以前からあるものだった。1320年ごろ、ユダヤ教の指導者で学者でもあったゲルソニデスは2のべき乗の隣に3のべき乗が並ぶ例はほかにはないことをすでに証明していた。カタラン予想自体は未解決のままであったが、2002年にプレダ・ミハイレスクが念願の証明を提示した。

147 ウェアリングの問題 WARING'S PROBLEM

ラグランジュの4平方定理から、すべての正の整数は4個の平方数の和として書けることがわかっている。もっと次数の高いべき乗の和として書くことはできるだろうか? 1909年、アルトゥル・ヴィーフェリッヒは、すべての数が9個の立方数で書き表せることを示した。そ

して1986年にはバラスブラマニアン、デウィエ、ドレスが、19個の4乗数でもじゅうぶんであることを示した。

ところが、こうした結果は1770年にすでにエドワード・ウェアリングが予想していた。ウェアリングはさらに、この問題はすべての正のべき乗に対して解を持つはずだと提示していた。すなわち、すべての整数nに対して、ほかの数gが存在し、任意の数はたかだかg個のn乗数の和として書くことができるというのだ。

この重要な結果は、1909年にダフィット・ヒルベルトが証明し、**ヒルベルト-ウェアリングの定理**として知られている。数列の最初の数個を示すと以下の通りだ。

n	1	2	3	4	5	6	7	8	9	10
g	1	4	9	19	37	73	143	279	548	1079

この数列の詳細な性質やこれに関係する数列は、目下研究中のテーマである。

148 abc予想 THE ABC CONJECTURE

数の**根基**(radical)と呼ばれるものを計算するには、まずは素数にわけることだ。そして、異なる素数を掛け合わせる。たとえば、$300 = 2 \times 2 \times 3 \times 5 \times 5$なので、その根基は$\text{Rad}(300) = 2 \times 3 \times 5 = 30$となる。同様に、$16 = 2 \times 2 \times 2 \times 2$から、$\text{Rad}(16) = 2$となる。根基というのは、**$x$の平方因子を含まない部分**である。

1985年に、ジョゼフ・オステルレとデイヴィッド・マッサーがフェルマーの最終定理、カタラン予想(ミハイレスクの定理)、そのほかの数論におけるたくさんの問題を一般化するであろう予想を立てた。ドリアン・ゴールドフェルドはこれを「ディオファントス解析において、最も重要な未解決問題」と呼んだ。

それは、3つの数a、b、cが互いに素で$a+b=c$を満たす状況に関するものだ。cと$\text{Rad}(a \times b \times c)$を比較する。ほとんどの場合で$c < \text{Rad}(a \times b \times c)$となる。たとえば、$a=3$、$b=4$、$c=7$ならば$\text{Rad}(3 \times 4 \times 7) = 42$だ。これは7より大きい。ところがときにこれが成り立たないことがある。たとえば、$a=1$、$b=8$、$c=9$ならば$\text{Rad}(1 \times 8 \times 9) = 6$となり、これは9より小さい。

マッサーは、$c > \text{Rad}(a \times b \times c)$の場合に、こうした例外が無限に多

くあることを証明した。abc予想によれば、これらはルールをほんの少しだけ破っているだけにすぎない。

ほんのわずかな調整をするだけで、例外の多くを取り除くことができる。

たとえば、1より大きな任意の数 d ($d = 1.0000000001$でもいい) を持ってきて、$c > \text{Rad}(a \times b \times c)^d$ を満たす3つ組を考えると、たかだか有限個しか残らない。

Prime Numbers

149 素数 PRIME NUMBERS

次に述べる**素数**の定義は、いくつか存在する定義のうちで最も深遠で古いものの1つだ。「素数とは、これ以上小さな整数にわけることのできない正の整数」である。たとえば、2、3、5、7であり、4 (2×2) は素数ではない。

20世紀初頭まで、1も素数に分類されていた。しかし、いまはそうではない。現在、素数にはちょうど2つの因数がなくてはならないことになっている。その数自身と1だ。

(1以外の) 非素数を**合成数**という。**算術の基本定理**から、数学者にとって素数とは、化学者にとっての原子と同じ位置づけだということがわかる。素数は基本的な構成要素であって、ほかのすべての自然数を作りだすものだ。

定義は単純なのに、素数は多くの謎に包まれている。素数に関する主な未解決問題に、**ランダウの問題**や**リーマン予想**がある。

素数を作りだす単純な公式はないし、大きな数が素数かどうかを即座に判定する方法もない。**素数であることの判定**が重要な研究分野となっているくらいだ。

150 素数が無限に存在することの証明
EUCLID'S PROOF OF THE INFINITY OF PRIMES

素数を小さいほうから並べると、2、3、5、7、11、13、17、……となる。終わりはどこにあるのだろうか? じつは、素数は永遠に続く。これは、ユークリッドが著書『原論』のなかの命題9.20で示している

ことだ。

　ユークリッドが用いた方法は昔からよく使われている**背理法**だった。ユークリッドはまず、証明したいことを正しくないとし、最大の素数が存在すると仮定した。

　その数をPとする。この仮定によると、素数のリスト2、3、5、7、……、Pが存在することになる。そこでユークリッドは、すべての素数を掛け合わせてから1を加え、新たな数（たとえばQとしよう）を作った。

$$Q = (2 \times 3 \times 5 \times 7 \times \cdots\cdots \times P) + 1$$

　ここで2はQを割り切らない。というのも、剰余1が出るからだ。同様に、3、5、7、……、Pのいずれも、Qを割ると1が剰余となる。だからQを割り切る素数は存在しない。しかし、Q自体は素数ではない。だから、算術の基本定理から、少なくとも1つの素因数Rがなくてはならない。

　それゆえに、これがリストから抜けていることになる。そして、素因数が存在するなら、それはPより大きいことになる。最大の素数Pが存在するという仮定から始めたのに、より大きな素数Rが見つかった。これは矛盾だ。したがって、先の仮定は正しくなく、最大の素数は存在しない。

15 エラトステネスの篩 THE SIEVE OF ERATOSTHENES

　紀元前250年ごろの人物であるエラトステネスは、地球の円周を驚くほど正確に計算したこと、そして、素数をリストアップする「篩」を考案したことでよく知られている。その手順はシンプルだ。

　ある数までの（図で示しているように100まで、など）自然数をすべて書きだす。そして、1を消す（これは現在では素数ではないが、エラトステネスは素数だと考えていたのだろう）。リスト上の最小の数は2となる。これは素数だ。そこで2を丸で囲む。

　次に、リストから2の倍数4、6、8、10、……をすべて消す。すると、リスト上の最小の数は3となる。これを素数と認め、次にその倍数6、9、12、……をすべて消す。

　このように、各段階でリスト上の最小数を素数と認定し、その倍数はリストから消す。こうすると次の素数が見つかる。

　自然数を篩にかけるこの技術は、エラトステネスの時代以降大きく進歩し、現代の数論において重要な役割を果たしている。☞Fig

152 ゴールドバッハ予想 GOLDBACH'S CONJECTURE

1742年にクリスティアン・ゴールドバッハとレオンハルト・オイラーの間で交わされた往復書簡に端を発する**ゴールドバッハ予想**は、4以上のすべての偶数は2個の素数の和であると述べている。

たとえば、4 = 2+2、6 = 3+3、8 = 3+5、10 = 5+5、12 = 5+7といった具合だ。

2008年にトマス・オリヴェイラ・イ・シルヴァが、10^{18}までの偶数をコンピューターで確認したものの、完全な証明はまだ得られておらず、この予想は数論における大きな未解決問題の1つに位置づけられている。これまでのところ最大の進歩は、陳の定理1だ。

これに関連する主張が**弱いゴールドバッハ予想**だ。これは、9以上のすべての奇数は3個の素数の和であるというものだ。

1937年にイワン・ヴィノグラドフがある大きな数Nを見つけ、Nより大きなすべての奇数についてはこの予想が成り立つことを示した。だから、理論的には、残りの有限個の数だけを確かめれば証明が完了する。しかし、この閾値がとても大きく(おおよそ10^{43000})、弱い予想もやはり、未解決のままだ。

153 ランダウの問題とn^2+1予想
LANDAU'S PROBLEMS AND THE N2+1 CONJECTURE

1912年にケンブリッジで開かれた国際会議で、エドムント・ランダウは素数についての4つの問題を強調した。「現状の科学では解決できない」とランダウが述べたもので、それからおおよそ100年経ってもなお、未解決のままだ。

I. ゴールドバッハ予想
II. 双子素数予想
III. ルジャンドル予想
IV. n^2+1予想

4番目の予想は、たとえば、$5 = 2^2+1$、$17 = 4^2+1$など、平方数よりも1だけ大きな素数について述べたものだ。この予想によれば、そのような素数が無限に多くあるという。

フェルマーの2平方定理の帰結として、n^2+m^2という形の素数が無限に多くあることはわかっている。陳の定理と同様に、現在までの最も有望な結果は、**半素数**まで条件を緩めることによって得られている。半素数とは、たとえば、$9 = 3×3$、$15 = 3×5$などのように、ちょうど2個の素数の積で表される数のことだ。

1978年にヘンリク・イワニエクは、n^2+1という形の半素数が無限に多くあることを証明した。**仮説H**が、n^2+1予想に対する肯定的な答を示唆している。

154 フェルマーの2平方定理
FERMAT'S TWO SQUARE THEOREM

2という例外を除いて、すべての素数は奇数だ。だから、4で割ると、すべての奇数の素数は1か3を剰余とする。これによって奇数の素数を2種類にわけることができる。17世紀、ピエール・ド・フェルマーはそれらの間の驚くべき違いに気づいた。

$4n+1$という形の素数は2個の平方数の和として書ける。たとえば、$5 = 2^2+1^2$であり、$13 = 3^2+2^2$だ。さらにこの書き方は1通りしかない。一方、$4n+3$という形の素数(7や11など)はこのように表現することはできない。

これは、**フェルマーのクリスマス定理**としても知られている。というのも、1640年12月25日にマラン・メルセンヌに送った手紙のなかに初めて登場したからだ。例によって、フェルマーは、これが常に成り立つはずだという主張の概要だけを示した。

初めての完全な証明は1749年、レオンハルト・オイラーが提示した。これは**平方剰余の相互法則**とも深く関係し、G・H・ハーディによれば「算術のなかで最もすばらしいものの1つとして位置づけられて当然だ」という。その帰結は、数が2個の平方数の和として、($50 = 7^2+1^2 = 5^2+5^2$のように) 2つの異なる方法で書けるならば、その数は素数ではないということだ。

フェルマーの結果を拡張すると、どの数が**2個の平方数の和**として書けるのかについての全面的な解析が可能だ。

155 素数の間隔 PRIME GAPS

素数についての研究は、素数自体ではなく、素数同士の間隔を調べると様子が一変してくる。最初の間隔は2と3の間の1だ。次は3と5の間で2、その次は……となる。

素数の間隔はどこまでも大きくなるのだろうか? そうなり得ることはわかっている。だから、素数自体と同じく、素数の間隔の集合も無限だ。ただし、初めて大きく間隔があくのはどこなのか、取り得る間隔の大きさとその両端の素数はどういう関係なのかについては、今後の研究テーマだ。

双子素数とド・ポリニャック予想は、素数の間隔についてのもので、

長い間未解決のままだ。ベルトランの公準によると、素数とその次の素数の間隔がその数自身よりも大きいことはないという。アンドリカ予想が証明されれば、この結果をかなり強力なものにするだろう。

156 ベルトランの公準 BERTRAND'S POSTULATE

連続する素数はどのくらいはなれ得るだろうか？　これは1845年にジョゼフ・ベルトランの頭にあった問題だ。そのときベルトランは、任意の自然数nとその2倍($2n$)の間に必ず少なくとも1つの素数を見つけられるだろうと考えていた。形式的にいうと、任意の数n（1よりは大きい）に対して、素数pが存在し、$n<p<2n$を満たす、ということだ。

5年後、この公準をパフヌティ・チェビシェフが証明した。それに続き、ポール・エルデシュが再度証明した。エルデシュの証明について、ネイサン・ファインは次のような一節を記し不朽の名声を与えた。「チェビシェフがいったが、私からもう一度いいたいことがある。nと$2n$の間には必ず1つ素数がある」

157 アンドリカ予想 ANDRICA'S CONJECTURE

1986年、ルーマニア人数学者、アンドリカ・ドリンは自分が公式化した予想について、「数論において非常に難しい未解決問題」だと説明している。その予想は、連続する素数のそれぞれの平方根の間隔に関するものだ。アンドリカは、常にその間隔は1より小さいと予想した。形式的にいえば、「pとqが連続する素数であれば、$\sqrt{q}-\sqrt{p}<1$が成り立つ」となる。

これが正しければ、この不等式を平方することで、通常の素数の間隔に言い換えられる。つまり、pが素数なら、pに続く間隔は$2\sqrt{p}+1$よりも小さいということだ。これはベルトランの公準を強化するものとして意義があるだろう。証明はまだ提示されていないが、実験による結果から、**アンドリカ予想**は正しいだろうと思われている。

158 ルジャンドル予想 LEGENDRE'S CONJECTURE

アドリアン＝マリー・ルジャンドルは数学の複数の分野で研究に従事していた。数論における功績では、ガウスと衝突している。ガウスが出典を明示せずに**平方剰余の相互法則**の発見を独占したため、ルジャンドルは「あまりに厚かましい」とガウスを責めたのだ。ルジャ

ンドルは後に幾何学の研究に励んだが、ユークリッドの**平行線公準**を証明しようという先行きの暗い試みに手をつけ、台無しになった。

ルジャンドルは素数を研究し、「任意の2個の平方数の間には必ず素数が存在する」という予測にたどり着いた。すなわち、任意の自然数nに対して、素数pが存在して、$n^2<p<(n+1)^2$が成り立つということだ。予想の形式はベルトランの公準と似ている。ベルトランの公準は数学的に巧妙な方法でたちまち証明されてしまったが、ルジャンドル予想は頑固にそれを拒んでいる。ルジャンドル予想に関する最も有望な進歩はいまのところ、陳の定理3だ。

159 双子素数予想 TWIN PRIME CONJECTURE

差が2である素数の組、たとえば5と7、17と19などを**双子素数**という。素数が無限にあることはユークリッドの時代から知られているが、双子素数が無限にあるのかどうかはなお未解決の問題だ。

これを執筆している時点では、既知の双子素数で最大のものは、$2003663613 \times 2^{195000}$を挟む2数だ。これは、大きな素数を探索するプロジェクトであるプライムグリッド（PrimeGrid）、および双子素数を探索するインターネット上のプロジェクトであるツインプライムサーチ（Twin Prime Search）の一端として、2007年にエリック・ヴォティエによって発見されたものだ。

双子素数予想は、ド・ポリニャック予想と第1のハーディ-リトルウッド予想によって一般化されている。素数のなかに見出せる分布を分析しようという試みは多くあるが、双子素数予想はその最初のものである。

160 ド・ポリニャック予想 DE POLIGNAC'S CONJECTURE

1849年にアルフォンス・ド・ポリニャックが提示した予想は、すべての偶数は2個の連続する素数の間隔として、無限回出現するというものだ。すなわち、連続した2個の素数で差が4であるものからなる組は無限に多くあり、同様に差が6であるものからなる組も無限に多くあるということだ。

これは、**双子素数予想**の一般化である。双子素数予想は、間隔が2という特別な場合にあたり、第1のハーディ-リトルウッド予想の特別な場合に該当する。ド・ポリニャック予想は未解決のままだが、

陳の定理2がその証明に向けた重要な一歩を刻んでいる。

161 陳の定理1 CHEN'S THEOREM1

1966年から1975年の間に、陳景潤は3つの定理を証明した。それらは、素数について懸案となっていた未解決問題のいくつかを大きく進展させるものだった。陳の研究の根幹には、**半素数**という概念があった。半素数とは、ちょうど2個の素数の積となっている数のことだ（たとえば、$4 = 2×2$、$6 = 2×3$など）。

陳の1つ目の定理は、ゴールドバッハ予想へと照準を合わせたものだった。それは、ある閾値を超えると、すべての偶数は（ゴールドバッハ予想でいっているように）2つの素数の和としても、あるいは素数と半素数の和としても書けるというものだ。

162 陳の定理2 CHEN'S THEOREM2

陳の2つ目の定理は、ド・ポリニャック予想に向けて一歩踏みだすためのものだ。すべての偶数は（ド・ポリニャック予想からわかるように）2個の素数の差としても、素数と半素数の差としても無限に出現するというのがその内容だ。

陳の定理2からの帰結として、$p+2$が（双子素数予想が示すように）素数か、もしくは半素数となるような素数pが無限に存在することがいえる。

163 陳の定理3 CHEN'S THEOREM3

1975年、陳はルジャンドル予想に狙いを定めた定理を証明した。陳の定理3は、任意の2つの平方数の間には、素数か半素数が存在することを示している。

164 素数の分布 CONSTELLATIONS OF PRIMES

双子素数予想とド・ポリニャック予想は、どちらも、一定の間隔をあけた2つの素数からなる組に関係する。もっと長いパターンではどうなるだろうか？　素数の3つ組や4つ組に、何らかのパターンはあるのだろうか？

素数の組み合わせとして考え得るすべてが必ずしも可能なわけではない点に注意が必要だ。たとえば、双子素数予想は、nと$n+2$

の形の素数の組を扱っていて、nと$n+1$ではない。それは、nか$n+1$のどちらかは必ず2で割り切れるはずであり、両方が素数になることなどないからだ（唯一の例外は2と3の組）。

同じ現象がもっと長いパターンの場合にも起こる。n、$n+2$、$n+4$という形の素数の3つ組を調べても無駄だ。というのも、これらのどれか1つは必ず3で割り切れるから、素数とはいえないのだ（例外は3、5、7の場合）。こうした許容されないパターンは、合同算術を使えばきちんと説明できる。

n、$n+2$、$n+6$のような残りの許容されるパターンについては、その分布が知られている。このような線形の分布は、第1のハーディ-リトルウッド予想で取り扱われる。n^2+1、$2n^2-1$、n^2+3のような一般的な分布については仮説Hが扱っている。

165 第1のハーディ-リトルウッド予想
THE FIRST HARDY-LITTLEWOOD CONJECTURE

1923年にハーディとリトルウッドは、素数の分布という問題に取り組んだ。**素数定理**から、広い範囲での個々の素数の平均的な数についての規則性が知られている。それと同じように、平均的にどのくらいの頻度で特定の分布が現れるのかを予測しようと考えたのがこの予想だ。

2人が精密な評価を行った結果得た予測によると、許容される線形分布はどれも、素数の分布のなかに何度でも現れる。たとえば、n、$n+2$、$n+6$という分布は許容されるものであり、それゆえに、この形の素数の3つ組は無限にたくさん存在することになる（11、13、17から始まって、17、19、23、そして41、43、47と続く）。

166 仮説H HYPOTHESIS H

双子素数予想（いまだ証明されていない！）から第1のハーディ-リトルウッド予想に至るまでには、一般化という長い道のりがある。ところが、1959年にアンドレイ・シンツェルとヴァツワフ・シェルピンスキが別の手順を提示した。第1のハーディ-リトルウッド予想は足し算によって得られる素数（n、$n+2$、$n+6$など）の分布のみにかかわっている。そのようなパターンはそれぞれ、適切なnを見つけ、それに特定の定数を加える必要がある。

これにはn^2+1予想は含まれない。こちらは、素数に関する条件として、掛け算も伴う。n^2+1予想も含む1つの大きな予想を見出すために、シンツェルとシェルピンスキは**多項式**による表記を必要とした。考え方は、何らかの適切な集まり（たとえば、n^2+1、$2n^2-1$、n^3+3のようなもの）が、無限に多くのnの値に対して素数を出力するというものだ。

ここでは、既約多項式、つまり因数分解できない多項式のみを考慮する（たとえばn^2は$n×n$に因数分解できるので、結果として素数が出てくることは決してない）。

167 ディリクレの定理 DIRICHLET'S THEOREM

自然数のすべての数列のなかでも、素数が最も謎めいた数列2、3、5、7、11、13、……を形成するのは間違いない。**等差数列**（ある自然数から始まって、ある数を繰り返し加えていき、3、5、7、9、11、13、……といった具合に作る列）はあまり魅力がないように思える。しかし、こうした単純な数列と限りなく神秘的な素数の列の間の関係性を理解することが目下進歩しつつある一研究分野となっている。

基本的な問いは次の通りだ。上記の（退屈な）数列は、無限に多くの素数を含んでいるだろうか？

必ずしもすべての等差数列に素数が含まれているわけではない。初項4、公差6の数列は、4、10、16、22、……のようになる。この数列は素数にはたどり着かない。数列中のすべての数が偶数であり、2で割り切れるからだ。

無限に多くの素数を見つけたいならば、数列の初項と公差が**互いに素**（すなわち、最大公約数が1）でなくてはならない。先の数列がうまくいかないのは、4と6に公約数2があるからだ。

1837年に、ヨハン・ディリクレは最も名高く高度で見事な定理を証明した。じつのところその条件（初項と公差が互いに素であること）がただ1つの条件であることを示したのだ。すべての等差数列は、初項と公差が互いに素である限り、無限に多くの素数を含んでいる。つまり、aとbが互いに素であれば、$a+bn$という形の素数を無限に多く含んでいるのだ。

ディリクレの証明は初めて**L関数**を効果的に活用したものであり、また、たびたびいわれることなのだが、**解析的数論**の誕生を告げるものとなった。

168 グリーン-タオの定理 GREEN-TAO THEOREM

ディリクレの定理から、多くの等差数列には素数が無限に多く含まれていることが明らかになった。その問題を逆に考えれば、素数のなかに埋もれている等差数列を探すことにつながる。たとえば、3、5、7は長さ3（そして公差2）の等差数列だ。41、47、53、59は長さ4（そして公差6）の等差数列だ。

古くからある予想で、数学界の言い伝えになっており、その由来は定かではないものの、少なくとも1770年ごろに遡るものがある。その予想によると、任意の長さの素数の等差数列が存在するという。本書を書いている時点では、素数の最も長い等差数列として知られているのは、ベノア・ペリションがプライムグリッドの一端として発見したものだ。長さが26、初項が43142746595714191で公差が5283234035979900だ。

20世紀の間は、予想の一般化に向けた進展は緩やかだった。ところが、2004年になって目を見張るほどの進展があり、証明が完成した。証明したのはテレンス・タオとベン・グリーンだ。この功績が評価され、タオは2006年にフィールズ賞を受賞した。この定理は、第1のハーディ・リトルウッド予想と仮説Hによって一般化される。

169 フェルマー素数 FERMAT PRIMES

ピエール・ド・フェルマーは、2のべき乗より1だけ大きい、すなわち、2^n+1 の形をとる単純な素数に興味を持っていた。たとえば、$3 = 2^1+1$、$17 = 2^4+1$ がそうだ。この形の数がすべて素数というわけではなく（$2^3+1 = 9$ などは素数ではない）、すべての素数がこの形になるわけでもない（7はその形では表せない）。

フェルマーは、2^n+1 が素数であるすべての場合において、n 自体が2のべき乗であることに気づいた。そこで、$2^{2^m}+1$ という形の数の研究に着手した。

こうした形の数を現在では**フェルマー数**と呼んでいる。フェルマーは、このような数はすべて素数であると予想したのだ。

こうした数はすばやく大きくなるので、この予想を多くの値について実験してみるのは難しいことだった。1953 年に、J・L・セルフリッジが $2^{216}+1$ が素数ではないことを示し、フェルマーの予想は否定さ

れた。

じつのところ、フェルマー数の大部分は素数ではない。現在までに、**フェルマー素数**は3、5、17、257($=2^{2^3}+1$)、65537($=2^{2^4}+1$)の5つしか知られていない。

その後、この数列から素数は出てこないと考えられている。しかし、フェルマー素数がもっとあるかどうかは未解決の問題のままだ。この問題の1つの帰結が**作図可能な多角形**の理論だ。

170 メルセンヌ素数 MERSENNE PRIMES

メルセンヌ数というのは、2のべき乗よりも1小さい数だ。つまり、2^n-1という形の数である。こうした数がすべて素数なわけではない(たとえば、$15 = 2^4-1$ は素数ではない)。また、すべての素数がメルセンヌ数とは限らない(たとえば5や11はメルセンヌ数ではない)。とはいえ、$3 = 2^2-1$、$7 = 2^3-1$ といった形のものは、**メルセンヌ素数**という重要なクラスを構成する。この名前は、フランスの修道士で1644年にこの素数の探求を始めたマラン・メルセンヌにちなんでいる。

2^n-1 が素数になり得るのは、偶然にも、n 自体が素数の場合のみだが、その場合に 2^n-1 が必ず素数になるとは限らない。たとえば、$2^{11}-1 = 2047 = 23\times89$ となる。とはいえ、これは大きな素数の探索という目下進行中の研究において、最高の第1歩にはなる。本書を執筆している時点では、47個のメルセンヌ素数が知られている。ただし、メルセンヌ素数が無限にあるのかどうかは未解決の問題だ。

メルセンヌ素数の研究は**完全数**の研究に密接にかかわっている。というのも、偶数の完全数はすべて、$\frac{M(M+1)}{2}$ という形の数だからだ (ここで M はメルセンヌ素数)。

171 巨大な素数 LARGE PRIMES

素数が無限にあることはユークリッドの時代から知られていて、最大の素数が存在しないことは疑いの余地なく証明されている。にもかかわらず、より大きな素数を突き止めようという探究は何百年も前から行われている。多少の例外はあるものの、とりわけ大きな既知の素数は必ずメルセンヌ素数だった。

1588年、ピエトロ・カタルディはメルセンヌ数 $2^{19}-1 = 524287$ が素数であることを示し、この記録が200年ほど破られていなかった。

20世紀になると探究は加速した。**リュカ-レーマーテスト**の発見に見られるように、素数であることを判定する技術が向上しただけではなく、ただ単にコンピューターの力が向上したおかげもある。1951年以来、巨大素数の追跡はさらに高速なコンピューターに依存し、1996年からは、分散コンピューターによるプロジェクト、グレートインターネットメルセンヌプライムサーチ（GIMPS）が幅を利かせている。プロジェクトでは、世界中で何千台にも上るボランティアのコンピューターの空き時間を使用する。

本書を書いている時点で最も大きな既知の素数は、GIMPSを通じて2008年8月に発見されたメルセンヌ素数だ（スミス、ウォルトマン、クロヴスキらによる）。その値は $2^{43112609}-1$ で、すべて書きだすと12,978,189桁にもなる。

172 素数であることの判定法 PRIMALITY TESTING

数 n が素数であるかどうかを知るための最も単純な方法は、その数よりも小さなすべての数で割り切れるかどうかを確かめることだ（実際には、$\sqrt{n}$ までの素数について調べればじゅうぶんだ）。とはいえ、極めて大きな数に対してそのやり方をとると、現実的でないほど時間がかかる。100桁の数のテストをするために、宇宙の一生よりも長い時間がかかるのだ。

エラトステネスの篩は素数をリストアップするための方法として大昔から知られていて、現在もなお使われている。素数であることを調べるそのほかの方法（たとえばフェルマーの素数判定法、および**ミラー-ラビン素数判定法**）は確率論的だ。真の素数が素数でないと判断されることは決してないが、判定を通った数は「おそらく素数」であるにすぎない（これらの判定法は、より正確にいえば合成数であることの判定法だ）。こんにち、巨大素数の探索は、確率論的ではない**リュカ-レーマーテスト**にかかっている。

173 フェルマーの素数判定法 FERMAT'S PRIMALITY TEST

中国人の仮説は、素数を判別する方法としては妥当ではない。この仮説によれば、数 q が素数なのは、q が 2^q-2 を割り切るとき、かつそのときに限る。とはいえ、それが正しいと信じられているのは無理もないことだ。3 は $2^3-2(=6)$ を割り切るし、4 は $2^4-2(=14)$ を割り切らな

い。5は$2^5-2(=30)$を割り切る。このようにしばらくの間は成り立っているからだ。最初の反例は、非素数の$341 = 11 \times 31$であり、これは$2^{341}-2$を割り切る。

この仮説は素数判定方法としては正しくないのだが、**フェルマーの小定理**にもとづいた素数判定法の素地を含んでいる。小定理の帰結として、次のことがいえる。qが素数である可能性があり、ある数nが存在してn^q-nがqで割り切れないならば、最終的にqは素数にはなり得ない。中国人の仮説は、$n = 2$の場合に相当する。

だから、素数であるための必要条件になっている。ただし、十分条件ではない。

フェルマーの素数判定法では、素数であることが推定されるqについて、nを底として判定する。定理の結論が成り立たなければ（n^q-nがqで割り切れないならば）、qは本物の素数ではないことが判明する。

ところが、この判定法は完璧ではない。特定の底の場合に素数と判定されてしまう**擬素数**が存在するからだ。341は底2の場合の擬素数だ。最悪の場合は、qと互いに素であるすべての底nに対して素数と判定されるような非素数qだ。そうしたものを**カーマイケル数**と呼ぶ。

1910年にロバート・カーマイケルが発見したことから、そう名づけられている。最初のカーマイケル数は561だ。1994年に、アルフォードとグランヴィルとポメランスが、カーマイケル数が無限に多く存在することを証明している。

174 リュカ-レーマーテスト LUCAS-LEHMER TEST

リュカ-レーマーテストは1930年から使われ始め、現在もGIMPSではメルセンヌ素数判定のためにこの方法を用いている。pが大きな素数であれば、解決すべき問いは巨大数$2^p - 1$も素数であるかどうかということになる。この数をkとしよう。テストの基盤となるのは次のように再帰的に定義されるリュカ-レーマー数列だ。$S_0 = 4$、$S_{n+1} = S_n^2-2$。**レーマーの定理**より、kが素数となるのは、kがS_{p-2}を割り切るとき、かつそのときに限る。

難点は、リュカ-レーマー数列がじつに急速に大きくなることだ。初めの数項は次の通りだ。$S_0 = 4$、$S_1 = 14$、$S_2 = 194$、$S_3 = 37634$、$S_4 = 1416317954$。S_8に至るまでに数列は、宇宙のなかにある原子の数よ

りも遥かに大きくなり、それ以上、直接的に計算するのは不可能になる。

合同算術を使った方法が必要だ。そうすれば、直接的に計算するのではなく、kを法としてS_nの値を続けて求めることができる。コンピューターによる計算の時間はすべてここに使われる。最終的には、kを法としてS_{p-2}を計算する。これがゼロであれば、kはS_{p-2}を割り切り、素数だといえる。

175 素数計数関数 THE PRIME COUNTING FUNCTION

無限にたくさんの素数が存在するのはいうまでもない。では、素数を「計数する」とはどういうことだろうか？ その答は**素数計数関数**π（数のπと混同しないこと）によって与えられる。

自然数nに対して、$\pi(n)$を、n以下の素数の個数であると定義する。すると、7までの素数（2、3、5、7）の個数はちょうど4なので$\pi(7) = 4$となる。同様に、$\pi(8) = 4$、$\pi(11) = 5$、$\pi(100) = 25$、$\pi(1000) = 168$だ。

この関数を理解することが数論の主な目的だ。広い範囲でこの関数を描いてみれば、個々の素数の予測不可能性は消え、一般的傾向が明らかになる。$\pi(n)$が一般的にどのくらいの速さで成長するのかは素数定理で説明される。さらに正確な情報が、（正しければ）**リーマン予想**から得られる。

176 第2のハーディ-リトルウッド予想

THE SECOND HARDY-LITTLEWOOD CONJECTURE

G・H・ハーディとJ・E・リトルウッドの協力関係は数学者同士のこのうえなくすばらしい共同研究の1つを生みだしている。2つ目の予想は1923年に出されたもので、素数計数関数は**劣加法性**がある、すなわち、任意の2数x、yに対して$\pi(x+y) \leq \pi(x) + \pi(y)$が成り立つというものだ。

ここから、n個の連続する数に含まれる素数の個数は、n以下の素数の個数を超えることはないという結果が導かれると考えられた。しかし1974年に驚くべき進展があった。

イアン・リチャーズが第1と第2のハーディ-リトルウッド予想は両立しないことを証明し、第2の予想は「おそらくは正しくない」と述べたのだ。

177 素数定理1 THE PRIME NUMBER THEOREM1

カール・フリードリヒ・ガウスは14歳のときに素数計数関数について驚くべき考察をした。nに対する$\pi(n)$の割合は、おおむねnの**自然対数**（$\ln n$）であることを見出したのだ。これは、もしも1とnの間にある数をランダムに選んだら、その数が素数である確率はおよそ$\frac{1}{\ln n}$だということになる。だから、1とnの間にある素数の個数は、$\frac{n}{\ln n}$に近似できる。

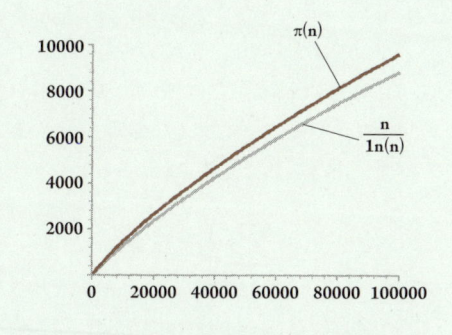

若きガウスは、nの値が大きくてもこれは変わることなく真であると予想した。すなわち、2つの関数$\pi(n)$と$\frac{n}{\ln n}$は漸近的に等しいのだ。これを次のように書く。$\pi(n) \sim \frac{n}{\ln n}$。漸近的に等しいとは、さらに正確に述べれば、一方の関数ともう片方の関数との比は、nが大きくなるにつれて、1にどんどん近づいていくということだ。☞Fig

178 素数定理2 THE PRIME NUMBER THEOREM2

ガウスは後に、素数の個数に対する推定値を、$\frac{n}{\ln n}$からさらに正確な**対数積分関数**Linへと改善する。専門的に書くと、$\int_2^n \frac{dx}{\ln(x)}$だ。この場合もガウスは、$\pi(n) \sim Lin$だと思い込んでいたが、証明はしなかった。この主張が**素数定理**であり、$\pi(n) \sim \frac{n}{\ln n}$という弱い結果も含まれている。

1896年、ジャック・アダマールとシャルル・ド・ラ・ヴァレ・プーサンは、リーマンゼータ関数を研究し、それぞれ別に素数定理を証明した。この定理は$\pi(n)$の一般的なパターンを説明しているが、値そのものではない。10,000,000,000までの素数の個数の予想はおおよそ455,055,614だと予測している。実際、455,052,511個であり、0.0007％の誤差だ。**リーマン予想**がもしも証明されれば、こうした誤りの細部を埋められるだろう。また、素数定理は可能な限りの精度で$\pi(n)$を書き下す方法になるだろう。

179 リーマンゼータ関数　THE RIEMANN ZETA FUNCTION

　ベルンハルト・リーマンが数論に関して発表した論文はたった1編だ。それが1859年の「与えられた限界以下の素数の個数について」だ。とはいえ、これには強い主張があり、これまでに執筆された論文のなかでもとりわけ大きな影響力を誇っている。論文では、以下の通り、**べき級数**で定義されるある関数を考察していた。

$$\zeta(s) = \sum_{n=1}^{\infty} \frac{1}{n^s} = 1 + \frac{1}{2^s} + \frac{1}{3^s} + \frac{1}{4^s} + \frac{1}{5^s} + \cdots$$

　この関数は新しいものではなかった。1737年にレオンハルト・オイラーが熟慮しており、別の表記方法を見出して素数と結びつけていた。現在ではオイラーの積として知られている。

$$\zeta(s) = \prod_{p \text{ prime}} \frac{p^s}{p^s - 1} = \frac{2^s}{2^s - 1} \times \frac{3^s}{3^s - 1} \times \frac{5^s}{5^s - 1} \times \frac{7^s}{7^s - 1} \times \cdots$$

　ただし、1つ目の式ではすべての自然数nについて和をとり、2つ目の式では素数pについて積をとっている。

　リーマンは当初、ゼータ関数は複素関数として意味があると洞察していた。sに複素数値を入れ、複素数値$\zeta(s)$を得ることができたのだ。実際、この式は複素平面の半分でしか有効ではなかった(sの実部が1より大きいときにだけ収束する)。

　ゼータ関数から明確な値を得るのは非常に難しい。リーマンが新たに発表した内容を調べてみると、$\zeta(0) = -\frac{1}{2}$であること、$\zeta(2n)$はすべての正の整数nに対して**超越的**であることがわかる。1978年になってようやく、ロジェ・アペリーによって$\zeta(3)$は**無理数**であることが示された。nがそのほかの奇数値をとるときの$\zeta(s)$の性質はいまだ謎に包まれている。この関数のさらなる挙動は、リーマンの有名な予想の焦点となっている。

180 オイラーの積　EULER'S PRODUCT FORMULA

　一般化された2項定理を$(1-\frac{1}{2})^{-1}$に適用すると以下のようになる。

$$\left(1 - \frac{1}{2}\right)^{-1} = 1 + \frac{1}{2} + \frac{1}{2^2} + \frac{1}{2^3} + \cdots$$

同様に

$$\left(1-\frac{1}{3}\right)^{-1} = 1 + \frac{1}{3} + \frac{1}{3^2} + \frac{1}{3^3} + \cdots$$

こうした2式を掛け算すると次のようになる。

$$\left(1-\frac{1}{2}\right)^{-1} \times \left(1-\frac{1}{3}\right)^{-1} = 1\left(1+\frac{1}{3}+\frac{1}{9}+\cdots\right) + \frac{1}{2}\left(1+\frac{1}{3}+\frac{1}{9}+\cdots\right)$$

$$+ \frac{1}{4}\left(1+\frac{1}{3}+\frac{1}{9}+\cdots\right) + \cdots$$

括弧を開いて並べ替えると右辺は以下のようになる。

$$1 + \frac{1}{2} + \frac{1}{3} + \frac{1}{4} + \frac{1}{6} + \frac{1}{8} + \frac{1}{9} + \frac{1}{12} + \cdots$$

素因数として2か3を持つすべての数は、この式のなかに1回だけ現れるだろう。同様に以下の通りだ。

$$\left(1-\frac{1}{2}\right)^{-1} \times \left(1-\frac{1}{3}\right)^{-1} \times \left(1-\frac{1}{5}\right)^{-1} = 1 + \frac{1}{2} + \frac{1}{3} + \frac{1}{4} + \frac{1}{5} + \frac{1}{6} + \frac{1}{8}$$

$$+ \frac{1}{9} + \frac{1}{10} + \frac{1}{12} + \cdots$$

すべての自然数が右辺に現れるようにするためには、すべての素数が左辺になくてはならないだろう。そこで、以下のように無限の積をとる。

$$\prod_{p\ \text{prime}} \left(1-\frac{1}{p}\right)^{-1}$$

リーマンゼータ関数$\zeta(s)$によって与えられる級数が$1+\frac{1}{2^s}+\frac{1}{3^s}+\frac{1}{4^s}+\frac{1}{5^s}+\frac{1}{6^s}+\frac{1}{7^s}+\cdots\cdots$であることを考えると、次の関係が成り立つ。

$$\zeta(s) = \prod_{p\ \text{prime}} \left(1-\frac{1}{p^s}\right)^{-1}$$

これが**オイラーの積**の背後にある核となる考え方で、リーマンゼータ関数が素数と密接に関連していることを示唆するものだ。

181 リーマン予想 THE RIEMANN HYPOTHESIS

「もしも1000年眠って目覚めたなら、まず聞きたくなるのは、リーマン予想が解決したのかどうかだろう」といったのは、偉大なる数学者、ダフィット・ヒルベルトだ。リーマンは、ゼータ関数と**複素解析**の関係について目を見張るほどの考察を行った結果、**素数計数関数**に対す

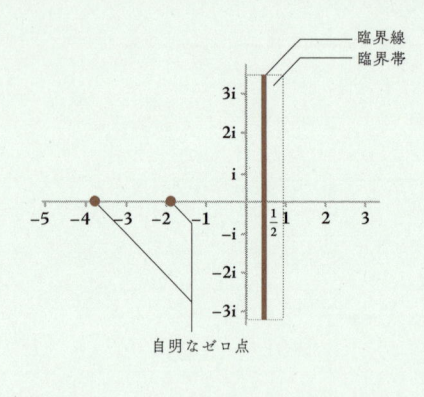

る厳密な公式を作りだすに至った。これは数論における聖杯といっていい。

ところが、その公式は、ゼータ関数が消えてしまうところ、つまり、$\zeta(s) = 0$ を満たす s の値がわかることを前提としていた。$\zeta(-2)$、$\zeta(-4)$、$\zeta(-6)$……がすべてゼロとなる値を確かめるのは比較的簡単だ。これらの点は**自明なゼロ点**という。一方、自明でないゼロ点も無限にたくさんある。リーマンは、ゼロ点はすべて、$Re(s) = 0$ と $Re(s) = 1$ の間の**臨界帯**にあること、および**臨界線** $Re(s) = \frac{1}{2}$ を挟んで対称に存在することを示した。☞Fig

リーマン予想は、ゼータ関数の自明でないゼロ点はすべて臨界線上にあると述べるものだ。リーマンは、これは「非常に確からしい」と思うが「はかなく無駄な試みが終わったので、一時的にこれに対する探究はやめておく」と書き残した。それから150年の間、すばらしい頭脳を持った何百人という人たちが精力を傾けてきたものの、証明は完成していない。

182 リーマンのゼロ点 RIEMANN'S ZEROES

リーマンの手稿はただちに数学界を興奮の渦に巻き込み、プロの数学者やアマチュア数学愛好家を奮い立たせ続けた。1896年、アダマールとド・ラ・ヴァレ・プーサンは別々に、臨界帯の境界線、つまり、$Re(s) = 0$、$Re(s) = 1$ で表される直線上にはリーマンのゼロ点が1つもないことを示した。この無限小の部分をそぎ落とすだけでも、素数定理はじゅうぶんに導けた。

1914年、G・H・ハーディは臨界線上には無限に多くのゼロ点があることを証明した（とはいえ、これは、臨界線から外れたところにほかのゼロ点があることを認めないわけではなかった）。1974年にノーマン・レビンソンは自明でないゼロ点の少なくとも**34.74%**は臨界線上にあることを証明し、この割合は、1989年にブライアン・コンリーによって**40.1%**に

まで高まった。

　もちろん、リーマン予想は、この割合が100%であることを主張しているのだし、現在までのところ、実験的な証拠による裏づけはとれている。2004年にグザヴィエ・グルドンとパトリック・ドゥミシェルが分散コンピューティングの力を利用して、初めの10兆個の自明でないゼロ点が実際に臨界線上にあることを確かめた。

183 L関数　L-FUNCTIONS

オイラーによるゼータ関数の元々の定義は以下の通りだった。

$$\zeta(s) = \sum_{n \geq 1} \frac{1}{n^s} = 1 + \frac{1}{2^s} + \frac{1}{3^s} + \frac{1}{4^s} + \frac{1}{5^s} + \cdots$$

　すべての分数の分子が1であることに注意しよう。ほかの関数はこの1を(慎重に選んだ)ほかの複素数で置き換えることで形作れる。これは**L関数**という非常に重要な族である。これらはゼータ関数といくぶん似たふるまいをする(秘密を明かしたがらないことも含めて)。それぞれが、オイラーの積の独自版、複素数への拡張、リーマン予想の変形を備えていて、これらは一般化されたリーマン予想としてまとめられている。

　L関数が初めて登場したのは、ディリクレの定理の証明のなかだった。それ以来、やっかいな技術的問題があるにもかかわらず、解析的数論の中心的テーマになっている。

　リーマン予想からの類推は、**ヴェイユ予想**で最も重要なポイントだった。このヴェイユ予想は、1980年にピエール・ドリーニュが証明した。そして1994年、アンドリュー・ワイルズがフェルマーの最終定理を証明するためにL関数を利用した。L関数のほかの族は数学の世界のさらなる宝物の多くのカギを握っている。たとえば、**バーチ・スウィナートン=ダイアー予想**や**ラングランズプログラム**がそうだ。

184 一般化されたリーマン予想

THE GENERALIZED RIEMANN HYPOTHESIS

　リーマン予想の証明は、素数の分布を明らかにすることを考えれば極めて重要だろう。特に、この予想が正しければ、素数計数関数の挙動は、これまで素数定理が許容していたよりも、もっと精密にとらえられるだろう。

またその意味がさらに深みを増しさえするだろう。というのも、ゼータ関数は、現代数論のカギとなるL関数の無限に広がる族のなかの、最初の1つなのだ。ゼータ関数を理解するための技術は、残りのL関数を理解する助けとなるだろう。

　一般化されたリーマン予想によれば、すべてのL関数に対する自明でないゼロ点は臨界線 $Re(s) = \frac{1}{2}$ 上にある。L関数においてこれが個別に証明されたり反証されたりした例はない。

数

- 基本
- 計算
- 数体系
- 有理数
- 約数と倍数
- 帰納法
- 数の表現法
- 超越数
- 定規とコンパスによる作図
- ディオファントス方程式
- 素数

幾何学

代数学

離散数学

解析学

論理学

超数学

確率論と統計学

数理物理学

ゲームとレクリエーション

GEOMETRY

幾何学

学校で習う幾何学の定理の多くは、古代ギリシャの時代まで遡る。じつのところ、そのほとんどが1冊の本、ユークリッドの『原論』に書いてある。ユークリッドは『原論』のなかで、自分の調べたことと、古代の世界で先人たちが蓄積した知識を結びつけ、点、直線、円の相互作用を探究した。『原論』は、数々の定理を紹介したという点に加え、公理に則った研究手法を提示したという点でも非常に意義深い。
　ところが、19世紀になって、非ユークリッド幾何学という新しい形の幾何学が見出された。この非ユークリッド幾何学は、ユークリッド幾何学における公理を否定するところから始まる。
　ここから幾何学はいくつかに枝わかれすることになる。それぞれについて、最も単純な数学的図形の1つである円を例として説明しよう。微分幾何学では、円は複数の線分を寄せ集めた結果であり、滑らかな曲線を描くものである。位相幾何学では、円を曲げて形を変えることが可能で、正方形も円の一例になる。これら2つの間にあるのが微分位相幾何学だ。微分位相幾何学では、円を楕円、つまり、細長い円形に変形したものを受け入れる。ただし、正方形のようにとがった角を持つのではなく、滑らかなものに限られる。結び目理論では、3次元空間内で滑らかな円が絡まり得るさまざまな状況を研究対象とする。また、方程式$x^2 + y^2 = 1$によって円を代数的に記述すると、異なる視点でとらえることができる。代数幾何学では、このように多項式で表した対象を研究する。この抽象性の高い手法のおかげで、幾何学的方法は、紙の上に描けるものを遥かに超えた世界にも適用できるようになった。

Euclidean Geometry

ユークリッド幾何学

185 ユークリッドの『原論』 EUCLID'S ELEMENTS

アレキサンドリアのユークリッドが執筆した13巻からなる数学書『原論』は、数学に関する著作物のなかでも画期的なものといえる。紀元前300年ごろに書かれたものでありながら、古今を通じて最も成功を収めた書籍である。

ユークリッドは、自分の研究成果を示しただけではなく、同時代の人たちや先人たちの研究成果も取り込んで見事な知識体系を作りあげた。おおよそ2000年にわたり『原論』は高く評価され、世界中の標準的な教科書であり続けた。初めての印刷版が1482年に作成されると、その後1000以上も版が重ねられ、聖書に次いで売れている本となった。

ユークリッドは、数論の章の目玉として**素数が無限にあること**を証明し、また**定規とコンパスによる作図**の理論を展開している。だが何といっても、その幾何学研究によって『原論』は広く知られている。

特に、同書内で証明している事実そのものとともに、現代にも通じる証明手法がおおいに称賛されている。数学者が証明の前提となる仮定（公準や公理）を詳しく書き、こうした公理から厳密かつ直接的にすべての結果を導きだすのは、同書での試みが初めてだった。

186 ユークリッドの公準 EUCLID'S POSTULATES

点や直線についての研究は、ユークリッドの時代よりも前に始まり、何千年にもわたって続けられてきた。しかし、このテーマ（平面幾何学）はユークリッドの手によって、数学における数々の分野のなかでも初めて、**公理化**されたものとなった。ユークリッドは自分の研究が以下の5つの基本的な仮定に根差していることを記している。

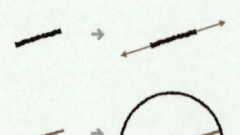

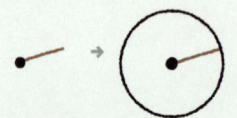

I. 任意の2点は、線分で結ぶことができる。

II. 任意の線分は、両端を無限に延ばすことができる。

III. 任意の点を中心として、任意の半径で円を描くことができる。

Ⅳ. 直角は常に等しい。
Ⅴ. 2本の直線がもう1本の直線と交わっていて、片側の内角の和が2直角未満（$x+y<180°$）ならば、2本の直線を無限に延長したとき、どこかで交わる。

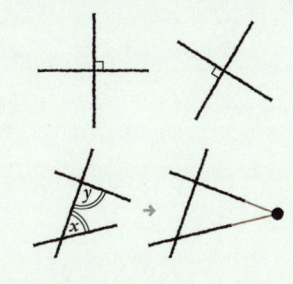

　ユークリッドは、平行線公準といわれる5番目の公準が冗長で、満足していなかったようだ。実際、原論の初めの28の命題では公準のⅠからⅣだけを用いている。ところが、29番目にあたる平行線に関する命題では、5番目の公準に頼らざるを得なかった。

187 平行線公準　THE PARALLEL POSTULATES

　ユークリッドの『原論』が発表されてから2300年の間の大半は、「ユークリッド」幾何学とあえていう必要などなかった。幾何学といえばそれしかなかったからだ。幾何学系は、ユークリッドの5つの公準にしたがうものだけが知られていた。とはいえ、5番目の公準はやや厄介で、ほかの公準ほど明らかに正しいとは思えないというユークリッドの見解に同意する幾何学者は多かった。

　代わりとなるもっと簡単な表現がいくつか作られている。以下に示す、**プレーフェアの公理**もその1つだった（ジョン・プレーフェアが最初に見出したわけではないが、そう名づけられている）。

「直線、およびその直線上にない点が与えられたとする。その点を通り、与えられた直線に平行な直線はたかだか1本しかない」☞Fig

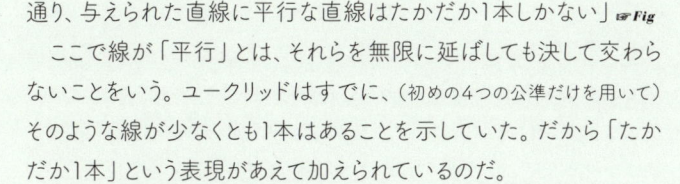

　ここで線が「平行」とは、それらを無限に延ばしても決して交わらないことをいう。ユークリッドはすでに、（初めの4つの公準だけを用いて）そのような線が少なくとも1本はあることを示していた。だから「たかだか1本」という表現があえて加えられているのだ。

188 平行線公準の独立性
THE INDEPENDENCE OF THE PARALLEL POSTULATE

　何世紀にもわたって、ヨーロッパやイスラムの数学者たちはこの平行線公準について議論を戦わせた。これは、ユークリッドの公準の初めの4つから導きだせるのではないだろうか？

間違った証明が書かれてはその誤りが暴かれるといったことを何度も繰り返し、やがて論理的に等しい条件がいくつか見出された(三角形の内角の和は180°であるという主張もその1つである)。最近では、スコット・ブロディが**ピタゴラスの定理**が論理的に平行線公準と同等であることを見出している。

19世紀に、カール・フリードリヒ・ガウス、ニコライ・ロバチェフスキー、ボヤイ・ヤーノシュが、公準のIからIVにはしたがうものの平行線公準にはしたがわない、**双曲幾何学**の系を考えだした。こうして、平行線公準は初めの4つの公準とは独立であることがついに示されたのである。

189 角度 ANGLES

角度は**回る量**だ。では、それはどのようにして測れるだろうか? おそらく最も簡単な方法は**回転**を単位にすることだろう。そこで、ちょうど1回転を1として、直角を$\frac{1}{4}$とする。たくさん回る場合にはこれは便利な測り方だ。だから回転速度は通常、分あたりの回転数(回転/分、RPM)で測定する。一方、回る量が少ない場合、より細かな尺度が役に立つ。

従来から使われている角度の測定単位は**度**(°)である。360°がちょうど1回転に相当する。これは、古代バビロニアで1年を360日としていたところに起源がある。**1度は60分**に分割され、**1分は60秒**に分割される。

また、いまではあまり使われていないが、これとは別の体系として、**グラード**(グラディアンともいう)がある。これは、フランスでメートル法に角度を組み入れようとして考案されたもので、**100グラード**が直角に等しく、1回転は**400グラディアン**となる。

こうした歴史的背景は興味深いものだが、数学的にはどの方法を用いても問題ない。科学者が好むのは**ラジアン**という単位で、これは円にもとづく系となっており、1回転が2πラジアンである。

190 平行線 PARALLEL LINES

2本の直線が**平行**であるとは、それらが同じ平面上にあって、たとえ両端を無限に延ばしても、永遠に続く鉄道の線路のように決して交わらないことをいう(同じ平面上にあるという条件は必須だ。3次元では2本

の直線が**ねじれの位置**にあり、平行ではないけれど交わりもしない場合があり得る)。平行線公準を仮定すれば、同値な条件として、平行な2本の直線間の垂直距離はどこで測っても常に等しくなる。

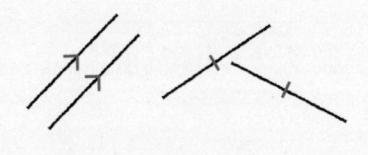

平行線であることは通常、直線上に矢印を揃えて描いて示す。一方で、等しい長さの線分には、線分自体に交わるような短い線を揃えて描く。

1組の平行線にもう1本の直線が交わるとき、2つの重要な結果が得られる。これらは、ユークリッドの『原論』の命題1.29で証明されているものであり、ユークリッドが平行線公準をもとにして得た最初の帰結である。

I. **同位角**は等しい。図中のAとBが同位角だ(「F角度」と呼ばれることもある)。そう呼ばれるのは、AとBは平行な異なる線上で同じ位置にあるからだ。このような角度は常に等しくなる。

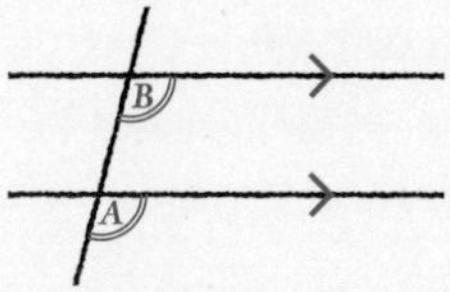

II. **錯角**は等しい。CとDは錯角(あるいは「Z角度」)であり、これも常に等しくなる。

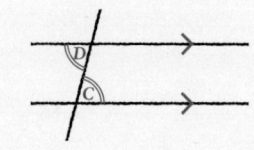

|9| 直角 RIGHT ANGLES

$90°$、$\frac{\pi}{2}$ラジアン、$\frac{1}{4}$回転。どのような単位で測っても、直角はユークリッド幾何学において極めて重要な要素だ。おそらく、最も初等的な定義は直線を使うことだろう。直線の片側は角度π($180°$)だ。これを2等分すれば直角が得られる。直角であることは、角に2本の線を描き加え、小さな正方形を記して示す。

平行と反対の概念を述べよう。2本の直線が**垂直**であるというのは、互いに直角に交わることをいう。

直角は、距離の測り方を与えてくれる。平面上の2点間の距離を測る方法は明らかだろう。しかし、線と線(あるいは、点と線、線と面)の間の距離を測るためには、垂直距離という考え方が必要だ。垂直距離とは、2本の線と直角に交わる新たな線分の長さのことだ。

192 デカルト幾何学 CARTESIAN GEOMETRY

ルネ・デカルト（ラテン語で書くとCartesius［カルテシウス］）は、認識論における画期的発想「われ思う、ゆえにわれあり」で有名だ。しかし、17世紀には、哲学、科学、数学を分かつ線が現在ほどはっきりしていなかった。

デカルトは、『方法序説』のなかで初めて「われ思う、ゆえにわれあり」と書いたのだが、同書の付録に**幾何学**というタイトルをつけ、そのなかで**座標系**を紹介している。

この座標系は、認識論の発想と同じくらい現代の思考に深い影響をもたらした。デカルトは、ユークリッド平面（境界のない2次元の平面）を説明するときに、平面上に2本の直線を描いた。それらの直線は**原点**で直角に交わり、平面を4つの**象限**にわける。水平線を通常 x 軸、垂直線を y 軸と呼ぶ。そして、平面上の任意の点の位置は、x 座標と y 座標を用いて表せる。

193 デカルト座標 CARTESIAN COORDINATES

デカルトの幾何学では、平面上のすべての点を、それがどの象限にあり、各軸からどれくらい離れているのかを示すことで識別可能だ。これは、地図を読むのにとてもよく似ている。

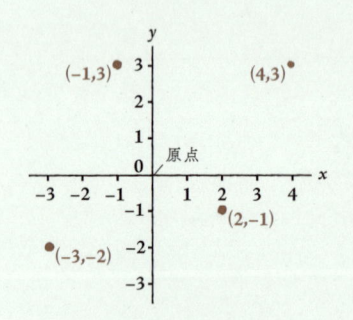

ここで、情報を記録する2つの数を点の**座標**という。点 $(4, 3)$ は（両方の数が正であるから）右上の象限で、（x 軸に沿って）右に4、上に3だけ移動したところにある。同じように、$(-3, -2)$ は左下の象限で左に3、下に2移動したところにある。原点の座標は、もちろん $(0, 0)$ だ。☞ Fig.

194 グラフを描く PLOTTING GRAPHS

古代バビロニア人の時代以来、幾何学には代数学的な方法が使われてきた。ところが、デカルト座標の登場によって、幾何学はさらに精緻な技法を発展させた。デカルト座標のおかげで数を使って点を正確に定義できる。そして、こうした数同士の関係を利用して幾

何学的な図形を描くことができるのだ。

たとえば、(0, 0)、(1, 1)、(-10, -10)のようにx座標とy座標が同じであるすべての点について考える。これらの点を平面上に描いてみると、すべて一直線上にあることがわかるだろう。数に注目すると、点(x, y)が$y = x$を満たせば、まさにこの直線上にあることは明らかだ。だから$y = x$を**直線の方程式**という。☞*Fig.1*

別の例として、(1, 2)、(-6, -12)、(0, 0)のように、2番目の座標が1番目の座標の2倍になっている点を考える。これらの点も一直線上にある。この場合、方程式は$y = 2x$だ。☞*Fig.2*

同じように、方程式$y = x+3$を考え、xに(0、-4、8などの)値を代入すると直線上の点(0, 3)、(-4, -1)、(8, 11)が得られる。こうした点はどれも、y座標がx座標よりも3だけ大きい。☞*Fig.3*

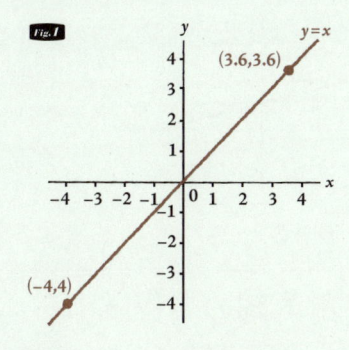

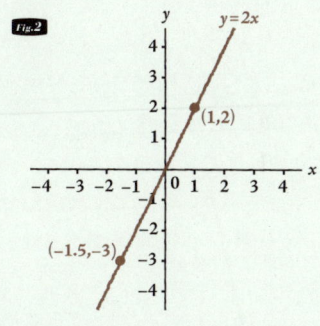

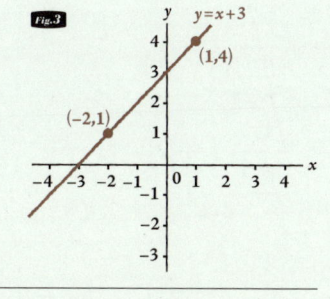

195 傾き(勾配) GRADIENTS

勾配は、坂の傾斜の具合を示すためのものとして道路標識に記してある。たとえば、25%の勾配というのは、水平方向に1メートル進むごとに$\frac{1}{4}$メートル高さが変わるという意味だ。

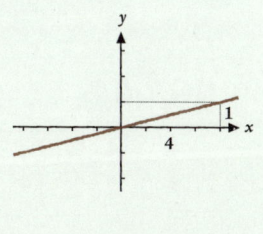

もちろん、実際の坂には始まりと終わりがある。それに、その間の傾斜の具合は一様ではない。しかし、平面上の直線の場合なら話は別だ。直線の傾きを計算するためには、線上の任意の2点をとり、

垂直方向に増えた高さを水平方向に進んだ距離で割る。

滑らかな曲線の場合、傾きは一定ではなく変化するが、曲線上の1点をとり、その点における曲線の**接線**の傾きを求めれば意味のある値が得られる。接線の傾きは**微分**することで求められる。

196 直線の方程式 THE EQUATION OF A STRAIGHT LINE

平面上の直線は、2つの情報によって識別できる。傾きと、直線が通る任意の点の座標である。計算するのに都合がいい点は**y切片**だ。これは、直線が縦軸（y軸）と交わる場所である。この点は軸上にあるので、その座標を$(0, c)$とする。

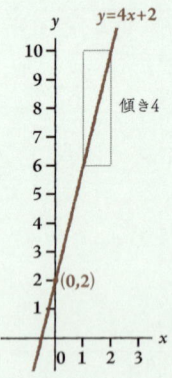

直線の傾きをmとすると、直線の方程式は$y = mx+c$となる。たとえば、$y = 4x+2$は$(0, 2)$でy軸と交わる、傾き4の直線だ。☞ *Fig.*

垂直な直線は例外だ。垂直な直線はy軸に対して平行なので、y軸と交わることはない。cが、意味のある値を持たないのである。同じように、直線の傾きも定義できない。というのも、水平方向の座標は変わらないからだ（「傾きは無限大」という人もいるだろう）。にもかかわらず、こうした直線の方程式は簡単に求めることができる。座標を固定してしまえばよいのであり、たとえば$(3, 0)$を通る垂直な直線なら、$x=3$だ。

一方、水平な直線の傾きは0であり、今度はy座標を固定することで定義できる。たとえば$y = 4$のようにだ。

197 実数直線 THE REAL LINE

ユークリッドの『原論』で提起された幾何学は、その後、2000年以上にわたって発展を続けた。ユークリッドの提示した基本（平行な直線、直角三角形、円）はいまなお重要なものだ。

『原論』は、まずいくつかの定義から始まる。「1. 点とは、部分がないものだ。2. 線とは、幅がなく長さだけがある。……4. 直線とは、その上の点に対して一様に延びる線だ。5. 面とは、長さと幅だけを持つ

ものだ」。

　現代の数学者なら誰もがユークリッドの意味するところを難なく理解できるだろう。そうはいっても、「部分を持たないもの」とは実際何なのか？　ユークリッドの説明を、現代数学の正確な用語で言い換えなくてはならなかった。

　こうした考えは**実数（R）**の系によって明確な形にすることができる。事実、これは幾何学的対象である**実数直線**としてすでに受け入れられている。現代数学の言い方をすれば、これは**1次元のユークリッド空間**にあたる。☞Fig.

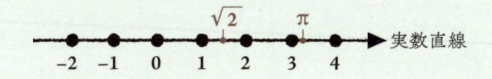

198 ユークリッド平面　EUCLIDEAN PLANE

　実数の集合（R）は、**実数直線**ととらえることができる。これは1次元直線のモデルとしてうってつけだ。この線上の**点**は単なる数で、2点間の**距離**は、大きいほうの数から小さいほうの数を引いたものだ。だから2点は、正の距離だけ離れている（その間には無限個の点がある）か、ぴったり同じ点であるかだ。つまり、真に隣り合う2点というのは存在しない。また、点は数の大きさによって決まる自然な順序にしたがっている。

　平面のモデルを示すには、個々の数を実数の組 (a, b) で置き換えればいい。これがデカルト座標系だ。こうした数の組は単に点の位置を示すだけではない。そうではなく、点そのものなのである。点 (a, b) と原点 $(0, 0)$ の距離はピタゴラスの定理から $\sqrt{a^2+b^2}$ とわかる（これは簡単に拡張可能で、任意の2点間の距離が求められるようになる）。☞Fig.

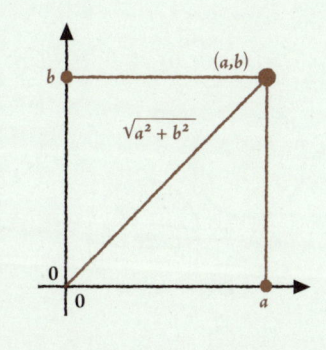

　2つの実数からなる組をすべて集めたこの集合を、R^2 と書き、**2次元ユークリッド空間**、あるいは単に**平面**と呼ぶ。この手続きを繰り返すと、さらに高次元の空間が得られる。

199 高次元空間 HIGHER-DIMENSIONAL SPACES

2次元のユークリッド空間で使った方法は3次元の場合にもうまく利用できる。

3次元ユークリッド空間(R^3)とは、3個の実数の組(a, b, c)をすべて集めた集合だ。ここで、(a, b, c)から$(0, 0, 0)$への距離は$\sqrt{a^2+b^2+c^2}$で求められる。☞ *Fig.*

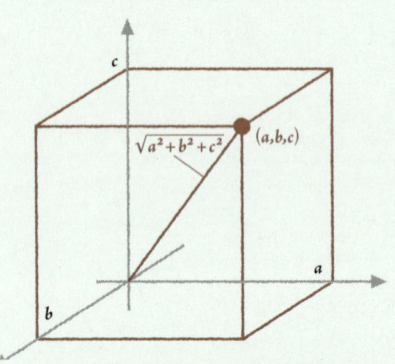

さらに高次まで進んでいこう。4次元空間は目に見える形には表せないが、どうあるべきかは数学的に明らかだ。**4次元ユークリッド空間**(R^4)は、4個の実数の組(a, b, c, d)がすべて集まった集合だ。このようにして、任意の次元まで続けることができる。

一般に、**n次元ユークリッド空間**(R^n)は、n個の実数からなる組$(a, b, \ldots, z)$がすべて集まった集合だ。このとき原点から各組への距離は$\sqrt{a^2+b^2+\cdots+z^2}$で表せる。

200 多次元球面 MULTI-DIMENSIONAL SPHERES

平面上では、円は与えられた点(**中心**)から一定の距離(**半径**)にある点の集合として定義されている。簡単にするため、半径を1、中心を原点$(0, 0)$としよう。すると、ピタゴラスの定理から、$\sqrt{x^2+y^2} = 1$を満たす点(x, y)の集合として、$x^2+y^2 = 1$という円を示す公式が導かれる。☞ *Fig.1*

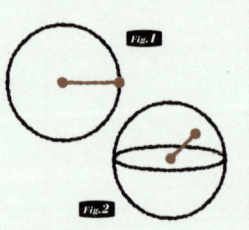

3次元において同じ考え方をすると、球面は、原点$(0, 0, 0)$からの距離が1である点(x, y, z)の集合になる。だから$x^2+y^2+z^2 = 1$だ。これを高次元の空間に拡張する方法は明らかだろう。n次元ユークリッド空間において、**n次元球面**とは、$(0, 0, \ldots, 0)$からの距離が1である点$(x, y, \ldots, z)$、すなわち$x^2+y^2+\cdots+z^2 = 1$となる点の集合だ。☞ *Fig.2*

高次元になるとその図形を視覚化することはできないが、このよう

に慣れ親しんでいる空間から一般化することで、比較的楽に理解できる場合もある。

201 三角形 TRIANGLES

私たちの身の回りの世界をうまく説明しようとするなら、**ユークリッド幾何学**という体系に頼るのが一番だ。

まず二角形、すなわち、2本の直線だけで作られる図形は存在しない。よって、地味な三角形こそが最も初等的な図形であり、だからこそ、とりわけ意義深いものの1つとしてあげられる。

三角形にはいろいろな形がある。**正多角形**である**正三角形**は、辺の長さがすべて等しい。**二等辺三角形**は、2辺の長さが等しい三角形だ。辺の長さがすべて異なる三角形は**不等辺三角形**と呼ばれる。

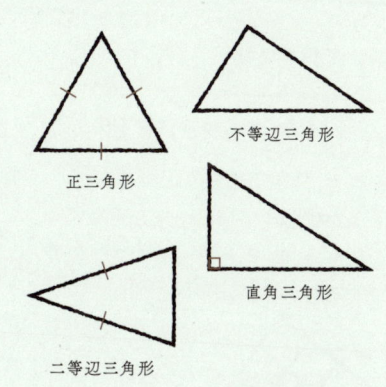

ユークリッド幾何学の中心となる**直角三角形**は、1つの角が直角である単純な三角形だ。直角を持たない場合、すべての角が90°未満であれば**鋭角三角形**といい、**鈍角**（90°よりも大きな角）があれば**鈍角三角形**という。☞ Fig.

202 三角形の角
ANGLES IN A TRIANGLE

「三角形の内角の和は180°である」。これは、ユークリッドの『原論』の命題1.32で証明された、三角幾何学に関する重要な結果だ。

これは、平行線に関する錯角の定理から導かれる。

三角形ABCにおいて、Cを通ってABに平

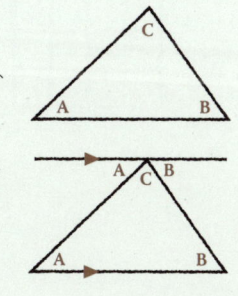

行な直線を引く。するとCを頂点として3つの角が一直線上に収まる。したがってその3つの角の和は180°だ。ここで、Cに新しくできた2つの角は、錯角の定理より、AおよびBとそれぞれ等しい。☞Fig.

203 直角三角形 RIGHT-ANGLED TRIANGLES

直角三角形は、1つの角が直角である三角形だ。直角三角形の**斜辺**とは最も長い辺のことで、直角の対辺になっている。

直角三角形はあちこちにみられ、ユークリッド幾何学が扱う基本的な対象となっている。3000年以上前に、直角三角形の3辺の関係性が説明されている。デカルト座標系では、任意の点(x, y)に対し、点$(0, 0)$、$(x, 0)$、(x, y)を考えれば直角三角形が作れる。よって、ピタゴラスの定理は、平面上の距離を計算する手段となる。直角三角形は**三角法**のための下地も提供してくれる。

204 ピタゴラスの定理 PYTHAGORAS' THEOREM

おそらくすべての定理のなかで一番よく知られているだろう**ピタゴラスの定理**は、最も古くから存在する定理の1つでもある。これは、ギリシャの数学者であり神秘主義者でもあるピタゴラス(おおよそ紀元前569年〜475年)の功績とされているが、古代バビロニア人たちがこの定理を知っていたことを示す有力な証拠もある。ピタゴラスの時代より1000年以上も前のことだ。ユークリッドは、この定理を『原論』のなかに命題1.47として収めている。

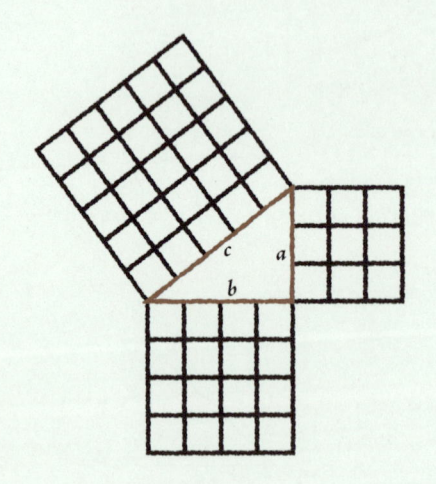

この定理は、直角三角形について考察し、以下のように述べている。斜辺(c)の2乗は、ほかの2辺(aとb)の2乗の和に等しい。これは、幾何学的には三角形の各辺の上に作った正方形の面積として考えられる。また、純粋に代数学的には$a^2+b^2=c^2$である。☞Fig.

205 ピタゴラスの定理の証明
PROOF OF PYTHAGORAS' THEOREM

ピタゴラスの定理は、すべての数学の定理のなかで最も数多くの証明が存在するものかもしれない。

エリシャ・ルーミスは、1907年に刊行した、『Pythagorean Proposition』(ピタゴラスの命題)に、367通りの証明を集めている。

12世紀のインドの数学者、バースカラによる幾何学的証明をここに示そう。辺の長さが$a+b$である正方形を2つの異なる方法で分割する。まずは辺の長さがa、b、cである4つの三角形と面積がa^2の正方形、面積がb^2の正方形だ。もう1つが、4つの三角形と面積がc^2の正方形だ。面積の合計はどちらも同じなので、$a^2+b^2 = c^2$でなくてはならない。☞ Fig.

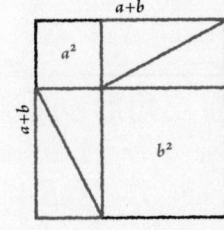

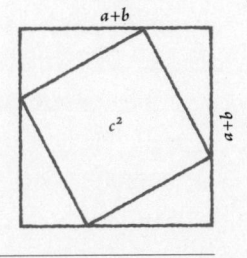

206 ピタゴラス数 PYTHAGOREAN TRIPLES

最も扱いやすい長さは、整数値である(特に小型計算機のない時代にはそうだった)。かつては直角三角形が幾何学への門番として正当な立場を与えられており、辺の長さが整数値である直角三角形がもてはやされていた。

残念ながら、そう多くは該当しない。たとえば、短い2辺をそれぞれ長さ1とすれば、ピタゴラスの定理から、斜辺の長さ(c)は$c^2 = 1^2+1^2 = 1+1 = 2$を満たさなくてはならず、$c = \sqrt{2}$となる。これは整数ではなく**無理数**である。厄介だが、こうしたことがよく起こる。

整数から構成できる一番小さな直角三角形は、辺の長さが3、4、5のものだ。これは、$3^2+4^2 = 9+16 = 25 = 5^2$とピタゴラスの定理を満たす。それゆえ、(3, 4, 5)は**ピタゴラス数**と呼ばれる。この倍数である(6, 8, 10)、(9, 12, 15)もピタゴラス数だ。

ほかのピタゴラス数の倍数になっていないものを**原始ピタゴラス数**という。この後に続く原始ピタゴラス数をいくつかあげると、(5, 12, 13)、

(7, 24, 25)、(8, 15, 17)、(9, 40, 41)がある。

ユークリッドは、『原論』の命題10.29で、原始ピタゴラス数を生成するための一般的公式を作りだした。これは、原始ピタゴラス数をリストアップすると永遠に終わらないということを意味する。ピタゴラス数を見出すという問題に対する解法は、**ディオファントス方程式**研究における初期の成果ともいえる。

207 三角形の面積 THE AREA OF A TRIANGLE

長年にわたり、幾何学者は三角形の面積を計算する公式を驚くほどたくさん考えだしてきた。最もなじみがあるのは「底辺×高さ/2」、すなわち$\frac{1}{2} \times b \times h$だろう。ここで、$b$は1本の辺(底辺)の長さ、$h$は底辺から三角形の3番目の頂点までの垂直距離だ。

三角法にしたがって少々の計算をすると、この公式は$\frac{1}{2} \times a \times b \times \sin C$(ただし$C$は辺$c$の対角)と形を変える。

三角形が整数座標を持つときは、**ピックの定理**が使える。

ピックの定理よりもさらに洗練された公式が$r \times s$だ。ここでrは三角形の**内接円**の半径、sは三角形の**半周長**($s = \frac{a+b+c}{2}$)を表す。

半周長は**ヘロンの公式**($\sqrt{s(s-a)(s-b)(s-c)}$)でも使われる。その公式はアレキサンドリアのヘロン(おおよそ紀元50年ごろ)によって見出されたもので、三角形の面積の公式としてはとりわけすばらしいものといえるだろう。

208 三角法 TRIGONOMETRY

直角三角形において、ピタゴラスの定理は辺の長さにかかわっている。一方で、三角形の内角の和が180°であるという事実は角度にかかわっている。

たとえば、1つの角度が60°だとわかれば、最後に残った角度は30°でなくてはならないのだ。つまり、60°という角度を持つすべての直角三角形は基本的に同じ形で、ただ大きさだけが異なるということだ(数学の言葉でいえば、それらは**相似**である)。

三角法(trigonometry)という名は、ギリシャ語のtrigonon(三角形)、metron(測定)に由来する。そして、その名の通り三角形と測定を結びつけている。つまり、長さと角度の関係性を扱っているのだ。

直角三角形の1つの角度が60°だとわかっているとしよう。では、

辺の長さはどうなるだろうか？ $60°$ の角を挟む2辺である、**隣辺**(A)と**斜辺**(H)に注目すると、取り得る長さは $A = 1$ センチメートル、$H = 2$ センチメートル、あるいは、$A = 5$ キロメートル、$H = 10$ キロメートル、あるいは、$A = 8$ マイクロメートル、$H = 16$ マイクロメートルなどとなる。解はさまざまであるが、共通している点がある。どの場合も、斜辺の長さが隣辺の長さの2倍になっていることだ。☞Fig

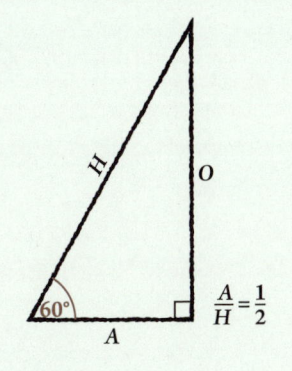

直角三角形の1つの角が $60°$ であるとわかっていても、それだけでは辺の長さはわからない。でも $\frac{A}{H}$ の値はきちんとわかる。この場合は $\frac{1}{2}$ だ。だから、$A = 4$ メートルが与えられれば $H = 8$ メートルもただちにわかる。角度から $\frac{A}{H}$ の値を導く関数を**余弦関数**という。

209 正弦、余弦、正接 SINE, COSINE AND TANGENT

x を直角三角形の角の大きさとすると、3辺の長さは H（斜辺）、O（大きさ x の角の対辺）、A（大きさ x の角の隣辺）と表せる。

三角形を拡大、あるいは縮小すれば x は同じ大きさのまま、H、A、O を変えることができる。だが、辺の長さの割合は常に一定だ。つまり、$\frac{O}{H}$、$\frac{A}{H}$、$\frac{O}{A}$ の値は x だけに依存するということだ。

その割合はそれぞれ、**正弦関数、余弦関数、正接関数**（それぞれsin、cos、tanと略記する）によって与えられ、$\sin x = \frac{O}{H}$、$\cos x = \frac{A}{H}$、$\tan x = \frac{O}{A}$ となる。たとえば、辺の長さが $(3, 4, 5)$ からなる三角形において、x が長さ3の辺の対角の大きさだとすると、$\sin x = \frac{3}{5}$、$\cos x = \frac{4}{5}$、$\tan x = \frac{3}{4}$ となる。

任意の角度（たとえば $34.2°$）についてこれらの関数の値を求めるのは手がかかる。三角関数表を読み取るか、正確な比率で三角形を描かなくてはならない。だが幸いにも、いまはボタン1つでそういった計算ができる小型計算機が出回っている。

これらの関数は、幾何学のなかで慎ましく生まれたものの、大きく成長してもはや幾何学には留まらなくなっている。**べき級数**のように見た目も新たになり、**複素解析**や**フーリエ解析**（波形の研究）において、極めて重要な役割を果たしている。

210 余割、正割、余接 COSECANT, SECANT AND COTANGENT

正弦、余弦、正接の定義において、なぜ $\frac{O}{H}$、$\frac{A}{H}$、$\frac{O}{A}$ が選ばれたのだろうか。$\frac{H}{O}$ や $\frac{H}{A}$ や $\frac{A}{O}$ も、x の角を持つ任意の直角三角形に対して不変である。

じつは、あまり使われていないものの、これらの割合は、3種類の三角関数、**余割、正割、余接**（それぞれcosec、sec、cotと略記する）として定義されている。

定義より、$\mathrm{cosec}\,x = \frac{1}{\sin x}$、$\sec x = \frac{1}{\cos x}$、$\cot x = \frac{1}{\tan x}$ となる。だから、余割、正割、余接を、正弦、余弦、正接によって置き換えることは（あるいはその逆も）難しいことではない。

211 三角関数の公式 TRIGONOMETRIC IDENTITIES

I. 3つの三角関数は、$\tan x = \frac{\sin x}{\cos x}$ という公式で結びつけられている。これは定義からただちに明らかだ。

II. x を直角三角形における角の大きさとすると、斜辺（H）、対辺（O）、隣辺（A）にピタゴラスの定理をあてはめて、$O^2 + A^2 = H^2$ であることがわかる。この式を H^2 で割ると $\frac{O^2}{H^2} + \frac{A^2}{H^2} = 1$ となることから、$(\sin x)^2 + (\cos x)^2 = 1$ となる。この公式は通常 $\sin^2 x + \cos^2 x = 1$ と書かれる。

III. $\sin x$ と $\sin y$ の値がわかっているとき $\sin(x+y)$ について何かわかるだろうか？ 初歩的なミスは $\sin(x+y) = \sin x + \sin y$ だと思い込んでしまうことである。状況はもう少しややこしいのだが、扱いやすい公式がある。

$$\sin(x+y) = \sin x \cos y + \cos x \sin y$$
$$\cos(x+y) = \cos x \cos y - \sin x \sin y$$

IV. 上記の公式で $x = y$ とすると、**倍角公式**が得られる。

$$\sin 2x = 2 \sin x \cos x$$
$$\cos 2x = \cos^2 x - \sin^2 x$$

212 三角関数の値 TRIGONOMETRIC VALUES

I. $\sin x$、$\cos x$、$\tan x$ の値は電子計算機で求めるのが一番だ。しかし、一部の値、$0°$、$90°$、$180°$ などは人の手でも計算しやすい（以下角度をラジアンで表記する）。

$\sin 0 = 0$、$\sin\frac{\pi}{2} = 1$、$\sin\pi = 0$
$\cos 0 = 1$、$\cos\frac{\pi}{2} = 0$、$\cos\pi = -1$
$\tan 0 = \tan\pi = 0$

ほかにも、30°、60°、45°の場合を覚えておくとよいだろう。

$\sin\frac{\pi}{6} = \frac{1}{2}$、$\cos\frac{\pi}{6} = \frac{\sqrt{3}}{2}$、$\tan\frac{\pi}{6} = \frac{1}{\sqrt{3}}$

$\sin\frac{\pi}{3} = \frac{\sqrt{3}}{2}$、$\cos\frac{\pi}{3} = \frac{1}{2}$、$\tan\frac{\pi}{3} = \sqrt{3}$

$\sin\frac{\pi}{4} = \frac{1}{\sqrt{2}}$、$\cos\frac{\pi}{4} = \frac{1}{\sqrt{2}}$、$\tan\frac{\pi}{4} = 1$

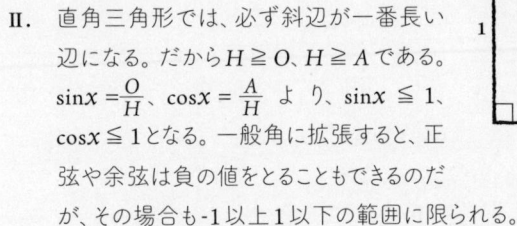

☞ *Fig.*

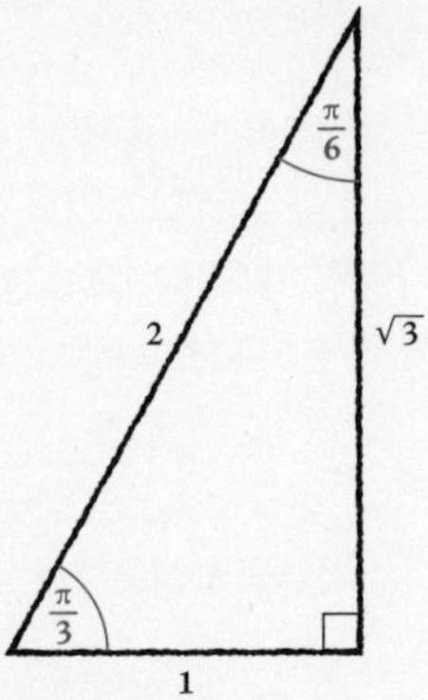

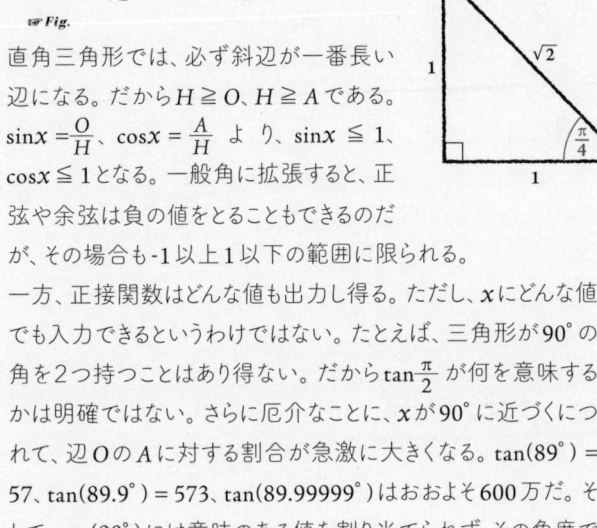

Ⅱ. 直角三角形では、必ず斜辺が一番長い辺になる。だから$H \geq O$、$H \geq A$である。$\sin x = \frac{O}{H}$、$\cos x = \frac{A}{H}$より、$\sin x \leq 1$、$\cos x \leq 1$となる。一般角に拡張すると、正弦や余弦は負の値をとることもできるのだが、その場合も-1以上1以下の範囲に限られる。

Ⅲ. 一方、正接関数はどんな値も出力し得る。ただし、xにどんな値でも入力できるというわけではない。たとえば、三角形が90°の角を2つ持つことはあり得ない。だから$\tan\frac{\pi}{2}$が何を意味するかは明確ではない。さらに厄介なことに、xが90°に近づくにつれて、辺OのAに対する割合が急激に大きくなる。$\tan(89°) = 57$、$\tan(89.9°) = 573$、$\tan(89.99999°)$はおおよそ600万だ。そして、$\tan(90°)$には意味のある値を割り当てられず、その角度でこの関数を定義することはできない。

---

213 正弦定理 THE LAW OF SINES

正弦、余弦、正接の定義はすべて、ピタゴラスの定理と同様に、直角三角形に適用することが前提だ。直角三角形でない場合には何が言えるだろうか?

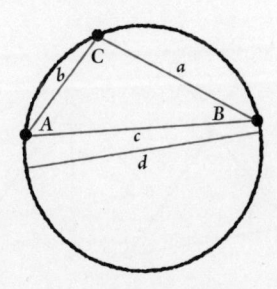

正弦定理(正弦法則)は、三角形の任意の1辺を選び、その長さを対角の正弦で割ったら、選んだ辺にかかわらず、それが同じ値(d)になると述べている。辺

の長さが a、b、c、それぞれの対角が A、B、C である三角形を考えると、正弦定理は $\frac{a}{\sin A} = \frac{b}{\sin B} = \frac{c}{\sin C} = d$ と書き表せる。

数 d は、幾何学的に解釈すると、三角形の**外接円の直径**となる（外接円とは、三角形の3個の頂点を通る円のこと。これは一意に決まる）。☞ *Fig.*

正弦定理は、ユークリッドの『原論』の命題 1.18 と 1.19 に遡ることができる。しかし、初めて明確に書き表したのは、13 世紀のペルシア人数学者であり天文学者でもあったナシールッディーン・アル・トゥースィーだ。

214 余弦定理 THE LAW OF COSINES

余弦定理は、ピタゴラスの定理を直角三角形以外にまで拡張したものだ。余弦などの三角関数ができたのは後のことだが、この結果の幾何学版はユークリッドの『原論』の命題 2.12、2.13 ですでに証明されている。これは**余弦法則**とも呼ばれ、次のような内容となっている。三角形の辺の長さが a、b、c であり、対角がそれぞれ A、B、C であれば、$a^2 = b^2 + c^2 - 2bc\cos A$ が成り立つ。

直角三角形の場合には、$\cos(90°) = 0$ より、通常のピタゴラスの定理になる。

215 三角形の中心 CENTRES OF TRIANGLES

円や長方形の中心は、明確で一義的に定義できる。では、三角形の中心とはどこなのだろうか？ エヴァンズビル大学の数学者、クラーク・キンバリングの管理するウェブサイト Encyclopedia of Triangle Centers（三角形の中心百科事典）によると、この問いに対する答は（本書執筆時点で）3587 通りにものぼる！ さらに困ったことに、三角形の中心を定義する関数として考えられるものは、無数存在する。

ここでは、特に一般的な中心に絞って紹介しよう。

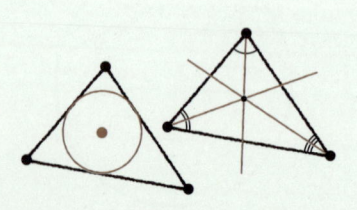

I. 任意の三角形の内側に**内接円**を一意に描くことができる。この円は三角形の3辺を接線とする。このような円の中心を**内心**という。内心は、各辺からの垂直距離が等しい。また、内心は3つの角の2等分線の交点にもなっている。

II. 三角形の頂点とその対辺の中点をそれぞれ結ぶとき、これら3本の線の交わる点を三角形の**重心**という。金属薄板から三角形を切りだすと、ここが重力の作用点となる。

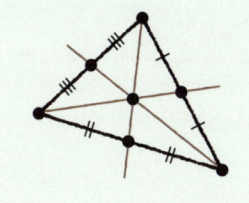

III. どの三角形にも**外接円**が一意に決まる。この円は三角形の3つの頂点を通る。この円の中心を**外心**という。外心は、3辺の垂直2等分線が交わる点でもある。

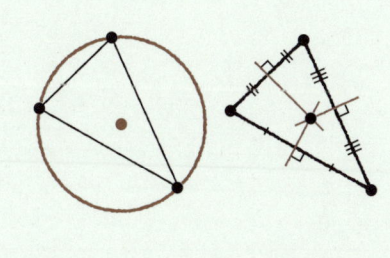

IV. 三角形の頂点から対辺にそれぞれ垂線を下ろすとき、3本の線(この長さを**高さ**という)が交わる点を三角形の**垂心**という(鈍角三角形の場合は、辺を延ばさなくてはならない。その場合、垂心は三角形の外にある)。

V. **第1ブロカール点**は、角 PAB、PBC、PCA がすべて等しくなるような点 P と定義される。しかし、これはまだ三角形の中心とはいえない。そこで、角 QBA、QAC、QCB がすべて等しくなるような点 Q を**第2ブロカール点**と定義する。ここで、第1ブロカール点と第2ブロカール点の中点として**第3ブロカール点(R)** を定義する。これが三角形の中心である。

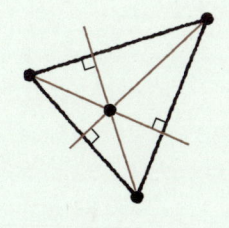

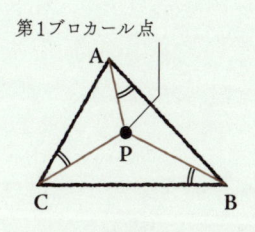

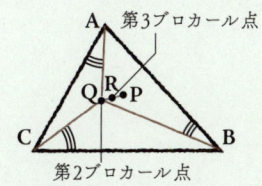

216 オイラー線 THE EULER LINE

正三角形の場合でのみ、三角形のさまざまな中心がすべて一致する。一方、スイス出身の偉大な数学者、レオンハルト・オイラーは、1765年に、垂心、重心、外心が常に一直線上にあることを証明した。

この線を**オイラー線**という。オイラーはまた、垂心と重心の間の距離は、重心と外心の間の距離の2倍であることも示している。

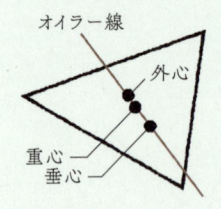

Circles

円 217 円 CIRCLES

地面に1個の点を記し、10人の人たちにそれぞれ、その点から1メートル離れた地点に立ってほしいと頼んでみよう。すると、円に近いものが見えてくるだろう。これは、ユークリッドによる円の定義とほぼ同じだ。

円を定義するには、2つのデータ、すなわち、**中心**となる点(O)と**半径**(r)が必要だ。形式的には、円とは平面上でOからrだけ離れているすべての点の集合ということになる(3次元の場合、同じような条件によって球面が定義できる)。

円板は、Oからの距離がたかだかrである点の集合、つまり、なかが埋まった円だ。実際には、円と円板を区別しない場合が多い。これは、円の面積について述べる場合にも同じだ(杓子定規に言うなら、円の面積は0であり、円板の面積がπr^2である)。

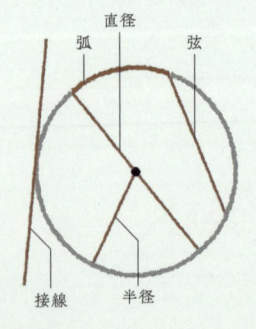

円に関連する用語はたくさんある。**円周**とは円の周囲の長さのことだ。**弧**とは円周上の2点を両端とする円周の一部、**半径**とは中心から円周への線分だ。**弦**とは円上の1点からほかの1点への線分であり、**直径**とは中心を通る弦(したがって、その長さは半径の2倍)だ。**接線**とは円の外にある直線で、ただ1点で円に接しているものを指す。

218 π PI

π（パイ）は、円周の、直径に対する割合として定義され、その値はおおよそ3.14159265358979323846264338832795……だ。

紀元前1500年ごろ、エジプトでリンドパピルスを執筆した人たちは、直径が9の円形の領域は、辺の長さが8の正方形と面積が同じだと断定した。もしもそれが正しかったならば、πの値は$\frac{256}{81}$となる。ところが、πは**無理数**であるため、分数（や循環小数）で正確に書き表すことはできない。さらに言うと、πは**超越数**であって、おなじみの整数の世界からもかけ離れている。

こうした事実と、大昔からの経緯や簡潔な定義を考え合わせると、πは数学という舞台を遥かに超えて、スーパースターとしての傑出した地位を得ていると言っていいかもしれない。3月14日は、円周率の日として祝われている。

πはまた、人間の努力が生んださまざまな目覚ましい成果の実証にも使われてきた。現在、πの算出桁数の記録を持っているのは、ファブリス・ベラール率いるコンピューター科学者チームだ。ベラールは、2009年にごくふつうのデスクトップコンピューターを使って、2兆6999億9999万桁目までを計算した。

数学者ジョン・コンウェイの話によれば、コンウェイは妻と仲良く散歩をしながら、20桁ずつまとまったグループにわけてπの桁を復唱したという。コンウェイは小数第1000位まで覚えたが、呂超が2005年に達成した現在のギネス世界記録、6万7890桁にはずいぶん及ばなかった。その後、2006年に原口證が10万桁という目標に挑戦し、その確認作業が続いている。

219 円の公式 CIRCLE FORMULAS

ピラミッドの時代以来、πは円周長（c）の直径（d）に対する割合として定義されている。だから、$c = \pi d$という円の円周長を求める公式は数学における遺跡のようなものだ。

円板の面積（A）の公式は、紀元前225年ごろにアルキメデスが初めて導きだした（$A = \pi r^2$）。これによると、円の半径を1辺とする正方形は、円のなかにちょうどπ個収まることがわかる。デカルト座標で考える場合には、**単位円**、すなわち、原点を中心とした半径1の円が基準

となる。この円は、(0, 0)から1だけ離れている(x, y)の集合であるから$x^2+y^2=1$（複素数の世界では、これは$|z|=1$）と表すことができる。さらに一般的に、(a, b)を中心とする半径rの円は、$(x-a)^2+(y-b)^2=r^2$と書き表せる。

220 ラジアン RADIANS

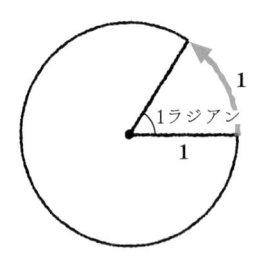

角度は回る量であるため、幾何学的図形として円をもとにすると考えやすい。円上の1点からどれだけ回ったかを、円周上の対応する距離で測ることができる。単位円の全円周長は2πであり、これを、ちょうど1回転するときの**ラジアン**の数値とする。1ラジアンは、長さ1の弧の中心角に相当する。☞ Fig.

この方法の利点は、弧の長さをすぐに求められることだ。半径rの円の弧を（ラジアンで測って）角度θだけ回るとすると、その長さはぴったり$r\theta$だ。これは、ラジアンが数学の関数とうまく調和する1つ目の例だ。三角法も同様に、ラジアンを使ったほうが、ほかの角度の測定方法よりも遥かに容易に運用できる。

221 接線の長さに関する定理

THE EQUAL TANGENT THEOREM

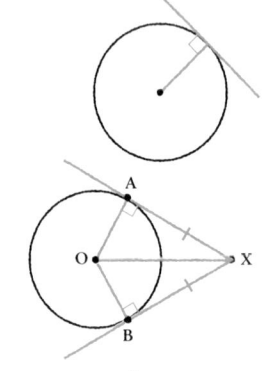

ユークリッドは自著、『原論』の命題3.18で、円についてのある基本的事実を証明している。それは、円周上の1点における接線は、その点で半径に直交するというものだ。その事実から導かれるのが、次に示す、**接線の長さに関する定理**だ。

円の外側に任意の点Xをとると、Xを通るように円の接線をちょうど2本引くことができる。このとき、Xから円への距離はどちらの接線でも等しい。これを確かめるため、接線が円に接する点をA、B、円の中心をOとする。するとOAとOBはどちらも半径で、長さは等しい。また、OAとAX、OBとBXはそれぞれ直交する。ここで2つの直角三角形、OAXとOBXが得られた。OXは両方の斜

辺であり、また、OAとOBの長さは等しい。よってピタゴラスの定理より、AXとBXの長さが等しいことがわかる。☞ *Fig.*

222 円周角の定理 THE INSCRIBED ANGLE THEOREM

ユークリッドの『原論』の命題3.20では、中心角は円周角の2倍であるという、円内の角についての基本的な定理を、ほかのいくつかの有益な結果と合わせて紹介している。より形式的に表現すると「円周上に2点（A、Bとする）をとり、それぞれ円の中心（O）と結ぶ。するとこのときの中心角の大きさは、AとBをそれぞれ円周上の3番目の点Cと結んで得られる円周角の大きさの2倍である」となる。☞ *Fig.*

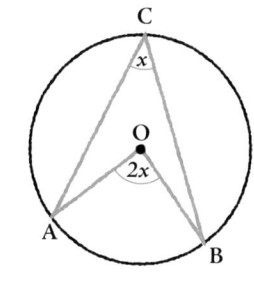

この定理から重要な帰結をいくつか導くことができる。たとえば、タレスの定理、同じ弓形に対する円周角に関する定理、および外接円を持つ四角形の性質だ。

223 タレスの定理 THE THEOREM OF THALES

円の直径を引き、その2つの端点A、Bと円周上の任意の点Cを結ぶ。すると、結果としてできる角ACBは必ず直角になる。つまり、**直径の円周角は直角**となる。☞ *Fig.*

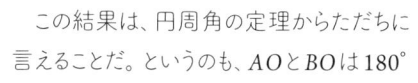

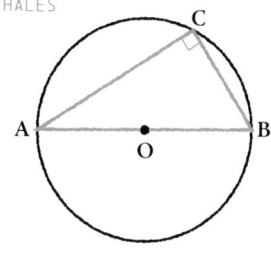

この結果は、円周角の定理からただちに言えることだ。というのも、AOとBOは$180°$の角をなすので、円周角はその半分の$90°$でなくてはならない。ユークリッドはこの事実について『原論』の命題3.31で言及しているが、初めて証明したのは、紀元前600年ごろの、「幾何学の父」であり、エジプトに影響を受けた哲学者、ミレトスのタレスだった。

224 同じ弓形に対する円周角
ANGLES IN THE SAME SEGMENT

円周上に2点をとり、それらを弦で結ぶと、円を2つの**弓形**にわけることができる。弓形に対する円周角とは、弦の2つの端点（AとB）を円周上の3番目の点（C）と結んでできる角だ。

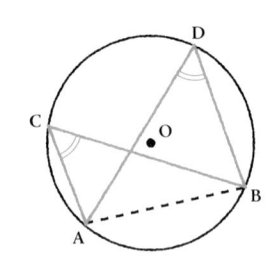

『原論』の命題3.21で、ユークリッドは同じ弓形に対する任意の2つの円周角は等しいことを証明している。だから、図において、角ACBとADBは等しい。

これは円周角の定理からただちに導かれる。なぜなら、角ACB、ADBはどちらも中心角(AOB)の半分でなくてはならないからだ。

225 外接円を持つ四角形 CYCLIC QUADRILATERALS

任意の三角形は円に内接する。つまり、三角形の3頂点がすべて円周上にくるような円が描けるということだ。しかし、同じことは四角形(辺が4本の図形)では成り立たない。たとえば、菱形が円に内接することはない(ただし、菱形が正方形となる場合は除く)。

外接円を持つ四角形とは、円に内接できる四角形のことだ。ユークリッドは『原論』の命題3.22において、それらの性質を示した。それは、向かい合う2角を足すと180°になる、というものだ。☞ *Fig.1*

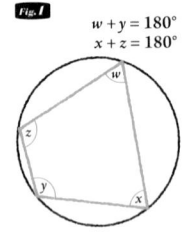

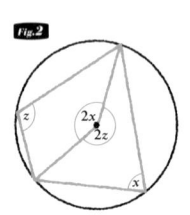

じつは、これは2つの結果が1つになったものだ。1つ目は、外接円を持つ四角形はこの性質を満たすというものである。これは円周角の定理の帰結だ。四角形において向き合う2角を中心(O)と結ぶ。このとき中心にできる2つの角を合計すると360°になるのは明らかだ($2x+2z = 360°$)。だから、残りの2角を加えた和はその角度の半分でなくてはならない。2つ目の主張は、この性質を満たすすべての四角形は円に内接するというものである。☞ *Fig.2*

226 接弦定理 THE ALTERNATE SEGMENT THEOREM

ある円の円周上に3点A, B, Cがあり、Aを通る接線が引かれているとする。接線上に任意の点Dをとる。このとき、Dが線分ABに対してCと反対側にあるようにする。『原論』の命題3.32において、ユークリッドは角ACBとBADが等しいことを示している(角ACBはAおよびBから引いた線分によってCにできる角だ)。

これは**接弦定理**としても知られ、気持ちとしては、この定理は角ACBが弦ABと弧ABのなす角と等しいと述べている。しかし、曲線と角が必ずしも結びつけられるとは限らない。そのため、正確を期すために接線を利用する。

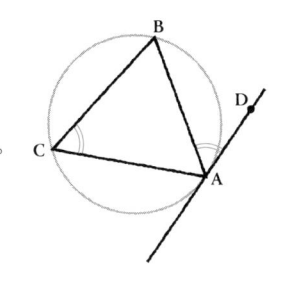

227 交差する弦の定理
INTERSECTING CHORDS THEOREM

A、B、C、Dを円上の任意の4点とし、Xは線分AC、BDが交わる点であるとする。すると三角形ABXとDCXは相似となる。この定理は、Xが円の外側にあっても成立する。

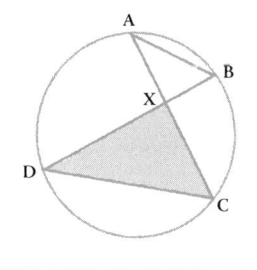

228 眼球定理 EYEBALL THEOREM

円の研究はユークリッドでおしまいではなかった。ユークリッドが基礎を築いて以来、魅惑的で美しい事実がたくさん見出されてきた。

そのような事実の1つが**眼球定理**だ。2つの円C_1、C_2を考える(大きさは同じでなくてもいい)。C_1の2本の接線をC_2の中心で交わるように引く。これらの接線がC_2と交差する点をA、Bとする。同様に、C_2の2本の接線を、C_1の中心で交わるように引き、それらとC_1の交差する点をD、Eとする。このとき、AからBへの距離はDからEへの距離と等しくなる。☞*Fig.*

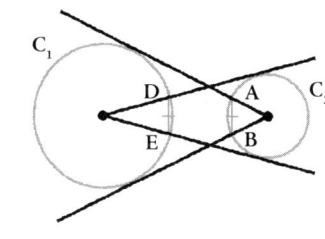

多角形と多面体
Polygons and Polyhedra

229 多角形 POLYGONS

三角形、四角形、五角形はすべて、**多角形**というカテゴリーに属している。多角形とは、直線で囲まれ、その直線の交わるところを頂点

とする2次元の図形だ。

多角形は古くから研究されてきた。最も調べるのが簡単なのは、凸多角形だ(非凸多角形の例としては、星形がある)。

正多角形は辺の長さがすべて等しく、角の大きさもすべて等しいものだ。正三角形、正方形などがその例だ。辺の数が3以上であれば、正凸多角形は任意の辺の数に対して存在する。辺が多くなるほど、多角形は円に近づいていく。

1796年に19歳のカール・フリードリヒ・ガウスは、必ずしもすべての正多角形について、初等的な**定規とコンパスによる作図**が可能なわけではないことを証明した。

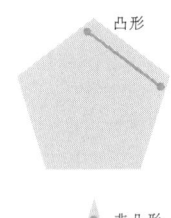

230 凸面体 CONVEXITY

対象 X が**凸面体**であるとは、その内部の任意の2点を直線で結んだとき、描かれる線分全体が必ず X 内に含まれるということだ。

正五角形は凸形だが、星形はそうではない。線分で結ぶと、その線分が図形の外側に出てしまうような2点が存在するからだ。同様の定義はさらに高次元の場合にも適用できる。たとえば、球状のボールは凸面体だが、曲がったバナナは凸面体ではない。☞Fig

凸面体は、さまざまな次元の幾何学的対象を分類する基本的な基準となる。一般的に、凸形の図形は行儀がよく、分類可能だ。一方で非凸形のものは扱いにくい。**正多角形**としては通常凸形を想定するが、(自己交差を想定すると)凸形ではない正多角形もある。たとえば五芒星形は、星形の正五角形である。

プラトン立体は凸形だが、これに対して、非凸形で自己交差する類似物として4種類の**正ケプラー-ポアンソ多面体**が存在する。

231 凸四角形 CONVEX QUADRILATERALS

四角形というのは、4本の直線的な辺で囲まれた2次元の図形である。そのなかで、**正方形**は4辺の長さが等しく、4個の角がすべて直角である。正方形は正多角形として分類される唯一の四角形だ。条件を緩めることで、ほかのタイプの四角形が現れる。

・**長方形**は、4個の直角を持つ（その結果、長さの等しい辺が2組ある）。
・**菱形**は、4辺の長さが等しく、平行な辺が2組ある。しかし、角は直角ではない（正方形である場合を除く）。
・**平行四辺形**は、平行な辺が2組ある（各組内では必然的に辺の長さも等しくなる）。
・**台形**は、1組の辺が平行である。ここには、**等脚台形**（残りの2辺の長さが等しい）と**直角台形**（角のうち2個が直角である）が含まれる。
・**たこ形**は、平行四辺形と同様に、等しい長さの辺が2組ある。ただし、等しい長さの辺は向き合っているのではなく、隣り合っている。

四角形に、等しい長さの辺も平行な辺も直角もなければ、それは**不等辺四角形**だと考えていい。

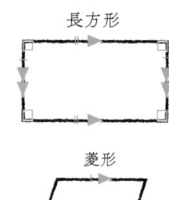

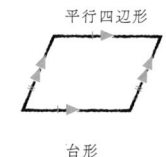

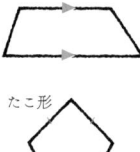

232 非凸四角形 NON-CONVEX QUADRILATERALS

たこ形の条件は、凸形でも非凸形でも満たし得る。非凸のたこ形を通常**山形**と呼ぶ。**優角を持つ四角形**（180°より大きな角を1つ含む）のなかで、最も対称性の高いものだ。

何とか受け入れられる4本の直線からなる形に、4本のうち2本が互いに交わるもの、すなわち、**自己交差する四角形**がある。**ボウタイ**は、そういったもののなかで最も対称性が高い形だ。

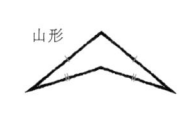

233 多面体 POLYHEDRA

多面体の定義は時代を経て変わってきた。といっても本質的には2次元の平らな**面**から構成される立体で、それらの面が交わってできる直線を**辺**、角を**頂点**という。多面体は、多角形を3次元で考えたものであり、凸形の多面体と非凸形の多面体に大別できる。

多面体をめぐる物語は、対称性という極めて包括的な概念にもと

づく数学的分類法が刻んできた歴史といえる。まずは、すべての多面体のなかで最も秩序のあるものとして、プラトン立体がある。

次に、アルキメデス立体、角柱、反角柱があげられる。これらは、頂点がすべて同じ形状で、面がすべて正凸多角形であるという意味で高い対称性がある。しかし、プラトン立体とは違い、面の形は同じではない。

そのほかの魅力的な多面体としては、**カタラン立体**がある。これは、公正なサイコロになり得るものだ（面は正多角形ではないものの、すべて同一）。それから、**ジョンソン立体**がある。これは面が正多角形である凸多面体のすべてだ。

非凸多面体も分類は可能だ。なかでも最も対称性が高いのは、**正ケプラー-ポアンソ多面体**だ。頂点の形状がすべて同一の多面体は**等角多面体**として知られている。

234 プラトン立体 THE PLATONIC SOLIDS

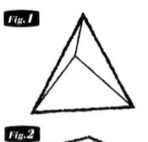

プラトン立体は、美しく重要な5種類の正多面体から構成されている。

・**正四面体**は、4個の正三角形からなる。☞*Fig.1*

・**正六面体**は、6個の正方形が直角に交わってできている。☞*Fig.2*

・**正八面体**は、8個の正三角形からなる。☞*Fig.3*

・**正十二面体**は、12個の正五角形からなる。☞*Fig.4*

・**正二十面体**は、20個の正三角形からなる。各頂点で面が5枚集まっている。☞*Fig.5*

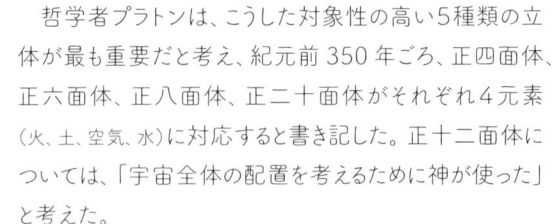

哲学者プラトンは、こうした対象性の高い5種類の立体が最も重要だと考え、紀元前350年ごろ、正四面体、正六面体、正八面体、正二十面体がそれぞれ4元素（火、土、空気、水）に対応すると書き記した。正十二面体については、「宇宙全体の配置を考えるために神が使った」と考えた。

数学的には、これら5種類は**凸形正多面体**だ。すなわち、面はすべて互いに等しい正多角形だ。そして、辺も頂点もすべて同じだ。プラトンは、世界で初めての分類定理の1つとして、凸形正多面体はこの5種類だけであることを示した。6種類目

は決して見つからない。ユークリッドの『原論』の最終巻は、こうした図形についても述べている。

235 非正多面体 IRREGULAR POLYHEDRA

世のなかには、多面体や立体があふれている。ただし、そのほとんどは、数学的に有益なほどの対称性があるとはいえない。

レンガは正六面体ではないが、**直方体**で、3種類の異なる長方形の面を持っている。☞*Fig.1*

直方体は、**平行六面体**（面の形がすべて平行四辺形で、向かい合う3組の面がそれぞれ平行）の特別な形でもある。☞*Fig.2*

角錐もまた非正多面体の重要な族だ。底面が正方形、あるいは正五角形のものは正三角形の面を持ち得る。そのほかのすべての角錐は、正三角形の面を持つことはできない。☞*Fig.3*

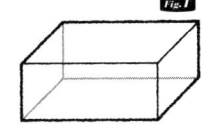

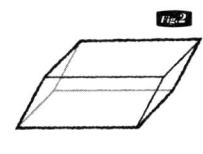

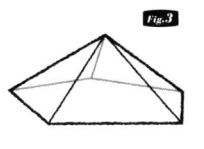

非正多角形の面を持つ多面体を許容したときに最も対称性が高くなるのは、公正なサイコロになり得るもの、すなわち、すべての面が同じ形であるものだ。存在し得る非正多面体は際限なくあげられるが、**ジョンソン立体**を加えると、正多角形から構成される凸形の多面体をあますところなくすべて集めることになる。**スチュアートのトロイド**を考慮すると、ここまでにあげたものの一覧に、さらに非凸の図形まで加えることができる。

236 展開図 NETS

ドイツ出身の芸術家、アルブレヒト・デューラーは数学者でもあり、多面体に強い関心を持っていた。デューラーの著作である『測定法教則』の1538年に刊行された版では、多面体を理解するためのとても有益なツールが紹介されている。

展開図は、多角形を平らに配置したもので、一部は辺でつながっている。この図を折って糊づけすると多面体の模型が作れる。☞*Fig.*

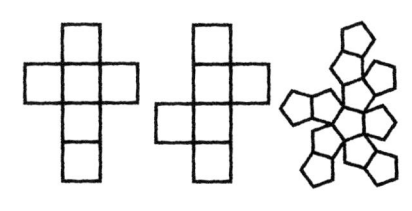

どの多面体も展開図で書き表すことができる。たとえば、立方体には11通りの展開図がある。

デューラーは多面体に魅了され、2種類の**アルキメデス立体**(切頂立方八面体、ねじれ立方体)を再発見し、自分自身でもこれをデザインするに至った。それが、銅版画『メレンコリアⅠ』に描かれた八面体だ。

237 多面体の双対性 POLYHEDRAL DUALITY

立方体には6枚の面と8個の頂点がある。一方、八面体には8枚の面と6個の頂点がある。どちらも辺は12本だ。こうした対称性があることから、立方体と八面体は**双対多面体**と呼ばれる。

ある立体の双対多面体を得るためには、各面の重心に印をつけ、辺や頂点を共有する2つの面の重心を直線で結べばよい。重心とそれらを結ぶ直線から生まれる構造によって新しい多面体が得られ、これはもとの多面体と双対関係にある。この手順を繰り返し、双対の双対を作るともとの図形に戻る。

プラトン立体のなかで、四面体は4枚の面と4個の頂点を持ち、**自己双対性**がある。十二面体と二十面体は互いに双対性を持つ。

アルキメデス立体はカタラン立体と双対の関係にある。

238 アルキメデス立体 THE ARCHIMEDEAN SOLIDS

プラトン立体ほど完璧に対称性を持つ多面体はない。だが、少し必要条件を緩めることで、好奇心をそそる新しい立体が見えてくる。

4世紀の数学者パップスは、アルキメデスは13の凸多面体を発見したと述べた。その凸多面体は、正多角形の面(すべてが同じ多角形というわけではない)を持ち、頂点において対称、すなわち、すべての頂点における面および辺の配置が互いにすべて等しく、それゆえに任意の頂点から別の頂点への移動が**対称変換**となるものだった。

切頂二十面体はサッカーボールとして、あるいは、バックミンスターフラーレン(C_{60})の分子構造として、よく知られている。

切頂四面体　　立方八面体　　切頂立方体

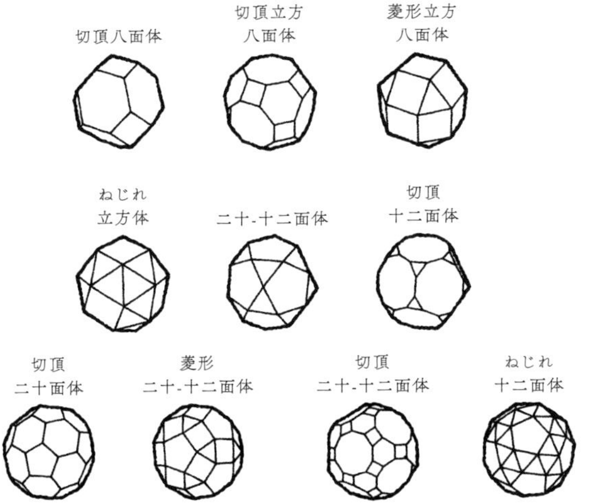

切頂八面体　　切頂立方　　菱形立方
　　　　　　　八面体　　　八面体

ねじれ　　　　　　　　　　切頂
立方体　　　二十・十二面体　十二面体

切頂　　　菱形　　　　切頂　　　　ねじれ
二十面体　二十・十二面体　二十・十二面体　十二面体

239 角柱と反角柱 PRISMS AND ANTIPRISMS

アルキメデス立体は、面が正多角形で、頂点の形状がすべて等しい凸多面体として定義される。先ほどの13の立体がそのすべてというわけではない。こうした規準を満たす多面体を無限に作りだす族が2つ存在するのである。

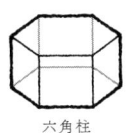

角柱は、2個の等しい正多角形（大きさの等しい六角形など）を、正方形でつなぐことで得られる。一般的に、角柱は、n個の正方形を並べて環状にしたものによって、2個の正n角形をつなげて作られる（ときに、長方形を用いた多面体も角柱と呼ばれる。その場合、すべての面が正多角形ということにはならない）。

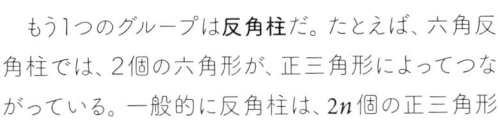

六角柱

もう1つのグループは**反角柱**だ。たとえば、六角反角柱では、2個の六角形が、正三角形によってつながっている。一般的に反角柱は、$2n$個の正三角形を互い違いに並べて環状にしたものによって、2個の正n角形をつなげて作られる。

六角反角柱

240 公正なサイコロ FAIR DICE

公正なサイコロになるのはどんな図形だろうか？　公正なサイコロを作るためには、多面体は凸形で、すべての面が同じ形でなくては

ならない。プラトン立体はこうした必要条件を満たすが、プラトン立体だけがすべてではない。

1865年、ウジェーヌ・カタランはこの性質を持つ美しく新しい立体を13個発表した。カタランの見つけた立体の面は、正多角形ではなく、菱形、非正三角形、たこ形、非正五角形だった。

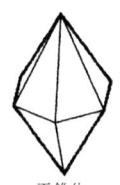

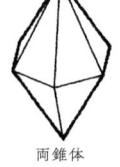

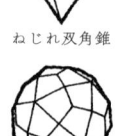

カタラン立体は、アルキメデス立体の双対として得られる。こうしたエレガントな図形は、見た目とは裏腹に、何とも格好の悪い名前で呼ばれている。たとえば、12の菱形の面を持つ**菱形十二面体**や、60のたこ形の面を持つ**たこ形六十面体**などだ。公正なサイコロの規準を満たす族は以下の3通りである。

I. 両錐体

　　n 角形を底面に持つ2個の角錐が底面でくっついている（角柱の双対として得られる）。

II. ねじれ双角錐

　　たこ形から作られる2つの「錐」があわさっている（反角柱の双対）。

III. 両せつ体

　　四面体だが4面とも正三角形ではない鋭角三角形であり、すべて等しい。

24| ケプラー‐ポアンソ多面体

KEPLER-POINSOT POLYHEDRA

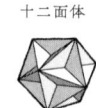

すべての面が同じ正多角形からなる立体はプラトン立体だけなのだろうか？　数学ではよくあることだが、答はその定義に依存する。

1619年、ヨハネス・ケプラーは、要件を満たす2種類の非凸多面体を見つけた。それ以前も、パオロ・ウッチェロをはじめとする芸術家たちはすでにその美しさをおおいに利用していたが、数学者たちは認めていなかった。おそらく、面が辺で接するだけではなく、互いに交差して偽の辺を作るからだろう。

本当の意味での3次元立体に関心があるなら、いま

取りあげたような多面体は除外すべきだろう。しかし、通常は、それらも正当な多面体として分類される。

1809年にはルイ・ポアンソが新たに2種類の多面体を発見し、最終的に4種類になった**ケプラー-ポアンソ多面体**をもって、プラトン以来続いた正多面体の探索が完了したと考えて間違いない。その4種類とは、小星形十二面体、大十二面体、大星形十二面体、大二十面体だ。

大二十面体

242 星形多角形と星形多面体
STAR POLYGONS AND STAR POLYHEDRA

ケプラー・ポアンソ多面体のうち2種類は**星形多面体**の大星形十二面体と小星形十二面体だ。どちらも十二面体を星形化して、辺や面が交わるまで延ばすことで得られる。基本的な考え方は多角形の場合を考えればわかるはずだ。たとえば、五芒星形は五角形の辺を延ばし、星形化したものだ。どの辺をつなげるのかを選択できる場合もある。七角形は2通りの星形化の方法があり、それぞれ別の七芒星形になる。

二十面体を星形化する試みについては、1938年に、コクセター、デュ・ヴァル、フレーザー、ピートリーが執筆した書籍、『The Fifty-Nine Icosahedra』(59の正二十面体)のなかに詳しく書かれていた。アルキメデス立体のなかには、莫大な数の異なる星形を持つものがある。

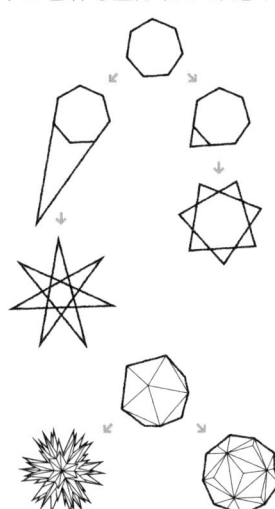

243 複合多面体 COMPOUND POLYHEDRA

ヨハネス・ケプラーは、同じ立体を複数個重ね合わせる**複合多面体**を、誰より早く発見していた。最初の複合多面体は**星形八面体**といい、2個の正四面体を、中心が一致するまで押し込むことで得られる(八面体を星形化しても得られる)。この図形は、ほかの星形多面体と同じように、非凸で、自己交差するため、偽の辺と偽の頂点を持つ。

このような図形は複数の多面体に分割可能なため、通常はそれ自体を多面体として分類することはない。

だが、この星形八面体は、すべての面、そして辺や頂点形状もそれぞれすべて等しく、**複合正多面体**となる。ほかにも複合正多面体は4種類ある。それぞれ、5個の正四面体、10個の正四面体、5個の立方体、5個の正八面体から作られるものだ。

244 一様多面体 UNIFORM POLYHEDRA

星形多面体の発見をきっかけに**一様多面体**という新たな分類への扉が開いた。一様多面体とは、(星形多角形を含む)正多角形の面を持つ多面体で、頂点の形状がすべて等しいものだ。

凸形の例は昔から知られている。プラトン立体、アルキメデス立体、角柱、反角柱がそうだ。ケプラー-ポアンソ多面体は、非凸で自己交差するものとして初めての例で、1954年にはさらに、コクセター、ロンゲ=ヒギンズ、ミラーが、**四面半六面体**から**大二重斜方二十-十二面体**に至るまでの、53もの多面体を追加した。四面半六面体とは、交差する3個の正方形と、4個の正三角形から作られるものだ。また、大二重斜方二十-十二面体は「ミラーの怪物」ともいわれ、頂点の数は60で、各頂点には4個の正方形と2個の三角形と2個の五芒星形が集まっており、面の数は全部で124に及ぶ。

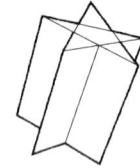

星形角柱

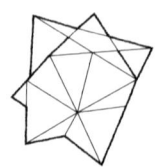

星形反角柱

ここにさらに2つの族が加われば、一様多面体がすべて揃うことになる。その族とは、**星形角柱**(正方形を交差させながら環状に並べ、それによって2個の星形正 n 角形をつないだ角柱)と**星形反角柱**(正三角形を交差させながら環状に並べ、それによって2個の星形正 n 角形をつないだ反角柱)だ。

1970年に、S・P・ソポフはこれですべてあげられていることを証明したが、1975年になって、ジョン・スキリングが興味深い発見をした。辺同士が一致する(つまり、1本の辺を

スキリングの立体

4つの面が共有する)ことを許容すれば、さらにもう1つ可能性があるというのだ。面の数が204、それらが交わる面の数が60の**スキリングの立体**(大二重変形二重斜方十二面体ともいう)だ。

245 等角多面体 ISOGONAL POLYHEDRA

一様多面体の定義には2つの部分がある。頂点の形状がすべて同じである(すべての頂点における面と辺の配置が互いに等しい)ことと、すべての面が正多角形である(場合によっては非凸である)ことだ。この2つ目の要件を外すと、条件に合致する図形の数は無限になる。こうした図形を**等角多面体**という。

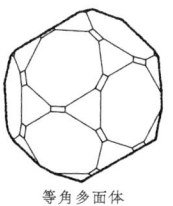

等角多面体

このことは、面数が限られた例、両せつ体という四面体を考えればわかりやすい。任意の直方体において、辺を共有しない4個の頂点を選び、それらを結ぶと両せつ体ができるのだ。等角多面体の完全な分類はまだ知られていない。

246 ジョンソン立体 THE JOHNSON SOLIDS

1966年、ノーマン・ジョンソンは対称性に関する疑問には一切目もくれず、単純に次のように問うた。正多角形(必ずしも同じものでなくてもいい)からどのような凸多面体ができるだろうか? そして、ジョンソンは92の凸多面体をリストアップした。1969年には、ヴィクター・ザルガラーが、ジョンソンのあげた一覧と、プラトン立体、アルキメデス立体、角柱、反角柱と合わせれば、そのような立体をすべて網羅できることを証明した。

ジョンソン立体のうち、最初に見つかったもの(J_1)は、底面が正方形で側面が正三角形の角錐だ。ほかに、**異相双三角柱**(J_{26})という、4個の正方形と4個の正三角形からなる立体も例としてあげられる。

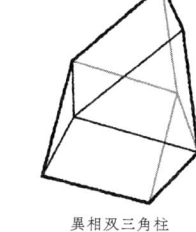

異相双三角柱

247 スチュアートのトロイド THE STEWART TOROIDS

ボニー・スチュアートの著書、『Adventures among the Toroids』(トロイドをめぐる冒険)は、出版当初ごくわずかな人たちにし

か知られていなかった。1970年に手書きで原稿を作り、個人で出版した本だったのだが、やがて、多面体に関心のある人たちの間で、定番書として熱狂的に支持されるようになった。

自著のなかでスチュアートは、正多角形から作られる多面体を考えた。しかし、ジョンソン立体からは離れ、凸形の図形以外にも対象を広げた。スチュアートでなければこれは見込みのない努力だとしてあきらめたかもしれない。というのも、ジョンソン立体は無限に貼り合わせが可能だからだ。

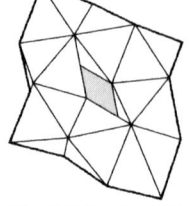

こうして貼り合わせて作られた図形の一部は、対称性にとても優れている。たとえば、8個の八面体を面で貼り合わせると環状にすることができる。

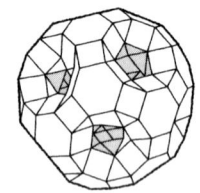

8個の八面体からなる環

スチュアートの図形のなかでもとりわけ驚異的なものとして、逆の視点から生まれたものがある。スチュアートは、ジョンソン立体とアルキメデス立体のいくつかを大きな模型と考え、それらに穴をあけ、その穴のなかに正多面体を敷き詰められないかと探った。位相幾何学的には、こうした図形は球面ではなく、n穴のトーラスだ。

ドーム状の穴をあけた切頂二十・十二面体

248 多胞体 POLYCHORA

豊穣な結果をもたらしてきた多面体の研究に接した1人の数学者が、その一般化の追究に着手した。多面体が多角形の3次元版のようなものであるのと同じように、**多胞体**は多面体の4次元版のようなものだ。4次元多胞体は、3次元多面体である**胞**から作られ、胞同士は2次元多角形の**面**、1次元直線の**辺**、0次元の**頂点**で交わる。

プラトンが正凸多面体を分類したのとちょうど同じように、1852年にスイスの幾何学者、ルートヴィヒ・シュレーフリは正凸多胞体を以下のように分類した。

・正五胞体（4次元単体）は、5個の正四面体から作られる。正四面体に類似。
・正八胞体（4次元超立方体）は、8個の立方体から作られる。

- 正十六胞体（4次元正軸体）は、16個の正四面体から作られる。正八面体に類似。
- 正二十四胞体（オクタプレックス）は、24の正八面体から作られる新しい図形で、3次元には類似したものが存在しない。
- 正百二十胞体は120の正十二面体から作られる。正十二面体に類似。
- 正六百胞体は600の正四面体から作られる。正二十面体に類似。

シュレーフリとエドモント・ヘスは10の非凸正多胞体もリストアップした。このシュレーフリ・ヘス多胞体は、ケプラー・ポアンソ多面体と同等である。

249 超立方体 HYPERCUBE

正方形の4個の頂点は**デカルト座標系**で簡潔に書き表すことができる。(0, 0)、(0, 1)、(1, 0)、(1, 1)だ。同様に、立方体の8個の頂点は次のようになる。(0,0,0)、(0,0,1)、(0,1,0)、(1,0,0)、(0,1,1)、(1,0,1)、(1,1,0)、(1,1,1)。

そうなると、4次元の超立方体の16の頂点がどこにあるのかも簡単にわかるだろう。(0,0,0,0)、(0,0,0,1)、(0,0,1,0)、(0,1,0,0)、(1,0,0,0)、(0,0,1,1)、(0,1,0,1)、(0,1,1,0)、(1,0,0,1)、(1,0,1,0)、(1,1,0,0)、(0,1,1,1)、(1,0,1,1)、(1,1,0,1)、(1,1,1,0)、(1, 1, 1, 1)だ。

これは数学的に分析する手始めとしてはいいのだが、この図形を実際に目に見えるようにできないだろうか？ 方策の1つは、展開図を使うことだ。立方体が6枚の正方形の面を折り合わせて作れるのと同じように、4次元の超立方体は、8個の立方体を胞として「組み合わせて」作られる。

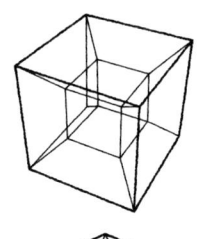

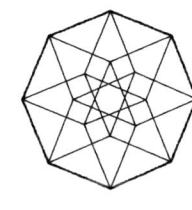

この展開図は、サルバドール・ダリの絵画、**超立方体的肉体**（磔刑）のなかに描かれており、また、ロバート・ハインラインが1941年に発表した短編小説、『歪んだ家』にも登場する。小説のなかで、ある建築家がこの展開図の形の家を建てる。すると地震が起きてそれが

「組み立て」られ、超立方体の家ができるのだ。

別の方策としては、**投影図**を与えることが考えられる。3次元の立方体は2次元の紙の上で、1個の正方形がもう1個の正方形のなかに入っていて、頂点同士が辺で結ばれているものとして表せる。

それと同じように、4次元の超立方体は3次元での投影図に描くことができる。それは、1個の立方体がもう1個の立方体のなかに入っていて、頂点同士が辺で結ばれているようなものとなる。このとき、胞である8個の立方体は、外側の立方体、内側の立方体、そしてそれら2個の立方体の面をつなげている残り6個の立方体となる（遠近感によって曲がって見える）。

250 一様多胞体　UNIFORM POLYCHORA

多面体についての興味深い洞察を導いた多くの疑問を、4次元多胞体に関する研究のなかでふたたび問うことができる。1965年、ジョン・ホートン・コンウェイ、マイケル・ガイが、コンピューターを使い、4次元におけるアルキメデス立体にあたるものの分類を完成させた。

この分類は、1910年、独学の天才、アリシア・ブール・ストットが始めたものだった。この**アルキメデス多胞体**は、凸形で、すべての頂点の形状が等しく、すべての面は正多角形だ。結果として、その胞は昔から知られているプラトン立体、アルキメデス立体、角柱、反角柱のいずれかでなくてはならない。

研究はいまも続いており、その結果を拡張して**一様多胞体**の完全な分類のなかに、非凸形で同等のものも含めようとしているところだ。

251 正ポリトープ　REGULAR POLYTOPES

ポリトープは多角形、多面体、多胞体、あるいはさらに高次元における同等のものを表す一般的な言い方だ。特に興味深いのは、こうした対象のなかで最も対称性の高い**正ポリトープ**だ。2次元においては、無限に多くの正多角形がある。正三角形、正方形、正五角形などだ。3次元では、5種類のプラトン立体がこれに該当する。4次元では6種類のプラトンの多胞体がこれにあたる。

ルートヴィヒ・シュレーフリは5次元以上の場合に目を向けると、驚くべきことが起こることを証明した。正ポリトープは3種類だけしか存在しないのだ。それは、単体、超立方体、正軸体（それぞれ、四面体、立

方体、八面体と同等のもの）だ。

　自己交差する、非凸のポリトープも、やっかいだがここで説明すべきものだろう。2次元には、五芒星をはじめとする星形多角形がある。3次元には4種類のケプラー-ポアンソ多面体があり、4次元には10の**シュレーフリ-ヘス多胞体**がある。しかし、5次元から先にはそのようなものがまったく存在しない。

Transformations

252 平面の等長変換　ISOMETRIES OF THE PLANE

　平面上に絵を描いたとしよう。それをねじったり歪めたりせずに新しい位置に移動させるためのさまざまな方法がある。

　それらを平面の**等長変換**という。数学的には、移動する前と後で線の長さが変わらないものと定義される。

- **回転**は、2つの情報から決まる。点（回転の中心）と、回転する量を表す角度だ。☞*Fig.1*
- **並進**とは、図形の向きも形も変えずにすべらせることだ。これは**ベクトル**で表現され、ベクトルの上の行が図形の右（負の場合には左）への移動に対応し、下の行が図形の上（負の場合には下）への移動に対応する。だから、たとえば、$\begin{pmatrix} 4 \\ -3 \end{pmatrix}$は右へ4、下へ3の移動だ。☞*Fig.2*
- **鏡映**は、鏡のような役割を果たす。点をある直線に関して反対側に、その直線との距離が等しくなるように移動させるのだ。☞*Fig.3*
- **並進鏡映**は、鏡映を施し、さらに同じ直線にそって並進を行うことだ。☞*Fig.4*

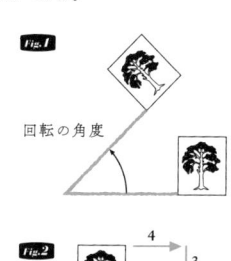

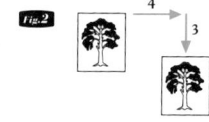

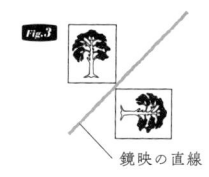

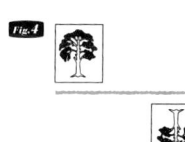

253 対称性　SYMMETRY

　平面上に描いた対象に対する**対称変換**とは、変換の前後で図形

が変わらないように見える等長変換のことだ。たとえば、正方形は回転対称であり、鏡映対称でもある。正方形の中心を回転の中心とすれば、90°回転させても見かけは同じだ。この方向転換を繰り返すと、ほかにも2通りの対称性が出現する。180°の回転と270°の回転だ。このことから、正方形は「4回」回転対称性を持つという。

正方形は4本の異なる直線、すなわち、2本の対角線と水平方向の直線、垂直方向の直線に関して鏡映対称でもある。そのため、合わせて（自明な変換として、そのまま移動させない場合も含めて）8通りの対称性がある（正方形の**対称変換群**にはこれらの情報が含まれる）。

図形には、回転対称性だけを持つもの、鏡映対称性だけを持つもの、あるいは両方とも持つものがある。**充填形**のような無限に続くパターンは、並進対称性や並進鏡映対称性を持ち得る。

254 対称変換群 SYMMETRY GROUPS

数学者にとって**対称変換**とは、実行してもその対象が実行前と同じであるように見える変換のことだ。また、AとBが対称変換ならば、それらを組み合わせて第3の対称変換$A \circ B$を作ることができる。正方形の場合、Aが「中心の周りを反時計回りに90°回転」、Bが「水平な直線に対して鏡映」であるとする。$A \circ B$は、先にBを行ってからAを行うので、「対角線$y = x$に対して鏡映」となる。

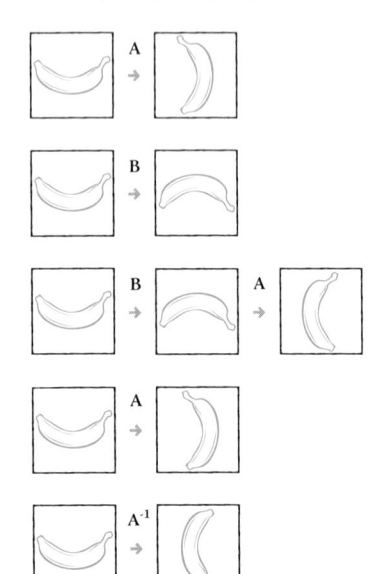

もちろん、ほかの変換と組み合わせても効果を発揮しない変換が1つある。自明な変換だ。これを施しても正方形はもとのまま変わらない。

対称変換には必ず逆変換がある。Aが「反時計回りに90°回転」であれば、その逆変換は（A^{-1}と書く）、「時計回りに90°回転」だ。これらの事実から、正方形に対する対称変換の集合は、**群**

をなすことがわかる。これは任意の対象の対称変換について成り立つ。

2次元の図形においては、鏡映対称か否かに応じて、2つの群の族がある。たとえば卍のように鏡映対称ではない場合、その群は**巡回群**になる。これは、ある数（この場合は4）を法とする足し算に似たものだ。一方、正方形のように鏡映対称でもある場合、この群は**二面体群**になる。

3次元では、立方体は大きさ48の対称変換群を持つ。そのほかの多面体やさらに高次元のポリトープには、さらに複雑な群がある。すべての図形のなかでとりわけ対称性の高い円や球面の場合、この群は、**無限リー群**となる。充填形にも無限の対称変換群が存在し、たとえば**フリーズ群**、**文様群**がある。

255 相似性 SIMILARITY

2個の三角形の対応する角が等しければ、それらの三角形は**相似**だ。たとえば、三角形 A、三角形 B、三角形 C がどれも $30°$ と $60°$ と $90°$ の角を持つならば、これら3個の三角形は相似だ（辺の長さが等しい必要はない）。相似な三角形は反転していてもいい。

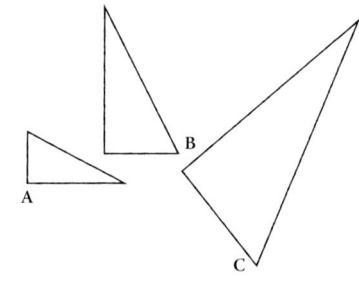

相似は、より広い現象をとらえる手っ取り早い方法だ。一般に、2つの図形は形が同じであれば、大きさや位置が同じでなくても**相似**である（形も大きさも同じであればそれらは**合同**であり、等長変換によって一致する）。

じつは、ここまでの説明は相似の定義としては不じゅうぶんで曖昧だ。**拡大**という考え方を知ると、相似を厳密に理解できるようになる。

256 拡大 ENLARGEMENT

拡大は、2つの情報によって特定される。点（**拡大の中心**）と数（**倍率**）だ。このとき、平面上の任意の図形は、次の通りに変換できる。

図形上に1点をとり、その点と拡大の中心を通る直線を引く。倍率が2ならば、拡大後の図形において、初めにとった点に対応する点は同じ直線上にあり、その点と拡大の中心との距離は、初めの点と

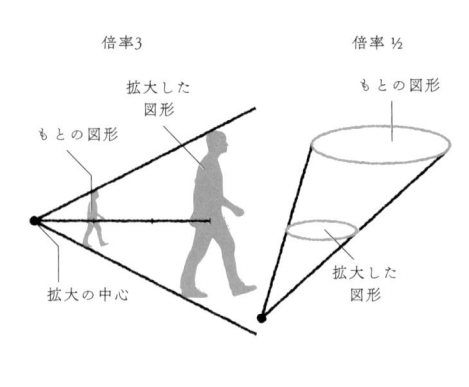

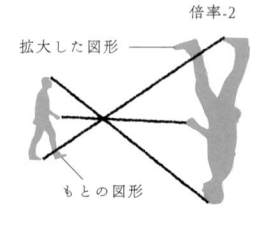

拡大の中心との距離の2倍になる。倍率が3ならば、同様に距離は3倍になる。いくつかの点についてこの手順を繰り返すと、拡大した図形の位置が決まる。

用語の使い方の都合上、ややわかりにくいことになってしまうのだが、「拡大」には、小さくすることも含まれる。倍率が0以上1未満の場合、「拡大した」図形はもとの図形を縮小したものとなる。倍率が負の数であれば、拡大後の図形を描く線は、中心に関して反対側に現れ、できた図形は上下が反転している（これを「点に関する鏡映」ともいう）。

同じ手順は、高次元の対象にも適用できる。**相似**とは、互いに拡大して一致する関係にある対象のことだ。

257 倍率 SCALE FACTORS

相似の関係にある2個の対象は同じもののように見える。実際には、形は同じだが大きさは異なる。大きさの違いは、倍率によって測ることができる。

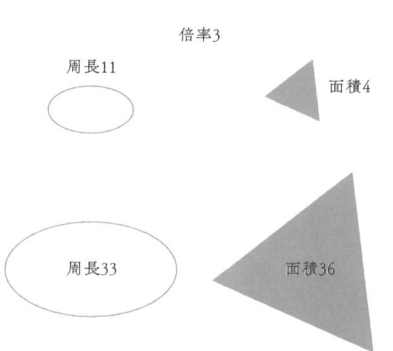

図形の長さが3で、倍率が2であれば、拡大した図形の長さは3×2 = 6になる。これは直線の場合にだけ言えるというわけではない。たとえば、周長が11の楕円を倍率3で拡大すると、できた新しい

楕円の周長は33となる。

　ところが、同じことは面積には当てはまらない。面積が4の三角形を倍率3で拡大すると、新しい三角形の面積は4×3ではない。もとの面積に倍率の2乗を掛ける必要がある（$4×3^2=36$）。このやり方もやはり任意の図形に適用可能で、面積を直接計算できない場合に役に立つ。3次元において、立体の体積が5で、それを倍率2で拡大した場合、新しい立体の体積を知るためには、倍率の3乗を掛ければよい（$5×2^3=40$）。

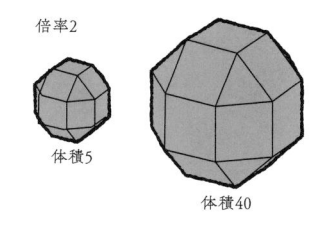

倍率2
体積5
体積40

Tessellations

258 充填形 TESSELLATIONS

　ファラオの墓からM・C・エッシャーによるエッチングに至るまで、人間は単純な図形の繰り返しからできるパターンにいつの時代も魅了されている。タイル張りという芸術はイスラムの世界で広がりを見せた。イスラムでは宗教的理由から具象芸術が禁じられており、芸術家たちは、抽象デザインによる芸術の可能性の探究に駆り立てられることとなった。スペインのアルハンブラ宮殿のなかにもその一例が見られる。

　こうしたパターンの背後にある数学が明らかになるには、かなり長い時間が必要だった。始まりは、2次元の図形がタイルのような働きをすれば**充填**できるという事実だった。つまり、まったく同じ図形を並べていけば、どんなに広い面積でも、重なりやすき間がないようにして覆えるということだ。

　最も単純なタイル張りは**正充填形**だ。ただし、非正充填形や半正充填形も同様にデザインにおいてはよく見られる。さらに多種多様なタイルを含めることにすると、充填可能な対称性について、**文様群**や**フリーズ群**による手の込んだ説明が必要となる。もちろん数学者たちは、高次元の場合についても同じ現象を探究している。

259 正充填形 REGULAR TESSELLATIONS

七角形

もう1個並べる
余地がない

　最も基本的なタイル張りは、ただ1つの正多角形を並べることだ。これは**正充填形**と呼ばれる、プラトン立体と同等のものだ。正方形が各頂点に4個集まった形で敷き詰められている格子は、最もよく知られている例である。正三角形の場合も、頂点に6個集まるように並べることで敷き詰められる。

　ほかにどの正多角形なら敷き詰められるだろうか？　正五角形ではうまくいかない(正五角形の内角は108°であって、360の約数ではないため)。正六角形は正方形と正三角形以外で唯一、敷き詰め可能な正多角形である。蜂がこの事実を利用している。正七角形(および、それより大きな正 n 角形)でもできない。図形を2個並べたときに残される角が小さすぎて、3個目を並べられないのだ。☞Fig

260 非正充填形 IRREGULAR TESSELLATIONS

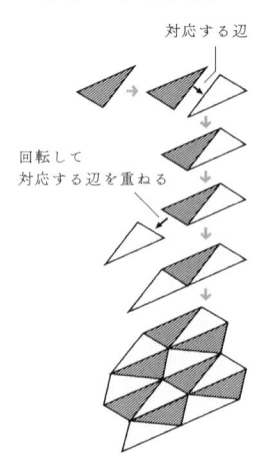

対応する辺

回転して
対応する辺を重ねる

　敷き詰められるのは正多角形だけではない。じつは、三角形であればどんなものでもいい。

　これを確かめるために、任意の三角形を描いて切り取ってみよう。それを型紙にして、周囲を線で一度なぞる。そして型紙をずらす。このとき型紙の1辺とたったいま描いた三角形の対応する辺がぴたりと重なるようにする(型紙を回転させるだけで、めくり返してはならないことに注意)。そしてまた型紙の周りをなぞって、三角形を1個描く。これを繰り返すと平面を覆うパターンができあがる。☞Fig

　同じやり方を、四角形でも使える。五角形のタイル張りとなると複雑になる。敷き詰められる五角形もあるが、できないものもある。1918年にカール・ラインハルトは、敷き詰められる非正凸六角形のクラスはちょうど3つであることを示した。$n \geqq 7$ の場合、敷き詰められる凸

n 角形は存在しない。

261 五角形のタイル張り PENTAGONAL TILINGS

正五角形は敷き詰められないが、非正凸五角形のなかにはうまくいくものもある。その方法として、本質的に異なる14通りの方法が知られている。そのうちの1つが**カイロのタイル張り**だ。これは、実際にカイロの歩道を飾っているパターンである。ほかにも、1977年にアマチュアの数学愛好家、マージョリー・ライスによって発見された4つの方法が知られている。一番新しいのは、1985年にロルフ・シュタインによって発見された方法だ。

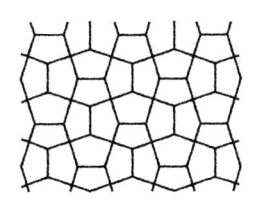

しかし、これら14の方法で、凸五角形によって可能なタイル張りの方法がすべて出つくしているかどうかはまだわかっていない。

262 半正充填形 SEMIREGULAR TESSELLATIONS

半正充填形は、正充填形と同じように正多角形だけを使う。複数種類のタイルを使ってもいいが、すべての頂点の形状は等しくなくてはならない。

このようなタイル張りの方法は8通りだ。それぞれ、正三角形、正方形、正六角形、正八角形、正十二角形のうち、2、3種類の図形を使う。こうした方法のうちの1つは、左手系、右手系の2バージョンにわかれている。

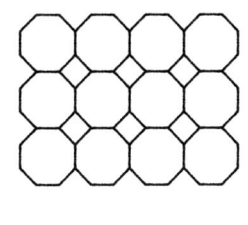

この8通りのタイル張りがアルキメデス立体に対応しているところから、**アルキメデスの充填形**と呼ばれることもある。これらは、何千年にもわたって、宮殿や寺院の装飾パターンの基本形となってきた。

263 並進対称性 TRANSLATIONAL SYMMETRY

多角形や多面体などの有限な対象が持つ対称変換は、たかだか2種類しかない(鏡映と回転)。一方、無限に続くタイル張りは、3番目の可能性として、**並進**という対称変換を持つ。

菱形によるタイル張りは、右に1だけ移動させても同じに見える。

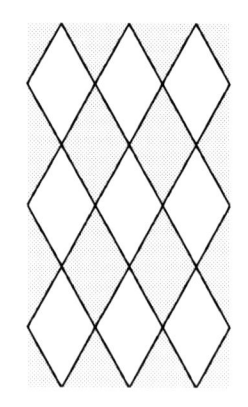

だからその移動は対称変換となる。もちろん、右に2だけ移動するのも、あるいは3、4、5、……だけ移動するのも、やはり対称変換だ。つまり、並進対称性を持つパターンは自ずと無限に多くの対称変換を持つことになる。☞*Fig*

並進対称性は、パターンの分類に向けた第1歩となる。よく知られているパターンの多くは、2つの別のタイプの並進対称性を持っている。左右方向の移動と、上下方向の移動だ。これによって、本質的に異なる17のパターンを考えられる。このパターンを分類したのが、17の**文様群**だ。一方、これに当てはまらないパターンは、1つのタイプの並進対称性だけを持つ。左右の移動(あるいは上下の移動)だ。こちらのパターンは7の**フリーズ群**によって分類される。

ペンローズのタイル張りやアンマンのタイル張りなどの**非周期的充填形**が、回転対称性や鏡映対称性を持つのに並進対称性はまったく持たないというのは驚くべきことである。

264 並進鏡映対称性 GLIDE SYMMETRY

2次元パターンにあり得る対称変換の最後は、**並進鏡映**だ。これは、並進と鏡映の組み合わせである。図中の絵は水平方向の直線に関して鏡映を施してから、同じ直線にそって並進を施してできる。結果は鏡映対称変換でも、並進対称変換でもなく、**並進鏡映対称変換**だ。多くのタイル張りやパターンには並進鏡映対称性がある。

265 フリーズ群 FRIEZE GROUPS

フリーズとは建築物のなかの壁の上部にある細い帯状の部分を指す。昔から、この部分は幾何学的模様の繰り返しによって装飾されることが多かった。

ここでの話に合わせて言えば、並進対称変換が存在するが、それ

が左右方向への移動に限られているということだ。このようなパターンは、1つの形の並進対称変換しか持たないながら、7つにわかれる。

以下の名前は、ジョン・ホートン・コンウェイがつけたもので、正しい対称変換を持つ足跡を説明している。

- **ホップ**は、群としては最も単純で、並進のみからなる。
- **サイドル**は、並進に加えて、垂直な直線に関する鏡映からなる。
- **ジャンプ**は、並進と1本の水平な直線に関する鏡映からなる。
- **ステップ**は、並進と並進鏡映からなる。
- **スピニングホップ**は、並進と180°の回転からなる。
- **スピニングサイドル**は、並進、並進鏡映、垂直な直線に関する鏡映、180°の回転からなる。
- **スピニングジャンプ**は、最も大きな群で、並進、垂直な直線に関する鏡映、1本の水平な直線に関する鏡映、180°の回転からなる。

266 コンウェイのオービフォールド　CONWAY'S ORBIFOLDS

フリーズ群は、左右方向、あるいは上下方向の並進対称変換を持つパターンを分類する。

左右も上下もどちらの対称変換も持つパターンはどうなるだろうか？　そのようなパターンのなかで最も簡単なのは、並進対称変換だけを持ち、鏡映、回転、

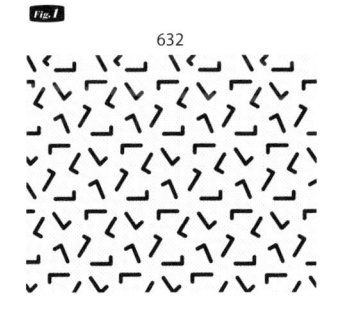

Fig. 1

並進鏡映の対称変換は持たないものだ。ジョン・コンウェイが考案した**オービフォールドの表記**にしたがうなら、これを o と書く。

多角形とは違い、充填形は回転の中心を複数持つことができる。可能性としては、6回回転の中心、3回回転の中心、2回回転の中心が考えられる。図示した例は、これら3通りの回転の中心を持ち、鏡映対称変換は持たない。この群を632と書く。☞ *Fig.1*

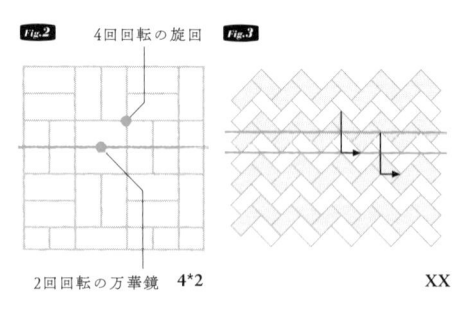

鏡映対称変換も持つパターンは、アスタリスク(*)をつけて識別する。回転には、中心が鏡映の線上にある**万華鏡**と、そうではない**旋回**という2つのタイプがある。旋回はアスタリスクの前に、万華鏡はアスタリスクの後ろに表記する。たとえば、チェス盤のパターンは群 *442 だ。これは、4回回転、4回回転、2回回転の万華鏡からなり、旋回はないということだ。4*2 と書けるパターンは4回回転の旋回と2回回転の万華鏡だ。☞ *Fig.2*

対称変換として最後にあげるのが**並進鏡映**だ。これは x と書く。可能性としては、2つのタイプの並進鏡映を持つ(ただし、鏡映も回転も持たない) xx、1回の並進鏡映と1回の鏡映を持つ $*x$、鏡映は持たず、2回回転を2つと並進鏡映を持つ $22x$ がある。☞ *Fig.3*

267 文様群 WALLPAPER GROUPS

文様群は、2つの異なる並進対称変換を持つパターンを分類する。1891年に、エヴグラーフ・フェドロフは、ちょうど17通りの異なる可能性があることを証明した。

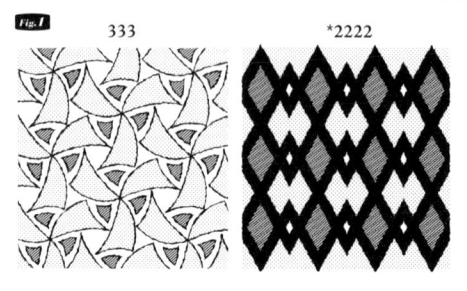

ここでも、先に登場したジョン・コンウェイのオービフォールドの表記を用いよう。分類

の出発点は、次の事実だ。2つのタイプの並進を伴うパターンは、1回、2回、3回、4回、6回回転対称性しか持ち得ない。これを**結晶構造制限定理**という。

最も単純なパターンは並進対称変換のみを持つもので、これは*o*と表す。回転を持つものの、鏡映や並進鏡映の対称変換を持たないパターンとして可能性があるのは、632、442、333、2222だ。回転も鏡映も持つものとして可能なのは、*632、*333、3*3、*442、4*2、22*、*2222、2*22、**だ（最後のものは鏡映のための2本の平行線を持つ。回転対称変換はない）。☞*Fig.1*

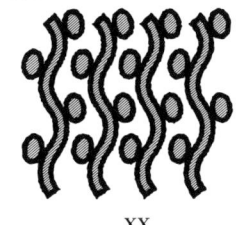

最後に、並進鏡映のあるものは、*xx*、**x*、22*x*だ。☞*Fig.2*

268 ヒーシュのタイル HEESCH'S TILE

ダフィット・ヒルベルトが23の問題のうちの第18問題で掲げたことの1つは、単独で敷き詰められるものの、かなり特殊な方法をとらなければならない図形について言及していた。

それは、すべてのタイルは同じだが、位置関係は同じではない。すなわち、対称変換では一致し得ない2枚のタイルが必ず存在するというものだ。

じつは、このような充填形を作るのは難しくない（任意の非周期的な充填形がこれに適合する）。ヒルベルトが疑問としたのは、このようにしか充填形を作れない図形があるのかどうかということだ。

じつのところ、ヒルベルトがこの問題を取りあげたのは、3次元充填形（空間充填多面体）に関する話のなかだった。おそらく2次元ではそのようなものは存在しないと思っていたのだろう。しかし、かの偉大な数学者は、可能性を1つ見落としていた。「アニソヘドラルな充填形」と呼ばれるものが、1935年に見つかったのだ。見つけたのはハインリッヒ・ヒーシュだ。また、3次元のタイルでヒルベルトの規準を満たすものも見つかっている。それは、1928年にカール・ラインハルトによって発見された。

269 非周期充填形 APERIODIC TILINGS

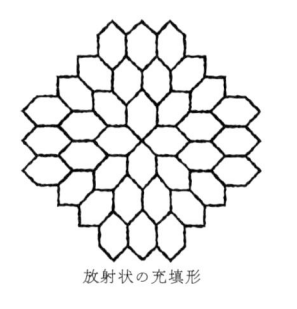

充填形は、(文様群によって分類される) 2つのタイプの並進対称変換か、(フリーズ群によって説明できる) たった1つの並進対称変換のどちらかを持ち得るが、並進対称変換をまったく持たない充填形もある。それが**非周期的な充填形**である。これは、たとえ1平方マイルにわたって充填形を作っても、パターンを滑らせていって重ねるということができない。

この充填形の対称変換群には、回転対称変換と鏡映対称変換のみが含まれ、多角形の対称変換群と同じものが考えられる。よく知られている例をあげると、放射状の充填形(二面体対称変換群を持つ)や、**フォーデルベルクのタイル**のような美しい螺旋の充填形(回転対称変換群を持つ)などがある。さらに魅惑的なものとして、**ペンローズのタイルやアンマンのタイル**がある。☞*Fig*

放射状の充填形

270 計算不可能な充填形 UNCOMPUTABLE TILINGS

私がここに図形の集合を与え、それを平面に敷き詰めるようみなさんに求めているとしよう。対称性はさておき、今回求められているのは、広い領域を、とにかくすき間や重なりなく覆うことだ。みなさんは各図形を好きなだけ使える。もちろん、正方形や正三角形があれば問題なく敷き詰められる。正五角形か正七角形か正十角形しか渡さなかったら敷き詰めることはできない。ここでもし、100種類の複雑な非正多角形を渡したらどうなるだろうか?

王浩が発表した問題は、私の選んだ図形で平面を敷き詰められるかどうかを判断する信頼できる方法はあるかというものだ。要するに、王はそのような**アルゴリズム**を探そうとしていたのだ。そして、1961年、そのアルゴリズムを発見したと確信した。

ただし、それがきちんと機能することを証明するためには、平面を非周期的にしか埋め尽くせないタイルの組み合わせは存在しないという仮定が必要だった。

ところが、ペンローズのタイルやアンマンのタイルが発見されたた

めに、王の仮定とともにアルゴリズムは覆された。実際のところ、この問題を解くアルゴリズムは存在しない。つまり、**計算不可能**なのだ。

27 ペンローズのタイルとアンマンのタイル
PENROSE AND AMMANN TILINGS

　非周期的な充填形は、古代ローマでモザイク模様を作っていた人たちも知っていた。ところが、どの例をみても、いわばいとこのような関係にある周期的パターンが存在する。平面に敷き詰められる一式のタイルを並進対称変換によって並べ直せば、また平面に敷き詰められるのだ。

　1961年に王浩は、これは必ず成り立つに違いなく、タイルの有限集合として、非周期的パターンだけを作りだすものはないと予想した。しかし、王の予想は、1964年に教え子のロバート・バーガーに論破された。バーガーは、切れ込みのある正方形のタイルを20426種類も使って、平面上に非周期的にしか敷き詰められないパターンを作ったのだ。

　1970年代には、数理物理学者のロジャー・ペンローズとアマチュアの数学愛好家のロバート・アンマンがそれぞれ別にこの結果を美しく単純化したものを見出した。1974年に、ペンローズはたった2種類のタイルからなる非周期的なパターンを発見した。どちらのタイルも菱形で辺の長さが等しいが、片方は太く、もう片方は細い。このときペンローズは辺に切れ込みをいれて（あるいは辺に色づけし、接する辺は一致していることを強調して）周期的には敷き詰められないことを明確に示した。

　ペンローズはこれらのタイルを「菱形」と呼び、このほかにも完全に非周期的なタイルの組を2通り見つけた。「カイトとダート」は異なる2種類のタイルを使用し、「ペンタクル」は4種類のタイルを使うものだった。

　一方のアンマンもさらなる例を見出した。たとえば、フランス・ビーンカーと共同で発見した、アンマン-ビーンカーの充填形という、正方形と菱形を使ったものなどだ。

　充填形の理論には未解決の問題がある。平面に敷き詰められるものの、非周期的な方法でしか敷き詰められないような1種類のタイルはあるだろうか、というものだ。

272 ハニカム模様と結晶 HONEYCOMBS AND CRYSTALS

ハニカム模様というのは、3次元以上における充填形のことだ。平面を多角形のタイルで埋め尽くすのではなく、3次元の空間であれば、それを3次元の**胞**で満たすのだ。空間を充填できる立体のことを、**空間充填多面体**という。プラトン立体のうちこれに該当するのは、唯一、立方体だけだ（アリストテレスは、四面体も充填形を作れると誤って思い込んでいた。おそらく、四面体と八面体を合わせたものであれば充填形を作れるからだろう）。

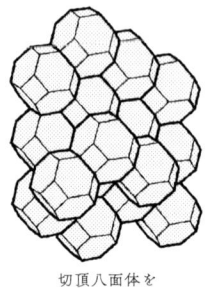

プラトン立体以外にも空間を埋め尽くす立体がある。たとえば、アルキメデス立体の1つである切頂八面体は、充填形を作ることができる。非正多角形の面を持つ多面体を考えると、カタラン立体の1つである菱形十二面体が空間を満たす。

切頂八面体を敷き詰める

複数の立体を含むパターンにとって重要なのが**結晶構造制限定理**だ。この定理によると、並進対称変換を持つ3次元空間の充填形は、2回、3回、4回、6回回転のみを持つという。

273 準結晶 QUASICRYSTALS

固体には、2つの基本的な形がある。**結晶**と**非結晶**だ。非結晶とは（たとえばガラスのように）分子が秩序なく並んでいる状態のことで、一方結晶とは（ダイアモンドのように）分子が特定の幾何学的パターンに沿って配置されている状態をいう。

1982年、ダン・シェヒトマンは、アルミニウムとマンガンの合金に思いもよらない性質があることを発見した。5回回転対称性があったのだ。しかし、科学界の反応は否定的だった。それは、**結晶構造制限定理**に反しているように思えたからだ。この定理によれば、結晶構造を持つ固体に許されるのは、2回、3回、4回、6回回転対称だけだ。

詳しく調べてみると、その物質は結局のところ、結晶構造を持たず、並進対称性も持っていなかった。しかし、非結晶の固体ならば回転対称を持つほどの構造化はされていないはずだ。

数学者たちは、ペンローズとアンマンの非周期的なタイルで同様の構造にすでに出会っていた。シェヒトマンは、3次元においてそれに似たものを発見したのである。これは、**準結晶**と名づけられた。それ以来、多くの準結晶が発見されている。

　こうした発展のおかげで、数学の研究にも拍車がかかった。現在では、多くの非周期的充填形が、高次元のパターンの断面として解釈されている（円錐曲線が円錐面の断面だとされるのと同じように）。たとえば、ペンローズの菱形は、5次元の超立方体格子の断面と解釈できる。

曲線と曲面 — Curves and Surfaces

274 曲線 CURVES

　曲線とは、1次元の幾何学的対象だ。最も簡単な例が、まったく「曲がって」いないもの、つまり直線だ。直線は、代数的に考えた場合にも、最も簡単なものといえる。デカルト座標で、直線は $x+y+1=0$ や、$3x-y-7=0$、あるいは一般的に $Ax+By+C=0$（A, B, Cは何らかの数で$A=B=0$ではない）のような**1次多項方程式**として書ける。

　2次方程式はさらに、x^2, y^2, xyという項を含む。こうした**2次曲線**は、**円錐曲線**としてエレガントに書き表せる。その上が3次曲線で、3次方程式で書き表せる。3次曲線の1つが**楕円曲線**で、この曲線は現代数論のなかで中心的役割を果たしている。ほかの曲線としては、たとえば**アルキメデスの螺旋**などがある。これらは**極座標**を使うことで理解しやすい形で書き表せる。

275 円錐曲線 CONIC SECTIONS

　円錐曲線、すなわち、2次方程式で表現できる曲線はどのようなものだろうか？　デカルトが座標系を見出す1800年も前から、ギリシャの幾何学者たち（なかでもとりわけ有名なのは、紀元前220年ごろに活躍したペルガのアポロニウス）はこの問題に取り組んできた。この問いには、非常にエレ

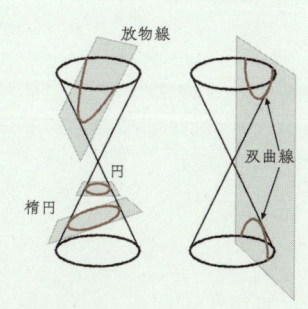

ガントな答がある。

　無限に続く錐が2個、頂点同士が向かい合ってつながっていると想像しよう。円錐曲線とは、この曲面の断面をとったときにできる曲線なのだ。

　これらの曲線によって2次方程式で表せる曲線の族ができる。この曲面を水平方向に切断することで円ができる（たとえば、$x^2+y^2-1=0$ のような方程式で書ける）。一方、ちょうど中心を通るように垂直方向に切断すると、交差する2本の直線が得られる（たとえば、$x^2-y^2=0$ のような方程式で書ける）。☞Fig

276 2次曲線 QUADRATIC CURVES

　円錐曲線は、**楕円**、**放物線**、**双曲線**の3種類に大別される。任意の2次方程式は、$Ax^2+Bxy+Cy^2+Dx+Ey+F=0$（A、B、C、D、E、Fは何らかの数）の形で書ける。ここで、数 B^2-4AC が、曲線の種類決定のカギを握っている。

　その数が 0 ならば放物線（特別なケースとして、直線、平行線の組を含む）となる。もしもそれが負の数であれば、楕円（特別なケースは、点、もしくは何もない状態）となり、正の数の場合には、双曲線（特別なケースは、交差する直線の組）になる。

277 焦点と準線 FOCUS AND DIRECTRIX

　円錐曲線は円錐に面を交差させることで得られるが、別の作図方法からも得られる。平面上に点をとり、（その点を通らない）直線を引く。それぞれを**焦点**、**準線**と呼ぶ。すると、平面上の任意の点に対し、焦点までの距離、準線までの距離を定義できる。

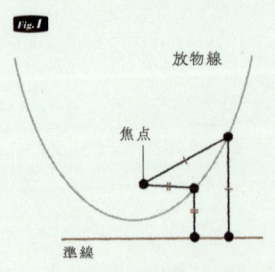

Fig.1

放物線

焦点

準線

　焦点までの距離と準線までの距離が等しい点を集めるとどうなるだろうか？　答は放物線だ。☞*Fig.1*

　もしも焦点までの距離を準線までの距離の半分にしたなら、その結果できる曲線は**楕円**だ。☞*Fig.2*

　距離を2倍にすれば、今度は**双曲線**が得られる。

　重要なのは、焦点から点までの距離の、準線から点までの距離に

対する割合だ。この数を**離心率**(e)と呼ぶ。円錐曲線では曲線上のどの点も、eの値が同じになっている。

そして、$0 < e < 1$であれば楕円、$e = 1$であれば放物線、$e > 1$であれば双曲線となる。

Fig.2

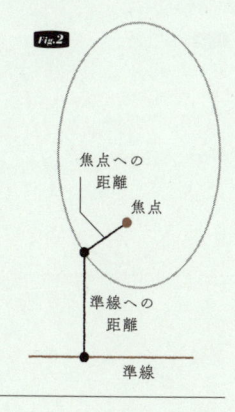

焦点への距離
焦点
準線への距離
準線

278 楕円 ELLIPSES

楕円は、円錐面を切断する方法でも、頂点と準線を使う方法でも定義もできる。また、楕円には対称性があり、中心の両側に2個の焦点を持つ。これら2個の焦点を利用することで、さらに別の方法で楕円を定義することもできる。

ある点から2個の焦点への距離をそれぞれa、bとすると、$a+b$が常に一定である点の集合として楕円を定義できるのだ。この定義を応用して、楕円を描くすばらしい方法が得られる。それは、紙に2本の画びょうを刺し、その間に糸を緩めた状態で渡しておく。その糸をぴんと引っ張って届くところをなぞれば楕円が描ける、というものだ。

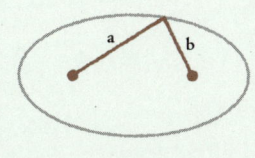

楕円の**長軸**とは、2つの焦点と中心を通る、楕円内で最も長い線分だ。一方**短軸**というのは、それに垂直な直線で、中心を通り、楕円上の2点を結ぶ最短の線分だ。焦点間の距離を測って長軸の長さで割ると楕円の**離心率**が求められる。また、円は2焦点が一致した特別な場合で、離心率は0である。

1609年、ヨハネス・ケプラーは、惑星運動に関する第一法則として、惑星は太陽を焦点の1つとする楕円軌道上を動くと発表した。

279 放物線 PARABOLAS

放物線は、楕円のように閉じた曲線ではなく、長さは無限だ。円錐曲線の1つである放物線は、円錐の母線に平行な平面での切断によって定義できる。ほかにも、与えられた直線(準線)からの距離が

Fig.1

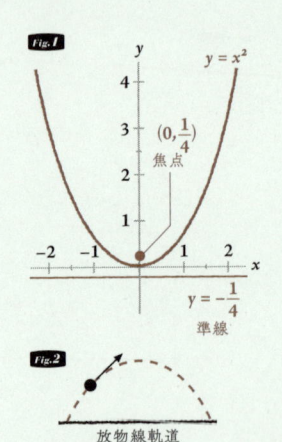

$y = x^2$

$\left(0, \frac{1}{4}\right)$ 焦点

$y = -\frac{1}{4}$ 準線

Fig.2

放物線軌道

ある点（焦点）からの距離と等しい点の集合として定義できる。

一般的な放物線は、$y = x^2$（$x^2 - y = 0$ でも同じ）によって与えられる。この式の場合、$\left(0, \frac{1}{4}\right)$ に焦点を持ち、準線は $y = -\frac{1}{4}$ となる。☞ Fig.1

中世には、力学はまだあまり深く理解されておらず、大砲を発射すると砲弾は直線的に飛び、やがて勢いがなくなると地面に落ちると考えられていた。17世紀になって、数学の知識と実験技術を結びつけ、この考えに疑問を突きつけたのがガリレオだった。ガリレオは、発射したものが実際には（空気抵抗の影響を無視すれば）放物線の軌道を描いて飛ぶことを実証する一連の実験を考案した。これがなぜ正しいのかを科学者たちが理解したのは、アイザック・ニュートンによる研究の成果が出てからのことだった。☞ Fig.2

NASAは**周期彗星**と**非周期彗星**を区別している。周期彗星は楕円軌道を持つ（だから、ハレー彗星の場合は75年に1度、一部の長周期彗星は1000万年に1度戻ってくるのだ）。一方の非周期彗星は、放物線や双曲線軌道を描くので、太陽系を横切るのは1度だけだ。

280 双曲線 HYPERBOLAS

双曲線は、円錐曲線のなかでは唯一の2つの部分にわかれた曲線だ。これは、2重円錐の両半分を切断して得られる。楕円とは近い関係にあり、双曲線にも2個の焦点と2本の準線がある。

この場合も、2個の焦点を利用した別の定義方法がある。曲線上の1点から2つの焦点への距離を a、b とする。すると $a-b$ と $b-a$ は曲線上のすべての点について一定となる（$a-b$、$b-a$ のそれぞれに対応して曲線が1本ずつ描ける）。この理由から、双曲線は波の干渉パターンとしても生じてくる。池に小石を2個落とすと、円状のさざ波が2カ所で生じ、干渉し

干渉による双曲線

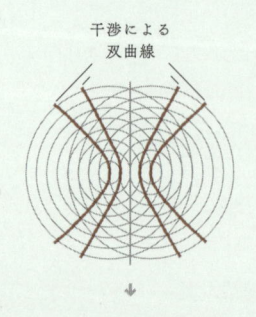

合うのだ。

すべての双曲線に、2本の漸近線がある。最もよく知られた双曲線、$yx = 1$（あるいは $y = \frac{1}{x}$ でも同じ）の場合、漸近線は x 軸と y 軸だ。この漸近線は互いに直交するため、**直角双曲線**と呼ばれる。

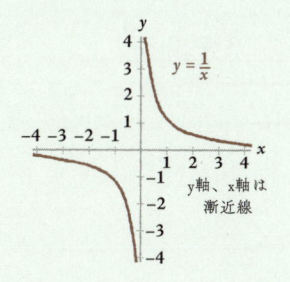

281 漸近線 ASYMPTOTES

曲線の**漸近線**とは、その曲線が限りなく近づくものの、決して到達することのない直線だ。よく知られている例が、先ほどの双曲線、$yx = 1$ だ。x が大きくなればなるほど y は 0 に近づいていくが、決して 0 になることはない。だから、直線 $y = 0$ はこの曲線の漸近線だ。同様に、y が大きくなればなるほど、x は 0 に近づく。よって、直線 $x = 0$ も漸近線だ。

すべての曲線に漸近線が存在するわけではない。たとえば、楕円や放物線に、漸近線は存在しない。

282 ニュートンの3次曲線 NEWTON'S CUBICS

円錐曲線というのは2次方程式によって与えられる曲線で、3種類に分類される。高次の曲線の分類は、3種類よりも遥かに多い。そのうちの一部は、極座標を使うことでより簡潔に表現できる。

1710年、アイザック・ニュートンは x^3、x^2y、xy^2、y^3 を含む方程式によって定義される曲線である**3次曲線**について考察した。円錐曲線とは違い、これらの曲線はそれ自身と交差する場合がある。また、3次曲線のなかには2つの部分にわかれるものがあり、それらには**尖点**という滑らかではない尖った部分がある。

ニュートンは3次曲線として72種類を見出したが、それ以降の研究でさらに6種類あることが判明した。すべての3次曲線は、この78種類のいずれかに分類可能だ。

とりわけ重要な3次曲線は**楕円曲線**である。この曲線は、現代の数学において中心的な存在となっている。すべての3次曲線が楕円曲線というわけではないのだが、ニュートンは、すべての3次曲線が、楕円曲線を適当につぶしたり延ばしたりして作れることを示した。

283 2次曲面 QUADRIC SURFACES

2次元空間で最も単純な曲線は直線である(これは、線形方程式で与えられる)。次が円錐曲線だ。こちらは、2次方程式で定義される平面上の曲線である。3次元空間における曲面を考えてみると、1次式が**平面**を定義し、2次式が**2次曲面**の族を作りだす。

2次曲面は、円錐曲線を3次元に拡張することで得られる。最も簡単なものは、楕円、放物線、双曲線を拡張した**柱面**だ。曲線の上に直立した壁を作るだけでよい。柱面の方程式は、もとの曲線の方程式と同じだ(すると、z座標は任意の値をとることができる)。

多くの2次曲面は、$Ax^2+By^2+Cz^2=1$ の形の方程式で与えられる。A, B, C がすべて正の場合、**楕円面**が定義される。2つが正で1つが負の場合、**一葉双曲面**が定義される。2つが負で1つが正の場合、**二葉双曲面**が定義される。

方程式 $z = Ax^2+By^2$ は**放物面**を定義する。A と B の符号が一致していれば**楕円放物面**、符号が異なれば**双曲放物面**、残りは、**楕円錐**(切断面が楕円の錐)と平面だ。

284 楕円面 ELLIPSOID

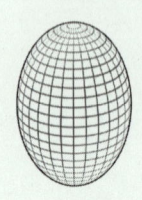

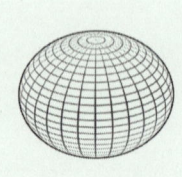

楕円面は、つぶれた球面(あるいは延びた球面)のような形をしていて、断面は楕円形となる。なかでも、ある一定方向の断面がすべて円であるものは**回転楕円面**という。

アイザック・ニュートンが万有引力について研究して以来、地球はほぼ回転楕円面であるとされてきた。しかし、18世紀になって、地球の形についての議論が起こった。フランスの天文学者であるジョヴァンニ・カッシーニ、ジャック・カッシーニは、地球は延びた球面(ラグビー、あるいはアメリカンフットボールのボールのような長球の回転楕円面)だと主張し、ニュートンが提示したつぶれた球面(偏球の回転楕円面)と対立した。

測量が進んだ結果、ニュートンが正しいことが判明した。一方で、もっと小さな天体が長球の回転楕円面を形成し得ることもわかった。そのようなものの一例が準惑星のハウメアだ。

楕円面は、$Ax^2+By^2+Cz^2=1$（A、B、Cは正の数）という形の方程式で与えられる。A、B、Cがすべて異なれば、結果として得られるのは**三軸不等楕円面**だ。2つが等しければ（たとえば、$A=B$なら）**回転楕円面**だ（これは$C<A$の場合に偏球、$C>A$の場合に長球となる）。$A=B=C$の場合はおなじみの**球面**である。

285 放物面 PARABOLOIDS

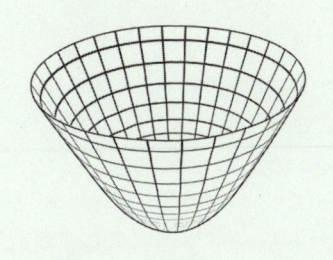

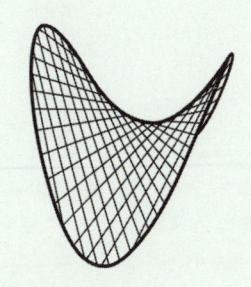

放物面には2つのタイプある。**楕円放物面**は、放物線のカップのような形で、断面が楕円形をしている。その楕円が円のときには、**回転放物面**という特別な呼び方がされる。これは通信等で広く用いられており、衛星放送用パラボラアンテナや電波望遠鏡のデザインによく見られる。放物面の頂点における接平面に垂直に入射するすべての光線が、反射の結果、放物面の焦点へ直進するという性質の利用価値が非常に高いからだ。このプロセスを逆に利用したのが、スポットライトや広告照明の反射装置である。焦点に電球を置けば、その光は放物面で反射して平行な光線となる。

2番目の形は鞍型の**双曲放物面**だ。これは、ポテトチップスのプリングルスの形としても知られているし、現代建築の屋根のデザインにも取り入れられている。双曲放物面は$z=xy$という式で表せる。

286 双曲面 HYPERBOLOIDS

双曲面と呼ばれる面には2つの異なる種類がある。一葉と二葉だ。二葉のほうは、2枚の楕円放物面がすき間をあけて向かい合うような形をしている（ただし、これは正確な描写ではない。楕円放物面とは、曲率が少し異なるからだ）。一葉双曲面は冷却塔の形としてよく知られている。これを垂直方向に切断した断面は双曲線になり、水平方向の切断面は楕円となる。☞*Fig*

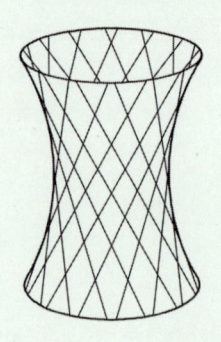

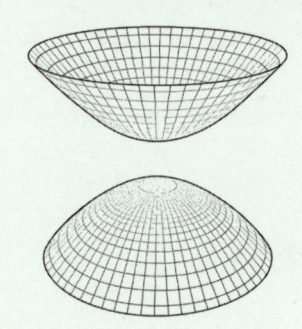

応用にあたっては多くの場合、**一葉回転双曲面**が使われている。これは、断面が円であるようなものだ（それゆえ、「双曲面」とは「一葉回転双曲面」を略して言うものだと理解されることも多い）。

これは線織面（せんしきめん）と呼ばれるものの一種であり、簡単に構築できる。2個の等しい円環を用意し、針金で対応する点をつなぐ。それらを引っぱって延ばすと円柱になる。さらにそれをねじると一葉回転双曲面ができる。

287 回転面 SURFACES OF REVOLUTION

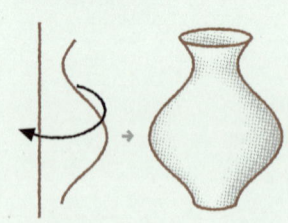

1次元の曲線から2次元の曲面をうまく作りだすには、回転させるのが手っ取り早い。たとえば、円に対し、直径を延ばした直線を1本引き、それを軸として円を3次元で回転させる。すると、球面ができる。

同じ方法が任意の曲線に適用可能だ。ただし、結果としてできる曲面は、回転させる曲線だけではなく、回転軸の位置にも依存する。たとえば、円を回転させるときに、その円と交わらない直線を軸にすると、トーラスができる。

直線を、それに平行な別の直線を軸にして回転させると円柱ができる。同一平面上にあって平行ではない2本の直線の片方を軸としてもう片方の直線を回転させると、二重の円錐ができる。これは、切断するとその断面が円錐曲線となっている。また、2本の直線が3次元空間でねじれの位置にある（つまり平行でもなく交わりもしない）場合に片方を軸としてもう片方を回転させると、一葉回転双曲面ができる。

楕円を軸の周りに回転させると回転楕円面になり、放物線を回転させると回転放物面になる。そして、双曲線で同じことをすると回転双曲面になる。もっとややこしい曲線を回転させたとき、非常に美しい回転面になることがある。陶芸家や彫刻家が長年追い求めてきたものだ。

288 線織面 (せんしきめん) RULED SURFACES

「平面は直線から作られている」。これは、直線が面全体を覆っているという意味だ。

驚くべきことは、明らかに曲がりくねっているのに直線から作られる面があるということだ。たとえば、柱面は曲がった経路の上に直立した壁を建てるだけで得られる。錐もまた線織面だ。ほかにもよく知られた例に**螺旋織面**がある。これは、垂直軸に沿って螺旋状に落ちていく直線が描く面で、螺旋階段や立体駐車場のスロープをイメージするとわかりやすいだろう。

面上のすべての点が、2本の直線上にある**二重線織面**と呼ばれるものには3種類ある。平面、一葉回転双曲面、双曲放物面だ。

289 高次の面 SURFACES OF HIGHER DEGREE

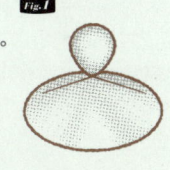

2次曲面は2次多項方程式によって与えられる。次数を高くすると、より複雑な曲面を作ることができる。一例は、鐘の形の曲面で、これは、自己交差する3次曲線の回転面として得られる3次曲面だ。

☞ Fig.1

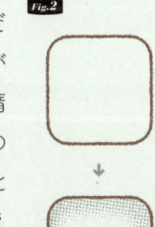

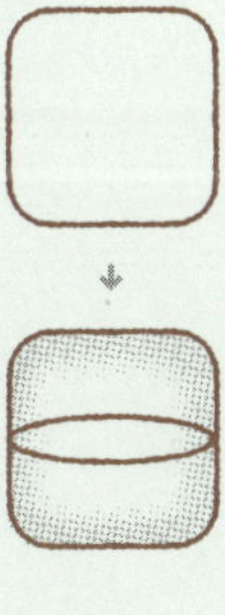

曲面のクラスとして興味深いのは、**超2次曲面**だろう。これは2次曲面によく似たものなのだが、x^2 が高次の項で置き換えられている。たとえば、回転楕円面は楕円を回転させてできた曲面だ。楕円の方程式は $\left|\frac{x}{a}\right|^2+\left|\frac{y}{b}\right|^2=1$ である。この2乗をもっと高次の n 乗で置き換えると、$\left|\frac{x}{a}\right|^n+\left|\frac{y}{b}\right|^n=1$ で与えられる**スーパー楕円**となる（図に示すように、$a=b$ ならば**角が丸い正方形**になる。図の方程式は $|x|^7+|y|^7=1$ だ）。

ここで回転面を考えると、**スーパーエッグ**が得られる。この形が持つ興味深い性質は、上端や下端での曲率が 0 であることだ。数学者であり彫刻家でもあったピート・ハインはこれをデザインとして取り入れている。☞ *Fig.2*

Polar Coordinates

290 極座標 POLAR COORDINATES

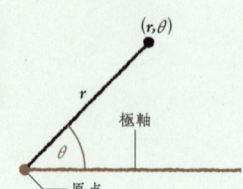

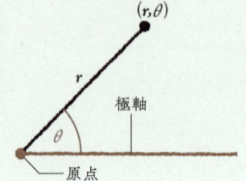

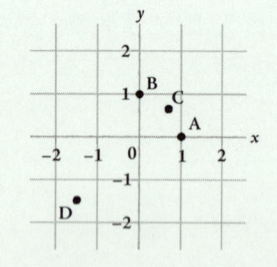

デカルト座標系では、直交する2本の軸からの距離によって平面上の点を識別する。それに代わる方法の1つが**極座標**だ。極座標にも2つの情報が含まれている。距離と角度だ。それぞれを通常 r と θ で表す。

図において、点 A と点 B（デカルト座標ではそれぞれ $(1, 0)$ と $(0, 1)$）は原点から距離 1 だけ離れている。また、デカルト座標では $\left(\frac{1}{\sqrt{2}}, \frac{1}{\sqrt{2}}\right)$ となる点 C も 1 だけ離れている。したがって、距離だけではこれらの点を区別することはできない。だから、その点が原点において**原線**となす角度も示すのだ（原線とは、原点から水平方向に右へ延びる直線［デカルト座標系でいうと、x 軸の正の部分］のこと）。この直線上にある点 A の角度は 0°、点 C は 45°、点 B は 90° となる。

ただし通常は**ラジアン**で角度を表す。したがって、距離、角度の順で書くことにすると、A, B, C の極座標はそれぞれ、$(1, 0)$、$(1, \frac{\pi}{2})$、$(1, \frac{\pi}{4})$ である。

点 D は原点から距離 2 だけ離れていて、角度は 225° だ。だから極座標は $(2, \frac{5\pi}{4})$ となる。

291 極座標を用いた幾何学 POLAR GEOMETRY

極座標とデカルト座標は、同じ対象について話すための異なる言語だ。片方に言えることなら何でも、もう一方の言語に置き換えられ

る。とはいえ、極座標を使うことで平面上のある種の幾何学的図形を効率的に表現できることがある。

たとえば、半径1の円は、$r=1$ という単純な式で表すことができる。これは $(1, θ)$ を満たす点の集合を表すものであり、各点は原点から1だけ離れている。他方、角度をたとえば $\frac{π}{4}$ に固定して、r にさまざまな値を入れると、水平な直線に対しその角度をなす直線となる。これは方程式 $θ = \frac{π}{4}$ で表せる。

極座標を使うででうまく説明できる図形に、アルキメデスの螺旋、対数螺旋、サイクロイドなどがある。

また、極座標は複素解析のいたるところに登場する。すべての複素数 z は、距離 r (絶対値)、角度 $θ$ (偏角) を持っているからだ。これらは、$z = re^{iθ}$ という式によって結びついている。

---

292 アルキメデスの螺旋 ARCHIMEDEAN SPIRALS

極座標は螺旋を表現するのにうってつけの方法である。螺旋上の1点と原点の距離は、回転した量に依存しているからだ。最も単純な場合が**アルキメデスの螺旋**だ。これは、方程式 $r = θ$ で与えられる。この螺旋は、極座標の第1座標と第2座標が等しいすべての点、つまり $(θ, θ)$ という形の点から構成される。

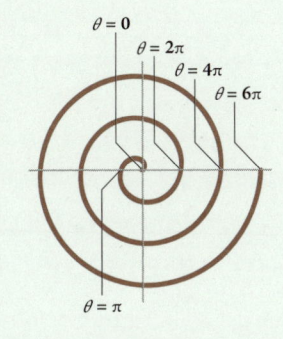

ここで $θ = 0$ ならば長さ r も 0 だが、そうなるのは原点だけだ。$θ = \frac{π}{4}$ (すなわち45°) ならば、長さも $\frac{π}{4}$ (おおよそ0.8) だ。$θ = \frac{π}{2}$ (つまり90°) のときは、$r = \frac{π}{2}$ (おおよそ1.6) だ。$θ$ が $2π$ に達すると、螺旋は1回転したことになり、原線と交わる。そのまま続けて、$θ$ が $4π$ (720°) に達するとき、ふたたび原線に交わる。同じように、$6π$、$8π$、$10π$……のときも原線と交わる。

螺旋は、定数を掛けることで、拡大させたり収縮させたりできる。$r = 2θ$ は先ほどの螺旋よりも2倍すかすかになる。また、$R = \frac{1}{2π}θ$ が表す螺旋は、0、1、2、3、……において原線と交わる。この螺旋に特徴的な性質は (双曲螺旋や対数螺旋とは違い)、連続して回転すると (レコード盤の溝のように) 同じ幅で離れていくことだ。

太陽の磁場が宇宙空間に広がるときにできるアルキメデスの螺旋は**パーカー・スパイラル**と呼ばれる。

293 対数螺旋 LOGARITHMIC SPIRALS

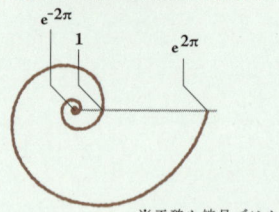

$e^{-2\pi}$　1　$e^{2\pi}$

※正確な縮尺ではない

ヤコブ・ベルヌーイが**スピラミラビリス**（驚異的な螺旋）と名づけた**対数螺旋**は、極方程式 $r = e^{\theta}$ と表せる。$\theta = 0$ のとき $e^0 = 1$ であり、曲線は 1 で原線と交わる。$e^{2\pi}$（おおよそ 535.5）、$e^{4\pi}$（おおよそ 286751.3）……でもふたたび交わる。

θ を負の値にすると、螺旋が反対方向に巻かれていく。$e^{-2\pi}$（おおよそ 0.002）、$e^{-4\pi}$（おおよそ 0.000003）でも原線と交わり、その後原点方向への巻きを強めながら何度も交わる。

ヤコブ・ベルヌーイは、対数螺旋が持つフラクタルのような自己相似性に衝撃を受けた。$e^{2\pi}$ の倍数を掛けて拡大したり縮小したりした結果が、まったく同じ曲線になるのだ。さらに、螺旋の逆関数（$r = e^{-\theta}$ で表せる）を考えても、それがまた同じ曲線になる。ベルヌーイはこの曲線をたいそう重んじ、自分の墓石に 1 つ彫り込むように指示した（あろうことか、石工は幾何学に詳しくなかったため、対数螺旋ではなくアルキメデスの螺旋を彫り込んでしまった）。

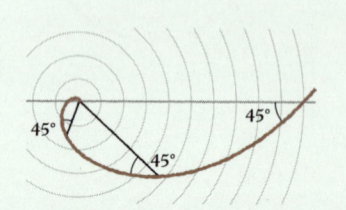

対数螺旋は**等角螺旋**としても知られている。接線と半径のなす角度が常に一定で、$\frac{\pi}{4}$（つまり 45°）になるという特徴的な性質も持っているのだ。これ以外の角度をなす対数螺旋も存在し、任意の数 c に対して、方程式 $r = e^{c\theta}$ で与えられる（角度は $\tan^{-1}(\frac{1}{c})$ だ）。

対数螺旋や、**フィボナッチの螺旋**などの対数螺旋に近いものは、渦巻銀河や雲の形状、オウムガイの殻に至るまで、自然界で広く見られる。

294 4匹のネズミの問題 THE PROBLEM OF THE FOUR MICE

1871 年、天文学者でもあり数学者でもあるロバート・カレイ・ミラー

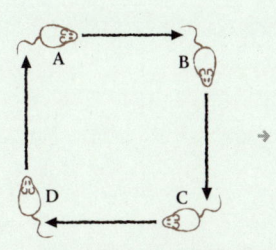

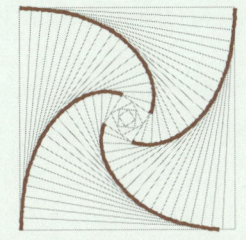

が、ケンブリッジ大学で実施されるトライポスと呼ばれる悪名高き数学試験のなかで巧妙な問題を出した。

それは、4匹のネズミA、B、C、Dに関するものだった。ネズミが、正方形の部屋の4隅から1匹ずつ出発する。4匹は同時に放され、同じ速さで走るものとする。また、AはBを、BはCを、CはDを、DはAを追いかける。このとき、ネズミたちがどのような経路をたどるかを予想せよ、という問題だ。

初め、ネズミたちは壁に沿って走る。しかし、追いかける相手も動くので、すぐに壁から離れていく。その答は、ネズミの走る経路は4つの対数螺旋を描き、それらがより合わさって部屋の中心に収束するというものだった。

これは、部屋が正方形以外の多角形である場合へも一般化できる。1880年、ピエール・ブロカールは非正三角形の部屋のなかで3匹のネズミが走る場合について考えた。その結果、3つの螺旋がネズミたちの走る方向に応じて、三角形の第1ブロカール点、または第2ブロカール点で交わることが判明した。

295 バラ曲線 ROSES

迷信を信じる数学者は、方程式 $r = \cos 2\theta$ は幸運だと考える。どうしてだろうか？　極座標では、これが4つ葉のクローバー（クァドリフォリウム［4重のデカルトの葉形］）を描くからだ。これは $r = \cos k\theta$（あるいは、$r = \sin k\theta$）（ただしkはさまざまな値をとるものとする）によって

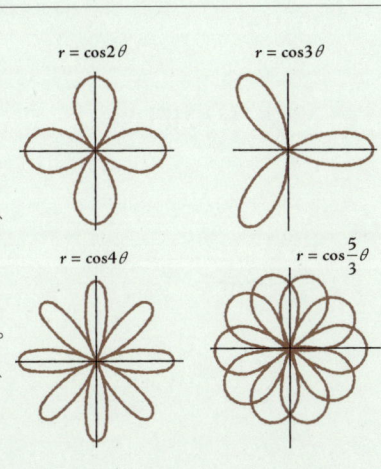

$r = \cos 2\theta$

$r = \cos 3\theta$

$r = \cos 4\theta$

$r = \cos \frac{5}{3}\theta$

与えられるバラ曲線の一種だ。バラ曲線の研究を初めて行ったのは、18世紀初頭のイタリアの司祭、ルイジ・グイド・グランディだった。

この曲線は、kに依存して形を変える。kが奇数ならば、k枚の花びらがあるバラになる。たとえば、方程式$r = \cos 3\theta$は3枚の花びらを持つバラ、トリフォリウム（3重のデカルトの葉形）となる。kが偶数のとき、バラにはk枚ではなく$2k$枚の花びらができる。

また、kに非整数値を与えることにも意味がある。この場合、花びらは重なり合うことになる。kが有理数、たとえば$k = \frac{a}{b}$（aとbは互いに素）のとき、今回もまた2つの場合にわかれる。aもbも奇数ならば、バラにはa枚の花びらがあり、θが$b\pi$に達したときに繰り返しが始まる（周期は$b\pi$）。aかbの一方が偶数であれば、バラには$2a$枚の花びらがあり、周期は$2b\pi$となる。kが無理数の場合、同じ場所で花びらが繰り返されることはなく、無限の花びらを持つことになる。☞Fig

296 等時曲線問題 THE TAUTOCHRONE PROBLEM

1659年、クリスティアーン・ホイヘンスは斜面を転がり落ちる玉について考察していた。そして、摩擦が0という仮定の下ですばらしい曲線を発見した。それが、**等時曲線**（「同じ時間の」という意味）だ。これは、玉をどこに置いたとしても、下まで転がり落ちるのにかかる時間がぴったり同じになるような形状の曲線である。

ホイヘンスが見つけた曲線は、**サイクロイド**だった。サイクロイドとは、自転車の車輪に描いた1個の点が、自転車を漕いだときに描く経路のことだ。ただし、等時サイクロイドは上下が逆で、天井をサイクリングしているかのような経路になる。

297 最速降下線問題 THE BRACHISTOCHRONE PROBLEM

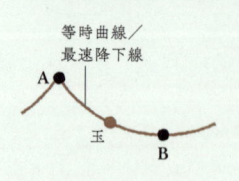

1696年、ヨハン・ベルヌーイは『ライプツィヒ学報』の読者に難問を課した。「2点A、Bがあり、AはBよりも高い位置にあるとする（ただしBの真上にはない）。そして、AからBへ曲線を描き、玉を転げ落とす。このとき、玉を可能な限り早くBに到達させたいとする。どのような曲線を描けばよいだろうか？」。これが**最速降下線**問題だ。

何人かの数学者が答を示すことに成功した。たとえば、ニュートン、

ライプニッツ、ヨハン・ベルヌーイ自身、その弟のヤコブ・ベルヌーイだ。答は等時曲線問題と同じで、サイクロイドだった。

298 サイクロイド CYCLOIDS

水平な直線を引き、それにそって円を転がす。このとき、円上の1点に印をつけ、その点が描く曲線が**サイクロイド**だ。この曲線は等時問題、最速降下線問題の答としてよく知られている。サイクロイドは、デカルト座標系ではパラメーターを使って以下の通りに表現される。

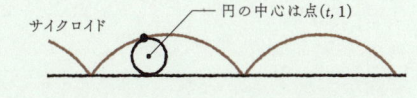

$$x = t - \sin t$$
$$y = 1 - \cos t$$

tの値が大きくなるにつれて、円の中心は直線$y = 1$にそって水平に動くようになる。だから、時刻tにおいて中心は$(t, 1)$にあり、曲線はその周りを回っている。

内サイクロイドと外サイクロイドも同様の方法で作図できるが、直線を沿う代わりに円に沿って動く。

299 内サイクロイドと外サイクロイド
HYPOCYCLOIDS AND EPICYCLOIDS

小さな円が大きな円の内側を回るときに、小さな円の上に1点をとり、その経路をたどるとしよう。このとき得られる曲線が**内サイクロイド**だ。外側の円の半径が内側の円の半径の2倍なら、トゥースィーの対円となる。☞ Fig.1

同様にして作図できるのが**外サイクロイド**だ。これは、1個の円がもう1個の円の外側を回るときにできる。よく知られている外サイクロイドは、2個の円が同じ大きさの場合のものである。このとき得られる形をを**カージオイド**という。外側の円の半径が内

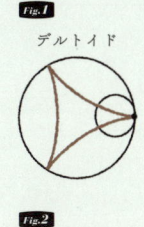

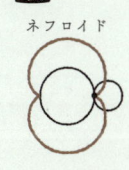

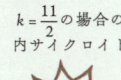

側の円の半径の半分なら、結果はネフロイド（腎臓形）になる。☞ *Fig.2*

　内サイクロイドや外サイクロイドを考えるときに重要なのは、大きな円の半径と小さな円の半径の比率である。これを k としよう。k が整数ならば、k 個の尖点を持つ曲線になる。k が有理数、たとえば $k = \frac{a}{b}$（a と b は互いに素）ならば、曲線は自己交差し、a 個の尖点を持つ。k が無理数ならば、曲線は決して閉じることなく、線で乱雑に塗りつぶされたような状態になる。☞ *Fig.3*

300 ルーレット ROULETTES

　スピログラフという数学的なおもちゃは、1960年代にデニス・フィッシャーが美しくて入り組んだパターンを創りだすために開発したものだ。これは、子供たちの心と同じくらい幾何学者の心にも強く訴えるものかもしれない。スピログラフは、サイクロイド、内サイクロイド、外サイクロイドを描くのと同じ原理にしたがっている。

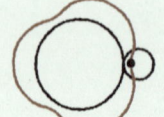

　小さなプラスティック製の円板が直線に沿って動いたり、固定された大きな円に沿って回ったりする。ただし、ペンを置く場所は違っている。小さな円の円周ではなく、円板の内部のどこかに穴を開け、そこにペンの先を入れるのだ。その結果として描かれる曲線は、**トロコイド、内トロコイド、外トロコイド**と呼ばれる（「車輪」を意味するギリシャ語のtrochosにちなんでいる）。

内トロコイド

外トロコイド

　この考え方を拡張して、ペンの置く場所を小さな円板の外の、中心から一定の距離の場所にすることができる（まるで円板にくっついたマッチ棒にペン先を置くように）。

　このようにして描ける曲線を包括的にとらえ、**ルーレット**と呼ぶ。これは、曲線に点を付加し（必ずしも曲線上でなくてもよい）、その曲線を別の曲線にそって転がして、付加した点の軌跡をたどっていったものだ。直線に沿って放物線を転がし、放物線の焦点の軌跡をたどると、**懸垂線**（けんすいせん）が得られる。

301 懸垂線 CATENARY

鎖の両端だけを固定し壁に垂らす（鎖は無限に柔軟で密度が均一だと仮定する）。このとき、どのような曲線が描かれるだろうか？　これは、ヤコブ・ベルヌーイが1690年に『ライプツィヒ学報』のなかで提示した問題だが、ガリレオ・ガリレイはこのことについて1638年にすでに考えていた。そして、これは放物線であると述べた。しかし、それが誤りであることが、ヨアヒム・ユンギウスによって1669年に証明された。

ベルヌーイは、この難問に対する正しい解を3つ受け取った。ゴットフリート・ライプニッツ、クリスティアーン・ホイヘンス、自らの弟、ヨハン・ベルヌーイによるものだった。答は、**懸垂線**という、$y = \frac{e^x + e^{-x}}{2}$、あるいはもっと簡潔に、$y = \cosh x$（coshは双曲余弦関数）で与えられる曲線だった。

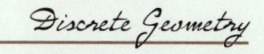

Discrete Geometry

302 ピックの定理 PICK'S THEOREM

平面上の図形の面積を計算する方法はたくさんある。一般的に、図形が複雑になればなるほど、面積を求める公式も複雑になる。それを避けるエレガントな方法を発見したのがオーストリアの数学者ゲオルグ・ピックであり、1899年のことだった。

平面上に両座標が整数値であるすべての点にドットを描くことで、格子状にドットが並んだものができる。ピックの方法は、こうしたドットを直線で結んでできるすべての図形に対して適用できる。面積を求めるために必要な要素はたった2つ、図形の境界上にある点の数（これをAとする）と図形のなかに含まれている点の数（これをBとする）だけだ。

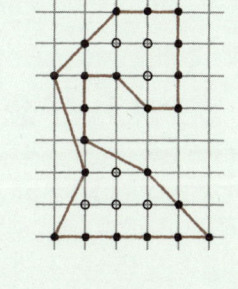

ピックの定理によると、面積は$\frac{A}{2} + B - 1$となる。図示した例では、$A = 22$、$B = 7$なので面積は$\frac{22}{2} + 7 - 1 = 17$だ。いくつもの三角形にわけ

ざるを得ない複雑な図形でも、ピックの定理のおかげで手早く面積を計算できる。

303 トゥエの円充填 THUE'S CIRCLE PACKING

コインの入った袋とテーブルがあるとする。ここで、できるだけ多くのコインをテーブルの上に敷き詰めるという問題を解くことにしよう。すべてのコインは同じ大きさで、積みあげてはならない。ただテーブルの上に並べて置くだけだ。最も優れた方法はどういったものだろうか？

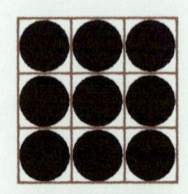

候補は2つある。1つ目は**正方充填**だ。これは、コインを縦列と横列に並べるもので、それぞれのコインは4カ所で隣と触れ合う。2つ目は**六方充填**だ。この場合は、各コインが6カ所で隣と触れ合う。

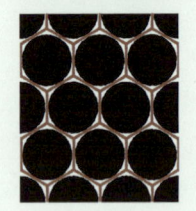

これらを比較するためには、**充填率**(コインによって覆われている部分の面積の割合)を計算する。正方格子の充填率は$\frac{\pi}{4}$(約79%)であり、六方格子の充填率は$\frac{\pi}{\sqrt{12}}$(約91%)だ。だから、六方充填のほうが優れている。

ところで、もっと優れた方法はないのだろうか？ 1831年に、カール・フリードリヒ・ガウスは、六方充填が正規充填のなかで最も密度が高いものであることを証明した。では、未知の非正規な配置でもっと優れたものはないのだろうか？ 1890年、アクセル・トゥエはとうとう、そのような配置は存在しないことを証明した。**トゥエの円充填定理**は、2次元における**ケプラー予想**ともいえる。

304 ケプラー予想(ヘールズの定理1)
THE KEPLER CONJECTURE(HALES' THEOREM1)

1661年、ヨハネス・ケプラーはトゥエの円充填定理の3次元版について考えた。最小の空間で球を積みあげるにはどうすればいいのだろうか？ すでに、世界中の果物屋が答を知っているはずだ。1層目は、トゥエの円充填定理にしたがって球を六角形状に平面的に並べる。次に、その上にもう1層重ねる。このときに球ができる限り低

い位置になるように互い違いに置く。そしてこれを繰り返す。

ケプラーは、**ケプラー予想**として知られるようになったもののなかで、これが「最もきっちりと詰め込んだものであり、同じ容器のなかにより多くの小球を詰め込む方法はない」と主張した。だが、もっとよく調べてみると、先ほどの方法には2通りの選択肢があることが判明した。3層目を1層目と同じように重ねる(**六方充填** ☞Fig.1)か、互い違いに置く(**面心立方充填** ☞Fig.2)かだ。とはいえ、どちらも充填率は同じで、$\frac{\pi}{\sqrt{18}}$(約74%)である。

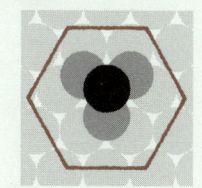

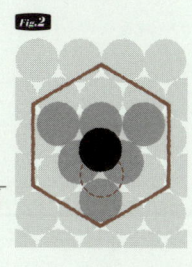

直観的にこれらが答であることは明らかだったが、1900年になっても証明は見つからないままだった。そしてついに、ダフィット・ヒルベルトが18番目の問題のなかでこの難問を取りあげた。

1998年になってようやく、トマス・ヘールズが教え子である大学院生、サミュエル・ファーガソンと共同で証明を完成させた。ところが、その証明は250ページにもわたる長いものであり、コンピュータープログラムや3ギガバイトを超えるデータに依存する長い節がいくつかあり、正当性を確かめるのも相当な困難だった。

チェックを担当してきたチームは、4年間取り組んだ末に断念し、証明が正しいと99%は確信しているもののじゅうぶんな確認はできないと表明した。ヘールズは現在、第2世代の証明に挑んでおり、**証明検証ソフトウェアを利用して検証できるものにするつもりでいる**。

305 超球面充填 HYPERSPHERE PACKING

ケプラー予想は、1998年に(少なくとも99%は正しいという形で)解決された。しかし、高次元での同じ問題は未解決のままだ。超球面に対する最密充填が、対称性を欠く配列ではなく規則的な格子でなくてはならないことすら確定的ではない。

超球面において最も優れた充填がどのようなものかはわかっていないが、**ミンコフスキー-ラウカの定理**のおかげでその充填率についてはいくらか知られている。この定理は、n次元での最適な充填は、

充填率が少なくとも $\frac{\zeta(n)}{2^{n-1}}$（ここでζはリーマンゼータ関数）になると述べている。

24次元では、驚くようなことが起こる。球を充填するまったく新しい方法が出現するのだ。これは1965年に発見されて以来、**リーチ格子**として知られている。これが最適な充填であることは必ずしも確かではないが、2004年にヘンリー・コーンとアビナブ・クマールが、ほかにさらに優れた配置があってもそこにはわずかな差しかなく、充填率をたかだか 2×10^{-30} ばかり上げるだけだということを示している。

306 六角ハニカム予想（ヘールズの定理2）
HEXAGONAL HONEYCOMB CONJECTURE (HALES' THEOREM 2)

大きな紙にできるだけインクを使わずに線を引き、面積1平方センチメートルの小区分にわけたいと思っているとしよう。まずやってみるのは、1×1 の正方形を描くことだろう。もちろん、ほかにも可能性がある。長方形、三角形、非正五角形の敷き詰め、**ヒーシュのタイル**、そのほか、たった1種類のタイルを使う充填形などだ。

誰も証明に成功していないにもかかわらず、長年にわたり、線の全長が最も短くなるのは六方格子だと思われてきた。証明が提示されたのは1999年のことで、トマス・ヘールズが六方格子が本当に最も効率的であることを確認した。

これによって、たとえば、蜂が蜜を溜めるのに、断面の形が正方形やヒーシュのタイルではなく六角形である筒を利用する理由がわかる。六角形の筒を利用すれば、ほかの形の筒を1種類だけ使って敷き詰めるよりも、必要となる蜜蝋の量が少ない。次の項目では、この話に伴う興味深い付録として、蜂たちも知らない秘密を紹介しよう。

307 蜂が知らないこと　WHAT BEES DON'T KNOW

1953年、ラスロ・フェイエシュ＝トートは『what the bees know and what they do not know』（蜂が知っていることと知らないこと）という論文を発表した。そのなかでトートは、蜂の巣の設計は、六角ハニカム予想を利

Fig.1

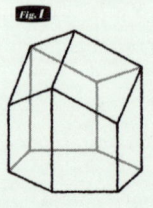

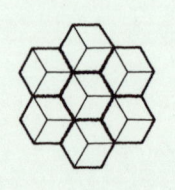

蜂の巣

用しているものの、必ずしも最適ではないことを示した。

巣の小部屋は片方が開いているが、閉じている側では六角形の筒の層が蜜蝋でできた仕切りで隣の層と隔てられている。その仕切りは、3個の菱形が各筒を閉じるように構成されている。☞Fig.1

フェイエシュ=トートは、2個の六角形と2個の小さな正方形で仕切りを構成した場合のほうが必要となる蜜蝋が少なくなることを示したのである。とはいえ、そのように設計することで節約できる蜜蝋の量は従来の使用量の0.35%に満たない。☞Fig.2

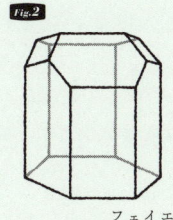

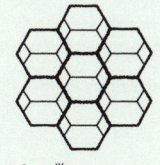

フェイエシュ=トートの巣

308 ケルヴィン予想 KELVIN'S CONJECTURE

3次元図形のなかで、体積に対する表面積の割合が最も小さいのは何だろうか？　答は球面だ。このことから、石鹸の泡が丸い理由が説明できる。

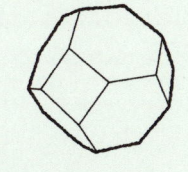

この問いは、複数の小区分を求めるとなると複雑なことになる。これは、ケルヴィン卿が1887年に取り組んだ問題でもある。3次元の空間を大きさが同じ小区分に分割し、仕切りとなる曲面の表面積を最小化するにはどうすればいいか？　これは、3次元における六角ハニカム予想にあたる。

ケルヴィン卿は、最適な配列を見つけたと確信した。その立体は現在では**ケルヴィンの十四面体**と呼ばれ、本質的には切頂八面体(空間充填のアルキメデス立体)だが、面がやや曲がっている。☞Fig

309 ウェア-フェラン泡 WEAIRE-PHELAN FOAM

1993年、アイルランドの物理学者、デニス・ウェアとロバート・フェランは、ケルヴィン十四面体よりも0.3%ほど改良した新しい構造を見つけ、ケルヴィン予想を棄却した。

繰り返される単位は、8種類のやや曲がった非正多面体だ。具体的には、2種類の十二面体(12の五角形の面を持つ)、6種類の十四面体(2枚の六角形

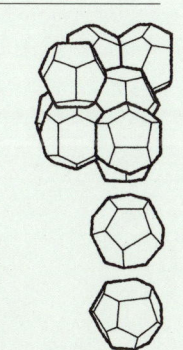

の面と12の五角形の面を持つ)だ。☞Fig

この発見の成果は2008年の北京オリンピックの水泳競技会場の建物に取り入れられ、評判となった。建築家のカート・ワグナーは、巨大な**ウェア-フェラン泡**を作り、「泡の構造物から建物全体の形を切り取った」と述べた。ウェア-フェラン泡がケルヴィンの問題に対する決定的な解であるかどうかはまだわかっていない。

310 地図の色づけ問題　THE MAP COLOURING PROBLEM

地図に色を塗るのに、どの国も同じ色の国と隣り合わないようにするには何色あればいいだろうか？　これは英国の弁護士であり数学者でもあるサー・アルフレッド・ケンプが1879年に提起した問題である。その問いは、現実世界の地理に関係しているわけではない。ここでは、任意の図形の配列で、国々が1つの連結したかたまりになっているものを地図と考える。1点で接する国々は同じ色であってもよく、国境線を挟んで隣り合っている場合だけ同じ色であってはならない。

ケンプの答は、球面上に描き表せるあらゆる想定可能な地図は「どんな場合でも4色で塗りわけられる」というものだった。ケンプにとっては残念なことに、1890年にパーシー・ヒーウッドがある問題に気づいた。4色では塗れないということではないが、ケンプの証明には致命的な欠陥があることが決定的になったのだ。とはいえ、ヒーウッドはケンプの考え方を拡張して、5色なら常に塗りわけ可能であることを証明した。

311 4色問題　THE FOUR COLOUR THEOREM

80年以上にわたって、地図の色づけ問題は未解決のままだった。4色で必ずじゅうぶんであることは誰にも証明できなかったが、5色でなくては塗れない地図を描ける人もいなかった。

1976年になってようやく、イリノイ大学のケネス・アッペルとヴォルフガング・ハーケンが、4色でじゅうぶんであることの証明を提示した。2人の証明は数学的な工夫を重ねることだけで完成したわけではなかった。それとは別の、極めて大がかりな取り組みを行ったのだ。

コンピューターを1000時間も稼働させ、1万ものさまざまな地図を調べあげたのだ。アッペルは次のように説明した。「簡単でエレガン

トな答などない。私たちはすべての可能性についての事例分析を、じつに恐ろしいほど行わなくてはならなかった」

Differential Geometry 微分幾何学

312 ガウス曲率 GAUSSIAN CURVATURE

曲面があったら、それがどのくらい曲がっているのかを測る方法がほしくなるものだ。もちろん、1つの平面のなかに平らな部分もあるし、大きく曲がっている部分もあるだろう。だから、どのくらい曲がっているかというのは局所的な現象である。

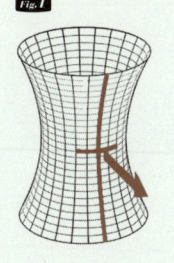

ガウス曲率というのは、微分を利用して特定の点 x における曲率を測るものだ。具体的には、$K(x)$ という値が出てくるのだが、この値は x から、曲面に対して垂直方向に出る矢印（**法線ベクトル**）を置いたときに効果を発揮する。

$K(x)<0$ の場合、曲面はある方向については法線ベクトルの側に曲がっているが、別の方向については法線ベクトルと逆側に曲がっている。すなわち、曲面は x において**鞍型**になっているのだ。一葉双曲面がその一例で、任意の点で負の曲率を持っている。☞*Fig.1*

一方、球面は任意の点で正の曲率を持つ曲面の例だ（任意の点で $K(x)>0$ となる）。任意の点 x について、曲面は法線ベクトルに対して同じ向きに曲がっている。☞*Fig.2*

曲面には曲率が正の場所も負の場所もある。さらには、曲率が 0 の場所もあるだろう。ただし、**ガウス-ボンネの定理**が示すように、この多様性には限界がある。

313 可展面 DEVELOPABLE SURFACES

点 x におけるガウス曲率が 0（すなわち $K(x)=0$）でも、曲面が平面のように完全に平らであるわけではない。これは、少なくとも一方向に

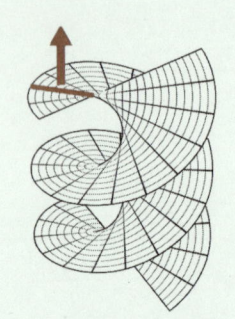

ついて、曲面が平らであることを意味する。だから、柱面はすべての点で曲率が0だ。

広げれば歪みのない面になる任意の曲面も、やはりすべての点で曲率0だ。こうしたものを**可展面**という。ほかにも、**錐**や**可展螺旋曲線**などが可展面の例だ。

314 驚異の定理 THEOREMA EGREGIUM

紙の上に直線を引き、その線が水平であるかを問われたとしよう。その線を見るだけでは答えることはできない。紙や床とその線の位置関係を考慮に入れなくてはならないからだ。水平であるといった性質は、幾何学的対象に本来備わっているものではなく、周辺の空間との関係性に依存するのだ。

ところが、ガウスの**驚異の定理**によれば、ガウス曲率はそうではない。曲面の固有の性質であって、周辺の空間には依存しないのだ。ガウスはこの結果が文字通り驚くべきものであると考えた。なぜなら、ガウス曲率はその定義のなかで、周辺の条件を考慮しているからだ。

315 局所的幾何学と大域的幾何学 LOCAL AND GLOBAL GEOMETRY

数学において曲面をとらえる方法はいくつかある。1つは、狭い領域での幾何学的性質に細心の注意を払うことだ。曲率は、こういった**局所的世界**に関係するものだ。

他方で、**オイラー標数**は**位相幾何学**という別の分野と関係するものだ。位相幾何学では、対象を大域的に考察し、狭い領域での変化は問題としない。

こうした2つのとらえ方はそれぞれ目覚ましい発展を見せたが、19世紀の幾何学において、カール・フリードリヒ・ガウス、ピエール・ボンネが残した**ガウス-ボンネの定理**によって深く結びつけられている。

316 ガウス-ボンネの定理 GAUSS-BONNET THEOREM

面積が有限で辺を持たない曲面（S）について考えようとしたとき、**積分**によってSの各点における局所データを得て全体で平均をとり、

曲面全体についての大域的な情報を得ることができる。

ガウス-ボンネの定理によれば、ガウス曲率Kについてこれを行ったときに現れるのは、**オイラー標数**($\chi(S)$)（に定数2πを掛けたもの）というものだ。

$$\int_S K = 2\pi \times \chi(S)$$

オイラー標数は位相幾何学的量なので、延ばしたりねじったりすることの影響を受けない。つまり、曲面全体の曲率は一定ということだ。曲面を曲げたり引っぱったりすると、各点における曲率を大幅に変えることができる。しかし、こうした変化は互いに打ち消されていくのだ。

位相幾何学的には、球面などの滑らかな曲面（バナナやフライパンの表面など）はすべて、オイラー標数が2だ。だから、曲面全体でガウス曲率を積分すると、結果は必ず4πになる。

317 測地線 GEODESICS

2点間の最短の経路が直線であるということは誰もが知っている。では、球面のような曲面上ではどうだろうか？

球面という特別な場合には、わかりやすい答がある。**大円**（球面上で作れる最大の円）が直線の役割を果たしてくれるのだ。☞*Fig.1*

一般に、曲面上での最短距離を与える曲線を、その曲面の**測地線**と呼ぶ。最短経路が必ず存在するというわけではない。たとえば、通常の平面から点$(0,0)$を取り除いたとしよう。すると点$(1,0)$と$(-1,0)$の間には最短経路が存在しなくなる。どんな経路をとったとしても、さらに穴に近づくような経路が存在するからだ。☞*Fig.2*

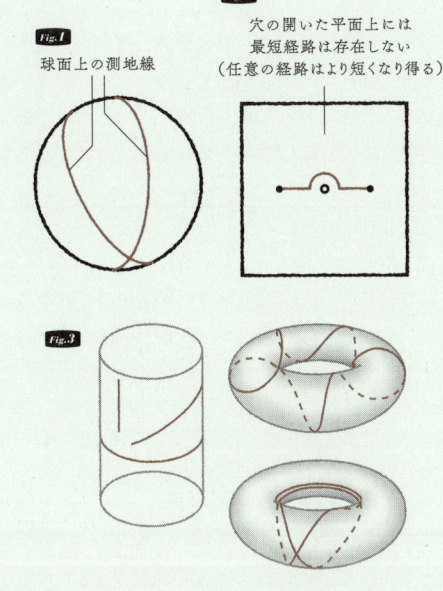

Fig.1 球面上の測地線

Fig.2 穴の開いた平面上には最短経路は存在しない（任意の経路はより短くなり得る）

Fig.3

一方、測地線は、局所的には必ず存在する。これは、曲面上の任意の点に対して、その点からあらゆる方向に延びる測地線があるということだ。円筒上には、3つのタイプの測地線がある。

円の一部、直線の一部、螺旋の一部だ。もっと複雑な曲面では、測地線が表現しにくい場合もある。☞Fig.3

たとえば楕円面の場合、適切な双曲面と交差したところに測地線ができる。

318 地図投影法 CARTOGRAPHIC PROJECTIONS

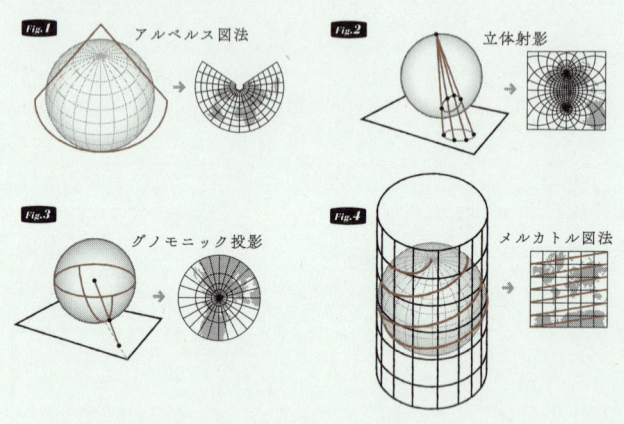

Fig.1 アルベルス図法

Fig.2 立体射影

Fig.3 グノモニック投影

Fig.4 メルカトル図法

地図は、地球上の1点を紙の上に写しとるもので、数学における**関数**のいい例となっている。ただし、その関数によって地球の地勢が完全に消されてしまうのは望ましいことではない。

I. **等長地図**は、任意の2点間の距離を維持する。残念ながら、平面的な地図にはこれができない。

II. **等面積関数**は、面積の割合を保つ。一例が**アルベルス図法**だ。これは、地球から円錐を切り取り、その上に点を投影するものだ。☞Fig.1

III. **正角関数**は、角度を保つ。したがって、地球上で交わる2本の直線は地図上でも同じ角度で交わる。地球の正角地図は**立体射影**によって描くことが可能だ。☞Fig.2

IV. **グノモニック投影**は、任意の2点間の最短経路を保つ(が、その経路の長さは保たない)。つまり、球面上の大円を紙の上で直線として表すものだ(半球のみが表せる)。☞Fig.3

V. 航程線は、球面の周りを螺旋状に回る経路で、初期の方位のみによって決まる。これらは航海において重要なものだ。**メルカトル図法**というのは、航程線を直線として表す投影方法だ。円筒のなかに地球を包み込み、地球上の点を外側の円筒に射影することで地図が作られる。☞*Fig.4*

1つの地図でこうした性質を複数両立することはできない。若干の歪みは避けられないのだ。地図製作者には、何を優先するかが問われる。

319 地球の等長地図 ISOMETRIC MAPS OF THE EARTH

地球の地図を描いたとき、任意の2点間の、地球上での距離と地図上の距離（もちろん適切に縮小されている）が等しければ、その地図は**等長的**だといわれる。

ところが、等長地図は、たとえ地球の一部であっても、平らな紙の上に描くことはできない。これは**驚異の定理**の帰結である。曲率は固有の性質であるため、等長関数は曲率を変えられないのだ。結果として、等長変換によって作られる地球の地図は、平らではなく、地球儀のように曲がっていなくてはならない。地球全体の等長変換としては、オレンジの皮をむいたようにするなど近似的な方法がいくつか存在する。

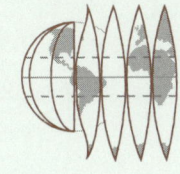

オレンジの皮をむいたような地図

320 立体射影 STEREOGRAPHIC PROJECTION

立体射影は、球面を平面に描く方法の1つだ。まず、平面上に球面を置く。そして、北極点から光線を発する。そして、その光線が球面の内側を通り、球面上の点 x から外側に出るようにする。光線が平面と交差する場所が、平面上の x に対応する場所となる。これを、球面上のすべての点に対して行うのだ。ただし、北極点だけは平面上に描けない。このようにして得られる地図は**正角**、すなわち、球面と平面とで、角度が一致する。

立体射影は、地図製作だけではなく数学でも利用される。複素平面に対して逆の手順を行うと、**リーマン球面**になるのだ。リーマン球面の北極点は、「無限遠点」と呼ばれる点となる。

位相幾何学

321 位相幾何学 TOPOLOGY

古くからある幾何学は、直線、角、曲線といった、方程式で表せる柔軟性のないものを対象としているが、**位相幾何学**はもっと抽象度の高い構造を研究対象とする。延ばしたりねじったりしても変わらないもの(ただし切ったり貼ったりしてはならない)を、図形の**位相幾何学的性質**という。

たとえば、立方体をつぶして球にするのは問題ないが、**トーラス**(ドーナッツ型)を球にはできない。つまり、位相幾何学的には、球面と立方体は同じであり、トーラスはそうではない。同様に、文字Cは位相幾何学的にはLと同じだが、Bとは同じではない。

位相幾何学は、「ゴム膜の幾何学」とも呼ばれ、20世紀初頭に単独で一研究分野にまで発展した。その起源をたどると、1736年にレオンハルト・オイラーが提示した**ケーニヒスベルクの7つの橋**の問題に行きつく。

322 メビウスの帯 MÖBIUS STRIP

長方形の帯状の紙を用意し、片端をねじって裏返し、もう片端と合わせて糊づけする。こうすると**メビウスの帯**ができあがる。この対象の興味深い点は、アウグスト・フェルディナント・メビウスが1858年に明らかにした通り、片面しかない(数学的に表現するなら、**向き付け不可能**)ところだ。

メビウスの帯は、芸術家M・C・エッシャーの作品のなかでよく用いられている。メビウスの帯は数学的にも重要なものだ。なぜなら、ほかの位相幾何学的構造の多くが、これをもとにして構築可能だからだ。たとえば、**実射影平面**や**クラインの壺**がそうだ。どちらも、メビウスの帯の端をそれ自身に貼りつけることで作成できる。

323 向き付け可能な曲面 ORIENTABLE SURFACES

曲面の定義とは、各点の周辺が(わずかに曲がった)小さな平面になっていることだ。ただし、このような点を貼り合わせてできる大域的な図形としてどのようなものが可能かはよく考えなくてはならない。

位相幾何学では、位相幾何学的に異なる曲面が関心の対象だ。

球面　　　　　　　　　トーラス　　　　　　二重トーラス

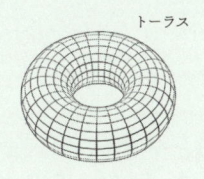

たとえば、バナナの形をした曲面は球面と同じ種類となる。トーラス（あるいはドーナッツ）は球面とは違う種類の曲面だし、二重トーラスはまたさらにまた別のものだ。☞Fig

ここで、真に位相幾何学的に異なる曲面を作りだす方法を示そう。球面をもとにして、それに次々と穴を開ける（あるいはハンドルをつけてもいい）。そして、穴の数をその曲面の**種数**と呼んでそれによって分類するのだ。ただし、この手順だけですべての可能性を論じつくすことはできない。**向き付け不可能な曲面**というものが存在するからだ。

324 向き付け不可能な曲面 NON-ORIENTABLE SURFACES

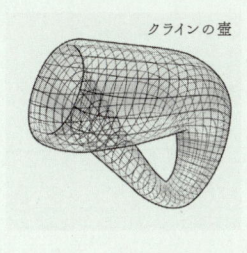

実射影平面　　　　　　　　クラインの壺

曲面は、いくつもの小さな2次元平面から構築されるものだ。数学は、ときに思いもよらない可能性を生みだす。

2次元平面を、局所的には整合性がとれていても、3次元空間内では厳密に表せない形で貼り合わせることが可能なのだ。そのような貼り合わせ方のものを、**向き付け不可能な曲面**という。

向き付け不可能な曲面は、数学的には次のように定義される。曲面上に透かし模様を置き、曲面のいたるところを滑らせて出発点に戻ってくるようにする。そのとき、その模様が元々の模様の鏡像となっているようなものが向き付け不可能な曲面だ。つまり、曲面のどこかにメビウスの帯が存在するということだ。

そのため、向き付け不可能な曲面を作るには、球面に切り込みを

入れ、その切り口をメビウスの帯のように縫い合わせればいいのだ。この方法で得られる向き付け不可能な曲面の例が、実射影平面やクラインの壺だ。☞Fig

325 実射影平面とクラインの壺
REAL PROJECTIVE PLANE AND KLEIN BOTTLE

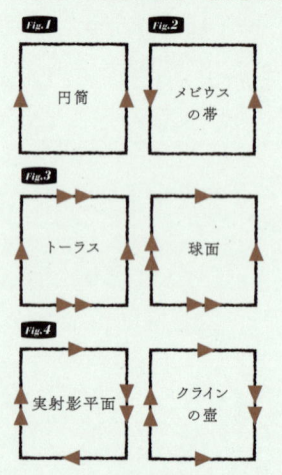

Fig.1 円筒
Fig.2 メビウスの帯
Fig.3 トーラス / 球面
Fig.4 実射影平面 / クラインの壺

正方形の紙の左右の辺に沿って矢印を書く。どちらも上向きにする。これらの辺を矢印の方向が揃うように貼りつけると円筒になる。☞Fig.1

今度は、互いに逆向きの矢印を書く。これを、矢印の先と先が合わさるように辺を貼り合わせる。するとメビウスの帯ができる。☞Fig.2

辺のない曲面を作るためには、残りの2辺も貼り合わせてしまえばよい。円筒を手順通りに作り、その上下に新たに矢印を書き加える。どちらも左から右の方向に流れるようにすると、トーラスが作れる。貼り合わせる辺を変えると、球面が作れる。☞Fig.3

残るは、**実射影平面**と**クラインの壺**の作り方だ。これらを作ろうとすると、紙がそれ自体を突き抜けるようにしなければならない。これを受け入れると、クラインの壺や実射影平面のような美しい模型が作成可能となる。☞Fig.4

326 閉曲面の分類
THE CLASSIFICATION OF CLOSED SURFACES

I. **向き付け可能な曲面**は、球面にハンドルをつけてトーラスや二重トーラスを作るなどして構築できる。

II. **向き付け不可能な曲面**は、球面をメビウスの帯のように縫い合わせることで作れる。実射影平面やクラインの壺がその例だ。

トーラスをメビウスの帯のように縫い合わせるとどうなるだろうか？じつはこれは、何も新しいものを生みださない。この向き付け不可能な曲面は、3つのメビウスの帯を縫い合わせた曲面と同じなのだ。

位相幾何学における顕著な成果の1つは閉曲面の分類であり（1921年に、ブラハナが、先人たちの研究結果にもとづいてまとめた）、それによると、上記のほかに曲面はないという。

327 オイラーの多面体公式 EULER'S POLYHEDRAL FORMULA

球面を考える。その上にいくつかの点（これが頂点となる）を記し、その個数をVで表す。そして、それらを何本かの辺（その数をEで表す）で結ぶ（ただし、どの頂点もそこから離れる経路を少なくとも2本は持っていなくてはならない。また、辺は、頂点以外に端点を持ったりほかの辺と出会ったりすることがないものとする）。この手順によって球面はいくつかの領域（面）にわかれる。その数をFとする。

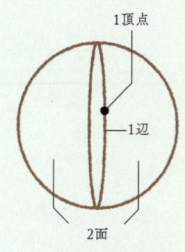

最も簡単な例は、1個の頂点と1本の辺が存在し、その辺が球面の周りを1回して球面を2個の面にわけるというものだ。つまり$V=1$、$E=1$、$F=2$だ。

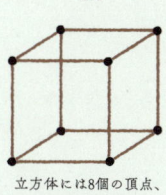

1750年に、レオンハルト・オイラーはすべての例において、頂点、辺、面の数は$V-E+F=2$という公式を満たすことを発見した（ただ単に**オイラーの公式**と呼ばれることもあるが、オイラーの残した公式はこれ以外にもたくさんある）。オイラーは、これが成り立つことの完全な証明を残さなかったが、1794年に、アドリアン＝マリ・ルジャンドルが証明した。

立方体には8個の頂点、12の辺、6枚の面がある

これは、位相幾何学的に球面と同じであるすべての曲面について成り立つものだ。だから、すべての多面体において、頂点、辺、面はこの公式を満たさなくてはならない。

328 曲面上の多面体公式
POLYHEDRAL FORMULAS ON SURFACES

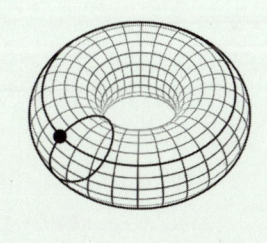

オイラーの多面体公式は、位相幾何学的に球面と同じでない曲面（トーラスなど）にはあてはまらない。しかし、辺によって、曲面がまっすぐに広げられる面にわかれるようにすれば、同じ方法を適用することができる。トーラスの場合、これを1

個の頂点と2本の辺で行える。☞Fig.1

このとき、1個の新しい面ができる。だからこの場合、$V-E+F = 0$ である。この新しい公式は、トーラスの頂点、辺、面の任意の組み合わせに対して成り立つ。同じことを二重トーラスに対してやってみると、$V-E+F = -2$ となる。同様のことは、向き付け不可能な曲面に対しても適用できる。実射影平面では、必ず $V-E+F = 1$ であり、クラインの壺では $V-E+F = 0$ だ。

329 オイラー標数 EULER CHARACTERISTIC

曲面上の多面体公式から、ある曲面を頂点や辺でどのようにわけても $V-E+F$ は一定であることがわかる。このときの定数はその曲面の**オイラー標数**と呼ばれ、ギリシャ文字のχで表される。S を球面、T をトーラス、D を二重トーラスとすると、$\chi(S) = 2$、$\chi(T) = 0$、$\chi(D) = -2$ となる。

向き付け可能な曲面の場合、X が g 個のハンドルをつけ加えた球面（X の種数が g）であれば、$\chi(X)=2-2g$ となる。向き付け不可能な曲面の場合、Y が n 個のメビウスの帯を縫い合わせた球面のとき、$\chi(Y) = 2-n$ となる。

オイラー標数だけで閉曲面を識別できるわけではない（トーラスとクラインの壺はどちらもオイラー標数0）。閉曲面の分類には、もう1つ情報が必要だ。それは、向き付け可能か否かである。

330 アレクサンダーの角付き球面
ALEXANDER'S HORNED SPHERE

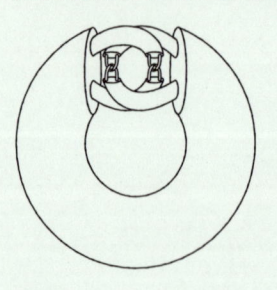

見かけ上異なる多くの図形が、位相幾何学的には同じである。バナナはボールと同じだし、ティーカップはトーラスと、文字「M」は数「2」と同じだ。1924年に、位相幾何学者のジェームズ・アレクサンダーはこの考えを突き詰め、**角付き球面**を見出した。

☞Fig

この驚くべき図形は、位相幾何学的にはなんと球面なのだ。とはいえこれは、じつに病的な例である。角付き球面は、トーラスから作

られる。切り口を開き、その両側に絡み合う角を無限にたくさん配置するのだ。角は無限に分岐して絡み合い続ける。こうして**カントールの塵**ができる。

この例は、任意の球面によって3次元空間は内側と外側にはっきりわけられると思い込んでいた20世紀初期の位相幾何学者に衝撃を与えた。実際のところ、角付き球面の外側はひどく複雑だ。

331 多様体 MANIFOLDS

曲面は、平面（2次元ユークリッド空間）の一部とみなせる小片に分割可能だ。**多様体**という概念は、この考えを高次元に引きあげたものだ。n次元多様体はn次元ユークリッド空間とみなせる小片に分割可能な対象なのだ。

そうすると、1次元多様体は曲線で、2次元多様体は曲面ということになる。3次元多様体の例は、3次元空間そのものだ。もちろんほかにもあり、たとえば、3次元球面がそうだ。これは、通常の2次元球面が3次元になったものにあたり、有名な**ポアンカレ予想**（2003年に解決した）のテーマでもある。3次元閉多様体は、幾何化定理によって完全に分類される。

332 3次元多様体に対する幾何化定理
THE GEOMETRIZATION THEOREM FOR 3-MANIFOLDS

閉曲面の分類によってすべての可能な2次元閉多様体が分類できるのとまったく同じように、**幾何化定理**によって3次元閉多様体を余すところなく分類できる（**閉多様体**は、体積が有限で、辺を持たない）。

フィールズ賞受賞者であるウィリアム・サーストンは、1982年に特別なタイプの3次元多様体を8種類リストアップした。これらが基本形であり、ほかの多様体はこれらから構築できるとサーストンは考えた。そして、任意の3次元閉多様体をどのように切っていけるのかを説明した。

切りわけられた断片が、8種類のどれかにあたるだろうと考えたのだ。サーストンの8種類の多様体は、さまざまな**距離**の概念に対応している（一般的なものはユークリッド空間の距離と双曲空間の距離、球面幾何学の距離だろう。残りの5種類は、ある種の**リー群**における距離である）。

サーストンは、3次元多様体の多くが、幾何化予想を満たすこと

を示した。しかし、すべての多様体が満たすことまでは証明できなかった。2003年、グリゴリー・ペレルマンが、**力学系**に由来するかなり精巧な方法を利用し、リチャード・ハミルトンの研究にもとづいてこれを証明した。この帰結として、ポアンカレ予想も証明された。

333 単連結性 SIMPLE CONNECTEDNESS

球面上にループを描きそのループを徐々に収縮させていくと、ただ1点になる。これが、**単連結**であることの定義だ。これによって球面とトーラス(ドーナツ)を区別できる。トーラスの場合、穴を囲むループは決して1点に収縮しない。

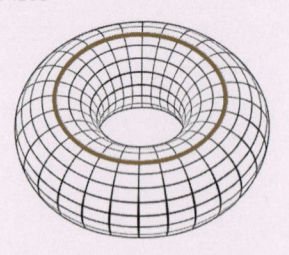

立方体など単連結な曲面はほかにもあるが、これらは球面と同じである。だから、位相幾何学的には、球面が唯一の単連結な2次元曲面だ。ポアンカレ予想は、同じことが3次元多様体にも当てはまるかどうかという問いだ。

334 ポアンカレ予想(ペレルマンの定理)
POINCARÉ CONJECTURE (PERELMAN'S THEOREM)

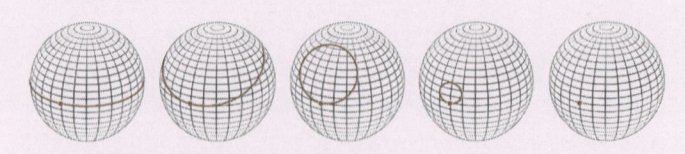

この予想(現在では予想ではなく、定理といっていい)は、1904年にジュール・アンリ・ポアンカレによって初めて提起され、現代位相幾何学においても傑出した地位を占めている。

球面が唯一の単連結曲面であることは長年にわたり知られていた。ポアンカレが問うたのは、同じことが次元を1つ上げても成り立つのかどうかだった。3次元球面(通常の球面が3次元になったもの)が単連結であることは知られていた。必要なのは、ほかに単連結な3次元多様体で未発見のものは存在しないということの立証だった。

ポアンカレ予想は、3次元球面が唯一の単連結3次元多様体であると述べている。これは、数学の世界では幅広く関心を集め、20

世紀の間ずっと、これを証明しようというあまたの試みをはねのけてきた。物理学でも、考えられる宇宙の姿を制限するものと解釈されていた。

2000年に、この予想はクレイ数学研究所によってミレニアム懸賞問題の1つにあげられた。そして2003年、グリゴリー・ペレルマンが、幾何化定理の帰結としてついに証明した。ペレルマンは、100万ドルの賞金もフィールズ賞のメダルも辞退した。

335 ホモトピー HOMOTOPY

3次元以外の場合、ポアンカレの問いは少々言い換えなくてはならない。というのも、もはや単連結性ではじゅうぶんではないからだ。類似するものとして適切なのは**ホモトピー**だ。ホモトピーは多様体が穴を持つかどうかを検出するためのもので、ループを描く代わりに、多様体に球状の膜を挿入する。問題は、これが収縮して点になるかどうかだ。

この方法で穴を持たないと判断された多様体を**ホモトピー球面**と呼ぶ。一般化されたポアンカレ予想によると、各次元において、球面は唯一のホモトピー球面となる。

336 一般化されたポアンカレ予想

THE GENERALIZED POINCARÉ CONJECTURE

高次元になればなるほど、数学はより不可解さを増すはずだと思うかもしれない。しかし、これは事実ではない。3次元や4次元空間は、それより高次元の空間に比べ、極めて分析しにくい対象なのだ。

一般化されたポアンカレ予想によれば、すべての次元において、球面が唯一のホモトピー球面となる。閉曲面の分類によって、2次元の場合については肯定的な答が得られていた。

1961年にスティーヴン・スメイルは、一般化されたポアンカレの予想は、5次元以上において、1つ仮定を追加すれば正しいことを証明した。この偉業が評価され、スメイルは1966年にフィールズ賞を受賞している。同じ年に、マックス・ニューマンが仮定を追加する必要はないことを示した。

これで、証明されていないのは3次元と4次元だけになった。4次元については、1982年にマイケル・フリードマンが解決した(フリード

マンも1986年にフィールズ賞を受賞している）。

こうして、元々アンリ・ポアンカレが提起した3次元の予想だけが残された。2003年、ついにこれを証明したのが、グリゴリー・ペレルマンだった。

337 微分位相幾何学 DIFFERENTIAL TOPOLOGY

多様体の位相幾何学的定義からは、かなり突飛な図形までもがそこに含まれることになる。一方、**微分位相幾何学**は条件が厳しく、**滑らかな多様体**だけが許容される。そのため、コッホの雪片やアレクサンダーの角付き球面などの病的なものは除外される。

同様に、2つの多様体が同じであることについても位相幾何学の考え方は極めて大雑把だ。それに対し、微分位相幾何学が持つもっと洗練された概念が、**微分同型**だ。これは、2つの滑らかな多様体は、片方を滑らかに（微分可能な方法で）変形してもう片方に一致させることができるなら、それは同じであるとみなせる、というものだ。

これによってとらえがたい問題が起こり得る。2つの滑らかな多様体が位相幾何学的には等しくても、微分位相幾何学的には異なる可能性があるのだ。とはいえ、このような状況は想像しにくい。事実、1、2、3次元では起こらない。しかし、4次元ではこの現象が頻発してしまう。

338 4次元からやってきた宇宙人
ALIENS FROM THE FOURTH DIMENSION

SFファンならだれでも、4次元は正気の場所ではないと知っている。1980年代、微分位相幾何学者は、事実は小説よりもかなり奇妙であることを発見した。

1次元、2次元、3次元の場合、多様体と滑らかな多様体を区別することは特に重要なことではない。すべての位相幾何学的多様体は滑らかにすることが可能で、位相幾何学的に同じである滑らかな多様体は、微分位相幾何学的にも同じになるだからだ。

4次元に足を踏み入れると、この落ち着いた状況は崩壊する。1983年に、サイモン・ドナルドソンは、**ヤン-ミルズ理論**から出た考え方を使い、滑らかになり得ない4次元多様体を多数発見した。こういった多様体は、微分構造を持たない。

そればかりか、最も単純な4次元多様体である4次元空間（R^4）そのものも安穏とはしていられなかった。マイケル・フリードマンが、R^4と位相幾何学的には同じだが、微分位相幾何学的には異なる多様体を発見したのだ。1987年、クリフォード・タウベスは状況がさらに厳しいことを示した。そのような多様体は数えられないほど多く存在し、すべて微分位相幾何学的には等しくない。これらは**エキゾチックなR^4**と呼ばれる。

339 エキゾチックな球面 EXOTIC SPHERES

エキゾチックなR^4は、じつに特異なものだ。ほかのどの次元（n次元）でも、滑らかなユークリッド空間（R^n）は1種類しかない。

5次元以上の場合も、4次元の場合と同じように、滑らかな多様体が位相幾何学的には同じでも、微分位相幾何学的には異なることがあるというのは正しい（とはいえ、4次元のジャングルと違い、高次元では、両立できない多様体が有限個しかない）。

これは、球面の場合にさえ起こる。1956年、ジョン・ミルナーは**四元数**を用いて調べ、奇妙な7次元多様体を発見するに至った。後にミルナーが回顧したところによれば、「初めは7次元で一般化されたポアンカレ予想の反例を見つけたのだと思った」

しかし、よく調べてみると、これは正しくはなかった。ミルナーの多様体は球面に形を変えられるものの、滑らかには変形できなかったのだ。位相幾何学的にはこれは球面だが、微分位相幾何学的には球面ではなかった。これは、初めての**エキゾチックな球面**だった。

340 4次元における滑らかなポアンカレ予想
THE SMOOTH POINCARÉ CONJECTURE IN FOUR DIMENSIONS

1、2、3次元においてエキゾチックな球面、すなわち、位相幾何学的視点からは球面だが、微分位相幾何学的には球面ではないような滑らかな多様体は存在しない。

1963年に、ジョン・ミルナーとミシェル・ケルヴェアは、**手術理論**を発展させた。これは、高次元の多様体を切ったり貼ったりして操作する強力な方法だ。このような技法が飛躍的に進歩した結果、5次元以上の次元で、エキゾチックな多様体がいくつあるのかを正確に判断できるようになった。

それによると、5次元、6次元にはエキゾチックな多様体は存在しない。一方、ミルナーが7次元で発見したものは、27個からなる族のうちの1個だった。高次元では、答がない場合から任意に大きな族の場合まで、さまざまだ。

エキゾチックな R^4 の場合と同じように、4次元空間には独特な扱いにくさがある。これを書いている時点では、4次元においてエキゾチックな球面があるのかどうかはわかっていない。4次元にはエキゾチックな球面がない（すなわち、すべての位相幾何学的球面は微分位相幾何学的にも球面である）という主張は、**4次元における滑らかなポアンカレ予想**として知られ、非常に難しい問題だと考えられている。

結び目理論 Knot Theory

341 数学的結び目 MATHEMATICAL KNOTS

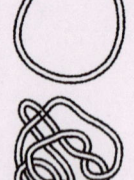

渦原子論は19世紀の物理学における考え方の1つで、原子は、宇宙を満たすエーテルのなかの結び目であると主張するものだった。この理論は短命だったものの、ケルヴィン卿とピーター・テイトが結び目を数学的に研究し始めるきっかけとなった。結び目は現在でも活発な研究分野だ。

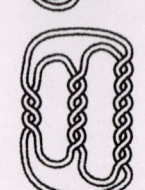

数学者にとって、**結び目**はひもが結ばれたところだ。重要なのは、そのひもは両端がつながっていて、結び目のあるループを作っているということだ。ひもが2本以上かかわるとき、それは**絡み目**という。☞*Fig*

渦原子論によると、2つの結び目が本質的に同じであれば、それらは同一の化学元素を表すことになる。「本質的に同じ」というのは、位相幾何学的概念であり、2つの結び目のうち、片方を引っぱったり延ばしたりしたときに（もちろん、切ったり貼ったりはせずに）もう片方と同じ形になるとき、それらの結び目は同値であるという。

結び目理論の主要な目的は、2つの結び目が同値であるかどうかを判断する方法を見出すことだ。これは驚くほど深い問題だ。**ペルコ対**を例として考えてみると、比較的簡単な結び目に対してであって

も、この問題がどれほど難しいのかが明らかになる。

すべての結び目のなかで最も単純な場合である自明な結び目（結び目のない単純なループ）さえも、巧みに姿を変える。これに着目することを**結び目解消問題**という。**ハーケンアルゴリズム**によって結び目理論に理論的解が与えられる。さらにより一層強力な**結び目不変量**の研究も進んでいる。

342 結び目表　KNOT TABLES

19世紀に、ピーター・テイトは可能性のあるすべての結び目を交点数にしたがってリストアップし始めた。1877年までには7個の交差を持つ結び目までリストにあげていた。

テイトのプロジェクトには、イングランド出身の司祭、トーマス・カークマン師、米国ネブラスカ州のチャールズ・リトルも加わった。手紙でのやりとりによって、8個、9個、10個の交差を持つ結び目の分類までおおむねやり遂げた。さらに、11の交差を持つものにまで手を延ばした。

この大仕事は20世紀になっても続いたが、リストが長くなり結び目が複雑になればなるほど、本当は同じであるものを識別するのが恐ろしく困難になった。

1998年に、ホステ、シスルスウェイト、ウィークスは、『The first 1,701,936 knots』（初めの170万1936個の結び目）という論文を発表した。これは、16の交差を持つものまで完全に分類したものだ。これを超える完璧なリストはいまだ知られていない。

343 ペルコ対　THE PERKO PAIR

初期の結び目表の1つは、1885年にチャールズ・リトルによってまとめられたものだ。10の交差を持つ166の結び目をあげたもので、そのなかには10_{161}と10_{162}というペアがあった。次世代の結び目理論研究者も、これを研究の土台としていた。

かれこれ100年にわたって、結び目の一覧や教科書では常に10_{161}と10_{162}が隣り合っていた。しかし、1973年になってようやく、ニューヨーク

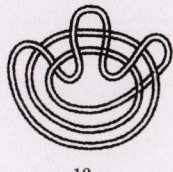

10_{161}

10_{162}

の法律家でありアマチュアの数学愛好家であるケネス・ペルコがその誤りを見抜いた。10_{161} と 10_{162} は、実際には同じ結び目の異なる形にすぎなかったのだ。

344 キラルな結び目 CHIRAL KNOTS

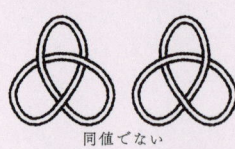

同値でない

同値

自明な結び目の次に簡単な結び目は、**三葉結び目**という、3個の交差を持つものだ。これには、2通りの変形がある。左手型と右手型だ。**8の字結び目**もまた2つの左右対称の形がある。見た目からすぐには明らかではないが、これら2つは同値である。少々向きを変えたりすることで、左手型の8の字結び目は右手型と同じだとわかるだろう。☞Fig

三葉結び目でも同じだろうか？ 答はノーだ。三葉結び目は**キラル**であり、2つの型は区別される。一方、8の字結び目は**アキラル**である。複雑な結び目では、キラリティは非常に見つけにくい。

結び目理論は科学のほかの分野においても数多く応用されている。キラリティには物理学的な意義もある。また、化学においては一部の化合物はキラル分子となっている。つまり、その分子は、左手系と右手系という1対の**異性体**を持ち、そのために異なる化学的性質を示し得るのだ。

345 結び目不変量 KNOT INVARIANTS

1923年、ジェームズ・アレクサンダーは、各結び目に代数的な表現を与える方法を見出した。これは、2個の結び目が同値であれば（見かけがどんなに違っていても）、いつでも同じ多項式を作りだす。

アレクサンダー多項式は、初めて見出された**結び目不変量**だった。三葉結び目の多項式は $t^{-1}-1+t$ であり、8の字結び目の場合は $t^{-1}-3+t$ だ。これによって、結局のところ、これらの結び目が本当に異なるものであることがわかる。いくら巧妙な手段を使っても、互いに移り合うことができないからだ。

とはいえ、多項式を与えるこの技法は完璧ではない。たとえば、(-3, 5, 7)-プレッツェル結び目の多項式は 1 であり、これは結び目なしの

場合と同じだが、これらは同値ではない。

346 ジョーンズ多項式 THE JONES POLYNOMIAL

50年以上にわたり、アレクサンダー多項式は、結び目を区別するうえで最善の代数的ツールだった。1984年、ヴォーン・ジョーンズは、解析学における自身の研究成果と結び目理論の間に思いもよらない結びつきがあるのに気がついた。そして、ジョーンズの洞察力は、新しい結び目不変量となって花開いた。

なおも完璧とはいえないものの、**ジョーンズ多項式**にはアレクサンダー多項式を上回る利点がいくつかある。顕著なのは、キラリティをほぼ識別できることだ。たとえば、右手型の三葉結び目のジョーンズ多項式は$s+s^3-s^4$、左手型は$s^{-1}+s^{-3}-s^{-4}$だ。

ジョーンズの発見はただちにさまざまな分野での応用に結びついた。生化学において、結び目のあるDNA分子に応用されたのが顕著な例だ。ジョーンズの研究以来、ジョーンズ多項式は、さらに強力な不変量の礎石となってきた。

たとえば、1993年には、マキシム・コンツェビッチが**コンツェビッチ積分**というものを作りだした。結び目理論における主な未解決問題は**ヴァシリエフ予想**だ。この予想は、コンツェビッチ積分によって任意の2つの結び目は区別できるというものだ。

347 ハーケンのアルゴリズム THE HAKEN ALGORITHM

1970年、ヴォルフガング・ハーケンは、2個の結び目がどのようなときに同値であるのかを判断するという問題に取り組んだ。ハーケンの戦略は、問題全体を裏返しにすることだった。空間内に漂う2個の結び目を比べるのではなく、結び目の**補空間**に注目したのだ。すなわち、結び目を取り除いて結び目の形の穴を残したとき（たとえるなら、ゆるく結んだひもをガラスのかたまりのなかに入れてそのひもを取り除いたとき）に周辺の空間内に残る3次元の図形を考えたのだ。これら2個の対象が位相幾何学的に同じであるかどうかがわかれば、同様のことが結び目にもいえるはずだ。

ハーケンは、2個の補空間を段階的に細かく調べてから結び目が同じかどうかを判断する方法を考案した。これはすばらしい着想だったのだが、ハーケンは、そのアルゴリズムに欠陥を残したまま、関

心の対象をほかのこと（主に**4色問題**）に移してしまった。しかし、セルゲイ・マトヴェーエフがハーケンのアルゴリズムにふたたび取りかかり、2003年に最終的な隔たりを埋めた。

ハーケンのアルゴリズムはすばらしい功績だったものの、あまりにやっかいで現実世界のコンピューターに満足に組み入れることができなかった。だから、結び目表の作成や結び目解消問題には、ほかのもっと実用的なアルゴリズムが用いられている。

348 結び目解消問題　THE UNKNOTTING PROBLEM

結び目理論の一般的なねらいは、2個の結び目が同値であるかどうかを知ることにある。最も簡単な問いは、与えられた結び目が結び目なしの場合と同値であるかどうか知ることだ。

ハーケンのアルゴリズムよりも扱いやすく、結び目のないものの形状を見わけることのできるアルゴリズムがいくつか見出されている。それらであってさえも、アルゴリズムがすばやく働いて現実世界で実際に役に立つようになるかどうかはわからない。すなわち、この問いが多項式時間で答えられるかどうかがわからないのだ。

結び目解消問題は複雑性クラス NP に属し、$P = NP$ 問題に対する肯定的な答がこれを解決するだろうということはわかっている。

非ユークリッド幾何学
Non-Euclidean Geometry

349 双曲幾何学　HYPERBOLIC GEOMETRY

19世紀に、カール・フリードリヒ・ガウス、ニコライ・ロバチェフスキー、ボヤイ・ヤーノシュはそれぞれ個別に、なじみはないものの可能性のある幾何学体系を見出した。それが**双曲幾何学**だ。ユークリッド幾何学の基本的要素である距離、角度、面積は引き継がれる。ただし、これらが従来は考えられもしなかった新しい方法で結びついている。

決定的なのは、ユークリッドの**平行線公準**が成り立たないことだ。平行線公準は、この双曲幾何学が発見されるに至った歴史的きっかけである。三角形の角度をすべて加えても、もはや π（180°）にはならない。さらに異様なのは、三角形の角（A、B、C とする）がわかるだけ

で、その面積までわかることだ。面積は、π-(A+B+C)で求められる。
　どのようにしたらこの異質な空間を思い描けるだろうか？　双曲平面のさまざまなモデルが構築されてきており、なかでも注目すべきは、**ポアンカレの円板**だ。また、ミンコフスキーモデルは二葉双曲面の片方における双曲幾何学だ。これは物理学の特殊相対論において中心的な役割を果たす。
　ユークリッド幾何学で興味深いテーマの多くについては、双曲幾何学にも対応するものがある。双曲面、双曲多様体、双曲三角法（ハイパボリックコサイン、ハイパボリックサインなど）といったテーマはもちろん、双曲空間のタイル張り理論なども発展してきている。

350 ポアンカレの円板　POINCARÉ DISC

　ポアンカレの円板は、アンリ・ポアンカレではなく、エウジェニオ・ベルトラミが1868年に見出した双曲幾何学のモデルであり、ユークリッド空間に慣れている私たちにも理解できるように作られた構造だ。
　ポアンカレの円板は、円の内部にあり、その円が平面の無限の境界を表している。内側から見る人にとって、円の端は無限に遠いように見える。外側から見ると、端に近づけば近づくほど、距離は圧縮されているように見える。
　モデル内の「直線」とは、境界と直交する円弧か、円の直径線だ。双曲幾何学の円板モデルは、芸術家のM・C・エッシャーが何点かの絵画のなかで詳しく掘り下げたことでよく知られている。

351 楕円幾何学　ELLIPTIC GEOMETRY

　双曲幾何学が見出されるやいなや、ユークリッドの覇権は吹き飛ばされてしまい、疑問が生じた。ほかにも可能な幾何学があるのではないか？
　私たちは、40億年もの間1つの幾何学のなかで生きている。そのようななか、双曲幾何学は、与えられた直線に平行で任意の点を通る直線を複数本持てるようにすることで、平行線公準を打ち壊した。
　一方、楕円幾何学には、平行な直線など存在しない。2本の直線は必ず交わるのだ（これを許容するためには、ユークリッドの別の公準を改めることになる）。楕円幾何学には微妙に異なる形式がある。楕円幾何学における空間とは、球面の表面のことである。直線の役割を果たすの

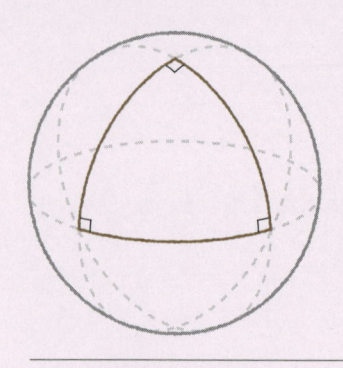

は**大円**、つまり、球面が持ち得る最大の円だ（この円は、中心を通る平面で球面を切ることによって得られる。これらは球面の**測地線**である）。楕円幾何学において、三角形の内角の和は180°を超える。

352 二角形 BIANGLES

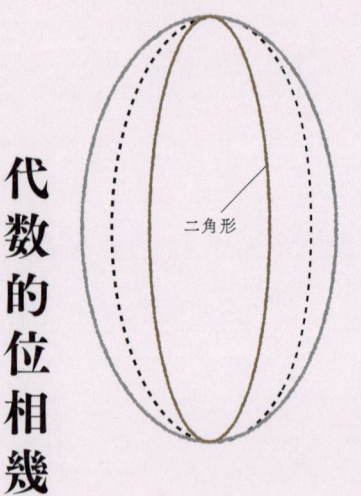

楕円幾何学には平行線がない。2本の直線は必ず交わらなくてはいけない。この流れでいくと、初等的な多角形として君臨していた三角形は、2辺からなる**二角形**にとって代わられる。

球面幾何学において、二角形の2つの角度は必ず等しく、面積は角度を加えるだけで求められる。楕円幾何学においては、2点に対して1本の直線というものが定まらないばかりか、そのような直線が無数にある。

代数的位相幾何学
Algebraic Topology

353 毛の生えたボールの定理
HAIRY BALL THEOREM

「ボールに生えた毛を梳かすことはできない。」これは、19世紀後半にアンリ・ポアンカレが発見し、後に親しみを込めて**毛の生えたボールの定理**として知られるようになったものだ。

すべての点から毛が生えている球面を想像

してみよう。その毛を櫛で平らに梳かし、球面上を滑らかにしたいとしよう。ポアンカレの定理によれば、どんなにがんばっても、少なくとも1カ所で、毛が角みたいに立ってしまうという。これは位相幾何学の定理だ。だから、位相幾何学的に球面と同じ任意の曲面、たとえば犬(!)を、完璧に梳かすことはできないのだ。☞Fig

354 毛の生えたトーラスとクラインの壺
HAIRY TORI AND KLEIN BOTTLES

毛の生えたボールの定理によって新たな疑問が湧きあがる。どのような図形なら梳かせるのだろうか？

毛の生えた円を、角を残さないように梳くのは簡単だ。球面は梳かせないが、2次元の曲面には梳かせるものが2種類ある。向き付け可能なもののなかでは、トーラスが唯一そうである。二重、三重のトーラスはだめだ。向き付け不可能なもののなかで唯一梳かすことのできる曲面はクラインの壺である。☞Fig

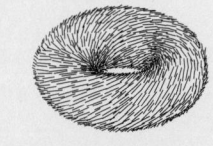

さらに次元を上げると、話が変わる。毛の生えた3次元の球面（おなじみのボールを3次元にしたもの）は梳かすことができるのである。同様に、5次元球面や7次元球面、一般的に、nが奇数の場合、n次元球面は梳かせる。一方、nが偶数の場合、n次元球面は梳かせない。

355 幾何学的不動点 GEOMETRIC FIXED POINTS

箱の底に紙片が置いてあるとする。その紙をしわくちゃにしたり、折ったり、丸めたりして、箱のなかに投げ入れて戻すと、**ブラウワーの不動点定理**より、少なくとも紙の上の1点はもとあった位置のすぐ上にくる。

別の例もあげよう。これは、ブラウワー自身をこの研究に駆り立てた現象でもある。コーヒーをかき混ぜたとき、コーヒーの分子のどれかは、必ずもとと同じ位置にある。これが**幾何学的不動点**であり、ブラウワーの定理によれば、多くの状況でそれは1点だけとなる。

356 ブラウワーの不動点定理
BROUWER'S FIXED POINT THEOREM

ブラウワーの不動点定理の考え方は、幾何学的対象を何らかの方法で変形しても、位置が変わらない点が少なくとも1点はある、というものだ。ただし、いくつか注意点がある。

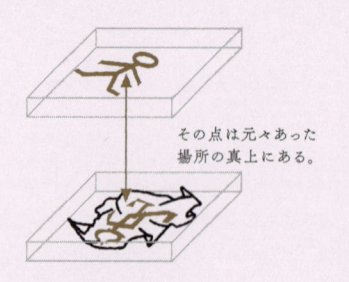

その点は元々あった場所の真上にある。

まず、箱のなかの紙の例では、紙を破いてはいけない。そうでないと、紙を2枚に引き裂き、その2枚を入れ替えることで簡単に反例が作れてしまう。数学の用語で言えば、関数は連続でなくてはならないのだ。

次に、紙を箱のなかに完全に戻さなくてはならない(コーヒーの例では、かき混ぜたときにコーヒーをこぼしてはならない)。

別の例をあげると、街の地図を持ち歩いているなら、地図上に必ず1点、まさにその点が示す場所に位置する点が存在する。しかし、地図を街の外に持って行くと、それはもう成り立たない。数学的には、「空間 X からそれ自身への関数」について検討しなくてはならないということだ。

最後の1点はより一層とらえがたい考え方だ。無限に広がる平面全体を考えたとき、少しでも右に滑らせればすべてが移動し、不動点は存在しない。不動点定理が成り立つのは、X が(位相幾何学的に)円板か球体であるときのみなのだ。

これは、1次元では線分だし、2次元では円板、3次元以上では球体だ。いずれの場合においても、X の境界が含まれていなくてはならない。端を削り落とすと、定理はもはや成り立たない。

こうしたことを考え合わせると、球体からそれ自身への連続関数 $f: X \to X$ が存在すれば不動点が存在することになる。つまり、ある x が存在し、$f(x) = x$ が成り立つということだ。

357 代数的位相幾何学 ALGEBRAIC TOPOLOGY

20世紀初期の位相幾何学者は、**単体**を基本にして、幾何学のた

めの言語を作りだしていった。
- 0次元単体とは、1点のこと。
- 1次元単体とは、2点によって区切られた線分のこと。
- 2次元単体とは、3本の線分と3点で区切られた三角形のこと。
- 3次元単体とは、4個の三角形、6本の線分、4個の点によって区切られた四面体のこと。
- 4次元単体とは、五胞体のことだ。5個の四面体、10個の三角形、10本の線分、5個の点によって区切られる。

　一方**複体**とは、任意の数の単体の辺を貼り合わせてできる図形だ。ソロモン・レフシェッツらは、ここに必要なデータは限られており、基礎となる代数的規則が見出せることを悟った。単体を加えたり引いたりすることによって、**群**が作れるのだ。こうした**ホモロジー群**には、図形についてのたくさんのデータが含まれている。

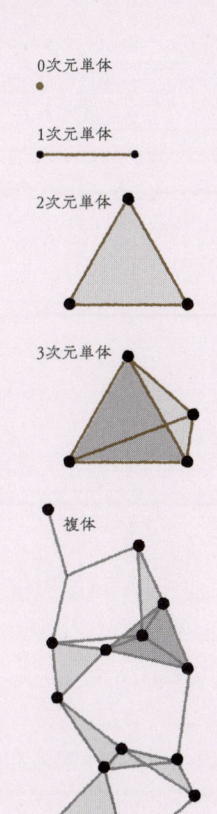

358 三角形分割 TRIANGULATION

　球面は、単体のような基本的な手続きから作れるものではない。しかし、いったん単体を構築した後は、それらを曲げたり延ばしたりすることで、さまざまな図形を構築できるようになる。ある図形が延ばした単体に分割できるとき、それを**三角形分割**したという。

　球面は、4個の三角形として分割できる。じつのところ、2次元と3次元のすべての多様体は三角形分割できるのだ。このことから、ホモロジー群は、医用画像工学のような実用的な幾何学の問題において強力なツールとなる。

　一方で、4次元空間は奇妙な場所だ。4次元多様体のなかにはまったく三角形分割できないものがある。5次元以上では、完全な答は知られていない。

Algebraic Geometry

代数幾何学

359 代数多様体 VARIETIES

曲線や曲面を記述する標準的な方法は、方程式を利用することだ。代表的なものは、**多項式**からなる方程式だ。ここから、幾何学的曲線と代数的多項式という2通りの視点が得られる。たとえば、円の方程式は $x^2+y^2=1$ だ。だから $P(x, y)$ で多項式 x^2+y^2-1 を表すとすると、円は P が 0 になる点の集合だ。すなわち、$P(x, y) = 0$ となる (x, y) のすべてを集めたものが円である。

多項式(あるいは多項式を集めたもの)が 0 になる点の集合というのが、**代数多様体**の基本的な考え方だ。多様体を貼り合わせるといった幾何学的操作は、多項式に対する何らかの代数的操作に対応する。ここから、**代数的位相幾何学**という分野が始まった。

360 代数幾何学 ALGEBRAIC GEOMETRY

幾何学的多様体は、それに対応する代数的構造である**多項式環**を持っている。

つまり、幾何学をじゅうぶんに理解するためには代数学の知識が欠かせないし、逆もまた然りだ。この両面からのアプローチは、20世紀全般にわたり、多くの成果をもたらしてきた。

現代の幾何学にとって最も重要な代数の舞台は複素数だ。複素数の世界では、**代数学の基本定理**が示す通り、どのような多様体の多項式にも間違いなく解が存在する。

ディオファントス方程式という昔からあるテーマは、多項式の整数解について探究している。代数幾何学はこの探究に新しい方法を導入し、**ディオファントス幾何学**という分野を生みだした。ワイルズがフェルマーの最終定理を証明したのも、幾何学と数論を見事に結びつけたことの顕著な産物だ。

多項式は足し算、引き算、掛け算のできるところならばどこでも意味を持つ。このため、たとえば**有限体**など、これまで予期しなかった場面で幾何学的な疑問が生じるようになる(**ヴェイユ予想**によってこうした有限幾何学の秘密が明らかになった)。代数幾何学がどのようにして代数的位相幾何学と結びつくのかというのは、**ホッジ予想**のテーマだ。この予想は、代数幾何学で最も深遠な問題の1つだ。

361 透視図法 PERSPECTIVE

どのようにしたら3次元空間を2次元平面上に表現できるだろうか？　この問いの起源は、旧石器時代に洞窟に絵を描いた人たちにまで遡る。

数学的に興味深いのは、遠くにあるものが近くにあるものよりも小さく見える現象だ。このことを2次元平面に写し取ろうと取り組んでも、たいていはどこか奇妙でおかしなことになる。

透視図法は、ジョットやブルネレスキといったルネッサンス時代のイタリアの芸術家たちが大幅に技術を発展させ、奥にあるものを小さく描くために消失点を利用するという方法を見出したことで完成した。

362 消失点と消失線 VANISHING POINTS AND VANISHING LINES

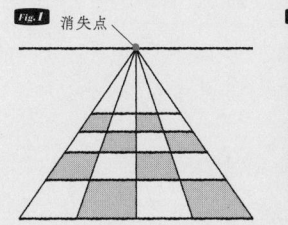

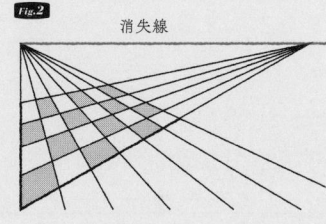

Fig.1 消失点

Fig.2 消失線

透視図法ができつつあるころ、マサッチオなどの芸術家は、カンバスの中心に**消失点**を1つだけ置いていた。絵画のなかの床を無限に続くチェス盤だと思えば、絵画を見ている人の側から奥へと走る平行線はすべてこの1点に収束する。☞*Fig.1*

ヴィットーレ・カルパッチョなど、もっと後の芸術家は、消失点を別の場所に置く実験を行った。ときとしてカンバスの外に置くことさえあった。ところが、そのように変えたために新たな問題が生じた。

カンバスの中心に消失点を置いた場合、見ている側から奥へ向かうチェス盤上の直線は収束し、それに対して直交する直線は水平に見える。しかし、消失点を移動させると、直交する線がもはや水平には見えなくなる。実際、それらの線は第2の消失点で収束するのだ。この、第1と第2の消失点を結ぶ直線が**消失線**である。☞*Fig.2*

363 デザルグの定理 DESARGUES' THEOREM

2つの三角形 abc と ABC を考えよう。射影幾何学の父、ジェラール・デザルグに敬意を表して名づけられている**デザルグの定理**は、2つの異なる概念を結びつけている。

I. 直線 Aa、Bb、Cc がすべて1点で収束するならば、三角形はある1点から透視図法でとらえられる。☞*Fig.1*

II. AB と ab の交点、BC と bc の交点、AC と ac の交点がすべて同一直線上にあるのなら、三角形はある1本の直線から透視図法でとらえられる。☞*Fig.2*

デザルグの定理によれば、これら2つは同値である。2個の三角形が1点から透視図法でとらえられるのは、三角形が1本の直線から透視図法でとらえられるとき、かつそのときに限る。

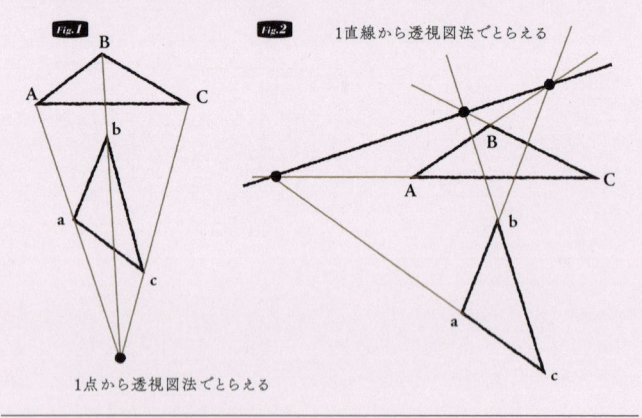

Fig.1 1点から透視図法でとらえる

Fig.2 1直線から透視図法でとらえる

364 三角形の描き方 HOW TO DRAW A TRIANGLE

デザルグの定理は、視覚芸術を手掛ける画家にとって重要な結果である。なぜなら、これにより消失点を気にする必要がなくなるからだ。ここで重要な点は、2個の三角形が同じ平面上になくてもいいということだ。

これに該当する例として、ABC が床の上にあり、abc が画家のカンバスに描き取られた像である場合を考えよう。カンバスは床に対して90°に立ててあるとする。画家のねらいは、2つの三角形を1点からの透視図法でとらえることだ。このとき、abc はどこに描くべきだろうか? デザルグの定理によれば、三角形は1本の直線からの透視図

法の位置にある。そしてこの直線は、床とカンバスの出会う場所になくてはならない。

　画家は1個目の点「a」を任意の場所にとることができる。ただし、その後は必ずabcの各辺を延長して床に達する点と、ABCの対応する辺を延長してカンバスの線に達する点がそれぞれ一致するようにしなくてはならない。

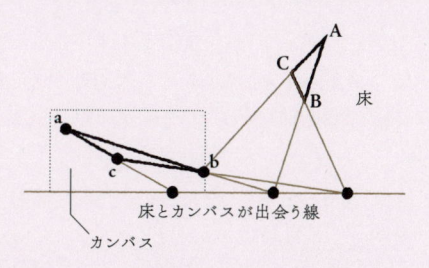

365 射影幾何学 PROJECTIVE GEOMETRY

　ユークリッド平面の任意の2点は直線を定義する。一方、任意の2本の直線が1点で交わるというのはほぼ正しい。しかし残念ながら、必ず正しいというわけではない。2本の直線が平行なとき、決して交わることはないからだ。

　とはいえ、絵画の場合には平行線も交わり得る（少なくともそのように見える）。見る側から奥へ向かう平行線が、最終的に消失点で収束するからだ。

　画家が消失点と呼ぶものは、数学者が無限遠点と呼ぶものに対応する。これは、平行線が交わっているように見えるところに特別な点を追加し、平面を拡張するという考え方だ。この考え方を導入すると、幾何学は様変わりする。

　この射影幾何学は、ユークリッド幾何学ではない。というのも、平行線公準が成り立たないからだ。しかし、双曲幾何学などと同じ意味での非ユークリッド幾何学というわけでもない。ユークリッド幾何学を狭めた（数学的に言えば、コンパクト化した）ものだと考えればいい。任意の小さな領域はなおもユークリッド幾何学で申し分なく扱え、全体としての空間を考えるときに限って非ユークリッド幾何学の性質が出現するのだ。

366 同次座標 HOMOGENEOUS COORDINATES

　数学者は、「無限」という概念をいい加減に扱うことを好まない。この概念を好き勝手扱ってきた人たちによって、何世紀にもわたって

あまりに無意味なことが書かれてきた。だから、射影幾何学に「無限遠点」を加えるのであれば、それが意味を持つような座標系を考えなくてはならない。これには、アウグスト・メビウスの**同次座標**がエレガントな解決法を与えてくれる。

実平面上の点は$(2, 3)$、(x, y)のようにデカルト座標の組で表せるが、射影平面上の点は3つの座標を持つ。$[2, 3, 1]$、$[x, y, z]$などだ。射影平面では同じ点を示す座標が複数あるというのが大きな違いだ。同じ値を示す分数にいくつもの表し方があるのと同様、$[2, 3, 1]$、$[4, 6, 2]$、$[-10, -15, -5]$は、すべて射影平面上の同じ点を表す。各座標に定数を掛けても表す点は変わらないのだ。

通常の平面上にあるすべての点は、(x, y)と$[x, y, 1]$を対応させることで射影平面に含ませることができる。

---

367 有限幾何学 FINITE GEOMETRY

代数幾何学の目的は、図形を定義する多項式を通じてその図形を研究することだ。円錐曲線の研究に見られるように、代数幾何学は元々実数を扱っていた。

複素数系は、発達するとたちまち脚光を浴びる存在となった。代数幾何学の原理は、足し算、引き算、掛け算、割り算を行えるところならどこでも意味を持つ。それゆえ、**有限体**の幾何学を考えることが可能だ。

有限体の具体例は、素数を底とした**剰余計算**だ。たとえば、$x^2+2=0$のような多項式を、実数ではなく3を法とした整数で解いてみる。

すると、以下のようになる。

$$1^2+2 = 3 \equiv 0 \pmod 3$$

$$2^2+2 = 6 \equiv 0 \pmod 3$$

よって、3を法とすると多項式x^2+2には2つの解、1と2がある。同じ多項式でも、5を法として解くと、解は存在しない。

この計算は1つの多項式について、それを満たす点をさまざまな有限体において数えあげることにあたる。ここにはどんなパターンがあるだろうか？ 扱う有限体を大きくすればするほど、解の数はランダムに変動するのだろうか？ それとも、そこには何か規則があるのだろうか？ この疑問の答は、20世紀の幾何学の画期的出来事の1つ、ピエール・ドリーニュによる**ヴェイユ予想**の証明のなかにみられる。

368 ファノ平面 THE FANO PLANE

射影平面は点と直線の集合体であり、以下を満たすように構成されている。

・任意の2点は同一直線上にあり、その直線は一意に決まる。
・任意の2直線は1点で交わり、その点は一意に決まる。
・4点を適切に選べば、どの3点も同一直線上には位置しない。

射影平面を作りだす標準的な方法は、同次座標を用いるものだ。これによって実射影平面、複素射影平面が作れる。同じことを有限体に対しても適用することができる。

すべてのなかで最も小さな体(たい)は、2つの元からなる体 F_2 だ(1つの元だけからなる体は存在しない)。この場合に、結果としてできるものを**ファノ平面**という(イタリアの幾何学者、ジーノ・ファノにちなんでこう命名された)。この平面はたった7個の点からなり、それらが7本の直線で結ばれている。☞Fig

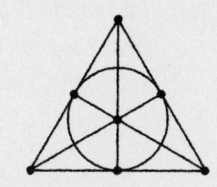

369 ヴェイユのゼータ関数 WEIL'S ZETA FUNCTION

有限体は、素数を基底とする塔によって表される。最初の塔は2を基底とするもので、体 F_2、F_4、F_8、F_{16}、……からなる(大きさはそれぞれ2、4、8、16)。3を基底とする塔は F_3、F_9、F_{27}、F_{81}、……からなる。任意の素数 p に対して塔 F_p、F_{p^2}、F_{p^3}、……が存在する。

代数多様体は多項式で定義される幾何学的対象だ。たとえば、円は $x^2+y^2=1$ によって定義される。このような多項式、すなわち、代数多様体 V が与えられると、各レベル F_{p^m} において、その多項式を満たす点がいくつあるのかを問うことができる。

この数を N_m と表す。すると、V は F_p において N_1 個の点を持ち、F_{p^2} では N_2 個、F_{p^3} では N_3 個の点、……を持つ。代数多様体は塔を登っても点を失うことはない。だから、$N_1 \leq N_2 \leq N_3 \leq \cdots\cdots$ となる。

この列 N_1、N_2、N_3、……が有限体の幾何学のカギを握っている。これこそ、アンドレ・ヴェイユが理解しようと試みたものだ。

ヴェイユの着想はこれを1つの関数(ヴェイユのゼータ関数 [ζ] として知られている)の形で表そうというものだ。

370 ヴェイユ予想（ドリーニュの定理）
THE WEIL CONJECTURES [DELIGNE'S THEOREM]

ヴェイユのゼータ関数は難解だ。ところが、ヴェイユ予想は、見かけよりも理解することのほうが遥かに簡単だと主張する。

第1の予想は、ζは有限個のデータから決定されるというものだ。これは重要なことである。というのも、これは列 N_1, N_2, N_3, ……がランダムに飛んだりせず、一定の予測可能なパターンにしたがっていることを意味するからだ。

ほかの2つの予想は、このパターンを厳密に突き止めるものだ。何より重要なのは、2つ目の予想によって、ζが0になる場所が特定されていることだ。最も簡潔な場合では、ζのすべてのゼロ点が臨界線 $Re(z) = \frac{1}{2}$ 上にあるという。これは、**リーマン予想**を連想させる。

ヴェイユ予想は、20世紀における代数幾何学の大発展の原動力となっていた。第1予想は1964年にアレクサンドル・グロタンディークが証明し、そのほかは1974年にピエール・ドリーニュが証明した。

371 ホッジ理論 HODGE THEORY

幾何学はユークリッドが理解した何らかのものから始まり、20世紀中ごろまでに長い道のりを歩んできた。幾何学者の関心は昔から変わらず、どのような図形が存在するのかということに向けられている。この問いに対する答は、代数学によって、2つの異なる方向でおおいに深められた。

1つは代数幾何学における**多項方程式**、もう1つは**代数的位相幾何学**における群だ。前者によって、図形に対する基本的概念として多様体が与えられた。これらをわずかに拡張したものが**代数的輪体**だ。これは多様体を形式的に足し合わせ、それに有理数を掛けることで構築できる。

後者には、**単体の位相幾何学的構成**がある。こうした対象は、複素数ではなく実数から構成される。ここでも、単体を形式的に足し合わせると、**位相幾何学的輪体**ができる。

こうした2つの強力な理論が出会うのが、複素数における射影幾何学なのだ。ウィリアム・ホッジが1950年に国際数学者会議での講演で提起した問いは次のようなものだった。こうした2つの異なる

考え方はどのようなときに同じ結果を生むのか？　位相幾何学的輪体が代数的輪体と同じになるのはいつなのか？

372 ホッジ予想 THE HODGE CONJECTURE

　ホッジ理論の中心問題に対する部分的な答であれば簡単に引きだすことができる。実数上で考えれば、複素数は次元が2である。したがって、任意の複素多様体は偶数次元を持たなくてはならない。だから、輪体が代数的であるためには、偶数次元を持つことになる。

　しかし、これでだけではじゅうぶんではない。微積分学の大家でもあるホッジは**ラプラス方程式**を研究し、ある特定の安定した位相幾何学的輪体を表現する言語を見出した。この輪体を現在では**ホッジ輪体**という。

　ホッジは、これによって代数的輪体を位相幾何学的に正しく表現できると予想した。たしかに、すべての代数的輪体はホッジ輪体である。(2000年にクレイ数学研究所が賞金を発表して以来) 100万ドルの懸賞問題は、その逆も成り立つかどうかというものだった。

　ホッジ理論の重要性に疑問を呈する人はいなかった。しかし、ホッジ予想が正しいかどうかは未解決の問題だ。1962年、アティヤとヒルツェブルフが、この予想は輪体を有理数ではなく整数に限って考えたときには正しくないことを示した。アンドレ・ヴェイユはホッジ予想を正しいとは思わず、幾何学者は反例を探したほうがいいだろうと考えていた。

　ホッジ予想は、証明されるか、反例が見つかるかするまで、アレクサンドル・グロタンディーク曰く、「代数的多様体に関する解析的理論における最も深遠な予想」であり続けるだろう。

373 グロタンディークの『代数幾何原論』

GROTHENDIECK'S ÉLÉMENTS DE GÉOMÉTRIE ALGÉBRIQUE

　デカルト座標のおかげで、幾何学は代数的方法を取り入れ、見事に成功した。これは、円錐曲線やニュートンの3次曲線の分類で見た通りだ。代数学は言うまでもなく、非常に抽象的な分野だ。多様体の導入によって、この抽象性が幾何学にも広まり、個々の例に注目するのではなく、高度に一般的な取り組みが行われるようになった。

　1960年代には、この分野はさらに大規模な激変を遂げることに

なる。革命を仕掛けたのは、アレクサンドル・グロタンディークだ。グロタンディークの執筆した4巻にわたる『代数幾何原論』は、抽象性に関しては他の追随を許さないほどの名著といえるだろう。それは、代数幾何学をかなり深いレベルからすっかり系統化し直すものだった。研究の中核をなすのは、多様体の代わりに**スキーム**（概型）を導入することだった。

374 スキーム SCHEMES

グロタンディークの試みの動機となったのは、代数学と幾何学での言葉の違いだ。幾何学の基本的対象は多様体であり、これは多項式によって定義できた。こうした多項式は同時に、代数的な対象である**多項式環**のもとにもなる。

ところが、グロタンディークは、この流れで作られる環は、非常に限られたタイプのみであることに気づいた。一番よく知られている環といえば整数環（**Z**）だが、**Z**を持つ多様体は存在しない。そこで、グロタンディークは大胆な発想をした。これまでに発展してきた幾何学的技法は**任意の環で通用する**。しかもそれは、基盤となる多様体がない環においてさえ通用すると考えたのだ。そして、この新しい構造を**スキーム**と呼んだ。

スキームはかなり抽象性が高い。多くは幾何学的に明確に解釈することができない。スキームを研究するにはかなりの技法上の困難に直面する。救いとなったのは、スキームの圏（けん）は多様体の圏よりもかなり行儀がいいということだった。

ディオファントス幾何学
Diophantine Geometry

375 ディオファントス幾何学 DIOPHANTINE GEOMETRY

ディオファントス方程式の研究は数論のテーマだったが、元々は幾何学におけるピタゴラス数の研究に根差していた。1940年代に、幾何学者アンドレ・ヴェイユは代数幾何学の洗練された技法がここに深く関わることを理解した。これこそ、20世紀に起こった数論と幾何学の再統合の始まりである。

幾何学的に考えると、方程式 $x^2+y^2=z^2$ は曲面（具体的には二重の

錐)を定義する。数論では、これはピタゴラス数の条件式である。すると、ユークリッドが示したのは、この錐には座標がすべて整数で表される点が無限に多く含まれるということだ、ととらえられる。☞Fig

一般に、多項方程式(たとえば、フェルマーの$x^n+y^n=z^n$)は多様体を定義する。数論の専門家の疑問は、これが整数座標を持つ任意の点(x, y, z)を含むかどうかということだ。これには、座標が有理数である点を調べればよい。それゆえ、現代の数論の専門家たちは、多様体上の有理点を探すことに没頭している。

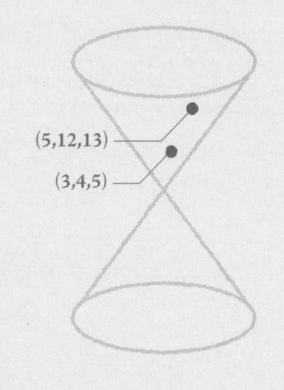

376 多様体上の有理点 RATIONAL POINTS ON VARIETIES

多様体は多項方程式によって定義される幾何学的対象である。第一の例が曲線、すなわち、1次元多様体だ。

任意の多様体が曲線族に含まれることから、曲線は高次元においても重要な要素である。曲線はその複雑さ(種数)によってさらに細分化される。

円錐曲線のような単純な曲線は種数が0だ。そして、(円$x^2+y^2=2$のように)無限に多くの有理点を持つか、(円$x^2+y^2=3$のように)まったく持たないのどちらかだ。最近では、それがどちらなのかを判断するのがさほど難しいことではなくなってきた。

他方で、種数2以上のより複雑な曲線は、有理点を有限個しか持てない。この深遠な事実は1922年にルイス・モーデルが予想し、1983年にゲルト・ファルティングスが証明したものである。

ファルティングスの定理は前進するための大きな一歩だったが、曲線上の有理点の問題に関する研究を収束させるには至らなかった。単純な曲線と複雑な曲線の間には、種数1の得体の知れない**楕円曲線**がある。楕円曲線には、有理点が有限個あるかもしれないし、無限個あるかもしれない……。

そのカギを握るのは、この分野における最も重要な未解決問題の1つである、**バーチ・スウィナートン゠ダイアー予想**だ。

377 楕円曲線 ELLIPTIC CURVES

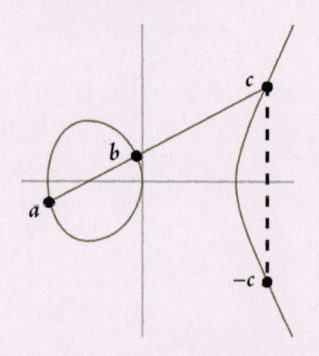

方程式 $y^2 = x^3-x$ には特別な何かがある。この方程式は曲線を描くのだが、それはふつうの曲線ではない。a、b を曲線上の点として、それらを結ぶ直線を引くとしよう。この直線は第3の点 c で曲線と交差しなくてはならず、このとき、$a+b+c = 0$ となる。つまり、$a+b = -c$ だ。☞Fig

この規則は、**楕円曲線**（楕円と混乱しないこと）に対してのみ適用可能で、曲線は**群**をなす。結果としてできる群は予測がつかないもので、**暗号学**の主力にもなっている。

一般に、楕円曲線の方程式は、ある値 A、B に対して $y^2 = x^3 + Ax + B$ と書ける。これらは比較的単純な曲線にもかかわらず、理解が非常に難しい。

楕円曲線は現代数論、とりわけ、ワイルズによるフェルマーの最終定理の証明や**ラングランズプログラム**で中心的役割を果たしている。そして、その特性は、かの名高いバーチ・スウィナートン=ダイアー予想のテーマとなっている。

378 楕円曲線の有理解
RATIONAL SOLUTIONS ON ELLIPTIC CURVES

$y^2 = x^3+1$ などの方程式を考えよう。数論の専門家がまず行うのは、これを満たすような整数（たとえば、$3^2 = 2^3 + 1$）があるかどうかを問うことだ。最近では、研究対象を拡張して方程式を満たす有理数まで考えるのが主流だ。すると、こうした方程式に対する問いは、有理数解が無限に存在するのか、あるいは有限個だけなのかということになる。

この問いがいまだじゅうぶんに解明されていない最も初等的な方程式が、$y^2 = x^3+1$ のような楕円曲線なのだ。楕円曲線に対してこの問題を解くことは、現代数論の重要な目標だ。1960年代に、ブライアン・バーチとピーター・スウィナートン=ダイアーが、こうした重要な方程式の有理解の数を調べるための予想を立てている。

379 バーチ・スウィナートン＝ダイアー予想
BIRCH AND SWINNERTON-DYER CONJECTURE

任意の楕円曲線（Eとする）から、対応するL関数（L）を定義する方法がある。バーチとスウィナートン＝ダイアーは、L関数がEの有理解の情報を含んでいると主張した。L関数を使えば、Eに無限に多くの有理点が存在するのか、有限個しか存在しないのかが見出せるはずだと考えたのだ。予想によれば、$L(1) = 0$ならば曲線には無限に多くの有理点が存在し、$L(1) \neq 0$であればそうではない。

これまでで最大の進歩は、1988年のヴィクター・コリヴァギンによるものだ。その後に続いたワイルズらによる結果と合わせて、コリヴァギンの定理は予想を半分、すなわち、$L(1) \neq 0$であればEには有限個の有理点しか存在しないということを証明した。残る半分には100万ドルの懸賞がついた。クレイ数学研究所の掲げた問題に含まれることになったのである。

380 モジュラー形式 MODULAR FORMS

複素解析の世界は、古めかしいディオファントス方程式の世界とはかけ離れているように見える。しかし、20世紀に数論と幾何学が接近したのとまったく同じように、最近では複素解析もそのなかに引き込まれつつある。

カギを握る概念は**モジュラー形式**だ。これは、上半平面の複素数を入力したときに、複素数を出力する関数だ。モジュラー形式は、対称性に優れている点で注目に値するものである。

正弦関数は周期関数であり、それ自身を繰り返す。右に2πだけ進むと関数はまったく同じに見える。モジュラー形式も同様のことを満たすのだが、もっと入り組んだ規則にしたがっている。対称性は2πのような1つの数ではなく、2×2の複素行列によって決まるのだ。

モジュラー形式は、現代数学における極めてすばらしい物語のうちの2つにおいて注目を集めた。それは、（モジュラー性定理を経ての）フェルマーの最終定理の証明と、（**有限単純群の分類**によって生まれた）**モンスター群**の研究だ。

381 モジュラー性定理 MODULARITY THEOREM

1950年代、谷山豊と志村五郎は、数学におけるかけ離れた2分野を結びつけることを提唱する予想を立てた。それは、2つのまったく違うタイプの対象に関係するものだった。1つは楕円曲線という数論の専門家が夢中になるテーマだ。もう1つは複素解析の分野のモジュラー形式だった。

谷山と志村は、楕円曲線とモジュラー形式は、まったく別の言葉で書かれているものの、本質的には同じものだと主張した。2人は、**L関数**が解析の言葉と数論の言葉の間の翻訳を行う辞書を提供してくれると主張したのだ。

谷山-志村予想はひどく難しいもののように思えたが、1980年代に、ゲルハルト・フライとケネス・リベットが、この予想が証明できればフェルマーの最終定理が導かれると示したことで、おおいに注目を集めた。

そして、1995年、アンドリュー・ワイルズが、リチャード・テイラーと共同で、定理の重要な部分を立証した。ワイルズがフェルマーの最終定理を導きだすためには、それでじゅうぶんだった。

予想が完全に証明されたのは、2001年、ブリュイル、コンラッド、ダイアモンド、テイラーによってだった。この予想は、現在では**モジュラー性定理**と呼ばれている。じつはこれは、**ラングランズプログラム**という、全体を統括する設計のなかの1枚の板なのだ。

382 ラングランズプログラム LANGLANDS' PROGRAM

数学には予想がたくさんある。予想とは、一部の数学者はそれが正しいと思い込んでいるが、誰にも証明できていない主張のことだ。ポアンカレ予想のように、後に定理となるものもある。一方、証明されずに、破棄されるものもある(だが、間違った予想であっても、進歩していくための強力な原動力になり得る)。

ロバート・ラングランズのように、たいそう壮大で統一的な洞察に自分の名を残せる数学者は決して多くない。ラングランズは1967年にアンドレ・ヴェイユに手紙を書き、壮大な問題について言及した。それは、数学の2つの世界、代数学と解析学が出会ったら何が起こるだろうかというものだ。

モジュラー性定理によれば、2つの世界の特定の要素同士は近い関係にある。それは、ラングランズ自身も予想していたことだが、ラングランズのより広範なプログラムは遥か先まで見ていた。

ラングランズはそれを表現するために、モジュラー形式を越えて、**保型形式**を提案する必要があった。保型形式とは、対称性がより高い行列で書き表せる複素関数のことだ。ラングランズのプロジェクトの中心にあるのはL関数である。

これは、**ガロア理論**による代数学のデータを変換して、複素数における解析関数にするものだ。ラングランズは、この境目が交差していることから、一方の世界における重要な概念は、もう片方の世界の重要な概念と調和するに違いないと確信している。

383 ラングランズの数体予想
LANGLANDS' NUMBER FIELD CONJECTURES

モジュラー性定理の証明に加えて、ラングランズの洞察を現実のものとすることに向けた大きな進歩があった。代数学が、局所体、関数体、数体という3つの部分にわかれたのだ。これらはそれぞれ、解析学、幾何学、数論と深く関わっている。

2000年までに、ラングランズ予想は、3つのうち2つにおいて正しいことが確かめられた。関数体の場合について証明したローラン・ラフォルグは、300ページにも及ぶ解決法が評価されフィールズ賞を受賞した。

1つの部分だけが証明されずに残っている。これはとてつもなく大きな問題だ。数体に対するラングランズ予想は、いまも数論の専門家にとっておおいなる難問として立ちはだかっている。

ALGEBRA
代数学

代数学の原点は、数を文字で置き換えることだ。このような不思議な手立てをとった目的は、たとえば「任意のa、bに対してa×b = b×aが成り立つ」といった一般的な法則を表現することにある。一般的な法則の例としてさらに高度なものに二項定理がある。

　未知の数を表すために文字を使用するようになったことがきっかけで、方程式を解くことが科学的研究の対象になった。簡単な例をあげると、4+x = 6を満たすxを見つけるといったことだ。

　もっと複雑な3次方程式や4次方程式を解くことは、ルネッサンス時代のイタリアの数学者たちにとって心を惹かれるテーマだった。やがて、アーベルやガロアが5次方程式に関して、それまでのパラダイムを打ち壊すような研究成果をあげる。そのおかげで、代数学はさらなる高みへと導かれた。目下のところ、すでになじみのある対象を、それとよく似てはいるがさらに抽象的なものへと置き換えるプロセスが進んでいる。

　一例として、よく知られた数体系が、代数学においてより一般的な代数学的構造に置き換えられている。特に注目すべきは群で、有限単純群と単純リー群の分類理論という、壮大な理論が研究されている。

　現代抽象代数学は、数学のほかの分野（幾何学や数論から場の量子論まで）を動かす仕組みの多くを提供している。

文字で数を表す

384 文字で数を表す LETTERS FOR NUMBERS

多くの人が数学に違和感を覚える瞬間がある。それは、これまでは数字しか出てこなかったところに、文字が現れたときだ。文字を登場させることに、いったい何の意味があるのだろうか？

第1の目的は、文字を使って未知の数を表すことだ。「$3 \times y = 12$」という**方程式**は、yは3を掛けると12になる数であることを示している。

この例の場合、クエスチョンマークも同じ役目を果たせる。ただしそれは、未知の量が複数ある場合には実用的ではない。たとえば「足し合わせると5になり、掛け合わせると6になる2つの数とは何だろうか？」と問う場合だ。文字を使ってこれらの数字を表せば、$x+y=5$、$x \times y = 6$のように**連立方程式**が立てられる。

代数学では、昔から使われている掛け算記号（×）は書かないか、ドットに置き換えるかする。先ほどの方程式は、「$3y = 12$」、あるいは、「$3 \cdot y = 12$」のように表す。慣例的に、数字を文字の前に書くことにも注意しよう。「$y3 = 12$」ではなく「$3y = 12$」とするのだ。

385 変数と代入 VARIABLES AND SUBSTITUTION

文字は、値を明らかにせずに特定の数を表すだけではなく、任意の数の代わりとなる**変数**としても使える。例を示そう。道沿いにジョギングをしているとする。そして、$d = 4t+5$という式によって家からの距離d（メートル）と出発してからの時間t（秒）の関係が表せるとする。

このとき、dやtは未知数を表すのではなく、さまざまな値をとり得るものとなる。だから、2秒後に家からどのくらいの場所にいるのかを知りたいなら、$t = 2$を式に**代入**する。すると$d = 4 \times 2+5 = 13$メートルであることがわかる。

一方、21メートル離れた道の端まで行き着くのにどのくらいの時間がかかるのかを知りたい場合には、$d = 21$を代入して$21 = 4t+5$という方程式を解くことで、$t = 4$秒であることがわかる。

386 括弧 BRACKETS

括弧は、一連の計算を細かい部分にわけるのに使う。$(3+2) \times 8$は、まず3と2を加え、その結果に8を掛けることを意味する。複雑な計算をこなすときは、最も内側の括弧から始める。たとえば次のよう

になる。

$((5×(2+1))+1)÷4 = ((5×3)+1)÷4 = (15+1)÷4 = 16÷4 = 4$

延々と括弧を書き連ねなくてもいいように、括弧で括っていない場合の演算の順序が慣例的に決まっていて、BIDMASと呼ばれている。

387 BIDMAS BIDMAS

2+3×7 はどのような順序で計算するといいだろうか？ 自明なようにも思えるが、以下のうち1つだけが正しい。

(i) $2+3×7 = 5×7 = 35$

(ii) $2+3×7 = 2+21 = 23$

BIDMAS（ときにBEDMASともいう）は、この種の混乱を防ぐための規則だ。これを唱えれば、演算の順序を思いだすことができる。

すなわち、**B**racket（括弧）、**I**ndices（指数）、**D**ivision（割り算）、**M**ultiplication（掛け算）、**A**ddition（足し算）、**S**ubtraction（引き算）だ。

M（掛け算）はA（足し算）よりも先なので、(i) は正しくない。(i) のように計算したいなら、$(2+3)×7 = 5×7 = 35$ とする必要がある。

同様に考えると、$6÷3-1 = 2-1 = 1$、$6÷(3-1)$ なら $6÷2 = 3$ だ。もちろん、たくさんの括弧を連ねて $((2×5)-((6^4)÷3))$ と書けば、BIDMASの必要はない。しかし、インクをたくさん使ったり、見た目をごちゃごちゃさせたりしないためにも、これは便利な取り決めだ。

388 共通因数と括弧の展開
COMMON FACTORS AND EXPANDING BRACKETS

(i) $3×(5+10) = 3×15 = 45$

(ii) $3×5+3×10 = 15+30 = 45$

(i) と (ii) が同じ答になるのは偶然ではない。手元に5ドル紙幣が3枚、10ドル紙幣が3枚あるとする。これを、15ドルが3組あると考えようと、5ドル紙幣が15ドル分、10ドル紙幣が30ドル分あると考えて足し合わせようと、合計金額は同じだ。

数学的には、**分配法則**が成り立つのでこうした計算は必ず等しくなる。多くの人が、括弧を展開したり共通因数を括りだしたりするときに、知らず知らずのうちに分配法則を使っている。

括弧の展開と共通因数の括りだしは、逆方向の手続きである。括弧を展開するには、括弧外にあるものを括弧内のすべてに掛け、その後加えることになる。

$$3 \times (5+10) = 3 \times 5 + 3 \times 10$$

一方、足し算の式があり、足し合わされている項がすべて特定の数で割り切れるなら、それを共通因数として括りだすことができる。

$$20+28 = 4 \times 5 + 4 \times 7 = 4 \times (5+7)$$

数のみの計算の場合には、特にどうということもないように思える。しかし、変数を含む計算になると、これらの技法は式を簡単にするために欠かせないものとなる。たとえば、$ax+4x = x(a+4)$のように、共通因数xを括りだすことで、式がずっと簡単になる。

389 括弧を2乗する SQUARING BRACKETS

括弧内に足し算があり、そこに外から何かを掛けるとき、$(1+2) \times 2 = 1 \times 2 + 2 \times 2$のような、括弧を展開するときのルールに沿って処理することになる。括弧に累乗がついている場合でも同様の計算が可能だろうか？ じつは、同様だと考えるのはよくある間違いなのだ。

残念ながら、$(1+2)^2 \neq 1^2 + 2^2$だ。左辺は$3^2 = 9$であり、右辺は$1+4 = 5$となることが確認できるだろう。括弧を2乗するのは少しやっかいなのだ。とはいえ、2乗を掛け算と理解すれば、括弧に掛けるときの法則がここでも使える。

$$(1+2)^2 = (1+2) \times (1+2) = 1(1+2) + 2(1+2) = 1+2+2+4$$

変数を用いるともっとわかりやすい。

$$(1+x)^2 = (1+x)(1+x) = 1(1+x) + x(1+x) = 1+x+x+x^2 = 1+2x+x^2$$

変数が2個あるときは、$(y+x)^2 = y^2 + 2yx + x^2$となる。

390 二項定理 THE BINOMIAL THEOREM

括弧に対し2乗よりも高い指数がかかっている場合はどうなるだろうか？ たくさんの括弧を手で開くのは骨の折れる作業だ。それでもやり通したなら、次のようになる。

$$(1+x)^3 = 1+3x+3x^2+x^3$$
$$(1+x)^4 = 1+4x+6x^2+4x^3+x^4$$
$$(1+x)^5 = 1+5x+10x^2+10x^3+5x^4+x^5$$

これを2変数で表すと、たとえば次のような公式を導ける。

$$(x+y)^4 = y^4+4y^3x+6y^2x^2+4yx^3+x^4$$

ここで、1、4、6、4、1、という数列には、どのような意味があるのだろうか？ じつは、これらは**二項係数**になっている。そして、$(1+x)^4$の係数は、${}^4C_0 = 1$、${}^4C_1 = 4$、${}^4C_2 = 6$、${}^4C_3 = 4$、${}^4C_4 = 1$で与えられる。

二項定理を見出したのは、ブレーズ・パスカルだと一般には思われている。しかし、もっと前にもこれを考え、知っていた人たちがいたこともわかっている。たとえば、ウマル・ハイヤームがその1人だ。二項係数を求めるための便利な方法はパスカルの三角形を使うものだ。

391 パスカルの三角形 PASCAL'S TRIANGLE

17世紀のフランスの数学者、ブレーズ・パスカルが発見した三角形には、彼の名がつけられている。

各行は1で始まり1で終わる。間に並ぶ数はそれぞれ、すぐ上にある2数の和となっている。パスカルの三角形は主に、二項係数を計算するために用いられる。$(1+y)^4$を展開する場合には、三角形の5行目を見る。すると以下の通りの答が得られる。☞**Fig**

```
        1
       1 1
      1 2 1
     1 3 3 1
    1 4 6 4 1
   1 5 10 10 5 1
```

$$1+4y+6y^2+4y^3+y^4$$

この三角形にはほかにもたくさんのパターンが隠されている。たとえば、斜め方向を見ると最初は1だけ、2番目は1、2、3、4、5、……と数えあげになっている。3番目（1、3、6、10、……）には**三角数**が並んでいる。その先は、**多角数**を高次元に拡張したものが続く（4番目は**四面体数**だ）。パスカルの三角形から偶数を取り除き、行を増やしていくと、**フラクタル図形**であるシェルピンスキーの三角形に近づく。

392 方程式 EQUATIONS

方程式という言葉はたいそう恐れられている。けれども方程式は、1つのことがもう1つのことに等しいと主張しているにすぎない。$1+1=2$や$E=mc^2$など、2つの数式が等号で結ばれているものは、どれも

方程式だ。一般に、方程式は**多項式**を伴っている。

　方程式を操作するときの原則は、天秤のようにバランスを保つことだ。等号で結びつけておくためには、両辺に対して同じ操作をしなくてはならない。左辺に6を加えたり24を掛けたりしたら、右辺にも同じことをしなくてはならない。さもなくば、正しい結果は得られない。

　方程式が未知数を含む場合もある。$3x+1=16$ が与えられたとして、両辺から1を引くと $3x=15$ となる。さらに両辺を3で割ると $x=5$ となる。これが方程式の**解**だ。

393 多項式 POLYNOMIALS

　多項式とは、（x や y などの文字で表される）未知数についての足し算や掛け算が含まれた式だ。たとえば、$3x^2+15y+7$ は x, y という2変数についての多項式だ。3や15は**係数**と呼ばれる。3は x^2 の係数で15は y の係数だ。そして、7は**定数項**である。

　多項式は幾何学においても重要だ。式を0に等しくすることで、平面上の点の座標 (x, y) についての条件を定義できるからだ。その条件を満たすすべての点の集合が、幾何学的対象になる。直線もそうだし、先ほどあげた式の場合は**放物線**になる。

　変数が1つだけの場合には、$x^2+3x+2=0$ といった方程式が得られる。任意の数 x は、この式を満たすか満たさないかのどちらかである。この方程式を**解く**ためには、方程式が成り立つような x（多項式の**根**）をすべて見つける必要がある。

　多項式の**次数**というのは、その式に含まれる最も高いべき数だ。だから、x^2+3x+2 は次数が2、すなわち、**二次方程式**だ。最も簡単な多項式は次数が1の**線形多項式**だ。

　代数学の基本定理より、（ほとんどの場合で）次数 n の多項式には n 個の**複素数根**がある。

394 線形方程式 LINEAR EQUATIONS

　私たちは、足し算と掛け算ができるようになるとまもなく、「2倍して3を足すと9になる数は何か？」といった問いに取り組むようになった。これは、物資をわけ合うのに役に立つスキルだ。だから、人は $2x+3=9$ といった方程式を旧石器時代からずっと解いてきたと考えてもいいだろう。

この方程式は最も単純な類である。未知数は1つ(x)で、2乗や平方根はない。このような方程式を**線形**という。この名前は、**直線の方程式**(上記の場合は、$y = 2x+3$)に由来する。これを解くために必要なことは、両辺に同じ演算を行って、xだけを残すことだ。

まず両辺から3を引き、$2x = 6$とする。次に両辺を2で割る。すると$x = 3$が得られる。

$4x+20 = 4$のような方程式はどうなるだろうか？ 紀元250年ごろ、アレキサンドリアのディオファントスは、この形の方程式は「理屈で理解できない」と考えた。

この手の方程式がじゅうぶんに研究されるようになるためには、紀元7世紀にブラーマグプタが**負の数**を導入するのを待たなくてはならなかった。

かくして、同じ方法を拡張し、任意の1変数線形方程式が解けるようになった。$4x+20 = 4$の場合、まず両辺から20を引き、$4x = -16$とする。それから両辺を4で割ると解$x = -4$が得られる。

39 多項式を因数分解する FACTORIZING POLYNOMIALS

$x^3-7x+6 = 0$のような方程式を解こうとするとき、この方程式を満たすxの値を探すことになる。たとえば、$2^3-7\times2+6 = 0$だから2は求めたい解だ。$3^3-7\times3+6 = 12 \neq 0$だから3は解ではない。ここで、この式は以下のように変形できる(括弧を展開すれば確かめられる)。

$$x^3-7x+6 = (x-1)(x^2+x-6)$$

もとの方程式が成り立つためには、$(x-1)(x^2+x-6) = 0$でなくてはならない。ここでxに1を代入すると、1つ目の括弧は0となる。これで方程式が成り立つので$x = 1$はこの方程式の解だ。

次に、2数を掛け合わせて0になるのは、片方が0である場合だけだ。だから$(x-1)(x^2+x-6) = 0$ならば、$x = 1$、もしくは$x^2+x-6 = 0$だ。2つ目の多項式はさらに分解でき、$(x-2)(x+3)$となる。

したがって、もとの方程式は$(x-1)(x-2)(x+3) = 0$と書き直せる。これが因数分解された形だ。

ここまでくると、解はすぐに読み取れる。すでに求められている1、2、それから-3だ。ほかにも解はあるだろうか？ 答はノーだ。これらの解以外の任意のxに対して、式$(x-1)(x-2)(x+3)$は0にならない。

396 因数定理 THE FACTOR THEOREM

因数定理は、多項式の因数分解についての情報を教えてくれる。数 a が多項式 P の**根**となるのは、P が $(x-a)$ で割り切れる、すなわち、$P = (x-a) \times Q$ を満たす多項式 Q が存在するとき、かつそのときに限る。

多項式は、$(x-a)(x-b) \cdots (x-c)$ の形に分解することができる。このときの数 $a, b, c \cdots$ が多項式の解なのだ。先の例では 1、2、-3 がそれにあたる。

397 2次方程式 QUADRATIC EQUATIONS

2次方程式は、x^2 という項を持つ点で線形方程式とは異なる。2次方程式は元々、古代バビロニア人がある面積を持つ領域の寸法を計算するために研究したものだ。

たとえば、長方形をした領域で、1辺がもう1辺よりも5メートル長く、面積が36平方メートルのものがあるとする。このとき、その寸法を計算するには、方程式 $x \times (x+5) = 36$、すなわち、$x^2 + 5x - 36 = 0$ を解くことになる。

2次方程式を解く方法は、7世紀のインドの数学者ブラーマグプタ、あるいは、9世紀のペルシアの学者ムハンマド・イブン・ムーサー・アル゠フワーリズミーに遡ることができる。アル゠フワーリズミーの著書『ヒサーブ・アル゠ジャブル・ワル゠ムカーバラ』（約分と消約の計算の書）から、**アルジェブラ**（代数学）という言葉ができた。

398 2次方程式の解の公式 THE QUADRATIC FORMULA

任意の2次方程式が、$ax^2 + bx + c = 0$ という形に書き直せる。この方程式は2個の解を持つ。そして、その解を求めるためのものが**解の公式**だ。これまで何世代にもわたり、数学を勉強する学生たちが頭のなかに刻み込んだ公式だ。

$$\frac{-b \pm \sqrt{b^2 - 4ac}}{2a}$$

「±」があることから、2つの異なる解が得られるとわかる。方程式 $x^2 + 5x - 36$ を公式にあてはめると、$\frac{-5 \pm \sqrt{5^2 - 4 \times 1 \times (-36)}}{2 \times 1}$ だ。$\frac{-5 \pm 13}{2}$ となることから、解は 4 と -9 となる。この公式は、平方完成から導ける。

399 平方完成 COMPLETING THE SQUARE

2次方程式のなかには、ほかの方程式よりも簡単に解けるものもある。$x^2 = 9$ が $x = 3$、$x = -3$ という解を持つことは、平方根をとるだけですぐにわかる。一方、方程式 $x^2+2x+1 = 9$ は、少しややこしい。しかし、この式が $(x+1)^2 = 9$ と書き直せることに気づけば、先ほどと同様平方根をとって $x+1 = ±3$ とし、$x = -4$、$x = 2$ という解を得ることができる。

平方完成というのは、任意の2次方程式をこのタイプの方程式に変形するための手法だ。第1段階として、方程式を変形し、x^2 の項の係数を1にする。たとえば、$2x^2+12x-32 = 0$ なら、両辺を2で割って、$x^2+6x-16 = 0$ とする。第2段階ではまず、x の項の係数をチェックする。そして、係数を2で割って2乗し、余分な数に少し手を加えれば完了だ。たとえば、$x^2+6x-16 = 0$ に対し、6を2で割ると3が得られる。これを2乗すると9になるのだが、この数9が、左辺の唯一の定数となるようにするのだ。そこで、方程式が成り立つように右辺に手を加え、$x^2+6x+9 = 25$ とするのだ。

こうした一連の演算の帰結として、ついに左辺が平方の形 $(x+3)^2$ になる。この平方根をとることで方程式の解が得られる。$x+3 = ±5$ であり、解は $x = -8$、$x = 2$ だ。この方法を方程式 $ax^2+bx+c = 0$ にあてはめると、解の公式が得られる。

400 3次方程式 CUBIC EQUATIONS

未知数が1個の方程式の体系として、2次方程式の次にくるのは**3次方程式**だ。これは、$x^3-6x^2+11x-6 = 0$ のような形をしている。初めて3次方程式を本格的に分析したのは、11世紀ペルシアの詩人で博識家のウマル・ハイヤームだ。

16世紀イタリアでは、3次方程式と4次方程式が当代の大問題になっていた。ジロラモ・カルダーノ、ニコロ・フォンタナ、シピオーネ・デル・フェッロ、ロドヴィコ・フェッラーリといった数学者たちは、方程式を解くという公開の数学競技に自分たちの名声を賭けた。

カルダーノは、1545年に執筆した著書『アルス・マグナ』において、3次方程式に対する一般的な解を提示し、それを見出したのはデル・フェッロだとした。彼らの研究成果は負の数の受け入れと、複

素数の発展を進める大きな原動力となった。一般に、3次方程式は3つの複素数解を持ち、少なくとも1つは実数解となる。

401 3次方程式の解の公式 THE CUBIC FORMULA

一般的な3次方程式、$x^3+ax^2+bx+c=0$ の解の公式は、2次方程式の解の公式に比べ遥かに複雑である。公式を示す前段階として、まずは次のように q、p を定義する。$q = \frac{-a^3}{27} + \frac{ab}{6} - \frac{c}{2}$、$p = q^2 + \left(\frac{b}{3} - \frac{a^2}{9}\right)^3$。すると、1個目の解は次のようになる。

$$x = \sqrt[3]{q+\sqrt{p}} + \sqrt[3]{q-\sqrt{p}} - \frac{a}{3}$$

残る2つは次の通りだ。

$$x = \left(\frac{-1 \pm \sqrt{3}i}{2}\right)\sqrt[3]{q+\sqrt{p}} + \left(\frac{-1 \mp \sqrt{3}i}{2}\right)\sqrt[3]{q-\sqrt{p}} - \frac{a}{3}$$

ここで、i は虚数単位、$\frac{-1 \pm \sqrt{3}i}{2}$ は1の3乗根のうち1を除いた2個である。

402 4次方程式 QUARTIC EQUATIONS

3次方程式の次は4次方程式だ。これは x^4 を含むもので、$x^4+5x^3+5x^2-5x-6=0$ のような形をしている。ルネッサンス期、複素数はまだ受け入れられておらず、虚数は存在しなかった。そのため、こうした方程式は、ロドヴィコ・フェッラーリなど当時の代数学者たちにとってかなりの難問だった。

4次方程式のなかには、$x^4+1=0$ のように、実数解を持たないものもあるのだが、数学者たちはそれまでの考えを変えず、負の数や複素数は計算上必要だが、後で帳消しにできるものと考えていたのだ。

1545年に、ジロラモ・カルダーノは著書『アルス・マグナ』を出版した。40章にも及ぶ同書のなかには、4次方程式を解くためのフェッラーリの方法が紹介されていた。これは、3次方程式の解き方よりもさらにいっそう複雑なものだ。

403 4次方程式の解の公式 THE QUARTIC FORMULA

$x^4+ax^3+bx^2+cx+d=0$ を解くために、まずは $e = ac-4d$、$f = 4bd-c^2-a^2d$ としよう。そして、3次方程式の解の公式を用いて $y^3-by^2+ey+f=0$ を解く。

この3次方程式は1個の実数解を持つ。それをyとする。

次に、$g = \sqrt{a^2-4a+4y}$, $h = \sqrt{y^2-4d}$とする。すると元々の4次方程式の4個の解は、以下の2つの2次方程式を解くことで得られる。

$$x^2+\frac{1}{2}(a+g)x+\frac{1}{2}(y+h) = 0, \quad x^2+\frac{1}{2}(a-g)x+\frac{1}{2}(y-h) = 0$$

404 5次方程式 QUINTIC EQUATIONS

3次方程式、4次方程式の解を得るための公式は複雑で手が込んだものだ。1600年から1800年の間、数学界では、5次、6次、7次方程式の解の公式はなおいっそう複雑であろうと考えられていて、数学者たちはその公式を見つけようとせっせと研究を続けた。レオンハルト・オイラーは「5次の方程式、そして、もっと高次の方程式を解くために取ったすべての苦労は……報われなかった」と告白した。

19世紀になると、この研究は、数学界でもとりわけ優秀で、悲劇的な運命を背負っていた人物の1人、ニールス・アーベルの手によって、驚くほど意外な進展を見せた。

アーベルは数学的には孤立したノルウェーで研究を続けて6ページの手書き原稿を仕上げ、そのなかで、数学者たちの探究が無駄であったことを証明した。5次方程式、あるいはそれより高次の方程式に対応する解の公式は存在しないのだ。もちろん、こうした方程式にも解は存在する（それが代数学の基本定理だ）。しかし、四則演算や累乗根を利用して方程式の解を得る方法は、ない。

これはときに、**アーベル-ルフィーニの定理**と呼ばれる（パオロ・ルフィーニが同じ結論に達したからだ。ただし、500ページに及ぶ大冊に記された証明は不完全だった）。残念ながらアーベルは、自らが始めた代数学の革命を見届けることなく、貧困の末、26歳でこの世を去った。

405 解けない方程式 INSOLUBLE EQUATIONS

数学の歴史では、新しい数体系が採用されることで、以前は解けなかった多項方程式の解が得られてきた。$x+6 = 4$のような方程式を、ディオファントスは「理屈で理解できない」とみなしたが、負の数の導入のおかげでほかの線形方程式とまったく同様に解けるようになった。

実数の考え方が登場すると$\sqrt{2}$などの無理数が許容され、これに

よって $x^2 = 2$ のような問題の解も得られるようになった。そして、新しい数 i を中心に据えて構築された複素数は、それまで解法がなかった方程式 $x^2 = -1$ の解となった。

ここまで成し遂げられたとき、次のようなことが問われた。解けない多項式はまだあるだろうか？ **代数学の基本定理**はこれに対して「ノー」という答を示している。

406 代数学の基本定理
THE FUNDAMENTAL THEOREM OF ALGEBRA

1799 年、カール・フリードリヒ・ガウスは、博士論文のなかで数学の持つ魔法のような力を証明した。その魔法の力のおかげで、複素数は単に方程式 $x^2 = -1$ の解となるだけではないことがわかる。複素数からなるすべての多項式は必ず解を持ち、しかもそれは、複素数の解を持たなくてはならないのだ。

さらに、n 次（最も次数の高い項が x^n である）多項式には、n 個の異なる解があるという。ただし、ときにこれらの解は重複し得る。たとえば $(x-1)^2 = 0$ はたった 1 つの解しか持たない。代数学の基本定理にはいくつかの証明があり、そのうちの 4 通りはガウスが示している。どの証明も、**複素解析**の力を借りている。

407 連立方程式 SIMULTANEOUS EQUATIONS

$3x+4 = 10$ のような、変数を 1 つだけ持つ方程式は解くことができる。しかし、$x+y = 4$ のように 2 個の変数を含む方程式を「解く」ことを試みても無駄だ。無限に多くの解があるからだ。$x = 2$ かつ $y = 2$ も、$x = 1.5$ かつ $y = 2.5$ も、$x = 1001$ かつ $y = -997$ も解であり、そのほかにもまだ解はある。さらに言えば、$x+y = 4$ は無限に長い直線を定義し、その直線上の任意の点の座標が方程式の解となる。

しかし、2 つ目の方程式 $x-y = 2$ を導入するなら、解を求めることができる。$x+y = 4$ と $x-y = 2$ を同時に満たす数 x, y は、どのようにして求められるだろうか？ 図形で考えるならば、それは 2 本の直線の交点だ。

この種の問題を代数的に解くための主な方法は 2 通りだ。1 番目は、**消去法**である。これは、方程式同士を足すか引くかして片方の変数を消すやり方だ。いまの場合、2 つの方程式を足すと y が消え

(+yと-yが打ち消し合い)、$2x = 6$ が残る。これは簡単に解け、$x = 3$ が得られる。ここでその値をもとの方程式のどちらか一方に代入する。たとえば、$x+y = 4$ に代入すれば、$3+y = 4$ となり、これを解いて $y = 1$ が得られる。これより、解は $x = 3$、$y = 1$ だ。

もう一度、もとの2つの方程式に戻って考えよう。今度の方法は**代入法**だ。まず、1つの方程式を変形し、一方の変数をもう片方の変数で表す。たとえば、$x+y = 4$ は $x = 4-y$ に変形できる。そして、これをもう1つの方程式に代入する。x であるところを $4-y$ に置き換えるのだ。すると、$x-y = 2$ は $(4-y)-y = 2$ となる。$4-2y = 2$ より $2y = 2$、したがって $y = 1$ だ。これをもとの方程式の一方に代入する。たとえば、$x+y = 4$ に代入すると $x+1 = 4$ となり、$x = 3$ が得られる。

408 より大きな方程式系 LARGER SYSTEMS OF EQUATIONS

一般的な規則として、3個の未知数を含む方程式系を解くためには3つの方程式が必要だ。もっと高次の場合にも同様だ。だから、$x+y+z = 0$、$x-y-z = 2$、$x-2y+z = 3$ という方程式系は、先ほどの方法を利用して解くことができる。しかし、これよりも大きな方程式系は、行列を利用して解くのがよいだろう。

ただし、ここには2つの注意点がある。$x+y = 1$、$2x+2y = 2$ という連立方程式を解こうとしてもうまくいかないだろう。その理由は、本当の意味で2つの異なる方程式ではないからだ。方程式が2つだけならば気づきやすいのだが、もっと大きな方程式系では、同じことが、さらに気づかれにくい状態で起こり得る。

たとえば、$x+y+z = 6$、$2x-y+z = 3$、$x+4y+2z = 15$ を一意に解くことはできない。詳しく調べてみると、3つ目の方程式は1つ目と2つ目から導ける(1つ目の式を3倍したものから2つ目の式を引くと出てくる)ものであり、本当に新しいものではないことがわかる。このような方程式系は**従属的**であるという。こうしたものにも解はあるのだが、それは無限に多くの解なのである。

2つ目の注意点は、方程式系に解がない状態があり得ることだ。たとえば、$x+y = 1$、$x+y = 2$ には解が存在しない。こうした方程式系は**不能**であるという。幾何学的に言えば、平行線だ(だから、交わる場所を探しても無駄である)。3次元では、$x+y+z = 1$、$x+y+z = 2$ のような平行な平面がこれにあたる。

より複雑な方程式系では、**ねじれの位置**にある**直線**も考えられる。これは、$z = x+y = 1$, $z = x-y = -1$のような方程式で表せる。これらの直線は平行でもなく、交わりもしない。3次元空間で、互いに出会うことなく、ただ通り過ぎていくのだ。

409 多項式環 POLYNOMIAL RINGS

元来、数は単にものを数えるための道具にすぎなかった。しかしやがて、人は数の秩序や美しさを理解するようになり、もっと研究しようという気持ちを持つようになった。20世紀の間に、多項式についてのとらえ方も同じように変わっていった。

かつて多項式は、未知数を含む問題を表すための便利な方法にすぎなかった。しかし最近は、抽象化された操作によって、多項式自体が考察の対象とみなされる。多項式自体を足したり、引いたり、掛けたりできるのだ。

整数係数とただ1つの変数(x)からなるすべての多項式の集まりは、$Z[X]$と呼ばれる**環**をなす。あるいは、複素係数を持つ2変数の多項式環$C[X,Y]$を考えることもできる。ほかにも可能性はたくさんある。数体系がさまざまであるように、こうした新しい構造にも表に出ていない深みがあり、それを研究することは現代の代数学や数論や幾何学において非常に重要である。

Vectors and Matrices

ベクトルと行列

410 ベクトル VECTORS

平面幾何学において、$\begin{pmatrix}3\\4\end{pmatrix}$のような対象は**ベクトル**と呼ばれている。本質的には、ある点から別の点への向きを与える仕組みだ。

1行目は右方向へ移動する距離、2行目は上方向に移動する距離を示している。だから、$\begin{pmatrix}3\\4\end{pmatrix}$は「右へ3、上へ4」と読める。1行目が負の数の場合は左へ、2行目が負の数の場合には下への移動だ。したがって、$\begin{pmatrix}-2\\-1\end{pmatrix}$の場合には「左へ2、下へ1」となる。

点$(1, 5)$を始点としてベクトル$\begin{pmatrix}3\\4\end{pmatrix}$に沿って動くと、$(4, 9)$へと移る。さらに$\begin{pmatrix}-2\\-1\end{pmatrix}$に沿えば$(2, 8)$に移る。

他方、$(1, 5)$から$(2, 8)$へ1ステップで移るには$\begin{pmatrix}1\\3\end{pmatrix}$に沿えばいい。

だから、$\binom{3}{4}+\binom{-2}{-1}=\binom{1}{3}$と考えていい。これがベクトルを加える方法であり、対応する位置の数を足し算するだけでいい。☞Fig

同じ規則は、3次元のベクトルにも当てはまる。同様に、4次元、5次元、さらにそれ以上の高次元の場合にもいえる。

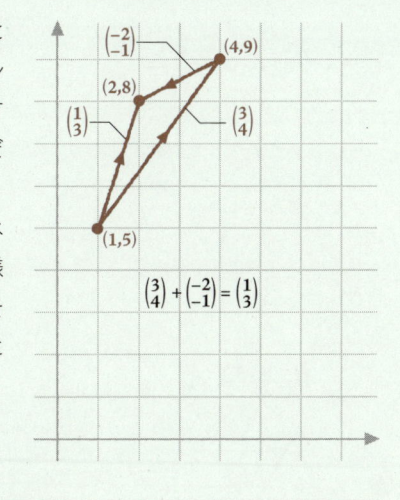

◢┃平行四辺形の法則 PARALLELOGRAM LAW

ベクトルには向きと大きさがあるので、それぞれの長さを持ったまっすぐな矢印として表記できる。ただし、始点や終点の位置がはっきりと決まっているわけではない（したがって、ベクトルは速度のような量をモデル化するものとして申し分ない）。

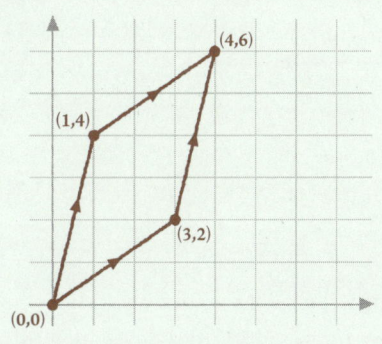

原点を始点とし、$\binom{1}{4}$を適用すれば、点 $(1, 4)$ が終点となる。さらに $\binom{3}{2}$ を適用すると、点 $(4, 6)$ が終点となる。ふたたび原点から始め、これら2つのベクトルを逆の順序で適用すると、$(3, 2)$ を経由してやはり $(4, 6)$ が終点となる。☞Fig

これは、任意の2つのベクトル u、v に対しても同様で、u+v = v+u である、すなわち、ベクトルの足し算は**可換**なのだ。これは、特別興味深いものとは思わないかもしれないが、大変重要なものであり、**平行四辺形の法則**として知られている。

ベクトルが系統立てて研究されるようになったのは19世紀になってからではあるが、平行四辺形の法則は紀元1世紀にはすでに、アレキサンドリアのヘロンの知るところとなっていた。

412 ベクトルの長さ LENGTH OF A VECTOR

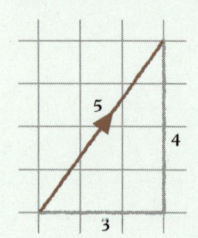

ベクトルには、方向に加え、大きさ、つまり**長さ**がある。ベクトルの長さは**ピタゴラスの定理**を利用して知ることができる。$\begin{pmatrix}3\\4\end{pmatrix}$の長さは$\sqrt{3^2+4^2}$で求められる。ベクトル v の長さを $||v||$ と表す。ベクトルの長さは三角不等式にしたがう。☞Fig

413 三角不等式 THE TRIANGLE INEQUALITY

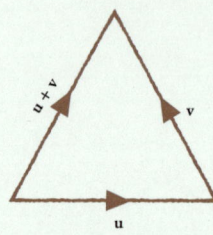

三角形の 2 辺に沿って進むことは、残りの 1 辺に沿って進むのに比べて遠回りになる。このちょっとした常識が、数学では**三角不等式**として登場し、いくつかの分野で公理として位置づけられている。距離という概念は、通常のユークリッド空間でも、エキゾチックな双曲空間でも、すべてこの規則にしたがう。

$||v+u|| \leq ||v||+||u||$

三角不等式はベクトルの研究でも重要な役割を果たす。v と u がベクトルならば、v+u の長さは、v の長さと u の長さを加えたものに等しいというのは正しくない。たとえば、$v=\begin{pmatrix}3\\4\end{pmatrix}$, $u=\begin{pmatrix}0\\-4\end{pmatrix}$とすると、$||v||=5$、$||u||=4$ だが、$||v+u||=3$ だ。

だから、一般に、$||v+u||=||v||+||u||$ とはいえない。ところが、v+u の長さは v と u の長さの合計を超えることはない。だから、$||v+u|| \leq ||v||+||u||$ だ。これはまさに、三角形の 1 辺の長さはほかの 2 辺の長さの和よりも短いということだ。☞Fig

414 内積 THE DOT PRODUCT

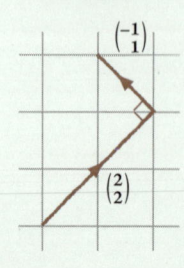

足し合わせる以外の方法で 2 つのベクトルを結びつける方法がある。これは、2 つのベクトルの関係性を数字で表すものであり、**内積**（あるいは**スカラー積**）という。ベクトルの対応する成分を掛け合わせた後、それぞれを加えることで得られる。たとえば、$\begin{pmatrix}1\\2\end{pmatrix}\cdot\begin{pmatrix}3\\4\end{pmatrix}=1\times3+2\times4=3+8=$

11となる。

　内積には、役に立つ性質が複数ある。まず、内積を使うことでベクトルの長さがわかる（$\|\mathbf{v}\| = \sqrt{\mathbf{v}\cdot\mathbf{v}}$）。次に、内積から2つのベクトルが直角をなす（直交する）のかどうかが判断できる。$\mathbf{u}$と$\mathbf{v}$が直角に交わるならば、$\mathbf{u}\cdot\mathbf{v} = 0$となるからだ。これを拡張することで、内積を利用して2つのベクトルのなす角度を求めることができる。

415 2つのベクトルのなす角度
THE ANGLE BETWEEN TWO VECTORS

　内積を使った、任意の2つのベクトルのなす角度を知るための便利な方法がある。θを、ベクトル$\mathbf{u}$、$\mathbf{v}$のなす角度とすると、これらの関係は以下のように表わせる。☞Fig

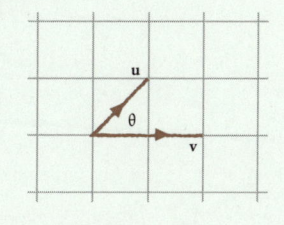

$$\cos\theta = \frac{\mathbf{u}\cdot\mathbf{v}}{\|\mathbf{u}\|\,\|\mathbf{v}\|}$$

　たとえば、$\mathbf{u} = \begin{pmatrix}1\\1\end{pmatrix}$、$\mathbf{v} = \begin{pmatrix}2\\0\end{pmatrix}$の場合、$\mathbf{u}\cdot\mathbf{v} = 1\times 2 + 1\times 0 = 2$。また、$\|\mathbf{u}\| = \sqrt{1^2+1^2} = \sqrt{2}$であり、$\|\mathbf{v}\| = \sqrt{2^2} = 2$だ。

　これらの値を公式に入れると$\cos\theta = \frac{2}{\sqrt{2}\times 2} = \frac{1}{\sqrt{2}}$となる。つまり、$\theta = \frac{\pi}{4}$（あるいは45°）だ。

416 コーシー-シュヴァルツの不等式
CAUCHY-SCHWARZ INEQUALITY

　数学ではあらゆるところに**不等式**が登場する。不等式というのは、ある量がほかの量よりも小さくなくてはならないことを示すものだ。とりわけ広く用いられている不等式の1つが、1821年にオーギュスタン・コーシーが見出し、後にヘルマン・シュヴァルツが拡張したものだ。それによれば、任意の4つの数a、b、x、yに対して以下が成り立つ。

$$(ax+by)^2 \leq (a^2+b^2)(x^2+y^2)$$

あるいは、次のようにも表せる。

$$|ax+by| \leq \sqrt{(a^2+b^2)(x^2+y^2)}$$

これは、2つのベクトルの内積を用いて簡潔に表せる。$u = \begin{pmatrix} a \\ b \end{pmatrix}$、$v = \begin{pmatrix} x \\ y \end{pmatrix}$とすると、不等式は次のようになる。

$$|u \cdot v| \leq \|u\| \, \|v\|$$

コーシー・シュヴァルツの不等式のこの表し方は、2つのベクトルのなす角度の公式をもとに、$\cos\theta$は0以上1以下でなくてはならないことから導かれる。

もっと大きな集合に拡張しよう。2つの同じ大きさの実数の集合a、b、……、cとx、y、……、zがあるとする。すると次のことがいえる。

$$(ax+by+\cdots\cdots+cz)^2 \leq (a^2+b^2+\cdots\cdots+c^2)(x^2+y^2+\cdots\cdots+z^2)$$

コーシー・シュヴァルツの不等式は数学のあちこちでみられ、たとえば、**確率分布**の理論などにも登場する。

417 外積　THE CROSS PRODUCT

2つのベクトルの内積はベクトルではなくスカラー、つまり通常の数となる。2つのベクトルu、vを結びつけて3つ目のベクトル$u \times v$を得る方法もある。この$u \times v$は**外積**と呼ばれている。

外積は、代数学的には扱いが難しいもので、3次元空間でしか考えられない。また、積ならばしたがってほしい規準の一部を満たしてもいない。たとえば、$u \times v \neq v \times u$（じつは、$u \times v = -v \times u$となる）。外積の定義と具体例は次の通りだ。

$$\begin{pmatrix} a \\ b \\ c \end{pmatrix} \times \begin{pmatrix} x \\ y \\ z \end{pmatrix} = \begin{pmatrix} bz - cy \\ cx - az \\ ay - bx \end{pmatrix} \quad , \quad \begin{pmatrix} 2 \\ 0 \\ 0 \end{pmatrix} \times \begin{pmatrix} 0 \\ 3 \\ 0 \end{pmatrix} = \begin{pmatrix} 0 \\ 0 \\ 6 \end{pmatrix}$$

幾何学的には、$u \times v$はuにもvにも直交する。また、その方向は**右手の法則**を使って知ることができる。親指と人差し指をそれぞれuとvの方向に向けたときの中指の向きが$u \times v$の方向なのだ。

$u \times v$の長さは$\|u+v\|=\|u\| \, \|v\| \sin\theta$だ（$\theta$は$u$と$v$のなす角度である。もしも2つのベクトルが平行であれば、角度は0となるため外積も0となる）。

外積は、代数学的には扱いにくいものの、電磁場を理解する場合など物理学において重要である。

418 行列　MATRICES

行列とは、$\begin{pmatrix} 1 & 2 \\ 3 & 4 \end{pmatrix}$や$\begin{pmatrix} 1 & 1 & 0 \\ 0 & 1 & 1 \end{pmatrix}$のような数の配列だ。行列は任意

の長方形の形をとり得る。なかでも、正方形をした**正方行列**は特に重要だ。

同じ大きさの行列同士でなければ加えることはできない。足し算を行うためには、対応する成分同士を加えるだけでいい。

$$\begin{pmatrix} 1 & 2 \\ 3 & 4 \end{pmatrix} + \begin{pmatrix} 5 & 7 \\ 6 & 8 \end{pmatrix} = \begin{pmatrix} 6 & 9 \\ 9 & 12 \end{pmatrix}$$

行列は、回転や鏡映といった幾何学的変換をまとめる効率的な方法を与えてくれる。

419 ベクトルに行列を掛ける
MULTIPLYING A VECTOR BY A MATRIX

まずは簡単な例を見てみよう。1行だけからなる行列 $(2 \ 3)$ にベクトル $\begin{pmatrix} 4 \\ 5 \end{pmatrix}$ を掛けると、1×1行列になる。その値は、行列内の数を順に取りだして、ベクトル内の対応する数と掛け合わせ、結果をすべて加えることで得られる。つまり、以下のように計算できる。

$$(2 \ 3) \begin{pmatrix} 4 \\ 5 \end{pmatrix} = (2 \times 4 + 3 \times 5) = (8 + 15) = (23)$$

これが基本的な技法であり、もっと大きな行列でも計算方法は同じだ。次のように、1行ずつ順に計算していく。

$$\begin{pmatrix} 2 & 3 \\ 6 & 7 \end{pmatrix} \begin{pmatrix} 4 \\ 5 \end{pmatrix} = \begin{pmatrix} 2 \times 4 + 3 \times 5 \\ 6 \times 4 + 7 \times 5 \end{pmatrix} = \begin{pmatrix} 23 \\ 59 \end{pmatrix}$$

同じ手順は、行列の列数とベクトルの行数が等しい限りいつでも使える。

$$\begin{pmatrix} 1 & 2 & 3 \\ 3 & 2 & 1 \end{pmatrix} \begin{pmatrix} 4 \\ 5 \\ 6 \end{pmatrix} = \begin{pmatrix} 1 \times 4 + 2 \times 5 + 3 \times 6 \\ 3 \times 4 + 2 \times 5 + 1 \times 6 \end{pmatrix} = \begin{pmatrix} 32 \\ 28 \end{pmatrix}$$

$\begin{pmatrix} 1 & 0 \\ 0 & 1 \end{pmatrix}$ という2×2**単位行列**は特別なものである。これには、どのベクトルに掛けてもそのベクトルに変化をもたらさないという性質がある。つまり、$\begin{pmatrix} 1 & 0 \\ 0 & 1 \end{pmatrix} \begin{pmatrix} a \\ b \end{pmatrix} = \begin{pmatrix} a \\ b \end{pmatrix}$ となる。

単位行列は通常 I と書く。これは、**乗法に関する単位元**だ。すなわち、数の掛け算でいえば1が果たすのと同じ役割を行列の掛け算において担っている。

420 行列の掛け算 MULTIPLYING MATRICES

ベクトルに行列を掛ける方法がわかれば、2つの行列を掛ける方

法もすぐに理解できる。$\begin{pmatrix} 1 & 2 \\ 3 & 4 \end{pmatrix}\begin{pmatrix} 5 & 6 \\ 7 & 8 \end{pmatrix}$を計算するために$\begin{pmatrix} 5 & 6 \\ 7 & 8 \end{pmatrix}$を2つのベクトル$\begin{pmatrix} 5 \\ 7 \end{pmatrix}$と$\begin{pmatrix} 6 \\ 8 \end{pmatrix}$にわけて、別々に積を求めればいい。以下の通りだ。

$$\begin{pmatrix} 1 & 2 \\ 3 & 4 \end{pmatrix}\begin{pmatrix} 5 \\ 7 \end{pmatrix} = \begin{pmatrix} 19 \\ 43 \end{pmatrix} \quad \text{および} \quad \begin{pmatrix} 1 & 2 \\ 3 & 4 \end{pmatrix}\begin{pmatrix} 6 \\ 8 \end{pmatrix} = \begin{pmatrix} 22 \\ 50 \end{pmatrix}$$

そして、次のように行列をもとの状態に戻す。

$$\begin{pmatrix} 1 & 2 \\ 3 & 4 \end{pmatrix}\begin{pmatrix} 5 & 6 \\ 7 & 8 \end{pmatrix} = \begin{pmatrix} 19 & 22 \\ 43 & 50 \end{pmatrix}$$

少し練習をすれば、これは行列を分割しなくてもできるようになる。覚えておくべきなのは、各成分を計算するときに、1つ目の行列の行と、2つ目の行列の列を対応させるということだ。だから、次の計算の場合に、最下行の真ん中の数に注目すると以下のようになっているのがわかる。

$$\begin{pmatrix} 1 & 2 & 3 \\ 2 & 4 & 6 \\ 3 & 6 & 9 \end{pmatrix}\begin{pmatrix} 4 & 5 & 6 \\ 2 & 3 & 4 \\ 1 & 2 & 3 \end{pmatrix} = \begin{pmatrix} \cdots & & \cdots \\ & \vdots & \\ \cdots & 3\times5+6\times3+9\times2 & \cdots \end{pmatrix} = \begin{pmatrix} \cdots & & \cdots \\ & \vdots & \\ \cdots & 51 & \cdots \end{pmatrix}$$

数の掛け算とは違い、一般的に、$AB = BA$は成り立たない。行列の掛け算は**非可換**なのだ。

42│行列式 DETERMINANTS

正方行列の**行列式**とは、その行列に関連する数であり、行列について有益な情報を含んでいる。2×2行列$\begin{pmatrix} a & b \\ c & d \end{pmatrix}$に対して、行列式を$ad-bc$と定義する。

Aの行列式を簡略化して、「$\det A$」あるいは$|A|$と書き表す。これは次のようになる。

$$\det\begin{pmatrix} 1 & 2 \\ 3 & 4 \end{pmatrix} = 1\times4 - 2\times3 = 4-6 = -2$$

もっと大きな正方行列にも行列式は存在するが、計算方法は、次のように、やや入り組んでいる。

$$\det\begin{pmatrix} a & b & c \\ d & e & f \\ g & h & i \end{pmatrix} = a\cdot\det\begin{pmatrix} e & f \\ h & i \end{pmatrix} - b\cdot\det\begin{pmatrix} d & f \\ g & i \end{pmatrix} + c\cdot\det\begin{pmatrix} d & e \\ g & h \end{pmatrix}$$

この手順を拡張すると4×4、あるいはそれより大きな行列での計算もできるようになる。ただし、計算にかかる時間はますます長くなる。

1つ有益な性質は、行列式が行列の掛け算によって保たれるとい

うことだ。つまり、任意の行列 A, B に対して、$\det(AB) = \det A \det B$ が成り立つ。だから、A と B の行列式がわかれば、すべての計算をこなすまでもなく、ただちに AB の行列式がわかる。

行列式において最も重要な情報は、それが 0 であるかどうかだ。もしも $\det A = 0$ ならば A は**逆行列**を持たない。すなわち、$AB = I$ を満たすような行列 B は存在しないのだ（ここで I は単位行列）。

422 逆行列　INVERTING MATRICES

行列 A に対してまず問うべきことは、その**逆行列**が存在するかどうか、つまり、ほかの行列 B が存在して、$BA = I$ を満たすかどうかだ。もしもそのような B が存在するなら、A で表される操作は、B によってもとに戻せることになる。そのような B が存在しないなら、A によって基本的な情報の欠落が生じるため、やり直しはできない。

2×2 行列 $A = \begin{pmatrix} a & b \\ c & d \end{pmatrix}$ の逆行列を得るためには、次のような手順をとる。

I. 行列式 $\det A = ad - bc$ を求める。これが 0 ならば、A には逆行列が存在しないのでここで終了だ。

II. $\mathrm{adj}\, A = \begin{pmatrix} d & -b \\ -c & a \end{pmatrix}$ となるような新しい行列を作る。これを A の**余因子行列**と呼ぶ。

III. この新しい行列の各成分を $\det A$ で割ると、A^{-1}、つまり、A の逆行列が得られる。

$$A^{-1} = \begin{pmatrix} \dfrac{d}{ad-bc} & \dfrac{-b}{ad-bc} \\ \dfrac{-c}{ad-bc} & \dfrac{a}{ad-bc} \end{pmatrix}$$

あるいは手短に、$A^{-1} = \dfrac{1}{\det A} \times \mathrm{adj}\, A$ と書いてもいい。計算は大変だが、この手順を、3×3 行列、あるいはもっと大きな行列にも当てはめることができる。

423 余因子行列　THE ADJUGATE OF A MATRIX

3×3 以上の行列の逆行列を作る手順は、本質的には 2×2 の行列の場合と同じだ。ただし、**余因子行列**を見つけるには若干手がかかる。

行列 A を $\begin{pmatrix} 1 & 2 & 3 \\ 3 & 2 & 1 \\ 2 & 1 & 3 \end{pmatrix}$ としたとき、その手順は以下の通りだ。

I. まず、もとの行列の行と列を入れ替えて新しい行列を作る。つまり、もとの行列の第1行は第1列になり、第2行は第2列になり、という具合だ。できた行列を A の**転置行列**と呼ぶ。

$$A^T = \begin{pmatrix} 1 & 3 & 2 \\ 2 & 2 & 1 \\ 3 & 1 & 3 \end{pmatrix}$$

II. 次に、A^T の1つの成分に注目する。その成分を含む行全体と列全体を消すと、2×2 行列が残る。たとえば、A^T の最上行の 3 を選び、3 を含む行と列を以下のように取り除く。

$$\begin{pmatrix} \cancel{1} & \cancel{3} & \cancel{2} \\ 2 & \cancel{2} & 1 \\ 3 & \cancel{1} & 3 \end{pmatrix}$$

こうして行列 $\begin{pmatrix} 2 & 1 \\ 3 & 3 \end{pmatrix}$ が残る。この小さな行列の行列式をその成分の**小行列式**という。

III. そして、A^T のすべての成分を対応する小行列式に置き換える。今回の例では、以下の行列が得られる。

$$\begin{pmatrix} 5 & 3 & -4 \\ 7 & -3 & -8 \\ -1 & -3 & -4 \end{pmatrix}$$

IV. 最後の手順として、規則 $\begin{pmatrix} + & - & + \\ - & + & - \\ + & - & + \end{pmatrix}$ にしたがって符号を変える。

ここで+とは符号を変えないこと、-は符号を変えることを意味する。最終的には以下のようになる。

$$\mathrm{adj}A = \begin{pmatrix} 5 & -3 & -4 \\ -7 & -3 & 8 \\ -1 & 3 & -4 \end{pmatrix}$$

これを用いて A の逆行列を求めるには、公式 $A^{-1} = \frac{1}{\det A} \times \mathrm{adj}A$ を用い、余因子行列の各成分を A の行列式(この例の場合、-12)で割る。すると次のような逆行列が得られる。

$$A^{-1} = \begin{pmatrix} -\frac{5}{12} & \frac{1}{4} & \frac{1}{3} \\ \frac{7}{12} & \frac{1}{4} & -\frac{2}{3} \\ \frac{1}{12} & -\frac{1}{4} & \frac{1}{3} \end{pmatrix}$$

424 変換行列 TRANSFORMATION MATRICES

回転や鏡映などの**変換**では、点の座標を、なんらかの方法で操作することになる。たとえば、ある点を直線 $y = x$ に関して鏡映するには、その座標を入れ替える操作が必要である。たとえば、(1, 2) は (2, 1)

になる。x軸に関して鏡映する場合には、y座標の符号を変える。すなわち、(1, 2) は (1, -2) となる。原点の周りの $90°$ の回転では、(1, 2) は (-2, 1) になる。

この種の操作は行列の掛け算によって簡潔に表現できる。ここでは、ベクトルで考えるのが見通しがよい。たとえば、(1, 2) という点の代わりに、$\begin{pmatrix} 1 \\ 2 \end{pmatrix}$ を使うのだ。すると、直線 $y = x$ に関する鏡映は、行列 $\begin{pmatrix} 0 & 1 \\ 1 & 0 \end{pmatrix}$ を掛けることだと考えることができる。

$$\begin{pmatrix} 0 & 1 \\ 1 & 0 \end{pmatrix} \begin{pmatrix} 1 \\ 2 \end{pmatrix} = \begin{pmatrix} 2 \\ 1 \end{pmatrix}$$

同じように、x軸に関する鏡映は行列 $\begin{pmatrix} 1 & 0 \\ 0 & -1 \end{pmatrix}$ の掛け算となる。

$$\begin{pmatrix} 1 & 0 \\ 0 & -1 \end{pmatrix} \begin{pmatrix} 1 \\ 2 \end{pmatrix} = \begin{pmatrix} 1 \\ -2 \end{pmatrix}$$

原点の周りの $90°$ 回転は $\begin{pmatrix} 0 & -1 \\ 1 & 0 \end{pmatrix}$ の掛け算となる。

$$\begin{pmatrix} 0 & -1 \\ 1 & 0 \end{pmatrix} \begin{pmatrix} 1 \\ 2 \end{pmatrix} = \begin{pmatrix} -2 \\ 1 \end{pmatrix}$$

425 回転行列 ROTATION MATRICES

最もよく知られている回転は、原点の周りの $90°$、$180°$、$270°$ 回転だ。これらはそれぞれ、以下の行列で表せる。

$\begin{pmatrix} 0 & -1 \\ 1 & 0 \end{pmatrix}$、$\begin{pmatrix} -1 & 0 \\ 0 & -1 \end{pmatrix}$、$\begin{pmatrix} 0 & 1 \\ -1 & 0 \end{pmatrix}$

もっと一般的な回転はどうなるだろうか?

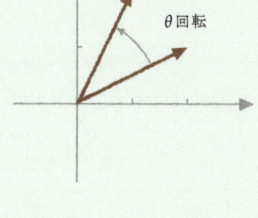

角度 θ の回転を示す行列の一般的な形は以下の通りとなる(原点以外の点の周りの回転は、原点の周りの回転と平行移動に分解できる)。

$$\begin{pmatrix} \cos\theta & -\sin\theta \\ \sin\theta & \cos\theta \end{pmatrix}$$

たとえば、$30°$ の回転なら次のように表せる。

$$\begin{pmatrix} \frac{1}{2} & \frac{\sqrt{3}}{2} \\ \frac{\sqrt{3}}{2} & -\frac{1}{2} \end{pmatrix}$$

回転行列の行列式は、$\cos^2\theta + \sin^2\theta = 1$ より常に1となる(原点以外の点の周りの回転は、原点の周りの回転と平行移動に分解できる)。☞ Fig

426 鏡映行列 REFLECTION MATRICES

原点を通る任意の直線についての鏡映も行列で表すことができる。最もよく知られているのは、直線 $y = x$、$y = -x$、$y = 0$、$x = 0$ についての鏡映で、それぞれ次の行列で表せる。☞*Fig.1*

$$\begin{pmatrix} 0 & 1 \\ 1 & 0 \end{pmatrix}, \begin{pmatrix} 0 & -1 \\ -1 & 0 \end{pmatrix}, \begin{pmatrix} 1 & 0 \\ 0 & -1 \end{pmatrix}, \begin{pmatrix} -1 & 0 \\ 0 & 1 \end{pmatrix}$$

ほかの直線に関する鏡映を考えよう。原点を通る直線はすべて傾き、すなわち、x 軸に対する角度を使って一意に定義できる。x 軸自体(すなわち直線 $y = 0$)の場合には $0°$、直線 $y = x$ の場合は $45°$、y 軸なら $90°$、$y = -x$ は $135°$ だ。$180°$ はふたたび x 軸になる。

直線が x 軸となす角度を θ とすると、その傾きは $\tan\theta$ であり、$y = (\tan\theta)x$ という方程式で書き表せる。したがって、この直線に関する鏡映は次の行列で表される(鏡映行列の行列式も必ず -1 となる)。☞*Fig.2*

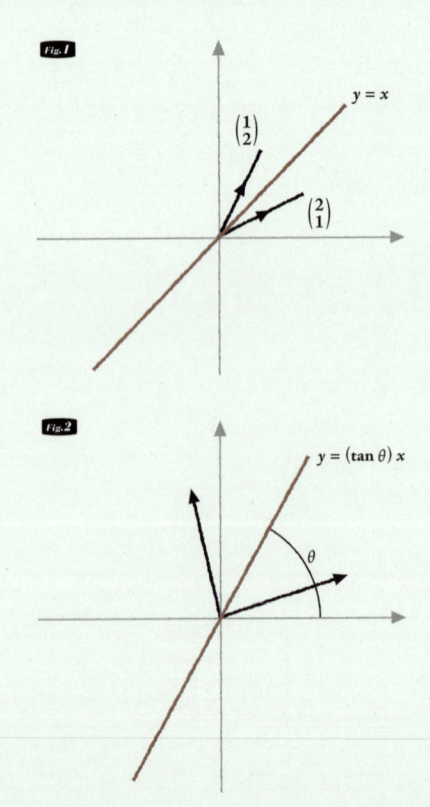

Fig.1

Fig.2

$$\begin{pmatrix} \cos 2\theta & \sin 2\theta \\ \sin 2\theta & -\cos 2\theta \end{pmatrix}$$

直線 $y = \frac{1}{\sqrt{3}}x$ は x 軸に対する角度が $30°$ であり、この直線に関する鏡映は次の行列の掛け算に対応する。

$$\begin{pmatrix} \frac{1}{2} & \frac{\sqrt{3}}{2} \\ \frac{\sqrt{3}}{2} & -\frac{1}{2} \end{pmatrix}$$

427 拡大行列と剪断行列
ENLARGEMENT AND SHEARING MATRICES

原点を中心とした**拡大**は、非常に簡単に行列として表すことができる。ベクトル $\begin{pmatrix} 2 \\ 1 \end{pmatrix}$ を倍率 3 で拡大するためには、各座標に 3 を掛け、$\begin{pmatrix} 6 \\ 3 \end{pmatrix}$ とする必要がある。これは行列 $\begin{pmatrix} 3 & 0 \\ 0 & 3 \end{pmatrix}$ を掛けるのと同等だ。一般に、倍率 a での拡大は行列 $\begin{pmatrix} a & 0 \\ 0 & a \end{pmatrix}$ で表せる。☞Fig.1

また別の種類の変換が行列 $\begin{pmatrix} 1 & 1 \\ 0 & 1 \end{pmatrix}$ で表せる。これは**剪断**の例である。剪断には、動かない直線がある(この場合、x 軸)。そして、ほかの点はこの直線からの距離に比例して、この直線に対して平行に移動する。この比を**剪断係数**という(この場合は 1)。

剪断を行っても、図形の面積は維持される。☞Fig.2

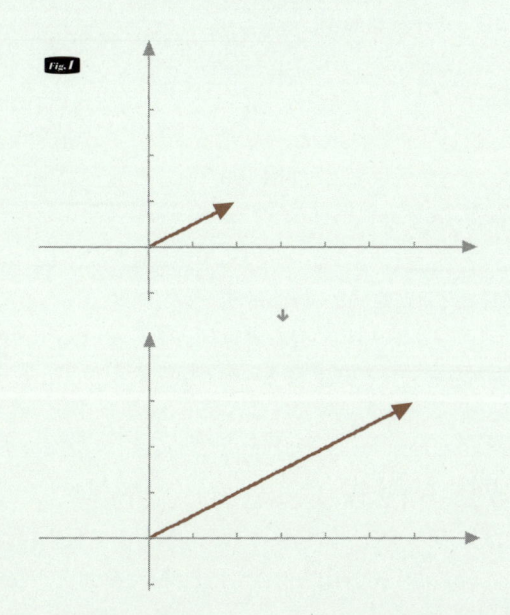

Fig.1

Fig.2

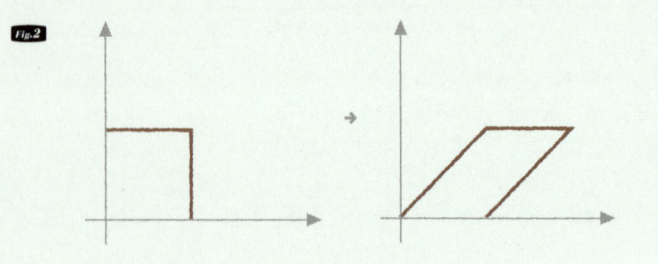

428 行列群 GROUPS OF MATRICES

行列の掛け算は正方行列に対して最も効果を発揮する。正方行列の場合、同じ大きさの任意の2つの行列を掛けることができるし、ほかの行列には影響を与えない特別な行列である**単位行列**も存在する。

ところが、3×3行列をすべて集めた集合は、**群**ではない。必ずしもすべての行列に逆行列が存在するわけではないからだ（行列Aの行列式が0ならば、Aの逆行列は存在しない）。とはいえ、これが唯一の障害だ。

行列式が0である行列を除外したなら、残りの行列は群をなす。これを、次数3の**一般線形群**という。

ほかにも、このなかにさらに小さな群が隠されている。行列式が1であるものに限ると、これも1つの群をなしているのだ。これを**特殊線形群**という。

2×2行列では、回転行列と鏡映行列だけを集めると群となる。これを次数2の**直交群**という。

これらさまざまな行列群は、**リー群**の主たる例であり、それらを念入りに研究したことが**単純リー群の分類**につながった。

さらに、こうした行列内の数を有限体の元に置き換えることで、**有限単純群の分類**において重要な役割を果たす族を見出すことができる。

429 行列と方程式 MATRICES AND EQUATIONS

行列は幾何学の中心的存在であると同時に、**連立方程式系**をまるごとひとまとめにするためにも役立つ。たとえば、2つの方程式 $2x+y$

$=7$ と $3x-y=3$ を考える。これらを合わせて次のように表現できる。

$$\begin{pmatrix} 2 & 1 \\ 3 & -1 \end{pmatrix} \begin{pmatrix} x \\ y \end{pmatrix} = \begin{pmatrix} 7 \\ 3 \end{pmatrix}$$

ここで、行列 $\begin{pmatrix} 2 & 1 \\ 3 & -1 \end{pmatrix}$ の逆行列は $\begin{pmatrix} \frac{1}{5} & \frac{1}{5} \\ \frac{3}{5} & \frac{-2}{5} \end{pmatrix}$ である。両辺にこれを掛けると左辺の2つの行列が相殺され、以下の式が残る。

$$\begin{pmatrix} x \\ y \end{pmatrix} = \begin{pmatrix} \frac{1}{5} & \frac{1}{5} \\ \frac{3}{5} & \frac{-2}{5} \end{pmatrix} \begin{pmatrix} 7 \\ 3 \end{pmatrix}$$

これを計算すると $\begin{pmatrix} x \\ y \end{pmatrix} = \begin{pmatrix} 2 \\ 3 \end{pmatrix}$ となる。だから、もとの方程式系の解は $x=2$, $y=3$ となる。この方法を拡張すると、もっと多くの未知数を含む複雑な連立方程式の解が求められる。

Group Theory

430 群の公理 THE GROUP AXIOMS

整数同士の足し算に関して、以下の2点は明らかだ。
・特別な数0が存在し、ほかのどの数に加えても何も作用しない。
・任意の数 n を、それと符号が逆の数 $-n$ に加えると0になる。

3点目として述べる内容は若干理解しがたいものだが、次のような具体例がわかりやすいだろう。

$(12+5)+6 = 17+6 = 23$ であり、$12+(5+6) = 12+11 = 23$ と等しい。つまり、数字をどのように括弧に入れても問題にはならないというのが3点目だ。**結合性**に関するこの性質があるからこそ、$12+5+6$ と書けるのだ。

これらの事実を**抽象性**という視点でとらえると、**群**という抽象的な代数構造の概念が得られる。群とは対象の集まりであり、対象同士は2個ずつ結びつけることができる。その際に、以下の3つの**公理**を満たす。

I.　1個の特別な対象として**単位元**が存在する。単位元は、ほかのどの対象と結びついても何も作用しないものである。

II.　すべての対象は**逆元**を持つ。逆元がもとの対象と結びつくと単位元になる。

III.　対象を結びつけるプロセスは**結合的**である。

431 群 GROUPS

群は抽象代数学のあちこちに登場する。**群**は対象の集まりであり、その対象同士を結びつける方法を持つ。そして、その方法は**群の公理**を満たす。先ほど紹介したように、整数は加法の下で群をなす。

数は乗法の下でも群になり得る。この場合、単位元は 1 で、数 q の逆元は**逆数** $\frac{1}{q}$ だ。ただし、2 の逆元は $\frac{1}{2}$ であって整数ではない。だから、整数は乗法の下では群をなさない。有理数まで拡張するとだいぶ群らしくなる。

とはいえ、まだ1点だけ問題が残る。0 には逆元がないのだ(0 を掛けて 1 となる数は存在しない)。したがって、0 を除外した、ゼロでない有理数が乗法の下での群となる。

ここであげた例はどれも無限群だが、有限群も存在する。たとえば、**対称変換群**や置換群の多くは有限である。

整数についてほかにわかっているのは、$17 + 89 = 89 + 17$ が成り立つこと、すなわち、対象同士を結びつける順序は問題にならないことだ。

このような群を**アーベル群**という。ノルウェーの代数学者、ニールス・アーベルにちなんだ名前である。乗法の下での行列のような**非アーベル群**も多く存在する。

432 置換群 PERMUTATION GROUPS

集合 {1, 2, 3} にはいくつの異なる並び順があるだろうか? **階乗**がその答だ($3! = 3 \times 2 \times 1 = 6$)。

具体的には、次の6通りの並べ方だ。1-2-3、1-3-2、2-1-3、2-3-1、3-1-2、3-2-1。

ここで、(2-3-1や1-3-2のような)それぞれの並べ替えに対応する関数を考えることができる。その関数を**置換**と呼ぶ。置換は、各桁をどのように並べ替えると新たな順序にできるかを示している。

1	→	2
2	→	3
3	→	1

あるいは

1	→	1
2	→	3
3	→	2

置換は連続して作用させることができる。先ほどの置換を連続させると、

1	→	2	→	3
2	→	3	→	2
3	→	1	→	1

となる。これは簡略化して次のようにも書ける。

1	→	3
2	→	2
3	→	1

単位元置換は、何も動かさないような関数だ。

1	→	1
2	→	2
3	→	3

各置換には逆元が存在する。

1	→	2
2	→	3
3	→	1

の逆元は

1	→	3
2	→	1
3	→	2

だ。

これらを合わせると、以下のように単位元になる。

1	→	2	→	1
2	→	3	→	2
3	→	1	→	3

つまり、これら6通りの置換は**群**をなすのだ。これを、3次対称群(S_3)と呼ぶ。同様に、任意の個数の元に対して対称群を作ることができる。

433 巡回表記 CYCLE NOTATION

巡回表記は、置換を書き表すための便利で手短な方法だ。以下に示す表を書きだす代わりに、(1 2 3)とだけ書くと、この置換によって、1は2に、2は3に、3は一巡して1に戻るということを示せる。

1	→	2
2	→	3
3	→	1

同様に、以下の関数も(1)(2 3)と書ける。

1	→	1
2	→	3
3	→	2

これは、1はそれ自体で巡回し、2と3が長さ2の巡回をなすことを

示している。通常、自明な巡回(1)を省略し、単に(2, 3)とだけ書く。

434 図書館員の悪夢の定理
LIBRARIAN'S NIGHTMARE THEOREM

来館者が1度に1冊の本を借り、もとあった場所の左か右に返すとする。このとき、本の並び順はどうなるだろうか?

しばらく時間が経つと、考えられるどんな並び順にでもなれるというのがその答だ。

最も単純な置換は、隣り合う2個を入れ替える**互換**である。先ほどの問いは、「互換を連続して行うことによって生成されるより複雑な置換には、どのようなものがあり得るか?」と言い直すことができる。答については、「すべての置換が互換の積として書き表せる」と言い直せる。

巡回表記の(1 3 2)は互換ではない。1は3に、3は2に、2は1に、というように、3個の元をぐるりと回しているからだ。ただしこれは、1と2を交換し、その後2と3を交換した結果と同じである。

つまり、(132) = (12)(23)なのだ。**図書館員の悪夢の定理**によれば、すべての置換が互換の積として表される。

435 交代群 ALTERNATING GROUPS

図書館員の悪夢の定理から、すべての置換は互換に分解できる。ただし、その表現方法は一意ではない。特定の置換を互換から構築する方法はたくさんある。

たとえば、対象群 S_5 の場合は、(1 3 2) = (1 2)(2 3)であると同時に、(1 3 2) = (2 3)(1 2)(2 3)(1 2)でもある。

考え得るすべての表現を通じて、ずっと変わらないことが1つある。置換が偶数個の互換の積であれば、すべての表現が偶数個からなるものでなくてはいけない。同様に、奇数個の互換の積である置換は、奇数個の組み合わせとしてしか書けない。この事実から、置換は**奇置換**と**偶置換**に二分される。

偶置換の集合はとりわけ重要である。というのも、それは**n次交代群**と呼ばれる部分群 A_n を作るからだ。$n \geq 5$ のとき、この群は**単純群**である。A_5 が最小の非アーベル単純群であるという事実は、**ガロアの定理**の柱となっている。

436 ケイリー表 CAYLEY TABLES

子供たちは、以下のような掛け算表を覚えさせられる。

×	1	2	3	4	5	6	7	8	9	10
1	1	2	3	4	5	6	7	8	9	10
2	2	4	6	8	10	12	14	16	18	20
3	3	6	9	12	15	18	21	24	27	30
4	4	8	12	16	20	24	28	32	36	40
5	5	10	15	20	25	30	35	40	45	50
6	6	12	18	24	30	36	42	48	54	60
7	7	14	21	28	35	42	49	56	63	70
8	8	16	24	32	40	48	56	64	72	80
9	9	18	27	36	45	54	63	72	81	90
10	10	20	30	40	50	60	70	80	90	100

もちろん、この表はこれで完成というわけではない。整数は無限に多くあるからだ。だが、たとえば、5を法とする掛け算を考えるなら、整数が無限にあることからくる障害はなくなり、以下のように、すべての値を埋めることができる。

×	1	2	3	4
1	1	2	3	4
2	2	4	1	3
3	3	1	4	2
4	4	3	2	1

この表には、19世紀の英国人数学者アーサー・ケイリーにちなんでその名前がつけられており、5を法とする乗法の下で、ゼロ以外の整数がなす群を完璧に定義している。

ほかの例としては、正三角形の対称変換群があげられる。この群には、「I」と表される単位元と、120°の回転（これをRと呼ぶ）が含まれている。そのほかにも240°の回転があるが、これはRを2回繰り返したものなので、R^2だ。

また、垂直な直線に関する鏡映も存在し、それをTとする。すると残りの2つの鏡映はTの後にR、もしくはR^2を行った結果となる。そのため、それらはTR、TR^2と表せる。

こうして、掛け算表にすべてを書き込めば、6個の元がどのように作用し合うのかがわかる。

	ι	R	R^2	T	TR	TR^2
ι	ι	R	R^2	T	TR	TR^2
R	R	R^2	ι	TR^2	T	TR
R^2	R^2	ι	R	TR	TR^2	T
T	T	TR	TR^2	ι	R	R^2
TR	TR	TR^2	T	R^2	ι	R
TR^2	TR^2	T	TR	R	R^2	ι

437 同型写像 ISOMORPHISMS

アーサー・ケイリーは、作成した表の1つに見てとれるパターンに、群の抽象的な本質が含まれていることに気がついた。**元**の名前や、**群**ができる幾何学的経緯はさほど重要ではなかった。

2個の群が**同型**であるというのは、それらが(たとえまったく異なる状況下にあるとしても)本質的に同じだということだ。一方をもう片方に変えるためには、ただ単にラベルを変えさえすればいいのだ。

巡回表記で(0 1 2)と書ける対称群は次のケイリー表で表せる。

	ι	(0 1 2)	(0 2 1)	(0 1)	(0 2)	(1 2)
ι	ι	(0 1 2)	(0 2 1)	(0 1)	(0 2)	(1 2)
(0 1 2)	(0 1 2)	(0 2 1)	ι	(1 2)	(0 1)	(0 2)
(0 2 1)	(0 2 1)	ι	(0 1 2)	(0 2)	(1 2)	(0 1)
(0 1)	(0 1)	(0 2)	(1 2)	ι	(0 1 2)	(0 2 1)
(0 2)	(0 2)	(1 2)	(0 1)	(0 2 1)	ι	(0 1 2)
(1 2)	(1 2)	(0 1)	(0 2)	(0 1 2)	(0 2 1)	ι

よく調べてみると、これは正三角形の対称変換のなす群の変形版になっていることがわかる。なぜなら、次のようなラベルの変更によって正三角形の対称変換群に変えられるからだ。

$$\iota \to \iota$$
$$(0\,1\,2) \to R$$
$$(0\,2\,1) \to R^2$$
$$(0\,1) \to T$$
$$(0\,2) \to TR$$
$$(1\,2) \to TR^2$$

このようなラベルの変更を**同型写像**と呼ぶ。もちろん、2個の群が同型であるためには、元の数が等しくなくてはならない。しかし、それだけではじゅうぶんとはいえない。6 を法とする加法の下でも、次に

示すような6個の元からなる群ができるが、これは先に見た群とは根本的に異なる。

	0	1	2	3	4	5
0	0	1	2	3	4	5
1	1	2	3	4	5	0
2	2	3	4	5	0	1
3	3	4	5	0	1	2
4	4	5	0	1	2	3
5	5	0	1	2	3	4

同型という用語は、群以外の(**環**や**体**などの)代数的構造にも使われる。ただし、意味するところはいつも同じだ。つまり、2個の構造が本質的には同等であり、一方をもう片方へ変えるにはラベルをつけ替えさえすればいい。

438 単純群 SIMPLE GROUPS

素数がそれ以上小さな数にわけられないのとまったく同じように、**単純群**はそれ以上小さな群にわけることができない。有限群の場合には、算術の基本定理にあたるものも存在する。1889年に発表された**ジョルダン-ヘルダーの定理**がそうだ。この定理によると、すべての有限群は単純群から作られ、その方法は一意である。

無限群の場合には、状況はさほど簡単ではない。というのも、すべての群がこうした厳密な方法で、これ以上細分化できない単位にまで分解できるわけではないからだ。ただし、特別な場合にはそれも可能だ。特に重要なのは**単純リー群の分類**である。

439 有限単純群の分類 THE CLASSIFICATION OF FINITE SIMPLE GROUPS

有限単純群の分類は、20世紀における数学の華々しい功績の1つとしてあげられる。これは、巨大なチームプロジェクトが成就した成果であって、世界中で100人を超えるさまざまな数学者たちが500篇もの論文を執筆するに至った。

「第2世代の証明」を作ってひとまとめにしようという努力がなおも続いていて、それは12巻にも及ぶ書籍として結実するだろう(本書執筆時点では第6巻まで刊行されている)。最終的な定理では、有限群の18

種類の無限族が厳密に説明されるはずだ。

18種類のなかで最初にあげられるものは、**巡回群**（素数pを法とする加法の下での群）の族だ。次は**交代群**であり、残りの族は特定の有限幾何学構造の**対称変換群**だ。さらに定理では、26もの個別の群についても言及している。それらは**散在型の群**として知られ、そのなかで最大のものが**モンスター群**だ。

つまるところ、この目覚ましい定理は、有限単純群のすべての集合は、18の族と26の個々の群によって構成されていて、そのほかのものはないと言っているのだ。したがって、その18の族と26の個別の群はすべての有限群を構成する最小単位の要素であるといえる。

440 モンスター群　THE MONSTER

モンスター群では、元の個数が
808017424794512875886459904961710757005754368000000000
にも及び、26の散在型有限単純群のうち最大のものとなっている。モンスター群は1973年にその存在が予想され、1980年にベルント・フィッシャーとロバート・グライスによって構築された。当初はただ単に好奇心をそそるもの、つまり、可能性として考えられるだけの極めて珍奇なものだとみなされていた。

ところが1979年、ジョン・コンウェイとサイモン・ノートンが、**モジュラー形式**という関連性のない分野でモンスター群の痕跡を見つけた。二人は、この予期せぬ現象をモンストラス・ムーンシャインと名づけ、これら二分野がじつは密接に関係しているという大胆な予想をした。

1992年にリチャード・ボーチャーズが見事な手腕を発揮し、場の量子論における難解な方法を取り入れてムーンシャイン予想を証明した。

441 リー群　LIE GROUPS

正方形の**対称変換群**には4種類の回転が含まれている。0°、90°、180°、270°だ。一方、円は1°だろうと197.8°だろうと、いくら回転しても変わらず同じように見える。円の対称変換群は無限なのだ。☞ *Fig.1*

ここで、2個の回転が互いに「近い」とはどういうことかについて述べておこう。1°回転するということは、円をそのまま動かさないのとほぼ同じだ。0.1°、0.01°の回転となると、動かさないことにさらに近

い。つまり、これらの回転は群の単位元に近づいているといえる。この群は、多角形や充填形の離散的な対称変換群ではなく、ゆるやかで連続的な変化を許容するのだ。

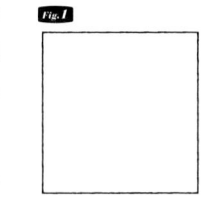

実際、円の対称変換群は円自体のように見える。任意の角度で回転できるし、360°回転すればもとに戻る。一方で、鏡映も無限にたくさんある。鏡映の軸として、円の直径を任意にとればいいのだ。2個の鏡映は（軸の直線がほぼ同じであれば）互いに近いものになり得るが、単位元には近づけない。だから、円の対称変換群は二種類の別々の構成要素からできている。滑らかに単位元に移り得る回転と、そうはならない鏡映だ。☞*Fig.2*

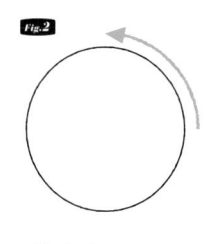

これは、2次直交群と呼ばれる（3次直交群は球体の対称変換に対応し、以降も同様に続く）。直交群は**リー群**の一例である。リー群というのは**多様体**でもある群で、発見者であるノルウェー人、ソフス・リーにちなんで名づけられた。任意の滑らかな多様体の対称変換はリー群をなす。そのためにこれらは、物理学において重要性を持つ。リー群も、直交群と同じように、行列からなる群として具体的に表せる場合が多い。

442 単純リー群の分類
THE CLASSIFICATION OF SIMPLE LIE GROUPS

1989年、量子論の専門家であるA・ジョン・コールマンは『The greatest mathematical paper of all time』（古今を通じて最も優れた数学の論文）というタイトルの記事を執筆した。コールマンがこの堂々たるタイトルのために推薦したのは、1888年にヴィルヘルム・キリングが発表した研究だった。キリングはその研究において、技術的進展をいくつも成し遂げており、特に、単純リー群を完全に分類するための下地を築いた点で秀逸である。

リー群は物理学において重要な役割を果たしている。また、数学的にも、群論の代数学と微分幾何学の深遠な着想を結びつけるための方法論の核心部分を担っている。それゆえ、単純リー群の重要性は格別だ。これらは、それ以上小さなリー群にはわけられない。

キリングが着手した重大なプロジェクトは、その後、エリー・カルタンが完成させた。ジャン・デュドネが書いた通り、このプロジェクトは「カルタンによる、超人的な代数学的考察および幾何学的洞察があったからこそ可能だった。それは二世代にわたって数学者たちを惑わせてきた」

キリングとカルタンの努力は、行列群から派生する単純リー群の4種類の無限族のリストという形で実を結んだ。それに加えて、5個の個別の群が存在する。これがいわゆる例外リー群だ。これらは**四元数**、**八元数**から得られる。結局のところ、単純リー群は、4種類の族のどれかに属するか、5個の例外群のどれかに等しい。

443 リー群の「アトラス」計画　THE ATLAS OF LIE GROUPS

キリングとカルタンによる単純リー群の分類以来、すべての単純リー群がリスト中のどこかにいるのが確実となった。

これはじつにすばらしい功績であるが、これで一件落着というわけではない。というのも、これらの群の内部での作用がわからないからだ。このように莫大な数にのぼる抽象的な対象を理解する最善の方法は、もっとよくわかるもので近似することだ（ここでは行列群）。

これは**表現論**という分野になる。リー群の「アトラス」計画は、すべてのリー群に関する表現論を集積しようという、目下進行中のプロジェクトである。

444 E_8　E_8

例外単純リー群のなかでもとりわけややこしいものが E_8 である。これは、57次元空間における対称変換を表している。しかも、E_8 自体は248次元だ。

E_8 の行列表現の解析は、数学者とプログラマーが構成するチームを、米国メリーランド大学のジェフリー・アダムズが率いて2007年に完成させた。チームが見出した E_8 を説明づける情報は、60ギガバイトにもなっていた。ちなみに、人間のゲノム情報のサイズは1ギガバイトにも満たない。

445 拡大問題　THE EXTENSION PROBLEM

化学では、炭素や水素などの元素が結びついて化合物を作る。た

とえばC_5H_{12}という化学式から、その化合物の各分子が5個の炭素原子と12個の水素原子を持つことがわかる。

この情報だけでは、新しい化学物質を正確に把握するのにじゅうぶんだとはいえない。元素はさまざまな方法で結びつき、異性体という形をとり得るからだ。2種類の異性体はどちらも化学式C_5H_{12}で表せるが、原子同士の結びつき方が異なるために、結果として似ても似つかない化学的性質を持つ2種類の化合物になり得る。

同じことが群論でもいえる。群を理解するためには、単純群という観点から構造だけを知るのではじゅうぶんではない。2個の群は、多くの異なる方法で結びつき得るからだ。たとえば、次のような、2を法とした加法の下での群を考えてみよう。

	0	1
0	0	1
1	1	0

これを2個結びつけるには、2通りの可能性がある。まずは群からペアを作って加える方法だ。これによって、以下のような、いわゆる**クラインの四元群**ができる。

	(0,0)	(0,1)	(1,0)	(1,1)
(0,0)	(0,0)	(0,1)	(1,0)	(1,1)
(0,1)	(0,1)	(0,0)	(1,1)	(1,0)
(1,0)	(1,0)	(1,1)	(0,0)	(0,1)
(1,1)	(1,1)	(1,0)	(0,1)	(0,0)

そのほかの方法は、次のように、4を法とする加法の下で群を作ることだ。

	0	1	2	3
0	0	1	2	3
1	1	2	3	0
2	2	3	0	1
3	3	0	1	2

2つの群を結びつけるためのさまざまな可能性を理解することを**拡大問題**という。これは一般に、手に負えないほど難しい。しかし、元の個数が素数である有限群など特別な場合は、重要な研究対象となっている。**マーカス・デュ・ソートイ**らが展開した技法は、**L関数**を使って、群についての情報を記号化するというものだ。

446 可解群 SOLVABLE GROUPS

最も理解しやすい群は、**アーベル群**だろう。ここではいつでも $xy = yx$ が成り立つ。よく知られている数体系はどれもこの条件を満たすものの、必ずしもすべての群がアーベル群とは限らない。行列群、置換群、対称変換群はアーベル群ではないものの代表例だ。

次に理解しやすいのは、それ自体はアーベル群ではないものの、アーベルで単純な部分から構成されている群だ。これらを**可解群**という。n 次交代群 A_n のように非アーベルで単純な部分からなる群は可解ではない。

エヴァリスト・ガロアは、群が方程式の研究に有益だという優れた洞察を示した。結果として得られる群が可解であるかどうかというのが重要な問いであり、ガロアの定理はそれを扱っている。

Abstract Algebra

抽象代数学

447 抽象代数学 ABSTRACT ALGEBRA

高度な代数学は、数の代わりに文字を使った変化形というわけではない。演算が、おなじみの整数や有理数の系よりも遥かに抽象的な状況で行われるという点で大きく異なっている。

また、(たとえば整数のような) 数体系の役割は、**構造**が果たす。構造とは、個々の数の代わりとなる対象 (元と呼ぶ) の集合だ。

全体の仕組みは、**群の公理**のような、厳密に定義された公理によって決まっている。こうした構造は、公理の論理的帰結を研究することによって、深く追究できる。

448 代数学的構造 ALGEBRAIC STRUCTURES

研究対象となっている抽象代数学的構造の範囲はとても広く、途方に暮れてしまうほどだ。専門の数学者たちでさえもそうである。とはいえ、特に重要な例といえば、**群**、**環**、**体**だ。

一見すると無味乾燥で形式的に見えるであろうこの分野が、現実世界の何かに結びついていることなどないように思えるかもしれない。しかし整数や複素数や行列などのよく扱われる数学的対象の多くは、

これらのうちのどれか1つもしくは複数に収まっている。だから、抽象的構造の研究は、こうしたよく知られた系の研究でもあるのだ。

そのうえ、こうした構造は思いもよらないところに現れてくることがある。抽象的な手法がわかっていれば、わずかに違いのある多くの状況で同じ労力を繰り返し使うことなく、問題を一発で丸ごと解決できる。

なかでも最もありがたいのは、抽象的構造が分類されている場合、つまり、公理を満たす構造にはどのようなものがあるのかが一度に見渡せるようになっているときだ。例としては、有限単純群の分類、単純リー群の分類などがある。

449 環 RINGS

群によって、抽象構造における加法、あるいは乗法のどちらかを研究するすばらしい方法が得られる。しかし、おなじみの数では、加法と乗法という両方の処理が同時に機能している。

それゆえ、その仕組みを抽象化するための新しい方法が必要だった。20世紀初期の数学者がたどり着いた答は、**環**という概念だ。

これは対象の集合であり、その対象は足したり引いたり掛けたりでき、そうした処理がどのように作用し合うのかを定めた厳密な公理にしたがうようなものだ。最も重要な例が整数環**Z**だ。だが、ほかにもいろいろな環がある。行列や多項式の環は代数学や幾何学のあちこちに出てくるし、関数の環は解析学で重要な役割を担っている。

すべての体は環でもある。同様に、すべての環は（乗法は忘れて、加法と減法に注目すれば）群である。

450 体 FIELDS

環では、加法、減法、乗法を考えることができる。しかし、足りないものが1つある。除法だ。これは、整数環を考えれば明らかだ。1個の整数（たとえば5）をほかの整数（たとえば7）で割ったとき、多くの場合、答は整数にはならない。だから、環という構造に収まったままで除法を行うことは望めないのだ。

体というのは除法も行える環境だ（といっても例外はある。体においても、**0による割り算**はできない）。最もよく知られている体は有理数体、実数体、複素数体だろう。ほかの重要なクラスは、有限体だ。体とはいえな

いものとして、1元「体」や四元数や八元数などがある。

451 素体 PRIME FIELDS

4を法とする演算で、1は2で割り切れない。その理由は、次の通りである。2の倍数は0、2、4、6、8、10、……だ。それぞれを4で割ると、剰余が0か2になる。だから、2を掛けた答が、4を法として1と合同になる整数はない。つまり、4を法とする演算の下で、{0, 1, 2, 3}という数を考えると、足したり、引いたり、掛けたりすることはできるが割ることはできない。すなわち、この構造は環ではあるが体ではない。

一方、5を法とすると、任意の数は任意のほかの数で割り切れる（0を除くのはいつもの通り）。たとえば、$1 \div 2 \equiv 3 \mod 5$ であるのは $2 \times 3 \equiv 1 \mod 5$ だからだ。すなわち、数の集合{0, 1, 2, 3, 4}は体をなす（これをF_5と呼ぶ）。この構造内では、加法も減法も乗法も除法も行える。

決定的な違いは、5は素数であるが4は素数ではないことだ。同じように、任意の素数pを法とする演算の下で**有限体**（F_pと呼ぶ）ができる。しかし、非素数の場合にはこれは成り立たない。

452 有限体 FINITE FIELDS

素体F_pが唯一の有限体であるとはいえない。実数に-1の平方根を加えることで複素数に拡張できたのとちょうど同じように、新しい元を加えることで体F_pを拡張できる可能性がある。

実際、任意のnに対して、新しい体F_{p^n}があり、これがちょうどp^n個の元を持つ。それゆえ、4個の元を持つ体F_4が存在する。しかし、これは4を法とする演算の下での{0, 1, 2, 3}と同じではない。こうした有限体は驚くほど役に立ち、特に**暗号学**で顕著である。

453 一元「体」 THE 'FIELD' WITH ONE ELEMENT

公理から、すべての体にはほかの元に掛けても何も作用しない元（通常これを「1」と呼ぶ）と、ほかの元に足しても何も作用しない元（「0」と呼ぶ）がなくてはならず、さらにこれらは別のもの、つまり$0 \neq 1$でなくてはいけないことがわかる。

これより、体についての最も基本的な事実として、すべての体が少なくとも2個の元を含むことが明らかだろう（実際、最小の体F_2は元がちょうど2個だ）。

だから、一元体は存在し得ない。1957年、論理的には不可能であるにもかかわらず、ジャック・ティッツはあきらめずにこのテーマでの議論を開始した。それ以来、多くの数学者が、F_1と呼ばれる、実体のないものにまつわる知識体系への思索を思いとどまることなく進めている。

これはただの冗談というわけではない。数学者たちは、F_1を体に対する**概念的極限**であると考えた(無限が自然数の概念的極限であるのと同じだ)。指針となる原理は、F_1が組み合わせの対象を幾何学的な対象に変えるというものだ。この視点にしたがえば、整数の集合はF_1上の曲線として描け、単純で構造化されていない対象の集合は**多様体**に似たものとなる。

454 ガロア理論 GALOIS THEORY

有理数、実数、複素数はすべて体の例だ。これらの数体系はそれぞれ自己完結しているものの、互いに密接な関係を持っている。有理数はすべて実数であり、実数はすべて複素数だ。

小さな体から大きな体へと考察の対象を移行するときに起こり得る重要な事柄は、以前は解のなかった方程式が解を持ち得るようになることだ。たとえば、$x^2-2 = 0$は有理解を持たないけれど、実数で考えれば解として$\sqrt{2}$が得られる。同様に、$x^2+1 = 0$は実数解を持たない。しかし複素数に足を踏み入れることで解iが得られる。

アーベルが19世紀初めに**5次方程式**に関して行った研究を礎に、エヴァリスト・ガロアは代数学におけるいくつかの中心的なテーマ同士を結びつけた。その功績から、**ガロア理論**はどんどん発展していった。

現代数学の言い方をすれば、ガロア理論は、ある体がほかの体のなかでどのように存続できるのかについての研究である。重要なことは、小さな体で解けなかったけれども大きな体で解けるような新たな方程式とはどのようなものかを判断することである。

455 対称変換と方程式 SYMMETRIES AND EQUATIONS

(実数のような)小さな体から(複素数のような)大きな体に移行すると新しい体が新たな対称変換をもたらす。

たとえば、**複素共役**は複素数の対称変換であって、実数には存在

しない。この対称変換は、方程式 $x^2+1=0$ の2個の解である i と $-i$ を相互に入れ替えるものだ。

ガロア理論は方程式の解の対称変換についての研究だと考えてもいい。こうした対称変換は群をなす。結果として得られる群が**可解**かどうかが重要な問いであるということをエヴァリスト・ガロアははっきりと理解していたようだ。

アーベルと同じように、ガロアの人生は華々しくも悲劇的に短かった。革命に傾倒し、国王の生命を脅かしたとして逮捕されたこともある（後に無罪となった）。わずか21歳のとき決闘で命を落としたというが、そのときの状況はいまだ謎に包まれている。

456 ガロアの定理 GALOIS' THEOREM

ガロアが取り組んだ問題は、方程式が累乗根によって解けるのはどのようなときかというものだった。**方程式の解の公式**とは、$+$、$-$、$\times$、$\div$、$\sqrt{\ }$、$\sqrt[3]{\ }$、$\sqrt[4]{\ }$、……といったものだけを含み、任意の方程式の解を与える式のことだ。

ガロアの定理によると、こうした公式が存在するのは、対応する群が可解のとき、かつそのときに限る。

対称群 S_1、S_2、S_3、S_4 は可解である。このことは、1次、2次、3次、4次の方程式が解の公式を持っていることの理由でもある。それより次数の高い、群 S_5、S_6、S_7、……は可解でない。S_n を細分化すると、非アーベル単純群 A_n に遭遇するからだ。それゆえに、5次以上の方程式は累乗根では解けない。

457 表現論 REPRESENTATION THEORY

代数学で悩ましいことは「それがあまりに抽象的なことだ」とよく言われる。そう考えるのは途方に暮れた学生だけではない。これは、専門家である代数学者もじゅうぶん心得ていることだ。

群は非常に抽象的な対象だ。有限群であれば、（あまりにも大きすぎなければ）**ケイリー表**を書きだして理解できる。こうすると、群内部の働きが露わになる。しかし、無限群の場合、そのような簡単な方法はない。

比較的具体的な群であれば扱いやすい。たとえば、行列群がそうだ。行列の乗法の法則を学びさえすれば、この群はかなりなじみ

やすくなる。

表現論は、抽象代数学を現実の世界に引き戻そうとするものだ。最も望ましい事例は、群が実際に行列群であるとみなせる（つまり行列群と**同型**である）ときだ。これが成り立たなくても、扱うべき群に合理的に近似できる行列群を見つけられる場合が多い。

これらを群の**表現**と呼ぶ。表現論の専門家は、群の表現が示す情報から元々の群の全貌を知ろうとする。表現論は群から始まったが、こうした方法を使って、環などの構造の研究をすることが現代代数学の主要テーマとなっている。

458 圏論 CATEGORY THEORY

「人は誰も孤島にあらず」。詩人ジョン・ダンはそう言った。同じことは代数学的構造にもいえる。たとえば、特定の群について研究したいと望んだときに、ほかの群との関係性を調べることでよい結果を得られる場合が多い。昔から知られている例は、群をより小さな群にわけることだ。

しかし、もっととらえにくい関係もあるだろう。こうした関係は、群間の**関数**として表現するのがいい。情報は個々の群ではなく、もっと高度なレベル、すなわち、すべての群とそれら群間の関数の集まりにあるのだ。これが圏の一例である。

このようにとらえることで、かなり目覚ましいことが起こり得る。たとえば、極めて包括的な技法を用いた物事の証明が可能となり、しかも、その技法は群の性質にはまったく依存せず、ただ対象と関数からなる圏にだけ依存していると考えることができるのだ。

位相幾何学者のソーンダース・マックレーンとサミュエル・アイレンベルグは、かつては「抽象的でナンセンス」だと思われていた圏を、一研究分野としたのだ。

2人がそこに至ったのは**代数的位相幾何学**を発展させるなかでのことだった。代数的位相幾何学は、群と位相幾何学的対象を結びつける。これを思い描く一番いい方法は、位相幾何学的空間の圏と群の圏の間の**関手**を考えることだと2人は理解したのだ。

数学者がより抽象的で難解な対象（現代代数幾何学の**スキーム**がその最たる例だ）について熟慮するなか、圏論的方法の重要性は急速に高まっている。

459 2個のものはいつ同じといえるのか?
WHEN ARE TWO THINGS THE SAME?

同じであるかどうか、これは驚くほど深い問いで、多くの答がある。もちろんそれは、「同じ」というのが厳密に何を意味するのかに依存する。

同じであることの最も厳格な概念は、**同等**(equality)という概念だ。つまり、2個のものが、本当は2個ではなくて1個であるということだ。

同等とはまさに、集合論における同じという概念だ。しかし、代数学では、これは制約が強すぎる。群論において、等しい(identical)という概念を最もうまくとらえているのは**同型写像**である。2個の群は文字通り同じにはならないかもしれないが、同型であれば同じケイリー表を使えるし、その他の重要な事項のすべてが等しいのだ。

一部の状況、とりわけ代数幾何学では、これでもなお厳格すぎる。森田紀一は、2個の環がまったく同じ表現を持っていれば、それらは本質的に同じであると考えた。これは、それらが同型であると主張するものではない。しかし、**森田同値**であれば、多くの重要な性質が一方の環からもう一方の環へ移行されることがじゅうぶん保証される。

460 導来圏 THE DERIVED CATEGORY

2個のものはいつ同じであるのかという問いに取り組むための最適な表現は、圏論の用語を用いることで実現する。ジャン・ルイ・ヴェルディエとアレクサンドル・グロタンディークによって、同じであることについての深遠な概念が見出されたのは、ほかでもなく圏論においてだった。

この概念は**導来圏**と呼ばれる、森田同値を一般化するものだ。2個の対象から同じ導来圏ができるとき、それらの対象は、表面的な細かい点を無視すれば、根幹においては多くの意味で同じということだ。

導来圏は、現代の代数学や代数幾何学において重要であるばかりか、**ラングランズプログラム**においても重要な構成要素である。

数 幾何学 **代数学** 離散数学 解析学 論理学 超数学 確率論と統計学 数理物理学 ゲームとレクリエーション

文字で数を表す　方程式　ベクトルと行列　群論　抽象代数学

DISCRETE MATHEMATICS

離散数学

数学における一番重要な境界線は、連続的な体系と離散的な体系とをわけるものだろう。連続性のある世界は滑らかで幾何学や解析学と相性がいい。それとは対照的に、離散性のある世界は、ばらばらにわかれたものから構成されている。

　そのような世界に対してまずできるのは、数えることだ。これは、何千年も前に数学の原点となった。その後、数えあげという科学的手法が精緻に発展し、組み合わせ論と呼ばれる分野を築いた。対象の集まりを配列する方法が何通りあるのかを計算するための技法など、多くのことが知られている。

　グラフ理論には、数学全般にわたって数え切れないほどの応用方法がある。グラフというのは、離散的な点の集合で、その点の一部が辺で結ばれているものだ。これは、巡回セールスマン問題や中国人郵便配達問題など、重要な最適化問題の多くを表現するための理にかなった方法となっている。また、位相幾何学的グラフ理論という分野を通じて、純粋な幾何学の問題にも関連している。

　単純な疑問から思いもよらないほどの複雑性が明らかになったとき、とにかく胸が躍るものだ。ラムゼー理論というテーマが、この離散数学の道を切り拓いている。

組み合わせ論 *Combinatorics*

461 鳩の巣原理 THE PIGEONHOLE PRINCIPLE

1001羽の鳩が1000個の巣箱に暮らしているとしよう。少なくとも1つの巣箱には2羽以上の鳩が入っていなくてはならない。このようなことは、取り立てていうまでもないことに思うかもしれない。しかし、これが思いの外役に立つのである。

鳩の巣原理によれば、n個の対象がm個の箱に分配されていて、$n > m$ならば、少なくとも1個の箱には2個以上の対象が含まれていなくてはならない。たとえば、人間の血液型にはO、A、B、ABという異なる4種類がある。これらを箱に見立てると、鳩の巣原理から、5人以上が集まれば、少なくともそのうち2人が同じ血液型であることが確実だ。

もっと数学的に解釈すれば、次のようになる。$f: A \to B$が関数で、Bが有限集合、AがBより大きいとき、Aには$f(x) = f(y)$を満たす元x、yが存在するということだ。

たとえば、整数の偶奇性を、奇数であれば1、偶数であれば0と定義する。鳩の巣原理より、任意の3数の集合において、少なくとも2数が同じ偶奇性を持つのは間違いない。この単純な考えが非常に有益なのは、これが非構成的であるからだ。つまり、わざわざ血液型を調べなくても、xとyの関係が明確になるのだ。

462 和集合の大きさ THE SIZE OF THE UNION

対象の集合が2個（A、Bとする）あるとしよう。そこには全部でいくつの対象があるだろうか？ これはつまり、和集合$A \cup B$にはいくつの対象が含まれているのか、ということだ。AやBの対象の数を数え、単純に2数を加えたくなるかもしれない。Aの大きさを$|A|$と表すなら、この考え方から浮かび上がるのは、$|A \cup B| = |A| + |B|$である。

これが成立する場合もあるが、いつでも正しいわけではない。目の前のテーブルの上に楽器が2個、そして、木製のものが2個置いてあるとする。さて、一体いくつのものがあるだろうか？ 4個？ そこにあるのは、金属製のフルート、木製のウクレレ、木製のスプーンの3つである。

このように、AとBに重複があるとき、すなわち、共通部分$A \cap B$が空集合でないときはやっかいなことになる。A、Bをそれぞれ数えて足

し合わせると、A にも B にも含まれるものが二重計上されてしまうのだ。だから、期待していた $|A \cup B|$ が求められたのではなく、$|A \cup B| + |A \cap B|$ が出てきてしまったのだ。

これを修正するには、$|A \cap B|$ を引けばいい。つまり $|A \cup B| = |A| + |B| - |A \cap B|$ とするのだ。

463 包除原理 THE INCLUSION-EXCLUSION PRINCIPLE

和集合の大きさの公式から、2個の集合の和 $A \cup B$ の大きさはわかる。集合が3個あり、$A \cup B \cup C$ の大きさを知りたい場合にはどうなるだろうか? 公式を2回使って少々計算すると、次のようになる。

$$|A \cup B \cup C| = |A| + |B| + |C| - |A \cap B| - |B \cap C| - |A \cap C| + |A \cap B \cap C|$$

長めの公式だが、主な要素は3種類しかない。まず、個々の集合の大きさを足し合わせ、2個からなる共通部分をすべて引き、3個の共通部分を加えている。

この手順が何を意味しているか明確にするために、A、B、C を A_1、A_2、A_3 と書き直そう。そして、総和の表記を用いると、以下の通り、公式はより簡潔に書き表せる。

$$|A_1 \cup A_2 \cup A_3| = \sum_{i \leq 3} |A_i| - \sum_{i < j \leq 3} |A_i \cap A_j| + |A_1 \cap A_2 \cap A_3|$$

上記の公式から、この技法を n 個の集合 A_1、A_2、A_3、……、A_n に拡張する方法がわかる。まずは、A の個々の集合の大きさを足し合わせる。次に、2個の集合からなる共通部分すべての大きさを引く。そして3個からなる共通部分すべての大きさを加える。4個からなる共通部分すべての大きさを引く、という具合に続けるのだ。公式の形に書くと、次のようになる。

$$|A_1 \cup A_2 \cup \cdots \cup A_n| = \sum_{i \leq n} |A_i| - \sum_{i < j \leq n} |A_i \cap A_j| + \sum_{i < j < k \leq n} |A_i \cap A_j \cap A_k| - \cdots + (-1)^{n-1} |A_1 \cap A_2 \cap \cdots \cap A_n|$$

464 階乗 FACTORIALS

5人の数学者、アーベル(A)、ベルヌーイ(B)、カントール(C)、デカルト(D)、オイラー(E)がいるとしよう。偉大さの順に並べたいとしたとき、何通りの並べ方が可能だろうか? 一番手の選択肢としては

A、B、C、D、Eの5通りがある。一番手が決まれば、二番手は残りの4通りから選ぶことになる。同じように三番手は3通り、四番手は2通りの選択肢がある。一番手から四番手までが埋まれば、残りはちょうど1人だ。その人が五番手にならなくてはいけない。

この話からわかるように、5人の場合に考え得る並べ方の数は、$5×4×3×2×1 = 120$となる。これを$5!$と書き、「5の階乗」と読む。階乗関数は組み合わせ論の基本である。一般化した形は以下の通りだ。

$$n! = n×(n-1)×(n-2)× \cdots\cdots ×2×1$$

慣例的に$0! = 1$である。腑に落ちないように感じるかもしれないが、こうすることで但し書きを入れたり、特別な場合について心配する必要がなくなる。$n ≧ 0$の場合、階乗関数は$(n+1)! = (n+1)×n!$という漸化式を満たす。

階乗は急激に値が大きくなる。0の階乗から始めたとき、次のような数列が得られる。1、1、2、6、24、120、720、5040、40320、362880、3628800、……。$60!$までに、宇宙にあるすべての原子の数に達する。

465 順列 PERMUTATIONS

金、銀、銅のメダルと5人の最終候補者の名簿があるとする。候補者は、今回もアーベル(A)、ベルヌーイ(B)、カントール(C)、デカルト(D)、オイラー(E)だ。メダルの授与方法は何通り考えられるだろうか?

その答は、1人が複数のメダルをもらう可能性があるかどうかによって違ってくる。その可能性があるとしよう。すると、各メダルに対する候補者の数は5通りだ。だから、考えられる結果の合計数は$5×5×5 = 5^3 = 125$だ。

複数のメダルが同じ人に授与されることはないとしよう。金メダルを授与される人は5通りの選択肢がある。しかし、銀メダルに対しては4通り、銅メダルに対しては3通りとなる。全部合わせると$5×4×3 = 60$だ。これを、5個の対象から3個の対象を選ぶときの順列の数といい、$^5P_3$と書く。一般に、^nP_rはn個の集合からr個の対象を選ぶときに考えられる順列の数だ。これを階乗で表した公式がある。

$$^nP_r = \frac{n!}{(n-r)!}$$

466 組み合わせ COMBINATIONS

順列の計算では、選ばれた対象の順序が重要だ。つまり、E、B、DはD、E、Bとは異なる。なかには、順序にこだわらなくてもいい場合もあるだろう。そうした状況で求めたいのは、順列ではなく組み合わせだ。

金メダルが3個あるとする。これを、アーベル(A)、ベルヌーイ(B)、カントール(C)、デカルト(D)、オイラー(E)という候補者リストをもとに授与したい。今回は、3人の受賞者の並び順は問題ではない。E、B、DもD、E、Bも同じなのだ。さて、何通りが可能だろうか？

受賞者の異なる並び順が $^5P_3 = 60$ 通りであるのはわかっている。この場合の新しい授与規則では、その60通りのうち、$\{B, E, D\}$、$\{B, D, E\}$、$\{D, B, E\}$、$\{D, E, B\}$、$\{E, B, D\}$、$\{E, D, B\}$のように、同一とみなせる6通りは1つのかたまりとしてまとめられる。ここで知りたいのは、このかたまりがいくつできるかだが、その数は $\frac{60}{6} = 10$ となる。組み合わせの一般的な公式は、二項係数を使って簡単に表せる。

467 二項係数 BINOMIAL COEFFICIENTS

一般に、大きさnの集合から選びだせる大きさrの集合の個数は、$\binom{n}{r}$、あるいはときに^nC_rと書く。その公式は以下の通りだ。

$$\binom{n}{r} = \frac{^nP_r}{r!} = \frac{n!}{r!(n-r)!}$$

これらの組み合わせは、**二項定理**における係数としても出てくる。具体的な数は、**パスカルの三角形**からも読み取れる。

468 集合の分割 PARTITIONS OF A SET

4個の果物、リンゴ(a)、バナナ(b)、サクランボ(c)、デーツ(d)があるとする。これらをまったく同じ皿にわけるとき、何通りの方法があるだろうか？

最も簡単な場合は、それぞれを4枚の皿に別々に載せ、$\{a\}$、$\{b\}$、$\{c\}$、$\{d\}$とすることだ。こうする方法は1通りしかない。次に、2個からなるペア1組と、1個からなる2組にわける（たとえば、$\{a, b\}$、$\{c\}$、$\{d\}$のようにする）と、ペアの選び方は $^4C_2 = 6$ 通りある。また次に、$\{a, b\}$、$\{c, d\}$のように、2個からなるペアを2組選ぶこともできる。この場合は3通

りの方法がある。$\{a, b, c\}$、$\{d\}$のように、3個と1個にわける方法は4通りだ。最後に、$\{a, b, c, d\}$として、すべてを1枚の皿に盛ることもできる。これらを全部合わせると、$1 + 6 + 3 + 4 + 1 = 15$通りの可能性がある。これは、4番目のベル数$B(4)$となっている。

469 ベル数 BELL NUMBERS

ベル数は、エリック・テンプル・ベルにちなんで名づけられたもので、n番目のベル数$B(n)$は、n個の対象からなる集合を部分集合に分割する方法の数になっている。ベル数の列は次のように続く。1、2、5、15、52、203、877、4140、……。

残念ながら、ベル数を表す簡単な公式はない。複雑なものであればいくつか存在し、たとえば、以下のドビンスキの公式がそのうちの1つだ。

$$B(n) = \frac{1}{e} \sum_{k=0}^{\infty} \frac{k^n}{k!}$$

470 整数の分割 PARTITIONS OF INTEGERS

同じ硬貨が5枚あるとする。これらをもっと小さな集合にわける方法は何通りあるだろうか?(この問題は、すべての硬貨が同じものである点で、ベル数で説明できる集合の分割とは異なる)。

この問題は、「5は正の整数の和として何通りの書き方があるのか?」ということと本質的に同じである。この場合、答は以下の7通りだ。

$1+1+1+1+1 = 2+1+1+1 = 2+2+1 = 3+1+1 = 3+2 = 4+1 = 5$

$P(n)$で、nに対する分割の数を表すことにすると、これは$P(5) = 7$ということになる。$P(n)$の厳密な公式を書くのは簡単ではないが、その値をオイラーの分割関数から見出すことができる。

1918年にG・H・ハーディとシュリニヴァーサ・ラマヌジャンは、以下に示すような、$P(n)$の値を推定する公式を発見した。

$$P(n) \sim \frac{1}{4n\sqrt{3}} e^{\pi\sqrt{\frac{2n}{3}}}$$

nが大きくなるにつれて、この推定の精度も上がる(数学的に言うと、正しい値を推定値で割った値がどんどん1に近づく。すなわち、正しい値と推定値は漸近的に等しい)。

471 オイラーの分割関数 EULER'S PARTITION FUNCTION

レオンハルト・オイラーは、$P(n)$に対する明確な公式ではなく、$P(n)$を生成する関数を見出した。これは、級数$\Sigma P(n)x^n$を代数的に記述するものとなっている。この公式から、個々の数を求めることができる。その公式、すなわち、オイラー関数は次のように表せる。

$$\prod_{r=1}^{\infty}(1-x^r)^{-1}$$

数$P(n)$を得るためには、以下のように、一般化された二項定理を使ってそれぞれの括弧を展開する必要がある。

$$(1+x+x^2+x^3+x^4+\cdots)(1+x^2+x^4+x^6+\cdots)(1+x^3+x^6+\cdots)\cdots$$

無限に多くの括弧を展開するとなると不安になるかもしれない。だが、とにかくやってみよう。定数項は1(すなわち$1\times1\times1\times\cdots\cdots$)だ。$x$の項は同様に$x$だ。$x^2$の項については、初めの2個の括弧に目を向けるだけでよく、$2x^2$だ。同じように、x^3の項に対しては初めの3個の括弧に目を向ける。このようにして続けると、徐々に級数ができあがる。

$$1+x+2x^2+3x^3+5x^4+7x^5+11x^6+15x^7+\cdots\cdots$$

これによって、分割数は、1、1、2、3、5、7、11、15、……であることがわかる。

472 グラフ GRAPHS

Graph Theory

数学では、「グラフ」という言葉にいくつかの意味がある。グラフ理論において**グラフ**といえば、点(**頂点**)の集まりであって、そのなかの一部の点が線分(**辺**)で結ばれているもののことだ。また、道とは、1点と別の点とを結ぶ一連の辺のことだ。

このような単純な構造によって、複雑な事象の本質をとらえることができる。**位相幾何学**や組み合わせ論のいたるところにグラフは登場し、**4色定理**などの問題を分析するための最適な言葉となっている。

そして、最短経路問題、中国人郵便配達問題、巡回セールスマン問題など多くの最適化問題で重要な役割を担っている。これらの問題では、グラフは特別な構造を持っている場合が多い。たとえば、各

辺に数字、すなわち、重みが付与されている。先にあげた問題では、重みが最小となる経路を見つけることになる。

473 ケーニヒスベルクの7つの橋
SEVEN BRIDGES OF KÖNIGSBERG

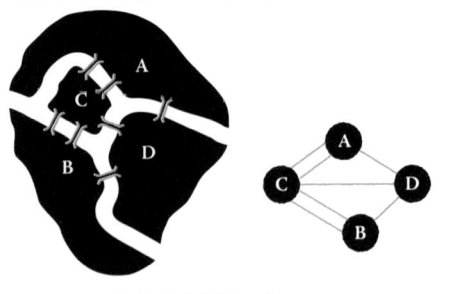

現在はロシアの都市であるカリーニングラードは、かつてはプロイセンの町であり、ケーニヒスベルクと呼ばれていた。ここには、数学にまつわるとても有名な歴史がある。

ケーニヒスベルクはダフィット・ヒルベルト、ルドルフ・リプシッツ、クリスティアン・ゴールドバッハなどの故郷だった。町自体がある問題の中心となっていて、レオンハルト・オイラーが解いたその問題は、数学においていくつかの分野が誕生するきっかけとなった。

町を流れるプレーゲル川は分岐しており、図に示す通り、町のなかの各所は7本の橋で結ばれている。問題というのは、それぞれの橋をたった1回だけ渡ることにして町のなかの各所を歩き回れるだろうか、というものだ。

1735年にオイラーが最初に示した考察のカギは、幾何学的詳細は関係ないというものだった。重要なことはすべて、辺（橋を表す）で結ばれた頂点（さまざまな地点を表す）のみから構成される単純化した図でとらえられるのである。この考察がグラフ理論誕生のきっかけだった（数学的に言えば、これは、2本以上の辺で結ばれる頂点がある多重グラフである）。オイラーはやがて、この問題に対する答が否定的なものであるという結論に達した。☞ Fig

474 頂点の次数 DEGREE OF A VERTEX

グラフにおいて、**頂点の次数**とはそこから出る辺の数のことだ。レオンハルト・オイラーは、ケーニヒスベルクの橋の問題の解が存在するならば、ほとんどの頂点から偶数本の辺が出ていなくてはならないと考えた。半分は入るためのものとして、そして、それと同じ数だけ出

ていくためのものが必要となるからだ。これはたかだか2個の頂点（道の始点と終点）を除いて、すべての頂点で成り立たなくてはならないだろう。

ケーニヒスベルクのグラフには4個の頂点があり、次数はすべて奇数となっている。ここから、オイラーは条件に合致する経路は存在しないと結論した。

475 最短経路問題 THE SHORTEST PATH PROBLEM

オンラインの乗換案内や衛星カーナビゲーションシステムを利用した経験のある人にとって、最短経路問題はおなじみのものだ。重みづけグラフという視点からいうと、問題は次のようになる。2個の頂点 A、B が与えられたとき、2点間の経路で重みが最小のものはどのように見つけられるだろうか？

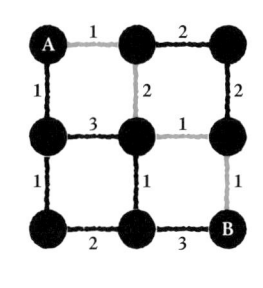

実用化するには、各辺の重みはその長さにするか、あるいは、その辺を進むのにかかる時間にするのがいいだろう。通信の場合には、伝送容量にすればいい。

この問題には多くの解法がある。1959年に考案されたダイクストラ法もその1つだ。このアルゴリズムでは、A を始点とし、まず A に隣接する頂点への経路で重みが最小のものを計算する。そして A から徐々に離れた頂点への経路を計算していくことで、やがて B に到達する。☞Fig

476 中国人郵便配達問題
THE CHINESE POSTMAN PROBLEM

郵便配達人は、担当地域内のあらゆる通りに手紙を届けなくてはならない。配達人が取り得る最短の経路はどのようなものだろうか？

これが、中国人郵便配達問題だ（「中国人」とついているのは、1962年に管梅谷（グアンメイグツ）が初めてこの問題を研究したからだ）。

この問題をモデル化するには、重みづけグラフが適切だ。このとき、グラフの各辺の重みがその長さを示すようにする。そして、すべての辺を通り、全体の重みが最小になるような巡回方法を見つけるので

ある。

グラフに偶数次数の(つまり、偶数本の辺がつながっている)頂点しかなければ、各辺をちょうど1回ずつ通る回路である**オイラー閉路**があり、それが最適解だ。そうでない場合には、何本かの辺を複数回通らなくてはならない。しかし、どの辺を、どの順で通るとよいのだろうか?

管は、この問題を解決するためのアルゴリズムを考えた。それは、グラフを変形し、すべての頂点が偶数次数であるグラフにし、その新しいグラフでオイラー閉路をとるというものだ。

477 ペンと紙で解くパズル PEN AND PAPER PUZZLES

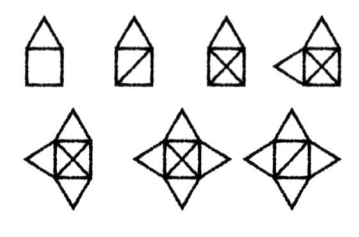

図示してある図形のなかで、ペンを紙から離したり、同じ道を通ったりせずに描けるものはどれだろうか?☞*Fig*

それぞれの絵をグラフと考えると、この問いは次のようになる。これらのグラフのうち、**オイラー閉路**、すなわち、すべての辺を1回だけ通るような経路があるものはどれだろうか?

ケーニヒスベルクの橋の問題に関するレオンハルト・オイラーの研究によると、その答は、次数が奇数である頂点の数がたかだか2個であるグラフだ。

478 巡回セールスマン問題
THE TRAVELLING SALESMAN PROBLEM

あるセールスマンは、10ヵ所の異なる町を訪れなくてはならない。取り得る最短経路はどれだろうか? 今回の場合、最良の方法は**ハミルトン閉路**となる。これは、すべての頂点をちょうど1回ずつ通るようにグラフを巡る経路のことだ。しかし、そのような経路が存在しないこともある。

頂点の数が少ないときには、試行錯誤をすれば最適な経路が見つかるかもしれない。しかし、グラフが大きくなると、これはただちに実現困難になる。中国人郵便配達問題とは違い、単純なアルゴリズムがあって、一般的な場合で問題が解けるわけではない。1956年にメリル・フラッドが「この問題は複雑である」と述べた通りなのだ。

現代の複雑性理論の言い方をすれば、この問題はNP完全だ。

とはいえ、特別な場合については集中的な研究が行われ、列車のスケジューリングからゲノム解読まで、数え切れないほどのプロセスの最適化に用いられている。現在までに解決されたこの問題の最大の実例は、85,900都市を巡回するという難問である。これは1991年にゲルハルト・ライネルトが提示し、2006年にデビッド・アップゲートらが解決したもので、のべ136年分のCPU時間を要した。

479 3つの公益事業問題　THE THREE UTILITIES PROBLEM

「昔からよく知られている『水道、ガス、電気』と私が呼んでいるパズルにかかわる多数の手紙を受け取った。このパズルは電気による照明、はたまたガスによる照明よりも遥かに古くからあるものの、装いも新たに、現代風になっている。パズルの内容は、水道、ガス、電気を、W、G、Eから3件の家 A、B、Cのそれぞれに、パイプを重複させることなく引くというものだ。」

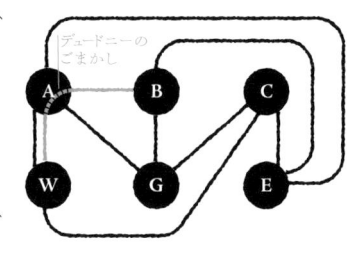

これは、優れたパズル作家である英国人、ヘンリー・デュードニーが1913年に書いたものだ。たとえば、WからBへ後1本だけパイプが必要な状況にするのはさほど難しくはない。

ここでデュードニー自身が示した答はじつにいい加減なものであり、足りないパイプラインを家Aの下を通している。このようなずるい答が出てしまわないように、ゲームのルールはきちんと明確にしておくことが重要である。☞Fig

この問いを数学的にとらえて、3個の頂点からなる2個の集合（W、G、EとA、B、C）で構成されるグラフに関係しているものと考えてみよう。このグラフでは、どちらの集合も各頂点が相手側の3個すべての頂点につながっているものの、自分自身の側とは1個もつながっていない。

このグラフは$K_{3,3}$という名前で知られている。問題は、$K_{3,3}$が紙に書けるかどうかだ。デュードニーの答は、3つ目の次元を通る巧妙な回り道をしていたので紙には書けない。じつのところ、このパズルは答を持たない。水道と電気とガスを条件に合うようには引けないの

だ。しかし、トーラス上であれば解くことができる。

480 平面的グラフ PLANAR GRAPHS

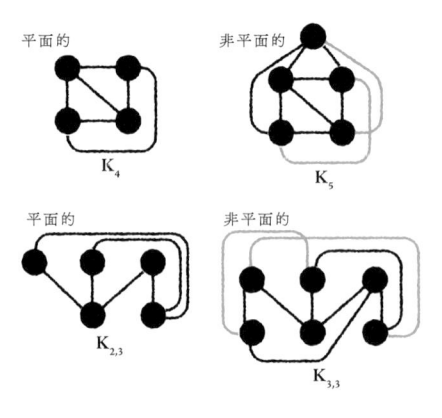

交わり合う辺のないグラフは、どんなときに紙の上に描けるだろうか？　紙の上に描けるグラフを平面的という。つまり、2次元平面で表せるという意味だ。

すべての頂点のペアが辺でつながっているとき、グラフは完全であるという。頂点が4個の完全グラフはK_4として知られている。これは平面的だ。一方、K_5（頂点が5個の完全グラフ）は平面的ではない。どのように配置を変えても2辺が必ず交わり合うのだ。☞Fig

3つの公益事業問題は、$K_{3,3}$ が非平面的グラフであることを示している。レフ・ポントリャーギンは、未発表の1928年の研究成果において、非平面的グラフはどれも（必ずしもわかりやすい方法ではないものの）K_5、あるいは $K_{3,3}$ を部分グラフとして含むことを示している。

驚くべきことに、これら2個の小さなグラフが、グラフが平面的であることを妨げる唯一の要因なのだ。この有名な事実は、クラトフスキの定理として知られている。1930年に初めてカジミェシュ・クラトフスキが発表したことにちなんだ名前だ。

481 位相幾何学的グラフ理論

TOPOLOGICAL GRAPH THEORY

平面的グラフは、K_5 も $K_{3,3}$ も部分グラフとして含まないということによって定義できる。K_5 と $K_{3,3}$ はどちらもトーラス上に描ける。また、K_7 や $K_{4,4}$ もトーラス上に描くことができる。厳密にどのグラフがトーラス上、あるいは別の曲面上に描けるのかという問いは、いまだ未解決の問題である。この問いに対する完璧な答えこそ、**位相幾何学的グラフ理論**の目指すところだ。

482 エルデシュ数　ERDŐS NUMBERS

　放浪のハンガリー人数学者、ポール・エルデシュは、歴史上最も多作な人物の1人だ。1996年にこの世を去った時点で1500篇もの論文を発表しており、レオンハルト・オイラーさえも優に超えていた。エルデシュは、世俗的な財産を持たず、世界中を旅して、友人宅のソファで眠ることにしていた。「数学者はコーヒーを定理に変える機械」だと信じていたとさえ噂されている。

　1969年、キャスパー・ゴフマンは、変わり者であるこの友人に敬意を表してエルデシュ数という考え方を冗談半分に作った。これはただちに人から人へと伝わっていった。エルデシュ数は、頂点が(過去および現在の)個々の数学者であり、共著の論文がある2人は辺で結ばれているというグラフにもとづいている。結果としてできるグラフは、連結ではない。エルデシュへとつながる道を持たない数学者たちもいるからだ(誰か1人でも単独でしか論文を書かない人がいればそうなる)。

　エルデシュと共著の論文を1篇でも書いた人たちを、エルデシュ数1とする(そういう人たちは511人ほど知られている)。エルデシュ数が1である誰かと共著があり、エルデシュ本人との共著はない人はエルデシュ数2と、エルデシュまでの距離をエルデシュ数とする(エルデシュは、エルデシュ数0の唯一の人物だ)。このプロセスに関係しない人たちのエルデシュ数は無限大だ。個人のエルデシュ数を計算するには、数学者たちとエルデシュの間の最短経路問題を解くことになる。

Ramsey Theory

483 ラムゼーの定理　RAMSEY'S THEOREM

　フランク・ラムゼーは数学者であり、その洞察力は1つの定理を生みだすに留まらず、1つの研究テーマを丸ごと生みだした。それが**ラムゼー理論**だ。ラムゼーはこの点でエヴァリスト・ガロアに似ている。さらに、ガロアと同じように、悲劇的に若くして、26歳で他界した。1930年に発表されたラムゼーの定理は、無秩序のなかにパターンや構造を見出すための定石である。

　5個のばらばらの整数からなる集合を考えてみよう。たとえば{1,

13, 127, 789, 1001}などだ。こうした集合には、赤、白、緑、青の4色のうちのどれかが必ず割り当てられている。

だから{1, 13, 127, 789, 1001}は赤かもしれないし、{2, 13, 104, 789, 871}は緑かもしれない。これらの色がどのような基準で割り当てられているのかは問題ではない。重要なのは、5個の数からなる集合はどれも、1つの、しかもただ1つの色を持っているということだ。

ラムゼーの定理によれば、このような整数には、必ず単色の無限部分集合（Aとする）が存在する。すなわち、Aから5個の数を選んで作る集合がすべて同じ色になるようなAが存在するのだ。

5個や4色であることが重要なわけではない。ラムゼーの定理によると、任意の数nとmに対し、n個の異なる数字からなるすべての集合に、m色のうちの1色が割り当てられていれば、単色の無限部分集合が確実に存在する。

484 ディナーパーティ問題 THE DINNER PARTY PROBLEM

ディナーに何人の人を呼べば、互いに知っている3人、あるいは互いに知らない3人が必ず含まれることになるだろうか？

これを数学の言葉で言い換えるために、ディナーパーティを色つきのグラフで表現しよう。

点を打って各ゲストを表し、知り合い同士を緑の辺で結び、知り合いでなければ赤の辺で結ぶことにする。問題の答は5人ではない。なぜならば、赤い三角形も緑の三角形も含まないような5頂点のグラフを考えだすことができるからだ。

しかし、6頂点のグラフを考えるとどんなものでも単色の三角形を含まなくてはならない。

このことを逆に言い換えると、もとの問題の答となる。何の悪意もないこの問いは、数学において最も扱いにくい問題の1つ、ラムゼー数の出発点である。

485 ラムゼー数 RAMSEY NUMBERS

ディナーパーティ問題を次のように拡張することは、（パーティの企画には役に立たないとしても）数学的な目的のためには役に立つ。何人のゲストを呼べば、m人が互いを知っている、あるいはn人が互いを知らないであろうことが確実になるだろうか？

有限版ラムゼーの定理は、この問題には必ず解があると主張している。$R(m, n)$ を、問題を解決するために必要なゲストの最少人数だとする。さまざまな m、n の値に対する $R(m, n)$ の値を**ラムゼー数**という。

定義するのは簡単だが、ラムゼー数の正確な値は深い謎に包まれたままだ。$R(5, 5)$ の値でさえ、43 と 49 の間なのは確かだが、正確な値はいまのところまだわかっていない。ラムゼー理論はこの問題、それからこのテーマの多くの変化形を研究対象とする。コンピューター科学やゲーム理論に関連するものとして、現在も活発に取りあげられている研究テーマだ。

486 ハッピーエンド問題
THE HAPPY ENDING PROBLEM

点の集合において、直線上に並ぶ3点が存在しなければ、それは一般の位置にあるという。5個の点を、一般の位置にあるように描いてみよう。

1932年にクレイン・エシュテルが証明したハッピーエンド問題によると、どのように点を打ったとしても、そのなかから凸四角形の頂点となる4点を選びだすことができる(ここでは、凸形であることが重要だ)。☞Fig

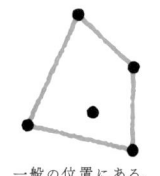

一般の位置ではない。

一般の位置にある、つまり、4点が凸四角形を成している。

487 ハッピーエンドにちなんで AFTER THE HAPPY ENDING

ハッピーエンド問題のどこがハッピーエンドだったのかと思うかもしれない。この名前は、数学的理由からつけられているのではない。じつは、問題にかかわる人たちの個人的な出来事からそうなったのである。

クレイン・エシュテルはもとの問題を解き、その一般化に着手した。新たな、なおいっそう難しい問題は次のようなものだった。一般の位置にある点を何個とれば、凸五角形をなす5点が必ず存在するといえるのか? そして同じように、凸六角形、凸 n 角形の場合はどうだろうか?

クレインとセケレシュ・ジョルジーは、ポール・エルデシュとともにこ

の問題に取り掛かり、こうした問いにも答があることの証明に成功した。任意の数 n に対して、ある数 $K(n)$ が存在し、一般の位置にある $K(n)$ 個の点の任意の集合は、凸 n 角形を含まなくてはならない。

クレインとセケレシュの協力関係が最高の結果を導いたのは、この定理の証明だけではない。2人の結婚という形でも実を結んだのだ。これこそハッピーエンドである。この問題をそう名づけたのはエルデシュだった。

ところで、実際に $K(n)$ の値を求めるのは、ひどく骨の折れる難問だ。$K(3) = 3$ は簡単で、1932年に証明されたもとのハッピーエンド問題は $K(4) = 5$ と主張している。この後まもなく、マカイ・エンドレが $K(5) = 9$ であることを証明した。

ほかに唯一確実だとわかっているのが $K(6) = 17$ だ。これは、2006年に、セケレシュとリンゼー・ピーターズによって証明されている。

すべての n に対し、$K(n) = 2n^{-2}+1$ だと予想されているが、これを証明するためには、技術的方法をさらに大きく進歩させる必要がある。

488 ゴロム定規 GOLOMB RULERS

定規はまっすぐで目盛りの入っている棒だ。各目盛りには数が振られ、棒の端からの距離を示している。もちろん、2個の目盛りの間の距離は2数の差に等しい。

通常の定規には0センチメートル、1センチメートル、2センチメートル、3センチメートル、4センチメートルという具合に印がつけられているが、**ゴロム定規**にはこうした印の一部しかついていない。ソロモン・ゴロムが考えた原理は、「任意の2個の目盛り間の距離に対し、ほかに2個の目盛りをどう選んでも同じ距離になっているものがない」というものだ。

だから、(0, 1, 2) に目盛りのついている定規はゴロム定規ではない。なぜならば、0と1の距離と、1と2の距離は等しいからだ。しかし (0, 1, 3) はゴロム定規だ。これは、3個の目盛りがあるもののなかで最短のものであり、**最短ゴロム定規**となっている。

(0, 2, 3) もまた長さ3の最短ゴロム定規だ。ただし、これは (0, 1, 3) の鏡像なので、本質的に異なるものとしては数えられない。ゴロム定

規は、暗号作成法や通信技術に用いられている。

489 最短ゴロム定規 OPTIMAL GOLOMB RULERS

(0, 1, 3)は3個の目盛りの入った唯一の最短ゴロム定規だ。さらに目盛りを加えるとすると、次のようになる。(0, 1, 3, 4)と(0, 1, 3, 5)はどちらもゴロム定規に該当しない。さらに、(0, 1, 3, 6)もゴロム定規ではない。0と3の距離は、3と6の距離と等しいからだ。(0, 1, 3, 7)はゴロム定規だ。しかし、最短ではない。4個の目盛りでもっと短い(0, 1, 4, 6)があるからだ。5個の目盛りの最短ゴロム定規は2通りある。(0, 1, 4, 9, 11)と(0, 2, 7, 8, 11)だ。

こうしたことから、最短ゴロム定規を探すのがいかに難しいかがわかるだろう。次の最短ゴロム定規を見つけるための単純な規則があるわけではなさそうだ。

n個の目盛りの入った定規が最短であるかどうかはどのようにしてわかるのだろうか？ これは、最短定規がいくつあるはずなのかがわかるような明白な規則が存在しないためさらに輪をかけて難しい。唯一の手法は、n個の目盛りのある定規として可能なものす・べ・て・を比べ、最短のものを選びだすことのようだ。

490 ゴロム定規の探索 FINDING GOLOMB RULERS

最短ゴロム定規を探索するための現在の方法には、かなりの計算時間がかかる。distributed.netが運営する分散コンピューティングプロジェクトによって、(現在知られているなかで)最も長い最短ゴロム定規が判明した。これには以下のような26個の目盛りがつけられている。

(0, 1, 33, 83, 104, 110, 124, 163, 185, 200, 203, 249, 251, 258, 314, 318, 343, 356, 386, 430, 440, 456, 464, 475, 487, 492)

ANALYSIS

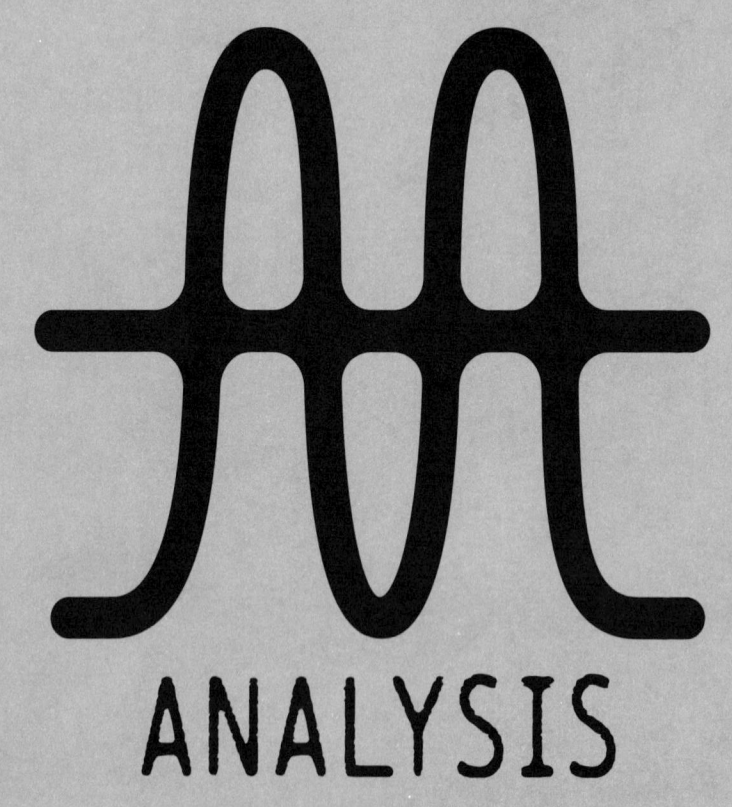

解析学

動いている物体の、ある1点からの距離を示すグラフを時間に対して描いてみると、その傾きは速度、つまり距離の変化の割合を表す。この関係は、アルキメデスの時代から知られていた。一方、その下に隠されている、傾きと変化の割合に関する数学的法則は理解されていなかった。

　それが理解されるようになったのは17世紀のことで、微分学の発展のおかげだった。微分学は、数学的には大きな功績だったが、人間関係には災いをもたらした。当時、科学者の二大巨頭だったアイザック・ニュートンとゴットフリート・ライプニッツは、2人とも、微分学は自分が発見したものだと主張したのだ。その結果続いた論争は辛辣なものであり、科学史史上最悪の不和を生んだ。怒り心頭に発したニュートンは、王立協会会長という立場から、ライプニッツの剽窃であると公言して糾弾した。

　いずれにしても、微積分学の本当の意味での確固たる基礎は、19世紀になってから、オーギュスタン=ルイ・コーシーとカール・ワイエルシュトラスによる研究の成果を受けて築かれた。ニュートンとライプニッツは両者とも、「無限小」という架空の対象を前提としていたが、ワイエルシュトラスの手で、これらは極限という概念に置き換えられた。この新しい手法はいっそう強固なものだったが、数学的にさらに高度な考察を要し、収束や連続性という極めて扱いの難しい問題への入り口を開いた。この新しい研究分野は解析学と呼ばれている。

　その研究成果の1つは、複素数についての概念が遥かに充実したことだ。ここで筆頭にあがるのが指数関数であり、オイラーの公式は数学の至宝として広く知られている。

Sequences

491 数列 SEQUENCES

数列とは、無限に続く数のリストである。たとえば、{1, 1, 2, 5, 15, 52, 203, 877, 4140, 21147, ……} といったものだ。この例は、整数のみが並んでいるので、整数列だ。実数値や複素数値の数列を考えることもできる。なじみやすいのは、どんなパターンや規則にしたがっているのかが理解でき、次の項が何かを予測できるような数列だ。数学らしくいえば、第 n 項を求めるための公式があるものだ。

とはいえ、任意の無限数列は、たとえ明らかな規則がなくても、数列と認められる。

数列は数学の全分野で、そして、数学を超えた広い世界でも重要な役割を果たしている。数列といとこのような関係にあるのが級数だ。級数は項を加算していくような数列だ。

492 等差数列 ARITHMETIC PROGRESSION

$$5, 8, 11, 14, 17, 20, 23, \cdots\cdots$$

これは**等差数列**の例だ。数列によくあるタイプの1つである。等差数列の特徴は、ある決まった数を加えていくことで順次次の項が得られることだ。このとき加える数を**公差**という。上記の数列では3がそうである。一般的には、公差を d で表す。

数列の初項(上記の例では5にあたる)を a と書けば、一般的な等差数列は以下のようになる。

$$a, a+d, a+2d, a+3d, a+4d, a+5d, \cdots\cdots$$

このとき、第 n 項を示す公式は $a_n = a+(n-1)d$ となる。したがって、先ほどの数列の第100項は $5+99×3 = 302$ となる。

等差数列の項を加えていくことで、**等差級数**という名前の新しいタイプの数列を作ることができる。先ほどの例の場合、以下のようになる。

$$5, 13, 24, 38, 55, 75, 98, \cdots\cdots$$

この新しい数列の第 n 項は、$na + \frac{n(n-1)d}{2}$ と表せる。そのため、初めの数列の第1項から第100項までを加えると $100×5 + \frac{100×99×3}{2} = 15350$ となる。

493 等比数列 GEOMETRIC PROGRESSION

$$2, 6, 18, 54, 162, 486, \cdots\cdots$$

等比数列は、ある決まった数（これを公比という）を掛けていくことで順次次の項が得られる数列だ。この例では**公比**は3だ。一般的に、公比をr、初項をaとすると、等比数列は以下のように書ける。

$$a, ar, ar^2, ar^3, ar^4, \cdots\cdots$$

だから、第n項はar^{n-1}であり、先ほどの数列の第16項は28697814となる。公比が1より大きいとき、この数列の値は急速に大きくなる。公比が1より小さければ、数列は極限である0に急速に近づいていく。

494 セッサのチェス盤 SESSA'S CHESSBOARD

チェスの始まりについては意見がわかれるところであるが、少なくとも古代インドにまで遡り、紀元600年よりは前だろうというのが通説だ。誰も確信は持てないものの、ゲームを初めて考案した賢人セッサの伝説がある。

ある日、セッサは王のもとを訪れ、自分の発明したゲームを披露した。王はその独創的なゲームがたいそう気に入り、セッサには何でも望み通りのものを与えようと決めた。

セッサは、チェス盤の1マス目に1粒の小麦、2マス目に2粒の小麦、3マス目には4粒、4マス目には8粒の小麦がほしいと申し出た。マス目ごとにその前のマス目の2倍の粒数の小麦を置いてほしいと望んだのだ。

王は自分が気前よく持ちかけたのに、セッサの申し出は無礼だと腹を立てた。そして、その部屋から憤然として立ち去り、廷臣にセッサが望み通りのものを手に入れられるよう取り計らうよう命じた。廷臣は作業に取り掛かった。11マス目には1024粒の小麦を置かなくてはならず、21マス目になると100万粒を超える小麦を置かなくてはならなかった。51マス目ともなると、2007年に地球上でとれたすべての小麦を置かねばならない。あろうことか、チェス盤には64マス目まである。

セッサのチェス盤は、**指数関数的増加**が招く飛躍的増大の一例だ。

495 次にくるのは何か? WHAT COMES NEXT?

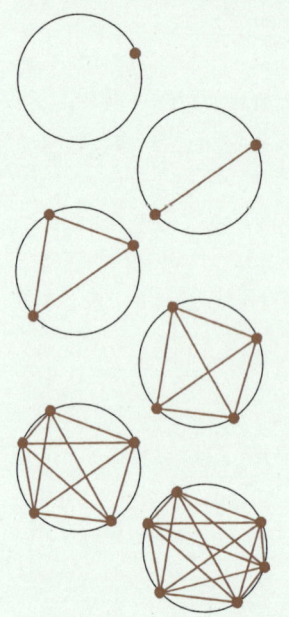

{1, 2, ……}という数列で次にくるのは何だろうか? 3が答になりそうだが、4となる可能性もあるだろう。では、{1, 2, 4, 8, 16, ……}のようにもう少し長い数列が与えられたとき、なおも曖昧さは残るだろうか?

図のように、円を分割してできる断片の数を数えてみると、驚くべきことに31が次にくることになる。もちろん、数列を2の累乗だと解釈して、次の数は32であるといっても間違いではない。

☞ Fig

ここでいいたいのは、所定の「次項」が決まるのは、その数列の背後にある数学が理解できてからということだ。すなわち、数列の初めの数項目を書き、続けて「……」とするだけでは、曖昧で不じゅうぶんだということだ。

哲学者のルートヴィヒ・ウィトゲンシュタインが言及したように、こうした冷静な評価は人間に本来備わっているものではない。{1, 5, 11, 19, 29, ……}のような数列の出だしを示されたとき、私たちはそれを分析し、どのように続けられるのかがわかった時点で、その数列を「理解」したと信じてしまいがちだ。

円を分割してできる数列はそういった洞察力に頼りすぎることの危険性を例示している。この曖昧さを回避するためには、根底にある規則を直接与えるのが望ましい。そのための標準的な方法が、第n項を示すことである。

496 数列の第n項 NTH TERM OF A SEQUENCE

一般的な数列について述べるためには、表記法を整えておく必要がある。「第1項」、「第2項」……といちいちいわずにすむように、数学者は、{a_1, a_2, a_3, a_4, ……}のように添字を使って順序を示す。

最もよく知られた数列は、$\{1, 2, 3, 4, ……\}$だろう。第1項は1、第2項は2、第3項は3であり、各nについて第n項はnだ。これは、$a_n = n$と書くことができる。さらに簡単な数列は$\{1, 1, 1, 1, ……\}$だ。この場合、第1項は1、第2項は1だ。じつのところ、各nに対して、第n項は1、つまり$a_n = 1$だ。もう少し複雑な数列$\{3, 5, 7, 9, 11, ……\}$を考えてみよう。これは、各nに対して$a_n = 2n+1$という等差数列だ。「各nに対して」というフレーズを繰り返すのは煩わしいように思えるかもしれない。しかし、あまりにややこしくて1つの式だけでは表現できない数列はたくさんある。

たとえば、$\{2, 0, 8, 0, 32, 0, 128, 0, ……\}$を考えてみよう。この数列は、$n$が奇数の場合に$a_n = 2^n$となり、$n$が偶数の場合には$a_n = 0$となる。先ほどの円の数列は、$n$個の点を結んだ弦によって円を分割してできる断片の最大数として第n項が決まる。これは$\{1, 2, 4, 8, 16, 31, 57, 99, ……\}$と始まり、第$n$項は$a_n = \frac{1}{24}n^4 - \frac{1}{4}n^3 + \frac{23}{24}n^2 - \frac{3}{4}n + 1$で与えられる。

497 指数関数的増加 EXPONENTIAL GROWTH

$a_n = 2n$や$a_n = n^4$のような数列は、**多項式的増加**のモデルとなる。数列の第n項はnに関する多項式で表されるからだ。

セッサのチェス盤の物語のなかで、廷臣はn番目のマス目には2^{n-1}粒の小麦を置かなくてはならなかった。この数列は、$a_n = 2^{n-1}$と定義される。nは指数なので、これは**指数関数的増加**と呼ばれる。これは、多項式的増加よりも遥かに急速に大きくなる。

nが1より小さな基数に対する指数 $(b_n = \left(\frac{1}{3}\right)^n)$のとき、これは指数関数的減少となる。これは、極めて急速に0に近づいていく。

498 数列の極限 LIMITS OF SEQUENCES

調和数列とは、$\{1, \frac{1}{2}, \frac{1}{3}, \frac{1}{4}, \frac{1}{5}, \frac{1}{6}, ……\}$(すなわち、第$n$項が$\frac{1}{n}$と表せる数列)のことだ。この数列はどんどん0に近づいていくが、0にはならない。このとき、0をこの数列の**極限**という。

ところで、解析学の分野では厳密さが求められる。先ほどの調和数列は-2に「どんどん近づいていく」ということもできる。しかし、この数列は、最終的にどんなに0に近いところにでも到達し、その付近に留まり続けるという点で、-2に近づくのとは意味が異なる。

ある項以降の項はすべて、0から100万分の1以内のところにあるだろう。もっと先にある別の項以降の項は、0から10億分の1以内のところにあるだろう。どんなに0に近いところにでも数列の項がある。一方で、-2からの距離は2を下回ることはない。この考え方は、**収束**の概念を通じて形式化される。

499 収束 CONVERGENCE

イプシロンとデルタによる連続性の定義と同じくらい、数列の極限の形式的な定義は込み入っている。先の調和数列を考えよう。この数列は0を極限とするのだが、次のように形式化することができる。
「任意の正の数(これをεとする)をどんなに小さくとっても、ある数(Nとする)が存在し、第N項から先の項はすべて0からε以内に収まっている。すなわち、すべての$n \geq N$に対して、$\left|\frac{1}{n}\right| < \varepsilon$」

数学者は通常、ギリシャ文字ε(イプシロン)で値を特定しない非常に小さい数を表す。

これを一般化し、以下が成り立つ場合に、数列(a_n)はlを極限とするという。
「任意の正の数εに対して(εがどんなに小さくても)、ある数(N)が存在し、第N項以降のすべての残りの項はlからεの範囲内にある。すなわち、すべての$n \geq N$に対して、$|a_n - l| < \varepsilon$となる」

数列は、極限を1つだけ持ち得る。また、極限の存在する数列は**収束する**という。

500 収束する数列と発散する数列
CONVERGING AND DIVERGING SEQUENCES

数列$\{\frac{1}{2}, \frac{2}{3}, \frac{3}{4}, \frac{4}{5}, \cdots\cdots\}$には極限がある(1に近づいていく)。極限のある数列は収束するという。$\frac{n}{n+1}$は、nが限りなく大きくなるにつれて1に近づくということだ。これは$n \to \infty$のときに$\frac{n}{n+1} \to 1$と表記する。

他方、セッサの数列$\{1, 2, 4, 8, 16, 32, \cdots\cdots\}$は極限を持たず、どんどん大きくなるだけだ。このような数列は無限大に**発散する**といい、$n \to \infty$のときに$2^{n-1} \to \infty$と書く。同様に、数列$\{-3, -6, -9, \cdots\cdots\}$はマイナス無限大に発散するといい、$n \to \infty$のときに$-3n \to -\infty$と書く。

多くの数列は収束も発散もしない。たとえば、数列$\{1, -1, 1, -1, 1, -1, \cdots\cdots\}$は永遠に1と-1を巡回する。

501 級数 SERIES

数列というのは、$\{1, \frac{1}{2}, \frac{1}{4}, \frac{1}{8}, \cdots\cdots\}$ のような、数の無限のリストだ。これがある一定の数（この場合には0）に常に近づいていくなら、その数列は収束する。

級数は、数列にしたがって、$1+\frac{1}{2}+\frac{1}{4}+\frac{1}{8}+\cdots\cdots$ のように数を加えていくことで得られる。ここでもまた、これがある一定の数に近づいていくならばその級数は収束する（この級数の場合には2に収束する）。

級数は、有限和の場合のように大文字のシグマを用いて表記する。この級数は $\frac{1}{2}$ の累乗が連続して構成されていて、2に収束するので以下のように表記できる。

$$\sum_{n=0}^{\infty} \frac{1}{2^n} = 2$$

級数は、現代解析学において中心的な位置を占めているが、変わった性質を持っている。級数が収束するか否かを見わけるには巧みな技法が必要なこともある。数列が収束するとわかっている場合でさえ、実際に極限を見つけるのは非常に難しいことがある。

たとえば、級数 $1-\frac{1}{3}+\frac{1}{5}-\frac{1}{7}+\frac{1}{9}-\cdots\cdots$ が $\frac{\pi}{4}$ に収束することは、決して一目瞭然ではない。この話題全般が非常に扱いにくいものであることは、**リーマンの級数定理**からもわかる。

502 等比級数 GEOMETRIC SERIES

等比数列というのは、$\{a, ar, ar^2, ar^3, ar^4, \cdots\cdots\}$ といった形の数列だ。具体的な例として、$\{3, \frac{3}{4}, \frac{3}{16}, \frac{3}{64}, \frac{3}{256}, \cdots\cdots\}$ を考えよう。これを加えていくと、**等比級数**が得られる。

部分和は $S_n = a + ar + ar^2 + ar^3 + \cdots\cdots + ar^{n-1}$ と定義される。与えられた例では、$S_1 = 3$, $S_2 = 3 + \frac{3}{4}$, $S_3 = 3 + \frac{3}{4} + \frac{3}{16}$, $S_4 = 3 + \frac{3}{4} + \frac{3}{16} + \frac{3}{64}$ のようになる。これらに対して、次のような便利な公式がある。

$$S_n = a \times \frac{1-r^n}{1-r}$$

S_n に対するこの一般的な公式は、任意の等比級数にあてはめられる。また、r が 0 以上 1 未満の場合には、等比級数は次のような極限に収束する。

$$\sum ar^n = \frac{a}{1-r}$$

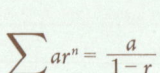

S_n に対する上記の公式は、比較的導きやすいものだ。その手順をここに示そう。まず、以下のように書けることはわかっている。

$$S_n = a + ar + ar^2 + ar^3 + \cdots + ar^{n-1}$$

これに r を掛けると、次のようになる。

$$rS_n = ar + ar^2 + ar^3 + ar^4 + \cdots + ar^n$$

これらの2つの等式の差をとることで、ほとんどの項は打ち消し合う。そして、$S_n - rS_n = a - ar^n$ となる。これを簡単にすると求める公式となる。

503 調和級数 HARMONIC SERIES

級数のなかに無限大に発散するものがあるのは明らかだ。たとえば、$1+2+3+4+5+\cdots$ の極限が有限値になることは望めない。発散するかどうかを見わけるのがさほど簡単ではない級数もある。

調和数列 $\{1, \frac{1}{2}, \frac{1}{3}, \frac{1}{4}, \frac{1}{5}, \frac{1}{6}, \cdots \}$ の項を加えることで**調和級数**が得られる（調和という名前は音楽の倍音の概念に由来している）。その級数は、$1 + \frac{1}{2} + \frac{1}{3} + \frac{1}{4} + \frac{1}{5} + \frac{1}{6} + \cdots$、すなわち $\Sigma \frac{1}{n}$ となる。

個々の項はどんどん 0 に近づいている。ただし、これは級数が収束するための必要条件だ。そして、じつのところこれは、十分条件ではない。

504 調和級数の発散 THE HARMONIC SERIES DIVERGES

1350 年ごろ、ニコル・オレームは、調和級数が無限大に発散するという思いもよらないことを示した。以下の級数をもとに見てみよう。

$$1 + \frac{1}{2} + \frac{1}{3} + \frac{1}{4} + \frac{1}{5} + \frac{1}{6} + \frac{1}{7} + \frac{1}{8} + \cdots$$

各項を小さくしたときそれでもなお発散するようであれば、もとの級数も発散するはずだ。そこで、各項を以下のように小さくする。

$$1 + \frac{1}{2} + \frac{1}{4} + \frac{1}{4} + \frac{1}{8} + \frac{1}{8} + \frac{1}{8} + \frac{1}{8} + \cdots$$

ここで、この新しい級数の項を $\frac{1}{2}$ の連続になるようにグループわけする。

$$1 + \frac{1}{2} + \underbrace{\frac{1}{4} + \frac{1}{4}} + \underbrace{\frac{1}{8} + \frac{1}{8} + \frac{1}{8} + \frac{1}{8}} + \cdots$$

この新しい級数は $\frac{1}{2}$ に $\frac{1}{2}$ を加え、さらにまた $\frac{1}{2}$ を加えるという具合に続く。だから、最終的にはどんな数を指定してもその数よりも大きくなる。

これは非常に驚くべき結果である。調和数列のそれぞれの項は大変小さく、級数はほとんど大きくなっていかないように思える。

レオンハルト・オイラーは、級数の初めの n 項までを足し合わせると、おおよそ $\ln n$ になることを示した。10を超えるのにも、12367項が必要だ。100を超えるようにするには、1.5×10^{43} もの項を加えなくてはならない。この級数は無限大に発散するとはいえ、じつにゆっくりとした速さなのである。

505 ブルン定数 BRUN'S CONSTANT

レオンハルト・オイラーは、$\frac{1}{2} + \frac{1}{3} + \frac{1}{5} + \frac{1}{7} + \frac{1}{11} + \cdots\cdots$ のような、素数にもとづく級数を調べた。この級数が収束するのであれば、その極限はきっと興味深いものになるだろう。ところが、オイラーはこの級数が収束しないことの証明に成功してしまった。調和級数と同じように、素数の級数は無限大に発散するのだ（このことからも、素数が無限にあることが証明できる）。

1919年、ヴィーゴ・ブルンは、双子素数（2だけはなれた素数）に注目した場合に級数に何が起こるのかを調べた。ブルンの級数は、双子素数のすべてのペアの逆数を加えることで得られる。

$$\left(\frac{1}{3} + \frac{1}{5}\right) + \left(\frac{1}{5} + \frac{1}{7}\right) + \left(\frac{1}{11} + \frac{1}{13}\right) + \left(\frac{1}{17} + \frac{1}{19}\right) + \cdots$$

ブルンの定理は、この級数が有限な極限値に収束するというものだ。その驚くべき数は**ブルン定数**と呼ばれ、おおよそ1.90216であることが知られている。

この事実は、双子素数が無限にあるという予想が正しくないということを意味するのだろうか？ 必ずしもそうではない。双子素数が無限にあるとしても、それが素数全体のなかでは非常にまばらであることを示しているだけかもしれない。

506 リーマンの級数定理

RIEMANN'S REARRANGEMENT THEOREM

加法は、有限個の数に対して適用できる演算だ。級数を「無限に

多くの数を足し合わせたもの」と考え、$1 + \frac{1}{2} + \frac{1}{4} + \frac{1}{8} + \frac{1}{16} + \cdots\cdots = 2$ のように書き表したくなるが、これは、極限という重要な概念を無視してしまっている。級数が通常の加法とは異なる点がいくつかある。1つは、有限個の数を加えるときには加える順は問題ではないが、級数の場合にはそれが成り立たないことだ。

たとえば、以下の級数は $\ln 2$ に収束する。

$$1 - \frac{1}{2} + \frac{1}{3} - \frac{1}{4} + \frac{1}{5} - \frac{1}{6} + \frac{1}{7} - \frac{1}{8} + \frac{1}{9} - \cdots$$

これは、次のように並べ直すことができる。

$$1 - \frac{1}{2} - \frac{1}{4} + \frac{1}{3} - \frac{1}{6} - \frac{1}{8} + \frac{1}{5} - \frac{1}{10} - \frac{1}{12} + \cdots$$

特定の項をまとめると以下のようになる。

$$\left(1 - \frac{1}{2}\right) - \frac{1}{4} + \left(\frac{1}{3} - \frac{1}{6}\right) - \frac{1}{8} + \left(\frac{1}{5} - \frac{1}{10}\right) - \frac{1}{12} + \cdots$$

括弧を計算すると、先の式は次のようになる。

$$\frac{1}{2} - \frac{1}{4} + \frac{1}{6} - \frac{1}{8} + \frac{1}{10} - \frac{1}{12} + \cdots$$

これは初めの級数のちょうど半分だ！　それゆえ、この級数は $\frac{1}{2} \ln 2$ に収束する。ベルンハルト・リーマンの級数定理によれば、このような級数は、並べ直して任意の数に収束させる(あるいは $\pm\infty$ に発散させる)ことができる。これと同じことが、**条件収束**する任意の級数(すべての項を正にした場合には収束しない級数)について成り立つ。先ほどの級数は、項を正にすると発散調和級数となる。

幸いなことに、**絶対収束級数**はもっと行儀よく振る舞ってくれる。

507 一般化された二項係数
GENERALIZED BINOMIAL COEFFICIENTS

二項定理から、たとえば $(1+z)^{17}$ のような括弧を、中間段階を飛ばして開く方法がわかる。それは、$\binom{17}{r} z^r$ という形の項の和である(このとき r は 0 から 17 までの値をとる)。

ここで、$\binom{17}{r}$ は組み合わせを表しており、書きだすと次のようになる。

$$\binom{17}{r} = \frac{17 \times 16 \times 15 \times \ldots \times (17 - r + 1)}{r!}$$

ここから、たとえば $(1+z)^{-17}$ について何かいえることがありそうだと

は思わないかもしれない。しかし思い切ってやってみなければ得るものも何もない。アイザック・ニュートンは、指数が負の数に置き換わったらどうなるのかを確かめてみた。意味のある結果は得られないだろうとニュートンは予想していたが、定理の一般化を見つけることになる。

aが任意の複素数、rが自然数のとき、一般化された二項係数は次のように定義される。

$$\binom{a}{r} = \frac{a \times (a-1) \times (a-2) \times \ldots \times (a-r+1)}{r!}$$

508 一般化された二項定理
GENERALIZED BINOMIAL THEOREM

元々の二項定理を模してニュートンが一般化した二項定理は、$(1+z)^{-17}$のような対象を、$\binom{-17}{r}z^r$という形の項の和として表現しようとするものだ(rは0, 1, 2, 3,……という値をとる)。だから、二項定理を一般化すると、任意のaに対して以下のような無限級数ができるはずだ。

$$(1+z)^a = \sum_{r=0}^{\infty} \binom{a}{r} z^r$$

ただし、収束するかどうかという点には注意が必要だ。実際のところ、zのほとんどの値に対してこの級数は収束せず、定理は成り立たない。しかし、zが$|z|<1$を満たす複素数であるときは、この級数は収束し、一般化された二項定理が成り立つ。

Continuity

509 アキレスと亀 ACHILLES AND THE TORTOISE

紀元前450年ごろ、エレアの哲学者ゼノンはパラドクスを集めた。最も有名なのは、物理学的な運動が不可能であることを証明するものだ。

このパラドクスには、伝説の英雄アキレスが登場する。この偉大なる戦士が亀と競争したとき、思いもよらない問題に出くわす。

アキレスは、亀が少し先の地点からスタートすることに同意した。そして、亀が出発したところまで難なく走っていった。アキレスがその場

所に着いたとき、亀は少し先を行っている。またその地点までアキレスは走っていくのだが、到着してみるとまたも亀は先を行っている。アキレスが亀に追いつくには、亀がさっきいた場所にたどり着かねばならない。しかし、亀のいた場所にアキレスが到着すると、亀はいつも少し先を行っているのだ。したがって、アキレスはどうしても亀に追いつくことができない。

ルイス・キャロルの論理的対話篇『亀がアキレスに言ったこと』、そして、20 世紀における名著の1つであるダグラス・ホフスタッターの『ゲーデル、エッシャー、バッハ──あるいは不思議の環』において、アキレスと亀は、パラドクスをめぐるさらなる冒険をする。

ゼノンが、運動や変化がすべて幻想であると本当に信じていたという可能性もある。しかし、数学的観点から見たゼノンのパラドクスの重要性は、**離散系**と**連続系**の関係性の難解さを見せつけてくれることだ。

510 ゼノンの二分法パラドクス

ZENO'S DICHOTOMY PARADOX

ゼノンの二分法パラドクスは、アキレスと亀のパラドクスと同様のことを主張するものだが、輪をかけて強力である。

アキレスは大事な競技に向けたトレーニングのために1マイル走ろうとしている。ただし、今回は1人きりで走る。

ゴール地点にたどり着く前に、まずは中間点に着かなくてはならない。しかし、そこに着く前には、さらにその中間点、つまり4分の1の点に着かなくてはならない。だが、それより先に8分の1の点に着かなくてはならない。これが果てしなく続く。こなさなくてはならないタスクが無限に現れ、第1歩が踏みだせない。今回の場合、アキレスは出発すらできないのである。

511 ゼノンのパラドクス ZENO'S PARADOXES

ゼノンのパラドクスは現代数学における解析学を予期するものだ。そのことは、アリストテレスの研究のなかに現れている。アリストテレスこそ、二分法のパラドクスについて重要な考察を行った人物だ。

それによると、距離が縮まるにつれて、その距離を走るために必要となる時間も短くなるという。距離も時間もどちらも非常に小さくなる

ので、距離を時間で割った値はある極限値に近づく。その値が、その瞬間のアキレスの速度である。これはまさに、**導関数**の定義である。

　アキレスと亀の競走の場合、競走の各段階でかかる時間の長さが同じであれば、アキレスが亀に追いつけないというのは本当だ。しかし、実際はそうではない。段階を経ていくと、かかる時間はどんどん短くなっていく。それらが合わさって**収束級数**となる。

　この級数の極限が、アキレスが亀に追いつく瞬間である。このパラドクスにひっかかるのは、各段階にかかる時間が同じであると考え、級数が発散すると錯覚してしまうからだ。

512 有理数には隙間がある
THE RATIONAL NUMBERS HAVE GAPS

　紙を用意して、真ん中に1本水平な線を引く。紙の下半分に1カ所印をつける。上半分にもう1カ所印をつける。ペンを紙からはなさずに2個の印の間に引ける任意の曲線が、紙の上下をわける線とどこかで交差しなくてはならないのは明らかだ。これは、数学的な筋書きにもとづいているわけではないものの、連続関数についての理論がしたがうべきモデルとなっている。

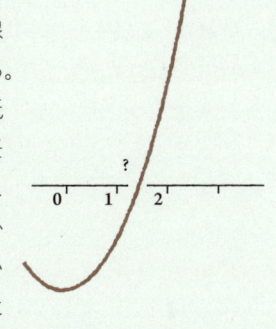

　残念ながら、有理数だけでこのことについて考えると、うまくいかない。たとえば、関数 $f(x) = x^2 - 2$ を考えてみよう。これは、何の変哲もない連続関数に見える。$y = f(x)$ のグラフを描いたら、$x = 0$ で y は負の値をとる。$x = 2$ ならば y が正の値をとる。だからグラフは水平な直線 $y = 0$ とどこかで交わるはずだ。しかし、有理数だけを考えたとき、この関数は $y = 0$ と交わることはない。$f(x) = 0$ を満たす有理数が存在しないからだ。有理数の数直線上では、$\sqrt{2}$ のところに隙間があり、グラフはそこを通り抜けていくのだ。☞*Fig*

513 中間値の定理 THE INTERMEDIATE VALUE THEOREM

　実数は、有理数に見られる隙間が埋まっているという点で美しいものだ。**中間値の定理**は、このことをはっきりと述べている。実数上の連続関数 f があり、これがある点 (a) で負の値をとり、別の点 (b) で正

の値をとるとする。すると、必ず中間の点(c)が存在し、その点でfは水平な直線と交差する、すなわち、$f(c) = 0$となる。

この定理から、実数は点や曲線や連続性についての私たちの直観をうまくとらえたものであり、幾何学や解析学のための正しい舞台を設定していることがうかがえる。

514 離散性と連続性 DISCRETENESS AND CONTINUITY

整数は離散的だ。つまり、それぞれの数がはなれている。それに対して実数は、連続的な集合の例としてよく知られている。実数では、1から2へとすべるように移動し、その際、間にある無限個の点をすべて通っていく。**中間値の定理**の帰結として、考え得る最も細かいスケールで測っても、そこに隙間はない。

離散性と**連続性**は数学における北極と南極だ。どちらも膨大な量の魅力的な研究を行うための舞台を提供している。位相幾何学や解析学は連続関数に関連するもので、組み合わせ論やグラフ理論は離散的だ。こうした2つの領域には極めて異なる感覚があり、また領域間の緊張関係が多くの技法的、概念的困難を引き起こしている。

ゼノンのパラドクスはそうした難点の兆しとしてずっと昔に現れたものだ。離散的な状況と連続的な状況が衝突したとき、そこから華々しい輝きが発せられ得る。例としては、数論の先端を行くディオファントス幾何学、不思議な量子力学的現象である波動と粒子の二重性などがある。

515 連続関数 CONTINUOUS FUNCTIONS

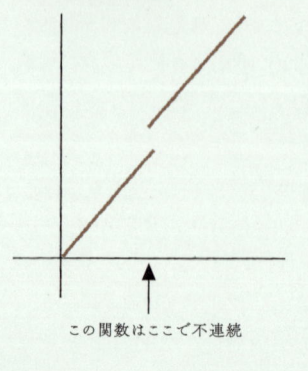

実関数は実数を入力とし、実数を出力する関数だ。これらは、物理学的なプロセスをモデル化するのに非常に便利である。たとえば、道を歩くことは、時間を表す数を入力とし、距離を表す数を出力として提示する実関数でモデル化できる。このような応用例で得られる関数は連続であり、隙間はない。☞*Fig*

この関数はここで不連続

しかし、連続であるということは、曲線が**滑らか**であるという意味ではない。隙間さえなければ、ギザギザがあってもいい。すべての微分可能な関数は連続だが、その逆は成り立たない（例として、コッホの雪片がある）。

ワイエルシュトラスのイプシロン-デルタによる連続性の定義を初めて目にした人は、まず間違いなく混乱する。

しかし、この難解な定義をオーギュスタン＝ルイ・コーシーとカール・ワイエルシュトラスが解析学に導入し、無限小についての古くからのあてにならない理論と置き換えたことは、厳密性の高さの証になっている。

連続性のような直観的な概念がずいぶんと手の込んだ形式化を必要とするというのは驚くべきことである。

516 イプシロンとデルタ EPSILON AND DELTA

f は実数関数で $f(0) = 1$ を満たすものとする。f がこの点で連続であるとは、直観的にはこの点で隙間がないことを意味する。数学的な考え方もシンプルで、x が 0 に近づくにつれて $f(x)$ が 1 に近づくならば連続だ。

ワイエルシュトラスは、この「近づく」という考え方を形式化するために、次のように言い換えた。

「任意の数 ε に対し（どんなに小さな数でも）、x が 0 にじゅうぶん近いところにあるならば、$f(x)$ は 1 から ε 以内にある」

しかし、この言い方には、「じゅうぶん近い」という未定義の概念がなおも含まれている。

これは、次のようにして取り払うことができる。任意の数 ε に対して、ほかの正の数 δ が存在し、x が 0 から δ 以内にあるとき、$f(x)$ は 1 から ε 以内にある。これこそまさに、現在の連続性の定義だ。論理学の**量化記号**を用いて、以下のように、より手早く書くことができる。

$$(\forall \varepsilon > 0)(\exists \delta > 0)(|x| < \delta \to |f(x)-1| < \varepsilon)$$

より一般に、関数 $f: \mathbb{R} \to \mathbb{R}$ が点 a で連続というのは次の通りだ。

$$(\forall \varepsilon > 0)(\exists \delta > 0)(|x-a| < \delta \to |f(x)-f(a)| < \varepsilon)$$

f がいたるところで連続であるといいたい場合は、次のようになる。

$$(\forall a)(\forall \varepsilon > 0)(\exists \delta > 0)(|x-a| < \delta \to |f(x)-f(a)| < \varepsilon)$$

Differential Calculus

微分学

517 微分可能性 DIFFERENTIABILITY

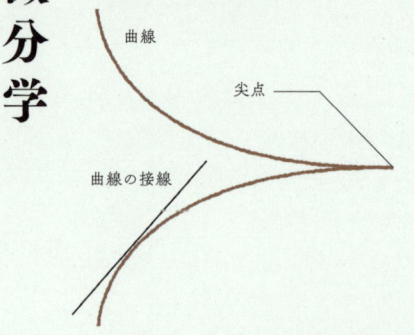

曲線
尖点
曲線の接線

図示した曲線には尖点、すなわち尖った先端がある。尖点以外のところでは曲線は滑らかだが、この特定の点においてだけはそうではない。

滑らかであるということはどう定義できるだろうか？ 微分法が1つの答を示してくれる。微分法は理解しにくい手法だが、要するに、曲線の接線を見つけるものである。

問題となるのは、接線が必ず見つかるというわけではないことだ。尖点では、曲線の接線を一意には決められない。この点で描ける直線はどれも同じようなもので、接線は定義できず、曲線はこの点で微分可能ではない。☞Fig

微分可能性について知ると、滑らかさも合わせて理解できる。微分可能性は連続性よりも強い条件だ。関数は、跳躍や隙間を含まなければ連続といえる。この曲線の場合、尖点を含めても連続性の定義には合致する。一方、微分可能な関数は必ず連続である。

いうまでもなく、図示した曲線は尖点を除くいたるところで滑らかだ。長年の間、数学者はこれが一般的である、つまり、すべての連続関数は、ほんのわずかな点を除いて微分可能であるはずだと考えていた。しかし1872年にカール・ワイエルシュトラスは、至るところで連続なのに、微分可能なところがどこにもない関数を作り、確立されていた概念を揺るがせた。コッホの雪片もそのような曲線だ。☞Fig

518 接線の傾き THE GRADIENT OF A TANGENT

傾きというのは、傾斜の尺度である。直線の傾きを測るのは簡単だ。ある範囲での垂直方向の変化量を水平方向の変化量で割ればいい。また、これは方程式から簡単に読み取ることができる。たとえば、直線 $y = 4x+1$ ならば傾きは4だ。

傾きは実際の応用において非常に重要となる。というのも、直線の傾きは y の変化の割合（$\frac{dy}{dx}$ と書く）を示しているからだ。たとえば、速

度は位置の変化の割合としてモデル化される。

直線ではなく曲線を考えるとき、この手順にはもうひと手間が必要となる。そもそも、曲線の傾きが何を意味するのかが明確ではない。意味合いとして決まっているのは、傾きとは曲線の接線の傾きのことであり、接線とはまさに1点で曲線に接する直線であるということだ。

点の選び方によって傾きには大きく違いが出る。直線とは違い、曲線の傾きは場所によってさまざまなのだ。

この傾きを計算する基本的な方法はアルキメデスの時代に遡るもので、次のような手順にしたがう。曲線上の1点を決める。手描きで接線を引く。そして傾きを計算する。この方法に伴う問題は、完璧な正確さで曲線に対して直線を描けると仮定していることだ。実際は、正しい値の推定値が出てくるだけだろう。正確な計算ができるようになるには、導関数の発展を待たなくてはならなかった。

519 接線を割線で近似する
APPROXIMATING TANGENTS WITH SECANTS

曲線 $y = x^2$ の、点 $(1, 1)$ における傾きを計算したいとしよう。アルキメデスの方法にならえば、この点での接線を描いてその傾きを計算することになるだろう。しかし、点における接線を正確に描くのは難しい。数学の厳密さが人間の手腕に依存するようではいけない。

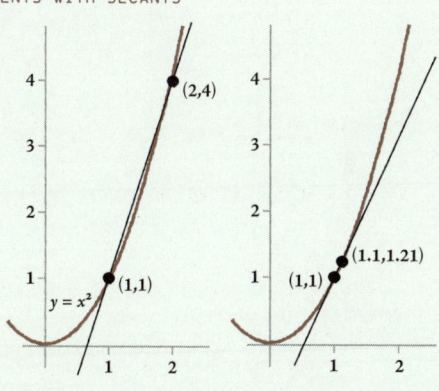

近似的な接線であれば数学的に厳密に描ける。曲線上で近くにもう1点とり、2点を直線で結ぶのだ(この線を割線という)。2個目の点として、$(2, 4)$ をとったとすると、$\frac{4-1}{2-1} = 3$ と傾きが求められる。

2個目の点を $(1, 1)$ の近くにとれば、さらに近似の精度が上がるだろう。点 $(1.5, 2.25)$ とすると、2.5という傾きが得られる。$(1.1, 1.21)$ を選べば、傾きは2.1だ。同様に、$(1.01, 1.0201)$ とすると傾き2.01が得

られる。☞Fig

2個目の点が(1, 1)に近づくにつれて、傾きは2に近づいていくようだ。だから、これが本当に求めるもの、つまり(1, 1)での接線の傾きだと考えることができる。これを厳密に証明するためには、代数的な計算が必要だ。

520 第1原理から微分する
DIFFERENTIATING FROM FIRST PRINCIPLES

$y = x^2$の点(1, 1)における傾きを計算するためには、曲線上で(1, 1)の近くに2個目の点をとる必要がある。小さな数hを選び、2個目の点のx座標を$1+h$とする。曲線の方程式から、2個目の点の座標は$(1+h, (1+h)^2)$だ。括弧を開くと、$(1+h, 1+2h+h^2)$となる。

この点と、(1, 1)を通る直線の傾きを知りたい。傾きは、垂直方向の変化量を水平方向の変化量で割ったものなので、$\frac{(1+2h+h^2)-1}{(1+h)-1}$と表せる。これを簡単にすると$2+h$となる。これが割線の傾きだ。

ここまでくると、2個目の点が(1, 1)に近づくにつれてどうなるのかは明らかだ。hがどんどん小さくなっていくのであり、傾き$2+h$はどんどん2に近づく。

(3, 9)という点を選んでいたら、曲線の傾きは$2 \times 3 = 6$になっただろう。同様に、(-4, 16)を選んだなら傾きは$2 \times -4 = -8$だ。一般に、点(x, x^2)において、曲線の傾きは$2x$だ。これによって関数$y = x^2$の導関数は$y = 2x$であることがわかる。

521 導関数 DERIVATIVE

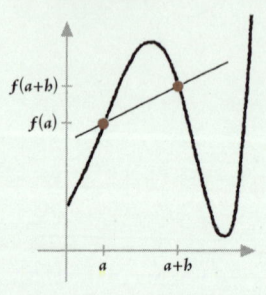

関数fが入力も出力も実数値をとるとする。fの**導関数**は新たな関数(f'と書く)であり、fの変化の割合を表すものだ。グラフという観点からいうと、$y = f'(x)$のグラフを描けば、点aでの傾きがわかる。傾きは$f'(a)$で与えられる数だ。さて、これはどのように定義できるだろうか？

近似的な傾きであれば、ある小さな数hに対して$\frac{f(a+h)-f(a)}{h}$によって与えられる。正確な傾きを計算するためには、hがどんどん小さくなっていくときのこの式の極限をとれ

ばいい。☞Fig

$$f'(a) = \lim_{h \to 0} \frac{f(a+h) - f(a)}{h}$$

これが導関数の定義だ（重要な点として、この極限は一意に存在しなくてはならない。さもなければ、それは微分不可能な関数ということになる）。

yもまた変数で、$y = f(x)$によってxと関係づけられているとき、微分した結果を$\frac{dy}{dx} = f'(x)$と書く。

実用的な場面で導関数を使おうとするとき、この技巧的な定義はあまり表には出てこない。実際のところ、大多数の関数の導関数は、**少数の標準的導関数**から導きだされる。

522 導関数の歌　THE DERIVATIVE SONG

トム・レーラーは「公園の鳩に毒を」などの風刺に富んだ歌でよく知られている。レーラーは数学者でもあり、かつてはハーバード大学で教鞭をとっていた。あまり知られていない作品の1つに、導関数の定義を音楽にのせたものがある。そのメロディーは、W・ベントン・オーヴァーストリートの「There'll Be Some Changes Made」（「何かを変えなくては」。オリジナルの歌詞はビリー・ヒギンズによる）である。

> xの関数を考えて、それをyとしよう。
> 試してみたい任意の値をx_0とするのだ。
> 少し変えてみて、それをδxと呼ぼう。
> そうすれば、対応するyの変化がわかる。
> それから商をとる。さあ慎重に
> δxをゼロにしてみよう。そうしたら、わかるだろう。
> こうしてすっかり調べたなら、極限がもたらしてくれるもの
> それはいわゆる$\frac{dy}{dx}$だ。まさに$\frac{dy}{dx}$だ！

ここで、x_0は、導関数を計算しようとしている点だ。同様にδx（デルタエックス）は先ほどhで表した微小な変化である。

523 標準的導関数　STANDARD DERIVATIVES

導関数の定義は手が込んでいて、直接は適用しにくいかもしれない。幸い、その代わりに使えるいくつかの標準的な関数がある。

こういった標準的な導関数がわかっていれば、**積の法則**、**商の法則**、**連鎖法則**と合わせて、一般的な関数の多くについて微分を行える。

y	$\dfrac{dy}{dx}$	y	$\dfrac{dy}{dx}$
x^n	nx^{n-1}	C^x	$C^x \ln C$ $(x > 0)$
C (任意の定数)	0	$\log_c x$	$\dfrac{1}{x \ln c}$ $(\|c\| \neq 0, 1)$
e^x	e^x	$\ln x$	$\dfrac{1}{x}$
$\sin x$	$\cos x$	$\sinh x$	$\cosh x$
$\cos x$	$-\sin x$	$\cosh x$	$\sinh x$
$\tan x$	$\sec^2 x$	$\tanh x$	$\text{sech}^2 x$
$\text{cosec}\, x$	$-\text{cosec}\,x \cot x$	$\text{cosech}\, x$	$-\text{cosech}\,x \coth x$
$\sec x$	$\sec x \tan x$	$\text{sech}\, x$	$-\text{sech}\,x \tanh x$
$\cot x$	$-\text{cosec}^2 x$	$\coth x$	$-\text{cosech}^2 x$
$\sin^{-1} x$	$\dfrac{1}{\sqrt{1-x^2}}$ $(-1 < x < 1)$	$\sinh^{-1} x$	$\dfrac{1}{\sqrt{1+x^2}}$
$\cos^{-1} x$	$\dfrac{-1}{\sqrt{1-x^2}}$ $(-1 < x < 1)$	$\cosh^{-1} x$	$\dfrac{1}{\sqrt{-1+x^2}}$ $(\|x\| > 1)$
$\tan^{-1} x$	$\dfrac{1}{1+x^2}$	$\tanh^{-1} x$	$\dfrac{1}{1-x^2}$ $(-1 < x < 1)$

524 積の法則 PRODUCT RULE

標準的導関数の表から、$y = x^3$ や $y = \sin x$ の微分方法がわかる。それでは $y = x^3 \sin x$ はどのように微分できるのだろうか？ この問いは、2つの関数の積、つまり $y = f(x)g(x)$ を微分する方法についての一般的な問いの具体例だ。

よくある誤りは、2つの関数を別々に微分して結果を掛けるというものだ。$f(x) = g(x) = x$ として考えてみれば、これが間違っていることがすぐにわかるはずだ。

正しい手順は次の通りで、**積の法則**、あるいはライプニッツの法則として知られている。

$$\frac{dy}{dx} = f(x)g'(x) + f'(x)g(x)$$

先ほどの例の場合、導関数は $x^3 \cos x + 3x^2 \sin x$ となる。

525 積の法則の証明 PROOF OF THE PRODUCT RULE

積の法則はどうして成り立つのだろうか？ その理由は$f(x)g(x)$の導関数の定義を操作してみるとわかる。$f(x)g(x)$の導関数は次の関数の極限である。

$$\frac{f(x+h)g(x+h)-f(x)g(x)}{h}$$

分子に$f(x+h)g(x)$を足して引くと、以下のように書き換えられる。

$$\frac{f(x+h)g(x+h)-f(x+h)g(x)+f(x+h)g(x)-f(x)g(x)}{h}$$

これは次と同じだ。

$$\frac{f(x+h)(g(x+h)-g(x))+(f(x+h)-f(x))g(x)}{h}$$

つまり以下のようになる。

$$f(x+h)\left(\frac{g(x+h)-g(x)}{h}\right)+\left(\frac{f(x+h)-f(x)}{h}\right)g(x)$$

$h \to 0$につれて$f(x+h) \to f(x)$となるので、全体は$f(x)g'(x)+f'(x)g(x)$に近づく。

526 連鎖法則 THE CHAIN RULE

標準的導関数の表を使って、$y = x^3$と$y = \sin x$を微分し、積の法則にあてはめると、$y = x^3 \sin x$を微分できる。では、これらの関数を違う方法で、たとえば$y = \sin(x^3)$のように、結合した場合はどうなるのだろうか？

この問いの一般形は、$y = f(g(x))$のときに$\frac{dy}{dx}$をどのように求めるか、となる。

答は、連鎖法則として知られている。

$$\frac{dy}{dx} = f'(g(x)) \times g'(x)$$

だから、先ほどの例では、$\cos(x^3) \times 3x^2$が導関数となる。

527 連鎖法則の証明 PROOF OF THE CHAIN RULE

連鎖法則は大変役に立つ。というのも、そのおかげで微分できる関数の数が大幅に増えるからだ。この法則がどうして成り立つのか

を知るために必要なのは、導関数の定義を使って、実際に手を動かして計算してみることだ。

$y = f(g(x))$ のとき、$\frac{dy}{dx}$ は以下の関数の極限となる。

$$\frac{f(g(x+h)) - f(g(x))}{h}$$

ここで、新たな小さな数として $j = g(x+h)\text{-}g(x)$ を導入し、微分の定義の形へ変形させていこう。$f(g(x+h)) = f(g(x)+j)$ より

$$\frac{f(g(x)+j) - f(g(x))}{h}$$

微分の定義にたどり着くためには、分母を h ではなく j にする必要がある。

$$\frac{f(g(x)+j) - f(g(x))}{j} \times \frac{j}{h}$$

初めの分数部分は $j \to 0$ で $f'(g(x))$ となる。
$\frac{j}{h}$ は、j の定義より $\frac{g(x+h)\text{-}g(x)}{h}$ であり、$h \to 0$ で $g'(x)$ になる。

528 商の法則　THE QUOTIENT RULE

積の法則のおかげで $x^3 \ln x$ を微分することができ、連鎖法則のおかげで $\ln(x^3)$ を微分できるようになった。では、$y = \frac{x^3}{\ln x}$ はどのように微分できるだろうか？　この問いを一般的な形で書くと、$y = \frac{f(x)}{g(x)}$ の微分をどのように行えるかとなる。

その答は、**商の法則**が教えてくれる。

$$\frac{dy}{dx} = \frac{g(x) f'(x) - g'(x) f(x)}{g(x)^2}$$

上記の式で、$y = \frac{x^3}{\ln x}$ とすると、次のようになる。

$$\frac{dy}{dx} = \frac{\ln x \times 3x^2 - \frac{1}{x} x^3}{(\ln x)^2}$$

$$= \frac{3x^2}{\ln x} - \frac{x^2}{(\ln x)^2}$$

商の法則は、連鎖法則より、$(g(x))^{-1}$ を微分すると $\frac{-g'(x)}{g(x)^2}$ になることも利用し、$y = f(x)g(x)^{-1}$ に積の法則を適用することによって導きだせる。

529 陰関数の微分 IMPLICIT DIFFERENTIATION

$y = f(x)$を微分せよという問題が与えられることが典型的であり、この場合、fに先述の法則をあてはめて微分していく。しかし、方程式の片側をyだけにしなくてはならないという決まりはいっさいない。たとえば$2y+5x = x^3$をただちに微分して$2\frac{dy}{dx}+5 = 3x^2$とすることができる。

これを**陰関数**の微分といい、これまでとまったく同じ方法で行うことができる。唯一、yを微分したときには$\frac{dy}{dx}$が得られるということを覚えておけばよい。

530 極大と極小 MAXIMA AND MINIMA

$y = x^3-3x$のグラフを見ると、完全に水平になっているところが2カ所ある。その場所を正確に求めてみよう。水平なグラフは傾きが0である。つまり、このような2点では微分係数が0ということだ。

この式を微分すると$3x^2-3$となる。微分係数が0となる点を探しているので、$3x^2-3 = 0$を解くことになる。すると、$x = 1$と$x = -1$が得られる。これらをもとの方程式に代入して、y座標を計算すると、求めたい2点が$(1, -2)$、$(-1, 2)$だとわかる。

☞*Fig.1*

これらの点は、yの極大値と極小値を示している。ただし、$(-1, 2)$でyが一番大きな値をとるというわけではない(たとえば、$x = 10$のとき$y = 970$だ)。それでもこれは、局所的には最大値だ。この点の近傍には、これ以上大きな値をとる点はない。

局所的な最大値や最小値をとる点は、曲線の折り返し点を表している。これは微分係数が0になる点を探せば、すぐに見つかる。

ただし、注意が必要だ。$y = x^3$に対してこの方法をあてはめると、原点でも微分係数が0となる。原点で平坦ではあるが、ここは折り

返し点ではない。これは、**変曲点**なのだ。微分係数が0となる点が極大点、極小点、変曲点のどれなのかは、2次導関数を調べることで判断できる。☞Fig.2

531 2次導関数 THE SECOND DERIVATIVE

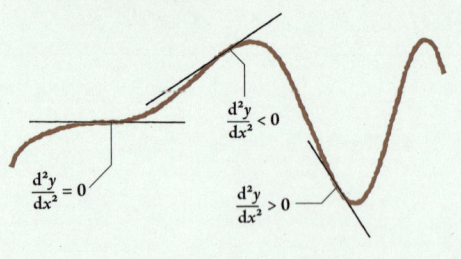

関数 f を微分すると、f の導関数 f' が得られる。たとえば、$f(x) = \sin x$ ならば $f'(x) = \cos x$ だ。この関数 f' は、f の変化の割合を示している。これをさらに微分すると、**2次導関数** f'' が得られる。この場合、$f''(x) = -\sin x$ である。変数 y を $y = f(x)$ によって定義するとき、$\dfrac{dy}{dx} = f'(x)$、$\dfrac{d^2y}{dx^2} = f''(x)$ と書く。

導関数は、グラフ $y = f(x)$ の傾きを測るものだ。では、2次導関数は何を意味するのだろうか？ もちろん、「傾きの変化の割合」であることは間違いないのだが、幾何学的にはどのような意味があるのだろうか？

2次導関数の示す値が正ならば、曲線は徐々に急勾配になって、下に凸となる。接線は曲線の下側にくるだろう。一方、2次導関数の示す値が負ならば、傾きは徐々に小さくなり、上に凸となる。今度は曲線の上側に接線がくる。2次導関数の示す値が0ならば、傾きは不変で接線は曲線と1点で交わっている。☞Fig

532 2次導関数を調べる THE SECOND DERIVATIVE TEST

2次導関数を調べることは、極大値、極小値、変曲点を見出すのに役に立つ。極大値をとる点の周りでは、傾きが徐々に小さくなっている（$\dfrac{d^2y}{dx^2} \leq 0$）。極小値の周りでは傾きは徐々に大きくなる（$\dfrac{d^2y}{dx^2} \geq 0$）。停留的かつ変曲点では、傾きは変わらない（$\dfrac{d^2y}{dx^2} = 0$）。

それゆえ、2次導関数の示す値が負ならば、その停留点で極大値をとる。2次導関数の示す値が正ならば、極小値をとる。しかし、2次導関数の示す値が0のときそれが何になるかは自明ではない。変曲点かもしれないが、そうでないかもしれない。

533 位置の変化の割合 RATES OF CHANGE OF POSITION

「変化の割合の変化の割合」というと、ややこしくて理解しにくいが、具体例で考えると少しわかりやすくなる。

　自転車がまっすぐな道を進んでいるとしよう。そして、関数 s が、自転車の t 秒後におけるある家からの変位を与えるとする。このとき、$\frac{ds}{dt}$ は距離の変化の割合、すなわち、速度である。$\frac{d^2s}{dt^2}$ は速度の変化の割合、つまり加速度だ。

534 変位と速度 DISPLACEMENT AND VELOCITY

　数学者が**距離**ではなく**変位**とあえて述べるのはなぜなのだろうか？ その答は次のように説明できる。

　家からの距離が同じである2人が、同一の場所にはいないことがあり得る。たとえば、片方が道に沿ってある方向に5メートル進んだところに、もう片方がそれとは逆の方向に5メートル進んだところにいるとする。初めの人は-5メートルの変位、次の人は+5メートルの変位である（距離はどちらも5メートル）。

　同様に、道沿いにある方向に進む自転車の速度は秒速+6メートルであり、道沿いに逆方向に進む自転車の速度は秒速-6メートルだ。これらは、たとえ**速さ**が同じであっても**速度**としては異なるのだ。さらに複雑な状況では、変位も速度もベクトルによって与えられる。

535 偏導関数 PARTIAL DERIVATIVES

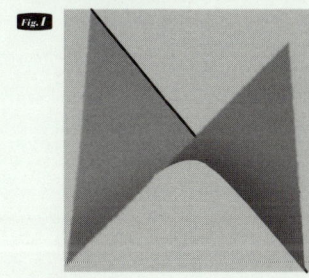

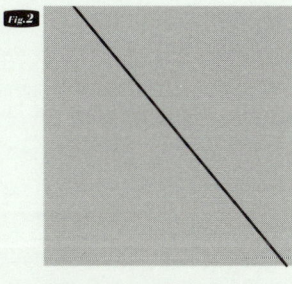

Fig.1 *Fig.2*

　常微分は、x と y のような2変数の間に関係があるときに行う。たとえば、式 $y = x^2$ は曲線を表しており、その式を x に関して微分すると $2x$ となる。

　3変数以上が含まれることも少なくない。たとえば、式 $z = 2xy$ は

3次元において、曲面（具体的にいうと、双曲放物面）を表している。これは、入力として2個の数（xとy）をとり、出力として1個の数（z）を作りだす関数だと考えることができる。☞ *Fig.1*

ここで、$y = 5$のように、yの値を固定して、なじみのある話に戻すこともできる。幾何学的には、これは曲面の断面をとって、方程式$z = 10x$で表せる曲線を得ることにあたる。これをいつも通りに微分すると、$\frac{dz}{dx} = 10$ が得られる。

もちろん、yの値を$y = -2$のように固定すれば、異なる曲線$z = -4x$と、異なる導関数$\frac{dz}{dx} = -4$が得られる。☞ *Fig.2*

今回の例では、yを何らかの値に固定すると、導関数としてその数の2倍が得られた。これを、$\frac{\partial z}{\partial x} = 2y$と書き、$y$に関する$x$の**偏導関数**と呼ぶ（偏微分では、丸まった$d$である$\partial$を用いる。ギリシャ文字の$\delta$ではない）。

536 偏微分 PARTIAL DIFFERENTIATION

偏微分の基本法則は、常微分の場合とまったく同じだ。たとえば、式$z = x^2+3xy+\sin y$が与えられたとする。この式をxに関して微分するとしよう。唯一の新しい法則は、yが定数項とまったく同じように扱われるということだ。

だから、$\frac{\partial z}{\partial x} = 2x+3y$である。$z = x^2+3xy+\sin y$を、今度は$y$に関して微分してみよう。このとき、$x$を定数として扱うことになる。ゆえに、$\frac{\partial z}{\partial y} = 3x+\cos y$だ。

537 接空間 TANGENT SPACES

$y = x^2$のような曲線において、導関数は曲線の傾きと考えればいい。正確にいえば、導関数は曲線の接線の傾きである。接線というのは、たった1点、点(x, y)で曲線に接する直線だ。

曲面上では、接線はもはや直線ではなく、**2次元接平面**だ。微分法によって、この平面の傾きを解析できる。しかし、これはもはや1つの数としてとらえることはできない。

その代わりに、数のペアとして、すなわち、x-z平面における平面の勾配、y-z平面における勾配の組として表すことができる。それぞれ、偏導関数$\frac{\partial z}{\partial x}$, $\frac{\partial z}{\partial y}$によって与えられる。

高次元多様体は高次元の接空間を持つ。これは、対応する高次の偏導関数によって書き表すことができる。

538 2次偏導関数 SECOND PARTIAL DERIVATIVES

常微分によってyに対する微分を行い、それをふたたび微分して2次導関数を得ることができる。偏微分の場合には、同じことができるだけではなく、選択肢がさらに広がる。

$z = x^2 + 3xy + \sin y$ をxについて微分すると、$\frac{\partial z}{\partial x} = 2x + 3y$ が得られる。さらにxについてふたたび微分すると、$\frac{\partial^2 z}{\partial x^2} = 2$ が得られる。

また、混合導関数というものもある。$\frac{\partial z}{\partial x} = 2x + 3y$ をyについて微分すると$\frac{\partial^2 z}{\partial x \partial y} = 3$ が得られる。同様に、$\frac{\partial z}{\partial y} = 3x + \cos y$ をxについて微分すると$\frac{\partial^2 z}{\partial y \partial x} = 3$ が得られる。

これら2式が同じになるのは偶然ではない。クレローの定理から、

$$\frac{\partial^2 z}{\partial x \partial y} = \frac{\partial^2 z}{\partial y \partial x}$$

が常に成り立つことがいえる。微分する変数の順序は問題にならないのだ。

Integral Calculus

539 積分法 INTEGRATION

積分記号$\int$を初めて使ったのは、ゴットフリート・ライプニッツだ。この記号は「S」を変形したものであり、「和」を表すラテン語「summatorius」の頭文字だ。$1 + \frac{1}{4} + \frac{1}{9} + \frac{1}{16} + \cdots\cdots$のような級数では、項を加えていく。これがわかりやすいのは、項が離散的だからだ。一方**積分法**は、$y = x^2$のような連続関数に適用できる。

関数に沿って進みながら「和をとる」というのはどういう意味だろうか？ 積分法では、その曲線より下の部分の面積が与えられるというのがその答だ。次の式は、xが1から4までのとき、曲線$y = x^2$とx軸に囲まれた部分の面積を表している。

$$\int_1^4 x^2 \, dx$$

項dxは、積分法が変数xに関して行われるということを示している。この式は、面積をどのように測っているのかを非常に巧みに示している。この場合、求めたいのは、xが2カ所の境界1と4の間を滑

らかに動きながら網羅する面積だ。その面積の計算の方法は、**微積分学の基本定理**が教えてくれる。

540 階段関数 STEP FUNCTIONS

曲線の下側の面積を計算する方法がすぐにわかるわけではない。とはいえ、比較的簡単に扱える関数もある。1と4の間では2に等しく、そのほかでは0に等しい曲線を考えよう。これは以下のように書き表すことができる。

$$f(x) = \begin{cases} 2 & 1 \leq x \leq 4 \\ 0 & その他 \end{cases}$$

この曲線の下側の領域は、幅3、高さ2の長方形であり、面積は3×2 = 6だ。

同様に、以下の関数は2つの長方形からなる領域で、面積の合計は9となる。☞ *Fig.1*

$$f(x) = \begin{cases} 2 & 1 \leq x < 4 \\ 3 & 4 \leq x \leq 5 \\ 0 & その他 \end{cases}$$

Fig.1

このような階段関数であれば、積分は簡単だ。一方、一般的な曲線の積分の定義は技巧的である。初めてのきちんとした定義は、19世紀後半にベルンハルト・リーマンとアンリ・ルベーグが作りあげたものだ。考え方自体は極めてシンプルで、目的とする関数を階段関数によってよりいっそう細かく近似するというものだ。

幸いにも、細かな階段関数は、多くの場合決して表に出てこない。$f(x) = x^2$のような曲線を積分したいのなら、微積分学の基本定理による、遥かに簡単な方法が使える。☞ *Fig.2*

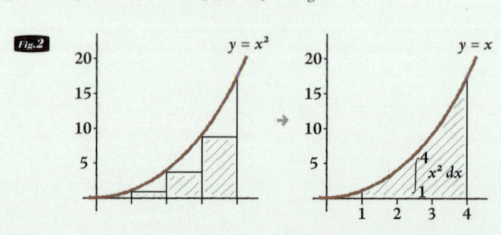

Fig.2

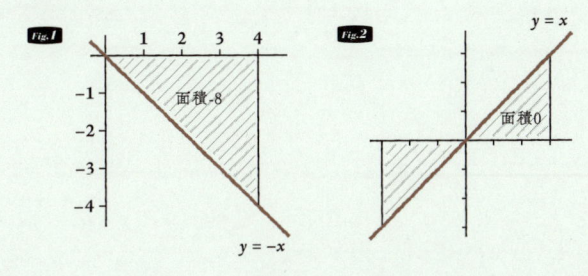

541 定積分 DEFINITE INTEGRALS

Fig.1 面積-8　$y=-x$

Fig.2 面積0　$y=x$

積分には2つの形がある。**定積分**（端点が特定されているもの）と、**不定積分**（端点が特定されていないもの）だ。次に示す積分は、1と4を端点とするものであり、定積分だ。

$$\int_1^4 x^2\,dx$$

定積分の結果は、特定の数（この場合には21）となる。これが曲線の下側の面積に等しくなっている。

曲線がx軸の下を通るときは、面積が負の数となる。たとえば、次のように、$y=-x$を0と4の間で積分したときがそうだ。☞*Fig.1*

$$\int_0^4 -x\,dx = -8$$

$y=x$を-3と3の間で積分すると正の面積と負の面積が互いに打ち消し合う。☞*Fig.2*

$$\int_{-3}^3 x\,dx = 0$$

542 不定積分 INDEFINITE INTEGRALS

定積分からは数が得られ、それは面積を表している。では、その数はどのようにして計算できるだろうか？ じつは、そうした数を与える関数が存在し、それを**不定積分**と呼ぶ。たとえば、以下の定積分を考えてみよう。

$$\int_1^4 x^2\,dx$$

これに対応する不定積分は、次のようなものだ（ただし、微積分学の基本定理を使い、積分定数を消している）。

$$\int x^2 \, dx = \frac{x^3}{3}$$

この関数があれば、もうどんな定積分でも計算できる。f の不定積分を F とすれば、任意の定積分が以下の法則に則って計算できるからだ。

$$\int_a^b f(x) \, dx = F(b) - F(a)$$

次に問題となるのは不定積分をどのように求めるのかという点だが、その答は微積分学の基本定理にある。

543 微積分学の基本定理
THE FUNDAMENTAL THEOREM OF CALCULUS

微積分学という分野には2つの構成要素がある。微分法と積分法だ。**微積分学の基本定理**は、その両方の関係を示すものだ。先の問題の答は、微分法と積分法は逆の処理であって、一方はもう一方を「逆向きに行った」ものだというところにある。

関数 f を微分して f' としてからそれを積分すると、f に(積分定数が加わった形で)戻る。これを形式的に書くと次のようになる。

$$\int f'(x) \, dx = f(x) + C$$

544 微積分学の基本定理の証明
A SKETCH OF THE PROOF OF THE FUNDAMENTAL THEOREM OF CALCULUS

微積分学の基本定理は、微積分学の課程の初めに紹介されるものの1つだが、簡単ではない。微分法は曲線の傾きとして、積分法は曲線の下側の面積としてそれぞれ定義される。

これらの2つが非常に密接な関係にあるというのは自明なことではない。

$y = f(x)$ という方程式で表せる曲線を考えてみよう。0 と x の間の曲線 f の下側の面積が関数 $F(x)$ で与えられるとする。微積分学の基本定理より、$F'(x) = f(x)$ が成

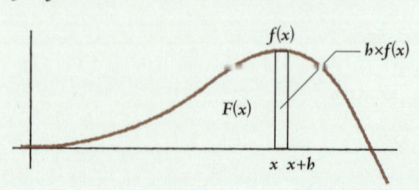

り立つはずだ。では、なぜこれが成り立つのだろうか?

x を小さな値 h だけ大きくすると、面積は $F(x)$ から $F(x+h)$ に増える。幾何学的には、幅が h で高さがおおよそ $f(x)$ の狭い帯がつけ加わったことになる。この帯の面積は約 $h \times f(x)$ だ (もちろん、この帯は本当に正確な長方形なのではない。だから、これは証明の概要にすぎない)。したがって、面積の総和は $F(s+h) \approx F(x) + h \times f(x)$ を満たす。☞Fig

その式を変形すると以下のように書ける。

$$f(x) \approx \frac{F(x+h) - F(x)}{h}$$

この式は、F の導関数の定義である。h がゼロに近づくと、右辺は $F'(x)$ に近づく。

545 不定積分を求める
EVALUATING INDEFINITE INTEGRALS

微積分学の基本定理から、不定積分を求める方法がわかった。次に問題となるのは、どの関数を微分すれば f になるのかということだ。

たとえば、$\int x^2 dx$ を見つけるためには、微分すると x^2 になる関数を探すことになる。すぐに x^3 が思い浮かぶかもしれない。ただし、これを微分すると $3x^2$ になるので、x^2 だけを得るためには、$\frac{x^3}{3}$ とする必要がある。これを微分すると、正しい答が得られることがわかる。一般化すると、以下のようにいえる。

$$\int x^n dx = \frac{x^{n+1}}{n+1} + C$$

これ以外にも、標準的な積分は、標準的導関数の表をもとにして逆向きの処理を行うことで見つかる。たとえば次の通りだ。

$$\int \cos x \, dx = \sin x + C$$

546 積分定数 CONSTANTS OF INTEGRATION

$y = 5$ や $y = -2$ のような定数関数の傾きはゼロだ。だから、定数関数を微分すると、それがどんなものであっても、必ず 0 となる。

これは、積分を行うときにもおおいに関係することだ。たとえば、次の積分を求めたいとしよう。

$$\int \cos x \, dx$$

　微積分学の基本定理にしたがえば、微分して$\cos x$になる関数yを探せばいいことになる。答は$y = \sin x$だ。

　ただし、これが唯一の答ではない。$y = \sin x + 5$を微分すると、定数項が消えるので、やはり$\cos x$となる。同様に、$y = \sin x - 2$の導関数も$\cos x$であり、$y = \sin x + C$（Cは任意の数）の導関数も$\cos x$だ。だから、可能な答はたった1つではない。考えられるすべてのCの値に対して$y = \sin x + C$というのが正当な答なのだ。

　答としてできる限り最も一般的なものを示すというのは適切な考えであり、一般解を書く最善の方法は$\sin x + C$だ。この未知の数Cは、**積分定数**と呼ばれる。

　定積分では、この定数が消えてしまう。不定積分では、境界条件が与えられれば、Cをより正確に突き止めることができる。

547 定積分を求める　EVALUATING DEFINITE INTEGRALS

　定積分では、面積を表す数を1つ出すことができる。たとえば、$\int_1^4 x^2 dx$は曲線$y = x^2$とx軸で囲まれた、xが1から4までの範囲の面積だ。

　これを計算するための第1段階は、対応する不定積分を求めることだ。この場合、$\int x^2 dx = \frac{x^3}{3}$である（次の段階で消えてしまうので、積分定数は無視していい）。

　第2段階がxに対する2つの境界値（この場合、1と4）をこの関数に代入することだ。すると$\frac{4^3}{3} = \frac{64}{3}$と$\frac{1^3}{3} = \frac{1}{3}$となる。

　最終的に、上限（4）に対する値から下限（1）に対する値を引くと答になる。この場合には$\frac{64}{3} - \frac{1}{3} = \frac{63}{3} = 21$だ。

　添字つきの大括弧 $[\ ]_1^4$ は、上記手順をすべてまとめて書くのに便利な表記方法だ。

$$\int_1^4 x^2 \, dx = \left[\frac{x^3}{3} \right]_1^4 = \frac{4^3}{3} - \frac{1^3}{3} = \frac{64}{3} - \frac{1}{3} = \frac{63}{3} = 21$$

同様に、次のようにも書ける。

$$\int_0^{\frac{\pi}{2}} \cos x \, dx = [\sin x]_0^{\frac{\pi}{2}} = \sin \frac{\pi}{2} - \sin 0 = 1 - 0 = 1$$

548 部分積分 INTEGRATION BY PARTS

微分法の**積の法則**によると、xについての2つの関数$f(x)$と$g(x)$があるとき、$f \times g$を微分すると$(f \times g)' = f' \times g + f \times g'$だ。だから、$f \times g' = (f \times g)' - f' \times g$である。これを再度積分すると、以下のようになる。

$$\int f \times g' \, dx = f \times g - \int f' \times g \, dx$$

この**部分積分**という技法は、ほかに有効な積分の方法が見当たらない場合に役に立つことが多い。たとえば、以下の計算をしたいとしよう。

$$\int x \cos x \, dx$$

$f(x) = x$, $g(x) = \sin x$とすると、これが先の式と同じ形であることがわかるだろう。だから、上記の公式をあてはめて、この積分は

$$x \sin x - \int 1 \sin x \, dx$$

となる。これは次のように計算できる。

$$x \sin x + \cos x + C$$

549 置換積分法 INTEGRATION BY SUBSTITUTION

微分法の**連鎖法則**によると、$f(u)$のxに関する導関数は$f'(u)\frac{du}{dx}$だ。これをもとに、$f'(u)\frac{du}{dx}$という形の任意の関数を積分する方法がわかる。すなわち、以下の通りだ。

$$\int f'(u) \frac{du}{dx} dx = \int f'(u) \, du = f(u) + C$$

左辺の2つのdxは互いに打ち消し合うと考えていい(ただし、これを文字通りにとらえすぎないように)。これは積分法の便利な技法である。肝心なのは、uを利用するための適切な置換を見つけるところである。

たとえば、次の計算をするとしよう。

$$\int \cos(x^2) \, 2x \, dx$$

$u = x^2$と置き換える。すると、$\frac{du}{dx} = 2x$となる。だから、積分は次のようになる。

$$\int \cos u \, \frac{du}{dx} dx = \int \cos u \, du = \sin u + C$$

最終的に、u を x に戻して $\sin(x^2)+C$ という答が得られる。

550 積分可能性 INTEGRABILITY

すべての関数が微分可能であるという命題は間違いなく成り立たない。微分法に比べると、積分法は遥かに広い範囲において有効な処理だ。関数が滑らかである必要も、連続である必要もない。階段関数によって近似できさえすればいいのだ。すべての関数がこの条件を満たすといってもおおむね正しい。書き表せる関数ならばどれも積分可能であろうことが知られている。

究極的には、**積分可能性**は実数を支える論理構造に強く依存する。この構造の根幹には、**選択公理**というやっかいな問題がある。もしも選択公理が正しいとすれば、必然的に**非可測関数**というものが存在することになる。非可測関数は積分できず、それを書き表す満足な方法もない(この非可測関数が存在するからこそ、バナッハ・タルスキのパラドクスが論じられる)。

これは人々の人生に何度も影響するような問題ではない。というのも、実用的状況で出会うすべての関数はほぼ間違いなく積分可能だからだ。多くの人にとっては、非初等積分という問題のほうが、遥かにややこしい。

551 リウヴィルの非初等積分
LIOUVILLE'S NON-ELEMENTARY INTEGRALS

積分を学ぶ人たちがよく出くわすのが、$\int f(x)dx$ という形の問題だ。次の問題を考えてみよう。

$$\int e^{-x^2} dx$$

微積分学の基本定理のおかげで、微分して e^{-x^2} になるような関数を探せばじゅうぶんである。ところが、どんなに懸命に探しても、そんな関数は見つからないだろう。これこそ、ジョゼフ・リウヴィルが19世紀に示したことなのだ。

関数 e^{-x^2} はたしかに積分可能である。問題は、積分を与える簡単な公式がないことだ。もっと正確にいうと、初等関数の形で書き表せ

ないのだ。つまり、多項式、指数関数、対数関数、三角関数、双曲線関数をどう組み合わせても決して表せないのである。

これはかなり不便だ。というのも e^{-x^2} を積分することは、**正規分布**を研究するために欠かせないことだからだ。しかも、こういった関数はほかにもある。素数定理のなかに出てくる対数積分関数も、初等関数の組み合わせではどうしても表せない。同様に、$\frac{\sin x}{x}$ は積分可能でありながら、その積分の初等的な表現が存在しない。

552 数値解析 NUMERICAL ANALYSIS

非初等積分という分野では、1つの数学的公式によってもたらされる快適さや確実性が失われる。そして、この問題は遥か広範に及んでいる。

たとえば、複雑な**微分方程式**を調べるにあたって、この現象が繰り返し起こる(あるいは起こっているらしい)ことは極めて多い。顕著な例が、**ナビエ-ストークス方程式**だ。

これは、純粋数学者の関心と、技術者の関心が袂をわかつ瞬間でもある。数学者が厳密解の存在と一意性を気にかけるのに対し、技術者は実用的な目的を果たすのに足るように使えるものさえ手に入れれば問題ないと考える。

数値解析というのは、近似的な方法によって方程式を解く手法だ。これはこれで一大分野をなしており、それ独自の特徴や多くの手段を持つ。数値解析学者の力を借りる科学分野は、天文学から気候学、建築学や経済学と枚挙にいとまがない。

553 カタストロフ理論 CATASTROPHE THEORY

地質学者は、これから数千年内のいつか、地球の磁極が自然に入れ替わるはずだと主張する。この、地磁気逆転という現象は、数学者が**カタストロフ**と呼ぶものの一例だ。これは、人間の行為の帰結として破滅を招くことを意味するのではない。そうではなく、滑らかに進みながらも、やがて突如として何の前触れもなく変化するプロセスを指す言葉だ。

カタストロフはカオスと深い関係があり、数学と自然界のどちらにも浸透している。カタストロフがカオスと関係するという事実は、数値解析学者にとって頭痛の種である。わずかな誤差があっただけで計

算が間違った方向に進み、答が価値のないものになってしまいかねないからだ。

Complex Analysis

複素解析

554 実部と虚部 REAL AND IMAGINARY PARTS

複素数はどのように見えるのだろうか？ 複素数を使ってどのように計算ができるのだろうか？

複素数の例といえば何よりもまず i（-1の平方根）があげられる。ほかには $-2+3i$ や $\frac{1}{3}+1001i$ などがある。

複素数はどれも $a+bi$（a, b は実数）という形で書ける（じつのところ、これが複素数の定義だ）。数 a、b をそれぞれ z の実部、虚部と呼び、$\mathrm{Re}(z) = a$、$\mathrm{Im}(z) = b$ と書く。たとえば、$z = -2+3i$ ならば $\mathrm{Re}(z) = -2$ であり $\mathrm{Im}(z) = 3$ だ（z の「虚部」は、実際は実数であることに注意！）。

この形で示された複素数を足したり引いたりするのは非常に簡単である。単に、実部と虚部それぞれで、足し算、もしくは引き算をすればいい。

$$(1+2i)+(3+i) = 4+3i \quad (1+2i)-(3+i) = -2+i$$

555 複素数の掛け算 MULTIPLYING COMPLEX NUMBERS

複素数の掛け算にも、特別なことは何もない。手順は、実数の場合に括弧を開くのと同じだ。ただ1つ考慮すべきなのは、i が2つ揃ったときにはそれが -1 になるということだ。$(1+2i)(3+i)$ の計算は次のように行う。

$$1\times 3 + 1\times i + 2i \times 3 + 2i \times i = 3 + i + 6i - 2 = 1 + 7i$$

一般に、$(a+bi)(c+di) = (ac-bd)+(bc+ad)i$ である。

絶対値と偏角の形で書かれた複素数の掛け算は、さらに簡単である。

$$3e^{\frac{\pi}{2}i} \times 4e^{\frac{\pi}{3}i} = 3\times 4 e^{(\frac{\pi}{2}+\frac{\pi}{3})i} = 12 e^{(\frac{\pi}{2}+\frac{\pi}{3})i} = 12 e^{\frac{5\pi}{6}i}$$

556 複素数の割り算 DIVIDING COMPLEX NUMBERS

複素数は割り算もできる。では、$\frac{2+3i}{1+2i}$ はどのようにすれば $a+bi$ という形で表せるだろうか？ その手順は、**分母の有理化**と本質的に同じである。次に示すように、分子と分母に $1-2i$ を掛ければいい。

$$\frac{(2+3i)(1-2i)}{(1+2i)(1-2i)} = \frac{2+3i-4i+6}{1+2i-2i+4} = \frac{8-i}{1+4} = \frac{8}{5} - \frac{1}{5}i$$

こうなればもう実部と虚部がはっきりとした通常の形式である。

557 絶対値と偏角 MODULUS AND ARGUMENT

複素数 $z = \sqrt{3} + i$ は実部と虚部という通常の形式で表されている。複素数を平面上（アルガン図という）で考えるなら、実部と虚部は点 z のデカルト座標である $(\sqrt{3}, 1)$ に対応する。

別の方法もある。デカルト座標ではなく、極座標を用いて書き表すのだ。そのためには、点 $(\sqrt{3}, 1)$ の原点からの距離を調べ、実軸となす角度（ラジアンで測る）を知る必要がある。ピタゴラスの定理とちょっとした三角法を使って、距離は 2、角度は $\frac{\pi}{6}$ であることがわかる。これらをそれぞれ複素数の**絶対値**、**偏角**といい、$|z| = 2$、$\mathrm{Arg}(z) = \frac{\pi}{6}$ と書く。

これらを合わせると、数 z の書き方は、$2e^{i\frac{\pi}{6}}$ となる。一般に、絶対値 r、偏角 θ の複素数は $re^{i\theta}$ と書ける。

ここで登場する数 e は、**オイラーの公式**に関係するものだ。この定理とちょっとした三角幾何学があれば、2つの表現の間の切り替えができる。オイラーの公式によると、$re^{i\theta} = r(\cos\theta + i\sin\theta) = r\cos\theta + ir\sin\theta$ であり、$a = r\cos\theta$、$b = r\sin\theta$ だ。

558 複素解析 COMPLEX ANALYSIS

18世紀の終わりに、カール・フリードリヒ・ガウスは、代数学の基本定理を証明することで、複素数の深遠さと重要性を示した。19世紀を迎えると、オーギュスタン＝ルイ・コーシーが、その定理をきっかけに切り拓かれた壮大な偉業を受け、研究に着手した。

そして、微積分学の考え方を追究し、複素数という数体系のもとで微積分学がいかにエレガントに、もっといえば、実数の場合よりも遥かに円滑に働くのかを見出したのである。それを理解したまさに

そのとき、**複素解析**が始まり、数学は成熟期に入った。この分野の研究の中心は、**複素関数**だ。

559 複素関数 COMPLEX FUNCTIONS

代数学の基本定理から、多項式の理論は実数よりも複素数レベルでのほうが遥かに円滑に機能することがわかる。同じことが、関数のより一般的な理論についてもいえる。**複素関数**は複素数を入力とし、複素数を出力する。

難点は、実数値関数は2次元のグラフとして見えるのに、複素関数が必要とする4次元グラフは人間の頭では視覚化できないということだ。この不便さがあっても、複素関数について多くのことが学べる。最も重要な複素関数は、滑らかな関数だ。

560 滑らかな関数 SMOOTH FUNCTIONS

解析学において、微分可能な関数は特に重要だ。実数の範囲で微分可能性について考えるときは、関数にどのくらいの滑らかさを求めるのかを決めなくてはならない。微分可能な関数f自体は極めて滑らかだが、その導関数f'はまったく滑らかではないかもしれないからだ。

2階微分可能関数はより滑らかで、2回微分することが可能だ。3階微分可能関数はさらにもっと滑らかである。これらはすべて異なるクラスの関数だ。だから、1000回微分可能だが1001回は微分できない関数だって存在する。

こうした一連の関数の最後は、無限に微分可能な関数だ。これは、すべてのなかで最も滑らかである。そのようなもののなかのごく一部が**解析関数**と呼ばれている。これは、べき級数で書き表すことができるものである。

オーギュスタン゠ルイ・コーシーによる解析関数の理論によって、複素数においては状況が遥かに単純だということがわかっている。

561 解析関数 ANALYTIC FUNCTIONS

コーシーの功績のなかでもとりわけ重要な定理の1つは、複素数における滑らかな関数を取り扱ったもので、予想外の結果を示していた。

それは「微分可能な関数は必ず無限に微分可能である」というものだ。fが1階微分可能であるとわかると、その関数を2回でも、3回でも、好きなだけ微分できるのだ。これは、実数関数では決して成り立たない。

「複素数において、関数は微分可能でさえあれば必ず解析的、つまり、べき級数で表現できる」というのは、この定理から導かれる強力な結果であり、これもやはりコーシーが証明している。

もっと厳密にいうと、「複素平面が重なり合う円板にわけられ、関数fが各領域においてべき級数で表せるならば、fは解析的である」ということになる。これは、まるで違う関数同士を貼り合わせることができるような印象を与えるが、**解析接続の定理**によって、そうではないことがわかる。

562 解析接続の定理 ANALYTIC CONTINUATION THEOREM

実数を扱っている限り、滑らかな関数は簡単に分断させたり貼り合わせたりできる。たとえば、曲線$y = x^2$を谷の部分で2つにわけ、それらの間に長さ3の線分を挿入することができる。異なる曲線を組み合わせて作ったこの新しい曲線には、それを定義づける簡潔な式はないかもしれない。しかし、曲線の存在自体は極めて妥当で、今回の例では微分可能ですらある。

解析接続の定理によると、複素数の場合は状況がまったく違ったものとなる。ある断片的な平面における解析関数の値がわかったならば、それを複素平面全体に拡張する方法はただ1通りしかない。

これは、とても優れた2つの定理が1つにまとまった結果である。1つ目は、平面の小さな断片上に関数を与えると、それは必ず拡張でき、平面全体に及ぶというものだ。そして2つ目が、そのように拡張する方法は必ずただ1通りであるというものだ。

2つの解析関数f, gが、たとえ平面の小さな断片上であっても一致するなら、fとgはいたるところで等しいのだ。

これによって、複素数において微分可能な関数は、実数における扱いにくい微分可能関数よりも遥かに厳密であることがわかる。この事実を適用した結果として特によく知られているのが、リーマンゼータ関数だ。

563 ピカールの定理 PICARD'S THEOREM

解析関数の理論、特に解析接続の定理から、実数に対する直観に頼って複素関数を理解するのは不可能であることがわかる。

関数 $f(x) = x^2+2$ を考えてみよう。実数を入力とする関数だと考えると、出力は何だろうか？ 2以上のすべての実数が出力となり、2未満のものは出力とならないというのがその答だ。実関数 $f(x) = \sin x$ にはよりいっそう強い制約があり、出力は-1以上1以下に限られる。すべての関数のなかで最も単純なものは、定数関数だ。たとえば $f(x) = 3$ は、どの値を入力しても出力は3である。

19世紀の終わりに、シャルル・エミール・ピカールが、複素数においては状況が大幅に異なることを示した。ピカールが証明したのは「f が複素解析関数で非定数ならば、すべての複素数が f の出力として現れなくてはならないが、場合によってはたった1個だけ例外が存在する」というものだ。たとえば、複素関数 $f(z) = z^2+2$ では、すべての複素数が出力として現れる。指数関数 $f(z) = e^z$ では、ただ1つの数（この場合は0）が f の出力とならない。

Power Series

べき級数

564 累乗の総和をとる SUMMING POWERS

ふつうの級数は数だけから構成されるが、変数 z を含めたときには関数が得られる。

$$\sum_{r=1}^{\infty} z^{r-1} = 1 + z + z^2 + z^3 + \cdots$$

この級数が収束するかどうかには注意が必要だ。たとえば、$z = 2$ を代入すると、この級数が有限の値に近づく可能性はなくなる。しかし、$|z| < 1$ であれば収束する。その領域でこの級数は等比数列であり、関数 $(1-z)^{-1}$ となる。ほかの例として、以下のようなべき級数を考えよう。

$$\sum_{r=1}^{\infty} \frac{z^r}{r} = z + \frac{z^2}{2} + \frac{z^3}{3} + \frac{z^4}{4} + \cdots$$

これも $|z| < 1$ の場合に収束する。それほど明らかではないものの、こ

れは関数 $-\ln(1-z)$ に収束する。

565 べき級数 POWER SERIES

一般的に、**べき級数**は次のような形をとる（$\{a_0, a_1, a_2, a_3, \ldots\}$ はある数列）。

$$a_0 + a_1 z + a_2 z^2 + a_3 z^3 + \cdots = \sum_{r=0}^{\infty} a_r z^r$$

重要な関数の多くもこのように構成されている。たとえば、指数関数、三角関数、それに、いうまでもなくすべての多項式はべき級数だ（ほとんどの a_i が 0 である）。これは、解析学にとって非常に強力な統一的枠組みである。

実際、解析関数の理論によれば、すべての重要な関数がこのように表せるといっても差し支えない。コッホの雪片などの病的な例はその限りではないが、行儀のいい関数はすべてこのように表せる。

566 べき級数の微積分学 CALCULUS OF POWER SERIES

解析学では関数の微分や積分をしたくなることが多いが、級数のおかげでそれが簡単になる。多項式の微分方法はわかっている。z^n の導関数は nz^{n-1} だ。

だから、べき級数 $a_0 + a_1 z + a_2 z^2 + a_3 z^3 + a_4 z^4 + \cdots$ を微分するならば、項ごとに微分を行い、$a_1 + 2a_2 z + 3a_3 z^2 + 4a_4 z^3 + \cdots$ とすればよい。

級数 $z + \frac{z^2}{2} + \frac{z^3}{3} + \frac{z^4}{4} + \cdots$ を考えてみよう。これを項ごとに微分すると、$1 + z + z^2 + z^3 + \cdots$ となる。じつは、ここには技法的な論点が隠されている。関数の微分と級数の極限という2つのプロセスが関わっており、その順序を入れ換えることに何の問題もないと考えているのである。幸いにもこれは妥当なことなのだが、リーマンの級数定理は、このような事実を当然だとは思わないようにと警告を発している。

567 べき級数としての関数 FUNCTIONS AS POWER SERIES

べき級数は当初、学生を悩ませるためにひねりだされたものくらいに思われていたのかもしれない。しかし、詳しく調べてみると、べき級数は解析学のための非常に優れた言葉を提供してくれていること

がわかった。任意の正当な関数がべき級数の形で書けるというのは驚くべき事実である。これは、**テイラーの定理**として形式化されている。

まず、関数がべき級数で書けるとする。

$$\sin z = a_0 + a_1 z + a_2 z^2 + a_3 z^3 + a_4 z^4 + \cdots$$

ここで、数 a_0、a_1、a_2、a_3、a_4、……を求めたい。どのようにすればいいだろうか? a_0 ならば簡単だ。$z = 0$ とすることで、ほかのすべての項は消えるからだ。すると、$a_0 = \sin 0$ であり、この値はもちろん 0 となる。a_1 を求めるために、上記の方程式を微分したものに注目しよう。次のようになる。

$$\cos z = a_1 + 2a_2 z + 3a_3 z^2 + 4a_4 z^3 + 5a_5 z^4 + \cdots$$

この新しい方程式において $z = 0$ とすると、$a_1 = \cos 0 = 1$ となる。a_2 を求めるためにはふたたび微分すればよく、以下の式が得られる。

$$-\sin z = 2a_2 + 6a_3 z + 12a_4 z^2 + 20a_5 z^3 + \cdots$$

ここで $z = 0$ とすると $2a_2 = -\sin 0 = 0$、すなわち $a_2 = 0$ だ。

もう1度、微分すると、

$$-\cos z = 6a_3 + 24a_4 z + 60a_5 z^2 + \cdots$$

となり、ここでふたたび $z = 0$ とすると、$a_3 = -\frac{1}{6}$ が得られる。

一般的なパターンはもう明らかだろう。n が偶数の場合は必ず $a_n = 0$ だ。n が奇数の場合には、$a_n = \pm \frac{1}{n!}$ で、符号は交互に代わる。これを合わせると、以下のようになる。

$$\sin z = z - \frac{z^3}{3!} + \frac{z^5}{5!} - \frac{z^7}{7!} + \cdots$$

---

568 テイラーの定理 TAYLOR'S THEOREM

テイラーの定理によって、関数をべき級数として書き表す先ほどの方法は、数学的にも問題ないことがわかる。結果として得られる級数は、$\sin z$ に収束するのだ。

先ほどの例の場合、級数はすべての z に対して有効だが、これがすべての関数に対して成り立つわけではない。テイラーの定理が示すのは、f が微分可能な複素関数であれば、複素平面は円板にわ

けられ、fは各円板上でべき級数で表現できるということだ。たとえば、Dがそのような円板で、中心がaであるとすれば、fはzではなく$(z-a)$に関するべき級数として表現できる。

569 指数関数 THE EXPONENTIAL FUNCTION

べき級数は現代数学の中核をなしている。特に、次に示す指数関数はすべてのなかで最も重要だ。

$$1 + x + \frac{x^2}{2} + \frac{x^3}{6} + \frac{x^4}{24} + \cdots = \exp x$$

階乗を使うと、次の通りよりわかりやすく書ける。

$$\frac{x^0}{0!} + \frac{x^1}{1!} + \frac{x^2}{2!} + \frac{x^3}{3!} + \frac{x^4}{4!} + \cdots = \exp x$$

この関数はいくつかの性質を持つ、かなり特別なものであるといえる。まず、$\exp x$を表す級数と$\exp y$を表す級数を掛けると、以下のようになる。

$$\exp x \times \exp y = \exp(x+y)$$

$\exp 0 = 1$という事実も合わせると、上記の式から、指数関数は複素数における累乗を組み立てるのに申し分ないといえる。

2番目に重要な性質は、この関数を微分したときにどうなるかと関わる。たとえば、$\frac{x^4}{4!}$の項を微分すると$\frac{x^3}{3!}$となる。これによって一般的なパターンが見えてくる。結果は以前と同じ級数だ。要するに、次のことがいえるのだ。

$$\frac{d}{dx}(\exp x) = \exp x$$

このことから、指数関数は自身の変化の割合を表していることがわかる。実際、指数関数はこの性質によって定義できる。指数関数が数学のなかで大変広く用いられているのには理由がある。微積分が用いられる場合に、どこにでも登場し得るからだ。

1という値を指数関数に入れ、$\exp 1$とすると、重要な数であるeの定義が得られる。この関数は一般にe^xとも書く。

570 e E

虚数iが複素数を構築する土台であるなら、eはその正面玄関を開くカギだ。πが驚くべき性質を持つ数であるのに対して、eは単なる数に留まらない。この関数はすばらしい力を持っている。

数としてのeは、級数の極限として、次のように定義される。

$$\exp 1 = 1 + 1 + \frac{1}{2!} + \frac{1}{3!} + \frac{1}{4!} + \cdots$$

これはおおよそ2.7182818285という値に収束する。これは無理数（さらには超越的）であり、繰り返すことなく永遠に続いていく。

eは自然対数の底としても、あるいは複利の数列の極限としても同等に定義できる。指数関数は、三角関数の源でもあり、複素数を絶対値と偏角という方法で表す際の基底でもある。もっといえば、数学ではあらゆる場面で、ほぼ必ずこの数に出会うことになるのだ。

571 複素数における累乗法 COMPLEX EXPONENTIATION

4^iとは何か？ 「4にそれ自身をi回掛ける」では答になっていない。

この問いに答えるためには、累乗法を複素数に拡張する必要がある。ただし、基本的な性質は保ったまま拡張を行いたい。運よく、その一助となり得る複素関数が存在する。指数関数だ。まずはただ、任意の複素数zに対し数eをどのようにz乗するのかを決定する必要がある。

複素数における累乗法に求めたい第1のルールは、任意の数aに対して、$a^0 = 1$と$a^1 = a$となることだ。$\exp 0 = 1$、$\exp 1 = e$であるので、これは必要に応じて$e^0 = 1$と$e^1 = e$と書いてもいい。

複素数における累乗法に引き継ぎたいさらに重要なルールは、指数の第1法則、すなわち、任意のa、b、cに対して、$a^b \times a^c = a^{b+c}$となることだ。指数関数はやはりそれを満たしている。つまり$e^x \times e^y = e^{x+y}$が成り立つ。よって、これをeの累乗からほかの複素数の累乗に拡張できる。複素数における累乗法の使用例として最もよく知られているのは、**オイラーの等式**だ。

572 複素数の累乗 COMPLEX POWERS

指数関数のおかげで、数eを底とする複素数累乗、たとえばe^{2i}の計算を行うことができる。また同じように、自然対数のおかげで、eを底として対数をとることができる。これを拡張して、たとえば4^iのように、底としてほかの複素数をとることができるだろうか?

一般的な累乗a^bを定義するために、まずはaをeの累乗として書くといいだろう。これは次のようにすればいい。$a = e^{\ln a}$。それからこれをb乗して、$a^b = e^{b \ln a}$と定義する。

したがって、$4^i = e^{i \ln 4}$であり、これはおおよそ$0.18+0.98i$になる。

573 複利 COMPOUND INTEREST

銀行口座に100ドル預けているとしよう。利率は5パーセントだ。1年後、預けた100ドルに加えて利子の5ドル、合わせて105ドルが得られる。初等的だがよくある誤りが、2年後には110ドル得られると考えてしまうことだ。

口座に毎年5ドル加えられるのではなく、1年の初めの時点での合計金額の5パーセント分が加えられるのだが、ここを間違ってしまうのだ。2年目の始まりには合計が105ドルだから、その5パーセントは105ドル$\times 0.05 = 5.25$ドルだ。したがって、2年目の終わりには口座に110.25ドルが入っている。

25年後にはどのくらいの金額が口座に入っているだろうか? 24回も中間の計算をするのではなく、手っ取り早い方法をとりたい。毎年、口座の金額は5パーセントずつ増えていく。

これは、合計に1.05を掛けるのと同等だ。1年目の終わりには1.05×100となる。2年目の終わりには$1.05 \times 1.05 \times 100 = 1.05^2 \times 100$となる、$3$年目の終わりには$1.05^3 \times 100$となり、以降同様に続く。一般に、$n$年後の終わりには$1.05^n \times 100$となる。$n = 25$とすると、$25$年後に口座には$1.05^{25} \times 100 = 338.64$ドルが入っていることになるだろう。

一般に、各期間にmパーセント払われる口座にnドルを入れておくと、k期間後の合計金額は$(1+\frac{m}{100})^k \times n$となる。

574 連続複利 CONTINUOUS INTEREST

1689年、ヤコブ・ベルヌーイは、複利計算の背後には興味をそそ

る数学があることを発見した。毎年の利率が100パーセントである銀行口座に1ドル預けるとする。1年後、口座の金額は$(1+1)^1 = 2$に増えている。別の場合として、6カ月ごとの利率が50パーセント（$\frac{1}{2}$年ごとの利率が$\frac{1}{2}$）の口座に預けるとする。すると、1年後には$(1+\frac{1}{2})^2 = 2.25$になっているはずだ。さらに、利率が$\frac{1}{3}$年ごとに$\frac{1}{3}$の場合であれば、1年後には$(1+\frac{1}{3})^3 = 2.37$になっているだろう。$\frac{1}{4}$年ごとに$\frac{1}{4}$の利率であれば$(1+\frac{1}{4})^4 = 2.44$だ。

この考え方を続けていったときに何が起こるのかは、興味深い問いだ。年を細かくわければ、あるいは秒にしたら、1年後の金額はどこまでも大きくなるのだろうか？　あるいは、超えられない境界があるのだろうか？

ここでの問いは、数列$(1+\frac{1}{n})^n$に何が起こるのかだ。ベルヌーイの答は、この数列は数eにどんどん近づくというものだった。じつは、これがeの定義方法の1つとして使われることもある。

$$e = \lim_{n \to \infty} \left(1 + \frac{1}{n}\right)^n$$

575 オイラーの公式 EULER'S TRIGONOMETRIC FORMULA

指数関数は、べき級数として、以下のように定義できる。

$$e^z = 1 + z + \frac{z^2}{2!} + \frac{z^3}{3!} + \frac{z^4}{4!} + \cdots$$

テイラーの定理より、ほかの関数もべき級数で表すことができる。たとえば以下のようなものだ。

$$\sin z = z - \frac{z^3}{3!} + \frac{z^5}{5!} - \frac{z^7}{7!} + \cdots \quad \cos z = 1 - \frac{z^2}{2!} + \frac{z^4}{4!} - \frac{z^6}{6!} + \cdots$$

レオンハルト・オイラーは、こうした3つの級数が非常に近い関係にあるらしいことに気づいた。実際、$\sin z$と$\cos z$が合わさってe^zになるかのようだ。とはいえ、単に足し合わせるだけではうまくいきそうにない。

zをizで置き換えると、次のような新たな級数が得られる。

$$e^{iz} = 1 + iz - \frac{z^2}{2!} - \frac{iz^3}{3!} + \frac{z^4}{4!} + \frac{iz^5}{5!} - \frac{z^6}{6!} - \frac{iz^7}{7!} + \cdots$$

このとき、奇数項は$\cos z$を表す級数となり、偶数項は$\sin z$を表す級数にiを掛けたものになっている。これを合わせると、次に示すような

オイラーの公式が得られる。

$$e^{iz} = \cos z + i\sin z$$

オイラーの公式から、次のような重要な式が導きだされる。

$$\cos z = \frac{e^{iz} + e^{-iz}}{2} \qquad \sin z = \frac{e^{iz} - e^{-iz}}{2i}$$

576 ド・モアブルの定理 DE MOIVRE'S THEOREM

アブラーム・ド・モアブルは、私たちの関心が慣れ親しんだ実数にある場合でも、複素数に取り組むことには大きな価値があることを強力な証拠をもって示した。

出発点は、$(e^{i\theta})^n = e^{in\theta}$ を見出したことだ。ド・モアブルは、このつまらない公式がオイラーの公式と組み合わさると、次の通り、新たに驚くべき、そして利用価値の高い形になることを見出した。

$$(\cos\theta + i\sin\theta)^n = \cos n\theta + i\sin n\theta$$

これがド・モアブルの定理である。これは、三角関数の公式を導きだすのにも有用だ。$\cos 2\theta$ と $\sin 2\theta$ に対する倍角の公式もその一例だ。たとえばここで、$n = 2$ とする。すると、**ド・モアブルの定理**から、以下がわかる。

$$(\cos\theta + i\sin\theta)^2 = \cos 2\theta + i\sin 2\theta$$

ここで括弧を展開する。

$$\cos^2\theta - \sin^2\theta + 2i\sin\theta\cos\theta = \cos 2\theta + i\sin 2\theta$$

この方程式の実部が等しくなると考えると以下のことがいえる。

$$\cos 2\theta = \cos^2\theta - \sin^2\theta$$

虚部が等しくなると考えると次のようになる。

$$\sin 2\theta = 2\sin\theta\cos\theta$$

これは非常に便利な公式である。ド・モアブルの定理において、$n = 3$、4、……とすると、三角関数の三倍角、四倍角、……といった公式が得られるのだ。

577 オイラーの等式 EULER'S FORMULA

レオンハルト・オイラーの功績は、本書のなかで、ほかのどの数学者よりも頻繁に登場する。オイラーのカバーする範囲は広く、またその成果は決定的なものばかりだった。さらにオイラーは、天文学や光学

などのほかの科学分野に対しても貢献している。しかし、オイラーの名を広く知らしめる一番のきっかけとなったものは、オイラー自身が実際に書いたものではないとされている（ただし、その内容はオイラーの出した結果に直接関係している）。

オイラーの等式は、基本的な5個の数学定数を美しく結びつけることで、複素数の世界には、畏怖の念をかき立てる想像も及ばないほどの深みがあることをほのめかしている。それがこの式だ。

$$e^{i\pi} + 1 = 0$$

ノーベル賞を受賞した物理学者、リチャード・ファインマンはこれを「数学において最も驚くべき公式」と呼んだ。魅力あふれるこの等式はなぜ成り立つのだろうか？

それは、オイラーの公式からすぐに導ける。公式から、$e^{i\pi} = \cos\pi + i\sin\pi$である。$\cos\pi = -1$かつ$\sin\pi = 0$であり、オイラーの等式が得られる。

578 自然対数 NATURAL LOGARITHM

自然対数は指数関数の逆関数、すなわち、eを底とする対数だ。つまり$\exp x = y$ならば$\ln y = x$だ。自然対数は「ln」と書かれることもあるが、読み方は「ログ」である。自然対数は数学者が指数関数に気づくきっかけの1つだった。

1619年、ジョン・スパイデルが初めて自然対数表をまとめた。

579 自然対数の微積分学 CALCULUS OF THE NATURAL LOGARITHM

べき数の積分は、決まりきった手順で行える。x^2の積分は$\frac{x^3}{3}+C$だ（Cは積分定数）。同様に、x^{-5}の積分は$-\frac{x^{-4}}{4}+C$であり、一般に、x^nの積分は$\frac{x^{n+1}}{n+1}$だ。しかし、例外がある。x^{-1}に先ほどの公式をあてはめると$\frac{x^0}{0}+C$となってしまうが、これには意味がない。

ではx^{-1}を積分するとどうなるのだろうか？　答は**自然対数**だ。

$$\int \frac{1}{x}\, dx = \ln x + C$$

実際、これが自然対数の「自然」たるゆえんだ。これがなぜ正しいのかを理解するために、ほかの側面からこの問題を考えてみよう。

$y = \ln x$ ならば、定義から $e^y = x$ である。そこで、これを x に関して微分して連鎖法則を用いる。

$$e^y \frac{dy}{dx} = 1 \text{ より、} \frac{dy}{dx} = \frac{1}{e^y}。\text{したがって} \frac{dy}{dx} = \frac{1}{x}$$

580 双曲三角法 HYPERBOLIC TRIGONOMETRY

オイラーの公式を利用するためには複素数を導入しなくてはならない。これを避ける方法は、次のような双曲線関数を用いることだ。

$$\cosh z = 1 + \frac{z^2}{2!} + \frac{z^4}{4!} + \frac{z^6}{6!} + \cdots \qquad \sinh z = z + \frac{z^3}{3!} + \frac{z^5}{5!} + \frac{z^7}{7!} + \cdots$$

次のように書くこともできる。

$$\cosh z = \frac{e^z + e^{-z}}{2} \qquad \sinh z = \frac{e^z - e^{-z}}{2}$$

この定義から直接、$\cosh x + \sinh x = e^x$ が導ける。オイラーの定理と同等のものの**双曲線関数**版だ。

一般的な三角法で成立することや公式にはすべて、その双曲線関数版がある。たとえば、$\cos^2 x + \sin^2 x = 1$ に対応するものとしては、$\cosh^2 x - \sinh^2 x = 1$ がある。

この式から、その名前に対する手がかりも得られる。実数の範囲では、θ を変化させて点 $(\cos\theta, \sin\theta)$ のグラフを描くと結果は円になる。一方、$(\cosh\theta, \sinh\theta)$ のグラフを描くと双曲線になるのだ。

双曲線関数は複素数の有効性を示す優れた例だ。実数における幾何学で、$\sinh$ と $\cosh$ のグラフに出くわしたのはベルヌーイが懸垂線の研究を行ったときだ。しかし、懸垂線は正弦曲線や余弦曲線とは違い、非周期的である。それでも、複素数で考えれば、$\cosh z = \cos iz$ や $\sinh z = -i \sin iz$ が成り立ち、三角関数のいとこのように見える。

フラクタル
Fractals

581 自己相似 SELF-SIMILARITY

フラクタルという言葉は、正式には定義されていない。しかし、この魅力的な図形はどれも**自己相似**という性質を持っている。尺度に

関係なく、どんなに細部まで拡大しても同じに見えるという性質だ。

その代表例であるシェルピンスキーの三角形は、次のような手順で作ることができる。正三角形を4個の小さな正三角形に等分し、真ん中の1個を取り除く。次に、残った3個の正三角形のそれぞれに対して同じ手順を施す。これを繰り返していくのだ。できあがった集合は自己相似になっている。つまり、幅を半分に縮めたとき、もとの三角形のどの角ともぴたり一致する。☞Fig

シェルピンスキーの三角形は幾何学的対象として直接作れるフラクタルだ。このタイプの例をほかにあげると、**ペンタフレーク**や**カントールの塵**がある。

そのほかのタイプのフラクタルとして、少しずつ姿を現すものが力学系の研究から知られている。たとえば、あらゆるフラクタルのなかで一番よく知られている**マンデルブロ集合**やそれと非常に近い関係にある**ジュリア集合**だ。これらを見れば、フラクタルがカオス理論におけるストレンジアトラクターとしてどのように現れるのかがわかる。

582 ペンタフレーク PENTAFLAKES

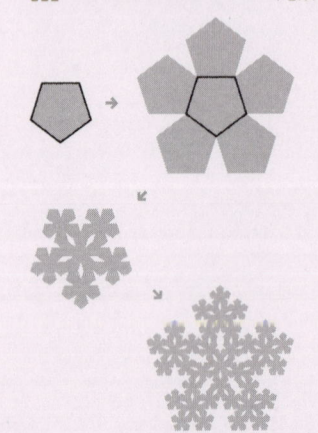

充填できる正多角形は、正三角形、正方形、正六角形に限る。正五角形は充填できない。ドイツの芸術家で博識家でもあるアルブレヒト・デューラーはそれに動じることもなく、1525年に出版した自著『測定法教則』のなかで、6個の正五角形を辺と辺とを合わせて置き、新しい図形を作った。その図形は五角形に似たものだが、各辺に切れ込みが入っていた。それからその切れ込

みの入った五角形を6個使って辺と辺を合わせて並べ、もっと込み入った図形を作った。

これを繰り返した結果としてできる美しい図形は、いまではペンタフレークといわれている。歴史上初めて作られたフラクタルであると謳われている。☞Fig

583 コッホの雪片 KOCH SNOWFLAKE

フラクタルパターンの多くは、よく知られた対象が微小な変化を無限に繰り返すときに現れる。そのようなパターンの1つが**コッホの雪片**だ。これは1906年にヘルゲ・フォン・コッホが見つけたものだ。

まず正三角形を描き、各辺に対し次のような操作を行う。1辺を3等分し、真ん中の部分に正三角形を描く。それからもとの三角形の辺だった部分を消し、新しい2辺を残す。3辺にこれを行った段階で、6個の頂点を持つ星形ができる。さらにいまの手順を、新しい図形の直線部分のそれぞれに対して行う。このようにして同じ手順を繰り返す。コッホの雪片は、こうした方法で描ける曲線として定義できる。☞Fig

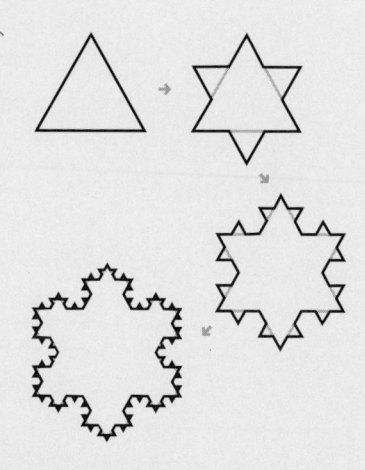

結果としてできる曲線は限りなく長い。しかし、その曲線が囲む面積は有限(実際、もとの三角形の面積の$\frac{8}{5}$倍)だ。フラクタル次元は$\frac{\log 4}{\log 3}$となる。この曲線は、審美的におおいに魅力があると同時に、数学的には連続(跳躍や隙間がない)でありながら微分可能ではないものの一例として関心が寄せられている。どこにも滑らかなところはなく、接線を引くことができない図形なのだ。

584 カントールの塵 CANTOR DUST

長さ1の線分を考えよう。これを3等分して真ん中の線分を消す。ここで残った2本の線分に対して同じ手順を繰り返す。つまり、それぞれを3等分して真ん中の線分を消すのだ。この手順を繰り返し行

う。無限にこの手順を繰り返してもなお残っている点の集合を**カントールの塵**という。☞Fig

ゲオルク・カントールは自身でこのフラクタルの図形を描きあげ、無限と幾何学の結びつきがまったくもって単純ではないことを説明した。

集合論的観点から、カントールの塵はたくさんの点を含む。もっといえば、これは実数全体の集合と1対1対応になっている。しかし、幾何学的観点からは、そこにはほとんど何もない。初めの線分の長さは1だった。第1段階を終えると長さは $\frac{2}{3}$ になり、続けて $\frac{4}{9}$、$\frac{8}{27}$ となっていく。無限に段階を踏むと、長さの合計は0になる。

585 次元 DIMENSION

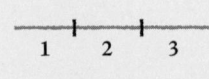

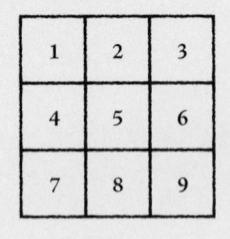

長さ1メートルの線分があるとする。それをもっと短い、長さ $\frac{1}{3}$ メートルの線分で覆うなら、その短い線分が3本必要になるだろう。次に、1メートル×1メートルの正方形を考え、それを1辺が $\frac{1}{3}$ メートルの小さな正方形で覆うことにする。今度は、小さな正方形が9($=3^2$)個必要だろう。さらに、1メートル×1メートル×1メートルの立方体を考え、そのなかに1辺が $\frac{1}{3}$ メートルの小さな立方体を詰めることにすれば、小さな立方体は27($=3^3$)個必要になるだろう。☞Fig

どの場合も、もとの図形の**次元**(線分の場合は1、正方形は2、立方体は3)が、必要となる小さな図形の個数を示す数において、指数として現れる(底は任意だ。どのような数でも同じことができる)。**フラクタル次元**がこれと違うのは、答が整数ではないことがある点だ。それでも、フラクタルの自己相似性を利用して、同じような計算ができる。

586 フラクタル次元 FRACTAL DIMENSION

コッホ曲線の上端を見てみよう。この部分を形は同じで長さが $\frac{1}{3}$

の、より小さなコピーを使って覆いたいならば、そのコピーが4個必要だ。だから次元をDとすると$4 = 3^D$を満たすはずだ。対数に慣れていればこれをDについて解くことができる。$D = \frac{\log 4}{\log 3}$、つまりおおよそ1.26だ。☞*Fig*

コッホ曲線はフラクタル次元が1と2の間、すなわち、線と面の間であると考えられる。カントールの塵の場合は、フラクタル次元が$\frac{\log 2}{\log 3}$、おおよそ0.63となる。カントールの塵は点と線の間にある。

フラクタル次元を初めて明らかにしたのはルイス・フライ・リチャードソンで、**海岸線問題**の研究の最中にこれを見出した。

587 海岸線問題 THE COASTLINE PROBLEM

20世紀初頭、多方面で活躍していた英国の科学者、ルイス・フライ・リチャードソンは、国境の長さがいかに戦争勃発の可能性に影響するかを調べようとデータ収集を行っていた。そのとき、データ集めを妨げる面倒な事態に出くわした。

スペインがポルトガルとの国境を987キロメートルと計測した一方で、ポルトガルはそれを1214キロメートルだと見積もったのだ。リチャードソンはこれをじっくりと考察し、まっすぐな線の長さは明確に定義できるものの、くねくねと曲がった線の長さは計測に使う尺度に依存することを突き止めた。

この研究を再発見したのがブノア・マンデルブロだ。1967年にマンデルブロは『How long is the coast of Britain』（ブリテン島の海岸線の長さはいくらか？）という論文を書いた。

この問いに答えるために、まずは教科書に載っている地図を使い、直線距離100キロメートルに相当する長さを単位として外周を測ってみよう。次に、より精密な地図を使い、測定単位をたとえば10キロメートルくらいに狭め、曲がっているところやうねっているところをすべて考慮に入れて計測すると、先に測った結果よりも長い距離が出るはずだ。

極端にいえば、自分で定規を持って出かけていき、満潮時の海岸線の長さを手で正確に計測してみることもできる。こうすることで距離が増え、測定値はもとの答の何百万倍にも膨れあがるだろう。これがいわゆる**リチャードソン効果**だ。

マンデルブロはリチャードソンに続いて、「幾何学的曲線は詳しく見ると極めてややこしく、その長さは無限であるか、あるいはそれどころか不確定である場合も多い」と書いた。

リチャードソンは1個の数(D)を用いてさまざまな海岸線のうねり具合を定量化していた。マンデルブロはこれをフラクタル次元へと発展させた。そして、地理的海岸線はじゅうぶんな「統計学的自己相似性」を持つので近似的なフラクタルとみなせると述べ、フラクタル次元を適用することの正当性を主張した。

リチャードソンは「1つの極端な例として、地図上で直線に見える国境を考えると$D = 1.00$である。それに対する別の極端な例として、世界中で最も不規則なものの1つに見えるという理由でブリテン島の西海岸を選ぶと$D = 1.25$である」ことを見出していた。

588 ペアノの空間充填曲線
PEANO'S SPACE-FILLING CURVE

海岸線現象の極端な例として、1890年にジュゼッペ・ペアノが発見した大変珍しい曲線があげられる。曲線は、0から1までのすべての実数に対して、何らかの数を空間内の1点に割りあてる関数とみなすことができる。

ただしこれは、連続的な方法で、つまり、跳躍も隙間もなく行う必要がある。よく知られている例は、2次元における円や多角形、あるいは3次元における結び目だ。ペンタフレークやコッホの雪片などのフラクタル曲線も存在する。

ペアノは、平面内の正方形を完全に満たす曲線を作りあげた。すなわち、その曲線は正方形内のすべての点を通るのだ。これは、正方形と直線には同じ数の点が含まれる(つまり点の1対1対応がつく)はずだという、カントールによる集合論研究の帰結だった。

このような曲線が実際に構築されたことについて、カントールは「目には見えるが、信じることはできない!」と述べた。

これが連続曲線で実現できるというのは、いっそう驚くべきことだ。**ペアノ曲線**は正方形全体を覆うので、フラクタル次元は2だ。その後、一般化されたペアノ曲線が見出され、それらによって3次元立方体や任意のn次元超立方体を満たすことができる。

589 掛谷の針 KAKEYA'S NEEDLE

テーブルの上に針が寝かせてあるとしよう。それをすべらせながら、360°回転させたい（針を持ちあげてはならない）。ただし、針はインクで覆われており、針をすべらせたあとにその跡が残る。掛谷宗一が1917年に問うたのは、回転させた結果できる図形のなかで面積が最小のものは何かというものだ。

驚くべき答が1928年にアブラム・ベシコヴィッチによって発見された。面積は好きなだけ小さくできるというのだ。図形の面積をゼロにする方法はないが $0.1mm^2$ でも、あるいは $0.001mm^2$ でも、好きなだけ小さな面積にすることができる。

590 掛谷予想 KAKEYA'S CONJECTURE

掛谷の針が残す集合は、興味深い性質を持つ。どの方向にも長さ1の線分が延びているのだ。このような図形は**掛谷集合**と呼ばれている。針の問題は条件に合致した2次元平面上の集合を対象としているが、同じ定義はもっと高次元の場合にも通用する。

掛谷予想は、掛谷集合のフラクタル次元に関係するもので、n次元空間における掛谷集合のフラクタル次元は、取り得る最大の値であるn次元に違いないと述べている。これは、集合には実体があり、カントールの塵とは違うということを意味する。本書執筆時点で、掛谷予想は未解決である。

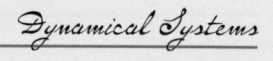

591 力学系 DYNAMICAL SYSTEMS

数学の楽しみの1つが、一見すると単純な状態から、信じられないほどの美しさと驚くばかりの複雑さが生まれるところだ。

式 $z^2+0.1$ は、数学の世界ではそう不思議なものではない。これに値 $z=0$ を代入すれば、$0^2+0.1 = 0.1$ となる。この値をふたたび式に代入したらどうなるだろうか？ $0.1^2+0.1 = 0.11$ となる。その値をまた式に代入すると、$0.11^2+0.1 = 0.1121$ となる。これを続け、おおよそ13回繰り返すと、結果は0.112701665に近い値に落ち着く。

関数の出力を同じ関数の入力として戻すということを繰り返すときに**力学系**が出現する。上記の例を二次系という。二次関数 $z \mapsto z^2+c$ がもとになっているからだ。

592 二次系 QUADRATIC SYSTEMS

$c = 0.1$ のとき、**二次力学系** $z \mapsto z^2+c$ は、0.112701665 に近い1つの値に収束する。系を少し変えて $z \mapsto z^2+0.5$ とし、$z = 0$ を代入するところから始めよう。13回繰り返すと、値は非常に大きくなってほとんどの電卓ではエラーが表示されてしまうだろう。だから c の一部の値（たとえば 0.5）に対して、二次系 $z \mapsto z^2+c$ は制御できないほど大きくなる数列を生みだす。一方、そうでない場合（たとえば 0.1 の場合）には、有限の範囲内に収まる。

593 マンデルブロ集合 THE MANDELBROT SET

マンデルブロ集合とは、二次系 $z \mapsto z^2+c$ が**有界数列**を生成するような c の値の集まりだ。それらの値は、-2 と 0.25 の間の実数であることがわかっている。さほど好奇心をそそるものには見えないが、c の値として複素数までを考慮すれば、1980年にブノア・マンデルブロが発見した壮大なフラクタルが姿を現す。

マンデルブロ集合に見られるさまざまな丸い突起は、関数 $z \mapsto z^2+c$ の多様なタイプのアトラクターの周期に対応する。中心にある心臓形の領域（メインカージオイドと呼ぶ）は、系が唯一の**固定点アトラクター**を持つような c の値の集合からなる。そして、最も大きな円板は周期2のアトラクターを持つような c の値を示している。小さめの突起は、さまざまな長さの周期に対応している。☞ *Fig*

594 ジュリア集合 JULIA SETS

-1 という数はマンデルブロ集合のなかに含まれている。なぜなら

ば、$z \mapsto z^2-1$ にまず $z = 0$ を代入し、その結果を式に戻し、また結果を式に戻すことを繰り返して得る数列が有界(永遠に-1と0の間を振動する)だからだ。しかし、0ではない数、たとえば $z = 2$ から数列を始めたらどうなるだろうか？ 今度は数列が無限へと発散してしまう。つまり、0は z^2-1 の**ジュリア集合**に含まれるが、2は含まれないということだ。

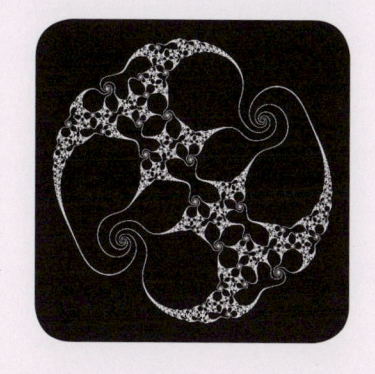

-1をほかの任意の複素数 c で置き換え、z^2+c に対するジュリア集合に注目することができる。

ジュリア集合は概して、奇想天外で複雑なパターンを形成する。実際、c のとる値によっては、z^2+c のジュリア集合はマンデルブロ集合自体によく似たものになる(たとえば、黄金比 φ に対して $c = 1-\varphi$ のときなど)。

☞Fig

マンデルブロ集合はこうしたパターンすべての案内図としての役割を果たす。マンデルブロ集合に含まれるすべての点がそれ自身のジュリア集合を生成するのだ(一方で、マンデルブロ集合の外側にあるものはカントールの塵を生成する)。

さらに一般的にいえば、z^2+c を任意の関数 f に置き換え、f をどの値から開始すれば、繰り返し適用しても有界な範囲に留まる系が得られるのかを問うことができる。生物の作る多くの非凡なパターンはこのようなプロセスから生成することができる。この考え方は1915年にガストン・ジュリアによって見出された。それは**フラクタル**という言葉が考案されるよりも前であり、現代のようにコンピューターの助けを借りてその堂々たる姿を表示することもできなかった。

595 ロジスティック写像 THE LOGISTIC MAP

マンデルブロ集合は最も単純な非線形系である $x \mapsto x^2+c$ を図示したものだ。これよりわずかに複雑なものが**ロジスティック写像**だ。

$$x \mapsto r \times x(1-x)$$

ここでも、たった1個の数だけでこの系を特定できる。今回は r だ。ロ

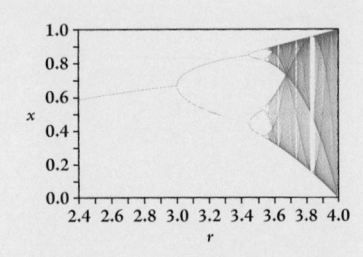

ジスティック写像があれば、力学系の特徴的な性質が実数の範囲で目に見える。

この関数を繰り返し適用して数列を生成し、それがどのように発展するかをみてみよう。

数列の最初の値が0と1の間であれば、大きな問題は起こらない。例として、$x = \frac{1}{3}$ から始めよう。数列がどのように発展するかはrに依存する。$r = 0$ ならば、数列はすぐに1つの値に落ち着く。$r = 5$ ならば、数列はあっという間に大きくなる。小数第2位まで書くと、{0.33, 1.11, -0.62, -4.99, -149.54, -112557.70, ……}となり、$-\infty$に発散する。$r = 0$と$r = 4$の間の値に対しては、興味深い挙動が見られる。**分岐**が続き、その後、**カオス**が現れるのだ。☞Fig

596 アトラクターの周期 ATTRACTING CYCLES

ロジスティック写像 $x \mapsto r \times x(1-x)$ において、$r = 0$ とするならば、$x = \frac{1}{3}$（あるいは0と1の間から無作為に選んだ任意の数）で始めた数列はすぐに0という1つの値に落ち着く。$r = 2$ であれば、この数列は、小数点以下第5位まで表記すると、次のように発展していく。{0.33333, 0.44444, 0.49383, 0.49992, ……}。

この場合、数列は決して固定した値にはならないが、$\frac{1}{2}$ に近づいていく（同じことは、0と1の間のどの値で始めた場合にも起こる）。だから、$\frac{1}{2}$ は系の**固定点アトラクター**と呼ばれる。

$r = 3.2$ のとき、数列は1つの値には近づかないが、0.51304と0.79946の近くの値を交互に揺れる。これを**2周期アトラクター**という。2周期のとる値はrに強く依存するが、初めの値には依存しない。$\frac{1}{3}$ で始まる数列は $\frac{9}{10}$（および0と1の間のほぼすべての値）で始まる数列と同様に、2周期に落ち着く。

同じように、$r = 3.5$ の場合に、系はおおよそ 0.38282、0.82694、0.50088、0.87500 の付近において**4周期アトラクター**を持つ。すべてのアトラクターの周期がこのように有限であるとは限らない。もっと高次元の状況では、数列は周期的アトラクターではなく**ストレンジアトラクター**に引き込まれていく場合がある。

597 分岐 BIFURCATIONS

r が0と3の間にあるとすると、ロジスティック写像は1つの固定点アトラクターを持つ。r が3からおおよそ3.45の間では、2周期アトラクターがある。おおよそ3.45と3.54の間の場合には、4周期アトラクターを持つ。そして、おおよそ3.54と3.56の間ならば、8周期アトラクターを持つ。

r が3.57に近づくにつれて、アトラクターの周期は倍々になり、16、32、という具合に増えていく。r が3.57よりも大きくなったとき、まったく新しい形の挙動であるカオスが発生する。カオスに変化する閾値は**ファイゲンバウム定数**と呼ばれ、おおよそ3.5699である。

598 カオス CHAOS

ロジスティック写像は、力学系のなかで最もよく研究されているものの1つだ。というのも、これで**カオス理論**の基礎的側面がだいたい説明できるからだ。$r = 3$ からおおよそ3.57の間で、ロジスティック写像は分岐を続ける。そして、3.57でカオスが優勢になる。

$r = 3.58$ として、$\frac{1}{3}$ から数列を始めたとしよう。これは、{0.333, 0.796, 0.582, 0.871, 0.403, 0.861, 0.428, 0.876, 0.388, ……} と続く。しばらくするとこの数列は理解可能なパターンに落ち着くようになるだろうと期待するかもしれない。しかし、そうならないのがカオスだ。$r = 3.57$ 以降、ほとんどの数列は周期的アトラクターに引き込まれることがない。

だが、カオスが現れてからも、周囲とは異なり安定する部分も存在する。たとえば、$r = 1 + \sqrt{8}$(おおよそ3.82843)のとき、系は3周期アトラクターを持つ。

599 カオス対ランダムネス CHAOS VERSUS RANDOMNESS

ロジスティック写像の挙動のようなカオス的な動きに関して「ランダム」や「予想できない」という言葉をつい使いたくなる。ところが、これは数学的には正確ではない。r の値と数列の開始の値とが決まれば、数列の残りはすべて、前もって完全に決まるからだ。

それでも、その挙動がランダムに見えることは間違いない。どんな規則性があるのかを知らずに見ている人にとっては、本当にランダ

ムな手順で生成した数列とどこが違うのかを見わけるのは難しい(さらにいえば、カオス系はマルコフ連鎖というランダムネスを仮定したプロセスでモデル化できる)。

もちろん、現実世界では、rの値をどこまでも正確に知ることはできない。だから、たとえば個体群動態のような応用例においてこのような数列が見られたとき、その結果はランダムな挙動と区別がつかないだろう。この現象の典型的なものとして、**バタフライ効果**がある。

600 3周期定理 THREE-CYCLE THEOREM

ロジスティック写像の分岐から、アトラクターの周期は2のべき乗になることが多いと予想される。しかし、この系には3周期のものもある。それが最初に現れるのは$r = 1 + \sqrt{8}$のときである。

1975年、李天岩(リー・ティエンイエン)とジェームズ・ヨークは、任意の系に対して、周期が3のアトラクターが存在するなら、その系がカオスであることを示していることを証明した。

2人の論文『Period Three Implies Chaos』(周期3はカオスを暗示する)は、もしも1次元の系がどこかで周期3のアトラクターを持つなら、その系は、長さ2、4、5など、任意の有限長の周期のアトラクターも、さらには、カオス的な周期のアトラクターも持つに違いないということを示すものだった。

601 バタフライ効果 THE BUTTERFLY EFFECT

カオスの持つ極めて重要な性質が**初期値鋭敏性**だ。ロジスティック写像では、rの値がわずかに変化しただけで、生成される数列はまったく異なったものになる。同様に、二次系にわずかな変化があると、アトラクターの周期のタイプが完全に変わってしまう。マンデルブロ集合の複雑さは、それをよく示している。

このことを表現するためにエドワード・ローレンツが作りだした言葉が**バタフライ効果**である。地球の天候を説明する方程式もカオス的だと考えられている。

だから、ブラジルで蝶々がはためいたために起こるような気流のわずかな変化さえも、天候のパターンに大きな変化を引き起こし、最終的にはテキサス州で破壊的な竜巻を発生させ得るのだ。

602 カオス系 CHAOTIC SYSTEMS

単純なカオス的過程として深く研究されたのは、ロジスティック写像が初めてだった。1940年代に、ジョン・フォン・ノイマンは、系 $x \mapsto 4x(1-x)$ が擬似乱数を生成する可能性を見出した。1970年代にその系を再度研究したのは、生物学者のロバート・メイだった。

それ以来、ロジスティック写像は年ごとの魚の個体群の変化を表す単純なモデルとして使われるようになった。魚の個体群動態は、それまで予測されていたものほど単純ではなかったのだ。

科学のあらゆる部分で多くのカオス系が見出されてきた。カオスという分野の源は、ニュートン物理学や、混沌とした3体問題に対するアンリ・ポアンカレの研究に遡ることができる。その後、カオス系は癲癇の発作から株式市場の暴落に至るまでの現象を解析するのに用いられてきた。また、電燈の熱を受けて着色した水などがゆらめく装飾的照明器具であるラバランプも、流体力学におけるカオスの一例だ。

603 ストレンジアトラクター STRANGE ATTRACTORS

二次系とロジスティック写像はどちらも1次元力学系の例であり、1つの数を入力とし、1つの数を出力とする関数にもとづいている。

さらに次元が高い場合も考えられる。たとえば、**エノン写像**は、入力として1組の数 x、y をとり、以下のような規則で x、y を出力する。☞Fig

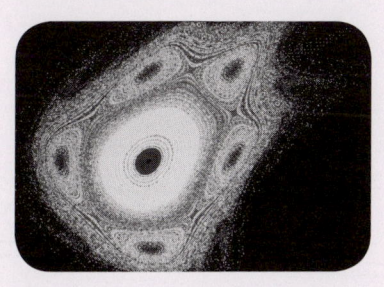

$$x \to x\cos\theta - (y-x^2)\sin\theta$$
$$y \to x\sin\theta - (y-x^2)\cos\theta$$

ここで θ は任意の値に固定された角度を表す。結果としてできる力学系において、点は徐々に平面上の特定の部分集合に引き寄せられていく。その部分集合をこの系のアトラクターという。

このアトラクターの幾何学的性質は θ の選び方に依存する。エノ

ン写像の例からわかるように、力学系のアトラクターは美しいイメージをたくさん創りだすことができる。アトラクターのフラクタル次元が整数でない場合は、ストレンジアトラクターと呼ばれる。

Differential Equations

604 微分方程式 DIFFERENTIAL EQUATIONS

微分を習うときは、$y = 3x$のような関数の導関数を求めることから始まる。ところが、応用においては、逆方向の処理をする必要性がたびたび生じる。$\frac{dy}{dx} = 2x$のような、$\frac{dy}{dx}$に関する情報から、yの式を推測したくなるのだ。

微積分学の基本定理から、$\int 2x dx$を求めることは、**微分方程式**$\frac{dy}{dx} = 2x$を解くことと同値だ。だからこの場合、積分を行って、$y = x^2 + C$（Cは積分定数）という解を見つけることができる。

これは、微分方程式の最も単純な形である。$\frac{dy}{dx}$だけを含み、$\frac{d^2y}{dx^2}$のような高階の項を含まないことから、1階の微分方程式と呼ばれる。これは、$\frac{dy}{dx}$とxのみを含むことから、積分法によって直接解くことができる。yが含まれている場合は、変数を分離してみることで解けるかもしれない。微分方程式は数えきれないほどの応用例を持つ。

605 解空間 SOLUTION SPACES

$x^2 + 3x + 2 = 0$のような多項方程式を解くとき、ある個数の決まった値の解があると考えられる（この場合は2個だ）。$\frac{dy}{dx} = 6x$のような微分方程式を解く場合には、解としていったい何を探しているのだろうか？ それは、yがいかにしてxに関係しているのかを明確に説明するyの表現である。

$\frac{dy}{dx} = 6x$の解は$y = 3x^2$だが、$y = 3x^2 + 5$も$y = 3x^2 - \frac{2}{5}$も、もとの方程式を満たす。じつのところ、任意の定数Cに対して、$y = 3x^2 + C$はもとの方程式を満たすのだ。微分方程式においては、1つの解ではなく、たとえば$y = 3x^2 + C$と表現できる**解空間**が得られるのだ。この場合の解空間は、積分定数を1つだけ持つことから1次元である。

$\frac{d^2y}{dx^2} = 6x$のような2階微分方程式に対しては、2次元の解空間があると推測できるだろう。実際にそうであり、任意の定数C、Dに対し

て、$y = x^3+Cx+D$ が解となる。同様に、3階微分方程式は一般に3次元解空間を持つ。境界条件によって積分定数が突き止められれば、解が一意に定まる(あるいは解空間が狭まる)。

606 境界条件 BOUNDARY CONDITIONS

男の子が自転車に乗って一定の加速度 $2m/s^2$ で坂を下っているとしよう。これは、微分方程式 $\frac{d^2s}{dt^2} = 2$ で表せる。ここで、s は坂を下った距離、t は走り始めてからの時間である。

これは積分によって解くことができて、まずは

$$(i)\ \frac{ds}{dt} = 2t+C$$

となる。さらにもう一度積分を行うと、2次元の解空間が得られる。

$$(ii)\ s = t^2+Ct+D$$

さらなるデータがあれば、解をもっと正確に特定できる。男の子の走り始めの速さが $4m/s$ であるというさらなる情報が与えられたなら、それは $t = 0$ で $\frac{ds}{dt} = 4$ ということだ。これを方程式 (i) に代入すると、$C = 4$ であることがわかる。これにより、解空間は1次元空間にまで狭められた。

$$(iii)\ s = t^2+4t+D$$

さらに2つ目の情報を得たとしよう。$t = 0$ のときに、男の子は坂のてっぺんにいる、すなわち、$s = 0$ である。これを方程式 (iii) に代入すると $D = 0$ となる。こうしてついに、解が一意に定まった。

$$(iv)\ s = t^2+4t$$

このように、t が特定の値をとる場合の、s や $\frac{ds}{dt}$ の値を示すデータを**境界条件**という。

607 変数分離 SEPARATING THE VARIABLES

微分方程式のなかには、$\frac{dy}{dx}$ を直接に表さずに $\frac{dy}{dx}$ と y の関係を提示するものがある。試しに、次のようなものを考えてみよう。

$$2y\frac{dy}{dx} = \cos x$$

ここでの目的は、y と x の関係を式で表すことだ。**陰関数の微分法**と**連鎖法則**になじみがあれば、左辺の $2y\frac{dy}{dx}$ は y^2 の導関数であることに気づくだろう。つまり、左辺を積分すると y^2 となる。右辺は $\sin x$ の導関数なので、先ほどの式は次のように積分できる。

$$y^2 = \sin x + C$$

さらに一般的に、微分方程式 $f(y)\dfrac{dy}{dx} = g'(x)$ に対して、左辺は x に関する $f(y)$ の導関数であると理解して解くと、次のようになる。

$$f(y) = g(x) + C$$

これを、両辺に dx を掛けて積分することだと考えたくなるかもしれない。しかし、そう考えるには注意が必要だ。というのも、両辺に dx を掛けるということが、実際のところ何を意味するかが明確ではないからだ。それでも、この**変数分離**という簡潔な表現は便利である。

608 放射性崩壊 RADIOACTIVE DECAY

放射性物質のかたまりは、崩壊するにつれてその重さが減っていく。微分方程式でうまくモデル化できる物理学的プロセスは複数あり、これはそのような例の1つだ。この物理現象の根底にあるのは、かたまりが減っていく速度が質量に比例するということだ。

y がかたまりの質量、t が計測を始めてからの経過時間を表すとする。すると、質量の変化の割合は $\dfrac{dy}{dt}$ だ。y は減少していく量なので、$\dfrac{dy}{dt}$ は負であることが予測できる。それゆえ、この物理現象は次のような微分方程式でモデル化できる。

$$\frac{dy}{dt} = -y$$

変数分離によって(あるいはこれを斉次方程式として扱うことによって)、式 $y = Ce^{-t}$ が得られる。これに境界条件が加われば、方程式を完全に解くことができる。たとえば $t = 0$ においてかたまりが 2kg あったとすると、$y = 2e^{-t}$ だ。この式からは、任意の時間が経過したときのかたまりの質量がわかる。

609 高階微分方程式

HIGHER-ORDER DIFFERENTIAL EQUATIONS

2階微分方程式は、$\dfrac{d^2y}{dx^2}$ の項を含み、解くのがいっそう難しくなる。最も単純なタイプは

$$\frac{d^2y}{dx^2} - 5\frac{dy}{dx} + 6y = 0$$

といったもので、左辺はyや$\frac{dy}{dx}$や$\frac{d^2y}{dx^2}$を何倍かして足し合わせたもの、右辺はゼロである。これは**斉次方程式**と呼ばれるもので、まだ比較的扱いやすい。

その解は、多項式を利用することで見つけられる。この多項式を**補助方程式**といい、先ほどの例の場合は$A^2-5A+6 = 0$となる。この方程式を解くと$A = 2$、$A = 3$となる。斉次方程式の理論から$y = e^{2x}$と$y = e^{3x}$がもとの方程式の解であり、一般解は$y = Be^{2x}+Ce^{3x}$（B、Cは任意の定数）となることが知られている。

この手順は、高階の斉次方程式の場合にのみ使える。2階以上のほかの形式の方程式には別の解法がある。しかし、多くのものはきちんとは解けず、近似解を求める数値解析に頼らざるを得ない。

610 偏微分方程式 PARTIAL DIFFERENTIAL EQUATIONS

偏微分方程式は、偏導関数を含む方程式だ。たとえば、$\frac{\partial z}{\partial x} = 0$を満たすような$x$、$y$の関数$z$を求めたいときに登場する。偏微分方程式は物理学において非常に重要で、ベクトル解析という分野で用いられることが多い。

多くの物理現象が偏微分方程式で記述される。たとえば、熱方程式、電磁気学のマクスウェル方程式、流体のナビエ-ストークス方程式、量子力学を支配するシュレーディンガー方程式などがそうだ。

611 偏微分方程式の解

SOLUTIONS OF PARTIAL DIFFERENTIAL EQUATIONS

$\frac{dy}{dx} = 6x$のような常微分方程式を解くとき、ふつうは無限に多くの解が得られる。たとえば、$y = 3x^2+4$も、$y = 3x^2-1$も解である。とはいえ、$y = 3x^2+C$のように解空間を完全に記述することができる。

偏微分方程式の場合、状況はあまりよくない。x、yの関数zで、$\frac{\partial z}{\partial x} = 0$を満たすものを求めようとすると、$z = 4$でも$z = 3y$でも$z = \sin y$でもいい。任意の関数$f$に対して$z = f(y)$が解となる。$x$に関して微分をするとき、$y$のみを含む任意の項は定数として扱われ消えてしまうからだ。

このことから、偏微分方程式には常微分方程式よりも遥かに大きな解の族があることがわかる。その族を正確に記述するのは大変困

難であり、場合によっては、方程式が解を持つかどうかすらわからない。顕著な例が、ナビエ‐ストークス方程式だ。

Fourier Analysis
フーリエ解析

612 正弦波 SINE WAVES

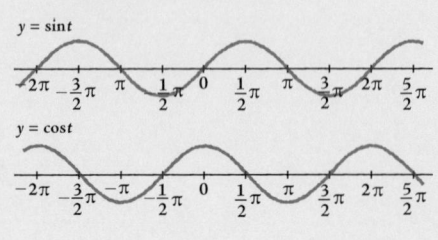

$y = \sin t$

$y = \cos t$

数学者にとって最も純粋な音は、**正弦波**である。コンサートピッチ A（振動数 $440Hz$）で、通常の会話程度の音量（振幅約 2000000 分の 1 メートル）の正弦波に対する波の方程式は、$y = \dfrac{\sin(440t)}{2000000}$ といったところだろう（ここで、y の単位はメートル、t の単位は秒とする）。しかしこれは、尺度を変えて $y = \sin t$ と表すほうが便利だ。

余弦波（$y = \cos t$）は、$\dfrac{\pi}{2}$ ずれただけで正弦波と同一のものになる。正弦波や余弦波を扱う利点の1つは、それらの**倍音**が簡単な方程式で表せることだ。$y = \sin t$ が基音であれば、$y = \sin 2t$ が第 2 倍音、$y = \sin 3t$ が第 3 倍音、という具合だ。☞Fig

楽器の音は単純な正弦波に比べて遥かに複雑な波形を示す。1807 年、ジョゼフ・フーリエは、このような波が、すべて正弦波から構築されるというすばらしい発見をした。これが**フーリエ解析**という分野であり、現代の技術において計り知れない重要性を持っている。

613 波の重ね合わせ BUILDING WAVEFORMS

$y = \sin t + \sin 3t$

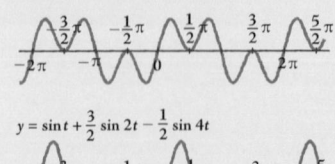

$y = \sin t + \dfrac{3}{2}\sin 2t - \dfrac{1}{2}\sin 4t$

波形は、周期的（繰り返すという意味）という特別な性質を持った関数である。周期というのは波長（1 周期の長さ）と同義である。

一般的に、正弦波（それを表す方程式は $y = \sin t$）とそ

の倍音の族（$y = \sin 2t$、$y = \sin 3t$、$y = \sin 4t$ など）が基本的な波形とされる。これらを足し合わせたり、何倍かして重ね合わせたりすると、図に示すような、さらに興味深い波形を多数作りだすことができる。☞Fig

　重ね合わされた2つの波は、場所によって互いに強め合ったり打ち消し合ったりする。これを**干渉**という。

　2つの波を重ね合わせた結果は、もとの波よりも遥かに複雑に見える。複数の波が重ね合わされたさらに複雑な波形を調べるためには、**フーリエ級数**が必要になる。

614 フーリエ級数 FOURIER SERIES

　波の重ね合わせは、あらゆる形や大きさになり得る。

　のこぎり波（一番上の図）は数学者の好む正弦波とは見た目が大きく異なる。正弦波を単純に足しただけで作れる滑らかな関数ともずいぶん違うように見える。ところが、以下のようにすることで、のこぎり波にかなり近いものが得られる。

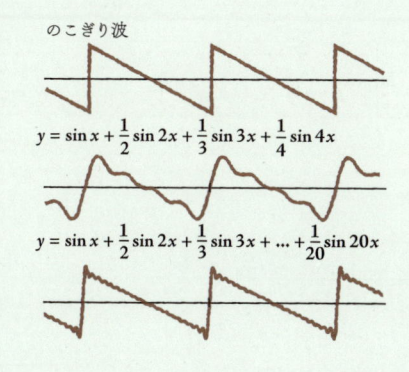

☞Fig

のこぎり波

$y = \sin x + \frac{1}{2}\sin 2x + \frac{1}{3}\sin 3x + \frac{1}{4}\sin 4x$

$y = \sin x + \frac{1}{2}\sin 2x + \frac{1}{3}\sin 3x + \ldots + \frac{1}{20}\sin 20x$

$$y = \sin x + \frac{\sin 2x}{2} + \frac{\sin 3x}{3} + \frac{\sin 4x}{4}$$

　いったんパターンが見つかれば、次にどうするべきかは明らかだ。$\frac{\sin 5x}{5}$、$\frac{\sin 6x}{6}$ と加えていくのだ。さらにたくさんの項を加えることで、のこぎり波にどんどん近づいていく。ただし、完全に一致することはない。

　応用においては、たとえば音楽のシンセサイザーのように、近似としてじゅうぶんなところまでで手を打つことになる。しかし、数学の世界には、無限級数という技法がある。

　じつは、これらの項の無限の極限をとることで（これをフーリエ級数という）、のこぎり波の厳密な公式を作ることができる。

$$\sin x + \frac{\sin 2x}{2} + \frac{\sin 3x}{3} + \frac{\sin 4x}{4} + \cdots = \sum_{n=1}^{\infty} \frac{\sin nx}{n}$$

同様のやり方は矩形波や三角波などほかの波形にも使える。

$$\sin x + \frac{\sin 3x}{3} + \frac{\sin 5x}{5} + \frac{\sin 7x}{7} + \cdots = \sum_{n=1}^{\infty} \frac{\sin (2n-1) x}{2n-1}$$

$$\sin x + \frac{\sin 3x}{9} + \frac{\sin 5x}{25} + \frac{\sin 7x}{49} + \cdots = \sum_{n=1}^{\infty} \frac{\sin (2n-1) x}{(2n-1)^2}$$

これらの級数はすべて $\sum a_n \sin nx$ という形をしている。一般に、**フーリエ級数**は余弦波の倍音も含み、以下のように定式化される。

$$\sum a_n \sin nx + \sum b_n \cos nx$$

615 フーリエの定理 FOURIER'S THEOREM

フーリエ級数と同様の対象は、1807年にジョゼフ・フーリエが関心を向ける前から研究されていた。フーリエの貢献が絶大なのは、周期関数がすべてフーリエ級数で与えられることに気づいたからだ。これを、**フーリエの定理**という。たしかに強力なアイデアだが、そのような級数はどうやったら見つけられるのだろうか？

周期関数 f があるとする。フーリエが正しければ、f と一致するフーリエ級数が存在し、次のようになるはずだ。

$$f(x) = \sum a_n \sin nx + \sum b_n \cos nx$$

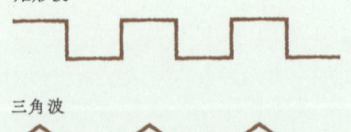

問題は、a_n、b_n をどうやって見つけるかだ。フーリエは、この問いに対する完璧な答を、**フーリエの公式**という形で提示した。

矩形波

三角波

その公式をあてはめることによって、任意の波形がフーリエ級数として、すなわち、基本的な正弦波や余弦波の重ね合わせとしてモデル化できる。この驚くべき事実は、数学、物理学、技術において多大なる貢献をしてきた。たとえば、コンピューターが楽器の音をサンプリングして再構築するときの基礎となっている。☞Fig

616 フーリエの公式 FOURIER'S FORMULAS

波形 f を、以下のようなフーリエ級数として表現するためには、a_n と b_n の値を見つける必要がある。

$$f(x) = \sum a_n \sin nx + \sum b_n \cos nx$$

フーリエは、その答が次の通りであることを証明した。

$$a_n = \frac{1}{\pi} \int_{-\pi}^{\pi} f(t) \sin nt \, dt \qquad b_n = \frac{1}{\pi} \int_{-\pi}^{\pi} f(t) \cos nt \, dt$$

任意の波形を正弦波や余弦波に分割するためには、これら2つの積分を求めればいい。とはいえ、このような計算が容易ではないことも多く、数値解析の高度な技法が求められることもある。

617 複素フーリエ級数 COMPLEX FOURIER SERIES

フーリエ級数は波形を三角関数 $\sin x$、$\cos x$ に分解する。**オイラーの公式**によれば、正弦と余弦は指数関数から生じる。この結果にフーリエは惹きつけられ、フーリエ級数を複素数の領域に拡張した。

以前の定数 a_n、b_n の代わりに新たに複素定数 c_n、c_{-n} を導入し、改めて次のように書き表した。

$$a_n \sin nx + b_n \cos nx = c_n e^{inx} + c_{-n} e^{-inx}$$

複素フーリエ級数は以下のように、関数を遥かにうまく表現できる。

$$f(x) = \sum_{-\infty}^{\infty} c_n e^{inx}$$

関数 $f(x)$ をこの形で書くためには、フーリエの公式の複素数版を求めなくてはならない。

$$c_n = \frac{1}{2\pi} \int_{-\pi}^{\pi} f(t) e^{-int} \, dt$$

もとのフーリエ級数よりさらに抽象的だが、この発見は同じくらい重要なものだ。

618 フーリエ変換 THE FOURIER TRANSFORM

複素フーリエ級数は、関数 f を指数関数の級数として表現する。級数は離散的である。つまり、無限に多くの関数 $c_n e^{inx}$ が存在するが、

これらは互いにはなれている。

フーリエ変換は、複素級数の連続版である。フーリエ級数にとって重要なのは数列 c_n であり、この数列は $\hat{f} : \mathbb{Z} \to \mathbb{C}$ によって定義される新しい関数 $\hat{f}(n) = c_n$ と考えることができる。関数 f は $\hat{f}$ を決定し、またその逆もいえる。

連続の場合には、$\hat{f}$ は実数上の関数 $\hat{f} : \mathbb{R} \to \mathbb{C}$ であり、級数は以下に示すような積分となる。

$$f(x) = \int_{-\infty}^{\infty} \hat{f}(t)\, e^{itx}\, dt$$

これはかなり抽象的だが、f を関数 e^{itx} の重みづけ平均として与えていると考えることもできる。事実、関数 $\hat{f}$ は重みを定義し、f のフーリエ変換と呼ばれる。

F から考えてみると、どのようにして $\hat{f}$ が得られるだろうか？ 答はふたたび、フーリエの公式をわずかに調整することで得られる。

$$\hat{f}(t) = \frac{1}{2\pi} \int_{-\infty}^{\infty} f(x)\, e^{-itx}\, dx$$

これらの2つの公式は驚くほど似ている。そして、以前には見られなかった f と $\hat{f}$ の奥深い対称性を明らかにしている。この対称性を研究することで多くの難しい問題が扱いやすい形に言い換えられる。重要な応用例が、偏微分方程式である。

フーリエ変換は現代の数学者の強力な武器であり、表現論から量子力学に至るまで幅広く応用できる。

	数
数列	幾何学
級数	代数学
連続性	
微分学	離散数学
積分学	
複素解析	**解析学**
べき級数	論理学
累乗	超数学
フラクタル	確率論と統計学
力学系	数理物理学
微分方程式	
フーリエ解析	ゲームとレクリエーション

LOGIC

論理学

論理学は、思考の基盤や表現手段として、数学のあらゆる分野に登場する。定理を証明するためには、結論が前提から論理的に導かれることを示す必要があるからだ。

　一方で、論理学自体もまた1つの研究対象である。論理学黎明期の画期的な出来事が、アリストテレスによる定言的三段論法の分類だった。以降しばらくは、その成果を超える進展は見られなかった。19世紀になるとようやく、ジョージ・ブールが形式的な論理体系の厳密な分析に着手した。

　ブールによる研究が始まって間もなく、論理学は思いがけず脚光を浴びることになる。それは、ゲオルク・カントールが集合論における功績をあげたおかげだった。カントールは、無限にはさまざまなレベルがあるという驚くべき事実を明らかにしたのである。すると突如、ヘルマン・ワイルがいうところの「数学基礎論の新たな危機」が生じた。数学におけるほかの分野の礎となり得る確固たる論理的基盤は本当に存在するのだろうか？　ラッセルのパラドクスによって、この疑問はことさら切迫したものとなった。

　難題を誰より明確に表現したのは、ダフィット・ヒルベルトである。ヒルベルトプログラムと呼ばれる試みは、偉大な学者たちでもすっかり間違ってしまう場合があり、また、間違った考えにおおいに重要性がある場合もある、という事実を語り継ぐ歴史的な遺物となっている。20世紀にヒルベルトの夢を打ち砕いたのは、クルト・ゲーデルの不完全性定理、そして、決定問題に対するアロンゾ・チャーチとアラン・チューリングの功績だ。

　数学という分野は、ヒルベルトの期待を遥かに超えて複雑なものだったが、ヒルベルトプログラムの残骸から、まったく新しい世界が飛びだした。何より重要なのは、チューリングマシンによって基礎理論が作られ、それにもとづいてコンピューターが作られたことだ。さらには、数理論理学という新たな分野が花開き、これまでにない強力なツールをもたらした。数理論理学にはたとえば、証明論、モデル理論、複雑性理論、計算可能性理論などがある。

基本論理

619 必要と十分 NECESSARY AND SUFFICIENT

「ソクラテスは死ぬ」は「ソクラテスは人間である」という命題の**必要条件**である。人間であるならば、死を免れる方法はないからだ。一方で、これは**十分条件**ではない。死から逃れられないからといって、人間であることは保証されないからだ。ソクラテスは犬かもしれないし、アヒルかもしれないし、半神半人かもしれない。

「ソクラテスは男性である」というのは、「ソクラテスは人間である」ための十分条件だ。ソクラテスが男性なら、ソクラテスはもちろん人間だ。しかし、これは必要条件ではない。ソクラテスが女性だとしても、やはり人間だからだ。

　必要性と十分性は表裏一体である。「命題Pならば命題Q」が成り立つのであれば、PはQであるための十分条件であり、QはPであるための必要条件だ。Pが、Qが成り立つための必要かつ十分条件であれば、PとQは**論理的同値**である。数学者はこれを「……のとき、かつそのときに限る」と表現する。たとえば、ソクラテスが独身男子であるのは、未婚の男性であるとき、かつそのときに限るのだ。

620 対偶 CONTRAPOSITIVE

「PならばQ」、あるいは「もしも……ならば……」という形の命題は**含意**（論理包含、内含）と呼ばれる。

I.　ソクラテスが人間ならば、ソクラテスは哺乳類だ。
II.　ソクラテスが哺乳類でなければ、ソクラテスは人間ではない。

　この2つの含意は、本質的に同じ意味だ。つまり、人間は哺乳類の部分集合をなしている。

　命題IIはIの**対偶**と呼ばれる。一般に、「PならばQ」の対偶は「QでないならばPでない」だ。対偶はもとの含意の言い換えであり、同じ事柄を別の方法で表現したものである。これと同様のことは、**逆**についてはいえない。

621 逆 CONVERSE

「PならばQ」の**逆**は「QならばP」だ。対偶と混同してはならない。逆はもとの命題と同値ではない。先ほどの命題Iの逆は、

III.　ソクラテスが哺乳類ならば、ソクラテスは人間だ。

となる。これと同値なのが、

IV. ソクラテスが人間でないならば、ソクラテスは哺乳類ではない。

である。

これは偽だ(たとえば、ソクラテスは犬かもしれない)。「PならばQ」とその逆の「QならばP」の両方が成り立つなら、PとQは**論理的同値**だ。つまり、Pが真であるのはQが真であるとき、かつそのときに限る。

622 ド・モルガンの法則 DE MORGAN'S LAWS

論理学の基本となる3つの要素は、NOT、AND、ORである(それぞれ、¬、∧、∨と書く)。論理学に限らず、数学では「OR」を包含的に解釈する。すなわち、「aまたはb」はいつだって「aまたはbまたは両方」なのだ(排他的なORが必要な場合にはXORと書く)。

19世紀、最初期の形式論理学(命題計算)をジョージ・ブールが発展させる一方で、オーガスタス・ド・モルガンはNOT、AND、ORの関係を表す2つの法則を定式化した。

I. 「$NOT(a\ AND\ b)$」は「$(NOT\ a)\ OR\ (NOT\ b)$」と同値。

II. 「$NOT(a\ OR\ b)$」は「$(NOT\ a)\ AND\ (NOT\ b)$」と同値。

これらは、**真理値表**を用いて簡単に確かめられる。

623 ∀と∃ ∀ AND ∃

これら2個の記号は、**量化子**という。∀は「任意の」(すべての)という意味で、∃は「……が存在する」(……がある)という意味だ。こうした言い回しは、いかにも数学者らしい。

これらの使い方を見ていくために、「誰にでも親がいる」という命題について考えよう。曖昧さをなくすために、実際には次のようなことを意味するものだとする。

「世界中の任意の人に対して(その人の生死にかかわらず)、生物学上の親として自分以外の誰かが存在する(あるいは、存在した)」

まずはこれを、いくつかの記号を使い、「任意の人xに対してyが存在し、yはxの親である」としよう。ここで述語$P(y, x)$を導入し、「yはxの親である」という意味だとする。このとき、先の文章は以下のようになる。

$$\forall x \exists y P(y, x)$$

量化子の順序は重要である。量化子を入れ替えて$\forall y \exists x P(y,$

x)とすると、すべての人の親である人間がいるという主張になってしまう。

慎重に扱わなければならないことはほかにもある。考察対象とするx, yの**定義域**を明確にしておかなくてはならない。xがアンドロメダ銀河だったり、πとかだったりすると、この命題は真ではない。だから、xやyは、(死んでいようと生きていようと)人の集まりに限定されなくてはならない。これは量化の範囲の問題である。

命題に量化子が交互に出てくれば出てくるほど、その命題の意味を理解するのが困難になっていく。たとえば、イプシロン-デルタによる連続性の定義は、$\forall \varepsilon \exists \delta \forall x\, Q(\varepsilon, \delta, x)$という形をしている。

The Science of Deduction

624 三段論法 SYLLOGISMS

論理学が初めて秩序立った方法で徹底的に研究されたのは、紀元前4世紀のことだった。手掛けたのはプラトンの弟子のアリストテレスだ。アリストテレスは、6巻からなる著書『オルガノン』で、論理的演繹法の基本法則を明確に提示した。

そこでは、**三段論法**が中心的役割を担っている。三段論法とは、2つの前提をもとに推論を展開し、1つの結論を得る論法である。

最も有名な三段論法は、以下に示すものである(これはアリストテレスではなく、後の学者、セクストス・エンペイリコスによるものだ)。

I. すべての男性は死を免れない。(前提)
II. ソクラテスは男性だ。(前提)
したがって
III. ソクラテスは死を免れない。(結論)

セクストスは懐疑主義者であり、このような推論は役に立たないと考えていた。

そして、その理由について、すべての男性が死を免れないと主張するには、ソクラテスが死を免れないことをすでに知っていなければならないからだと論じた。

625 定言文 CATEGORICAL SENTENCES

「すべての男性は死を免れない」という形の三段論法の1つ目の前提は、次のように一般化できる。

(a)　　すべての X は Y だ。
　　　(a) の反対の形は (o) と呼ばれる。
(o)　　ある X は Y でない。
　　　可能なパターンがあと2つあり、(i) および (e) と呼ばれる。
(i)　　ある X は Y だ。
(e)　　すべての X は Y ではない。

　これらは、カテゴリー X と Y を関係づける**定言文**である。アリストテレスは、これが定言文として考え得るすべての形だとして、**定言的三段論法**の分類の基本として用いた。

626 定言的三段論法の分類
ARISTOTLE'S CLASSIFICATION OF CATEGORICAL SYLLOGISMS

　アリストテレスは、三段論法の分析を進めるにあたり、論法の骨組みとなる I、II、III に、4個の文の型 a, o, i, e をさまざまに組み合わせたものを考察した。こうして、64もの異なる三段論法を生みだしたのである。「すべての男性は死を免れない」という文において、「男性」は主語であり、「死を免れない」は述語だ。セクストスの三段論法には3個の要素がある。男性、死を免れない、ソクラテスだ。これら3個を、3つの文のなかでの主語や述語としてさまざまに配置することを考えれば、可能性のある三段論法の数は256にものぼる。

　アリストテレスによる分析から、考え得るこれら256の三段論法のうち、ちょうど15が妥当であり、さらに4個が、空のカテゴリーにあてはめない（すなわち、X が存在しないのに X についての命題を作らない）限り妥当であると結論している。

　中世に、これら19の妥当な三段論法に対し、次のような名前がつけられた。

　Barbara、Celarent、Darii、Ferio、Cesare、Camestres、Festino、Baroco、Darapti、Disamis、Datisi、Felapton、Bocardo、Ferison、Bramantip、Camenes、Dimaris、Fesapo、Fresison。これは記憶を助ける工夫になっていて、それぞれの名前

に登場する母音の順序が、定言文 a、o、i、e の順序を示している。

627 ドジソンの連鎖式 DODGSON'S SORITESES

チャールズ・ドジソンは19世紀の英国の数学者にして小説家であり、ルイス・キャロルという名前でよく知られている。

ドジソンは、**連鎖式**というものを考えた。これは、アリストテレスの定言的三段論法に似たもう少し長めの論法で、3個以上の前提条件を含んでいる。ドジソンは自著『Symbolic Logic』(記号論理学)において、読者に以下のような前提から論理的に最も強力な結論を出すよう求めている。

I.　高等教育を受けていない人は、タイムズ紙を購読しない。
II.　ハリネズミには文字が読めない。
III.　文字が読めない人は高等教育を受けていない。

答を得るには、これを分析して妥当な三段論法の流れに持ち込む必要がある。ドジソンの連鎖式でとりわけ人目を引いたのが、フロッギーの問題だ。

628 フロッギーの問題 FROGGY'S PROBLEM

ドジソンは読者に対して、以下の一連の前提から論理的に導ける、そして、可能な限り最も強力な結論を見つけるという課題を提示した。

I.　その日が晴れているならば、私はフロッギーに「やあ、君ときたら伊達男だね」という。
II.　私はフロッギーに10ドル貸してあるはずだと念を押したりせずに、フロッギーがクジャクみたいに気取って歩き始めるならば、必ずフロッギーの母親が「お前は求婚しに出かけられる立場ではないはずだ!」という。
III.　フロッギーは、髪のカールがとれてしまったので、派手なベストをしまい込んだ。
IV.　私は屋根にあがって静かに葉巻を楽しみたい気分のときはいつも、私の財布が空であることに気づく。
V.　私のなじみの仕立屋がわずかな請求書を持ってきて、私がフロッギーに10ドル貸してあるはずだと念を押すならば、フロッギーはハイエナのように歯をむきだしたりはしない。
VI.　とても暑いならば、温度計は高い値を示す。

Ⅶ. その日が晴れていて、私自身は葉巻を楽しみたい気分でもなく、フロッギーがハイエナみたいに歯をむきだしているならば、私はフロッギーに、君ときたら伊達男だね、などと決していってやらない。

Ⅷ. 私のなじみの仕立屋がわずかな請求書を持ってきて、私の財布が空であることを知るならば、私はフロッギーに10ドル貸してあるはずだと念を押す。

Ⅸ. 私の持っている鉄道会社の株は、正気とは思えないほどあがっている!

Ⅹ. 私の財布が空であって、なおかつ、フロッギーが派手なベストを着ているのに気づき、私はフロッギーに10ドル貸してあるはずだと思い切って念を押すならば、外はとても暑くなりそうだ。

Ⅺ. 雨が降りそうだし、フロッギーはハイエナのように歯をむきだしにしているから、私は葉巻を楽しみたい気分ではない。

Ⅻ. 温度計が高い値を示すならば、傘を持っていかなくてもすむ。

XIII. フロッギーが派手なベストを着ているけれど、クジャクみたいに気取って歩いていないならば、私は静かに葉巻を楽しみたい気分だ。

XIV. フロッギーに「君ときたら伊達男だね」というならば、フロッギーはハイエナのように歯をむきだしにする。

XV. 私の財布がはちきれんばかりにパンパンで、フロッギーの髪がたっぷりとカールしていて、しかもクジャクのように気取って歩いてはいないならば、私は屋根にあがる。

XVI. 私の持っている鉄道会社の株があがっているならば、そして寒くて雨が降りそうならば、私は静かに葉巻を楽しみたい気分だ。

XVII. フロッギーが求婚に出かけるのをその母親が許すならば、フロッギーは狂喜せんばかりで、言葉で表せないくらい派手なベストを着る。

XVIII. いまにも雨が降りそうで、私は静かに葉巻を楽しみたい気分で、フロッギーが求婚に出かけていきそうもないならば、傘を持って行ったほうがいい。

XIV. 私の持っている鉄道会社の株が上がっていて、フロッギーがまるで狂喜せんばかりならば、そういうときにこそ、決まって私のなじみの仕立屋がわずかな請求書を持ってくる。

XX. その日は涼しくて温度計が低い値を示し、私はフロッギーに「君ときたら伊達男だね」などといわず、フロッギーが少しも喜んだりしないならば、私は葉巻を楽しみたいとも思わない。

残念ながら、ルイス・キャロルはこの問題の答を発表しないままこの世を去った。問題には「美しい『罠』が含まれている」とだけほのめかしていた。

629 形式体系 FORMAL SYSTEMS

三段論法よりも長い論理的演繹法(ドジソンの連鎖式に対する解法など)は、長く続く定言文として構築されている。こうした複合的な論法を分析していくとき、長さに制限がないとしたらどうすればいいのだろうか?

このことについては、ゴットフリート・ライプニッツが1680年代に着想を得ていたものの、その成果が注目を集めることはなかった。

研究が実を結ぶのは、19世紀を迎え、ジョージ・ブール、オーガスタス・ド・モルガンらが論理学のための形式体系を築いてからのことだ。

ブールやド・モルガンらの方針は、人間の主観的考え方や直観をすべて論理学から削り取り、基礎から一歩一歩、論理的推論を構築することだった。ブールは、「分析する過程の妥当性は採用する記号の解釈には依存せず、組み合わせの法則にだけ依存する」と述べている。

任意の**形式体系**は以下のような3要素から構成される。

I. 1つの言語。これは、許容される記号の一覧と文法を合わせたもののことだ。文法は、記号を組み合わせて正規の式を作る方法を規定する。

II. いくつかの公理。これは特別な式であり、論理的演繹法の出発点となる。

III. 演繹の法則。既存の式から新たな式を導きだす方法のこと。

こうして、ある式が純粋に演繹の法則を順次適用して公理から導きだされるのであれば、その式は妥当だと判断され、(仰々しくも)定理と呼ばれることになる。第一の形式体系は、**命題計算**だ。

630 肯定式 MODUS PONENS

　形式体系において、式のなかには論理的に妥当だとあらかじめ仮定されるものもある。それらが**公理**である。公理から妥当な式をさらにたくさん導きだすために必要なのが**演繹の法則**だ。そのような法則で最も普遍的なのが、**肯定式**（modus ponens）である（「肯定する形態」を意味するラテン語にちなんだ名前だ）。この法則によれば、任意の式「P」と「$P \to Q$」から式「Q」が導きだせる。

631 命題計算 PROPOSITIONAL CALCULUS

　第一の形式体系である**命題計算**には、論理的演繹法（長めに続く定言文など）についての完璧な枠組みを提供しようという意図が込められている。

I. 　変数p, q, rなどがあり、そのそれぞれが「すべての男性は死を免れない」などの定言文を表すものとする。

　言語には括弧「（」、「）」や接続子記号$\land$、$\lor$、$\to$（それぞれ、*and*（かつ）、*or*（または）、*implies*（ならば）を意味する）、そして、$\neg$（*not*とみなす）が含まれる。

　文法とは、これらの記号を組み合わせ、意味のある（ただし必ずしも真ではない）命題を忠実に表現することを意図した正規の式を作る方法を説明するものだ。だから、「$(p \land q) \to r$」は作れても、「$\to \to p \neg \land q$」のような訳のわからないものは作れない。

II. 　公理は特別な式の集合である。すべての式Pに対して、式$P \to P$は、$((\neg Q) \to (\neg P)) \to (P \to Q)$と同様に公理である。ほかにも、論理記号に対して意図した意味を持たせるために必要な公理がある。たとえば、ド・モルガンの法則や、アリストテレスの思考法則から導かれる一般的な論理原則などだ。

III. 　命題計算のために必要なのはただ1つの演繹法則、肯定式である。

　問題は、「これらがいったい何を作りだすのか？」「公理から論理的に導かれる一連の式は何なのだろうか？」ということだ。**真理値表**という形式ばらない方法を使えば、これらをきちんと記述することができる。真理値表が完璧な答を示すことは、**完全性定理**と**健全性定理**によって裏づけられている。

632 否定 NOT

論理学の形式体系ではなく、通常の言語における「not」という語の役割は、次にくるものが何であってもそれを否定し、文を反対の意味にすることだ。だから「not P」（論理学者は「¬P」と書く）は、Pが偽のときに真で、Pが真のときには偽でないといけない。

これを、以下のような小さな**真理値表**にまとめることができる。

P	$\neg P$
T	F
F	T

この真理値表の左列は、Pが取り得る真理値（真か偽か）を示している。そして右列は¬Pがとる値を示している。

633 真理値表 TRUTH TABLES

さらに大きな真理値表を使って「and（論理積）」を調べることができる。これはときに、くさび形の記号∧で書かれる。今回は、PとQが取り得る真理値を示す左側の2列と、対応するP∧Qの真理値を示す右側の1列が必要だ。

P	Q	$P \wedge Q$
T	T	T
T	F	F
F	T	F
F	F	F

「or」（∨と書く）にも同じ手が使える。ただし、数学での「or（論理和）」は包含的であることに注意が必要だ。

P	Q	$P \vee Q$
T	T	T
T	F	T
F	T	T
F	F	F

ほかの重要な結合子は「implies（含意）」（→と書く）だ。ところで、「もし月がチーズでできているなら、私は1001歳だ」という命題は、真と考えるべきだろうか、それとも偽と考えるべきだろうか？　あるい

は、「もし私が1001歳なら、ロンドンは英国の首都だ」はどうだろうか？

日常生活では、条件節（「もし……なら」の部分）が成り立たない場合にどうなるかに悩むことはない。しかし、19世紀の論理学者たちはその判断を迫られ、条件節が成り立たない場合、含意は妥当だと考えるという取り決めに落ち着いた。これによって「→」には次のような真理値表が与えられることになる。

P	Q	P→Q
T	T	T
T	F	F
F	T	T
F	F	T

また、もう1つ別の記号は、「*if and only if*（同値）」を表す「↔」だ。この真理値表は以下の通りだ。

P	Q	P↔Q
T	T	T
T	F	F
F	T	F
F	F	T

634 トートロジーと論理的同値
TAUTOLOGY AND LOGICAL EQUIVALENCE

真理値表の規則を具体例にあてはめてみよう。たとえば、$P→P$という命題を評価するために、以下の真理値表を用いる。

P	P→P
T	T
F	T

$P→P$の列にはTしか書かれていないため、これは入力にかかわらず常に真だ。このような命題を**トートロジー**という。通常の言語で表すと、「もしもソフォクレスが結婚していない男性なら、ソフォクレスは独身男子だ」というのがトートロジーで、ソフォクレスが実際に結婚していようといまいと真である。

この考え方を使って、もっと複雑な式に対する真理値表を作ること

ができる。

P	Q	$P \to Q$	$\neg P$	$(\neg P) \lor Q$	$(P \to Q) \leftrightarrow ((\neg P) \lor Q)$
T	T	T	F	T	T
T	F	F	F	F	T
F	T	T	T	T	T
F	F	T	T	T	T

ここでまた、$(P \to Q) \leftrightarrow ((\neg P) \lor Q)$ の列には T しか書かれていない。だからこれはトートロジーだ。この場合、これは $P \to Q$ と $(\neg P) \lor Q$ が論理的同値であることを意味している。

635 論理結合子 NAND, NOR, XOR, AND XNOR

最もよく知られている論理結合子は「and」、「or」、「implies」、「if and only if」だ。このほかにも4通りある。それらを、真理値表を使って紹介しよう。

nand（否定論理積）は「『……かつ……』ではない」だ。だから「P nand Q」とは「not (P and Q)」（「『PかつQ』ではない」）ということだ。その真理値表は以下の通りだ。

P	Q	$P_{NAND}Q$
T	T	F
T	F	T
F	T	T
F	F	T

nor（否定論理和）は「『……または……』ではない」だ。「P nor Q」は「not (P or Q)」（「『PまたはQ』ではない」）と同じだ。

P	Q	$P_{NOR}Q$
T	T	F
T	F	F
F	T	F
F	F	T

xorは、排他的「論理和」だ。だから「P xor Q」は「PまたはQ、だが両方ではない」だ。

P	Q	$P_{XOR}Q$
T	T	F
T	F	T
F	T	T
F	F	F

最後の xnor は排他的「否定論理和」だ。だから「P xnor Q」は「『P または Q、だが両方ではない』ではない」を意味する。

P	Q	$P_{XNOR}Q$
T	T	T
T	F	F
F	T	F
F	F	T

636 論理ゲート LOGIC GATES

論理学者が真理値表に書き込む関係は、電子工学においては**論理ゲート**として重要な役目を果たす。

論理ゲートは、(一般的には2個の)入力から1個の出力が決まる素子だ。この素子の出力はオンかオフかで、それは2個の入力と真理値表から得られる法則にしたがう。だから、nor ゲートは入力が両方ともオフであるときに出力があり、それ以外の場合には何も出力しない。☞*Fig.1*

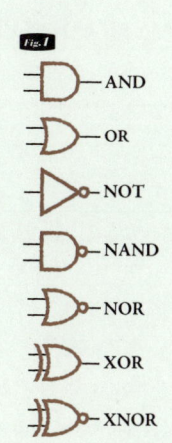

nand と nor は、最も基本的なゲートである。実際、すべての論理ゲートが nand だけで構築できる。たとえば、「not P」は「P nand P」で得られ、「P and Q」は「not (P nand Q)」だ。この考え方を使って、ある装置の挙動を定める厳密な法則を、論理的演繹法として組み込むことができる。☞*Fig.2*

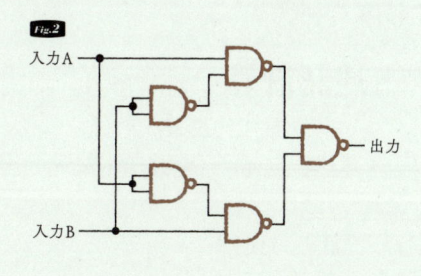

637 完全性定理と健全性定理
THE ADEQUACY AND SOUNDNESS THEOREMS

真理値表は、変数が増えるにつれて指数関数的に大きくなるという問題を抱えている。フロッギーの問題の真理値表をすべて書きだすには、131072（$=2^{17}$）もの行が必要になる。それでも、真理値表は論理的操作についての人間の直観をうまくまとめあげている。特に、トートロジーは論理的妥当性の概念を完璧にとらえている。

命題計算の体系が適切に作用すれば、すべてのトートロジーはその形式体系の定理であるはずだ。これはじつのところ真で、**完全性定理**として知られている。逆も真である。つまり、形式体系のすべての定理はトートロジーだ。これは**健全性定理**と呼ばれる。

638 命題論理の先にあるもの
BEYOND PROPOSITIONAL LOGIC

論理に対する見方は2通りある。1つはジョージ・ブールによる極めて形式的な命題計算、もう1つは真理値表というひときわ直観的な手法だ。完全性定理と健全性定理によれば、これら2通りの見方は、結局のところ同じ結論をもたらす。その結果、命題計算は廃れていく。命題計算で表現できるものはどれも、常識と真理値表から、もっと迅速に得られるからだ。

真理値表は、論理学に対するブールの極めて形式的な手法の正当化にも寄与する。この手法をもっと強力なものにしたうえで広範囲（述語計算、ペアノ算術、公理的集合論）に適用すれば、数学の姿を変え続けることになるだろう。

639 述語計算 PREDICATE CALCULUS

ほとんどの数学的議論はアリストテレスの三段論法、あるいは、それを長く繋げたものにさえ合致しない。たとえば以下のような例を考えよう。

I. xはyより大きい。
II. yはzより大きい。
したがって
III. xはzより大きい。

論理体系がこのような演繹法に対処できればいいのだが、この形式の論法が必ずしもうまくいくとは限らない。次のような例がある。
I． xはyより1大きい。
II． yはzより1大きい。
したがって
III． xはzより1大きい。

これらの論法を形式だけからその妥当性を判断するのは困難である。妥当性の判断は、「……は……より大きい」や「……は……より1大きい」といった、関係の詳細に依存するからだ。

命題計算はあまりにも単純化されすぎているため、これに対処することができない。解決方法は、もっと複雑な**述語**を導入することだ。述語によって、対象間のより詳細な関係を示すことができる。その帰結が**述語計算**である。

「……は……よりも大きい」というのは、述語として形式化できる。ほかにも加法や乗法のような数学的演算を含むものもある。どの述語を選んで言語に取り入れるのかは、研究対象となっているものの構造に依存する。

640 述語 PREDICATES

数理論理学者にとっての**述語**というのは、たとえば、「……より大きい」といった表現のことだ。1つの対象について説明する、あるいは2つの対象の関係を説明する数学的形容詞が述語である（哲学者はその言葉をやや異なる意味合いで使う）。

ある数がほかの数「よりも大きい」ということが何を意味するかなど、わかりきったことだ。しかし、形式体系においては、すべての意味と直観は取り除かれ、公理と演繹法からすべてが導かれなければならない。意図した通りの意味を何らかの形で残すためには、それを公理化しなくてはならない。

ヒルベルトプログラムは、述語計算というたった1つの体系に数学全体を組み入れたいという希望を表明するものだ。

641 述語の公理化 AXIOMATIZING PREDICATES

「……より大きい」を包含する体系を構築したいと思うなら、それを表す記号を導入する必要がある。たとえば$G(x, y)$を「xはyよりも大

きい」と定めるのだ。さらに、新しい体系には述語計算で紹介した演繹法（ⅠかつⅡならばⅢ）を含めたい。そこで、以下のように1つの公理としてこれを組み入れることにする。

$$(G(x, y) \& G(y, z)) \to G(x, z)$$

最大の数は存在しないことも公理に含めよう。それは、すべての数に対して、それよりも大きな別の数が存在するということだ。

$$\forall y \exists x G(x, y)$$

この方法を続けると、最大の要素が存在しないような順序づけを持った述語計算の体系ができあがるだろう。そして、この体系に関するすべての定理が、このような構造について正しいこととなる。

同様の手法を使うことで、**数体系**や**群**といった構造に対しても形式体系を作ることができる。そのようなもののなかでも重要なのが、自然数を公理化する**ペアノ算術**である。

642 ペアノ算術 PEANO ARITHMETIC

ジュゼッペ・ペアノの功績は、数理論理学の時代がきたことを決定的なものにした。ペアノは、すべての数学的構造の一番の基本である自然数の体系 N の公理化に成功したのである。その目的は、数体系 N の振る舞いを厳密にとらえる形式体系を考えだすことだった。ペアノは、数 0 と**後者関数**を中心に理論を展開した（後者関数というのは、任意の数［たとえば5］に対して次の数［6］を返すもの）。

ペアノの公理はすばらしいものだった。そして、あまたの大発見と同じように、解決した問題と同じくらいたくさんの問題が生まれた。たとえば、「ペアノ算術についての何らかのモデルはあるのだろうか？」「数論のすべての命題はこの体系内で本当に推論できるのだろうか」といったことだ。そして、これこそが、ヒルベルトプログラムによって取りあげられ、後にゲーデルの不完全性定理によって答がもたらされることになる難問である。

643 ペアノ算術の公理 AXIOMS OF PEANO ARITHMETIC

ペアノの体系に関する公理の1番目と2番目は、後者関数の基本的性質を述べるものである。

I. 後者が0である数はない。$\forall x S(x) \neq 0$
II. 2個の異なる数の後者は同じではない。

$$\forall x, y \quad x \neq y \to S(x) \neq S(y)$$

また、ペアノの体系は加法を含んでいる。それは、以下のように公理化されている。

III. 任意の数に0を加えても、その数は変わらない。$\forall x \; x+0 = x$

IV. 2数の和の後者は、初めの数を2番目の数の後者に加えたものに等しい。$\forall x, y \; x+S(y) = S(x+y)$

同様に、乗法もこの体系に含まれている。

V. 任意の数に0を掛けると0になる。$\forall x \; x \times 0 = 0$

VI. 任意の数 x および y に対して、x に $y+1$ を掛けた結果は、x に y を掛けてから x を加えたものに等しい。

$$\forall x, y \; x \times S(y) = (x \times y) + x$$

最後の公理は一番ややこしく、この公理によって**数学的帰納法**の原理が系に組み込まれる。

VII. φを数が持つ任意の性質であるとする。ここで0がφを満たし、x がφを満たすときに $x+1$ も必ずφを満たすのであれば、すべての数はφを満たす。だから、任意の式φに対し、次のような公理を定めることができる。

$$\bigl(\varphi(0) \,\&\, \forall x(\varphi(x)) \to \varphi(S(x))\bigr) \to \forall y \, \varphi(y)$$

644 ペアノ算術のモデル MODELS OF PEANO ARITHMETIC

ペアノによる自然数の公理化が大きな進歩だったことは間違いない。しかし、ルールブックがあるだけではフットボールの試合にはならない。公理を生みだすのと同じくらい慎重にかつ厳密に取り組むことで、その公理にしたがう構造を生みだせるだろうか？

人類の誕生以来、自然数を使う目的は主に物を数えることだった。つまり、対象の集合の大きさを表現するために使っていたのだ。したがって、論理学者たちが直面した課題は、集合論を発展させ、集合の大きさという概念を抽象化し、その後、集合の大きさがペアノ算術にしたがった挙動をとることを明らかにすることだった。

ところが、ペアノ自身は数学を諦め、新たな国際語をテーマとして研究を行うようになり、その言語で論理学研究の最終版を発表している。

645 『数学原理』 PRINCIPIA MATHEMATICA

20世紀の初めに、バートランド・ラッセルとアルフレッド・ノース・ホワイトヘッドは歴史的意義のある研究に着手した。純粋に論理的な基礎から数学全体を導きだすことに取り掛かったのだ。ゴットロープ・フレーゲがすでにそれに挑んでいたが、最後の段階で止まっていた。

2人がまさにその段階を迎えたころ、ラッセルがフレーゲに宛てて、**ラッセルのパラドックス**について知らせる書簡を送った。フレーゲが、集合として分類できるものに関してあまりに寛容だったために、怪物が紛れ込んでしまったのだ。

ラッセルとホワイトヘッドは、3巻にもわたる大著、『数学原理』において、極めて慎重に議論を進めていった。第1巻で苦労を重ねながら**階型理論**を展開し、第2巻では理論内で数を定義し、その数体系が実際にペアノの定めた規則にしたがっていることを証明した(第2巻の83ページになって、ようやく$1+1=2$を導きだしている)。第3巻では、もっと高度な数学(たとえば実数、カントールの無限、解析学の初歩)を展開した。幾何学について述べる第4巻も予定されていたものの、完成しなかった。

階型理論的な手法は後に、ツェルメロ-フレンケルの集合論に水をあけられてしまう。しかし、全体に行きわたる概念や多くの証明が、ツェルメロ-フレンケルの集合論へと引き継がれている。

後に、ゲーデルの**不完全性定理**によって『数学原理』の系も、そのほかのどの系も、数学全体をとらえられはしないことが明らかになるのだが、『数学原理』が数理論理学の際立った功績であることに変わりはない。

646 階型理論 TYPE THEORY

バートランド・ラッセルによって見出された**階型理論**は、数学の基礎についての理論であり、ラッセルのパラドックスを解消することを意図したものである。特徴は、対象が1種類だけあるのではなく、階層化されていることだ。

もっと具体的にいうと、原子的対象がレベル0、原子的対象の集合がレベル1、さらにそのような集合の集合がレベル2、という具合になっている。また、任意の対象は自身よりも低いレベルのものだけ

を参照できる。これによって、どんな形であれラッセルのパラドクスが入り込む隙を与えることはない。

1937年、ウィラード・ヴァン・オーマン・クワインは新たな階型理論を提示した。これは**新基礎集合論**と呼ばれ、ラッセルの階型理論を遥かに簡潔にしたもので、ツェルメロ-フレンケルの集合論の代わりとして、また、比較の基準として研究が続けられている。コンピューター科学の分野が栄えるにつれ、階型理論はコンピューター処理の対象を説明するという新たな役割を担うようになった。

この側面は1970年、ペール・マルティン=レーフの手によって一歩前進した。マルティン=レーフは、構成的数学の基礎としての役割を果たすように意図された、強力で新しい枠組みを発展させたのである。この階型理論には、それ自身のなかに論理的演繹法を含むことができるなど、コンピューター科学者を惹きつける性質があった。後にここから、**証明検証ソフトウェア**などが誕生した。

Set Theory

647 **集合** SETS

集合とは、対象(元あるいは要素と呼ぶ)の集まりである。たとえば、自然数の集合(通常はNと書く)は元 0、1、2、3、……を持つ(N = {0, 1, 2, 3, ……}と略記することもできるが、集合論では「……」が何を意味するか、慎重にならなければならない)。

集合は数学の至るところに出てくる。すべての数体系や代数的構造は集合であり、それぞれが何らかの付加的な性質を備えている。とはいえ、数学の大部分に極めて大きな普遍性があるというのは驚くべきことだろう。

集合論の発端は、ゲオルク・カントールの先駆的研究にある。カントールは、1874年に無限集合に関する初めての研究結果を公表した。1891年に発表した論文では、有名なカントールの**対角線論法**や**カントールの定理**が登場する。

20世紀初頭には、**ラッセルのパラドクス**の発見に続いて、数学全体の基礎として位置づけられる**公理的集合論**の研究が始まった。その研究は1922年に、ツェルメロ-フレンケルの集合論の発見をもっ

て頂点に達したものの、**選択公理**や**連続体仮説**といった未解決事項が残ったままだ。

648 集合の元 SET MEMBERSHIP

「$a \in B$」は、対象 a が集合 B の元であるという意味だ。記号「$\in$」はギリシャ文字のイプシロンの形を崩したものである。

だから「$1 \in \mathbb{N}$」というのは対象 1 が集合 $\mathbb{N}$ の元だということを示している。x は人、Y はスペイン語を話す人全員を表すとすれば、「$x \in Y$」は x がスペイン語を話す人の集合の元である、すなわち、x はスペイン語が話せるということを主張している。

649 共通集合 INTERSECTION

A と B を 2 つの集合としよう。A と B の**共通集合**とは、それらが重複する部分のことだ。つまり、A と B の両方に含まれる対象すべての集まりである。これを $A \cap B$ と書く。

たとえば、A が英語を話す人の集合、B がスペイン語を話す人の集合であれば、$A \cap B$ はスペイン語も英語も話す人の集合だ。

A が偶数の集合、B が奇数の集合であれば、$A \cap B = \emptyset$（空集合）だ。これは 2 つの集合が互いに素で、共通する元がないという意味だ。

650 和集合 UNION

2 つの集合 A、B の**和集合**とは、2 つの集合の元をすべて合わせて得られる集合のことだ。これを $A \cup B$ と書く。したがって、$A \cup B$ は A か B のどちらか（あるいは両方）に含まれる対象の集まりとなる。

A が英語を話す人の集合で、B はスペイン語を話す人の集合であるとすると、$A \cup B$ は英語かスペイン語のどちらか（あるいは両方）を話す人の集まりだ。両方の集合が有限である場合には、和集合の大きさを示す公式が存在する。

A が偶数の集合、B が奇数の集合であるとすると、$A \cup B = \mathbb{Z}$、すなわち、すべての整数の集合となる。A と B で $\mathbb{Z}$ 全体を網羅し、A と B は互いに素でもある。この場合、A と B は $\mathbb{Z}$ の**分割**を構成する。

651 部分集合 SUBSETS

Aの**部分集合**というのは、Aの元からなる任意の集合のことだ。偶数の集合は自然数の集合（**N**）の部分集合だ。同様に、{1, 2, 3, 4, 5}は**N**の部分集合だ。素数の集合も、平方数の集合も、そのほかの自然数から考えられる任意の集合も、**N**の部分集合だ。もちろん、**N**はそれ自身の部分集合でもある。空集合は、すべての集合の部分集合だ。☞*Fig*

{A,B} は {A,B,C} の部分集合

652 関数 FUNCTIONS

数学のどの分野でも、**関数**という概念は欠かせない。これは、入力を与え、出力を得るプロセスだと考えればいい。一般的に、関数を「f」と呼び、入力を「x」、対応する出力を「$f(x)$」と書く。☞*Fig.1*

$f(x) = x^2+2$ は、任意の数を入力として受け入れ、その平方よりも2大きな数を出力として返す関数を示している。この関数をグラフとして描きたい場合には、$y = f(x)$としてxのさまざまな値に対して点(x, y)をプロットすればよい。☞*Fig.2*

この例のように、入力と出力は数であることが多い。多くの関数が式によって明確に書きだされる一方で、もっと抽象性の高いタイプの関数も存在する。

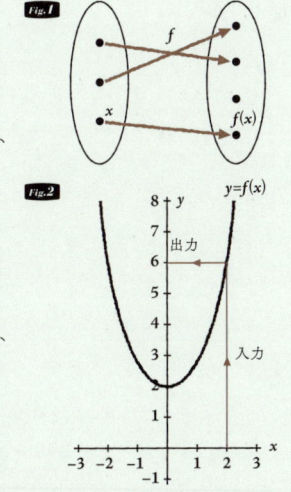

653 定義域と値域 DOMAIN AND RANGE

関数を扱うときは、**定義域**を注意深く特定しなければならない。定義域とは、許容される入力の集合のことだ。$f: A \to B$は、fがAからBへの関数であることを表す。すなわち、定義域が集合Aであり、すべての出力が集合Bに含まれる。

たとえば、$f(x) = x^2+2$（$f: \mathbf{R} \to \mathbf{R}$）によって定められる関数について

考えてみよう。**値域**というのが関数の出力すべての集合のことであり、関数 $f: A \to B$ において、その値域は B 全体ではないかもしれない。しかし、B の部分集合であることは間違いない。この例では、値域は2以上のすべての実数の集合となる。

654 1対1対応 ONE TO ONE CORRESPONDENCE

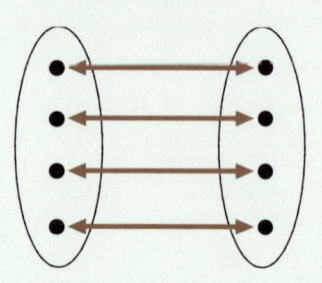

2つの集合 A と B の間の**1対1対応**とは、A の各元に B の元を1個ずつ対応させて対にする方法のことで、**全単射**とも呼ばれる。これは、B の各元が A の1つの元に必ず対応することを保証する特別な関数である。☞Fig

全単射は、数学のあちこちで登場する。たとえば、すべての置換は全単射である。同型写像もまた同様にすべて全単射だ。

集合論において全単射が重要なのは、2つの集合の大きさが同じであるのはそれら集合間に1対1対応があるとき、かつそのときに限るという事実があるからだ。この事実は、**有限集合**であれば明らかだ。じつのところ、私たちはこのようにして物の数を数えている。たとえば、CANTORという語が何文字でできているかを調べるとき、そこに含まれる文字と集合 $\{1, 2, 3, 4, 5, 6\}$ との間に1対1対応を作っているのだ。

ゲオルク・カントールがこの原理を**無限集合**に応用し始めたまさにそのとき、19世紀の数学を支えていた地盤が揺らぎだした。というのも、それまでは、すべての無限集合は同じ大きさである、つまり、任意の2つの無限集合には1対1対応があるという暗黙の仮定があったからだ。**カントールの定理**や**対角線論法**はその信念を覆し、多くの人たちに衝撃を与えた。

655 実数の非可算性
THE UNCOUNTABILITY OF THE REAL NUMBERS

1874年、カントールは自然数 **N** と実数 **R** の**濃度**は異なるに違いない、すなわち、**N** と **R** の間の1対1対応は存在しないという論証を発表した。0と1の間に限っても、その間にある実数は **N** 全体よりも

多いことを示したのである。

1891年の論文では、同じことに対する拍子抜けするくらい巧妙な新しい証明を示した。現在ではカントールの**対角線論法**として知られている、おなじみの結果である。

数学の範囲内ではもはや議論の余地はないが、いまなお、この事実を初めて知った人たちはおおいに疑いの目を向ける。

056 カントールの対角線論法
CANTOR'S DIAGONAL ARGUMENT

b が0と1の間の小数であるとすると、それを $0.b_1b_2b_3\cdots\cdots$ と表すことができる（ここで b_1 は小数第1位、b_2 は小数第2位、……である）。したがって、$b = 0.273333\cdots\cdots$ ならば、$b_1 = 2$、$b_2 = 7$、$b_3 = 3 = b_4 = b_5 = \cdots\cdots$ だ。

ここで、自然数全体と0と1の間にある実数の間に、1対1対応があると仮定する。この仮定が正しいなら、その対応は以下のような表に書き表すことができる。

1	b^1
2	b^2
3	b^3
4	b^4
⋮	⋮
n	b^n
⋮	⋮

右列は0と1の間の実数を小数の形ですべて枚挙したものだとする（上つきの文字は数を区別するためのラベルであり、べき数を表すものではない）。小数点以下を書き表すと以下のようになる。

1	$b^1 = 0.b_1^1 b_2^1 b_3^1 \cdots$
2	$b^2 = 0.b_1^2 b_2^2 b_3^2 \cdots$
3	$b^3 = 0.b_1^3 b_2^3 b_3^3 \cdots$
4	$b^4 = 0.b_1^4 b_2^4 b_3^4 \cdots$
⋮	⋮
n	$b^n = 0.b_1^n b_2^n b_3^n \cdots$
⋮	⋮

カントールは一覧にない数 x を組み立てようとした。$b_1^1 = 7$ であるか、そうでないかしかないことは明らかだろう。その式が成り立てば

$x_1 = 4$ とし、そうでなければ $x_1 = 7$ とする。どちらの場合も $x_1 \neq b_1^1$ だ。同様に、$b_2^2 = 7$ であれば $x_2 = 4$ とし、$b_2^2 \neq 7$ であれば $x_2 = 7$ とする。いずれにしても $x_2 \neq b_2^2$ である。各桁で同様な処理を行う。つまり、$b_n^n \neq 7$ ならば $x_n = 7$ とするのだ。したがって、どのような場合でも $x_n \neq b_n^n$ となる。

このとき、数 $x = 0.x_1x_2x_3\cdots$ とする。x と b^1 は、初めの桁の数字が異なるため、等しくなることはない。同様に、$x_2 \neq b_2^2$ なので $x \neq b^2$ となる。要するに、n 桁目が異なることから、$x_n \neq b_n^n$ なのだ。

したがって、x は 0 と 1 の間にある実数で、一覧に載っていないものということになり、矛盾が生じる。つまり、自然数と 0 と 1 の間にある実数に、1対1対応は存在しない。

657 可算無限 COUNTABLE INFINITIES

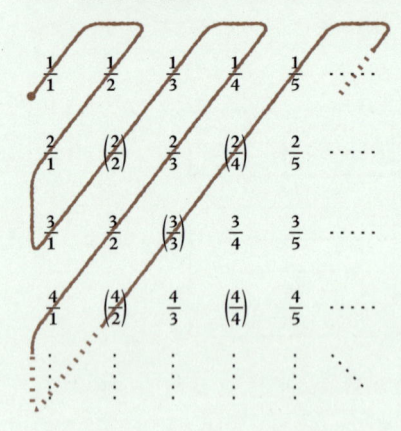

実数の非可算性についてカントールが示した証明によって、無限の世界は2種類のタイプの無限にわかれた。自然数と1対1対応できる**可算集合**と、それができない**非可算集合**だ。

素数のような、自然数の無限部分集合はすべて可算集合だ。それをリストに書きだしてみよう。2、3、5、7、11、……。このとき、これらを数えるには、1と2、2と3、3と5、4と7、5と11のように対応づけをすることになる。整数もまた可算である。

さらに驚くべきなのは、正の有理数も可算であることだ。これは、1873年にカントールが証明したことである。正の有理数は正の分数であり、図のように格子状に配置できる。このとき、うまくくねくねとたどってみることで、すべてを1度ずつ数えることができる(ただし、すでに数えたものは注意して飛ばさなくてはならない。たとえば、$\frac{2}{2}$ は、1をすでに数えたので、飛ばさなくてはならない)。☞Fig

658 非可算無限 UNCOUNTABLE INFINITIES

カントールが可算無限集合と非可算無限集合を二分した方法は、数学の主流に深く影響を与えた。カントールはまず、実数は非可算で、有理数は可算であることを示した。それによって、有理数と有理数の間には非可算な無理数が無限に多く存在するに違いないことが予想された。これは、数学的に厳密な意味で、ほぼすべての実数が無理数であるということだ。カントールはこの考え方を、よりいっそう得体の知れない超越数にも適用した。

その後、カントールはなおも探究を続けた。1891年に発表した**カントールの定理**のなかで、無限はふたたび分割されることになる。2度目の衝撃的事態において、カントールは非可算無限がたった1つの層になっているわけではなく、そこには無限に多くの層があることを示したのである。それらの多くには、**基数**によって決まる名前がある。このときカントールが使ったのは、**べき集合**という概念だった。

659 べき集合 POWER SETS

A が集合ならば、**べき集合** $P(A)$ は A のすべての部分集合の集まり（つまり、べき集合は集合の集合である）だ。例をあげると、$\{1, 2, 3\}$ のべき集合は $\{\emptyset, \{1\}, \{2\}, \{3\}, \{1, 2\}, \{2, 3\}, \{1, 3\}, \{1, 2, 3\}\}$ だ。この例において、もとの集合には3個の元があり、そのべき集合には $2^3 = 8$ 個の元がある。☞*Fig*

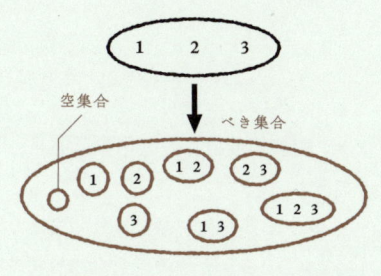

一般的には、n 個の元を持つ集合のべき集合は、2^n 個の元を含む。注目すべきは、この規則が有限集合と同じように無限集合にもあてはまることだ。これが**カントールの定理**の内容である。

660 カントールの定理 CANTOR'S THEOREM

1891年、ゲオルク・カントールは、べき集合と1対1対応という、2つの簡単な道具だけを使って、当時の数学の考え方をひっくり返した。手短な論証によって、任意の集合とそのべき集合の間には、1対

1対応が存在しないことを証明したのだ。

その帰結は劇的なものだった。まず、自然数 N のような無限集合を考え、そのべき集合 $P(N)$ をとる。カントールの論証にしたがうと、2つの集合は決して同じ大きさにはならず、べき集合のほうが大きい。ここで同様のことを繰り返すとどうなるだろうか？ 新たな無限集合 $P(N)$ のべき集合として、さらに大きな集合 $P(P(N))$ ができあがる。さらに何度もべき集合をとることによって、カントールの目の前に無限の空間が広がった。もはや一枚岩のようなものではなく、各層がその前の層を遥かにしのぐ、無限の層からなる空間である。

661 基数 CARDINAL NUMBERS

カントールの定理は、無限には限りなく多くの層があることを示した。だから、それを測って比較する方法が必要である。カントールは**基数**の体系、つまり、ほかの任意の集合を測ることができる特別な集合からなる体系を組み立てた。

そして、どんな集合にも1対1対応の関係にある基数が1つだけ決まるだろう（その基数を**濃度**と呼ぶ）と考えた。

最初の基数は自然数 0、1、2、3、……だ。この基数の**濃度**を $\aleph_0$（「アレフゼロ」と読む。アレフはヘブライ語のアルファベットの最初の文字）という。$\aleph_0$ は自然数の集合 N の濃度であり、すべての可算集合の濃度でもある。次の基数は $\aleph_1$ だ。それから $\aleph_2$、$\aleph_3$、……、$\aleph_{n_0}$ まで、そしてさらに先へと続く。

大きな基数を見つけていく方法として、べき集合を考える方法がある。$\aleph_0$ のべき集合の濃度は $2^{\aleph_0}$ のように書ける。次に、そのべき集合 $2^{2^{\aleph_0}}$ をとることができる。以下、同じように続ける。この列は、$\beth_0 (= \aleph_0)$、$\beth_1 (= 2^{\beth_0})$、$\beth_2 (= 2^{\beth_1})$、$\beth_3 (= 2^{\beth_2})$ など（ュ［ベート］はヘブライ語のアルファベットの2文字目）のように書ける。

数列 $\aleph_0$、$\aleph_1$、$\aleph_2$、$\aleph_3$、……と数列 $\beth_0$、$\beth_1$、$\beth_2$、……の間の関係性は、**連続体仮説**が扱うテーマである。こうした数列の及ぶ範囲を超えたところが、**巨大基数**の領域だ。

662 ラッセルのパラドクス RUSSELL'S PARADOX

1901年のことだ。そのパラドクスが数少ない言葉でそっけなく書き表せたことから、数学者であり哲学者でもあるバートランド・ラッセ

ルには、カントールの定理の発表以来、何年かの歳月をかけて発展した集合論が終焉を迎えたように思えた。

集合が任意の対象の集まりであれば、すべての集合の集合というものの存在は、申し分なく理にかなっている。その定義から、この特別な集合は、それ自身を元として含むことになる。

破壊的な事態を招いたラッセルのやり方というのは、集合 X として、自分自身を元として含まない集合の集合を定義することだった。

ここで「X はそれ自身の元なのだろうか？」と問うたとき、パラドクスが生じる。それ自身の元であるか、あるいはそうでないか、どちらを仮定しても矛盾が生じるのだ。

ラッセルらはこのパラドクスを解消する方法を見つけようと努めたものの、解決方法は見つからず、集合として分類できるものを選りわけるしかなかった。ラッセルのパラドクスによって、対象のどんな集まりでも集合として認める**素朴集合論**は崩壊したのだ。

これは数年のうちに、**公理的集合論**という、数学的に集中力を要する、厳密な研究分野にとって代わられることになる。この公理的集合論では、X のようなパラドクスの怪物、つまり、すべての集合からなる集合は存在しない。

床屋のパラドクスや図書館員のパラドクスは、ラッセルのパラドクスを現実世界になぞらえたものだ。この議論を言語学に移し変えたのがグレリングのパラドクスだ。

663 床屋のパラドクス　THE BARBER PARADOX

床屋のパラドクスは、ラッセルのパラドクスを集合論の世界から現実世界へと落とし込んだものだ。これを使って、ラッセルは自身の研究について語った。

とある村でのことだ。その村には床屋の男が暮らしていて、村の男たちの髭を剃っている。厳密にいうと、自分で髭を剃らない男全員の髭を剃っている（かつそのような男の髭しか剃らない）。さて、誰が床屋の髭を剃るのだろうか？

664 図書館員のパラドクス　THE LIBRARIAN PARADOX

図書館員のパラドクスもまた、ラッセルのパラドクスのアナロジーだ。図書館員が館内のすべての本を索引に載せようとしている。彼

らは2つのリストA、Bを編集していて、どの本もどちらかのリストに必ず入っている(両方に入っていることはない)。リストAにはそれ自身を参照しているすべての本が入っており、リストBにはそうでない本が入っている。

いったん膨大な本をすべて処理し終えたとき、手元に新たに2冊の本ができる。リストAという本と、リストBという本だ。これらも当然、索引に載せる必要がある。だがBの本はどちらのリストに入れるべきだろうか?

リストAに入れるならば、Bに入れることはできない。しかし、Bに入れられないのであれば、それは自己参照しない本になるので、AではなくBに入れるべきだ。しかし、Bに入れるとBがそれ自身を参照することになる。だから、BではなくAに入れるべきだ。このように、どちらを仮定しても矛盾を導くことになる。

665 公理的集合論 AXIOMATIC SET THEORY

「カントールが築きあげた楽園から私たちを追いだそうとする人はいない」。このように言い切ったのは、多大な影響力を誇るドイツの数学者、ダフィット・ヒルベルトだった。しかし、ラッセルのパラドクスの登場によって当時の集合論が矛盾を孕んでいることが明らかになった。これによって、**基数の体系**全体が崩れることになるのだろうか?

ここで求められたのは集合論のための安定した論理的基盤であり、「対象の集まり」としての集合という形式にとらわれない考え方を取り入れることだった。それをきちんと整えれば、集合論自体は数学全体の基礎としての役割を果たせるだろうし、カントールによる基数の体系を問題なく組み入れられるだろう。

その役目を果たし得る候補が2つ現れた。ラッセルとホワイトヘッドによる『数学原理』(1910年から1913年の間に刊行された)の**階型理論**、そして、1920年代までに登場した**ツェルメロ-フレンケルの集合論公理**だ。

こんにちでも、集合論の変化形が研究され続けている。たとえば、直観主義的な公式化やクワインの新基礎集合論などだ。数学の基礎として代わりとなり得るもののいくつかが圏論からも出てきている。とはいえ、数学界の標準は変わらずツェルメロ-フレンケルの集合論に**選択公理**を加えたものだ。

666 空集合∅ EMPTY SET, ∅

「私にとって、ないものはたくさんある。たくさんあるものなど何1つない」——ジョージ・ガーシュイン

空集合は、「∅」あるいは「{}」と書く、数学のなかで最も自明な対象である。これは、単に何も含まない集合のことだ。もっと正確にいうと、何も元を持たない特別な集合だ。

2つの集合があるとき、元がまったく同じであればそれらは同じ集合だ。2つの空集合も同じ元を持っている(何も持たない)。だから、平方数である素数の集合と正七面体の集合は同じものだ。

公理的集合論では、∅の存在はツェルメロ-フレンケルの集合論の公理(あるいはその代わりとなるものの1つ)で保証されている。集合論が数学全体を支えるためには、まず何より、自然数が集合論のなかで整合性を保った形で含まれていなくてはならない。

そのためには、∅が0の役割を果たし、{∅}が1の役割を、{∅,{∅}}が2の役割を、{∅,{∅},{∅,{∅}}}が3の役割を果たす、といった具合に考えていけばいい。自然数だけではなく、集合論全体、そして、主要な数学の全体も、このようにして空集合から構築されるのである。

667 ツェルメロ-フレンケルの集合論

ZERMELO-FRAENKEL SET THEORY

「数学の理論はすべて、一般的集合論の拡張だとみなせるだろう……そうした基礎の上に、私は現在の数学全体を構築することができるのだ……」。1949年、ニコラ・ブルバキはこのように書いた(ニコラ・ブルバキは実在の人間ではなく、フランスの数学者たちが集まって使ったペンネームである)。

こうした状況を迎えるためには、ラッセルのパラドクスを解消し、集合論を形式化することが求められた。1905年、エルンスト・ツェルメロはそのような公理を列挙するための研究に着手していた。そして、1922年になり、トアルフ・スコーレムとアブラハム・フレンケルがその研究を完成させた。

結果として得られた枠組みは、**ツェルメロ-フレンケルの集合論**(あるいはZF)と呼ばれ、空集合の存在を仮定し、和集合や共通集合に加え、べき集合をとるプロセスの公理化も果たした。

そこにあるのはすべてが集合なのだ。集合がさらに基礎的な対象からできているということはない。だから、集合はほかの集合を含み得るが、集合の集まり自体が集合とみなされるとは限らない。特に、すべての集合の集まりは集合ではない。それ自身を含む集合も存在しない。こうして、ラッセルのパラドクスは回避されるのだ。

668 選択公理　THE AXIOM OF CHOICE

集合の集まりA、B、C、D、……があるとする。このとき、Aから1個の元、Bから1個の元、Cから1個の元、といった具合に元をとっていくことで、新しい集合を作ることができる。このような原理は、簡単すぎて議論の対象にすらならないように思えるが、ツェルメロ-フレンケルの集合論(ZF)の公理では、これを証明しようといくら試みてもうまくいかなかった。1940年になってクルト・ゲーデルは、このせいでZFに何らかの矛盾が生じたりはしないことをどうにか証明した。

問題となったのは、集合の集まりA、B、C、D、……が永遠に続くかもしれず、その場合に、無限回の選択をしなくてはならないことだ。このことを、バートランド・ラッセルは次のように喩えた。無限に多くの靴を持っているなら一般的規則をあてはめることができる。一足の靴のうち、左側の靴を選ぶことにすればいい。しかし、同じ靴下(左右を区別できない)を無限にたくさん持っている場合には、そのような規則は存在しない。

公理の地位は最終的に1962年に確立した。同年、ポール・コーエンが**強制法**を用いて、**選択公理**がZFとは独立であることを証明したのだ。

669 バナッハ-タルスキのパラドクス

BANACH-TARSKI PARADOX

1924年、解析学者のステファン・バナッハと論理学者のアルフレト・タルスキは力を合わせ、ある事実を証明した。それは、人々を当惑させるものだった。

3次元の球面があるとしよう。このとき、**選択公理**のおかげで、球面を6個の断片に切りわけ、(回転と並進のみを使って)それらの断片をすべらせながらふたたび組み合わせ、もとの球面と同等の球面が2個作れるというのだ。これは、球の体積を無視しているかのように思

える。

　しかし、バナッハとタルスキは、球面を非可測集合にわけることで、その問題を巧みに切り抜けた（非可測集合は、意味のある体積を持たない）。ただし、こんなつかみどころのない集合を思い描くのは困難だし、その存在は選択公理が保証しているにすぎない。

　選択公理から生じるこの著しく直観に反した結果を受け、公理の妥当性に疑問を持つ人たちも現れた。一方で、ジョークの種にもなっている。それは、「バナッハ-タルスキ」のアナグラムが、「バナッハ-タルスキ バナッハ-タルスキ」であるというものだ。

070 基数三分律の原理
THE CARDINAL TRICHOTOMY PRINCIPLE

　カントールによる**基数の体系**は、集合の大きさを測るのに大変役に立つ。どの集合にも、1対1対応の関係から決まる基数が存在するからだ。しかし、こうした基数同士を比べることは必ずしも簡単なことではない。

　任意の基数A、Bに対して、$A \leq B$、$A=B$、$A \geq B$のいずれかが成立するものと考えたくなる。カントールもこの三分律の原理は正しいと思っており、1878年に発表した研究のなかで、証明抜きで使っていた。

　ところが後に、それが自明ではないことがわかってきた。実際、この原理は、論理的には選択公理と同等なのだ。選択公理が成り立たないのであれば、互いに比較できない基数が存在することになる。

071 連続体仮説 CONTINUUM HYPOTHESIS

　1900年にパリで開かれた国際数学者会議において、ダフィット・ヒルベルトは講演を行った。そして、そのなかで20世紀に向けた23の数学の問題をあげた。

　ヒルベルトの第1問題は、基数に関するものだった。非常に難しく、ゲオルク・カントールさえもひどくふさぎ込んでしまうほどだった。カントールはその問題を解決しようと苦心したものの、結局失敗に終わった。

　最小の**無限基数**は$\aleph_0$であり、これは自然数の集合$\mathbf{N}$、あるいはほかの可算無限集合の濃度である。そして、**連続体**というのは、$\aleph_0$のべ

き集合の基数、$2^{\aleph_0}$ のことだ。たとえば、実数の集合や、複素数の集合といった重要な集合の多くの濃度は $2^{\aleph_0}$ だ。

カントールをひどく悩ませた問題は、$\aleph_0$ と $2^{\aleph_0}$ の間にほかにも基数があるのか、すなわち、$2^{\aleph_0} = \aleph_1$ かどうかというものだった。この等式が成り立つという命題は、**連続体仮説**として知られている。

これが最終的に解決したのは、1963年、ポール・コーエンが強制法を用いて、連続体仮説がZFC (ツェルメロ-フレンケルの集合論と選択公理) の公理とは独立であることを示したときである。

672 強制法 FORCING

強制法は、ポール・コーエンによって考案された強力な方法である。これは、公理に矛盾がないことや、独立していることを証明するための手法だ。コーエンは、この新たな技法をめざましい流儀で見せつけた。

まずは1962年、コーエンは、選択公理が成り立たないようなZFのモデルを構築した。そして、選択公理がZFと矛盾しないことを示すゲーデルの先行研究と合わせて、選択公理の独立性を証明したのである。

翌年、コーエンはZFのまた別のモデルを構築した。そのモデルでは、選択公理は真だったが、連続体仮説は偽だった。ふたたび、ゲーデルの研究成果と合わせて、連続体仮説がZFCから独立していることが示された。

コーエンの強制法は、集合論、特に巨大基数の研究で新しいモデルを構築する標準的な方法として用いられている。

673 集合論の新しいモデル NEW MODELS OF SET THEORY

カントールとツェルメロは、19世紀の終わりに集合論の基礎を築いたとき、統一された集合の世界を説明し公理化するつもりだった。また、それらの基礎が数学全般の土台として働くだろうと考えた。

しかし、1931年に発表されたゲーデルの**不完全性定理**は、その目論見を打ち砕くものだった。それは、X もその否定 (「not X」) もZFから導けないような命題 X が必ず存在することを証明するものだったのだ。

しばらくの間、それは単に理論上の可能性に留まっていた。そのよ

うな X はごくごく変わった、純粋な興味の対象でしかなく、現実的な数学において重要ではないとされていた。

しかし、強制法が見事に成功を収め、その希望も打ち砕かれてしまった。論理学者アンジェイ・モストフスキが1967年に述べたように「そのような結果から、公理的集合論はどうしようもなく不完全であることが露呈している……もちろん、たくさんの集合論があるとしても、そのどれもが数学の中心として位置づけられるに値しないのであるが」。

ZFを群の公理のようなものとして、すなわち、一意な圏論的構造を公理化したものとしてではなく、無数の多様なモデルの1つとして扱わなくてはならないだろうという結論は避けられなかった。そうしたモデルの一部が、**巨大基数の公理**によって探究されている。

074 巨大基数 LARGE CARDINALS

$\aleph_0$ の次に最もよく知られている無限基数は $2^{\aleph_0}$ だ。しかし、その性質は明らかではない。この事実は、連続体仮説の独立性が示すところである。一方、よりいっそう大きな基数となると、その振る舞いは輪をかけて不明瞭になる。

遥かに巨大な基数を考えるとき、その存在すらもZFCから独立している場合がほとんどだ。集合論の専門家であるデイナ・スコットが「もっと多くを求めるならもっとたくさん仮定しなくてはならない」と述べた通りである。

到達不能基数というのは、1914年にフェリックス・ハウスドルフが初めて予想したもので、「有限の数が $\aleph_0$ に到達できないのと同様に、小さな基数のどんな列でもそれに近づくことはできない。特に、κ が到達不能ならば、$\aleph_\kappa = \kappa$ となる」というものだ。

ハウスドルフは、もしもそのような基数が存在するならば、「そのなかで最も小さいものでも、集合論の通常の用途で考慮できない、途方もない大きさである」と言及した。

到達不能基数の存在は後に、ZFCとは独立であることが示された。到達不能基数は、巨大基数の神殿において最も地位が低い部類である。より高い地位を占めるのは、まったく言い表しがたく、超巨大で言語に絶するような基数という、得体の知れぬ獣たちだ。

ヒルベルトプログラム

Hilbert's Program

675 ヒルベルトプログラム HILBERT'S PROGRAM

20世紀初頭、数学は、ヘルマン・ワイルがいうところの「数学基礎論の新たな危機」に苦しんでいた。それまでの研究で焦点となっていたのは、数学全体を体系的に導く枠組みだった。

1920年代に、ダフィット・ヒルベルトはそのような体系に求められるものを公表した。それは、ペアノ算術の周辺を基盤とし、以下の3つの規準を満たすはずだと考えたのだ。

I. **無矛盾性**。その体系は矛盾(たとえば1+1 = 3)を生じさせてはならない。数学の基礎には無矛盾性があるべきだということこそ、ヒルベルトが1900年の講演のなかで掲げた第2問題だ。

II. **完全性**。自然数についての真なる命題は、すべてその体系内で導かれなければならない。

III. **決定可能性**。自然数についての与えられた任意の命題が真か偽かを決定できる手順が存在する。

ヒルベルトプログラムは、ごく当たり前で到達可能な目標に思えていたはずだ。しかし、結局のところ、数学はヒルベルトが考えていたよりも遥かにとらえどころがないものだった。

ゲーデルの**第一不完全性定理**、**第二不完全性定理**によって規準 I と II が満たされる可能性は消え、**決定問題**に対するチャーチとチューリングの解法によって規準 III も覆された。

676 ゲーデルの第一不完全性定理 GÖDEL'S FIRST INCOMPLETENESS THEOREM

クルト・ゲーデルの**第一不完全性定理**は、**無矛盾性**と**完全性**がある数学の基礎というヒルベルトの夢を粉々に打ち砕いた。1931年、ゲーデルは、規則が公理として書き表せ、自然数に対するペアノの公理を組み込めるくらいに強力な論理体系は、おのずと矛盾を含むか、不完全であるかのどちらかであることを示した。

より数学的にいうと、ゲーデルが示したのは、公理が**計算可枚挙**(人間の手でリストとして書きだし可能であるということ)であり、ペアノ算術を実行できる体系で、無矛盾かつ完全である体系など存在しないということだ。

ゲーデルの方法は「この命題は証明が存在しない」という自己言

及的な命題を含めるというものだった。もしも命題が偽であればその体系には矛盾があり、命題が真であれば、不完全である。

677 ゲーデルの第二不完全性定理
GÖDEL'S SECOND INCOMPLETENESS THEOREM

ゲーデルの**第二不完全性定理**は、第一不完全性定理と同じ論文内で発表されたもので、「算術の論理的公理化は、実際に矛盾しているのでなければ、それ自身の規則のもとで無矛盾性を証明することはできない」と述べている。

ここから、**証明論**という分野が始まった。ゲーデルの2つの定理は数学に対する大きな衝撃であり、概念的にそれが何を意味するのかについては、現在でも議論の的になっている。

678 アルゴリズム ALGORITHMS

9世紀ペルシアの数学者、ムハンマド・イブン・ムーサー・アル＝フワーリズミーは、任意の2次方程式は、前もって決まった一連の単純な指示にしたがえば、それ以外の工夫や洞察なしに解けることを示した。2次方程式以外の数学の問題にもそのようなものが多い。いったんしたがうべき手順がわかれば、その問題はもう自動操縦で解けるのだ。

この手順は、アル＝フワーリズミーの名前にちなんで、**アルゴリズム**と呼ばれる。現在の使われ方としては、コンピューターがしたがう一連の手順を意味することが多い。アルゴリズムの研究は、コンピューターの発展にとって重要なものだった。

計算可能性理論は、アルゴリズムによって解ける問題についての抽象的な研究である。また、**複雑性理論**は、アルゴリズムの速さを調べるものである。

679 チャーチのテーゼ CHURCH'S THESIS

アルゴリズムの概念を形式化したものにはさまざまある。**チューリングマシン**と**階型理論**がその代表例だ。

一見すると、これらの手法はかなり異なるもののように見える。しかし、アロンゾ・チャーチ、アラン・チューリング、スティーヴン・クリーネ、ジョン・バークリー・ロッサによる定理がさまざまに結びつき、手法の

差は表面的なものにすぎないことがわかった。アルゴリズムを形式化するためのすべての合理的手法は、同じ結果を生みだすのである。

この考え方は**チャーチのテーゼ**と呼ばれ、アルゴリズムの概念が数学的に堅牢であることを示している。

680 チューリングマシン　TURING MACHINES

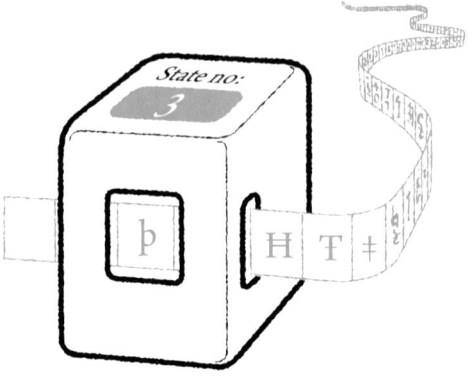

1934年、アラン・チューリングは、一連の指示を連続して実行させるための抽象的な機械を考えだした。実際にそれを構築することを意図したものではなく、アルゴリズムの理論的限界を調べるためのものだった。

この観点からみたとき、チューリングマシンは華々しい成功を収め、これをきっかけにチューリングは**停止問題**に対する解を得ること、またアロンゾ・チャーチとともに**決定問題**に対する解を求めることに成功した。

チューリングマシンは（必要なだけの長さの）テープを備えており、これが記憶装置の役目を担っている。テープにはマス目が並んでいて、各マス目には記号が書いてある（有限個の記号だけが許容される。これらは、機械にとってのアルファベットとなっている）。

機械は有限個の状態をとり得る。機械の現在の状態、および現在のマス目に書かれた記号の組み合わせによって次の挙動が決まり、テープの情報を消すかテープに情報を書き込むかして隣のマス目に移る。そして、最終的には新しい状態になる。☞Fig

ここからデジタルコンピューターが誕生することになる。理論上、アルファベットと状態を適切に選択することで、チューリングマシンは、現在の機械にできることなら何でもできる。

1999年の「タイム」誌に掲載されたように、「キーボードをたたき、

スプレッドシートやワープロソフトを開く人はみな、チューリングマシンを具現化したもので作業をしている」のである。

681 停止問題　THE HALTING PROBLEM

アルゴリズムのなかには、永遠に（あるいは、宇宙が終わりを迎えるか、誰かがCtrl+Alt+Deleteで中断するまで）動作し続けるものもあるだろう。一方で、目的を達成したらただちに終わるものもある。

停止問題というのは、与えられたアルゴリズムが停止するか否かを判断することである。特におもしろくもないように聞こえるが、これは数学的には非常に重要な問題だ。

たとえば、自然数を順次調べ、奇数の完全数がみつかれば終了するアルゴリズムを書くのはたやすい。しかし、このアルゴリズムが停止するか否かを知るためには、つまるところ、そのような数が存在するかどうかがわからなくてはならない。そしてこれは、数論における未解決問題の1つである。

任意のアルゴリズムに対し、それが停止するかどうかを前もって明らかにする方法を誰かが考えだせば、一気にこの問題、および、ほかの数学やコンピューター科学に関する数えきれないほどの問題が決着する。しかし、そのような方法は誰にも考えだせないであろう。なぜなら、そのようなものは存在しないからだ。この重要な命題は、1936年にアラン・チューリングによって証明された。

682 決定問題　THE ENTSCHEIDUNGSPROBLEM

任意に与えられた自然数についての命題が真であるかどうかを判断する手順はあるだろうか？　ヒルベルトプログラムはそのような手順の存在を仮定しており、後にこれをアルゴリズムであると解釈した。

さまざまな定理を証明するために、じつにさまざまな技法や、多くの数学者の洞察や厳しい研究が行われてきた。すべてに先んじる1つの見通しがあり、数学は機械的なプロセスを適用することに変わるだろうと考えた点において、ヒルベルトは正しかったのだろうか？

これが**決定問題**である。そしてこれは、停止問題にも深く関係する。アロンゾ・チャーチが1936年に、アラン・チューリングが1937年に、それぞれ別個に、決定問題には解がないことを証明した。

ゲーデルの定理をまねて補足し、「自然数に対するペアノの公理を組み入れられるくらいに強力な論理体系はすべて、不完全であるとともに決定不可能である」ことを示したのだ。

つまり、その体系内で、任意の命題が真であるかどうかを決定するアルゴリズムは存在し得ない。好意的に解釈するなら、コンピューターは数学者の職をしばらくの間は奪わないということだ。

683 タルスキの幾何学的決定定理
TARSKI'S GEOMETRIC DECIDABILITY THEOREM

ゲーデルの**不完全性定理**が、数論に穴を開けた。そして、**決定問題**に対するチャーチとチューリングの研究功績によって穴はさらに大きくなった。数論以外の数学的体系についてはどうだろうか？

あらゆる分野のなかでも最も古いのは、ユークリッド幾何学である。これは、ユークリッドの公準を公理としていた。じつのところ、平行線公準がほかの公準から独立していることが発見されたとき、数学における不完全な現象の存在が示唆されていたのである。

1926年、アルフレト・タルスキはユークリッドの公準を現代論理学の言葉に置き換える作業に着手した。結果として得られた体系では、点や線に対する通常の解析はすべてできるが、（カントールの塵のような）集合論的構成の解析はできなかった。

1930年に、タルスキは、自分が得た体系にはゲーデルの恐怖が隠れていないことを、どうにか証明した。その体系は明らかに無矛盾（矛盾はいっさい含まない）であり、算術の場合と違って、完全（言語におけるすべての命題の真偽が明確）だった。さらにありがたいことに、決定的でもある。つまり、平面上の点に関する任意の命題を対象とし、その命題が真か偽かに依存して「イエス」もしくは「ノー」という結果を返すアルゴリズムが存在するのだ。幾何学の基礎は、数論の基礎よりもさらに堅固なものだったのだ。

684 証明論 PROOF THEORY

1936年、ゲルハルト・ゲンツェンは、自然数に対する通常の計算は、ペアノ算術で主張されている通り無矛盾であることを示した。だがこれは、ゲーデルの第二不完全性定理からするととんでもないことのように思える。自然数のような体系がそれ自身の規則の下で無矛

盾であることなど決して証明できないというのが第二不完全性定理の示す内容だった。

この矛盾の解明のカギは、ゲンツェンの研究がペアノ算術のなかだけで進められていたわけではないことにある。ゲンツェンは、別の体系のなかで研究を行っていた。その新たな体系は、それ自体の無矛盾性は示せなかったが、ペアノ算術の無矛盾性は証明できたのである。

このことは、ペアノ算術には矛盾が潜んでいないということを確実に意味するのだろうか？　ほとんどの数学者はこの結論を支持するだろうが、ゲンツェンによる証明は、自身の新しい体系が無矛盾であるという仮定に依存している。その仮定が当然のことではないのはいうまでもない。

証明論は、（直観主義論理や様相論理など）異なる論理体系の相対的な強さを比較する。そして、任意の体系にはその強さを測る順序数を割りあてることができる。

085 逆数学　REVERSE MATHEMATICS

数学研究の標準的な手順は、いくつかの基本的な公理から出発して、そこから興味深い結論を導きだすというものだ。できるだけ初期の仮定を控え目にしておくのが望ましいとされる。最も望ましくないケースは、推測による結果（たとえばリーマン予想、あるいはさらによくないのが $P = NP$ 問題）に依存して研究を進めることだ。

自分が考案した定理を示すために選択公理（あるいは連続体仮説）が絶対に欠かせないのであれば、そのことを記しておかなければならない。選択公理や連続体仮説を必要としないのであれば、そのほうが望ましい。同様に、有限単純群の分類や4色問題などの記念碑的な結果に依存せず、**第一原理**から定理を証明できるならば、そのほうがいい（より理解が深まる）。

数学者は一般的に、この指針にしたがおうとする。そのようななか、論理学者ハーヴェイ・フリードマンは、これを本格的な論理プログラムに仕立てた。中間値の定理のようなよく知られた定理を考え、そして、次のような問いを発したのである。「その定理を証明するために欠かせない、究極的に最低限で最小の仮定は何だろうか？」

この問いには、必要最低限の証明論体系という観点からの論理

的な答が要求された。そして1999年、スティーブン・シンプソンはそのような体系として、最も基本的な5種類の系を、強さの順に明らかにした。逆数学の研究者は、与えられた定理に対して最適な基盤がどれなのかを突き止めようとする。

686 ヒルベルトの第10問題 HILBERT'S 10TH PROBLEM

　数千年もの間、人々はフェルマーの最終定理やカタラン予想のような方程式を調べ、整数解が存在するかどうかを判定しようとしてきた。

　ダフィット・ヒルベルトは、ディオファントス方程式をその都度解くというのは適切なアプローチではないと確信していた。1900年に行った講演では、数学界に対し、「方程式が有理整数で解けるかどうかを、有限回の操作で判断できるような1つの手順を考案する」ように求めた。この手順は、1つの方程式を考察対象とし、前もって決められたステップにしたがうと、「イエス。この方程式には整数解がある」、あるいは「ノー。整数解はない」のどちらかを示すものである。現在の言葉でいうなら、アルゴリズムだ。

　ヒルベルトの第10問題を研究することで、数論と数理論理学の間に思いがけず橋が架かった。ディオファントス方程式とチューリングマシンは、同一のテーマを2通りの視点で見たものであることが明らかになったのだ。しかし、ヒルベルトの望みは、マチャセビッチの定理によって打ち砕かれた。

687 マチャセビッチの定理 MATIYASEVICH'S THEOREM

　数学のさまざまな分野において、自然数の集合といった基礎的な対象に対するいろいろな視点が生まれる。数論や論理学はそれぞれ独自の方法でそのような集合を説明してきた。数論では、整数の集合がディオファントス方程式で表現できるとき、それをディオファントス集合という。だから、平方数の集合はディオファントス集合だ。なぜなら、平方数の集合は、方程式 $y = x^2$ で定義できるからだ。

　論理学から得られる重要な概念として、自然数の集合は**計算可枚挙集合**である、つまり、その集合を列挙するアルゴリズムが存在するというものがある。素数の集合が計算可枚挙なのは、自然数を順に取りあげてそれぞれが素数かどうかを調べ、結果に応じて含めたり

除外したりするアルゴリズムが存在するからだ。

　整数からなるすべてのディオファントス集合が計算可枚挙であるのを証明することはさほど難しくはない。1970 年、ユーリ・マチャセビッチは、マーティン・ディヴィス、ヒラリー・パトナム、ジュリア・ロビンソンがそれ以前に行った研究にもとづき、その逆も真である、すなわち、整数からなる計算可枚挙集合はどれもディオファントス集合だという直観に反する結果を示した。

　計算不可能な可枚挙集合があることはわかっているので、**マチャセビッチの定理**からただちに計算不可能な方程式が存在するといえるのだ。

688 計算不可能な方程式　UNCOMPUTABLE EQUATIONS

　決定問題に対するチャーチとチューリングの答から、自然数についてのすべての真理を取り込めるアルゴリズムは存在しないことは明らかだった。しかし、ディオファントス方程式というさらに限られた範囲になら、アルゴリズムはまだ存在し得るのではないだろうか？

　これは、ヒルベルトの第 10 問題で掲げられた問いである。次に示す通り、この問いは見かけ上はより弱い予想に形を変えている。「すべてのディオファントス集合は計算可能である。そして、任意の数がその元であるかどうかを判断するアルゴリズムが存在する」

　マチャセビッチの定理が、すべての計算可枚挙集合はディオファントス集合であることを示したため、上記の考え方は成り立たなくなった。重要なのは、計算可枚挙集合のクラスは、計算可能な集合よりも遥かに広いという点だ（これは停止問題に関するチューリングの研究成果からわかることだ）。したがって、マチャセビッチの定理より、計算不可能なディオファントス集合が非常に多くあることになる。

Complexity Theory

689 複雑性理論　COMPLEXITY THEORY

　すべてのアルゴリズムが等しく効率的というわけではない。優れたプログラマーは与えられたタスクをすばやくこなすプログラムを上手に書くだろうが、アマチュアががんばって同じタスクをこなすプログラ

ムを書いても処理には何百倍もの時間がかかる。これがアルゴリズム設計の手腕と呼ばれるものだ。

とはいえ、すべてがプログラマーの創意工夫に委ねられるわけではない。極めて優秀なプログラマーでさえ、**巡回セールスマン問題**を解決するすばやいアルゴリズムは構築できそうもない。なぜなら、おそらくはそのようなアルゴリズムが存在し得ないからだ(これが正しいかどうかは、この分野の最大の問題であるP = NP問題にかかっている)。

これが、**複雑性理論**で取りあげるテーマだ。複雑性理論は、数学とコンピューター科学の境目にまたがっている。主な研究対象はタスクに固有の難易度であり、任意のアルゴリズムが問題を解くために費やす時間によって測ることができる。

複雑性クラス COMPLEXITY CLASSES

複雑性クラスは、タスクに固有の難易度を測ったものだ。n個のデータの入力に対して、あるタスクを完了するために、どんなアルゴリズムも最低でn^2回のステップを踏まなくてはならないとき、そのタスクは多項式n^2によって分類される。また、ステップの数がn^2やn^3のような多項式で与えられるのならば、このタスクは多項式時間を持つといわれる。

こうしたタスクをすべて集めた集合がPというクラスをなす(Pは、「polynomial(多項式)」の頭文字)。コバムのテーゼでは、クラスPを、実用上の目的を果たすだけの速さで完了するタスクの集合として分類している。

その一方で、多項式よりも遥かに速く大きくなる関数もある。アルゴリズムがn個のデータに関して2^n回のステップを踏まなくてはならないならば、これはすぐに爆発的に増加して制御できなくなる。$n = 100$の段階で、現在最速のプロセッサですら手に負えなくなる。このようなタスクは指数時間で実行できるといわれ、それらのなすクラスはEXPTIMEとして知られている。

複雑性理論の研究者たちの手によって、数百の異なる複雑性クラスが識別されている。複雑性理論の研究テーマの大部分がそれらの関係性の理解に向けられている。特に興味深いのは、通常のクラスと非決定的な複雑性クラスとの関係性である。

691 コバムのテーゼ
COBHAM'S THESIS

アラン・コバムは戦後の複雑性理論における初期の研究者の1人として名を連ねていた。コバムは、コンピューターによって解決できる問題としては、複雑性クラス P までがふさわしいとした。ほぼすべての目的に対して、「多項式時間」は「じゅうぶんに実用的」であると考えたのである。P に属さない問題も技術的には計算可能だが、どんなアルゴリズムを使ったとしても膨大な時間を要し、実用的な役には立ちそうもない。

コバムのテーゼは経験則としては利用価値がある。しかしこれは、一面的な見方である。たとえば、n 個のデータを投入したときに n^{1000} 回の処理をしなくてはならないアルゴリズムは（数学的にはそれでも多項式時間ではあるが）ほとんど使いものにならない。一方で、$2^{n/1000}$ の速さで大きくなるものならば、小規模なデータ集合の場合にはじゅうぶん実用的である。

692 非決定性チューリングマシン
NON-DETERMINISTIC TURING MACHINES

問題を解くのに必要な時間と、解を調べるのにかかる時間の間には大きな差がある。たとえば、10531532731 のような大きな整数を多項式時間で因数分解できる既知のアルゴリズムはない。

一方で、いったん解がわかれば、それが正しいことを確認する作業にはほとんど手間がかからない。もしも誰かに、$101149 \times 104119 = 10531532731$ であると教えてもらえば、その人の言い分が正しいことを証明するのは簡単なことだ。

答を見つけるのは難しいことだが、問題を切り抜ける近道は存在する。通常のチューリングマシンではすばやく解けるものではないかもしれないが、アルゴリズムを実行しながら推測ができるマシンなら、運がよければすぐに問題を解くだろう。そのような理論上の装置は、**非決定性チューリングマシン**として知られている。

693 非決定性複雑性クラス
NON-DETERMINISTIC COMPLEXITY CLASSES

多項式時間で調べられる問題のクラスは NP として知られている。

NPとは「non-deterministic polynomial time（非決定性多項式時間）」のことで、これは非決定性のコンピューターを使うと（運がよければ）すばやく解決できるだろうという意味である。同様にEXPTIMEなどの複雑性クラスにも、非決定的で同等のものがある。

クラスPとNPの関係は、有名な**P = NP問題**が取り扱うテーマである。NPにおける最も難しい問題が、**NP完全問題**というクラスを構成する。

094 AKS素数判定法 AKS PRIMALITY TEST

ある数nが素数であるかどうかをどのようにして判定することができるだろうか？　最も単純な方法は、nをそれよりも小さなすべての数で割ってみることだ（これは$\sqrt{n}$よりも小さな素数を調べるだけでいいことに気づくと多少改善される）。それでもやはり、nが（たとえば何百桁もある）大きな数のとき、話にならないほど時間を要する。

素数判定というテーマは奥が深く、もっと優れた方法がいくつか見つかっている。ところが、長い間、理論上の障壁がどこにあるのかは明確ではなかった。

リュカ-レーマーテストは多項式時間で行えるが、非常に特別なクラスの入力値であるメルセンヌ数にのみ適用できる。任意の整数に適用できる効率的な素数判定法を作りあげた人はいないが、それが作れないことを証明した人もいない。

2002年に、インド工科大学カーンプル校のマニンドラ・アグラワルとニラジュ・カヤルとナイティン・サクセナは共著論文『Primes is in P（素数はPに属する）』を発表し、世界に衝撃を与えた。3人はこの論文のなかで、任意の数に適用でき、しかも、多項式時間で実行できる新たな素数判定法について説明したのである。

095 整数の因数分解問題
INTEGER FACTORIZATION PROBLEM

誰かに大きな数を与えられ、それを構成要素である素因数に分解するように求められたときに利用すべき最も効率的な手順は何だろうか？　これは、数学的に興味深いのと同時に、暗号理論においても非常に重要な問題だ。現在の公開鍵暗号による方式は、極めて因数分解しにくい大きな整数に依存している。

特別なタイプの整数には、すぐに（多項式時間で）因数分解できるものもあるが、一般的には、大きな整数（桁数が150を超えるような数）を因数分解する最善のアルゴリズムは数体篩だ。これは1988年にジョン・ポラードが考えだしたアルゴリズムで、多項式時間では実行できない。

整数の因数分解は、該当する数を掛け合わせるだけで答合わせができる。だから、この問題が複雑性クラスNPに属することは確実だ。問題は、それがPに属するのかどうか、つまり、多項式時間のアルゴリズムが理論上存在するのかどうかだ。

もし、$P = NP$問題が肯定的な答を持つことが示されたなら、整数の因数分解に対する多項式時間のアルゴリズムが存在しなくてはならない。そのようなアルゴリズムは、インターネットの安全性に痛烈な打撃を与えるだろう。

RSA因数分解問題　THE RSA FACTORING CHALLENGE

1991年、ネットワークセキュリティ企業、RSAラボラトリーズは100桁から617桁に至るまでの、54の数の一覧を公開した。そして、これらの数を因数分解してみよと世界に挑み、最高20万ドルまでの懸賞金を提示した。

すべての数は、2個の素数を掛け合わせた半素数だった（半素数は暗号学において最も重要なものである）。RSAは2007年、この企画の停止を発表し、残りの懸賞金を取り下げた。しかし、分散コンピューティングプロジェクトであるdistributed.netはその問題に取り組み続けている。そして、成功した参加者がいれば、個人的な後援による懸賞金を提供するとしている。

本書執筆時点では、因数分解された最大の数の世界記録は、RSA-200として知られている、以下に示す200桁の数だ。
27997833911221327870829467638722601621070446786955428537560009929326128400107609345671052955360856061822351910951365788637105954482006576775098580557613579098734950144178863178946295187237869221823983

これは、2005年にF・バール、M・ベーム、J・フランケ、T・クラインユングによって、次のような2個の100桁の素数に因数分解された。
3532461934402770121272604978198464368671197400197625023

64930346877612125367942320005854795652808834979258699544783330334708584148005968773797585736421996073433034145576787281815213538140930474018546 7

これをやり遂げるためには、数体篩を用いて、約55年分のコンピューター時間を要した。

697 P = NP問題　THE P = NP QUESTION

迅速に確認できる問題はすべて、迅速に解けもするのだろうか？ P = NP問題という、こんにちの数学に立ちはだかる未解決問題の1つが意味するところは、大雑把にいえばそういうことだ。

この、P = NP問題には、クレイ数学研究所の好意によって100万ドルの懸賞金がかけられている。しかし、その解の価値はそれより遥かに高いだろう。というのも、整数の因数分解、巡回セールスマン問題といった、アルゴリズム設計に関する数多くのほかの問題に大きく影響する可能性があるからだ。

クラスPは、多項式時間内で解決できるすべての問題の集合だ。たとえば、ある数が素数であるかどうかを判定するような問題がある。

クラスNPは、数の因数分解など、多項式時間で確認できるような問題の集合だ。Pに含まれるすべてがNPにも含まれ、$P \subseteq NP$であることは簡単にわかる。100万ドルの問題は、$NP \subseteq P$であるかどうかだ。

数学者やコンピューター科学者の間ではおおむね、$P \neq NP$ではないかと考えられている。3番目の可能性として考えられるのは、この問い自体が標準的な数学の仮定のすべてから独立していることだ。

698 NP完全性　NP-COMPLETENESS

あるタスクに取り掛かるつもりで、それが複雑性クラスPに入っていることが証明されれば、期待通りタスクを完了できるだろう。コバムのテーゼによると、これは取り組もうとしている問題が現実世界で扱いやすいということを意味するはずだ。いくつかの場合において、これは大変困難なものとなる。

複雑性クラスNPに属していることはわかっているが、Pに対してどのような状態にあるのかが不明確な問題がたくさんあるのだ。こうし

た問題として、整数の因数分解、巡回セールスマン問題、結び目解消問題などがあげられる（P = NP問題に対する肯定的な答が得られたなら、一発でそれらはすべて解決されるのだが）。

しかし、多くの人たちが推測するように、$P \neq NP$だとしたらどうなるだろうか？ これが成り立つなら、これ以上は先に進めなくなるように思える。というのも、NP問題は、なおもPに属するか否かのどちらかであろうからだ。

巡回セールスマン問題の場合、特別に留意すべき点がある。この問題は**NP完全**である。つまりクラスNPのすべての問題のなかでも、アルゴリズムによる計算が最も難しい部類に含まれている。$P \neq NP$ならば、NPに含まれる問題のなかには多項式時間で計算できないものがあることになる。

699 量子計算 QUANTUM COMPUTING

従来のアルゴリズムは1度に1ステップだけ進む。というのも、チューリングマシンは1度に1つの状態しか取りようがないからだ。しかし、量子物理学によると、自然界の素粒子はいつも1つの固定した状態にあるというわけではなく、1度に複数の状態をとり得る。いわゆる**重ね合わせ**だ。これは、擾乱によってデコヒーレンスが起こると、1つの状態に移行する。

計算を目的としてこれを利用すると、かなり速いコンピューターを作れる。実際に機能する量子コンピューターを得るためには、あとは構築するだけだ。これは非常にやっかいな難問ではあるが、進展を見せてきた。

2009年6月にロバート・シェルコブ率いるイエール大学のチームが2キュービット（「量子ビット」）のプロセッサを開発するのに成功している。それによって、グローバーの電話帳逆引きアルゴリズムがうまく実行できたのだ。

700 グローバーの電話帳逆引きアルゴリズム
GROVER'S REVERSE PHONE BOOK ALGORITHM

電話帳はアルファベット順に編まれている。誰かの電話番号を探したいとき、それを見つけるのは簡単である。一方、電話帳逆引き問題は遥かに難しい。電話番号がわかっていて、それが誰の電話番

号なのかを知りたいときには、電話帳の隅から隅までを丹念にたどり、探している番号をそれぞれの番号と順に突き合わせるしかない。

しかし、手元に量子コンピューターがあれば、問題はもっと速く解決する。1996年に、ロブ・グローバーは**量子アルゴリズム**を設計した。それは、同時に異なる状態をとり、それゆえに異なる番号を同時に調べられるという量子コンピューターの能力を利用したものだ。

電話帳に1万件のデータが記載されているなら、昔からのアルゴリズムではおおよそ1万回のステップを踏んで答を見つけることになる。グローバーのアルゴリズムはこれを約100回にまで減らすことができる(一般に、N回ではなく、$\sqrt{N}$回のステップになる)。

このアルゴリズムは、2009年には2**キュービット**の量子プロセッサで見事に稼働した。

もちろん、電話番号を調べるのに本当に役に立つわけではない。それよりも、たとえば暗号を解く鍵を探すために強力な道具となるだろう。

701 **量子複雑性クラス** QUANTUM COMPLEXITY CLASSES

量子複雑性クラスが、従来からの複雑性クラスとどのように関係しているのかはまさに、現在の研究におけるテーマであり、おおいなる謎だ。付加されたやっかいな問題は、量子計算が**確率的**である、つまり、デコヒーレンスで正しい答に移行するであろうことだ。

アルゴリズムを繰り返し実行すれば、確実性はより高くなる。だが、そのためにプロセスは遅くなり、場合によってはその利点がなくなってしまう。このことから、量子コンピューターは強力とはいえ、無限の力を持つわけではないことがはっきりする。

NP に属するすべての問題が**量子多項式時間**(bounded-error quantum polynomial timeの頭文字から、BQPと呼ぶ)で解決できるかどうかはわかっていない。しかし1994年に、ピーター・ショアが、整数の因数分解のための、多項式時間で実行できる量子アルゴリズムを発見した。従来のコンピューターでは未解決の(おそらくは解決できない)問題だ。

その結果は並外れて重要である可能性もあり、じゅうぶんに機能する量子コンピューターがうまく構築できるはずだ。

702 計算可能性 COMPUTABILITY

自然数の集合として、どのようなものが考えられるだろうか？ 素数、1から100までの数、三角数、数学者にとって尽きることのない魅力を持つ集合がさまざまに考えられるだろう。しかし、ほとんど説明できないような、非構造的でランダムに見える集合のほうが遥かに多い。ある集合がどちらであるかを区別する方法はあるだろうか？

混沌とした状況から興味深い集合を選りわける試みの1つが、**計算可能性**だ。Aを数の集合として、57と1001がAに含まれるかどうかを知りたいとしよう。このような問いにイエス、ノーという答を与えるアルゴリズムが存在するなら、Aは計算可能だ。

だが、これはほんの出だしにすぎない。**チューリングの神託機械**の導入によって計算可能性は相対的な概念となり、集合のなかには、ほかの集合に比べて計算可能性が低いなどということが可能になった。

これによって、真にランダムであるということの意味についての研究への道が開けた。**計算可能性理論**は、計算可能な実数という観点から理解することもできる。

703 計算可枚挙集合 COMPUTABLY ENUMERABLE SETS

「計算可能である」こととはわずかに異なる概念に、「**計算可枚挙である**」というものがある。これは、集合を列挙するアルゴリズムが存在することを意味する。ただし、列挙する秩序は理解できないものになっているかもしれない。

計算可能集合が枚挙可能集合であるのは間違いない。だが、その逆はいえない。Bを枚挙可能集合として、7がBに含まれるかどうかを知りたい場合を考えよう。Bを列挙するアルゴリズムを実行すると、次のようになる。1, 207, 59, 10003, 6, ……。もしも7がリストに現れれば、Bのなかに含まれていることがわかる。しかし30分続けてみて7が現れなくても、7がリストに含まれないとは結論できない。アルゴリズムは一晩中でも100万年でも動かしておくことができるから、7が絶対に含まれないと言い切れる瞬間はない。

停止問題に対するチューリングの研究成果から、この不都合を解消する方法はないことがわかっている。枚挙可能集合のクラスは、計

算可能集合のクラスよりも大きいのだ。

704 集合を2進法で符号化する
ENCODING SETS IN BINARY

実数は、10進記数法で書くのが一般的だ。しかし2進記数法でも書き表せる。一例が $r = 0.011010100010100010$……だ。2進記数法を使えば、自然数の集合を実数として符号化する優れた方法が得られる。

r をもとにして、次のように自然数の集合を構成することができる。そのためには、自然数を、$\{1, 2, 3, 4, 5, 6, 7, ……\}$と列挙する。ここで、これらを r の桁と一緒に並べる。1であれば集合に含まれ、0であれば含まれないことを意味する。

n	1	2	3	4	5	6	7	8	9	10	11	12	13	14	15	16	17	18
r のn桁目	0	1	1	0	1	0	1	0	0	0	1	0	1	0	0	0	1	0

するとこの場合、r は集合 $\{2, 3, 5, 7, 11, 13, 17, ……\}$ を符号化していることになる。この手順を逆に行えば、集合から実数が作りだせる。たとえば、$\{1, 2, 3, 5, 8, 13, 21, ……\}$ は実数 0.111010010000100000001……を定義している。

705 計算可能な実数 COMPUTABLE REAL NUMBERS

計算可能性理論は通常、整数の集合に対する研究として紹介される。しかし、集合を2進法で符号化する方法があれば、これを実数という観点からも同じように理解できる。非常に単純な結論だが、集合が計算可能であれば、その集合を符号化してできた実数も計算可能となる。ここでも、計算不可能性には度合いがあり、その度合いは**チューリング次数**によって測られる。

706 計算不可能な実数 UNCOMPUTABLE REAL NUMBERS

計算不可能な実数は、計算可能なものよりも遥かに数が多い。つまり、計算不可能な実数は非可算に多くある一方、計算可能なものは可算であるということだ。

ところが、たくさんあるからといって簡単に見つかるわけではない。計算不可能な実数の具体例を示すのさえ極めて難しい。計算不可

能な数を書きだすための方法それ自体が1つのアルゴリズムとなり、計算可能となってしまうのである。πやeなどのよく知られている超越数さえ、計算可能である。

707 停止数K　THE HALTING NUMBER K

計算不可能な実数の一例は、停止問題から得られる。この問題を2進数の列として符号化することによって、最初の**計算不可能実数**、Kを得ることができるのだ。

Kは計算不可能ながら、ランダムではないという点で例外的だ。代表的な計算不可能数は、Kを1つの形で表すチャイティンのΩである。

708 チャイティンのΩ　CHAITIN'S OMEGA

1980年代、コンピューター科学者のグレゴリー・チャイティンは、ランダムで計算不可能な実数に可能な限り迫った。その数Ω（オメガ）は**停止確率**として理解できる。

すべてのチューリングマシンはタスクを終えて停止するか、永遠に稼働し続けるかのどちらかだろう。どちらになるのかを前もって判断することが**停止問題**であり、それは計算不可能だ。

ランダムに選んだチューリングマシンが停止する確率について論じることには意味がある。大雑把にいって、これがΩの定義だ。Ωは停止数Kをひとまとめに表したもので、非ランダムネスはすっかり取り除かれている。もしもΩが正確に突き止められるなら（いうまでもなく無理だが）、停止問題、そしてほかの多くの計算不可能問題の**神託**としての役割を果たすだろう。

709 神託　ORACLES

定義から、チューリングマシンで計算できる集合は計算可能な集合に限られる。少々ずるいのだが、このマシンに強大な力を授けることで、その範囲を遥かに大きく押し広げることができる。

チューリングの神託機械とは、ある特定の集合（A）とやり取りできる不思議な力を持つ神託を構成要素として備えたチューリングマシンだ。このマシンは通常の機能よりも上位の機能として、Aについての情報を神託によって得ることができる。そのような装置を決して作れ

ないのはほぼ確実だ。しかし、非現実的ながら、心を惹きつけられるような可能性が生まれる。ここで問題となるのは、これによってどのような集合が計算可能となるのかである。

案の定、答はAに依存する。A自体が計算可能であれば、何も新しいことは得られない。集合Aが計算不可能な場合、そのAについての神託を受ければ、まずA自体が計算可能になり、Aの補集合（Aに含まれない元の集合）、そして、ほかの多くの集合も計算可能となる。

Bがそのようなマシン上で計算可能であれば、AはBを計算するという。これによって、数の集合間に課される関係は、**チューリング次数**という驚くほどややこしい1つの概念にまとめられる。

710 チューリング次数 TURING DEGREES

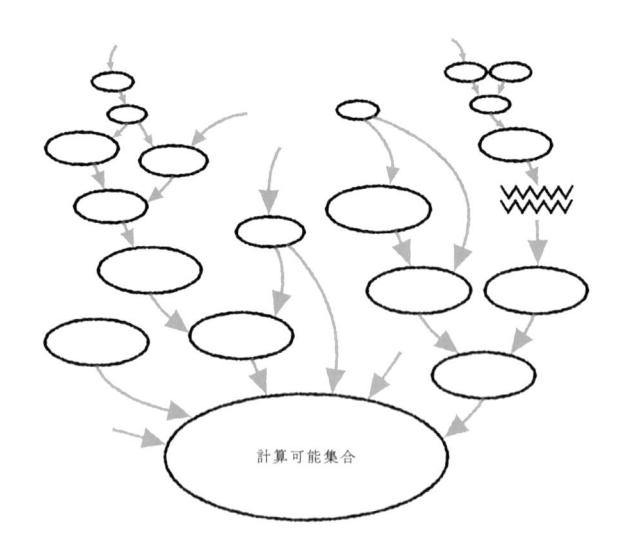

計算可能集合

神託という考え方によって、計算可能性の概念は相対的なものとなった。AもBも計算不可能な集合（あるいは同等な考えとして、計算不可能な実数）であっても、AがBを計算するということには意味がある。つまり、Bを計算できるAとやり取りできる神託があるということだ。こうした巧みな方法で、Bが提供するすべての情報（およびもっと多くのこと）をAが含んでいるという考え方を取り入れる。

AとBが互いを計算できるならば、両者はまったく同じ情報を含ん

でいるのであって、同じ**チューリング次数**を持つという。AはBを計算できるが、BはAを計算できないとき、Aのチューリング次数はBのチューリング次数よりも大きい。この関係はごく当然のように思えるが、チューリング次数によって形成されるパターンはかなり複雑だ。次数のペアの多くは比較不可能で、互いに相手を計算することもできない（ただし、必ず両方を計算できる3個目の次数が存在する）。

一番下には計算可能な集合の次数があるが、それより上では、おおよそどんなことでも起こり得る。ほかのすべてを計算できる最高次数というものはない。つまり、任意の次数に対し、それよりも大きな次数が存在するのだ。☞ *Fig*

71 正規数 NORMAL NUMBERS

典型的な実数は、どのように見えるのだろうか？　エミール・ボレルは、1909年に**正規数**を定義した。

小数展開を書きだしたときに、0から9の各数字が同じくらいの頻度で登場しなければならない。これは、小数展開の特定の範囲でそうなっていなくてはいけないということではないが、無限に続く小数展開の全体でみたときには、平均的なところに落ち着かなくてはならない。

これに加え、さらに求められることがある。2桁の組み合わせとして考え得る数は、00から99までの100通りだ。これらも長い目で見れば同じくらいの頻度で登場するはずであり、3桁の組み合わせの場合も、それ以上の桁数の場合も同様だ。一般に、任意の有限桁の数を考えたとき、同じ桁数のすべての数が同等の頻度で登場しなければならない。

正規性に対して求められることはまだあり、決定的なのは次のことだ。先ほどの定義は10を底として書きだした数の場合だった。これを、2や36やそのほかの任意の数を底として置き換えても同じ性質がなお保たれていなければならない。

ボレルは、ほぼすべての実数が正規数であることを証明したが、既知の数はほとんど含まれない。ヴァツワフ・シェルピンスキーは、1916年に、eとπがどちらも正規数であると予想したが、それが確かなものかどうかはまだわかっていない。チャイティンのΩは正規数であることが知られている。

712 ランダムな実数 RANDOM REAL NUMBERS

整数、有理数、代数的数は簡単に得られる実数だ。超越数については e や π など一部が知られており、これらは計算可能だ。**典型的な実数**は、これらのどれとも違って見えるはずである。チャイティンの Ω は、ランダムな実数のあるべき姿に最も近い数だ。

実数がランダムであるということは、2通りに定義できる。

I. コルモゴロフの複雑性をもとにした手法。実数の桁数字の列に何らかのパターンが含まれるなら、そのパターンを利用して数字列を圧縮して表せる。ランダムな実数は圧縮できないものであり、パターンをまったく持たない。

II. その数の桁数字が、以下の通りに順次現れるとする。 $0.10111001\cdots\cdots$。このとき、次の桁が0なのか1なのかに賭けようとしているとする。その実数が計算可能ならばアルゴリズムを利用して次の桁を正確に予想することができ、必ず勝てる。しかし、ランダムな実数の場合、賭けに50パーセントより高い確率で勝つための戦略はない。

713 ランダムネス RANDOMNESS

ランダムな実数についての2通りの定義は、じつは同値である。このほかにも形の違う定義がいくつかあり、それらもやはり同値だ。2つ目の定義から、ランダムネスはおのずと**正規性**を含むことがわかる。そうでなければ、頻度が高い桁の組み合わせ、あるいは頻度が低い桁の組み合わせにもとづいて賭け金を勝ち取る戦略を立てることができるだろう。

しかし、ランダムネスは、正規性よりも強い条件である。ランダムな実数はいろいろな**チューリング次数**をとり得る（いうまでもなく計算可能なものはない）。つまり、たくさんの情報を符号化しているということだ。これを手始めに、ランダムネスとは何かという問いをより深く掘り下げた研究者たちがいる。

714 愚かさの試験 STUPIDITY TESTS

ランダムな実数の定義はとても役に立つ。しかし、いくらか逆説的な結果も招く。チャイティンの Ω のように、ランダムな数の多くはチュー

リング次数が高い。これは、それらの数が非常に多くの情報を符号化しているということを意味する。実際、**クセラ-ガックスの定理**によると、ほぼどんな情報でもランダムな実数の桁のなかに符号化することができるという。この点に関しては、ランダムネスの意味として直観するものにかなり反していると思う人もいるだろう。

　計算可能性理論の研究者であるデニス・ヒルシュフェルトはランダムネスを愚かさになぞらえた。**愚かさの試験**に合格する方法は2通りある。1つは、本当に愚かであること。もう1つは、愚かな人であればどのように答えるかを予測できるくらい賢いことだ。

　Ωのような数は賢い部類のランダム数だ。もっと厳しいテストをしたならば、本当に愚かな数、つまり、ほとんど情報を含まない数しか合格できない。

715 モデル理論　MODEL THEORY

　ゲーデルの**不完全性定理**は多くの場合誤解されている。それは、どんな数学理論に対しても、完全かつ無矛盾の一連の公理を書きだせないという意味ではない。不完全性定理が示しているのは、自然数に対してそれができないということだ。自然数においては加法と乗法があまりに複雑で、1個の形式体系ではとらえきれないのだ。

　ゲーデルの理論にあてはまらないものは多く存在する。それらは完全で、無矛盾で、程度はさまざまだが行儀がいい（だが、自然数の算術を説明するには弱すぎる）。群や環や体、順序やほかの多くの構造に関する論理的理論が存在し、それらは、ゲーデル理論に沿った自然数よりも遥かに論理的に分析しやすい。

　ルー・ファン・デン・ドリスはそのような「飼いならされた」理論と、ゲーデル現象を示す「飼いならされていない」理論を対照し、**モデル理論**は「飼いならされた数学の地理学」であると説明する。

　この分野において初期に先駆的役割を果たしたのはアルフレト・タルスキだった。タルスキは、実数と複素数に関するエレガントな論理的分析を行い、不完全性や決定不能性を完全に回避した。

716 統語論と意味論 SYNTAX AND SEMANTICS

哲学や言語学においては、**統語論**（言語の文法と内部規則）と、**意味論**（意味、あるいは言語とより広い世界との関連性の研究）の間には大きな違いがある。同じことは**数理論理学**においてもいえる。形式体系は統語論的枠組みである。一方、意味論的問いとは、数学において現象をどのように首尾よく説明づけるかというものだ。

ゲーデルの不完全性定理は、言語とそれが指示するものの間には隔たりがあり得ることを示している。たとえゲーデル理論から外れ、完全性の保たれる状況に制限したとしても、その状況がわかりやすくなるとはとてもいえない。

論理体系にはたくさんの異なるものがあるが、「論理的理論はそれ自体が言及している構造の大きさを規定することはできない」という**レーヴェンハイム - スコーレムの定理**は多くの場合にあてはまる。

論理的理論のなかには（いったんその大きさが決まれば）ただ1つのモデルを特定できるものもある。

ここにおいて、意味論と統語論の関係が最も密になる。一方、そうでない場合には、両者の結びつきは弱く、それゆえに極めて幅広いモデルとなる。与えられた論理的理論がどちらのカテゴリーに含まれるのかを判断することを、**分類理論**と呼ぶ。

717 超準モデル NON-STANDARD MODELS

実数の集合のような構造を考え、その論理的理論に注目しよう。論理的理論とは、ある選ばれた形式的言語でその構造について表現した、真である命題をすべて集めた集合である（そのような命題の例として「任意の正の数に対して、それよりも小さく、0ではない正の数が存在する」などがある）。

ここで、まったく同じ論理的規則にしたがう構造としてほかにどのようなものがあるかと問うてみよう。すると驚くべきことに、初めに考えた構造とは別に、途方にくれるほど多数の構造と向き合うことになる。こうしたものを**超準モデル**と呼ぶ。

これを初めて発見したのはモデル理論の研究者、アブラハム・ロビンソンで、1960年のことだった。ロビンソンは、実数の事例において、超実数と呼ばれる超準モデルを発見した。このモデルには無

限小、つまり、かつては、不合理であり信頼できないものとみなされていた対象も含まれている。

超準モデルは単に興味の対象に留まらず、**超準解析**の下地を形成する。また、哲学的問いもいくつか提起するものだ。論理学者のH・ジェローム・キースラーは次のように記している。「物理的空間の直線が本当にどのようなものであるのかを知る手立てはない。超実数直線のような、実数直線のような、どちらでもないようなものかもしれない」

718 無限小 INFINITESIMALS

アルキメデスが球体の体積の公式を発見したとき、図形を切り刻み、無限に薄い一片が無限に多く集まったものとして球体をとらえ、無限小の体積(つまり無限に小さいということ)を測り、それらをすべて足し合わせることで有限の数を得るという方法をとった。どの時代の数学者も、アルキメデスの先例にならった。ニュートンやライプニッツもそうだった。2人が並行してそれぞれ微積分学を発展させたとき、無限小という数に頼っていた。

19世紀に、カール・ワイエルシュトラスが数列の極限を利用して無限小を回避し、どのようにして確固たる基盤の上に微積分学を築いていけるのかを示した。1900年までに、無限小は数学の全手法から完全に姿を消した。これには、正当な理由があった。

無限小のようなものは、存在しないのだ(少なくとも、実数の集合という、幾何学や解析学にとって基本的な対象に無限小は含まれない)。

すべての実数 x は、小数で書き表せる。すべての桁が 0 ($x = 0.0000000$……)、つまり $x = 0$ であるか、やがては 0 ではない桁に到達するか(たとえば、$x = 0.00000$……000007612415……)のどちらかである。後者の場合、その数は正の大きさを持ち、無限に小さいわけではない。想像できないほど小さいかもしれないが、じゅうぶんに近づいてみれば必ず正の値をとり、0 からどれほどはなれているかを計測可能であり、無限小ではないのだ。

719 移行原理 THE TRANSFER PRINCIPLE

想像上の話にもとづいていたにもかかわらず、無限小という考え方を取り入れた微積分学には、正しい答を生みだす神秘的な能力

があった。その説明の1つが、ワイエルシュトラスの解析と数理論理学の相互交流の結果としてもたらされた。

1960年代になって、モデル理論研究者であるアブラハム・ロビンソンが、無限小という要素を含む実数の**超準モデル**を見出したのである。そして、この発見をきっかけに無限小がふたたびその地位を回復し、それどころか、**超準解析**における重要なツールとなった。

超準モデルはまず、(ある形式的言語における)通常の実数の集合と同じ論理的規則を満たす構造として生まれた。この考え方を逆転させることで、超準モデルは有益なツールを提供してくれる。

超準モデルで何かが真であることを導きだせれば、それが通常の実数でも成り立つことを示せる場合が多い。この**移行原理**は、超準解析の土台である。

720 超準解析 NON-STANDARD ANALYSIS

超準解析は無限小解析としても知られており、実数の超準モデルを利用して、最も関心のあるもの(つまりもとの実数)について研究する。一般的な手法は、無限小を利用して超準モデルを分析し、移行原理の力を借りてその結果を通常の実数へと戻すのだ。

この分野は、1960年にアブラハム・ロビンソンによって始まった。ロビンソンについてクルト・ゲーデルは「この科学的方法を数学にとって実りあるものにすることにおいて、ほかの誰とも比べものにならないくらいに多くの成果をあげた数理論理学者」だと述べた。

それ以来、超準解析は、解析学において、さらには数理物理学や確率論における問題に見事に応用されてきている。

721 分類理論 CLASSIFICATION THEORY

イスラエルの論理学者サハロン・シェラハは、自らの名で960以上もの論文を発表している、現在も活躍中の最も多産な数学者の1人である。その功績の1つが分類問題の証明だ。

一連の公理のなかには、じつに多くの構造が満たすものがある。逆に、モデルの大きさをいったん決めれば、たった1通りのモデルが決定する理論も存在する(レーヴェンハイム-スコーレムの定理から、さまざまな大きさに対し、必ずそれぞれモデルが見つかる)。**分類問題**とは、大雑把にいって、その区別をつけることだ。

シェラハは、とらえどころのない多くの二分法を通じて解析を進めた。その二分法とは、「安定した理論」対「不安定な理論」、「単純で不安定な理論」対「非単純で不安定な理論」、といったものだった。こうして慎重に篩にかけていった結果、1982年に分類問題の答にたどり着いた。

モデル理論の研究者であるウィルフリッド・ホッジスは次のように書いている。「どのように評価しても、これはアリストテレス以来、数理論理学において何より注目に値する功績の1つにあげられる」

722 モデル理論的代数学 MODEL THEORETIC ALGEBRA

分類理論における祝宴で食べ残されたものがさらなるごちそうになった。

シェラハによる深遠で抽象的な技法は、環や体など、数学の主流の枠内にある構造への現実的洞察を与えることができたのだ。これが**モデル理論的代数学**と呼ばれる分野である。

Uncertainty And Paradoxes

723 アリストテレスの思考三原則
ARISTOTLE'S THREE LAWS OF THOUGHT

数理論理学は真である命題から真である命題を導きだす。しかし、その根底には与えられたものとして、つまり公理的に考えなくてはならないものがある。アリストテレスにまで遡る、譲れない公理として仮定されている**思考の三原則**は次の通りだ。

I.　**同一律**。任意のものはそれ自身に等しい。
II.　**無矛盾律**。同時に、肯定しかつ否定できるものはない。
III.　**排中律**。すべてはそうであるか、そうでないかのいずれかである。

1つ目はアリストテレスにとって極めて自明であり、アリストテレス自身はほぼこれには言及せず、「物事はなぜそれ自体であるか、というのは意味のない問いだ」という見解を述べるに留まっている。これは、後の学者によって原則として拾いあげられたものである。

三原則はどれも強く支持されているものの、IIを省いた体系やIIIを省いた体系も発展してきている。

前者が**矛盾許容論理**、後者が**直観主義**だ。

724 排中律 LAW OF THE EXCLUDED MIDDLE

排中律は、数学ではなく論理学の公理である。この公理は、任意の命題（Pとする）に対して、Pが正しいか、あるいは「Pでない」という命題が正しいかのどちらかだと述べている。その中間の立場はない。これを別の言い方で表すと、Pは「Pでない、ではない」と同値ということだ。排中律は、背理法による証明の基礎となる。

アリストテレスが述べたように、この規則が通常の言語にあてはまるかどうかは疑わしい。私は31歳であり、「若い」わけではないが、「若くない」わけでもない。数学においては、用語は極めて厳密に定義され、こうした問題は起こらない。

しかし、**直観主義**の数学者や哲学者はこの排中律を認めない。直観主義者は、Pまたは「Pでない」のどちらかに対する肯定的な証明が示されない限りは、Pまたは「Pでない」のどちらが真であるとも認めないのだ。

725 嘘つきのパラドクス THE LIAR PARADOX

「この文章は偽だ」。すべての論理的パラドクスの源である**嘘つきのパラドクス**は、紀元前4世紀のエウブリデスによるもので、禿げ頭のパラドクスをはじめとする数々のパラドクスもエウブリデスが見出した。

数学的な厳密さには欠けるものの、論理学を通じて繰り返し使われており、特に、ラッセルのパラドクス、ゲーデルの不完全性定理の証明、停止問題でよく引用される。

これは、自己言及できるくらいにじゅうぶん洗練された言語がどのような結末をもたらすのかを示している。

パラドクスを解消するための手法はたくさんある。バートランド・ラッセルの階型理論では、階層を組み立て、その階層においては、その言語で表現した対象は自分自身より低いレベルの対象を参照することしか許されない。したがって、規則に則った文章は自分自身を参照できない。

矛盾許容論理的方法は、単に文字通りに受け取るだけで、命題は真でありかつ偽であることが許容される。

726 グレリングのパラドクス GRELLING'S PARADOX

単語のなかには、それ自身を説明するものがある。たとえば、「単語」「名詞」「発音できる」「日本語」などだ。こういった単語を**自己整合**という。一方で、それ自身を説明しない単語もある。「動物」「動詞」「発音できない」「フランス語」などだ。これらを**自己矛盾**という。

すべての単語は（自身について説明するなら）自己整合、あるいは（そうでないなら）自己矛盾のどちらかでなくてはならないように思えるかもしれない。では、「自己矛盾」という単語はどうだろうか？

もしもこれが自己整合ならば、それ自身のことを説明しているということであり、（それ自身について説明しないという意味の）自己矛盾している。他方で、もしもこれが自己矛盾ならば、つまりはそれ自身については説明しないということであり、つまるところ、それ自身は自己矛盾ではないことになる。

このパラドクスはクルト・グレリングとレオナルド・ネルソンによって作りあげられたものだ。そしてこれは、言語学という舞台における、ラッセルのパラドクスによく似たものとなっている。

727 不確実性推論 UNCERTAIN REASONING

数学者や哲学者が研究する論理体系のほとんどは、演繹、すなわち、推論の規則にもとづいている。

よく知られているのは**肯定式**で、これは「P」と「PならばQ」から「Q」が演繹できることを示す。これに疑いを差し挟もうという人は多くないだろう。難しいのは、人間の世界が純粋数学の領域よりも乱雑であって、完璧な知識はめったにないことだ。

Pが真であると90パーセント信じていて、PならばQであると75パーセントの確率で信じているとき、何が起こるだろうか？ これは**不確実性推論**の問題であり、人間は生来、そのような推論の能力を持っている。

論理学と確率論を結びつけるにあたり、さまざまな手法により、不確実な体系の規則が形式化されてきた。その動機となったのは人工知能、とりわけエキスパートシステム（たとえば医学上の診断を下せるコンピューターなど）の進展である。それらにとって、矛盾する症状や不明確な症状といった不確実な情報から推論できることは、重要事項なの

である。

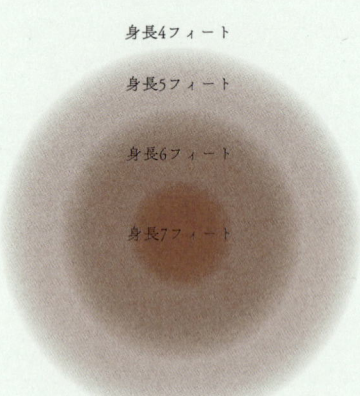

身長4フィート
身長5フィート
身長6フィート
身長7フィート

728 ファジー集合
FUZZY SETS

　数学の本は慎重に記された定義でいっぱいだ。数学の専門家ではない人たちにとって、それらは杓子定規に見えるかもしれないが、数学がうまく進んでいくためには、概念の定義をこのうえなく正確に与えなくてはならない。

　これは、数学における集合にもいえることだ。つまり、任意の対象が含まれるか、含まれないかのどちらでなくてはならない。集合に属するか否かを曖昧にするわけにはいかないのだ。

　ところが、人間の世界ではそうとはいえない。背の高い人たちの集合というものには何らかの意味があるのだが、厳密には定義されていない。☞Fig

　ファジー集合論とは、ロトフィ・ザデーが考案した理論であり、集合論の推論を拡張し、はっきり定義できない境目を持つ集合も対象とすることを意図している。そのために、属する・属さないをはっきり決めるのではなく、集合の元であることに0と1の間の数（それぞれ、0は明確に属さない、1は明確に属する）を割りあてる。

729 ファジー論理 FUZZY LOGIC

　ファジー集合論の拡張が**ファジー論理**だ。これは、不確実性推論と結びつきがあるもので、ファジー概念を伴う論理的推論を扱うものだ。ロトフィ・ザデーがあげた例をみてみよう。「Pが小さく、QがおおよそPに等しければ、Qはだいたい小さい」

　数が昔からの集合論の範囲内で定義できるのとまったく同じように、**ファジー数**はファジー集合から定義された。その後、代数学の一部分がファジー化された。この手法を懐疑的にとらえる人もいるが、ファジー集合論は社会科学や情報処理でも応用されている。

730 多値論理学 MULTIVALUED LOGIC

従来の論理学では、命題には「真」と「偽」の2通りの真理値のうちどちらかが割りあてられる。**多値論理学**では、これを3通り、4通り、あるいは無限に多くの真理値に拡張する。**直観主義論理**は、「未知」あるいは「未定」という値を加えた3値の論理学として形式化できる。

4値の**相関論理**上でうまく稼働するデータベースもある。「Xは真であるか?」というクエリーに対して、考えられる出力は4通りだ。データベースが「相関情報を含まない」「情報によってXが真であるとわかる」「情報によってXが偽であるとわかる」「矛盾する情報」だ。

ファジー論理と不確実性推論へ近づく手法は無限に多くの真理値を伴い、命題が真であることは0 (偽) と1 (真) の間のスケールで測られる。**連続論理**という別の系も0と1の間の真理値を許容している。

731 直観主義 INTUITIONISM

一部の数学者たちは、19世紀の終わり以来発展してきた数学基礎論についての議論、たとえば『数学原理』のような研究成果やヒルベルトプログラムに端を発する動きにおける議論を懐疑的に眺めていた。

L・E・J・ブラウワーなどの**直観主義者**たちは、数学というものを、思考力を使わずに形式体系から何かを導く論理的手続きではなく、人間の頭脳の活動であると考えていた。そして、数学の言語の形式化が、カントールによる無限の階層化のような風変わりで直観に反する構成体に結びつくのであれば、それはどこかで間違いが起きてしまっていて、根底にある数学が現代論理学の言語によって明確になるどころか曖昧になりつつあることをほのめかしていると考えるべきだと主張する。

1908年に、ブラウワーはさらに詳しく研究し、その責任を負うべきは論理学のどの部分なのかを特定しようとした。『The Unreliability of the Logical Principles (論理学の原理に対する信頼性の欠如)』のなかで、**排中律**こそが責任の所在であり、そのせいで数学者は直接的な証拠もないのに奇妙な構造を取り入れてきたのだと主張した。

直観主義論理は、排中律のない論理学だ。この下地から数学を

再建すべくブラウワーが着手したプロジェクトは、**構成的数学**と呼ばれている。

732 爆発 EXPLOSION

矛盾が入り込むと(すなわち、「P」も「Pでない」もどちらも真であると思われる命題Pが存在すると)、論理的体系に何が起こるのだろうか?

一般的な答は、これが風船に穴を開け、全体の枠組みが壊れて無意味なものになるというものだ。このような出来事は**爆発**として知られている。

なぜこれが起こるのかを理解するために、Qが何らかの命題であるとする。このとき、命題「PならばQ」と「(Pでない)またはQ」は論理的に同値だ。しかし、「Pでない」は真であると仮定されているので、「(Pでない)またはQ」は確実に真だ。したがって、「PならばQ」も真だ。しかし、Pは真であるとも仮定しているので、それゆえにQも真であるということになる。ここで、Qはまったくの任意の命題だったことを思いだそう。いったん系に矛盾が入り込むと、任意の事柄がそこから導けてしまうのだ。

733 矛盾許容論理 PARACONSISTENT LOGIC

1976年にフランシスコ・ミロ・ケサーダは、直観主義論理の乱暴ないとこである**矛盾許容論理**を作りだした。直観主義では、命題Pとして、Pも「Pでない」も成り立たないことが許容されたが、矛盾許容論理はその逆だ。Pも「Pでない」も同時に成り立つことが許容される。

通常の体系にとってこれは災いのもとであり、そのような矛盾を取り入れるとただちに**爆発**が起こるだろう。そのため、矛盾許容体系の規則は、局所的な矛盾だけを許容するように弱められている。必ずしもすべての命題が同時に真でもあり偽でもあるわけではなく、系を破壊することにはならない限られた数が許容される。

その哲学的な動機は、**真矛盾主義**にある。これは、一部の命題は真でもあり偽でもあると主張するために、何らかの矛盾許容論理を必要とする(嘘つきのパラドクスは、真であり偽でもある命題の一例だ)。イデオロギーは別として、矛盾許容性を利用することで、大規模ソフトウエアシステムがデータに含まれる矛盾を扱う方法が提供される。

734 様相論理 MODAL LOGICS

現実の生活では、ただ単に事実 X が真であると主張するわけではない。X は必ず真だ、おそらく真だ、真だと思っているなど、命題はさまざまに修飾される。

様相論理とは、真であることを修飾するさまざまな方法を組み込んだ体系だ。標準的な様相論理では、2つの新しい記号が導入される。$\Box$ と $\Diamond$ だ。「$\Box A$」は「A は必ず真である」と解釈し、「$\Diamond A$」は「A はおそらく真である」と解釈する。これらの解釈には関係があって、「A はおそらく真である」とは「A は必ずしも偽でない」という意味になる。

様相論理にはさまざまな変化形がある。クルト・ゲーデルは証明可能性論理の研究に着手したが、それは、「証明可能な真」という様相を含むものだった。

一方で、**信念論理**は信念体系の論理を形式化しようと試み、さらに**時相論理**は時制の変化を扱うべく設計されている。これらは確固たる事実の領域である過去、そして、不確実な可能性の領域である未来と取り組まなくてはならない。

735 可能世界 POSSIBLE WORLDS

1960年代に、ソール・クリプキらは、様相論理の数学的モデルの作り方を示し、様相論理の地位をひきあげた。これらの構造についての重要な事実は、その構造のなかに異なる世界が含まれているということだ。ここでの世界とは論理学における言葉であり、抽象的な数学構造の一部に相当する。

これらの異なる領域はじつのところ、平行宇宙、あるいは**可能世界**という異なる真実が成り立つところを映しだすことを目的としている。このとき、命題はすべての可能世界で真であれば必ず真である。そして、少なくとも1つの可能世界で真であれば、真かもしれない。

META MATHEMATICS

超数学

数学は、常に哲学者にジレンマを突きつけている。算術は、ほぼ完璧に理解できる分野のように思える。1+1＝2といった命題ほど、ただし書きや仮定がいらないものはない。その一方で、現代の数学は、風変わりでおおいに抽象的な構造を幅広く考察している。これらは、どの程度実際に存在するといえるのだろうか？
　この問いについて考察したのは、古代ギリシャの哲学者プラトンだった。プラトンはその形而上学的な答を、プラトンの洞窟という比喩的な形で示した。19世紀後半になると、同じ問いがふたたび重視されるようになった。それは主に、ゲオルク・カントールが無限集合に関するめざましい研究成果をあげた結果として起こったことだ。
　ゴットロープ・フレーゲの論理主義は、数学のすべてを純粋な論理学から導きだそうという試みだった。一方、ダフィット・ヒルベルトは形式主義の手法をとった。その手法において、数学は紙の上に記した記号を操作するための一連の規則にすぎなかった。
　集合論に関するカントールの功績に反対の立場を表明する学者たちもいた。構成主義者たちにとって、カントールの功績は数学がひどく間違った方向に行ってしまったという強力な証拠だったのだ。
　ごく最近だと、数学の本質に関するどんな議論も、技術との共生関係を考慮しなくてはならない。数学はコンピューター、そして後にインターネットの発展においてその基礎となった。引き換えに、そういった発明品によって、数学の研究や応用方法は根本から変わっていった。

What Mathematicians Do

数学という営み

736 証明 PROOF

証明は数学の究極の目的である。これにすべてがかかっている。

証明とは、いくつかの初期の仮定（および基本となる公理）から始まり証明すべき定理で終わる、論理的に完璧な推論のことだ。数学がほかのどの学問分野とも異なるのは、証明可能である点だ。

証明は多種多様な形をとる。そして、数学者は有効な戦略を非常に多く持っている。**背理法**と**帰納法**の2つは特に重要だ。

737 数学の言語 THE LANGUAGE OF MATHEMATICS

数学者は自分が出会った興味深い現象のすべてに名前をつけようとする向きがある。これは望ましい方法だ。というのも、それがおのずと抽象的で公理的な思考に結びつくからだ。一方でこのことが、数学には理解できない言葉がぎっしりと詰まっているという状態を引き起こす。門外漢にとって、数学が理解できず、脅威さえ感じるものである理由の1つがここにあるのは間違いない。

そうした専門用語とは別に、数学者が自分の研究対象とする問いの種類を説明するための言葉がある。**予想**というのは、正しいと確信しているものの証明が与えられていない命題のことだ。よく知られている例として、ポアンカレ予想があげられる。これはペレルマンが証明したことで**定理**になった。それに対し、リーマン予想はまだ証明されていない。つまり、**未解決問題**のままなのだ。

補題はちょっとした数学的証明である。それ自体は特に興味深いものではなく、もっと大規模な証明に向けた足掛かりだ。

738 存在 EXISTENCE

数学においてよくある疑問は、特定の対象が存在するのかどうかだ。有名な例が、奇数の完全数の存在だ。ブラウワーの不動点定理は、ある種の対象が存在するかどうかにかかわる命題だ。

素数が無限にあることを示したユークリッドの証明の中心も、存在にかかわるものだ。ユークリッドは、閾値となる数 N を与え、N より大きな素数が存在することを証明した。この場合、そのような素数はたくさん存在する（正しくはそれが証明のポイントだ）。

よく知られているナビエ-ストークス方程式やヤン-ミルズの問題

では、方程式に解があるかどうかが問題になっている。つまり、これらもまた存在を問うているのだ。

739 一意性 UNIQUENESS

ときとして、存在定理には特別なものがついてくる。**一意性**だ。一意性とは、特定のタイプの対象がたった1つしかないことを意味する。

よく知られている例は、算術の基本定理である。この定理では、任意の数は素数に分解することができ（存在）、さらには、その方法が1通りに限る（一意性）と述べている。解析接続の定理もまた、存在と一意性についての有名な定理だ。微分方程式を解くときには、一意性の力を借りて解空間の大きさを絞り込んでいる。つまり、ひとたび適切な解の族がわかれば、ほかには解が存在しないことが確信できるのだ。数独の問題を出す場合には、そのパズルが間違いなく一意の解を持つように考えなくてはならない。

あるタイプの対象の存在を示さずに一意性を証明することも可能だ。これはつまるところ、そのような対象がたかだか1つであることを示すということだ。

740 背理法 PROOF BY CONTRADICTION

ある命題（Xと呼ぶ）が真であることを証明したいとしよう。一番素直な方法は、既知の事柄をもとに、Xを直接演繹することだ。

その代わりとなるのが、全手順を逆向きにして、Xが真ではないと仮定して始める方法である。その仮定から、たとえば $1 = 2$ という結論にたどり着かざるを得ないことが示せるなら、仮定が誤っていたに違いないということになり、Xは真でなくてはならないと結論できる。この技法を使う代表例は、素数が無限にあることのユークリッドによる証明、$\sqrt{2}$ が無理数であることの証明だ。

背理法は排中律を土台としている。そのため、背理法は数学者の持ち駒のなかで標準的ではあるが、直観主義や構成主義の数学者はこれを使わずに研究している。背理法は、ラテン語の reductio ad absurdum（帰謬法）という名でも知られている。

741 存在しないもの THINGS THAT DON'T EXIST

数学的対象が本当に存在するのかは、哲学的議論を呼ぶ問題

だ。それは別にしても、数学者は多くの時間を割いて、存在しないことが明白な事実である事柄について追究している。

たとえば、奇数の完全数は存在しないというよく知られた予想がある。この証明を試みる自然な方法は背理法だろう。背理法で証明しようとするならまず、予想は真ではないと考え、奇数の完全数 x の存在を仮定することになる。最終的に矛盾を導こうとするにあたって、x の性質を深く研究する必要がある。そうするうちに、奇数の完全数について世界中で誰よりも詳しく知るようになるだろう。たとえそのような数が存在しないとしてもだ。

742 反例 COUNTEREXAMPLES

すべてのハトメ（環状の金具）が歪んでいるという予想があったとしたら、その**反例**は歪んでいないハトメだ。反例は強力である。1つあるだけで予想を完全につぶすことができる。たとえば、誰かがリーマンゼータ関数の自明でないゼロ点で臨界線上にないものを見つけたなら、それだけでリーマン予想は終わりになる。

数学者が1つの問いを熟考するとき、対をなす2つの手法にしたがって証明を試みながら、お互いの反例を探すというのはよくあるやり方だ。1つの手法だけで進めても最終的に成功し得るのはいうまでもないが、片方の手法を試みるなかで出会う障害が、もう片方の手法で有効となる場合もある。

743 結果の独立性 INDEPENDENCE RESULTS

本書では多くの**定理**を紹介している。定理とは、誰かが完璧な証明を与えた数学の命題だ。とはいえ、数学は錬金術ではない。何もないところから何かを予想することはできない。証明にはどれも、その基盤としていくつかの初期の仮定がある（暗黙のもののこともあれば、公理として明確に述べられることもある）。数学のなかでも、分野によって標準的な出発点はさまざまである。

しかしときに、こうした通常の仮定が特定の命題を証明するのにも、反証するのにも適切ではないことがある。このような状況を作りだすのが**結果の独立性**だ。結果の独立性は、命題も、その逆も、どちらも同じように公理に矛盾しないことを論証するものだ。

この種のものとして初めて明らかになったのは、平行線公準がユー

クリッドによるほかの公理とは独立しているという事実だ。クルト・ゲーデルが1931年に不完全性定理を証明してからというもの、数学の本流において結果の独立性に出くわす可能性が現実味を帯びてきた。

たとえば、リーマン予想は数学の通常の公理から独立していることが判明するかもしれない。そのような結果は数論からはまだ出てきてはいないが、フリードマンのTREE数列などの現象を通じて、不完全性は徐々に数学の本流に侵入し始めている。

20世紀になって数学基礎論がますます厳密に調べられるようになり、選択公理と連続体仮説の独立性がポール・コーエンによって示された。

744 一般化 GENERALIZATION

数学者は、なぜ慣れ親しんだ数体系ではなく、群のような一般化された抽象的な状況の研究を好むのだろうか？ 1つの理由は、**一般化**によって強い結果が得られることだ。群という遥かに一般化された背景のなかで真であることが証明できた事柄は、すべての数体系、さらに、数学のあちこちに現れるほかのたくさんの群においても、おのずと真になる。まだ発見されていない群においてさえこのことは成立する。

数学のなかでも、こうした考え方がことさら進んでいる分野がある。代数学で研究対象となる群や体は、通常の数体系を抽象化したものだ。これらは、一方ではモデル理論の構造として、また一方では圏論の対象として、さらに一般化可能だ。

この手法の最も大きく顕著な成果は、代数幾何学に見られたものかもしれない。まず、円などの幾何学における図形が多項方程式で与えられる多様体に一般化され、その後、スキームという抽象性の頂点に達した。これによって、ヴェイユ予想に対するドリーニュの証明など飛躍的進展への道が開けたのである。

745 抽象化 ABSTRACTION

数学の抽象的理論は、さまざまな方法で数学的状況の特徴を識別し、分析しようとしている。その方法というのは、たとえば乗法といった重要な現象を見出し、それを公理化することだ。こうすることで、特定の体系が持っているであろう乗法の非本質的で無意味な事柄を

すべてはぎ取り、研究対象である現象だけを切りはなして調べられるようになる。

一般化が強力な結果をもたらすように、**抽象化**は正確性をいっそう高める。より一般的な設定で定理を証明すると、なぜそれが真であるのかがかなり明確に理解できるからだ。逆数学は、この考え方の最たるものだ。これらさまざまな抽象化手法は、発見されるとすぐに、巧妙な方法で再結合され得る。たとえば、リー群は群と多様体の抽象的な概念を結びつけたものである。

746 分類 CLASSIFICATIONS

分類は、あらゆる定理のなかで最も高く評価されるものの1つだ。一般化や抽象化は、研究対象となるクラスをさらに広げて考える方向に数学者を導くが、分類定理はその逆だ。

このような定理として最初のものが、プラトン立体の分類だった。プラトンは、まずは抽象的に、いくつかの必要条件（すべての面が正多角形であること、すべての面が等しいこと）を満たす図形であるというように正多面体を定義した。

そして、その条件を満たす図形は正四面体、立方体、正八面体、正十二面体、正二十面体に限ることを証明したのだ。

分類定理は、数学においてかなりの重要性を持っている。抽象的な理論を具体的な例に置き換えながらも、何ら一般性を失わないからだ。だから、見たこともない正多面体に出会ったときは、対称変換群にもとづいた巧妙な議論をする必要などなく、単にプラトンが示した立体を順にあてはめていけばいい。

この理由から、分類定理は、何世紀にもわたる探究に終止符を打つような、数学的に重大な事態を招き得る。顕著な例として、有限単純群の分類、曲面の分類、単純リー群の分類、シェラハによる可算1階理論の分類、フリーズ群や文様群の分類、幾何化定理などがあげられる。

747 ヒルベルトの問題 HILBERT'S PROBLEMS

1900年にパリで開催された国際数学者会議の場でダフィット・ヒルベルトは講演を行い、そのなかで23の問題を提示した。これらの問題が20世紀の数学の方向性を決めることになった。

I. カントールの連続体仮説が正しいか否かを確定させる。
II. 算術の公理が無矛盾であることを証明する（ゲーデルの第二不完全性定理とゲンツェンの証明論によって示された）。
III. 2個の四面体 A、B を見出す。ただし、A をさらに小さな四面体に等分し、それらを再結合して B を作ることはできないものとする（これはヒルベルトの問題のなかで一番簡単であり、1902年にマックス・デーンが答を示した）。
IV. 測地線を用いて、新たな非ユークリッド幾何学を体系的に構築する（この問題は、あまりに曖昧であるために答えられないとされている。ただし、これによって非ユークリッド幾何学についての知識は間違いなく発展した）。
V. 微分可能であるとされているリー群と、そうでないリー群の間に違いはあるのだろうか？（答は「ノー」だ。リー群という大きなクラスは必然的に微分可能だ）
VI. 物理学を完全に公理化する（いまのところ最善の成果は、素粒子物理学の標準モデルとアインシュタインの場の方程式だ。一方で、万物の理論に対する研究も進んでいる）。
VII. 超越数論を理解する（ヒルベルトが提示した厳密な問題に対する答は、ゲルフォント＝シュナイダーの定理によって示された。しかし、分野全体としては謎につつまれたままだ）。
VIII. リーマン予想を証明する。
IX. ガウスが証明した平方剰余の相互法則を一般化する（重要な一般化がいくつか見つかっている。ラングランズプログラムへはさらなる研究を必要とする）。
X. ディオファントス方程式の解法のアルゴリズムを見つける（この作業はマチャセビッチの定理によって不可能であることが証明された）。
XI-XIII. ガロア理論の問題（これらは大部分が未解決だ）。
XIV-XVII. 代数幾何学の問題（部分的には答が見つかっている）。
XVIII. i) 各次元における空間群はたかだか有限個なのか？
   ii) アニソヘドラルな空間充填多面体は存在するのか？
   iii) 球面充填に関するケプラー予想を証明する。
XIX-XXI, XXIII. 偏微分方程式の理論の問題（これらは部分的に解決している）。
XXII. 微分幾何学の問題（1個の曲面を説明づける異なる方法に関するもの。大部分は解決されている）。

748 クレイ数学研究所によるミレニアム懸賞問題
THE CLAY INSTITUTE MILLENNIUM PROBLEMS

2000年、クレイ数学研究所は主要な未解決問題を集めてリストにまとめ、1世紀ほど先んじていたダフィット・ヒルベルトの問題と同じように提示した。以下に示す7問のミレニアム懸賞問題にはそれぞれ100万ドルの懸賞金がかけられた。

I. バーチ・スウィンナートン=ダイアー予想
II. ホッジ予想
III. ポアンカレ予想
IV. ナビエ・ストークス方程式
V. $P = NP$ 問題
VI. リーマン予想
VII. ヤン・ミルズの問題

現在までに、ポアンカレ予想だけが解決している。これは2003年に、グリゴリー・ペレルマンが証明した。ペレルマンは、この問題にかけられていた100万ドルの懸賞金も、フィールズ賞も辞退した。

749 フィールズ賞 THE FIELDS MEDAL

1896年に他界したスウェーデンの化学者、アルフレッド・ノーベルは、遺産のほとんどを文学、物理学、化学、医学生理学の各分野、平和分野における賞を創設するために残した。1968年には、スウェーデンの中央銀行が経済学におけるノーベル記念賞のために資金を提供した。

なぜ、ノーベルが数学を含めなかったのかについてはいくつかの推測がある。1つの言い伝えによると、ノーベルは1人の女性を巡り、有名な数学者(おそらくはヨースタ・ミッタク=レフラー)と争っていたからだという。もっとつまらない説は、単に数学に興味がなかったというものだ。

1924年の国際数学者会議で、この不釣り合いの解消に向けた努力が払われた。カナダの数学者、ジョン・チャールズ・フィールズが賞を創設するための資金提供を申し出たのである。初めて**フィールズ賞**が授与されたのは1936年のことで、1966年以降は、4年に1度、4人ずつに授与されている。

フィールズ賞は従来から、40歳未満の数学者を授与対象にしている。したがって、アンドリュー・ワイルズがフェルマーの最終定理の証明を終えたとき、すでに受賞資格はなかった。しかし、1998年に、ワイルズには特別賞として銀の銘板が授与された。フィールズ賞受賞者に贈られるメダル自体は金であり、ギリシャの数学者アルキメデスの肖像と、ラテン語で書かれたアルキメデスの言葉「Transire suum pectus mundoque potiri（自らを超えて宇宙を支配せよ）」が刻まれている。

数学と技術

Mathematics and Technology

750 コンピューター COMPUTERS

コンピューターによる計算の歴史は数学の歴史と密接に関係している。それを導入した人たちの多くが数学者だっただけではなく、初期のコンピューターは数学に役立てる目的で、つまり、算術を機械化するために設計されていた。

2進数列によって情報を符号化する可能性を初めて見出したのは、偉大なるゴットフリート・ライプニッツだ。それは、17世紀にまで遡る。ライプニッツは初期の計算機（**段階計算機**）を設計しており、この計算機では加算、減算、乗算、除算が行えた。

チャールズ・バベッジがコンピューターの父だとよくいわれるのは、19世紀初頭に、**階差機関**を設計したためだ。これは、多項式関数の計算をこなせるプログラム可能な装置である。

20世紀になると、**チューリングマシン**という考え方が登場する。これは、アラン・チューリングが純粋に理論的合理性から着想を得たもので、デジタルコンピューターがアルゴリズムを動かすうえでの基盤となった。

数年後、クロード・シャノンの情報理論によって、これらの計算機が通信するために使うであろう言語の解析が進み、インターネット革命への道が拓かれた。こんにち、コンピューター科学と数学の間には境界線を引けない部分も多く、たとえば、複雑性理論や暗号学といった分野は両方にまたがっている。

751 コンピューターによる数学
COMPUTATIONAL MATHEMATICS

数学者への一般的な思い込みをうまくまとめた冗談がある。それは、大学の学長を題材にしたものだ。

その学長は、物理学と化学の教員たちを嫌っていた。というのも、高価な装置を揃えるためにいつも費用を要求してきたからだ。

しかし、数学者のことは気に入っていた。なぜならば、数学者に必要なものはペン、紙、ごみ箱だったからだ（一番のお気に入りは哲学者だった。哲学者はごみ箱すら必要としなかったからだ）。

数学者は自分の頭脳以外の道具をほとんど必要としないという考え方に、かつてはいくらかの真理があった。しかし、パーソナルコンピューター時代の到来によって、数学もおおいに影響を受けた。

ガストン・ジュリアが1915年に**ジュリア集合**を発見したものの、その美しいフラクタルがコンピューターによって目に見られるようになるまでには、さらに50年の歳月が必要だったというのは特筆すべきことである。

現在では、数学で利用する統合的なコンピューターパッケージがいくつかある。たとえば、Mathematica（マセマティカ）、Maple（メイプル）、Mathcad（マスキャド）、Maxima（マキシマ）、Sage（セイジ）、MATLAB（マトラボ）などだ。これらは厳密な数値計算や描画処理を行うパッケージであるばかりか、かなり先進的な方法で記号を処理することもできる。以前は長い時間がかかり、人為的誤りの恐れもあった代数学的処理も、現在では自動化されている。

このようなプログラムは数学教育の道具として計り知れないほどの価値があり、また研究のためのよりいっそう重要な役割を担っている。**コンピューターシミュレーション**は（流体力学などの）応用数学の多くにおいて欠かせない。ほかの数学関連技術には、**分散コンピューティングプロジェクト**や**証明チェックソフトウエア**などがある。

752 情報時代の数学
MATHEMATICS IN THE INFORMATION AGE

かつて数学は、時代遅れで理解しがたいといわれていた。ところが、インターネットの登場は、数学の門戸を大きく開いた。現在では、

オンラインで存分に数学に触れることができる。

　ウェブを利用して自身の研究成果を広く周知したり、ほかの人の成果について議論したりする数学者はますます増えてきている。個人のウェブサイトやarXiv.orgに論文をアップロードするのは、査読つきの専門誌に投稿するのと同様の一般的な習慣となった。

　数学関連のブログによるコミュニティが急速に拡大し、mathoverflowのようなウェブサイトには研究者のためのディスカッションルームが設けられている。Polymathプロジェクトなどの革新的な動きによって、こうした交流は能動的な共同研究へと変わり始めている。

753 分散コンピューティング　DISTRIBUTED COMPUTING

　インターネットの時代は、科学者でなくては科学研究の役に立てないわけではない。世界中の家庭のコンピューターやゲーム機の空き時間を利用するプロジェクトが、タンパク質分子の構造解析から地球外生命体の証を求めての天空探査に至るまで、多数ある。

　コンピューターの処理能力が上がり、世界中でインターネットに接続する人たちが増えるにつれて、分散コンピューターの利用は強力なリソースとなった。こうしたプロジェクトのなかで、数学研究に関するものの数がどんどん増えている。

754 分散数学プロジェクト
DISTRIBUTED MATHEMATICS PROJECTS

　数学のなかでも、とりわけよく知られている分散コンピューティングプロジェクトが、GIMPS（the Great Internet Mersenne Prime Search）だ。これは、巨大素数の探索を取り仕切るものだ。

　PrimeGridでは、素数からなる長い等差数列や特定の形の巨大素数など、別の角度から素数を探している。PrimeGridはTwin Prime Searchプロジェクトと共同で研究を行っている。

　ABC@Homeでは、abc予想を研究するために自然数の3つ組(a, b, c)を探している。

　ZetaGridは2005年に完了しているが、リーマン予想を研究し、リーマンゼータ関数のゼロ点の1個目から2000億個目までを検証した。

　NFS@Homeは、整数の因数分解問題に取り組み、特に、nが

次第に大きくなる場合の$b^n \pm 1$（bは2と12の間）という形の数について研究している。

distributed.netでは、RSA因数分解問題やゴロム定規など、暗号解読に関する数学に焦点をあてている。

755 数学における共同研究
MATHEMATICAL COLLABORATION

数学者は孤高の天才であるという固定観念は、いつだって公正を欠くものだ。数学者同士の共同研究は数学の誕生とともに始まったものであり、昔から多くの研究者が共同研究を行うためにあちこちへと出かけていった。

ピタゴラスはエジプト、ユダヤ、フェニキア、インドに至るまで広範にわたって旅をし、技能を身につけたと伝えられている。そういった旅を極めたのがポール・エルデシュだ。エルデシュは果てしなく旅を続けながら暮らし、500人を超える人たちと共著論文を執筆した。

756 Polymath プロジェクト POLYMATH PROJECTS

2009年1月、フィールズ賞受賞者のティモシー・ガワーズはラムゼー理論からの問題をブログに提示し、その証明に加わって力を貸してくれる希望者を募った。これがPolymathプロジェクトの発端だ。このプロジェクトはウィキペディアのようなオープンソースプロジェクトの成功にヒントを得ていた。

この考え方はまったく新しいものだった。数学者による共同研究は絶えず行われていたが、通常は2人か3人だけで取り組んでいた。ガワーズは「大人数による共同作業で数学はできるか？」という疑問を提示し、次のように書いた。「もしも数学者が大人数集まってその頭脳を効率的に結びつけられたら、おそらくは問題もまた効率的に解決できるだろう」。そこで、頭脳を結びつけ、戦略を話し合い、考え方を共有し、結果を集めるために、ブログやウィキによる小規模なネットワークを構築した。

この実験は成功だった。世界で27人ほどの人たちが意見や考えを寄せたおかげで、2カ月のうちに定理の証明が完成し、さらに拡張することができた。それ以降、さらにいくつかのPolymathプロジェクトが動いている。このようなプロジェクトが、今後何年かのうちに、ま

すます頼もしいものになると考えて間違いないだろう。

757 発想と努力 INSPIRATION AND PERSPIRATION

多くの人たちが数学の心理学的要因、つまり、瞬間的に起こるひらめきと、長時間にわたるひたすら厳しい研究の関係性について、理論的に説明しようとしてきた。

意識しているか否かは別として、数学者たちがカール・フリードリヒ・ガウスを手本とするために、この謎はますます深まるばかりだった。ガウスは常に、できるだけ証明は簡潔でじゅうぶんに洗練した形で示そうと努めていた。そのため、ガウスの研究成果は論理的に非の打ちどころはないものの、どのようにしてそれに至ったのかを垣間みることはできなかった。ガウス曰く「まっとうな建築家は建物が完成したら足場を残さない」のだ。

この問いに対する斬新な見方がPolymathプロジェクトを通じて登場した。このプロジェクトでは、証明に結びついた思考プロセスを丸ごとどこも削らない記録として、間違いや行き詰まりを含んだまま残していた。ティモシー・ガワーズとマイケル・ニールセンは、『ネイチャー』誌に「いかに考えが成長し、変化し、進歩し、破棄されるのか、そして、1度に大きく飛躍するのではなく、小規模な洞察を多数結集し改善することを通じていかに理解が進むのかを明らかにしてくれる」と書いている。

758 証明チェックソフトウエア PROOF-CHECKING SOFTWARE

厳密にいうと、数学的証明とは命題のリストである。各命題は以前に行った処理の結果であり、それらが論理的に完璧な順に並んでいる。だから、原理上は、コンピューターによって数学的な証明を検証することができるはずだ。

しかし、これはかなりの難題だ。証明の定義は上記の通りだが、ほとんどの証明は人間が読むことを目的に書かれており、形式的でない部分も含むような論証になっていたり、読み手の直観や経験に頼っていたりする。

それでも、**証明チェックソフトウエア**が理解できる形式に証明を書き直すことができる。1973年以来、Mizarプロジェクトでは、昔から知られている数学の結果について、その証明をMizarのプログラム言

語に書き換え、コンピューターによってチェックしたもののデータベースをまとめている。そのデータベースには何千もの定理が登録され、なかには代数学の基本定理やベルトランの公準なども含まれている。

この技法は、長すぎて人間には簡単には理解しきれない証明に対して、大変価値あるものになっている。コンピューター化された証明チェックが手柄をあげたのは2004年のことで、この年、マイクロソフトリサーチのジョルジュ・ゴンティエとフランス国立情報学自動制御研究所のバンジャマン・ウェルネは、Coqと呼ばれるシステムを利用して4色問題を検証した。

本書執筆時点では、この分野での主な企画は、目下進行中のFlyspeckプロジェクトであり、これはケプラー予想の証明の完全な形式化と検証を目的としている。

759 自動定理証明 AUTOMATED THEOREM PROVING

証明チェックソフトウエアは、人間が書いた証明の正当性を確認するものだ。コンピューターが証明そのものを考えだすということではない。

自動定理証明は、人工知能研究における注目すべき方法であり、これまでに数学的に重要な結果をいくつも生みだしてきた。大きな進展が見られたのは1996年だ。この年、Equational Proverプログラムが、ウィリアム・マッキューン指揮の下で、ロビンズ予想の証明を見出した。この代数学の予想は1930年代にハーバート・ロビンズによって立てられたもので、数学者たちが何世代かにわたって注目していたものの、証明することができなかったものだ。

数学の哲学
Philosophies of Mathematics

760 算術の取るに足らない定理
THE FRIVOLOUS THEOREM OF ARITHMETIC

「自然数はほとんどどれも、とても、とても、とても大きい」。この冗談は、1990年にピーター・スタインバックが考えだしたもので、その背後には深く考えるべき重要な点が隠されている。人間の頭脳には限界があるため、理解できる数は、**自然数**の集合の、小規模で代表的

とはとてもいいがたい部分集合でしかない。最強の分散コンピューティングプロジェクトで因数分解するような数についてもそうだ。

グラハム数のようなとんでもなく大きな限界まで考えるとしても、それよりも大きな数がなおも限りなく存在する。実際、ほとんどの数について、人間の直観ではその振る舞いをとらえきれはしない。なぜならば、そういった数に出会う機会がまずないからだ。守備範囲に含まれるのは小さな数ばかりであり、それらを手がかりに無限の領域を推測するのは危険だ。

761 理論と実験 THEORY AND EXPERIMENT

算術の取るに足らない定理は、現代数学が抽象的手法を取ることを擁護するものといえる。公理に則って物事を証明することによってのみ、すべての自然数に対して真である命題が導ける。だからといって、小さな数を使って実験してみることに意味がないということではない。予想の誤りを立証するには、反例が1つあるだけでいい。また、数のなかに見られるパターンは、実際に目を向けるからこそ探しだせるものだ。

近年、数学における重要な分野の多くで、コンピューターを利用した実験にもとづく証明が提示されている。それは、リーマン予想からナビエ-ストークス方程式にまで至る。

762 プラトンの洞窟 PLATO'S CAVE

ギリシャの哲学者プラトンは、存在には2つの面があると主張した。私たちが暮らすはかなく不完全な**物理的世界**と、永遠で不変な**イデアの世界**だ。プラトンは著作『国家』のなかで、アナロジーを用いて、これら2つの領域がどのように関係しているのかを説明した。

プラトンが思い描いたのは、洞窟のなかで鎖につながれて暮らし、目の前の壁を見つめることしかできない囚人の一団だった。囚人たちの背後では火が焚かれて、壁を照らしている。外の世界からさまざまなものが洞窟内に運び込まれる。しかし、囚人たちはそれらを直接見ることができない。ただ、壁に映ったそれらの影を見るだけだ。

ここでの影は、物理的世界を表している。私たちが目にするのは影だけなのに、それを究極的な現実であると誤解して受け入れている。プラトンによれば、影は、最も純粋な現実であるイデアを、一時

的に、しかも不完全に表したものにすぎない。

763 プラトン哲学 PLATONISM

　プラトンのイデア論は数学だけを念頭においていたわけではなかったが、数学に特によくあてはまる。数学を哲学的に考察する人は、数などの実体の存在に強い関心がある。7本のバナナも7冊の本も、7という純粋な数の2つの不完全な影だと考えることはそう難しくない。プラトンは、私たちがイデアの世界に近づけるのは、理性を働かせることによってのみであるという信念を持っていた。これも、数学の方法論と一致している。

　哲学として妥当なものが最終的にどのようなものになるにせよ、多くの数学者は、少なくとも有効な仮定として、プラトン哲学に同意しているといっていいだろう。プラトン哲学は、数学的実体の存在に関する問いへのしっかりとした明確な答、そして、抽象的構造に囲まれてすごす人たちの経験に合致する答を与えてくれる。

　プラトン哲学は、ほかの数学的概念を判断するための規準となる基本姿勢なのかもしれない。

764 フレーゲの論理主義 FREGE'S LOGICISM

　アリストテレスの三段論法や、「$A = A$」といった命題が真であるのは自明である。さらにいえば、ただその形式ゆえに真なのであって、用いられている言葉の意味によるのではない。
「$A = A$」は、Aが何であっても真だ。このような命題を、哲学者は**分析的真理**であるという。ゴットロープ・フレーゲに代表される初期の論理主義者たちは、大胆な目標を抱いていた。算術のすべてがこのような命題の不可避な帰結であることを示したいと考えたのだ。

　その目論見がうまくいっているとはいえない。算術をどのように公理化しても、たとえば『数学原理』に書かれているもののように、真偽が分析的ではない公理がいくつか含まれる（数学的帰納法に根拠を与える公理が主な支障となる）。

765 論理学としての数学 MATHEMATICS AS LOGIC

「数学と論理学が同じであるという基礎的なテーゼについて、修正すべき理由はこれまでにまったく見つかっていない」——バートラン

ド・ラッセル

論理主義は、数学は論理学に還元できるという見方だと広く解釈されている。とはいえ、フレーゲによる本来の論理主義とは異なり、「論理学」は現在より広い意味合いを持ち、また**分析的真理**のほかにも公理を仮定できることになっている。この新しい原理は、20世紀の間、多くの数学者の手本となってきた。ラッセルとホワイトヘッドの『数学原理』はその初期の偉業である。

　この**新論理主義**がもたらしてきた成功を考えれば、それを完全に否定するのは難しいだろう。純粋数学の多くの対象や方法が、本来的に論理的であることは間違いない。そのことを認識すると（数理論理学から分岐した計算可能性理論、証明論、モデル理論などを通じて）、私たちとそれらとの相互作用は大幅に豊かなものになる。

　他方で、この新論理主義の原理は、数学的対象の存在論的地位といった数理哲学の基盤となる問題には取り組まない。むしろ、数学的対象を論理学の概念へ置き換えるものだ。

766 形式主義 FORMALISM

　形式主義は、数学に対する還元主義的な視点を持つもので、プラトン哲学の視点とは反対である。数学は紙に書き記した一定の記号を、あらかじめ合意された規則によって操作することにすぎないという考え方なのだ。

　ダフィット・ヒルベルトが最も有名な形式主義者である。ヒルベルトプログラムが関心を寄せる無矛盾性、完全性、決定可能性についての基礎的な問いの研究のためには、数学を単なる記号ゲーム扱いすることが正当な方法であるとヒルベルトは認識していた。

　じつに多くの数学の公理化が首尾よく厳密に成し遂げられていることを考えれば、形式主義を否定するのは難しい。純粋数学者はまさに、一定の規則にしたがって記号を操作することに時間を割いている。哲学的な疑問は、これが純粋数学者たちのしていることのすべてなのかどうか、あるいは、純粋数学者たちの研究にはもっと深い意味があるのかどうかという点だ。

　形式主義だけでは、「いったい、どのような規則を選択するべきなのか？」という重要な問いに答えられないことに注意しなくてはならない。この問いが深刻なものとなったのは、クルト・ゲーデルが**不完**

全性定理を証明したときである。不完全性定理には、すべての疑問に答えられるように自然数を公理化する有効な手立てはないという含みがあった。

767 経験主義 EMPIRICISM

自然数に対する**経験主義**的手法は、すべてを純粋論理学の分析的真理や記号操作による形式的ゲームに還元しようとするのではなく、自然数がこの世界の物理的対象の性質として存在することを認めている。結局のところ、「おもちゃを2個持っているところに、さらに2個のおもちゃをもらった。すると手元には全部で4個のおもちゃがある」といった形で私たちは数学と初めて触れ合うのだ。

こうした自然数の振る舞いをどのようにしたら調べられるだろうか？ 経験主義者たちは、これをほかの科学的問題と同じように扱うべきだという。つまり、調査し、実験し、仮説を立て、証拠に照らして検証し、結論を導くのだ。

経験主義は形式主義と対立するもので、ゲーデルやチューリングの研究成果から勢いを得た。2人の研究によって、自然数の真実は形式体系によって理解できるものすべてを超えたところにあることが明らかになったからだ。

公理（そしてもちろん証明）はなおも重要な役割を担っているが、それらは気持ちのうえでは素粒子物理学の標準モデルに近い。差し当たってもっと高く評価できるものがないというだけだ。私たちが真実に近づくにつれて、それらが変化して発展することを期待しよう。

768 構成主義 CONSTRUCTIVISM

ブラウワーの不動点定理は不思議な結果を導く。カップに入れたコーヒーをかき混ぜると、混ぜる前と同じ位置にある点が必ず1カ所存在することを保証しているのだが、定理の文言にもその証明にもその点がどこにあるのかについての情報は何ら示されていない。

これは、**非構成的結果**の一例であり、数学の文献を見てもこうしたものはほとんどない。一般的な手法は、特定のタイプの対象（たとえばコーヒーのなかで動かない点）が存在することを証明するために、その1つを直接的に示すことだ。これが**構成主義的手法**である。

背理法は、排中律を利用した、非構成的な代替案を示すものだ。

初めに求めたいタイプの対象が存在しないと仮定し、この仮定から矛盾を導く。数学のなかで非構成的結果が生じるのはたいがいこの方法による。

構成主義は、直観主義的論理（皮肉なことに、これはブラウワーが作ったものである）と密接に結びついている。非構成的数学の究極の例が選択公理だ。一部の人たちが選択公理に懐疑的なのは、ここに理由がある。

769 構成的数学 CONSTRUCTIVE MATHEMATICS

構成的数学は目下進行中のプログラムで、非構成的な証明や定理を構成的な同等のものに置き換えることを目的としている。模範となる概念は、いうまでもなく構成主義だ。

構成的数学には、それに見込みがあると考えていない人たちにとってさえ、関心の対象となる理由がある。仮定をできる限り控えるというのは、数学の優れた習慣だ。構成主義の数学者は、排中律（選択公理の別の形）が利便性の高い近道ではなく、仮定である場合を調べる。すると、**証明論**と**逆数学**という深みへと導かれることになる。同時に、構成的証明はアルゴリズムと密接な関係があり、コンピューター科学においても重要である。

770 有限主義 FINITISM

「整数は神が作った。そのほかはどれも人間が作ったものだ」──レオポルト・クロネッカー

19世紀後半、クロネッカーは数学が遂げつつあった変化に仰天した。特に、自分自身の学生だったゲオルク・カントールのあげた研究成果にはぎょっとした。

先に引用したクロネッカーの言葉は、**有限主義**の考え方を端的に言い表す言葉となった。有限主義とは構成主義派に対する厳しい見解であり、無限量の実在をいっさい否定するものだ。

有限主義者は、無限は可能性としてのみ理解できると主張した。たしかに、自然数の集合が無限であるという可能性はある。しかし、理解できるのは有限な部分集合だけだ。こうした有限集合は、私たちの宇宙の物理的現実として、カントールの無限集合とは違う方法で表されていると主張する。

771 超有限主義 ULTRAFINITISM

　有限主義的哲学をさらに推し進める学者がいる。私たちの物理的宇宙の一部ではない、あるいは、人間の頭脳で理解可能なものでないという理由で無限集合の実在が疑わしいのならば、同じことがハーヴェイ・フリードマンの TREE(3) のような巨大な有限数にもいえるはずだ。

　超有限主義を誰よりもはっきりと支持したのは、おそらくアレクサンドル・エセーニン゠ヴォーリピンだろう。詩人であり、倫理学者でもあり、人権活動家でもあり、また長きにわたってソヴィエト連邦の政治犯として扱われもした人物だ。エセーニン゠ヴォーリピンにしてみれば、2^{100} のような数さえも人間の頭脳の及ぶ範囲ではなく、それゆえに、有効性は疑わしい。ましてや、フリードマンの TREE のようなモンスターはいうまでもない。

　問題は、2 は受け入れられるが 2^{100} が受け入れられないというなら、どこに境界線があるのかということだ。ハーヴェイ・フリードマンは、イデオロギーが極めて異なる2人の男が出会ったときの顛末を次のように語った。

「私が(極端な)超有限主義者のエセーニン゠ヴォーリピンに対してこの異議を唱えたのは、ほかならぬ本人のレクチャーの最中だった。するとエセーニン゠ヴォーリピンはもっと具体的に述べるようにと求めてきた。そこで、私は手始めに 2^1 を持ちだし、これは実在するのかと尋ねた。エセーニン゠ヴォーリピンは実在するとほぼ即答した。そこで私は、2^2 について尋ねた。するとまた実在すると答えたものの、多少返事は遅かった。次に 2^3 について訊くと、これも実在するといった。しかし、返事にはさらに時間がかかった。こうしたことがあと数回続いた。やがて、エセーニン゠ヴォーリピンがこの異議にどのように対処しているのかがわかった。必ず『実在する』と答えるつもりではあったようだが、2^{100} について尋ねられたときにそう答えるのには、2^1 について尋ねられたときの 2^{100} 倍の時間をかけるつもりだったのだ」

数学という営み　数学と技術　**数学の哲学**

数
幾何学
代数学
離散数学
解析学
論理学
超数学
確率論と統計学
数理物理学
ゲームとレクリエーション

PROBABILITY & STATISTICS
確率論と統計学

数学は、ニュートン力学と同じように、予測可能な現象をモデル化するとともに、不確実性を分析するための非常に貴重な手段を提供する。それが確率論という分野だ。確率論では、サイコロを振る、コインを投げるといった単純な試行から、偶然の数学に対する多くの洞察が得られる。

　世界中のビジネスや政治は、統計学という形で日々数学を取り入れている。統計学には、任意の形式の数値データを分析する道具が揃っているからだ。

　確率論と統計学が密接に関係していることに、何ら驚くようなことはない。1回の試行で得られるデータから、その根底にある確率分布への手がかりが得られる。

　確率分布については、強力でエレガントな定理が多数証明されている。たとえば、大数の法則や中心極限定理などだ。こうした計算の結果が、人間の直観にひどく合わないという状況は驚くほど多い。よく知られている例がモンティ・ホール問題や検察官の誤謬だ（こうしたことは、進化に伴い、生来の性質として人間に備わったものだろうと示唆する人たちもいる）。

　このような不合理な考えにとらわれないために、多くの分野の人たちがベイズ推定という技法を使い、リスク評価の精度を高めている。

　応用数学の重要な分野として、暗号学がある。これは、メッセージを暗号化するための最も古い方法である単表式暗号化から、情報理論という新しい研究分野まで多岐にわたる。この情報理論こそ、インターネット時代の礎石である。

Statistics

統計学

772 平均 MEAN

{3, 3, 4, 3, 4, 5, 3, 9, 4}というデータ集合Aを得たとする。これは、庭に咲いているタンポポの葉の枚数でも、通りに並ぶ家々に暮らす人の数でもいい。Aが何を示しているにせよ、その**平均値**を計算したいと考えることがあるだろう。「平均値」には、平均、中央値、最頻値、範囲の中央といったさまざまな形がある。一般には、これらは同じ結果にはならない。

平均は平均値としては最もよく知られたものだ。これを求めるには、すべての数を足し合わせ（3+3+4+3+4+5+3+9+4 = 38）、データの個数（この場合は9）で割ればいい。この例の場合$\frac{38}{9} = 4.\dot{2}$となる。

一般に、m個のデータ$\{a_1, a_2, \ldots, a_m\}$があるとき、平均は$\frac{a_1+a_2+\cdots+a_m}{m}$だ。

平均は予期しない数値を返すことがある。たとえば、世界中の人たちの腕の数の平均は2ではなく、おおよそ1.999だ（多くの人は腕が2本だが、腕がない、あるいは1本だけの人もいる）。したがって、圧倒的多数の人たちは腕の本数が平均値を超えていることになる。中央値や最頻値を用いれば、そんな状態にはならないだろう。

773 中央値 MEDIAN

Aをデータ集合{3, 3, 4, 3, 4, 5, 3, 9, 4}としよう。Aの**中央値**を計算するためには、まずAを昇順に並べ変える（{3, 3, 3, 3, 4, 4, 4, 5, 9}）。中央値とは真ん中の数であり、この場合は4となる。

データ点が偶数個のときは少しややこしい。その場合、中央値は真ん中の2個の値の平均と考える。たとえば、データ集合{9, 10, 12, 14}の中央値を求めたいとしよう。集合内にちょうど真ん中の値はないが、真ん中の2個は10と12だ。だから、これらの平均をとって、$\frac{10+12}{2} = 11$となる。

774 最頻値と範囲の中央 MODE AND MID-RANGE

最頻値とは、最も頻繁に登場する値のことだ（さきほどの集合Aの場合は3）。データ集合によっては、意味のある最頻値が得られないこともある（たとえば、{1, 2, 3, 4, 5}や{2, 2, 50, 1001, 1001}といった集合）。

平均値として最も洗練されていない形のものが、**範囲の中央**だ。こ

れは、最大値と最小値の平均である。集合Aの場合には、$\frac{3+9}{2}=6$となる。

775 度数分布表 FREQUENCY TABLES

データ集合Aは9個のデータ点を含むだけの扱いやすい集合だ。応用の場で出会うデータ集合はもっと遥かに大きなものとなるだろう。そのため、平均や中央値や最頻値を計算するための数学は変わらないが、表現の仕方がわずかに異なってくる。

ある町の各家や共同住宅の各部屋に住んでいる人の人数のデータがあるとする。これを、**度数分布表**に書きだすことができる。

住宅に住む人数	度数
0	292
1	5745
2	8291
3	4703
4	2108
5	961
6	531
合計	22631

これは、誰も住んでいない住宅が292戸あり、1人暮らしの住宅が5745戸あり、……といったことを示すもので、町のなかには合計22631戸の住宅があることもわかる。最もわかりやすい平均値は最頻値で、表からすぐに読み取れる。

776 度数分布表から平均を求める
MEAN FROM FREQUENCY TABLES

先ほどの度数分布表から平均を計算するためには、全住宅の住民の人数を加えて合計数を出し、住宅の戸数で割る必要がある。度数の列には住宅の戸数が記録してある。合計は22631だ。人数の合計はどのようにして得られるだろうか?

誰も住んでいない住宅では人数の合計は(明らかに)0人だ。1人暮らしの住宅が5745戸あるので、合計人数に5745が加わる。2人が住んでいる住宅には、合計で$8291\times2=16582$人がいる。さらに、3人が住んでいる住宅では、合計人数は$4703\times3=14109$だ。

人数の合計を計算するために、表の左から1列目と2列目の値を

掛け合わせる必要がある。1列目の値を n、度数を f と略記すると便利だ。ここで、表に新しく列を追加し、次に示すように、$n \times f$ の値を書き入れる。

n	f	$n \times f$
0	292	0
1	5745	5745
2	8291	16582
3	4703	14109
4	2108	8432
5	961	4805
6	531	3186
合計	22631	52859

3列目は、住宅のクラスごとの住んでいる人の合計数を示している。この列の値を足し合わせると、町に住む人の合計数がわかる。52859 だ。こうしてようやく、求めたい平均を計算することができる（$\frac{52859}{22631} = 2.34$ ［小数第2位まで］）。

777 累積度数 CUMULATIVE FREQUENCY

度数分布表において、中央値はリストの真ん中、つまり、11316 番目の住宅に対する値になる。だから、それがどのクラスに該当するのかを算出しなくてはならない。そのためには、表に3列目を加えて**累積度数**を数えると便利だ。

住宅に住む人数	度数	累積度数
0	292	292
1	5745	6037
2	8291	14328
3	4703	19031
4	2108	21139
5	961	22100
6	531	22631

累積度数の列に書かれた最初の値は 292 で、これは、度数を記した列と同じ値だ。次の列の値は 6037 で、0人または1人が住んでいる住宅戸数を示している。同様に、次の累積度数 14328 は 0人または1人または2人が住んでいる住宅の数だ。

累積度数を使って中央値を見つける方法は次の通りだ。11316 番目の住宅に住む人の数が中央値である。2人が暮らしている住宅

のクラスには6038番目から14328番目までが含まれているため、11316番目はこのクラスに属しているはずだ。したがって、中央値は2である。

778 四分位範囲 INTERQUARTILE RANGE

中心を判断する方法として、さまざまな平均値があった。データ集合の重要な側面としては、ほかにも**散らばり具合**がある。これを形式化する方法もまた、さまざまある。

範囲とは、最大のデータ点と最小のデータ点との間隔のことだ。これは、外れ値の影響を大きく受けるため、特別に便利な指標というわけではない(外れ値とは、一般的傾向から大きくずれたところにある点のことだ)。

そのほかの簡潔な指標に、**四分位範囲**がある。中央値は、最小値から最大値までのデータを昇順に並べたとき、ちょうど真ん中の位置にくる点を拾うことで得られる。同様に、最小値から最大値までの間で $\frac{1}{4}$ や $\frac{3}{4}$ にくる点を調べることもできる。これらを四分位点という。また、$\frac{1}{4}$ の点と $\frac{3}{4}$ の点の間にある間隔を四分位範囲という。

たとえば、{1, 1, 3, 5, 7, 9, 10, 15, 18, 20, 50}というデータ集合を考えたとき、中央値は9、四分位点は3と18、四分位範囲は18-3 = 15となる。全範囲は50-1 = 49だ。

データ集合がもっと大きな場合には、四分位点を累積度数表から読み取ることになる。

第1四分位点は5658番目の住宅で、これは1人暮らしのクラスに含まれている。第3四分位点は16974番目の住宅で、これは3人が住むクラスに含まれている。だから、四分位範囲は3-1 = 2だ。全範囲は6-0 = 6となる。

779 標本分散 SAMPLE VARIANCE

標本分散は、データ集合の散らばり具合の指標である。これは、平均を中心とみなしたときの、最も自然なばらつき具合の指標だ。

データ集合 X が n 個のデータ点を含み、平均が μ であるとしよう。平均から任意のデータ点 x までの距離は、$x - \mu$ と評価することができる。ここで、その距離を平方し、正の値 $(x-\mu)^2$ とする。

各 x に対してこれを行い、その平均をとれば、X の標本分散 $\mathrm{Var}\,X$ が得られる。すなわち、以下の通りだ。

$$\mathrm{Var}\,X = \frac{\sum(x-\mu)^2}{n}$$

たとえば、データが {3, 3, 3, 3, 4, 4, 4, 5, 9} であれば、その平均は $4.\dot{2}$ だ。分散を計算するために各値から平均を引くと、以下のようになる。

$$-1.\dot{2},\ -1.\dot{2},\ -1.\dot{2},\ -1.\dot{2},\ -0.\dot{2},\ -0.\dot{2},\ -0.\dot{2},\ 0.\dot{7},\ 4.\dot{7}$$

ここで、標本分散を得るためにそれぞれを平方し、その平均をとる。

$$\frac{4\times(-1.2)^2 + 3\times(-0.2)^2 + (0.7)^2 + (4.7)^2}{9} \fallingdotseq 3.284$$

X の標準偏差というのは $\sqrt{\mathrm{Var}\,X}$ のことだ。この場合、$\sqrt{3.284} \fallingdotseq 1.812$ となる。

780 モーメント MOMENTS

分散を計算する手続きはやや煩雑であり、もう少し手っ取り早い方法もある。分散は、平方の平均から平均の平方を引いたものに等しいことがわかっている。つまり、以下の通りだ。

$$\mathrm{Var}\,X = \frac{\sum x^2}{n} - \mu^2$$

データ集合 {3, 3, 3, 3, 4, 4, 4, 5, 9} を考え、平方の平均を次のように計算する。

$$\frac{4\times 3^2 + 3\times 4^2 + 5^2 + 9^2}{9} = 21.\dot{1}$$

そして、以下のように平均の平方を引く。

$$21.\dot{1} - (4.\dot{2})^2 \fallingdotseq 3.284$$

平均は **1次モーメント**、平方の平均は **2次モーメント** とも呼ばれている。統計学者は、さらに高次のモーメントも利用する。

781 相関 CORRELATION

タバコを吸う人はガンになりやすいのだろうか？ 雨の多い国に住む人たちは子供の数が多いのだろうか？ 体重の重いカブトムシは長生きするのか？ 科学者たちにとって、2つの現象の間の関係性を検証してみたいと思える状況はたくさんある。そういった関係性を定量化する統計学上の手段が **相関** だ。

何匹かのカブトムシの体重と寿命のデータがあり、寿命と体重に関係があるかどうかを検証したいとしよう。まずは、体重のデータと寿命のデータを対照してグラフに記すとよい。☞**Fig**

書き込まれた点がランダムに散らばっていれば2つの要因に相関はない。一方、直線に非常に近い状態で配置されていれば両者には強い相関がある。この2通りの状況の中間ならば弱い相関がある。

ある程度の相関がみられたとしよう。体重の増加が長寿化につながる傾向があれば正の相関がある、体重の増加が短命化につながる傾向があれば負の相関があるという。

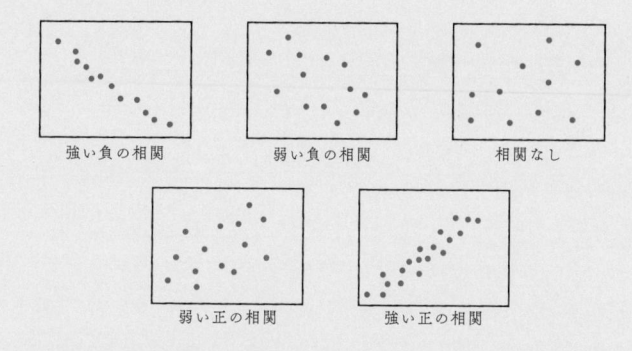

強い負の相関　　弱い負の相関　　相関なし
弱い正の相関　　強い正の相関

さまざまな方法によって、統計学者はこうした状況に数を割り当てている。その数を、**相関係数**と呼ぶ(よく知られているのは、スピアマンの順位相関係数だ)。相関係数は、-1と+1の間の数となる。-1に近い係数は強い負の相関を、+1に近い係数は強い正の相関を意味する。そして、0という係数は相関がないことを意味する。

検証の結果、カブトムシの体重と寿命の間に正の相関があるとわかったとしても、健康状態がとてもよいために長寿であるカブトムシの体重が重くなるのか、あるいは、体重が重いと危害を加えらなくなるために長寿になるのか、はたまた、メスのカブトムシはオスよりも重くて長生きでもあるといった第3の要因があるのかどうかについてはわからない。相関があるからといって、**因果関係**があるわけではない。

782 スピアマンの順位相関係数
SPEARMAN'S RANK CORRELATION

相関を調べる手法はいくつかある。チャールズ・スピアマンの**順位相関係数**には、線形の相関関係を仮定しなくてもいいという利点が

ある。

科学者たちが光を発する新種の植物を発見し、その植物の高さと明るさに相関があるのかどうかを知りたいとしよう。

植物	高さ	明るさ
A	6.1	0.41
B	4.5	0.37
C	5.0	0.36
D	5.9	0.31
E	7.3	0.45
F	6.2	0.38

まず行うべきは、植物の高さ、明るさによる順位づけだ（1位が最も背が高い、あるいは最も明るい）。

植物	高さ	高さの順位	明るさ	明るさの順位
A	6.1	3	0.41	2
B	4.5	6	0.37	4
C	5.0	5	0.36	5
D	5.9	4	0.31	6
E	7.3	1	0.45	1
F	6.2	2	0.38	3

ここから先は、実際のデータは忘れ、2通りの順位だけで話を進めることができる。次にすべきことが、各植物について順位の違い（d）を計算し、平方する（d^2）ことだからだ。

植物	高さの順位	明るさの順位	順位の差（d）	d^2
A	3	2	1	1
B	6	4	2	4
C	5	5	0	0
D	4	6	-2	4
E	1	1	0	0
F	2	3	-1	1

そして、d^2 の列を加えていく。この場合、$\Sigma d^2 = 10$ だ。最後に、これを以下に示すスピアマンの係数の公式に入れる。

$$\rho = 1 - \frac{6\sum d^2}{n(n^2-1)}$$

n は植物の数であり、この場合は 6 だ（相関が完全であれば、期待通り

に、すべての順位が同じで係数は1になることに注意しよう)。この場合、順位の相関係数 $\rho \fallingdotseq 0.71$ となり、正の中程度の相関があることがわかる。

783 最初の桁の数 THE FIRST DIGIT PHENOMENON

現実世界のデータ集合として、企業の会計帳簿、あるいは、山脈の標高のデータがあるとしよう。このとき、最初の桁に1から9までの数字がそれぞれ何度出現するのかを集計してみよう(頭のゼロは無視する)。9種類の数字はどれも等しく一般的であるため、各数字が9分の1の確率で登場すると多くの人は予測するだろう。

驚くべきことに、19世紀の学者、サイモン・ニューカムが気づき、20世紀の学者、フランク・ベンフォードが再度発見した通り、そうはならない。

ベンフォードはさらに研究を進め、野球の統計から河川の長さに至るまでの大量のデータにおいて第1桁の数を調べた。そして、第1桁として1がおおよそ30パーセントの確率で現れること、2ならばおおよそ17パーセントの確率で現れること、9に向かうにつれて確率は下がり、9の場合にはおおよそ5パーセントしかないことを突き止めた。

784 ベンフォードの法則 BENFORD'S LAW

ベンフォードの法則から、**最初の桁の数**についての公式が得られる。法則によれば、最初の桁として n が生じる割合はおおよそ $\log_{10}(1+\frac{1}{n})$ である。☞Fig

ベンフォードの法則の扱いは注意しなくてはならない。本当にランダムな数は、通常これを満たさないからだ(だから、宝くじの番号を選ぶときには役に立たない)。同様に、あまりに狭い範囲のデータもこの法則にしたがわないだろう(アメリカの大統領で、年齢が1から始まる人は多くない)。しかし、これらの例ほど極端でなければ、この法則があてはまるような社会的状況や自然発生的状況は非常に多い(実際にベンフォードの法則は、アメリカでは詐欺の

発見方法としてその価値が認められている)。

785 ヒルの定理 HILL'S THEOREM

ベンフォードの法則は、発見以来、さまざまな意味で妥当だとされてきた。

1桁の数だけからなる集合を考えてみよう。この場合、最初の桁の出現頻度はもちろん一様だ。次に、すべての元に2を掛けて新しい集合を作ろう。{2, 4, 6, 8, 10, 12, 14, 16, 18}となる。50パーセント以上において最初の桁が1になった。

これで、最初の桁に関する分布の不安定性が説明できる。算術的手続きを何度も繰り返すことで分布は偏りを示し始め、ベンフォードの分布に合致するようになるのである。

これが考え方の大筋であるが、厳密な証明は1998年になって、セオドア・ヒルが初めて与えた。重要なのは、ベンフォードの法則が底に依存しないということだ。さきほどの命題は10を底として表したデータに対するものだったが、同様のことはほかの任意の底 b に対してもあてはまる。

そして、最初の桁における平均的な頻度は $\log_b(1+\frac{1}{n})$ となる。ヒルは、ベンフォードの分布が、**底不変性**という性質を満たす唯一の確率分布であることを示したのである。

Probability

786 確率 PROBABILITY

確率とは、事象 X が起こる可能性を定量化する数学的方法である。これは、X に $P(X)$ と呼ばれる数を割り当てることになる(このとき $P(X)$ は0と1の間の数となる)。

わかりやすくいうと、$P(X) = 0$ ならば X は起こり得ない。たとえば、サイコロで7の目を出すようなことだ。$P(X) = 1$ という確率は、確実に起こることに当たる。その中間は、コインを投げるときに表が出る確率であれば $\frac{1}{2}$ だし、サイコロを振るときに1から5までの目が出る確率であれば $\frac{5}{6}$ だ。

確率に対するこのような解釈は、たかだか有限通りの結果しか考

えられない場合にはさほど問題なく機能する。しかし、幅広く応用するにはあまりに単純である。$P(X) = 0$ は X が起こり得ないのではなく、起こりそうもないことを意味するものと解釈するほうがふさわしい。たとえば、0と10の間から1つの実数をまったく無作為に選ぶとする。このとき、ちょうどぴったり5を選ぶ確率はどのくらいだろうか？　これは、無限に多くある可能性の1つであるゆえに、確率は0だ。しかし、起こり得ないわけではない。

787 成功と結果 SUCCESSES AND OUTCOMES

サイコロを振ったとき、目の出方には6通りの可能性があり、どれも同様に確からしい。ここで、6の目が出る確率に関心があるとしよう。すると、考え得る6通りの結果のうち、1通りが成功と分類され、その確率は $\frac{1}{6}$ となる。ここでの基本原理は単純だ。成功とされる結果の確率は、すべての結果が同様に確からしい限りは必ず（成功とされる結果の数）÷（結果の総数）となる。

公正な2個のサイコロ（A と B）を振るとすると、目の出方は36通りが考えられる。A の目として考えられる1から6までのそれぞれに対して、B の目も1から6まで考えられ、それらの組み合わせとなるからだ。サイコロを振って目の合計が7になる確率を知りたいのであれば、成功とされる結果の数を調べなくてはならない。成功とされる結果として可能性があるのは以下の通りだ。

A	1	2	3	4	5	6
B	6	5	4	3	2	1

6通りあるので、合計が7となる確率は $\frac{6}{36} = \frac{1}{6}$ だ。

この単純な考え方は、誕生日問題のようなややこしい問題にも適用可能だ。ただし、難解な組み合わせ論が関わってくることが少なくない。

788 確率を足し合わせる ADDING PROBABILITIES

2つの事象 X と Y の確率がわかっているとする。新たな事象「X または Y」の確率はどうなるだろうか？　経験則からすると、「または」は「確率を加える」と解釈したくなる。実際、公正なサイコロを振って4の目が出る確率は $\frac{1}{6}$ だ。5が出る確率も同じだ。したがって4ま

たは5の目が出る確率は $\frac{1}{6} + \frac{1}{6} = \frac{1}{3}$ となる。

ここで注意が必要だ。2枚のコイン（AとB）を投げるとしよう。Aが表になるか、または、Bが表になる確率はいくらだろうか？ Aが表になる確率は $\frac{1}{2}$ で、Bが表になる確率も $\frac{1}{2}$ だ。これらを加えると、答は $\frac{1}{2} + \frac{1}{2} = 1$ となる。

これは、AかBのどちらかは必ず表になることを意味する。2枚とも裏になることだってあるのだから、これが間違っていることは明らかだ。一般に、確率を足し合わせるという規則は、2つの事象が互いに**排反**であるときだけに成り立つ。

789 確率を掛け合わせる MULTIPLYING PROBABILITIES

2つの事象XとYの確率がわかっているとする。新たな事象「XかつY」の確率はどうなるだろうか？ 経験則からすると、「かつ」は「確率を掛ける」と解釈したくなる。たとえば、2枚のコインを投げるとき、どちらも表が出る確率は $\frac{1}{2} \times \frac{1}{2} = \frac{1}{4}$ だ。

確率を足し合わせる場合と同様に、この規則を間違ってあてはめるとたちまち無意味な結果となる。1枚のコインを1回だけ投げるとする。このとき表が出る確率は $\frac{1}{2}$ であり、裏が出る確率も同様だ。だから（1回だけ投げて）表が出て、かつ、裏が出る確率は $\frac{1}{2} \times \frac{1}{2} = \frac{1}{4}$ となるはずだ。しかし、これは明らかに不合理だ。このような筋書きはあり得ないもので、確率は当然0である。

それでも、経験則にはおおいに価値がある。経験則がいつあてはまり、いつあてはまらないのかを知るためには、**独立事象**について理解する必要がある。

790 互いに排反な事象 MUTUALLY EXCLUSIVE EVENTS

2つの事象、XとYが互いに**排反**であるとは、両方が同時には起こり得ないことをいう。すなわち、Xが起こるならYは起こらないし、Yが起こるならXは起こらないということだ。サイコロを1個振るとき、2の目が出る事象と5の目が出る事象は互いに排反だ。

XとYが互いに排反であるなら、「XまたはY」の確率を求めるためには、それぞれの確率を足し合わせればいい。

たとえば、サイコロで2の目が出る確率と5の目が出る確率はそれぞれ $\frac{1}{6}$ だ。だから2または5が出る確率は $\frac{1}{6} + \frac{1}{6} = \frac{1}{3}$ だ。しかし、

2個のサイコロ（AとB）を振る場合、Aが2となりBが5となるのは互いに排反な事象ではない。だからこの場合、それぞれの確率をただ加えるというわけにはいかない。

791 独立事象 INDEPENDENT EVENTS

2つの事象XとYが**独立**であるとは、互いに影響し合わないことをいう。Xが起こるか否かはYの確率に影響を及ぼさず、Yが起こるか否かはXの確率に影響を及ぼさない。よくある例は、サイコロを振り、かつコインを投げるとき、サイコロで6の目が出ることとコインの表が出ることとは独立事象だ。

XとYが独立であれば、「XかつY」の確率は、それぞれの確率を掛け合わせればいい。

独立であることが、必ずしも自明であるというわけではない。別の例をあげよう。1組のトランプからカードを1枚引く。そして、残ったカードを切って、また1枚引く。これは独立事象だろうか？ 答は、2枚目のカードを引く前に1枚目を組に戻すか否かによる。戻すのであれば、2つの事象は独立だ。戻さないのであれば、1回目の事象が2回目の確率に影響するので独立ではない。

2つの事象が独立で、かつ互いに排反であるということはあり得ないというのはほぼ正しい。例外が1つある。すなわち、事象の1つが起こり得ない場合だ。

コインの表が出る事象とサイコロで7の目が出る事象は間違いなく独立だ。そして、それらが両方起こることはないという自明な意味において、互いに排反でもある。というのも、7の目が出ること自体、決してないからだ。

792 誕生日問題 THE BIRTHDAY PROBLEM

部屋のなかに誕生日が同じ人が2人いる可能性が50パーセント以上であるためには、そこに何人いる必要があるだろうか？ これに答えるためには、問いを逆に考えて、さまざまな人数の場合に、全員の誕生日が異なっている確率を計算すると都合がいい。その確率が初めて50パーセントを下回るとき、もとの問題の答が求められる。

ここで用いるモデルには、注意すべき本質的な仮定がいくつかある。最も明白なのは閏年を無視していること。それから、比較的わか

りにくいのは、実際には1年のすべての日を誕生日として同等に扱えないのに、どの日も区別なく扱えるとしていることだ。

793 誕生日定理 THE BIRTHDAY THEOREM

誕生日問題を解くために、まず部屋のなかにいるのがたった2人の場合を考えよう。そのとき、誕生日の組み合わせとして考えられる総数は、365×365 だ。その一方で、誕生日が異なるとすれば、1人目は1年のいつの日でもよく（365通りの可能性）、2人目は1人目の誕生日を除く日ならいつでもいい（364通りの可能性）。だから、異なる誕生日の組み合わせとして考えられる数は 365×364 だ。したがって、どれか1通りが起こる可能性は $\frac{365 \times 364}{365 \times 365}$ だ。

同じ手法は部屋のなかに n 人の人がいる場合にも一般化できる。誕生日の組み合わせとして考えられる総数は 365^n だ。すべての人の誕生日が異なる場合を、先と同じように考える。1人目はいつの日でもいい（365通りの可能性）。2人目は1人目の誕生日以外のいつでもいい（364通りの可能性）。3人目は初めの2人の誕生日を避けなくてはならない（363通りの可能性）といった具合だ。やがて n 人目になるとそれまでに出た $(n-1)$ 日分の誕生日を避けなくてはならない（$366-n$ 通りの可能性）。だから、全員の誕生日が異なる確率は $\frac{364!}{(365-n)! \times 365^{n-1}}$ となる。

では、この値が初めて 0.5 より小さくなるときの n の値は何だろうか？ n にさまざまな値を入れて実際に少々計算をしてみることで答がわかる。23だ。このときの確率はおおよそ 0.493 である。

794 条件付き確率 CONDITIONAL PROBABILITY

ある都市で、住宅の48パーセントにはブロードバンドインターネットが設置されていて、住宅の6パーセントにはケーブルテレビとブロードバンドインターネットの両方が設置されている。ある住宅にブロードバンドインターネットが設置されているとき、その住宅にケーブルテレビが設置されている確率はどれくらいだろうか？

X と Y を事象とすると、Y が起きたときの X の**条件付き確率**を $P(X|Y)$ と書く。数学的には $P(X|Y) = \frac{P(X \cap Y)}{P(Y)}$ と定義する（これが意味を持つのは $P(Y) \neq 0$ のときに限る）。

上記の例で、X をその住宅にケーブルテレビが設置されている事

象とし、Yをブロードバンドインターネットが設置されている事象とする。答を出すために$P(X)$を知る必要はない。$P(X|Y) = \frac{0.06}{0.48} = 0.125$、つまり、12.5パーセントと求まる。

多くの状況で、条件付き確率は非常に便利だ。というのも、新しい情報が手に入るにつれて確率が更新できるからだ。これは**ベイズ推定**として知られている。

795 ベイズの定理 BAYES' THEOREM

トーマス・ベイズ牧師が執筆した重要な論文は、本人の死後、1764年に発表された。その論文でベイズが示した**条件付き確率**の説明には説得力がある。その基本となるのが**ベイズの定理**だ。この定理では、任意の事象XとYに対して以下が成り立つと述べている。

$$P(X|Y) = P(Y|X) \times \frac{P(X)}{P(Y)}$$

ある意味、この公式に深みはない。条件付き確率の定義から直接導かれるからだ。ところがこの定理は、たとえば**偽陽性問題**の分析などにおいておおいに役立つのだ。

796 事象を分割する SPLITTING AN EVENT

街中で無作為に1人を選び、その人が眼鏡をかけている確率を知りたいとしよう。この街で入手可能な唯一の統計データによれば、女性の65パーセント、男性の40パーセントが眼鏡をかけている。また、人口の51パーセントが女性、49パーセントが男性であることもわかっている。どのようにしたらこれらを結びつけて求めたい確率を得られるだろうか？

選んだ人が女性である事象をYとしよう。本当に興味がある事象は、選んだ人が眼鏡をかけているという事象Xだ。これを、2つの小さな事象、$X \cap Y$と、$X \cap \neg Y$に分割する。これら2つの事象は互いに排反であり、$P(X) = P(X \cap Y) + P(X \cap \neg Y)$がいえる。

$P(X \cap Y)$を、条件付き確率を用いて表現すると、$P(X \cap Y) = P(X|Y)P(Y)$となる。同様に、$P(X \cap \neg Y) = P(X|\neg Y)P(\neg Y)$だ。これらを上記の式にあてはめると、$P(X) = P(X|Y)P(Y) + P(X|\neg Y)P(\neg Y)$となる。

ここで、手持ちのデータ$P(X|Y) = 0.65$、$P(X|\neg Y) = 0.4$、$P(Y) =$

0.51、$P(\neg Y) = 0.49$ を使うことができる。これを合わせると、$P(X) = 0.65 \times 0.51 + 0.4 \times 0.49 = 0.5275$ となる。

797 偽陽性 FALSE POSITIVES

ある病気に対する検査の精度は次の通りだ。病気に罹っている人が検査を受けた場合、99 パーセントの確率で結果は陽性となり、1 パーセントの確率で**偽陰性**となる。

病気に罹っていない人が検査を受けた場合には、95 パーセントの確率で結果は陰性となり、5 パーセントの確率で**偽陽性**となる。病気自体は極めて珍しいもので、罹るのは人口のほんの 0.03 パーセントだ。

1人（ハロルドとしよう）が母集団から無作為に選ばれ、検査を受ける。結果は陽性だった。ハロルドが本当に病気に罹っている確率はいくらだろうか？

まずは、これを数学の言葉に言い換える必要がある。X を、ハロルドが病気であるという事象とする。検査結果を考慮しなければ、$P(X) = 0.0003$ である。Y をハロルドの検査結果が陽性である事象とする。

この事象を分割すると、$P(Y) = P(Y|X)P(X) + P(Y|\neg X)P(\neg X)$ と書ける。値は $0.99 \times 0.0003 + 0.05 \times 0.9997 = 0.050282$ となる。

いま、実際に関心があるのは、$P(X|Y)$、つまり、ハロルドの検査結果が陽性であった場合に、ハロルドが本当に病気に罹っている確率である。これは、ベイズの定理より次のようにして答が出る。

$$P(X|Y) = P(Y|X) \times \frac{P(X)}{P(Y)} = 0.99 \times \frac{0.0003}{0.0052955} = 0.056$$

だから、ハロルドが検査で陽性であった場合に病気である確率は、0.6 パーセントを少し下回るくらいだ。

この驚くべき結果は次のように説明できる。本当の陽性は、病気に罹っているごく少数の人たちのなかでは高い割合を占めている。これらの人たちよりも偽陽性となった人たちの数のほうが遥かに多いが、偽陽性の人たちも、病気に罹っていない非常に多くの人たちのなかではごくわずかな割合である。

だから、検査結果のみかけの正確性にかかわらず、無作為に選ばれた人が検査を受ける場合、陽性という結果が出ても大多数は病気には罹っていないのである。

798 検察官の誤謬 THE PROSECUTOR'S FALLACY

被告人が強盗罪で裁判にかけられている。事件現場で、警察は強盗の毛髪を1本発見した。法科学的捜査の結果、それが被告人自身の毛髪と一致することが判明した。法科学者は、無作為に人を選んでそのような一致が見られる可能性は $\frac{1}{2000}$ だと証言した。

検察官の誤謬とは、これらの状況から被告人が有罪である確率は $\frac{1999}{2000}$ に違いなく、これは有罪を裏づける決定的な証拠であると結論することだ。

これは明らかに間違っている。人口600万人の街で、毛髪の検体が一致する人の数は $\frac{1}{2000} \times 6000000 = 3000$ となる。この証拠だけにもとづくなら、被告人が有罪である確率はわずか $\frac{1}{3000}$ だ。「検察官の誤謬」という言葉は、ウィリアム・トンプソンとエドワード・シューマンが1987年に発表した論文『Interpretation of Statistical Evidence in Criminal Trials(刑事裁判における統計的証拠の解釈)』のなかで作ったものだ。2人は、人々がいかに簡単にこの誤りを犯してしまうのかについて、実際の裁判の例を含め実証した。

799 被告側弁護士の誤謬
THE DEFENCE ATTORNEY'S FALLACY

トンプソンとシューマンはまた、検察官の誤謬とは逆の誤りについても考察した。これを2人は、**被告側弁護士の誤謬**と呼んだ。

先述の例で、被告側弁護士は毛髪の一致という証拠は価値がないと主張するだろう。というのも、被告人が有罪である確率を $\frac{1}{3000}$ というごくわずかな値だけ高めているにすぎないからだ。

毛髪が被告人に不利に働く唯一の証拠であるとすると、法科学的証拠を考慮に入れる前に被告人になる可能性があるのは、全住民600万人だ。それが新たな証拠の登場で2000分の1となり3000人まで削減される。

一方、これが唯一の証拠ではないということもあるだろう。ほかにも証拠がある場合は、被告人となる可能性のある人数がもっとうんと少なくなるはずだ。たとえば、その人数が4000人だとすると、法科学的証拠にもとづいてそれが2000分の1となって2人にまで削減され、有罪である確率は $\frac{1}{4000}$ から $\frac{1}{2}$ にまで上がる。そうなるとこれは、

価値ある証拠である。

800 確率反転の誤謬
THE FALLACY OF PROBABILITY INVERSION

偽陽性の現象や検察官の誤謬は驚くべきものに思えるだろう。数学的に、2つの状況はよく似ている。どちらの場合も$P(X|Y)$と$P(Y|X)$を混同しているのだ。

一般的に、$P(X|Y)$が非常に大きければ、$P(Y|X)$も大きいに違いないと考えてしまうものだ。医療検査の例では、$P($結果が陽性$|$病気である$) = 0.99$だが、$P($病気である$|$結果が陽性$) = 0.00591$だ。これらの例から、先の一般的な考えがどのようにして間違いとなり得るのかがわかる。

この誤謬は広く（医者による診療や法廷にさえも）蔓延している。これは、単によくある数学的誤りというわけではなく、人間に生来備わっている**認知バイアス**であると主張する人もいる。どちらにせよ、この問題点を正しく認識することは、現実世界での統計データを理解するためには欠かせないことだ。

801 頻度主義 FREQUENTISM

確率の存在論的地位は何か？ 考え方は大きく2つの流派にわかれる。**頻度主義**と**ベイズ主義**だ。

頻度主義の考え方をする人にとって、ランダムネスは現実の一部として備わっているものであり、確率はそれを定量化するものだ。事象Aの起こる確率が$\frac{1}{2}$であるというのは、試行を何度も繰り返すとAはちょうど全試行数の半分の回数だけ起こるということだ。言い換えると、Aの確率というのは、与えられた初期条件の下、Aが起こる頻度を測るものだ（これはたかだか有限回繰り返す場合にはおおよその値にすぎないが、極限において正確となる）。

以上からわかるように、頻度主義の原理は、1回限りの事象に簡単にあてはまるとはいえないが、繰り返し発生する事象に対しては最もふさわしい。

802 ベイズ主義 BAYESIANISM

頻度主義とは対照的に、**ベイズ主義**の考え方の人にとって、確率

は外部の世界に存在するものではない。単に、人間が不完全な情報にもとづき、自分たちにとっての確実性の程度を定量化する方法なのだ。言い換えると、確率は主観的概念である。人々は、自分の手に入るさまざまなデータにもとづいて、確率に対し異なる評価を下すのだ。

コイン投げで表が出る確率が $\frac{1}{2}$ であると判断されるのは、コイン投げについてあまり知らないからだ。コインの重さ、初期の位置、投げる人の技量についてもっと多くのデータがあれば、確率を修正することができるだろう。さらに、これらのことを細部に至るまで知っていれば、確実性をもって結果を予想できるだろう（数学者ジョン・コンウェイはコイン投げで表や裏を注文通りに出す技法を身につけていたといわれている）。

803 ベイズ推定 BAYESIAN INFERENCE

ベイズ主義の見方に対する1つの帰結がある。ベイズ主義の人にとって、すべての確率は条件付きだ。A が起こる確率を $P(A)$ として評価するとしよう（この確率はじつのところ、C を現在の知識として、$P(A|C)$ なのだが、それには触れない）。これは**事前確率**である。

新しいデータ（B）が見つかったとき、この評価を更新する必要がある。つまり、条件付き確率を使って $P(A|B)$ を計算するということだ。この $P(A|B)$ を**事後確率**と呼ぶ。

確率反転の誤謬からわかるように、ベイズ推定は直観に反する結果を生みだす。ベイズ主義の立場をとる研究者はこの技法を利用して、経済学から人工知能まで幅広い分野における確率評価を改善していく。

804 オーマンの合意定理 AUMANN'S AGREEMENT THEOREM

ベイズ推定には3つの構成要素がある。事前確率分布、新しいデータ、それらから出てくる事後確率分布だ。

1976年、ロバート・オーマンは、ある事象 X に対して同じ事前確率を与えられた2人のベイズ主義者について考察した。このとき2人に提示されるデータは異なる。条件付き確率を考えると、X に対して2人はそれぞれが異なる事後確率を算出するだろう。オーマンが問うたのは、このときに2人が、自分だけに与えられた情報を共有しないままに事後確率を共有したとき（専門的にいえば、事後確率を共有知

識にすれば)何が起こるか、だった。

　答は数学的にはただちに出る。だが決してわかりやすくはない。何度か確率を共有して、計算し直すと、最終的に X に対するそれぞれの事後確率は同じになるだろう。オーマンが述べたように「事前確率が同じであれば、意見を一致させないという意見で一致することができない」のだ。

805 モンティ・ホール問題　THE MONTY HALL PROBLEM

　モンティ・ホールは、テレビのクイズ番組、Let's Make A Deal(取引しよう)の元司会者である。この番組では、3つの扉の向こうにさまざまな賞品が隠されており、出演者はそれらの扉のうちどれかを選ばなくてはならない。

　この筋書きをもとにして、スティーブ・セルヴィンは、1975年に**モンティ・ホール問題**を考案した。確率論に絡むあらゆるクイズのなかで最も悪名高い問題だ。

　3つの扉A、B、Cがある。どれか1つの扉の向こうには新しいスポーツカーがある。そのほかの2つの扉の向こうには残念賞がある。出演者は扉を1つ選ぶ。それをAとしよう。このとき、大当たりである確率は $\frac{1}{3}$ だ。モンティ・ホールはどこに車があるのかを知っていて、次に、こう言う。「扉Aの向こうに何があるのかは言いません。まだいまはね。でも、扉Bの向こうには残念賞があるのをお見せしましょう。さあ、選ぶのは扉Aのままでいいですか、Cに変えますか?」

　ごく自然に推定されるのは、AもCも勝ち目はこの時点で五分五分であるからCに変えても何も変わらないということだ。ところがこれは正しくない。このとき、Cの向こうに車が隠れている確率は $\frac{2}{3}$ であり、Aの向こうに隠れている確率はたった $\frac{1}{3}$ だ。だから、選ぶ扉を変えるべきなのだ。

806 変えるべきか、変えないべきか?　TO SWITCH OR NOT TO SWITCH?

　モンティ・ホール問題の答は多くの場合に驚きをもたらす。この問題に対する『パレード』誌の読者たちの熱の入れようは半端ではなく、マリリン・ヴォス・サヴァントが1990年に同誌でこの問題を取りあげると苦情が殺到した。なかには、サヴァントは数学が不得手であるこ

とを自ら露呈してしまったと強く咎める数学研究者たちからの批判さえあった。

　サヴァントが正しかったことを理解するためには、扉の数をたとえば100に増やしてみるといい。出演者が54番目の扉を選んだとする。車が当たる確率は1パーセントだ。するとモンティは、1番目から53番目、55番目から86番目、88番目から100番目の扉の向こうにはすべて残念賞があるのを見せる。出演者は87番目に変えるべきか、それとも54番目のまま変えないべきか？

　重要な点は、54番目の扉の向こうに車がある確率は1パーセントのままであることだ。モンティは、54番目の扉の向こう側にあるものについての確率に影響するような情報は何も教えてくれていないからだ。しかし、残りの99パーセントはほかのすべての扉に配分されるのではなく、87番目の扉に集中することになる。だから、出演者は間違いなく変えるべきである。

　モンティ・ホール問題は、わずかな条件の違いに左右される。重要なのはモンティが車の場所を知っているということだ。もしもモンティがそれを知らず、選ばれた扉以外のどれか1つを無作為に開けるなら（車が出てくる危険性もあるが、実際に残念賞が出てくれば）、たしかに確率は$\frac{1}{2}$になる。しかし、もとの問題の場合、モンティは残念賞があるとわかっている扉を開ける。それゆえ、出演者が最初の選択のまま当たる確率は$\frac{1}{3}$のまま変わらないのだ。

807 ビュッフォンの針　COUNT BUFFON'S NEEDLE

　線を引いた紙の上に針を無作為に落とす。針がどれか1本の線に交差した状態になる確率はいくらだろうか？　これは1777年にジョルジュ・ルクレール（ビュッフォン）が調べた問題だ。

　ビュッフォンは実際、タイル貼りの床に向かって肩越しに棒を放り投げて試してみた。

　答は針の長さ（l）と線と線の間の距離（d）に依存することになる。$l \leq d$ならば、答は$\frac{2l}{\pi d}$だ（$l > d$の場合にはもう少し複雑だ）。だから、針が1センチメートル、線の間隔が2センチメートルであれば、答はちょうどぴったり$\frac{1}{\pi}$になる。

　ここから、πを計算するための**モンテカルロ法**として知られている方法が得られる。つまり、好きなだけ多くの試行を行い、その試行回数

を落ちた針が線に交差した回数で割れば、πの近似値が得られるのだ。

1777年にビュフォンは、哲学の研究にも条件付き確率を適用しようと試みた。最近n日間は太陽が昇ってきたという条件で、明日も太陽は昇るという見込みを定量化しようとしたのだ。

808 超大数の法則 THE LAW OF TRULY LARGE NUMBERS

「じゅうぶんな大きさの標本があれば、どんなとんでもないことでも起こり得る」という便利な原理は、パーシ・ダイアコニスとフレデリック・モステラーが1989年に初めて名前をつけたものだが、現象としては、古くから知られていた。

宝くじのオッズは、決していいとはいえない。1枚買ったところで、当たる可能性は低い。運よく当たったならば、そのような起こりそうもない事象が起きたことに驚くだろう。しかし、宝くじのほうからすると、数百万枚ものくじが売れれば、誰かが当たる可能性はじゅうぶんにある。

さらにいっそう途方もない例がある。アメリカのニュージャージー州の宝くじに2回当たった女性の話だ。当たった人の視点でいえば、これはじつに信じられないことだ。ダイアコニスとモステラーは問いの幅をもっと広げた。「アメリカでくじを購入した莫大な数の人たちのなかから誰かが、人生で2回宝くじに当たる可能性はいくらだろうか？」

2人は、スティーヴン・サミュエルズとジョージ・マッケイブの結果を受けて、その答を「確実も同然だ」と報告した。

809 偶然の一致 COINCIDENCE

超大数の法則は、偶然の一致を理解するうえでとても役に立つ。偶然の一致とは、おおよそありそうもない事象が起こることだ。

確率が100万分の1未満の事象を稀であるということにしよう。1953年にリトルウッドは、2億5000万人に上るアメリカの全人口のなかで、何百人という人たちが日々、稀な事象に出くわしていると述べた。これを世界全体で考えると、確率が10億分の1という極めて起こりそうもない事象さえ、日常的に起こることが予測できるはずだ。

見かけ上偶然の一致に思えるのは、確率についての直観が乏しいせいでもある。誕生日問題や偽陽性の現象に対する答が驚くべきものであるということから、直観がいかに信用できないかがわかる。

810 確率変数 RANDOM VARIABLES

初等的な確率は、成功の数と結果の総数を数えることで求められる。これは大事な手法なのだが、筋書きがもっとややこしい場合にはそれでは足りないだろう。公正なサイコロを偏りのあるサイコロに替えた場合、6の目が出る確率はもはや $\frac{1}{6}$ ではないだろう。

厳密に説明するために、専門用語を少々紹介しよう。**標本空間**とは、起こり得るすべての試行結果の集合だ。サイコロを振る場合、標本空間は1から6の数字になるだろう。**確率変数**とは、それらの結果に確率を割り当てるもの（数学の用語でいえば、標本空間から0以上1以下の数への関数）である。

確率変数としては、あらゆる関数が考えられる。数6には確率1を、数1から数5には確率0を割り当てるような確率変数は、必ず6の目が出るサイコロに対応する。各数に $\frac{1}{6}$ の確率を割り当てるような確率変数は、公正なサイコロに対応する。こうした確率変数は、それぞれ異なる**確率分布**を持つ。

811 確率分布 PROBABILITY DISTRIBUTIONS

確率分布には多種多様なものがあるが、基本的には、異なる2つの形式にわかれる。**離散分布**では、結果は互いに分離している。たとえば、サイコロの例がそうだ。4や5という目は出ても4.5という目は出ない。

一方、**連続分布**では、結果は分離していない（たとえば、人の身長は4フィートと5フィートの間の任意の値をとれる）。

確率分布 X が与えられたとき、どこに中心があるか、どれほど散らばっているのかという2つの情報が重要となる。

これらは、2つの数で測れる。それぞれ**平均** $E(X)$ と**分散** $V(X)$ だ。$E(X)$ の E とは、分布の**期待値**（expectation, expected value）を表している。期待値というのは、平均の別の（なおかつ、やや誤解を招き得る）呼び名である。

試行を行うにあたり、データ集合の平均と標本分散は、その根底にある分布の理論的な平均と分散に対応するはずである。利用するデータ集合が大きくなるにつれて、よりいっそう近づくことになる。これは、**大数の法則**の帰結である。

812 期待値と分散 EXPECTATION AND VARIANCE

与えられた離散確率変数 X に対し**平均**とは、すべての取り得る結果にそれぞれの確率を掛けたものの和と定義できる。X が公正なサイコロを振ることの分布であるとすると、考え得る結果は1から6までの数であり、それぞれ確率は $\frac{1}{6}$ だ。だから平均は

$$\frac{1}{6} \times 1 + \frac{1}{6} \times 2 + \frac{1}{6} \times 3 + \frac{1}{6} \times 4 + \frac{1}{6} \times 5 + \frac{1}{6} \times 6 = 3\frac{1}{2}$$

だ。平均(期待値)の形式的定義は、$E(X) = \Sigma x \times P(X=x)$ である。ここで、x は考え得る結果をすべて網羅し、$P(X=x)$ は対応する確率を意味するものとする。

連続確率変数の場合は、$E(X) = \int xf(x)dx$ となる。f は**確率密度関数**である。

$E(X) = \mu$ とする。このとき分散 $V(X)$ は確率分布の散らばり具合を示すもので $V(X) = E((X-\mu)^2)$ と定義できる。これを計算するためのより簡単な方法は、$V(X) = E(X^2) - E(X)^2$ だ。サイコロを振る場合、以下のようになる。

$$E(X^2) = \frac{1}{6} \times 1^2 + \frac{1}{6} \times 2^2 + \frac{1}{6} \times 3^2 + \frac{1}{6} \times 4^2 + \frac{1}{6} \times 5^2 + \frac{1}{6} \times 6^2 = 15\frac{1}{6}$$

$$V(X) = 15\frac{1}{6} - \left(3\frac{1}{2}\right)^2 = 2\frac{11}{12}$$

散らばり具合は**標準偏差**σによって表すこともできる。σの定義は $\sigma = \sqrt{V(X)}$ だ。サイコロを振る場合、これは $\sqrt{2\frac{11}{12}}$、おおよそ1.7だ。

813 ベルヌーイ分布 BERNOULLI DISTRIBUTION

最も簡単な確率分布の一例である**ベルヌーイ分布**は、偏りのあるコインを投げる試行など、起こり得る2つの結果の確率が等しくない試行を説明するものだ。

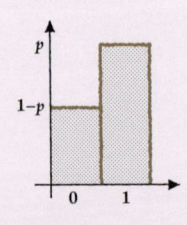

このときの試行をベルヌーイ試行と呼ぶ。ベルヌーイ試行では、確率 p で起こる成功と、確率 $1-p$ で起こる失敗という2通りの結果が考えられ、一般的には、成功を数1、失敗を数0とみなす。ベルヌーイ分布では1に確率 p を、0に確率 $1-p$ を割り当てる(そのほかの数にはすべて確

率0を割り当てる）。☞Fig

ベルヌーイ分布自体はたいしたものには見えないかもしれない。しかし、複数のベルヌーイ試行を組み合わせることでさらに精巧な分布ができあがる。重要な例の1つが**二項分布**である。

ベルヌーイ分布の期待値はpで、その分散は$p(1-p)$である。

814 二項試行 BINOMIAL TRIALS

サイコロを100個振ることを考える。ちょうど17個で6の目が出る確率はいくつだろうか？ サイコロは公正であり、成功の数と結果の総数を数えることでこの問題は解決する。

17個のサイコロを特定すれば、それらのサイコロに6の目が出る確率は$\left(\frac{1}{6}\right)^{17}$だ（その17個を振ることは独立だから）。また、そのほかの83個のサイコロに6の目が出ないことも必要で、その確率は$\left(\frac{5}{6}\right)^{83}$だ。そこで、特定した17個に、かつその17個だけに6の目が出る確率は$\left(\frac{1}{6}\right)^{17} \times \left(\frac{5}{6}\right)^{83}$となる。

17個のサイコロの選び方として考えられるそれぞれの方法に対して、上記の確率となる。したがって、もとの問いに答えるためには、この確率と、100個のサイコロから17個を選択する方法として考えられる数を掛けることになる（結果の事象はすべて互いに排反である）。100から17を選ぶ選択肢の数は組み合わせ（$^{100}C_{17}$）によってわかる。だから、問いに対する答は$^{100}C_{17} \times \left(\frac{1}{6}\right)^{17} \times \left(\frac{5}{6}\right)^{83}$だ（おおよそ0.1）。

これは**二項試行**の例であり、**二項分布**によって説明できる。

815 二項分布 BINOMIAL DISTRIBUTION

二項分布は、2つの数によってその形が決まる。**ベルヌーイ試行**を行った回数nと、それが成功する確率pだ。先ほどの例では、$n = 100$, $p = \frac{1}{6}$だ。これを$X \sim B(100, \frac{1}{6})$と書き、$X$がこの二項分布を持つ確率変数であることを示す。☞Fig

さらに一般化すると、$X \sim B(n, p)$ならば、Xは成功する確率が

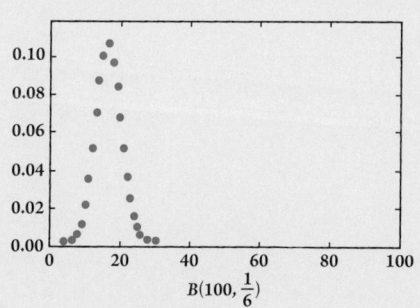

$B(100, \frac{1}{6})$

pであるベルヌーイ試行を独立にn回行ったときの成功回数を示す。このとき、0からnまでの各値をとる数kに対し、$X = k$である確率は以下の通りだ。

$$P(X = k) = \binom{n}{k} p^k (1-p)^{n-k}$$

Xの期待値は$E(X) = np$であり、分散は$V(X) = np(1-p)$となる。

816 ポアソン過程 POISSON PROCESSES

午前9時から午後5時の間に、ある事務所には平均して1時間に3本の電話がかかってくる。どの時間帯も、電話はまったくかかってこないか、1本、2本、3本、4本、5本、6本、……のいずれかの本数かかってくるかだ。明確な上限はないが、数字が大きくなればなるほど起こりにくくなる。電話は1日のなかで、あるいは日ごとの差はなく、ランダムにかかってくると仮定する。するとこれは、**ポアソン過程**の例となる。

ポアソン過程は、与えられた期間や空間領域内でのランダムな現象の発生数をモデル化する。

817 ポアソン分布 POISSON DISTRIBUTION

ポアソン過程では、考え得るすべての結果0、1、2、3、4、……に確率を割り当てられる確率変数が必要だ。一般的によく使われるのは、**ポアソン分布**という、1838年にシメオン・ドニ・ポアソンが稀な事象の法則を通じて発見したものだ。

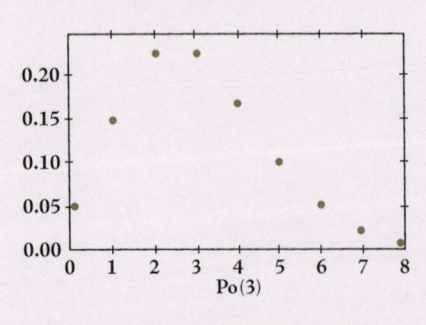

ポアソン分布を特定するためにはλというパラメータが必要となる。この数は通常、**強度**と呼ばれる。先ほどの例では、$\lambda = 3$だ。$X \sim Po(3)$と書いて、Xはこの分布を持つ確率変数であることを示す。☞Fig

このとき、特定の時間に0本の電話がかかってくる確率は$P(X = 0) = e^{-3}$だ。1本かかってくる確率は$P(X = 1) = 3e^{-3}$、2本ならば$P(X$

$= 2) = \frac{3^2 e^{-3}}{2}$、$k$本かかってくる確率は$P(X = k) = \frac{3^k e^{-3}}{k!}$である。

さらに一般的にいうと、$X \sim Po(\lambda)$に対して以下のようになる。

$$P(X = k) = \frac{\lambda^k e^{-\lambda}}{k!}$$

パラメータλを持つポアソン分布の期待値と分散は$E(X) = V(X) = \lambda$で与えられる。

818 稀な事象の法則 THE LAW OF RARE EVENTS

ある工場でピーナッツ味のアイスクリームを製造しているとしよう。各容器内に入るピーナッツの平均数は18だ。この状況をモデル化する自然な方法は、ポアソン分布$X \sim Po(18)$を用いることだろう。

だがほかにも方法はある。アイスクリームのタンクのなかに36,000個のピーナッツが入っていて、特定のピーナッツが特定の容器に納まる可能性は0.0005であるとする。このとき、その流れを二項分布$X \sim B(36000, 0.0005)$としてモデル化することもできるだろう。

ポアソン分布によるモデルは利便性が高いが、二項分布によるモデルのほうが正確性は高いだろう。とはいえ、あまり心配する必要はない。**稀な事象の法則**のおかげで、これら2つのモデルが非常によく似た答を出すことが保証されている。

厳密にいうと、稀な事象の法則は、試行が成功する平均回数$np = \lambda$は一定のまま、nを大きく、pを小さくするならば、分布$B(n, p)$はポアソン分布$Po(\lambda)$に近づいていくと述べているのだ。実際にシメオン・ドニ・ポアソンは、そのようにしてポアソン分布を見出した。

819 連続確率分布 CONTINUOUS PROBABILITY DISTRIBUTIONS

誰かを無作為に選びだしその身長を測っても、二項分布やポアソン分布のような分布は得られない。身長の取り得る値のリストは整数のような離散的なものにはならず、連続的な範囲で任意の値をとるからだ。**連続確率分布**は、このような状況にあてはめられる。連続確率分布には、確率密度関数と呼ばれる分布を表す曲線がある。

離散分布では、Xがある範囲に含まれる確率を計算するために、対応するすべての確率を足し合わせる。連続分布の場合は、その範囲において曲線の積分を行う。だから、Xが4と6の間にある確率

は、その範囲内での曲線より下の部分の面積で表せる。

離散分布の場合、すべての確率を足し合わせて1になる必要がある。連続分布の場合には、曲線全体に対しそれより下側にある部分の面積が1になる必要がある。

最も単純な連続分布は**一様分布**だ。そして、現代確率論の中心で最高位に君臨するのは**正規分布**である。

---

820 一様分布 UNIFORM DISTRIBUTION

円周が4センチメートルの、0から4までの目盛りがついているコマを想像しよう。そのコマを回し、止まったときにちょうど地面に接している円周上の点を記録する。これにより、0から4までの任意の数字が得られる（必ずしも整数とは限らない）。コマが公正であると仮定すると、この試行は**一様分布**を持つ確率変数Xによってモデル化できる。

一様分布の形は、2個の端点によって規定される。この場合は0と4だ。その2点の間では、同じ長さのすべての区間が同様に確からしい。だからたとえば、コマの側面が1.1と1.3の間で地面に接する確率は3.7と3.9の間で接する確率と等しくなる。

一般に、$X \sim U(a, b)$ならば、確率密度関数はaとbの間で一定値となり、そのほかの場所では0となる。今回は、高さ$\frac{1}{4}$のグラフとなる。典型的な例は、**標準一様分布**$U(0, 1)$だ。一般的な一様分布は、期待値$\frac{a+b}{2}$、分散$\frac{1}{12}(b-a)^2$となる。

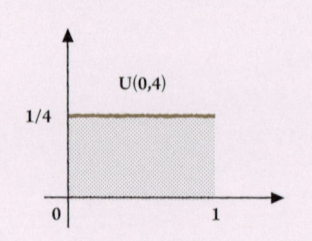

☞ Fig

821 正規分布 NORMAL DISTRIBUTION

正規分布は、ベル曲線という名前でも知られている。これを最初に紹介したのは、1756年にアブラーム・ド・モアブルが発表した著作『The Doctrine of Chance（確率の原則）』だった。これは、指数関数に関するレオンハルト・オイラーの研究業績に

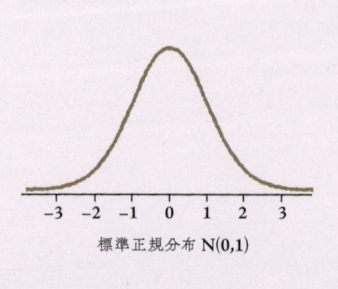

標準正規分布 $N(0,1)$

続くものだった。☞Fig

正規分布を特定するためには、2つの数が必要だ。平均μ（中心の位置を正確に示す）と分散$σ^2$（散らばり具合を決定する）である。すると、$X \sim N(μ, σ^2)$という確率変数Xでモデル化できる。大人の女性の身長、試験の点数、惑星が軌道を回る速度などがその例だ。

ベル曲線の形は、方程式$y = e^{-x^2}$で与えられる。ただし、この曲線を変形し、曲線より下の部分の面積が1になるように、中心をμに移し、$σ^2$に合わせて幅を変える必要がある。これらを考え合わせると、確率密度関数

$$y = \frac{1}{σ\sqrt{2π}} e^{-\frac{(x-μ)^2}{2σ^2}}$$

を得る。**標準正規分布**$N(0, 1)$の場合、これは次のように、少しだけ簡単になる。

$$y = \frac{1}{\sqrt{2π}} e^{-\frac{x^2}{2}}$$

本当に必要なのはこの標準正規分布だけだ。というのも、すべての正規分布が標準化され得るからだ。$X \sim N(μ, σ^2)$であれば、$Y = \frac{X - μ}{σ}$と定義することによって標準化される。すると$Y \sim N(0, 1)$だ。

正規分布は、**中心極限定理**によって与えられる厳密な意味において、すべての確率分布のもとである。

822 独立同分布の確率変数
INDEPENDENT, IDENTICAL RANDOM VARIABLES

確率論における多くの状況は、**独立同分布**の確率変数列$\{X_1, X_2, X_3, X_4, \ldots\}$とかかわっている。毎回手順が同じでありながら、結果は独立となる方法で1つの試行が繰り返し行われることがよくあるからだ。たとえば、繰り返しサイコロを振る、毎回カードを戻してシャッフルしたうえで1組のトランプから繰り返し1枚のカードを引く、といった場合だ。

初めのn回目までの試行で標本平均をとることにしよう。そして、新たな確率変数を以下のように定義する。

$$Y_n = \frac{X_1 + X_2 + \cdots + X_n}{n}$$

ここでY_nは、初めのn回の試行の結果の平均（サイコロを振る場合、初

めからn回目までに出た目の平均）を表す。**大数の法則**と**中心極限定理**はともに、この確率変数を説明づけるものだ。

823 大数の法則 LAW OF LARGE NUMBERS

10回、100回、あるいは1000回サイコロを振り、出た目の平均を算出してみよう。何がわかるだろうか？　**大数の法則**は、標本が無限に大きくなるにつれて、標本平均が、理論的平均である3.5にどんどん近づくことを予測している。

これは、非公式には長いこと知られていたのだが、1713年にヤコブ・ベルヌーイが初めて厳密な定理として組み立てた。その定理では、それぞれ平均がμである独立同分布の確率変数列$\{X_1, X_2, X_3, X_4, \ldots\}$について述べている。このとき、新しい確率変数を以下のように定義する。

$$Y_n = \frac{X_1 + X_2 + \cdots + X_n}{n}$$

大数の法則は、nが大きくなるにつれて確率変数Y_nはどんどん定数μに近づくと主張している。

この法則は**中心極限定理**によって精緻なものになる。しかし、このままのほうがより広く適用可能だ。なぜなら、中心極限定理では、確率変数X_iの分散についての仮定を加える必要があるからだ。

824 中心極限定理 CENTRAL LIMIT THEOREM

1733年、アブラーム・ド・モアブルは、正規分布を用いてコイン投げを長く続けた場合に表が出る総数をモデル化した。この話はどこかおかしいように思われる。コイン投げは離散的であって連続的ではない。正規分布ではなく二項分布がモデルとして適しているはずだ。

とはいえ、ド・モアブルが初歩的な誤りを犯したわけではない。むしろこれは、確率論における基礎的な結果である**中心極限定理**を初めて暗示するものだった。

平均がμ、分散がσ^2である確率変数Xでモデル化される試行を考えてみよう。Xの分布がどのようなものであるかは問題ではない。一様分布か、ポアソン分布か、あるいはまだ発見されていない何らかの分布かもしれない。中心極限定理は、この試行を何度も繰り返

せば、平均的な結果はおおむね正規分布で与えられると述べている。

さらに正確にいえば、試行を繰り返すことは独立同分布の確率変数列 $\{X_1, X_2, X_3, X_4, \ldots\}$ に対応する。ここで標本平均を以下のように考える。

$$Y_n = \frac{X_1 + X_2 + \cdots + X_n}{n}$$

中心極限定理から、n が大きくなるにつれて、Y_n の分散は近似的に $N(\mu, \frac{\sigma^2}{n})$ になることが知られている。もっと厳密に記述するためには、$Z_n = \frac{Y_n - \mu}{\sigma/\sqrt{n}}$ と定義して、Y_n を標準化すればいい。こうすると、n が大きくなるにつれて、確率変数 Z_n は標準正規分布 $N(0, 1)$ にどんどん近づいていく。

825 賭博師の誤謬 GAMBLER'S FALLACY

平均の法則は、数学以外ではよく知られているかもしれないが、確率論に関するどの本を探してもこの名前の定理は見つからないはずだ。この法則が妥当であるならば、それは**大数の法則**にあてはまるときだろう。

これが見当違いであるのは、たいていは賭博師の誤謬となっているときだ。賭博師がルーレット賭博で6回続けて黒が勝つのを見たとしよう。その賭博師は、赤がそろそろの「はず」だから、次のゲームこそ赤が出ると考えるかもしれない。

連続した試行（コインを投げるかルーレットを回す）が独立とみなせるならば、賭博師の誤謬は当然間違っている。これは、大数の法則を引き合いに出した失敗例だとされることが多い。大数の法則は、長期にわたる平均的な挙動についての確率論的予測をするものだ。個々の試行の結果については何も予測してはいない。

Stochastic Processes

826 確率過程 STOCHASTIC PROCESSES

道のなかほどで、公正なコインを投げてみよう。表が出れば1メートル北へ歩く。裏が出れば1メートル南へ歩く。そしてまた投げる。10

回、あるいは100回投げたあと、どこにいるだろうか？　この試行は**ランダムウォーク**の例だ。

2次元のランダムウォークの例として、マンハッタンを考えよう。マンハッタンでは、道路が碁盤の目のように敷かれている。各交差点において東西南北のどの方向に1ブロック歩く確率も等しい（マンハッタンを無限に続く碁盤の目としてモデル化し、端にたどり着く可能性は無視する）。

同様に、3次元の格子上、あるいはさらに任意の無限グラフ上でのランダムウォークも定義できる。

ランダムウォークは、**確率過程**のなかでもとりわけ単純な例である。前もって決定された経路ではなく、確率論的規則にしたがって時間の経過とともに成長するプロセスだ。より複雑な例として、マルコフ連鎖やブラウン運動などがある。

827 ポーヤのランダムウォーク　PÓLYA'S RANDOM WALKS

ランダムウォークという言葉を作ったのは、ポーヤ・ジェルジだ。ポーヤは1921年に1次元と2次元の場合を分析した。ポーヤの問いは次のようなものだった。「初めにグラフ上に1点をとる。このとき、ランダムウォークをする人が最終的にその点にたどり着く確率はいくらだろうか？」。もっと簡単な問いで同じことをいうならばこうなる。歩いている人が最終的に出発点に戻ってくる確率はいくらか？

ポーヤは、どちらの場合も答が1であることを示し、実質的に確実なことだとした。1次元の場合は、賭博師の破産と呼ばれることもある。賭博師がカジノで1度にチップ1枚を賭けて公正でランダムなゲームをするとき、最終的にすべてのチップを失う確率は1なのだ。ここまでは驚くようなものではないかもしれない。

ところがポーヤは、これが高次元では成り立たないことを示した。3次元格子上のランダムウォークでは、出発点に戻ってくる確率はもっと低くなり、0.34くらいに留まる。高次元のランダムウォークは、格子全体を網羅するのではなく、フラクタルのような軌跡を描くのだ。

828 マルコフ連鎖　MARKOV CHAINS

マンハッタンでのランダムウォークでは、各ステップでコインを投げて、次にどちらの方向に進むべきかを決定する。確率論では、こういったコイン投げは単純な確率変数によってモデル化される。

マルコフ連鎖とは、ランダムウォークのような確率変数列だ。ランダムウォークと違うのは、その確率変数がいっそう複雑であり、ランダムな瞬間移動やそのほかの罠を含む、格子上でのランダムウォークのようであるという点だ。

19世紀の確率論研究者であるアンドレイ・マルコフの考えでは、マルコフ連鎖の特徴的な性質は、各段階での確率分布が現在のみに依存し、過去には依存しないことだった（ランダムウォークで問題になるのは、現在の場所であって、そこに到達した方法ではない）。

マルコフ連鎖は、個体群動態や株価変動などの多くの現象をモデル化する優れた枠組みだ。だが、マルコフ過程の最終的な挙動を決定することはかなり難しい問題だ。

829 熱の運動論 KINETIC THEORY OF HEAT

ロバート・ブラウンは植物学者であり、ほかに先駆けて生物科学に顕微鏡を取り入れた人物だ。1827年にブラウンは、水に浮かぶサクラソウの花粉の粒を顕微鏡で観察した。すると、浮いている花粉のなかに含まれているごく小さなものが、水中でまったくでたらめの方向に不安定な動きをしていた。

これは後に、ブラウン運動と名づけられた。ブラウンは当初、粒子が小さな生物であると考えた。しかし、さらに調べてみると、岩を粉砕したものも水中で同じ特徴を持つ不規則な動きを見せた。

1905年に、アルベルト・アインシュタインは、これらの粒子には、目には見えないほど微細な水分子があちこちからぶつかってきているのだと理解した。重要なのは、水温が高ければ高いほど、目に見える粒子がすばやく運動するということだった。アインシュタインはこれを、**熱の運動論**に対する強力で間接的な証拠だと認識した。現在では、物質内の熱エネルギーは、その構成分子の運動エネルギーが結びついたもの以外の何物でもないことがわかっている。

830 ブラウン運動 BROWNIAN MOTION

アインシュタインが**熱の運動論**に関して行った研究の詳細を充実させるためには、粒子の**ブラウン運動**に対する数学的モデルが必要とされた。

粒子の経路変更がいずれもランダムであって前の運動には依存

しないので、ブラウン運動はマルコフ連鎖のような確率過程に似ている。しかし、ランダムウォークやマルコフ連鎖では、時間は離散的である。一方、ブラウン運動では、粒子は常に方向を変えている。その経路は、ランダムウォークを移動の各区間をゼロになるように縮めて縮小したもののように見える。

ランダムウォークは確率変数列$\{X_1, X_2, X_3, X_4, \ldots\}$、すなわち、**族**($X_i$)によってモデル化される。一方、ブラウン運動は確率変数の連続な族、すなわちX_i（ここでiは実数）によってモデル化できる。

このブラウン運動の系が成長すると何が起こるのだろうか？ アインシュタインは、任意の時間が経過すると、粒子の位置は**3次元正規分布**によってモデル化されることを示した（各次元における位置が独立に正規分布している）。

Cryptography

831 単表式暗号化 MONOALPHABETIC ENCRYPTION

メッセージを暗号文に変える最も単純な方法の1つは、アルファベットの並べ替えを決めておき、それに沿ってメッセージを書くことだ。たとえば、ここにコンピューターのキーボード上の文字順をもとにした、暗号化の体系がある。

a	b	c	d	e	f	g	h	i	j	k	l	m	n	o	p	q	r	s	t	u	v	w	x	y	z
Q	W	E	R	T	Y	U	I	O	P	A	S	D	F	G	H	J	K	L	Z	X	C	V	B	N	M

この**鍵**を使ってメッセージを暗号化することができる。暗号化する前のメッセージを**平文**という（小文字で書くことにする）。いま、平文で「meet me in the park at three a.m.」と書いてあるとする。ここで、上記の表にしたがって文字を置き換えて暗号文を作る（大文字で書くことにする）。

すると、「DTTZ DT OF ZIT HQKA QZ ZIKTT Q.D.」となる。

これを連絡相手に送ると、相手は同じ鍵を使って解読する。もちろん、アルファベットの文字に限る理由はない。26個の記号であれば同じようにうまくいくだろう。

832 暗号解読 CRYPTANALYSIS

暗号化メッセージを傍受したとしよう。

WKRKRPUEBRXEUGRJURJFBGDRFRBKGFRGBGURPBJRXF
OKGRPURZUGRXAKIJRPKAOFXOFVUDIJUXKIFJUGKRAK
QQKZULXKIJEKGRFERBDFQUSFDPUZBQQPFTUFZPBRUEF
JGFRBKGBGPUJPFGLXKIJEKLUZKJLBDDBDXYPIDDPUZB
QQWBTUXKIFVUXRPUOFRUJBFQDFJUBGMKSGIOMUJDBS
UBWPRABTULUDRJKXRPBDOUDDFWUFARUJXKIPFTUO
UOKJBDULBRLKGKREKGRFEROUFWFBGUGLKAOUDDF
WU

これをどのように解読すればいいだろうか？　これは、暗号解読の問題だ。

ここで、送信者が用いたのは**単表式暗号化**だったと仮定する。9世紀の科学者、アブー・アル=キンディーによって見出された技術にもとづく**頻度分析**という解読方法を試してみよう。頻度分析の根幹をなすのは、アルファベットの各文字が同程度に使われているわけではないという認識である。第1段階として、暗号文のなかに最も多く出てくる文字を調べる。その結果は次の通りだ。

U	R	F	K	B	G	D	J	P
36	29	26	25	23	19	18	17	15

基本となる考え方は、これらの文字を英文のなかで最も出現頻度の高い文字に置き換えてみるというものだ。出現頻度の高い文字とは、（順に）$ETAOINSHRDLU$ である。

833 頻度分析 FREQUENCY ANALYSIS

先ほどの例においてまずは、メッセージ中に最も多く出てくる2文字であるUとRを、英語で最も多く使われる2文字、eとtに置き換えてみよう。すると次のようになる。

WKtKtPeEBtXEeGtJetJFBGDtFtBKGFtGBGetPBJtXFOKGtPetZ
eGtXAKIJtPKAOFXOFVeDIJeXKIFJeGKtAKQQKZeLXKIJEK
GtFEtBDFQeSFDPeZBQQPFTeFZPBteEFJGFtBKGBGPeJPFGLX
KIJEKLeZKJLBDDBDXYPIDDPeZBQQWBTeXKIFVeXtPeOFte

JBFQDFJeBGMKSGIOMeJDBSeBWPtABTeLeDtJKXtPBDOeDD
FWeFAteJXKIPFTeOeOKJBDeLBtLKGKtEKGtFEtOeFWFBGeG
LKAOeDDFWe

さらに置き換えを進めよう。数カ所で平文の文字tの次に暗号化された文字Pが置かれている。英語に関する既存の知識から、Pはhを表すと思われる。これを使えば以下のようになる。

WKtKtheEBtXEeGtJetJFBGDtFtBKGFtGBGethBJtXFOKGthetZ
eGtXAKIJthKAOFXOFVeDIJeXKIFJeGKtAKQQKZeLXKIJEK
GtFEtBDFQeSFDheZBQQhFTeFZhBteEFJGFtBKGBGheJhFGLX
KIJEKLeZKJLBDDBDXYhIDDheZBQQWBTeXKIFVeXtheOFte
JBFQDFJeBGMKSGIOMeJDBSeBWhtABTeLeDtJKXthBDOeDD
FWeFAteJXKIhFTeOeOKJBDeLBtLKGKtEKGtFEtOeFWFBGeG
LKAOeDDFWe

さまざまな文字や文字の組み合わせの頻度分析、思考にもとづく推量、および試行錯誤を合わせれば、さらに解読を進めることができるはずだ。

ただし、頻度分析は科学的に厳密というわけではないし、テキストが長い場合のほうがうまくいく。ここで取りあげた短い例はどこか人為的であり、基本的な技法を説明するためのものだ。

834 ETAOIN SHRDLU <small>ETAOIN SHRDLU</small>

頻度分析は英語におけるさまざまな文字の相対的頻度を知ってこそできることだ。もちろん、これは平均値であるし、どんなテキストにおいても厳密に成り立つわけではないだろう。

ETAOIN SHRDLUという文字列は、頻度の順で多いほうから12番目までの文字を列挙したものだ。

この文字列は、ライノタイプと呼ばれる鋳植機を使って印刷していた時代にはよく知られていた。ライノタイプのキーボード上では文字がほぼ頻度の順で配置されており、この文字列が、ときに誤って新聞に印刷されたものだった。

頻度分析は、単に個々の文字を使うだけではない。文字の組み合わせのなかには、ほかよりも多く出てくるものもある(たとえば「th」は「qz」よりもよく使われる)。

文字	100文字のなかに登場する平均回数	文字	100文字のなかに登場する平均回数
e	12.7	m	2.4
t	9.1	w	2.4
a	8.2	f	2.2
o	7.5	g	2.0
i	7.0	y	2.0
n	6.7	p	1.9
s	6.3	b	1.5
h	6.1	v	1.0
r	6.0	k	0.8
d	4.3	j	0.2
l	4.0	x	0.2
u	2.8	q	0.1
c	2.8	z	0.1

連接文字	2000文字のなかに登場する平均回数	連接文字	2000文字のなかに登場する平均回数	連接文字	2000文字のなかに登場する平均回数
th	50	at	25	io	18
er	40	en	25	le	18
on	39	es	25	is	17
an	38	of	25	ou	17
re	36	or	25	ar	16
he	33	nt	24	as	16
in	31	ea	22	de	16
ed	30	ti	22	rt	16
nd	30	to	22	ve	16
ha	26	it	20	st	8.5

835 多表式暗号化、符号、綴り誤り

POLYALPHABETIC ENCRYPTION, CODES AND SPELLING MISTAKES

　単表式暗号化をさらに解読しにくくする技法がいくつかある。1つが**多表式暗号化**だ。これは、各文字を複数の方法で暗号化するものだ。たとえば、鍵として52文字のアルファベットを使うならば、平文の各文字は2つの記号から選ばれたもので暗号化する。

　もっと複雑にするために**ダミー記号**を加えることもある。ダミー記号

は特に意味を持たないものであり、連絡相手は簡単に削除できるが、メッセージを傍受して解読しようとする人を混乱させる。

a	b	c	d	e	f	g	h	i	j	k	l	m	n	o	p	q	r	s	t	u	v	w	x	y	z	ダミー
S	L	6	M	D	R	{	E	Q	W	\	A	@	B	K	7	J	3	T	C	O	?	G	4	P	H	X
Z	!	(	(5	%	*	1	)	-	9	+	F	£	$	2	N	Y	~	I	;	8	^	U	#	,	V	}

ここまでに紹介したのは、文字を表すさまざまな記号を変換して暗号文を作るものだ。一方、**符号**というのは、同じようにして、単語を置き換えるものだ。符号の例としては以下のようなものがある。

bank	dollar	car	policeman
OSTRICH	MARBLE	DRUM	GRAVY

メッセージのなかに意図的な誤りを入れ、さらに頻度分析を困難にすることもできる。意図的な誤りは、単純な単表式暗号化よりも解読するのが遥かに難しいメッセージを作りだす。

---

836 ワンタイムパッド ONE-TIME PAD

単表式暗号化の不利な点は、同じ文字が毎回同じ方法で暗号化されてしまい、簡単に頻度分析できてしまうことだ。この問題は、多表式暗号化、綴り誤り、さらにほかの仕組みによって改善できる。しかし究極的には、優れた暗号解読者はこれらのハードルを越えてくるだろうし、特に、さまざまな可能性を調べるコンピューターがあればなおのことだ。

ワンタイムパッドというのはその代わりとなる方法であり、鍵として文字列をうまく利用する。鍵が「mathematical」で始まる場合を考えよう。

最初に、平文の文字と鍵をそれぞれ数字に変換する。これは、文字をアルファベット順に並べたときのそれぞれの位置に対応する。平文は以下の通りだ。

a	b	o	r	t	m	i	s	s	i	o	n
1	2	15	18	20	13	9	19	19	9	15	14

鍵は以下のようになる。

m	a	t	h	e	m	a	t	i	c	a	l
13	1	20	8	5	13	1	20	9	3	1	12

このとき暗号文は、対応する位置の2数を足し合わせ、それを変換して文字に戻すことによって得られる。和が26を超えれば、26をそこから引く。つまり、26を法として加算を行うのだ。

暗号文は次のようになる。

14	3	9	26	25	26	10	13	2	12	16	26
N	C	I	Z	Y	Z	J	M	B	L	P	Z

連絡相手は(鍵を持っている限り)、手順を逆向きにすることでメッセージを解読できる。この暗号化形式は、異なる単表式暗号化にしたがって連続的に文字を暗号化するのと同等だ。その高度な安全性、そしてその名称は、それぞれの鍵がただ1つのメッセージを暗号化するために用いられ、その後破棄されるとことに由来する。だから、スパイには対応するパッド(メモ)が必要だ。その各ページに鍵が載っており、メッセージごとにページを新しくすることになる。

原理的に、ワンタイムパッドは絶対に解読不可能である。これは、1949年にクロード・シャノンが証明したことである。同じ長さの平文のメッセージはたくさん考えられるし、鍵がなければ敵の解読者はメッセージと鍵を判断できない。

837 公開鍵 PUBLIC KEYS

ワンタイムパッドは理論的には解読不可能だが、それでも弱点はある。鍵の扱いが非常に高くつくのだ。送信側と受信側はメッセージを送るたびに新しい鍵を必要とする。こうした鍵を交換するには、どうしてもリスクが避けられない。ワンタイムパッドや昔からある暗号では、暗号化と解読は対称な手続きだ。特に、送信側と受信側は同じ鍵を使う必要がある。

公開鍵暗号では、この対称性は保たれない。この場合、鍵は2つの役割にわかれる。所有者だけが持っていて決して共有されない**秘密鍵**、誰もが自由に使える**公開鍵**だ。

公開鍵を使えば誰でもメッセージを暗号化でき、それを秘密鍵の所有者に送ることができる。しかし、それを解読できるのは所有者だけだ。解読には秘密鍵が必要なのだ。

ある企業が、ロックされていない同一の南京錠を無制限に用意したと考えよう。鍵はたった1つしかなく、企業がそれを持っている。そ

の企業に品物を送りたい人は誰でも、箱に品物を詰めて南京錠の1つを使ってロックする。すると、その企業だけが箱を開けられるというわけだ。

公開鍵暗号は現代のインターネットセキュリティの屋台骨をなしている。鍵は2つの巨大な素数、たとえばpとqからなる。これらは明かされないが、積$p \times q$は公開される。この仕組みの安全性は、手順を逆向きに行うことが本質的に困難であるという点に依存している。

838 シャノンの情報理論 SHANNON'S INFORMATION THEORY

クロード・シャノンが1948年に発表した論文『A Mathematical Theory of Communication（通信に関する数学的理論）』は第2次世界大戦後の時代で権威的な地位を占め、**情報理論**という分野が誕生するきっかけとなった。

この論文は、20世紀の後半以降計り知れないほどの重要性を持っている。論文のなかでシャノンは、情報の符号化、伝送、解読のプロセスを考察した。

シャノンはほかに先駆けて、2進数を情報の自然言語として利用した。そして、初めて情報伝送の理論的基盤を分析した。その限界を調べ、1つの体系でデータを伝送できる最大速度を分析した結果、それが**エントロピー**と呼ばれる量に依存することを明らかにした。エントロピーは、2進符号列での連続するビット（2進数）の予測不可能性を定量化するものだ。

シャノンは、ノイズのない体系とノイズのある（誤りが入り得る）体系という2つを検討した。そして、後者の場合において誤り訂正符号には理論的限界があることを示した。

839 コルモゴロフ複雑性 KOLMOGOROV COMPLEXITY

現代技術で、情報は2進数列に符号化される（たとえば、ASCIIは文字とそれ以外のさまざまな記号を2進数に変換するための符号だ）。数列のなかにはとりわけややこしいものもある。一方、数列111111……の場合は、ほとんど情報を含んでいない。

いくつも並ぶ1をそのまま格納するのはディスクスペースの無駄だろう。スペースを節約するために圧縮ソフトウエアを利用すれば、大幅にこの列を圧縮できる。たとえば、1を100万回書きだすこととして情

報を組み直すのだ。

1960年代に、レイ・ソロモノフとアンドレイ・コルモゴロフはこの考え方をビット列の情報内容を定量化する方法として用いた。文字列の**コルモゴロフ複雑性**とは、その列を圧縮できる最短の長さだ。

たくさんの情報を含んでいる文字列は圧縮できず、したがって複雑性が高い。100万個並んだ1のように、ほとんど情報を含まない文字列は複雑性が低く、大幅な圧縮が可能だ。コルモゴロフ複雑性は本質的に、ビット列のエントロピーというシャノンの概念と同等である。

840 誤り訂正符号 ERROR-CORRECTING CODES

ノイズのあるチャネルを通じて情報を送るときには、誤りが入り得る。**誤り訂正符号**とは、ある程度の破損があってもメッセージが維持されるようにする仕組みだ。

最も単純な方法は、単なる繰り返しである。COME NOWと送る代わりにCCCOOOMMMEEE NNNOOOWWWと送るのだ。以下のように、1カ所破損した場合も、3文字ブロックのおかげで読み取れる。III CCCAAANNQNNNOOOTTT。

誤りが複数ある場合には、また問題が出る。もっと長い繰り返しブロック、たとえば各文字を100回繰り返すなどして、正確性を高めることができる。しかし、そうすることで処理速度は遅くなるだろう。注目すべきは、シャノンが正確性と速度のトレードオフが不可避であると示したことだ。ある数学の技法を使えば、迅速でもあり、要求に応じた正確さを持つ符号を見つけることができる。

そのための方法の1つは、**ラテン方格**の考え方にもとづいている。ラテン方格を使うことで、ごく自然に誤り訂正を行える。ラテン方格の1つの要素が破損しても、すべての行と列を調べることによって、簡単に破損箇所を識別し、訂正できる。さらに複雑な方法としては、**有限体**という代数学的構造を利用するものがある。

MATHEMATICAL PHYSICS
数理物理学

「哲学は、眼のまえにたえず開かれているこの最も巨大な書〔すなわち、宇宙〕のなかに、書かれているのです。しかし、まずその言語を理解し、そこに書かれている文字を解読することを学ばないかぎり、理解できません。その書は数学の言語で書かれており……」──ガリレオ・ガリレイ

　ガリレオの言葉は、書かれた当時（初めて詳細に考察された物理学理論であるニュートン力学の黎明期）と何ら変わることなく、現在でも通用する。こんにちでさえ、ニュートンの理論は多くの場合に妥当だが、天文学的スケールでの光の動きは説明できない。それについては、アルベルト・アインシュタインが特殊相対性理論で言及し、質量とエネルギーの等価性というかの名高い事実など、多くの予期せぬ結果をもたらした。ところが、この理論では重力が考慮されていなかった。アインシュタインは、2つ目の理論である一般相対性理論で重力を取り込んだ。

　原子より小さなスケールについても、ニュートン力学では説明することができなかった。ここでもまた、光がそれを妨げたのだ。光が波なのか粒子なのかについては昔から問われ続けていた。とうとう見つかった答は非常にやっかいなものだった。どちらでもあるというのだ。これを説明するべく、物質に対するまったく新しいモデルが構築された。それが量子力学だ。

　20世紀初頭以来の難問は、一般相対性理論と量子力学を結びつける新しいモデルを見つけることだった。この夢はまだかなえられていないものの、場の量子論という考え方によって大きな進展がもたらされた。

Newtonian Mechanics

ニュートン力学

841 ニュートンの法則 NEWTON'S LAWS

ニュートン力学は、力を受ける物体の挙動を考察する。サッカーボールを蹴る男の子は力の一例であり、この男の子を転ばせる重力もまたそうだ。ニュートンの第2法則、第3法則は、こうした状況をモデル化する。第1法則はもっと基本的なこと、つまり、力を受けない物体がどうなるのかに目を向けている。

この問いは、意外にもさほど簡単ではない。アリストテレスの時代から、そのような物体はその「慣性」が弱くなるために徐々に遅くなり、やがて静止するとされていた。この誤りを初めて正したのがガリレオ・ガリレイだ。ガリレオの原理はニュートンの第1法則という形になった。

842 ニュートンの第1法則 NEWTON'S FIRST LAW

動いている物体に何も力が働かなければ、その動きが遅くなることはないだろう。凍結して完全に滑らかな湖の上をすべる石を想像してみよう。石には何の力も働かない。だから、石は一定の速さで、一定の方向に滑り続けるだけだ（実際にはもちろん、石が進むスピードは落ちていく。氷は完全に滑らかなのではなく、摩擦力という小さな力が働くからだ）。

ガリレオの原理は、**ニュートンの第1法則**としても知られており、物体はある力によって妨げられるまで静止したままか、あるいは等速直線運動を続けると述べている。この法則は深宇宙という真空に近いところでよりよくあてはまる。深宇宙では、空間内をある方向に動く岩は、妨げられない限り、ただその進路をいつまでも進み続けるだろう。

843 ニュートンの第2法則 NEWTON'S SECOND LAW

箱を押すと動く。しかし、ニュートンの第1法則によれば、物体は力が働かなくても動き続ける。力が働くとは、実際のところどういうことなのだろうか?

正確には「何の力も働かなければ、物体は等速直線運動をする。力が働くと動きが速くなったり遅くなったり、動く向きが変わったりする」ということになる。力によって**加速度**が生じるのである。

ある力からどのくらいの加速度が生じるのかには、ほかの要因も関係してくる。ゴルフボールを打つと、そのボールにはかなり大きな加速度が与えられる。同じ加速度を住宅用のレンガに与えるには、よ

り大きな力が必要だ。

　実際、物体に加速度を与えるために必要となる力は、その物体の質量に比例する。物体が重ければ重いほど大きな力が必要なのだ。これは、$F=ma$という方程式で書き表すことができる。ここで、Fはニュートンを単位として測った力、mは物体の質量（キログラム）、aは加速度（メートル毎秒毎秒[m/s²]）である。

844 ニュートンの第3法則 NEWTON'S THIRD LAW

　ビリヤードなどのゲームでは、手玉を使ってほかの玉（的玉）を動かす。手玉は、静止している的玉に当たると、その的玉に接触するわずかな間に力を作用させ、**ニュートンの第2法則**にしたがって的玉に加速度を与える。

　このとき、手玉は前と同じ進路を進み続けるわけではない。的玉が左に動けば手玉は右にそれるだろう。プレイヤーたちが「スタンショット」と呼ぶ突き方をすると、手玉は的玉に正面から当たり、減速して静止する。

　ニュートンの第1法則から、手玉も何らかの力を受けたことは間違いない。**ニュートンの第3法則**によれば、的玉と手玉に働く2つの力は大きさが等しく、向きが逆になる。一般的に述べると、物体Aが物体Bに力Fを作用させると、BはAに対して$-F$の力を作用させる。

845 反作用 EQUAL AND OPPOSITE REACTION

　ニュートンの第3法則は、「すべての作用には、大きさが等しく逆向きの**反作用**がある」と書かれることが多いが、やや誤解を招く表現といえる。

　ビリヤードの玉が衝突するところを考えるならば理にかなっているが、もっと身近なことに引き寄せて考えてみたときに、直観に反するように思えるのだ。たとえば、金槌で爪を叩いてしまったとき、静止している爪が運動している金槌に力を加えたとは思わないはずだ。しかし実際は、爪は間違いなく金槌を減速させている。

　状況が複雑になればさらに混乱してくる。たとえば、平坦な道で車を押しているとき。車も同じ力を人にかけているというのなら、なぜ車は人を押し戻さないのだろうか？　このような状況においては、作用していることが明らかな力のほかに、もっといろいろな力が働い

ている場合が多い。

　車を前向きに押しているとき、その人は自分の脚で地面を押し戻してもいる。そうすることで、地面が自分を押そうとする力を利用しているのだ。薄くて滑らかな氷の上ではそうはいかない。氷の上で車を押したら、自分が後ろに滑っていくのがわかるだろう。

846 運動量 MOMENTUM

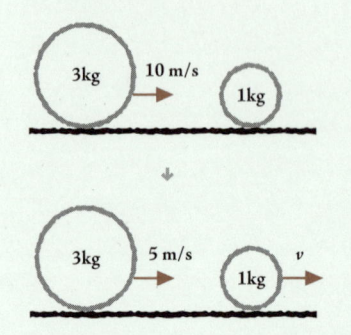

　物体の**運動量**とは、その質量に速度を掛けたものである。（m はすでに質量を表すのに使っているので）文字 p で運動量を、v で速度を表す場合が多い。だから、運動量の定義式は、$p = mv$ となる。重さが0.5kgのサッカーボールが6m/sで進んでいるなら、このときの運動量は $0.5×6 = 3$kg m/s となる。

　運動量はニュートン力学において重要な物理量だ。複数の粒子が衝突したとき、衝突後の全運動量は衝突前の全運動量と一致していなくてはならない。この性質は**運動量保存則**として知られている。

　2つのボールが衝突すると考えよう。軽いほうのボールの質量が1kgで、初めは静止している。重いほうのボールは3kgで、速度10m/sで軽いボールに衝突する。衝突後に重いボールの速度が5m/sに落ちるなら、軽いほうの速度はいくらになるだろうか？

　衝突前の全運動量は $1×0+3×10 = 30$kg m/s だ。ここで求めたい速度を v とすると、衝突後の全運動量は $1×v+3×5 = v+15$ となる。運動量が保存されることから両者は一致しなくてはならず、$v+15 = 30$ だ。よって、$v = 15$m/s である。☞Fig

847 運動量保存 CONSERVATION OF MOMENTUM

　閉じた系とは、外部から切りはなされている系だ。そのような系では、系の全運動量は一定で不変である。

　この事実は、ニュートンの法則の結果として直接得られる。最も単純な状況は、質量が一定値（m_1, m_2）である2つの粒子が互いに力

(F_1、F_2)を作用させるというものだ。ニュートンの第3法則から、$F_1 = -F_2$ でなくてはならない。加速度がそれぞれ a_1、a_2 であれば、ニュートンの第2法則から $m_1 a_1 = -m_2 a_2$ であり、$m_1 a_1 + m_2 a_2 = 0$ だ。

2つの粒子の速度を v_1、v_2 とする。加速度から速度を得るためには、積分をする必要がある。上記の方程式を積分すれば、ある積分定数 C に対して、$m_1 v_1 + m_2 v_2 = C$ となる。つまり、F_1、F_2、a_1、a_2、v_1、v_2 がすべて変化したとしても、全運動量 $m_1 v_1 + m_2 v_2$ は一定値 C となるのだ。

848 変位が一定の物体
BODIES WITH CONSTANT DISPLACEMENT

最も単純な運動は、変位が一定、すなわち、静止している場合だ。ある物質のかたまりが原点から5メートルのところにあるとする。ここで、ストップウォッチを動かし始めてからの時間を t、物質の**変位**を s で表すことにする。すると、t の任意の値に対して、$s = 5$ である。これ以上いえることはない。というのも、$\frac{ds}{dt}$、$\frac{d^2s}{dt^2}$、さらには高階の導関数すべてがゼロになるからだ。

849 速度が一定の物体
BODIES WITH CONSTANT VELOCITY

自転車に乗った人が一定の速度 3m/s でまっすぐに進んでいるとする。原点からの変位を s で表す。このとき、その速度は $\frac{ds}{dt}$ で表せる。この場合、$\frac{ds}{dt} = 3$ だ。これを積分すると、積分定数 C に対して、$s = 3t + C$ となる。この数 C はどのような意味を持つだろうか？ $t = 0$ とすると答がわかる。これは、自転車に乗っている人の最初の変位だ。

通常は原点が出発点となるように位置を合わせる。つまり、$t = 0$ のときに $s = 0$ であるという**境界条件**を設けるのだ。すると $C = 0$ であり、先の方程式は $s = 3t$ と書ける。この式から、自転車に乗っている人の任意の時間における変位がわかる。たとえば、60秒後であれば、変位は 180m だ。

さらに一般的にいうと、速度が $\frac{ds}{dt} = v$ で与えられるならば、$s = vt$、つまり $v = \frac{s}{t}$ だ。これは、距離を時間で割るという通常の速度の定義と合致する。

850 落下する物体 FALLING BODIES

一定の加速度の下で動く物体の運動について考えてみよう。重力に引かれて落下する物体がその代表例だ。ガリレオの砲丸の含意は、空気抵抗の影響を無視すれば、任意の2つの物体は、重さが大きく違っていたとしても、同じ速度で地面に落下するということだ。この一定の加速度は地球の重力によって決まるもので、gと呼ぶ（おおよそ$9.8 m/s^2$）。

したがって、物体が空気抵抗なしで落下するとすれば、以下の通りになる。

$$\frac{d^2s}{dt^2} = g$$

これを積分すると、物体の速度が次のように表せる。$\frac{ds}{dt} = gt+C$。物体が静止状態から落下を始める、つまり、$t=0$のときに$\frac{ds}{dt}=0$であると仮定する。すると$C=0$となる。よって先の式は$\frac{ds}{dt}=gt$となる。

これをふたたび積分すると、$s = \frac{g}{2}t^2+D$が得られる。物体が原点から落下する状態に設定しておくとすれば、$D=0$であり、したがって、以下のようになる。

$$s = \frac{g}{2}t^2$$

だから、10秒後の時点で、物体の速度は98m/s、落下した距離は490mとなる。

851 加速度が一定の物体
BODIES WITH CONSTANT ACCELERATION

物体の加速度が一定、たとえばaである場合、次のようにいえる。

$$(1) \quad \frac{d^2s}{dt^2} = a$$

これを積分すると、$\frac{ds}{dt} = at+C$である。ここで、物体の初期速度をuとすると、$t=0$のときに$\frac{ds}{dt}=u$だ。つまり$C=u$である。$\frac{ds}{dt}$の代わりにvで速度を表す場合も多く、それにしたがうと、次のように書ける。

$$(2) \quad v = at + u$$

ここで、tやvが変数であり、aやuが定数である点に注意しよう。

方程式(2)をふたたび積分すると、$s = \frac{1}{2}at^2 + ut + D$となる。物体が原点から出発すると仮定すれば$D = 0$だ。そこで次のようになる。

$$(3) \quad s = \frac{1}{2}at^2 + ut$$

方程式(2)と(3)は、一定の加速度の下での物体について、一定の時間後の速度や変位を計算するためによく用いられる。tを介さずに、vとsを直接結びつけていくとそれも役に立ち得る。方程式(2)と(3)を少々操作すれば次のようになる。

$$(4) \quad v^2 = u^2 + 2as$$

852 運動エネルギー KINETIC ENERGY

ニュートン力学では、動いている物体は、その運動にもとづいてある量のエネルギーを持つ。質量mが速度vで動いているとき、その**運動エネルギー**は$K = \frac{1}{2}mv^2$だ。だから、重量が1000kgの自動車は、15m/sで進んでいるとき、$\frac{1}{2} \times 1000 \times 15^2 = 112500J$（Jはエネルギーの国際単位である「Joule〔ジュール〕」を表す）の**運動エネルギー**を持つ。

力学の研究においては、自動車のような現実的なかたまりではなく、理想的な1点からなる質量（質点）を考え、内部で動く部品のような本質的ではない部分の影響を回避する。

853 運動エネルギーの保存
CONSERVATION OF KINETIC ENERGY

運動エネルギーの便利な性質は、運動量と同様、衝突の前後で保存されるということだ。質量が1kgと2kgの2つの物体があり、互いに近づくようにそれぞれ10m/s、20m/sの速さで動いているとする。このとき、全運動エネルギーは$\left(\frac{1}{2} \times 1 \times 10^2\right) + \left(\frac{1}{2} \times 2 \times 20^2\right) = 450J$だ。これらが衝突したあとも、この運動エネルギーは変わらない。

だから、簡単な例として、衝突後に重いほうの物体が静止し、軽いほうが速さvで進んでいるとすれば、$\frac{1}{2} \times 1 \times v^2 = 450$であり、$v = 30$が導かれる（保存則というのは現実世界においては成り立たない。エネルギーのいくらかが、熱や音として失われるからだ）。

854 位置エネルギー POTENTIAL ENERGY

重い物体を持ち上げるのにはエネルギーが必要だ。重力による力に立ち向かうことになるからだ。物体を持ち上げると、その物体に重力による**位置エネルギー**を与えることになる。このエネルギーは、物体のなかに蓄積され、物体を落下させることで運動エネルギーに変換できる。

物体の持つ重力位置エネルギーの公式は $V = mgh$ だ。ここで、m は質量、g は地球の重力加速度、h は物体を持ち上げた高さだ。位置エネルギーは重力に限定されるものではなく、電磁力などほかの力と関連するものも存在する。

力学における重要な原理は、エネルギーがどんな系内にでも保存されるということだ。熱や音や光を通じたエネルギーの損失を無視すれば、物体は(たとえば斜面を登ることによって)運動エネルギーを位置エネルギーに変えたり、(斜面を下ることによって)位置エネルギーを運動エネルギーに変えたりする。しかし、全エネルギー量 $V+K$ は一定のままだ。

Waves

855 波動 WAVES

多くの物理現象は、**波動**という形式をとる。音、光、池に立つさざ波などがそうだ。どれも、ある性質が長い時間、反復しながら媒体のなかに存続する。

最も単純な波動は1次元のもので、たとえばバイオリンの弦を伝わる波動がそうだ。空間を通じて伝わる音と光は3方向に広がる一方、池の表面の**変位波**は2次元だ(**スカラー場**によってモデル化され得る)。

波動は、数学的には**周期関数**という、同じ形が繰り返し現れる関数としてモデル化される。最も基本的なものが**正弦波**だ。一方、もっと複雑な任意の波形(たとえば楽器が生みだすようなもの)は**フーリエ解析**によって構築できる。フーリエ解析ではまた、波動がどのように干渉し合うのかについて、波動に対応する関数をただ足し合わせることを通じて明らかにする。

どんな波動にも、**振動数**と**振幅**という2つの基本的な属性がある。

856 振動数 FREQUENCY

音や光のような波動は、通常の公式にしたがう。つまり、速さ＝距離÷時間である。1つの周期の始まりから次の周期の始まりまでの長さを**波長**と呼ぶ。波長がL、その波の速さがv、1周期にかかる時間がtであれば、これらは$v=\frac{L}{t}$という関係にある。

波動の**振動数**（f）とは、1秒間で繰り返される周期の数だ（ヘルツ〔Hz〕を単位として測る）。つまり、$f=\frac{1}{t}$である（tは先ほどの式と同じもの）。したがって、$v=L\times f$となる。

音波の場合、人間の脳は振動数を音の高さとして理解する。タクシーの甲高いブレーキ音はおおよそ5000Hzという高い振動数を持つ。一方で、シロナガスクジラは20Hzという低い振動数で音を出す。これは人間の耳に聞こえる下限に近い。人間の耳に聞こえる上限はおおよそ20000Hzだ（コウモリはなんと、100000Hzまで聞こえる）。

可視光線の場合、振動数によって色が決まる。可視スペクトルは4.3×10^{14}Hzから7.5×10^{14}Hzまでだ。

857 振幅 AMPLITUDE

振動数は、波動の山がどのくらい集まっているのかを表している。山同士が近づくほど振動数は大きくなる。そして、これら山の高さは、**振幅**から決まる（正確にいうと、振幅は山から谷までの高さの半分の長さだ）。

音波の振幅から**音量**が決まる。弦楽器では弦を強く弾くほど、その結果できる波の振幅が大きくなり、音は大きくなる（じつのところ、この話はもう少しややこしい。振動数の高い雑音は、振動数が低い雑音よりも心理的に大きく聞こえてくるのだ。だから、音の大きさの尺度としては、振動数もある程度考慮したデシベルを用いる）。

可視光線の波動の振幅は、明るさと、それが持つエネルギーの総量を決めている。

858 AMとFM AM AND FM

デジタルラジオが使われるようになる1990年代より前の時代、音を電磁波に符号化するための方法が2種類あった。1906年に初めて用いられた**振幅変調**（AM）と、1933年に用いられた**周波数変調**

振幅変調

周波数変調

(FM)だ。AMの場合には、情報を電磁波の振幅で符号化する（振動数は一定に維持する）のに対し、FMの場合は、振幅を一定に維持し、情報を電磁波の振動数で符号化する。一般的に、FMのほうがノイズに強く、よりメリハリのある音で聴くことができる。☞Fig

859 デジタルラジオ DIGITAL RADIO

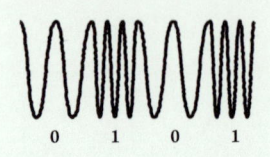

0 1 0 1

　　FMと同様、デジタルラジオは周波数変調を用いて情報を伝送する。デジタルラジオが標準的なFMと違うのは、音をまずビット列に変換し、それからそのビット列を周波数変調によって伝送するという点だ。それぞれの局に必要となるのは、0と1を表すたった2つの周波数だけだ。つまり、周波数の狭い帯域内でより多くの局に対応できるようになるのだ。**誤り訂正符号**がデータの流れのなかに組み込まれているので、デジタルラジオはAMや、FMよりもノイズに強い。☞Fig

860 弦楽器 STRINGED INSTRUMENTS

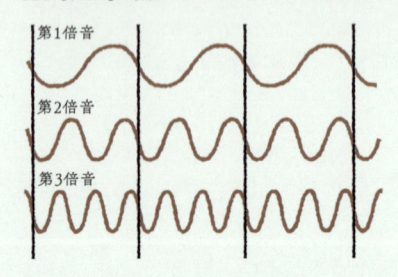

第1倍音

第2倍音

第3倍音

　　バンジョー、チェロ、ピアノなどの弦楽器を演奏する人は、弦を弾いたり、こすったり、たたいたりして音を出す。こうした動作によって、弦が振動し、その結果生みだされる音の高さ（振動数）は弦の長さ、質量、張り具合によって決まる。コントラバスがウクレレよりも低い音を生みだすのは、弦がより長く、より重いからだ。弦を押さえることには弦を短くする効果があり、音が高くなる。調律用糸巻きを緩めれば、張り具合が弱まり、音が低くなる。

　　弦が生みだす基音のことを、基本波、あるいは第1倍音という。この音は、波長が弦の長さのちょうど2倍の波となっている。☞Fig

861 倍音 HARMONICS

弦が振動して生みだされる**第1倍音**とは、基本波(あるいは基音)、つまり、弦の両端だけが静止しているときに生じる波のことだ。

第2倍音とは、弦の真ん中にもう1つ静止点を置いた場合の音だ(楽器を演奏する人がこの音を出すときには、弦の中心を優しく触る)。このときの波長は、第1倍音の波長の半分となる。波長を半分にするというのは、振動数を2倍にするということだ。だから、第2倍音の振動数は基音の振動数の2倍だ。人間の耳には、これは基音の1オクターブ上に聞こえる。

第3倍音とは、弦の長さが $\frac{1}{3}$ の点と $\frac{2}{3}$ の点に静止点を置いた場合の音だ。基音と比べて波長は $\frac{1}{3}$、振動数は3倍になる。音楽の言葉でいえば、基音から1オクターブと5度だけ高く聞こえる。

第4倍音は弦を4等分した場合の音である。振動数は第1倍音の4倍となり、基音から2オクターブ高い。

Fields and Flows

862 スカラー関数とベクトル関数
SCALAR AND VECTOR FUNCTIONS

3次元の場合を考えよう。空間内での座標を表す3つ組の数 (x, y, z) を入力とし、その場所での温度を出力する関数を $u(x, y, z)$ とする。温度は、大きさを持つが向きを持たないスカラー量であり、このような値を返す関数を**スカラー関数**と呼ぶ。

多くの状況において、関数の出力は**ベクトル**であることが望ましい。力や速度は、大きさも向きも持っているので、ベクトル量である。

ベクトル $(1, 0, -1)^t$ を速度として解釈すると、1つの粒子が1m/sで x 軸の正の方向に、1m/sで z 軸の負の方向に進んでいるという意味だ(ここから、ピタゴラスの定理によって、合わせた大きさ $\sqrt{2}$ m/sがわかる)。

ベクトル関数は、**u**のように太字の文字を用いて表すことが多い。たとえば、$u(3, 2, -1) = (1, 0, -1)^t$ は、関数 u が点 $(3, 2, -1)$ にベクトル $(1, 0, -1)^t$ を割り当てることを意味する。

このようなベクトル関数は、たとえば流体の流れのモデル化など、

数学の応用例において大変重要だ。各点 (x, y, z) に対して、その点での流体の速度を表すベクトル $u(x, y, z)$ が存在する。$u(1, 2, 3) = (0, 0, 0)^t$ であれば、流体は点 $(1, 2, 3)$ で静止している。$u(0, 4, -1) = (2, 0, 0)^t$ であれば、流体は点 $(0, 4, -1)$ で 2m/s で右方向に進んでいる。

さらに一般的に、u_x, u_y, u_z と書いて、それぞれ u の x 方向、y 方向、z 方向の成分を表す。すると、$u(x, y, z) = (u_x, u_y, u_z)^t$ と書ける。

863 ベクトル場 VECTOR FIELDS

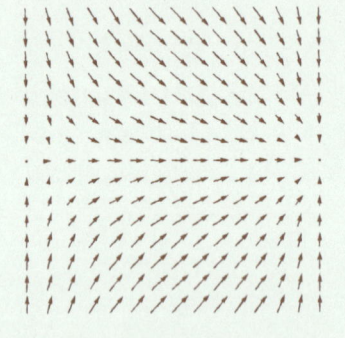

流体の流れは**ベクトル場**の一例であり、これは、空間内の各点にベクトルを割り当てる関数によって表現可能だ。通常、ベクトル場は滑らかであることが必要で、空間内でのわずかな動きによって、対応するベクトルもわずかに変わる。☞Fig

スカラー関数とまったく同じように、ベクトル場に関してもその変化の割合は興味深いものである。これは**ベクトル解析**におけるテーマだ。流体の流れの場合、ベクトル場はオイラー方程式とナビエ-ストークス方程式によって支配されている。

また、ベクトル場は力としても解釈できる。電磁場に対するマクスウェル方程式がその例だ。

毛の生えたボールの定理により、球面上の滑らかなベクトル場は、どこかがゼロと等しくなっていなければならない。

864 ベクトル解析 VECTOR CALCULUS

スカラー場やベクトル場を詳しく知るために、これらの場が点ごとに、瞬間ごとに、どのように変わっていくのかを調べたい。そのためには、微積分をしなくてはならない。しかし、3つの空間座標と1つの時間があり、さらにはそれらについての微分もあるので、その表記はとても煩雑で、方程式は非常に長くなり得る。

19世紀に**ベクトル解析**を行っていた数学者たちは、「ナブラ」と呼

ばれる新しい記号 ∇（ギリシャ文字の大文字のデルタ Δ と混同しないように注意すること）を、次に示す演算子の略記として利用し始めた。

$$\nabla = \begin{pmatrix} \frac{\partial}{\partial x} \\ \frac{\partial}{\partial y} \\ \frac{\partial}{\partial z} \end{pmatrix}$$

∇ を通常のベクトルとして扱うだけでも、いくつかの重要な量を表現できる。特に注目すべきは、発散、勾配、回転、ラプラシアンだ。

865 勾配 GRAD

f はスカラー関数であり、3 次元空間の各点に数（たとえば温度など）を割り当てるものとする。このとき、次のように書ける。

$$\nabla f = \begin{pmatrix} \frac{\partial f}{\partial x} \\ \frac{\partial f}{\partial y} \\ \frac{\partial f}{\partial z} \end{pmatrix}$$

これはベクトルであり、f の**勾配**という（通常、「grad f」と短縮して書く）。導関数と同じように、∇f は f の増加率を表す。ベクトル ∇f は、f の増加率が最も高い方向を示し、その大きさは増加率を定量化する。

866 発散 DIV

∇ は演算子だが、これを通常のベクトルであるかのように扱い、「内積」のようなものを考えることができる。

たとえば、$\mathbf{u} = (u_x, u_y, u_z)^t$ をベクトル場だとして、次のような計算をする。

$$\nabla \cdot \mathbf{u} = \frac{\partial u_x}{\partial x} + \frac{\partial u_y}{\partial y} + \frac{\partial u_z}{\partial z}$$

これは「ダイバージェンスユー」と読み、$\mathbf{u}$ の**発散**を意味する。これはスカラー量であり、各点での流入量と流出量の合計を定量化するものだ。

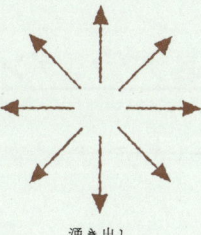

湧き出し

吸い込み

ある特定の点で$\nabla \cdot u > 0$であれば、これはその点における流れの最終的な影響が外向きである、すなわち、その点は流れの**湧き出し**になっているということだ。$\nabla \cdot u < 0$であれば、その点での流れの最終的な影響は内向きであり、その点は流れの**吸い込み**である。☞Fig

867 回転 CURL

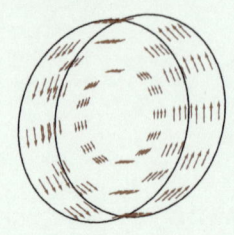

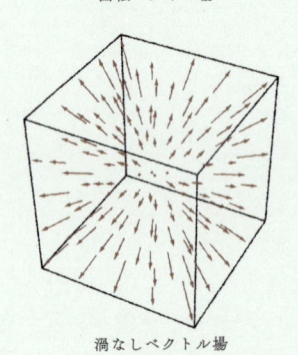

発散が∇との内積をとることで求められるのとまったく同じように、ベクトル場uの**回転**は、**外積**をとることで定義できる。$u = (u_x, u_y, u_z)^t$ならば、次の通りだ。

$$\nabla \times u = \begin{pmatrix} \dfrac{\partial u_z}{\partial y} - \dfrac{\partial u_y}{\partial z} \\ \dfrac{\partial u_x}{\partial z} - \dfrac{\partial u_z}{\partial x} \\ \dfrac{\partial u_y}{\partial x} - \dfrac{\partial u_x}{\partial y} \end{pmatrix}$$

回転ベクトル場

渦なしベクトル場

回転も1つのベクトル場であり、uの回転の範囲と方向を定量化している。$\nabla \times u = 0$であれば、uは**渦なし**である。

回転は応用数学、とりわけ電磁場の**マクスウェル方程式**において重要な道具となる。☞Fig

868 ラプラシアン THE LAPLACIAN

ナブラ演算子を2回適用して、2階導関数の略記としても使うこともできる。重要な例が**ラプラシアン**(∇^2)である(これは、演算子を考案したピエール=シモン・ラプラスにちなんで名づけられた)。fがスカラー場であるとき、次のように定義する。

$$\nabla^2 f = \nabla \cdot (\nabla f) = \frac{\partial^2 f}{\partial x^2} + \frac{\partial^2 f}{\partial y^2} + \frac{\partial^2 f}{\partial z^2}$$

これは、スカラー量である。1点におけるラプラシアンは、その点の近傍におけるfの平均値を表している(厳密にいうなら、近傍が小さくなっていくときの平均値の極限)。これは、ラプラス方程式、熱伝導方程式、量子力学のハミルトニアンなど、数学における多くの場面で大切な役

割を果たしている。

869 ラプラス方程式 LAPLACE'S EQUATION

ラプラシアンから組み立てられる最も単純な方程式は $\nabla^2 f = 0$ で、これを**ラプラス方程式**という。この方程式によると、fは、すべての点の周辺で平均値がゼロであるスカラー場だ。

1次元においてこれを満たすのは、直線に対応する場だけだ。高次元の場合にはもっと難解なものの可能性がある。**ホッジの定理**が取り扱う調和関数がそうだ。

870 ホッジの定理 HODGE'S THEOREM

1930年代、ウィリアム・ホッジは、ラプラス方程式とその考え得る解である**調和関数**と呼ばれるものに関して深く研究した。ホッジは、この方程式を多様体上で解くことと、その多様体に対するあるホモロジー群の計算をすることが同等であることを示した。

この深遠で予期せぬ結びつきによって、位相幾何学は群論に対して大きな影響を与えることになる。また、ヘルマン・ワイルはその結びつきについて「今世紀における科学史上、最高の偉業の1つ」だと語った。

こうした飛躍的前進のおかげで、ホッジはかの有名な**ホッジ予想**を定式化するための正当な言葉を得た。また、**熱伝導方程式**など、さらに複雑な方程式の解法の枠組みも得られた。熱伝導方程式におけるスカラー場はもはや一定ではなく、そのうえさらに時間にも依存する**流れ**になっていたのだ。

871 熱伝導方程式 THE HEAT EQUATION

1811年に、ジョゼフ・フーリエは、固体における熱の流れについての理論を発表した。その理論によると、熱はスカラー量だ。1点における熱fは時間tと、3次元空間における点の座標(x, y, z)に依存する。そこで、t, x, y, zという4変数の関数としてfをモデル化する。フーリエは熱が時間の経過とともに拡散する過程を考慮して、熱の流れをモデル化するための基本的な偏微分方程式を導きだした。

$$\frac{\partial f}{\partial t} = \nabla^2 f$$

この方程式を物理学的に解釈すると、fが1点で変化する割合はその周辺の点の平均温度で決まるということだ。

872 熱伝導方程式の解
SOLUTIONS TO THE HEAT EQUATION

熱伝導方程式に一意の解は期待できない。偏微分方程式の一般論からしてそれは決してあり得ないのだが、それ以上に、常識的に考えて、熱の流れ方が初期の熱の分布に依存するのは間違いない。

最も単純な解は$f(t, x) = e^{-t}\sin x$である。これは1次元の解であり、yとzは無視されている(1次元の導線での熱の流れをモデル化したものに等しい)。この解は、初期の熱分布が正弦波の場合に対応し、時間が経過すると熱を放散して平坦になる。これは、熱伝導方程式を解く関数は長期的に見て平衡状態に向かう傾向にあるという重要な事実を示している。ほかの1次元の解として$f(t, x) = e^{-4t}\sin 2x$がある。一般に解は$f(t, x) = e^{-n^2 t}\sin nx$だ。

さらに複雑な初期条件を扱う際には、これらの解の級数をもとにして、まさに**フーリエ解析**で行うように解を組み立てることができる。

873 流れ FLOWS

フーリエの熱伝導方程式の重要性は、熱の流れのモデルという範疇を遥かに超えている。この方程式は、金融数学における株式オプションのモデル化など、いくつかの分野の基礎として位置づけられている。ラプラス方程式と合わせて、ほかの偏微分方程式、とりわけ任意の形の**流れ**をモデル化する方程式を構築するための土台となるからだ。顕著な例が、ナビエ-ストークス方程式だ。

ラプラス方程式と熱伝導方程式は、3次元空間に限定されることなく、任意の多様体に適用可能だ。これは、多様な物理現象をモデル化するのにも、純粋数学のためにも役立つ。**リッチフロー**は多様体上の抽象的な流れの際立った例であり、それを解析することは、幾何化定理やポアンカレ予想の証明につながる。

874 流体力学 FLUID DYNAMICS

流体はどのように流れるのだろうか？　力学における連続的な変化は、ニュートン力学の離散的な粒子に比べてモデル化するのが遥

かに難しい。18世紀に、レオンハルト・オイラーはこの問いを考察した。流体の流れに対するオイラーの公式は本質的にニュートンの第2法則で述べていることであり、それを、理想化された流体に対して言い換えたものだった。

19世紀には、オイラーの功績をもとにしてクロード＝ルイ・ナビエとジョージ・ストークスが別々に研究を行った。この2人が流体の流れの数学モデルとして取り扱ったものは、本質的に同じだった。

オイラーは流体の**非圧縮性**を仮定するとともに、流体には**粘性**がない、すなわち、内部摩擦による力は働かず、全体にわたって自由に動き回ることができると仮定した。ナビエとストークスは新しい定数vを導入して流体の粘性を定量化した。これにより、方程式はよりいっそう解きにくくなった。これがかの**ナビエ-ストークスの問題**だ。

875 流体モデル THE FLUID MODEL

流体がある領域で分配されると仮定する。数学的に考えると、関心の的となっている中心的な量はベクトル u であり、これは特定の点 (x, y, z) での、ある瞬間 t における流体の速度を表している。

$u = (u_x, u_y, u_z)^t$ としよう。各 u_x, u_y, u_z の値は、時間 t、空間座標 (x, y, z) に依存するはずだ。数学の用語を使っていうなら、これは**ベクトル場**$u(t, x, y, z)$を与える。

流れに影響する主な要因は、流体の圧力 p だ。これも点ごと、瞬間ごとにさまざまだろう。だから、これを関数として、$p(t, x, y, z)$ と書く。流体にほかの力は働かないと仮定すると、オイラーの研究成果やナビエとストークスの研究成果から、u と p を関係づける公式が得られる。

オイラー、ナビエ、ストークスによる解析において、基本的な仮定は、流体の**非圧縮性**だ。力が働くと液体はある方向に動くだろうが、空いた空間を満たすように収縮したり膨張したりはできない。これはつまるところ、$\nabla \cdot u = 0$ という主張である。言い換えると、どんなときにも流れの湧き出しや吸い込みとして作用する点は存在しないのだ。

876 オイラーの流体の流れの式

EULER'S FLUID FLOW FORMULA

少しの間、1次元空間での流体の流れに目を向けることにしよう。

ここでは、$u_y = u_z = 0$として、u_xのみを考えればいい。流体の流れに関するオイラーの式は、流れが次の条件を満たさなくてはならないことを示している。

$$\frac{\partial u_x}{\partial t} + u_x \frac{\partial u_x}{\partial x} = -\frac{\partial p}{\partial x}$$

3次元の流れに戻って考えてみると、x方向の加速度は以下の方程式で支配される。

$$\frac{\partial u_x}{\partial t} + u_x \frac{\partial u_x}{\partial x} + u_y \frac{\partial u_x}{\partial y} + u_z \frac{\partial u_x}{\partial z} = -\frac{\partial p}{\partial x}$$

オイラーはほかに、y方向とz方向の加速度についても同様の方程式を導いた。それらの方程式では、左辺で微分する対象として、u_xの代わりにu_yとu_zを用いている。

そして、右辺の$\frac{\partial p}{\partial x}$の代わりにそれぞれ、$\frac{\partial p}{\partial y}$、$\frac{\partial p}{\partial z}$を用いる。

これら3つの方程式は、ベクトル解析を用いると1つの方程式として、

$$\frac{\partial \mathbf{u}}{\partial t} + (\mathbf{u} \cdot \nabla)\mathbf{u} = -\nabla p$$

と簡潔に表せる。液体がさらなる外部の力 $\mathbf{f}$（たとえば重力）を受けるとき、方程式は次のようになる。

$$\frac{\partial \mathbf{u}}{\partial t} + (\mathbf{u} \cdot \nabla)\mathbf{u} = f - \nabla p$$

877 ナビエ-ストークス方程式 NAVIER-STOKES EQUATIONS

1822年、技術者であり数学者でもあった、クロード＝ルイ・ナビエはまず、オイラーの流体の流れの式を改善し、液体が**粘性**を持つことを許容した。粘性を持つとは、流体内部での動きを妨げる摩擦力が働くということだ（ハチミツが高い粘性を持つ流体の例だ）。

ナビエは、この状況を説明する基本的な方程式にたどり着いたものの、数学的な議論には正しいとはいえない部分があった。数年後、独自に研究を行っていたジョージ・ストークスは、ニュートンの第2法則から、基本的な方程式を正しく導くことに成功した。

ナビエとストークスが加えた重要な要素は、流体の粘性を定量化する定数νだ。外部の力が流体に働いていない場合に、ナビエ-ストークス方程式が示しているのは、その速度$\mathbf{u}$が以下を満たすという

ことだ。

$$\frac{\partial u}{\partial t} + (u \cdot \nabla)u = \nu \nabla^2 u - \nabla p$$

外部の力fが働いている場合には、方程式は以下のようになる。

$$\frac{\partial u}{\partial t} + (u \cdot \nabla)u = f + \nu \nabla^2 u - \nabla p$$

878 ナビエ-ストークスの問題
THE NAVIER-STOKES PROBLEM

ナビエ-ストークス方程式の導出は、自然をモデル化する数学の力の勝利だといえるだろう。この方程式は、幅広く多様な状況で、大規模かつ詳細な実験による検証を受けてきた。また、これは流体力学で中心的な位置を占めており、その研究をもとに航空機の翼から人工心臓弁に至るまでの技術的進歩が生まれた。

それだけに、この方程式が数学的な解を持つかどうかすらわかっていないというのは、驚くべき事態だ。もっと正確にいうと、オイラーの式、あるいはナビエ-ストークス方程式を短い時間だけ満たす u の数式を見つけることはできる。だが、そうした解は時間が経過すると滑らかな関数ではなくなる（物理的な流体では起こり得ない状態になる）ことも少なくない。

いまだに、t のすべての値に対して有効な1つの式、すなわち、オイラーの式やナビエ-ストークス方程式を解く式を見つけた人はいない（2次元においてこれら方程式にあたるものは解けている）。これは本当にもどかしい。というのも、（自然界のみならず）コンピュータシミュレーションによる証拠から、そのような解はたくさんあるはずであることがわかっているからだ。

2000年、クレイ数学研究所は、ミレニアム懸賞問題の1つとして、ナビエ-ストークス方程式を解いた人には100万ドルの懸賞金を出すと告知した。

879 電磁場 ELECTROMAGNETIC FIELDS

19世紀を迎えると、電磁気学の現象が科学研究においておおいに注目を集めるようになった。ハンス・クリスティアン・エルステッドが、電流がそばにある磁石の針を振れさせることに気づいたのがきっか

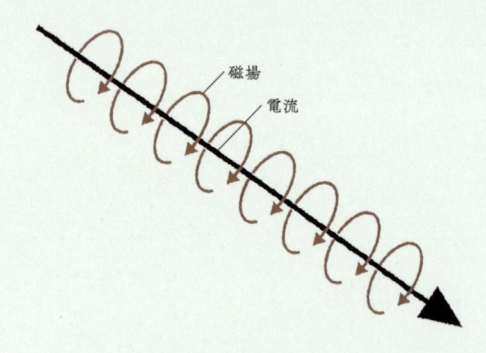

けだった。

　さらに調べてみると、磁場のなかで導線を回転させると、そのなかを流れる電流が生じることもわかった。1831年には、マイケル・ファラデーがこの仕組みを利用し、発電機を作りあげることに初めて成功した。また、この発想を逆にして、電気エネルギーを力学的エネルギーに変換する電気モーターを作りあげた。☞Fig

　これらの発見や発明は、磁場と電場が絡み合うことに依存している。電場Eが導線に電流を生じさせれば、その導線を取り巻く磁場Bが電流と直交する向きに発生する。ただし、厳密な幾何学的理論は難しい。というのも、この理論をきっちり理解するには、アンドレ＝マリ・アンペールなどの物理学者たち、そしてカール・フリードリヒ・ガウスを始めとする数学者たちの研究功績が必要なのだ。

　1864年にとうとう、ジェームズ・クラーク・マクスウェルは、これら2つの場についての幾何学的理論を完璧にとらえる4つの偏微分方程式を書きだすことに成功した。こうして、一体化した電磁気力は現在、自然界の基本の力の1つとみなされている。

880 マクスウェル方程式 MAXWELL'S EQUATIONS

　ジェームズ・クラーク・マクスウェルの方程式は、2つのベクトル場、磁場Bと電場Eを結びつけている。厳密な幾何学的議論は、周辺の物質とその周りの電子の分布に依存している。電子の分布は、スカラー場ρ（電荷密度）とベクトル場J（電流密度）という2つのデータによって定量化される。さらに、光の速さcもかかわっている。

　単位を慎重に選択して適正に調整すると、マクスウェル方程式はベクトル解析を用いて次のように書くことができる。

$$\nabla \cdot E = \rho$$
$$\nabla \times E = -\frac{\partial B}{\partial t}$$
$$\nabla \cdot B = 0$$

$$\nabla \times B = J + \frac{1}{c^2}\frac{\partial E}{\partial t}$$

特殊相対性 *Special Relativity*

881 慣性系 INERTIAL FRAMES OF REFERENCE

ほかの星から何千光年も離れた深宇宙で、2つの岩石が浮いている。岩石1は静止していて、岩石2は5m/sで漂流して1のそばを通り抜ける。この見方は正しいのだろうか？ ひょっとして、視点が逆なのではないだろうか？ 岩石2は静止していて、岩石1が5m/sで漂っているのかもしれない。もしくは、それぞれが2.5m/sで動いていて、互いに行き交っているのかもしれない。ひょっとすると、岩石1が996m/sで疾走し、岩石2は1001m/sで進んでいて1を追い抜いていくところなのかもしれない。

これらの説明のどれが正しいか、どのようにしたらわかるだろうか？ わからないというのがその答だ。先ほどの説明はどれも、状況と完璧に合致している。どれが自分たちにとってふさわしい記述になるかは、慣性系の選び方に依存する。

どちらの岩石にも力は働いていないので、2つとも**慣性運動**をしている。そして、**ガリレオの相対性原理**によれば、そのようなものはすべて基本的に等価である。岩石1に関心があるならば、それが静止していて、岩石2が動いていると考えるのが合理的だ。こうした判断によって慣性系が決まる。そして、このときのほかの物体の速度は、それとの相対的関係で評価される。

882 ガリレオの相対性原理 GALILEAN RELATIVITY

私たちは相対性にはある程度なじみがある。相対性によれば、異なる位置は**等価**だ。ある街の異なる2カ所に同一の密室があるとしよう。どちらに自分がいるのかを判断するための実験など考えられない。物理学の法則はどちらの部屋の場合も同じである。たった1つの違いは、相対的な位置だ。1部屋目から見て、2部屋目は6マイル北にある。同じように、2部屋目から見ると1部屋目は6マイル南にある。

1632年にガリレオが指摘したように、この等価性は異なる速度にも拡張可能である。ここで、2部屋ともそれぞれ宇宙船内にあり、2機の宇宙船は互いに速さは異なるが、等速で自由に深宇宙を動いているとする。その場合も、自分がどちらにいるのかを知る手がかりとなる実験は考えられない。たとえ1機がもう1機に対して10000m/sで進んでいるとしても、部屋のなかで起こっている事柄はどちらもまったく同じだ。

この等価性は、加速度には拡張できない。ある部屋が加速する列車のなかにあり、もう1部屋が静止しているのであれば、(ボールを落としてみるなどの)実験をすることで2つの部屋を区別できる。

こういった考え方は、私たちに生来備わっているものではない。なぜなら、私たちは1つの慣性系にしっかりと根差して生活しているからだ。

883 空間の相対性 SPACE IS RELATIVE

ガリレオの相対性原理の意味するところは、空間は相対的であるということだ。静止している対象と一定の速度で進んでいる対象を区別する方法がないのであれば、絶対的な静止という概念は役に立たないし、意味を持たないことを認めなくてはならない。

その帰結の1つに、空間のなかのある1点にしがみつく方法がないということがある。ある慣性系のなかで、テーブルの上にコップがあるとする。そのコップは、10秒後にも同じ場所にあるだろうか？ ある慣性系に対してはそうかもしれない。だが、ほかの慣性系に対してはそうではない。

では本当はどちらが正しいのか？ これは、「コップは空間内の以前と同じ場所を占めているのだろうか」という極めて簡単な問いかけに聞こえるだろう。しかし、残念なことに、説得力のある答は与えられない。ニュートンを始めとする物理学者は、空間を満たすエーテルの存在を理論化してきた。エーテルが、慣性系を固定するだろうとしていたのだ。ところが、**マイケルソン-モーリーの実験**によってエーテル理論は破綻し、普遍的な座標系があるはずだという望みは絶たれた。

884 時空 SPACETIME

空間の3つの次元と時間の1つの次元を統合して4次元の幾何学的**時空**を作ろうという試みは、少なくとも、18世紀後半のジョゼフ=ルイ・ラグランジュに遡る。これを形式化しようと初めて試みるにあたって、t が時間、(x, y, z) が通常の3次元空間の座標を表すものとして、4つの成分からなる座標 (t, x, y, z) ができた。これは、もっと簡潔に $(t, \mathbf{x})$ と書くことができる（ただし $\mathbf{x}$ は (x, y, z) を略記したもの）。

これだけではあまりに拙い。というのも、空間が相対的であることを考慮に入れていないからだ。空間内に1点、たとえば A を取ると、$(2, A)$、$(15, A)$ は 13 秒離れた同じ点 A を表している。しかしこれこそ、ガリレオの相対性原理が私たちに注意していることだ。**ガリレオの時空**は、この問題に対する答である。

885 ガリレオの時空 GALILEAN SPACETIME

時空には「異なる時間の同じ点」という概念を組み込むべきではないが、それを評価できるような柔軟性は備えておくべきだ。

数学者がそれを行うならば、**ファイバー束**という手段がある。これは、時間が1次元、空間が3次元であるような拙い時空によく似ている。違うのは、3次元空間の異なる層の間の対応があらかじめ定められていないところだ。これらの薄い層を通るさまざまな進路は、**世界線**と呼ばれる直線的な矢印で表される。☞*Fig*

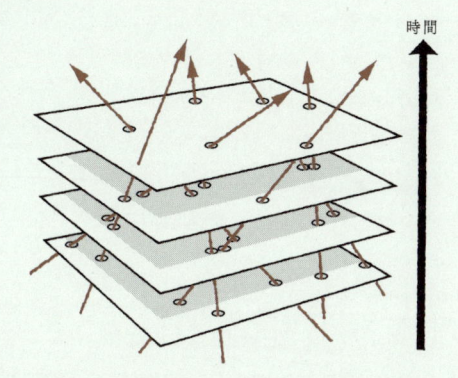

886 イオの食 THE ECLIPSES OF IO

ろうそくを灯すとき、光が部屋の隅まで届くのに時間はかかるのだろうか？ それとも、瞬時に届くのだろうか？ かつて、この問いに答える明白な方法はなく、科学者たちは何世紀にもわたって議論し、意

見を戦わせてきた。ガリレオは、光が有限の速さで伝わると考えていて、これを実験によって示そうとした。結論として導けたのは、自分が正しければ光は極めて速く進むに違いないということだけだった。

ガリレオの優れた功績のなかに、1610年のイオの発見がある。イオは木星に最も近い衛星である。17世紀後半には、オーレ・レーマーがイオを観測し、光が有限の速さで進むことの証拠を発見した。

イオは木星の周りを42.5時間で1周し、その時間のうちの一時期、木星の陰に隠れ、地球から食を観測することができる。レーマーは、地球と木星の相対的な運動次第で、イオの食の間隔にばらつきがでることに気づいた。地球と木星が近づいているときは食の間隔は短い。地球と木星が遠ざかっていくと間隔は長くなる。こうしたことが起こり得るのは、地球と木星の距離が離れるほど、木星から地球に光が届くまでに多くの時間がかかるようになるからだ。

887 光速 SPEED OF LIGHT

イオの食は、光が有限の速さで進むことの、初めてのしっかりした証拠だった。その後行われた実験によって、その速度は真空内で299792458m/sであることがわかった（この数字は厳密なものだ。なぜなら現在、1メートルとは、光が1/299792458秒間で進む距離であると定義されているからだ）。

一般的に、文字 c で光速を表す。「光」という言葉がついているので、少々誤解を招きかねない。実際のところこの値は、真空内でのすべての電磁放射の速さである。可視光線というのは、そのなかのごくわずかな一部分にすぎないのだ。

888 マイケルソン-モーリーの実験
THE MICHELSON-MORLEY EXPERIMENT

光が有限の速さで進むことが科学者たちに知れ渡るとすぐに、それがガリレオの相対性原理にぴったり収まることが期待された。すべての速度が相対的であれば、そして、すべての慣性系が等価であれば、これは光速（c）にもあてはまるはずだ。もしもあなたが速さ c で進んでいるなら、光は静止しているように見えるだろう。2台の自動車が並行して同じスピードで走っているようなものだ。c を上回る速度で進めば、光線は後ろに向かって進んでいるように見えるだろう（1台

の自動車がもう1台を抜き去るときに起こるのとまったく同じことだ)。互いに照らし合う2本の光線は、$2c$という相対速度を持つはずだ。

1887年にアルバート・マイケルソンとエドワード・モーリーは、光を伝えるエーテルの存在について調べる実験を行った。**マイケルソン-モーリーの実験**は、エーテル理論を否定する説得力のある証拠を示し、さらに、まったく予期せぬ事実を初めてほのめかした。

その事実というのは、光速はガリレオの相対性原理にしたがわないということだった。異なる慣性系から見ても光速は一定している、つまり、絶対的であり、相対的ではないのだ。たとえ$\frac{1}{2}c$の速さで進むことができるとしても、隣を進む光が遅くなったようには見えないのだ。

このパラドクスを解消するためには、時間と空間に対する基本的な概念を完全に作り直すことが求められる。

ミンコフスキーの時空 MINKOWSKI SPACETIME

ガリレオの時空は、すべての慣性系は等価であるという考え方にもとづいているため、光速の不変性は扱えなかった。1907年ごろ、ヘルマン・ミンコフスキーは、それまでにヘンドリック・ローレンツ、アンリ・ポアンカレ、アルベルト・アインシュタインがあげた功績にもとづいて、光速の不変性に対応する新しい時空を考案した。

創意に富んだ数学である**ローレンツ変換**によって、時空のすべての点は2つの円錐を持つこととなった。その円錐の片方は過去を指し、もう片方は未来を指す。

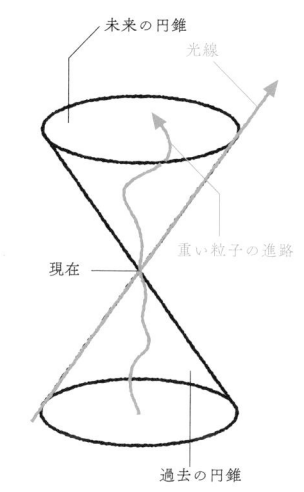

この**光円錐**は、その点を通ると考えられるすべての粒子の道筋を示している。円錐の内部の進路は光速よりも遅く、その点を通る重い粒子の世界線と考えられるものを表している。円錐の外では、光さえもその点に近づけない。というのも、その点に到達するには、光速よりも速く進まなくてはならないからだ。☞**Fig**

光の双曲幾何学　THE HYPERBOLIC GEOMETRY OF LIGHT

ミンコフスキーの時空には、**特殊相対性**という新しい概念が授けられた。その基本原理は、光速より遅い場合にはガリレオの相対性原理が成り立つというものだ。

しかし、いったん c に達すると、もはやそれは成り立たなくなる。もっと厳密にいうと、光円錐の内部で、未来を指す矢印はどれもすべて同じだ。

その見かけとは裏腹に、円錐の中心を通る唯一の線というものは存在しない（だから静止という概念もない）。また、矢印がどんなに境界に近いようでも、矢印自体から見れば端が近いわけではない（これは、あなたがどんなに速く進もうとも、光速が一定のままであることを意味する）。

円錐の内部に**双曲幾何学**を適用するとこの話はより厳密なものになる。双曲幾何学には望ましい性質がある。**ポアンカレの円板**上では、中心を明確に定義することはできず、円板の境界は円板内の各点から無限に遠いのである。

時間の相対性　TIME IS RELATIVE

特殊相対性の帰結として、**同時性**という概念がはっきりしないものになってしまった。過去と未来は光円錐によって維持されている。事象 A が事象 B の未来の光円錐内部にあるなら、A は B の未来にある。同様に、B は A の過去にある。

しかし、A と B が互いの光円錐の外にあれば、どうやっても影響し合うことはない。このとき、A と B はどちらが先に起こるのだろうか？

これに答える自然な方法は、3つ目の事象として A と B の共通の未来にある事象 C を待つことだ。そして、A、B 以降に経た時間をそれぞれ計算する。この時間が同じであれば、A と B は同時だったと判断する。

しかし、光速の不変性から、この答は一意ではない。C の選択に左右されてしまうのだ。この理由から、**絶対時間**という考え方はあきらめざるを得ない。☞**Fig**

892 質量の相対性 MASS IS RELATIVE

物体が光速の99パーセントの速さで進んでいて、さらなる加速度を引き起こすような大きな力を受けているとする。すると、ニュートン力学は、ある時間経過後、光速を超えることになると予測する（$v = u + at$ より）。

相対論では、これは許されない。それゆえ、物体の加速度はニュートンの第2法則、$F = ma$ で予測されるものよりも小さくならなければいけない。つまり、物体が光速に近づけば近づくほど、加速度は減少していくのだ。

F が定数で、a が減少しているとすると、質量 m が増加していなくてはならない。物体が光速に近づくと、質量 m は増加しているように見えるのだ。

ここで、物体の質量としては2通りの値があることになる。1つ目は、静止した観測者から見えているような質量 m だ。物体の速さが光速に近づくにつれて、m は無限大に発散する。2つ目は**静止質量**（m_0）で、これは、物体そのものの慣性系のなかでの質量だ。その慣性系のなかでは、物体は**静止している**と判断される。

893 特殊相対性 SPECIAL RELATIVITY

1905年は、アルベルト・アインシュタインにとって奇跡のような年だった。分子物理学に関する博士論文を完成させたのに加え、将来に大きな影響を及ぼす4篇の科学論文を発表した。1篇は**光子**について、もう1篇は**熱の運動論**について、あとの2篇は**相対論**についてである。

『運動物体の電気力学』では、ローレンツとポアンカレによる功績にもとづいて、特殊相対性理論を提案した。この理論が完成したのは1907年のことで、この年に、ヘルマン・ミンコフスキーが時空の数学的モデルを発表している。この理論はただちに科学界で絶賛された。

アインシュタインは、物理学の重要な部分、特にマクスウェル方程式を再形成し、光速の不変性を許容する方法を示した。

それを行うなかで、アインシュタインは時間と空間についてのなじみ深い概念を、時間的、空間的、光的進路に置き換えた。

894 時間的、空間的、光的進路
TIME-LIKE, SPACE-LIKE AND LIGHT-LIKE PATHS

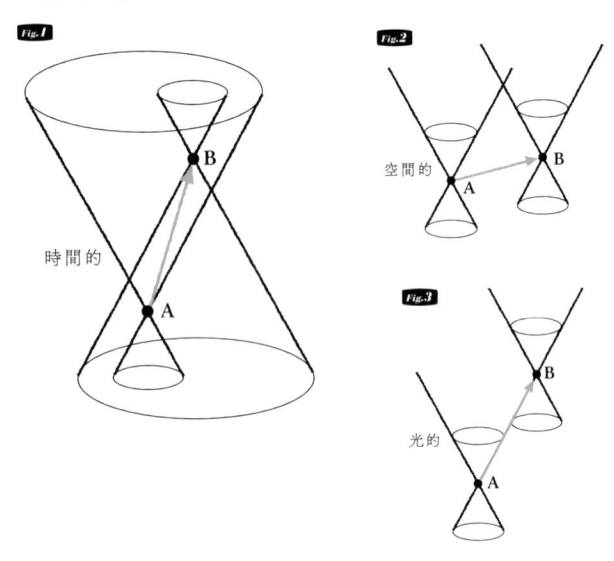

Fig.1 / *Fig.2* / *Fig.3*

2つの事象A、Bを考える（事象をミンコフスキー時空のなかでの点と考える）。すると次に示す3通りの可能性がある。

I. AとBの間には**時間的進路**がある。つまり、それぞれが互いの光円錐のなかにあり、一方から他方へ移る慣性系があるということだ。これらは、「異なるときに空間の同じ点で起こる2つの事象」であると考えられる。☞*Fig.1*

II. AとBの間には**空間的進路**がある。それぞれが互いの光円錐の外側にあり、影響し合えない。時間は相対的なので、「異なる場所で同じ瞬間に起こる2つの事象」であると考えられる。☞*Fig.2*

III. AとBの間には**光的進路**がある。つまり、それぞれが互いに光円錐の境界上にあるのだ。光は一方から他方へ進むことができるが、物質はできない。☞*Fig.3*

895 エネルギーの相対性 ENERGY IS RELATIVE

運動エネルギーというニュートン力学の概念は、絶対的なものでは

なくなった。速度が相対的であるため、公式 $\frac{1}{2}mv^2$ において v に割り当てられる意味のある数が存在しないのである。

特殊相対性では、さらに状況はよくない。質量が相対的であるため、m の値もまた慣性系の選択に依存するのだ。結果として、運動エネルギーも相対的であり、慣性系の選択に依存すると結論せざるを得ない。これを認識したために、アインシュタインは1905年の最後の論文で、エネルギーについての概念を再度検討することになった。

086 $E = mc^2$

アルベルト・アインシュタインが1905年に発表した最後の論文は、『物体の慣性は、その物体に含まれるエネルギーに依存するか』というタイトルだった。わずか3ページの、かなり簡単な数学的演繹を1つだけ述べる論文だった。

しかし、そのすばらしい結論は、物理的な宇宙の働きに対する私たちの理解をまたも打ち砕くだろうと思われた。

論文では、特殊相対性におけるエネルギーに関する疑問を考察していた。物体の質量が相対的であるのと同じように、エネルギーも相対的だ。物体が速く進めば進むほど、質量もエネルギーもどんどん増大する。アインシュタインは、これら2つの量が、互いに一定の割合で増加することを突き止めた。その割合は数 c^2 で表される。

逆に、物体の動きが遅くなっているときは、相対論的な質量も減少する。しかし、決してゼロにはならない。一定の下限があり、それが**静止質量**(m)なのだ。

同様に、アインシュタインは、物体のエネルギーが速さとともに減少することも見出した。とはいえ、またも決して下回らない下限がある。**静止エネルギー**(E)だ。

この静止エネルギーはいったい何を意味するのだろうか？ 任意の物体は、ただ質量があるという理由でエネルギーを持ち、そして両者は、何よりも有名な方程式 $E = mc^2$ によって結びつけられているという結論は避けられなかった。

相対性理論によって流動的で危険な状態になったすべての事柄のなかで、これら3つの数 E、m、c は絶対であり、慣性系の選択に何ら依存しない。アインシュタインの方程式は、宇宙を眺めるための新しく安定した足場を与えたのだ。

897 質量とエネルギーの等価性

THE EQUIVALENCE OF MASS AND ENERGY

アインシュタインの方程式 $E = mc^2$ において、c は定数だ。物理学者たちはあえて、$c = 1$ となるように単位を改めることがある。すると、アインシュタインの方程式は $E = m$ となる。

これは、エネルギーと質量が**等価**であるという何よりも明らかなメッセージだ。もっと厳密にいえば、質量はエネルギーであり、それが物質という形に固定されているということだ。アインシュタインはこの大胆な主張の究極的な検証手段が、核反応であることに気づいた。

核反応には主に2つの形がある。**放射性崩壊**は、放射性物質の原子が飛び散ってより軽い原子を残す(あるいは、**核分裂**のように、複数のより軽い原子が生まれる)。一方、**核融合**では、2つの水素原子が衝突して1つになり、水素より重いヘリウム原子になる。重要なのは、両方のプロセスにおいて、最終的な産物が反応前の物質よりも軽くなることだ。わずかに質量が失われ、それがエネルギーとして放出されるのだ。

このような反応の研究は、アインシュタインの公式に対する実験的証拠となった。c^2 は、質量とエネルギーの間の交換率を表す。c^2 はとても大きな値になるので、質量がほんのわずかに失われただけで、莫大なエネルギーが得られる。これは、1945年、広島と長崎で恐ろしい結果となって現れた。その一方で、人間が究極的に依存する太陽エネルギーを生みだすものでもある。

898 時空の対称変換群

THE SYMMETRY GROUPS OF SPACETIME

時空についてのさまざまな概念には、多様な**等価性原理**がある。最も単純な時空(単なる4次元ユークリッド空間)においては、すべての点が互いに同じであること、物理学の法則がどんな場所や時間でも変わらないことさえ成り立てばいい。この命題は、正方形の4つの角は等しいという命題と同じだ。命題を言い換えれば、2点を選ぶと必ず一方を他方に持っていけるような、時空構造の対称変換があるべきだということになる。

正方形の場合とまったく同様に、これらの対称変換は一体となっ

て**対称変換群**を形成する。この場合、4次元ユークリッド空間の完全な対称変換群だ。これは $E(4)$ として知られ、それ自体は 10 次元の対象である。さらにややこしい時空モデルでは、もっと複雑な群が対応する。たとえば、**ガリレオ群**というガリレオの時空の対称変換群だ。

ポアンカレ群　THE POINCARÉ GROUP

ミンコフスキーの時空の対称変換群は何だろうか？　幾何学的には、これは難しい問題である。光円錐は維持されなくてはならないが、光円錐内部のすべての方向は等価である。他方で、時間は相対的であるから、対称変換は同時性を維持する必要はない。

答を見つけたのは、究極的な分析を行ったアンリ・ポアンカレだ。その結果得られた**ポアンカレ群**は 10 次元リー群で、宇宙を理解するための中心的な役割を果たし続けている。特に、相対論的量子力学では、個々の粒子がポアンカレ群の表現によって決定される。

ガリレオの砲丸　GALILEO'S CANNONBALLS

ガリレオ・ガリレイは、質量の異なる2個の砲丸を携えてピサの斜塔に登ったといわれている。その砲丸を落下させ、異なる質量の物体が同じ速度で落ちることをはっきりと示したのだ。じつは、ガリレオが本当にこの実験を行ったかどうかは疑わしい。それでも、その事実を見出したのはガリレオであり、また、アリストテレス以来、重力に対する見解として優勢だった、重い物体のほうが速く落ちるという考え方をこの事実から否定できた。

ガリレオは、ニコラウス・コペルニクスの考え方を支持していた。コペルニクスは、ガリレオよりも1世紀早く、地球ではなく太陽が太陽系の中心であるといいきっていたのだ。ロバート・フックとアイザック・ニュートンは、ガリレオの功績をもとに、**万有引力の法則**を発展させた。この法則によれば、重力は地球に限らず、すべての物体の間の引きつけ合う力として働く。この洞察は、コペルニクスの理論を具体化するために必要な手段をもたらした。

901 ニュートンの逆二乗則 NEWTON'S INVERSE SQUARE LAW

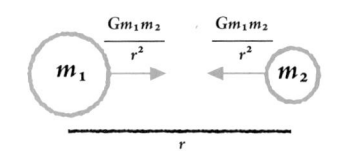

地球上でふつうに生活をしている限り、重力は不変であり、一定の加速度を生みだしているとみなせる。ところが、視野を広げるとこれは正しくない。アポロ11号の月着陸船からニール・アームストロングが月面に踏みだしたとき、彼が$9.8m/s^2$で地球に向かって飛んでくることはなかった。重いものほど作りだす重力場は強く、また、地球は月より80倍も重いことはわかっている。さて、なぜアームストロングは地球へと飛んでこなかったのだろうか?

地球から遠ざかるにつれて、重力の影響が小さくなるからだ。では、どのくらいの割合で小さくなっていくのだろうか? ヨハネス・ケプラーは、2つの物体間に働く重力の大きさは、それらの距離に反比例すると考えた。しかし、これは間違っている。アイザック・ニュートンの『自然哲学の数学的諸原理』(「プリンピキア」と呼ばれている)に正しい答が示してある。物体から距離rだけ離れたところでの重力は$\frac{1}{r^2}$に比例するのである。

それ以降、詳しいことが明らかになってきた。質量がm_1、m_2の2つの物体間に働く重力は、$\frac{Gm_1m_2}{r^2}$である(Gは**万有引力定数**で約6.67×10^{-11})。m_1を地球の質量($5.97\times10^{24}kg$)、rを地球の半径(6.37×10^6m)とすると、$\frac{Gm_1}{r^2}$は約9.8になる。☞*Fig*

902 2体問題 THE TWO-BODY PROBLEM

空間内の2つの物体は、**ニュートンの逆二乗則**にしたがって互いに引き合う。これらの物体を、質量を持つ空間内の点として理想化する。両者が初め静止しているのであれば、2つの物体はただ引き寄せられ、衝突する。

初めに動いているときは、さらに複雑な結果が考えられる。絡み合う楕円軌道を回っている2つの星や、星に突入する前にその周りを螺旋状に進む小惑星や、非周期彗星(放物線の軌道を描きながら星の周りでUターンして飛び去っていくもの)などだ。

2体問題とはつまるところ、初期の位置と速度によって与えられる

境界条件を持つ**微分方程式系**だ。すべての場合において、問題は簡単に解ける。

903 3体問題　THE THREE-BODY PROBLEM

1887年に、スウェーデンのオスカル2世は自身の60回目の誕生日を記念して褒美を与えることを発表した。オスカルは数学を熱心に奨励しており、**3体問題**を解いた数学者には2500クローナを与えようと提示した。これは、2体問題と同様の状況に、もう1つ物体が加わったものだ。しかし、その加わった物体が問題を比較にならないほど難しくしている。

3体問題は、ニュートンの研究に端を発する。ニュートンは地球、月、太陽の運動を考察していた。2つ以上の物体が相互作用するとき、「これらの運動を厳密な法則によって定義しようなど、私が間違っていなければ、人間の精神力を超える」と記した。

アンリ・ポアンカレはこの問題に心血を注ぎ、問題を解くためには何をしなくてはならないかを厳密に調べた。

10個の独立な積分が必要だった。だが、ポアンカレは数学的に大きな進歩があれば正確に解くことができると信じていた。完全な答のめどが立たないなか、ポアンカレはオスカルの褒美を受けた。

このテーマを大きく進展させたのは、**スンドマンの級数**だ。とはいえ、3体問題（および$n \geq 4$の場合のn体問題）は、いまも一大研究テーマとして進行中だ。

904 スンドマンの級数　SUNDMAN'S SERIES

1912年、数学界にとって驚くようなことが起きた。ヘルシンキ大学の天文学者、カール・スンドマンが3体問題の完全な解を提示したのだ。スンドマンは$t^{\frac{1}{3}}$の無限べき級数が収束し、時刻tにおける3体問題の解を完璧に表すことを見出したのだ。

これは驚くべき成果であったが、スンドマンの出した答で3体問題が決着したわけではなかった。

問題は、この級数が収束するとはいえ、それが極めて遅いことだった。妥当な時間にわたる系の様子を表そうとしただけで、おおよそ10^{10^8}項を足し合わせなくてはならず、それはほとんどの場合、実用的な手段とはいえない。

905 重力の等価性 GRAVITATIONAL EQUIVALENCE

ガリレオの砲丸について、とても謎めいたことがまだある。ニュートンの第2法則によれば、物体に働く力の効果はその質量に依存する、つまり $F = ma$ である。ガリレオの発見はこれに反するように見える。これはどういうことだろうか?

重力の場合に限っては、力の大きさは物体の質量にも依存するというのが答だ。つまり、$F = mg$ (g は地球の重力加速度)なのだ。これら2つを考慮すると、ちょうど互いに打ち消し合い、$a = g$ となる。

重力と加速度の間のこうした**等価性原理**がきちんと説明できるようになったのは、アルベルト・アインシュタインが1907年に一般相対性理論を発展させ始めてからのことだった。

906 アインシュタインの座標系 EINSTEINIAN FRAMES OF REFERENCE

重力がゼロの生活を疑似体験するために、訓練中の宇宙飛行士は特別な飛行機に乗ることがよくある。その飛行機が自由落下に入ると、機内の密閉された部屋は無重力状態になる。言い換えると、慣性系に似た状態になるのだ。

もちろんその部屋は慣性系ではない。一定の速度で動いているわけではなく、$9.8m/s^2$ で加速しているからだ。だが、加速度と重力がちょうど互いに打ち消し合っている。

こうしたことが、アルベルト・アインシュタインの一般相対性理論にとっての基本事項だ。**アインシュタインの座標系**とは、重力の下で自由落下をしている座標系だ。革新的な動きのなかで、運動の基本形が一定速度から自由落下の加速度に変わったのだ。

部屋のなかにいる訓練中の宇宙飛行士の視点から見れば、重力による影響は飛行機の加速度に依存する。

水平飛行中は、重力は地球上で感じるものと同じだ。飛行機が鉛直方向を向いてアフターバーナーのスイッチを入れ、重力よりもさらに速く下降すると、宇宙飛行士は「上」、「下」がひっくり返ったと感じるだろう。自由落下している間は、部屋のなかにいる人たちはすべての重力の影響から解き放たれる。

907 一般相対性 GENERAL RELATIVITY

特殊相対性は、重力がない場合の物理学を説明するのに適している。そうした状況では、光速よりも遅く進むすべての慣性系は等価だ。**一般相対性**では、アインシュタインの座標系が主役となる。等価性原理によれば、すべてのアインシュタイン座標系が等価である。互いを区別する実験は考えられない。

さらに、重力を受ける系を、加速を受ける系から切り離すこともできない。重力のない深宇宙のなかを進んでいて、乗っている宇宙船が$9.8 m/s^2$で加速しているなら、宇宙船内の人には地球から重力を受けている場合との区別がつかないだろう。一般相対性において、重力と加速度はまったく同一のものなのだ。

908 重力潮汐 GRAVITATIONAL TIDES

深宇宙という重力がない場所においてのみ、慣性系とアインシュタイン系は一致する。つまり、空っぽの宇宙では、特殊相対性も一般相対性も同じだ。一般相対性の考え方は、部屋が丸ごと自由落下をしたら、部屋のなかのものは重力の影響をまったく受けないということだ。

ややこしくなる要因は、重力が一定の力ではないことだ。重力は、地球などの物体からどのくらいの距離のところにあるのかによってさまざまに変わる。

落下する部屋を仮想的に考えると、そのなかでは、床は天井よりもより強く重力を受けるだろう。その結果、部屋の中心にある点から見れば、床は引き下げられ、天井は引き上げられるだろう。☞ *Fig.1*

さらに、重力は下向きの平行線ではなく、地球の中心を向いているので、壁はわずかに内側に引かれるだろう。部屋が球形で、しなやかな素材でできているとすると、落下するにしたがって、形が変わり、長球面になるだろう。☞ *Fig.2*

Fig.1
部屋の中心に対する重力。
重力の影響で変形する。

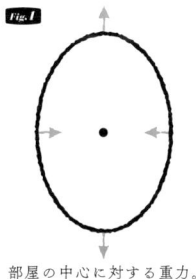

Fig.2
地球に対する重力。

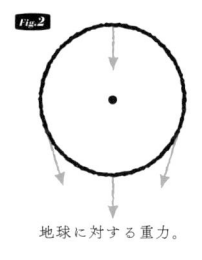

地球の場合、この**重力潮汐**の影響はわずかだ。重力がより強力な場合には、もっとめざましい影響があるだろう。**ブラックホール**という極端な例を考えよう。誰かが不幸にもブラックホールに落ちてしまったら、その人の頭にかかる重力と足にかかる重力の違いによって、その人はスパゲッティみたいに細長く伸びてしまう。

アインシュタインの時空 EINSTEINIAN SPACETIME

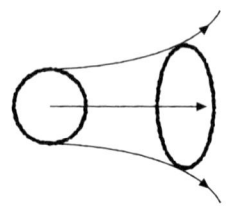

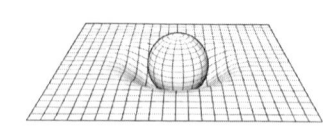

一般相対性においては、アインシュタイン系が慣性系にとって代わる。したがって、**アインシュタインの時空**では、粒子がたどる進路（粒子の世界線）は、その粒子が重力によって自由落下する場合にはまっすぐであるはずだ。このとき、重力潮汐はどのように理解できるのだろうか？　隣接する粒子であっても、それらの世界線は、まっすぐな線とは違う方法で向きを変えて離れていくように見える。

時空を落下する部屋。
黒い線は測地線を表す。

最善の答は、時空自体が曲がっていて、自由粒子の世界線が**測地線**によって与えられると考えることだ。ただし、すべての測地線が世界線になり得るわけではなく、各点での未来の光円錐を通るものだけが世界線になる（測地線には、光より速く進むことを示すものもあり得る）。

したがって、**アインシュタイン時空**、つまり一般相対性向けの環境は、ミンコフスキーの時空が歪んだものである。こうして、重力についてのエレガントな説明ができる。重力は、時空内の**曲率**なのだ。重力以外の力が何も働かない場合、粒子は測地線に沿って進む。重力が働かないところでは、時空は平坦で測地線は本当にまっすぐな線であり、ミンコフスキーの時空とまったく同じだ。☞*Fig*

アインシュタインの場の方程式
EINSTEIN'S FIELD EQUATION

アインシュタインの時空が曲がっているなら、その曲率をもたらすものは何だろうか？　その答は、重力を引き起こすもの、つまり、質量や

それと等価であるエネルギーの存在だ。

1915年、アインシュタインは、質量の存在によって時空がどのように曲げられるのかを説明する方程式系を発表した。この方程式は**テンソル解析**を使うことで最もうまく表現できる。テンソル解析とは、ベクトル解析を数学的にさらに高度に拡張したものだ。この仕組みを整え、適切な単位の下で考察すれば、アインシュタインの方程式は、$G_{ab} = T_{ab}$ という**場の方程式**にまとめられる。

ここで、G_{ab} は**アインシュタインテンソル**といい、空間内の領域の曲率を示す。もう片方の T_{ab} は、**エネルギー・運動量テンソル**といい、領域内のエネルギー、あるいは質量の総量を定量化する。この方程式の解は、一般相対性理論における時空の幾何学的構造として考えられるものである。

ブラックホール BLACK HOLES

アインシュタインの場の方程式は、一般相対性理論を具体的に表現するものだ。残念ながら、簡単そうに見えてじつはかなりの複雑さを孕んでいる。方程式は解くのが非常に難しく、これにはアインシュタイン自身も落胆した。1つの解はそれ自体、すなわち、特殊相対性の**ミンコフスキーの時空**を表すものだ。これは、物質も重力もすべて存在しない宇宙にあたり、完全に平坦だ。20世紀にはほかの解がいくつか見つかり、それらの解は天文学上の観測結果と見事合致し、一般相対性に対する強力な根拠となった。

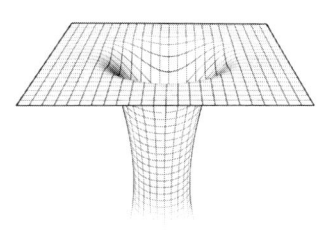

1960年に、マーティン・クラスカルは、それまでにほかの人によってあげられてきた功績にもとづき、一般的ではない解を発見した。この解のなかにはかなり急勾配で曲がっているために、光さえそこから逃れられない時空の領域があった。☞Fig

このような幾何学的変則が**ブラックホール**として考慮されるようになったのは1971年になってからのことだ。この年、天文学者のチャールズ・トーマス・ボルトンは、はくちょう座X1という連星系を調べ、大きな星であるHDE226868が、非常に重いながら姿の見えない別

の物体とともに軌道内に固定されているのを発見した。さらに計算を進めると、これはブラックホールにほかならないことが判明した。

これに続き、ブラックホールだと考えられるものがいくつも発見された。多くの星は崩壊して死滅したあと、ブラックホールになると考えられている。

Quantum Mechanics

量子力学

912 ヤングの2重スリット実験
YOUNG'S DOUBLE-SLIT EXPERIMENT

1801年ごろ、物理学者トーマス・ヤングは、2つのスリット（穴）をあけた壁の向こうに光源を置き、その反対側にスクリーンを用意した。ヤングが目にしたパターンは、光の性質について重要な洞察を提示することになった。光に関して当時優勢だった理論は、**粒子説**と**波動説**だった。もしも光が粒子からなるのであれば、スクリーン上のどこかの点に到達した粒子の数は、1つ目のスリットを抜けてきた数と2つ目のスリットを抜けてきた数の合計になる。これは、滑らかなパターンになるはずだ。

しかし、光が波動であれば、2つの波が出会うと、それらはあるところでは強め合い、別のところでは消し合うだろう。結果は**干渉縞**になって表れてくるはずだ。つまり、明るい部分と暗い部分にわかれるのだ。ヤングが実験を行ったとき、スクリーン上に干渉縞が映された。これで、光の波動説に対する強力な証拠が得られた。

ところが、それから100年以上が経過すると、光の粒子説が光子という名のもとにふたたび登場した。このとき、ヤングの実験は新たな重要性を持つことになる。

913 光子 PHOTONS

アイザック・ニュートンは、光が粒子からできていると信じていた。ニュートンの粒子説は、ヤングの2重スリット実験によって破綻したものの、20世紀初頭に復活した。

1900年、マックス・プランクは**黒体輻射**の研究に取り組んだ。黒体輻射とは、黒い箱を熱したときにそのなかで発生する電磁波のこ

とだ。以前からこの状況を理解しようとする試みが行われており、すべての振動数の光が発せられるとき、箱のなかのエネルギーは無限になると予測されていた。プランクは、その問題点を回避する方法を見つけた。エネルギーが小さなかたまり（量子）として発せられると仮定したのだ。この大胆な仮定をきっかけに、プランクは実験結果に合致する公式を導くに至った。

　1905年、アルベルト・アインシュタインはプランクの議論をさらに進め、それを用いて謎とされていた**光電効果**を説明した。1887年にはハインリヒ・ヘルツが、金属面に光を当てると、金属から電子が発せられることに気づいていた。そして1902年には、フィリップ・レーナルトがこれら電子のエネルギーは光の強さを変えても影響を受けないという不可解な観測結果を得ていた。これは、光が波動であるときに想定される結果だ。

　アインシュタインは、プランクの光の量子（のちに**光子**と名づけられた）を用いて、この効果を見事に説明した。1921年にアインシュタインにノーベル賞が授与されたのは、まさにこの量子論の幕開けにおける研究功績が評価されてのことだった。

94 量子的2重スリット実験
THE QUANTUM DOUBLE-SLIT EXPERIMENT

　光子の復活を受けて、ヤングの2重スリット実験の結果は新たな難題をもたらした。

　ヤングが実験当時使ったものよりもさらに精密化された技術を用いて、光源から粒子を1個ずつ放出させ、実験の精度を上げることができた。1個の粒子が放出され、やがてスクリーン上の1点で検出される。それから次の粒子が放出される。これを繰り返すことで、じつに驚くべき模様が現れたのである。

　スリットを1つしか開けなかったとき、粒子の最終的な位置は滑らかに分布していた。しかし、両方のスリットを開けると、干渉縞が現れたのだ。2つ目のスリットを開けることで、粒子が1つ目のスリットを通過してたどることのできた経路が何かの妨げによって通れなくなっているかのようだった！ ☞*Fig*

　この実験は、いくつかの異なるタイプの粒子で（たとえば、電子、中性子、それに60個の炭素原子でできているバックミンスター・フラーレンのような大きな

分子でも)再現された。これは、物質が古典的な波動でもニュートン力学の粒子でもなく、異なる量子論的性質を持っていることの強力な証拠を示すものだ。これは、**波動と粒子の二重性**といわれ、確率振幅によってモデル化される。

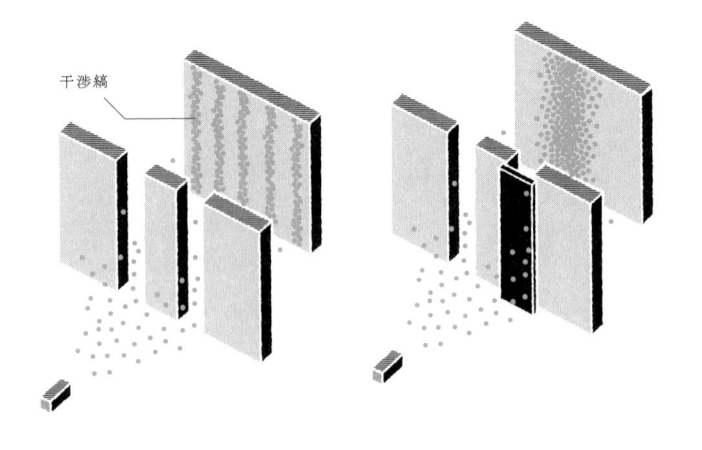

干渉縞

915 波動と粒子の二重性 WAVE-PARTICLE DUALITY

粒子は、厳密には空間内の1カ所に位置している。他方で、波動は空間内の到達可能な領域全体を満たし、点ごとにさまざまな強度を持っている(数学的には、**スカラー場**でモデル化される)。20世紀初頭に発展した量子力学の理論にしたがえば、各粒子は合成波となり、3次元空間の至るところへ伝播する。特定の場所での波動の値は、その点で粒子が見つかる確率を示している。

よりふさわしい言葉がないので、こうした波動と粒子の二重性を持つ実体を粒子という言葉で表しているが、その挙動はおなじみのニュートン力学の粒子とは異なるものであることを常に心に留めておくべきだ。**ド・ブロイ式**は、波動の言葉と粒子の言葉の言い換えをするものだ。

916 量子力学 QUANTUM MECHANICS

「量子力学に衝撃を受けないというのであれば、それはまだ理解できていないということだ」——ニールス・ボーア

坂道のてっぺんにボールを置き、5秒後にはどこまで転がっていくのかが知りたいとしよう。最新技術による装置を用いても、ボールの

出発点を完璧に正確に知ることはできない。初期状態には一定の範囲があるからだ。とはいえ、この範囲から5秒後のボールの位置を求める確率分布を作り、転がっていく先をかなり正確に予測することができる。しかし、量子の場合はそうはいかない。ボールと量子では、いったいどのような違いがあるのだろうか？

2重スリットの実験からわかるように、量子波動関数は**干渉**する。しかし、先ほどのボールの話に出てくるような通常の確率分布の場合、干渉は起こり得ない。確率分布の値が常に正の数となり、打ち消し合うことがないのだ。

2つ目の違いは、量子の状態の不確定性は測定装置の不備ではなく、系に固有の性質であるということだ。**ハイゼンベルクの不確定性原理**によって課される限界を乗り越えてまで量子の状態を突き止めることは望めないのだ。量子力学において、粒子は確率振幅によってモデル化され、その確率振幅はシュレーディンガー方程式によって記述される。

917 プランク定数 THE PLANCK CONSTANT

マックス・プランクは黒体輻射について調べたとき、光のエネルギーは離散的なかたまり（後に光子と呼ばれるもの）になるという革命的な仮定を置いた。もっと正確にいうと、光の波動の周波数がfであれば、各光子はエネルギーhfを持つ（hは定数で、現在は**プランク定数**と呼ばれている。hはおおよそ6.626×10^{-34}）。

プランク定数は現在、自然界における基礎定数の1つであると考えられている。日常生活で量子現象を目にすることがないのは、hがとてつもなく小さいからだ。

プランク定数は、**ド・ブロイ式**を介して波動の言葉と粒子の言葉の間を行き来するために極めて重要だ。多くの場合、ポール・ディラックによるプランク定数の換算値を使う。この換算値は、$\hbar$（「エイチバー」と読む）と書き、$\hbar = \dfrac{h}{2\pi}$と定義される。

918 ド・ブロイ式 DE BROGLIE RELATIONS

マックス・プランクとアルベルト・アインシュタインは、光が波動的挙動を示すのと同じように、粒子的挙動も示すのだという結論に達していた。フランスの貴族であるルイ・ド・ブロイは逆に考え、通常の

物質は粒子のような性質を持つと同時に、波動のような性質も持つのだといいだした。

ド・ブロイの予測は、光線の代わりに分子を使って行った2重スリット実験を始めとする研究によって裏づけられた。ド・ブロイは粒子の言葉と波動の言葉の間での言い換えをするための2つの基本的な規則を考案した。

1つ目は、波動の振動数が f であれば、対応する粒子のエネルギーは E であって、$E = hf$ という関係が成り立つ（h はプランク定数）というもの。2つ目は、粒子の運動量 p と対応する波動の波長 λ を結びつける $p = \dfrac{h}{\lambda}$ という式である。

9.9 波動関数と確率振幅

WAVE FUNCTIONS AND PROBABILITY AMPLITUDES

古典的な波動も、ニュートン力学の粒子も、2重スリット実験で明らかになったような量子現象を説明するには適切とはいえない。スクリーン上の粒子の分布は、確率分布としてモデル化するのが最善だ。しかし、古典的な確率分布は波動のように干渉しない。そのため、新しい数学的手法が求められた。

波動関数とは、3次元空間内の点の、時刻 t における座標ベクトル $\mathbf{x} = (x, y, z)^t$ を入力としてとる関数 ψ だ。このとき、出力 $\psi(\mathbf{x}, t)$ は複素数で、**確率振幅**と呼ばれる。

たとえば、$t = 5$ に固定すると、関数 $\mathbf{x} \to \psi(\mathbf{x}, 5)$ は、時計がスタートしてから5秒後の粒子の状態を完全に記述する。ここには、点 $\mathbf{x}$ で粒子が見つかる確率が含まれている。

確率振幅は、どちらかといえば**確率密度関数**のようなものだ。違いは、確率密度関数が実数値関数である一方、ψ は複素数値をとるところだ。

確率振幅の絶対値をとり、それを2乗すると通常の確率密度関数 $\mathbf{x} \to |\psi(\mathbf{x}, 5)|^2$ が得られる。これによって、点 $\mathbf{x}$ で粒子が見つかる確率がわかる。

粒子が見つかる確率の合計は1に等しくなければならない。だから、波動関数 ψ の決定的な性質は正規化されていること、つまり、すべての t の値に対して $\int |\psi(\mathbf{x}, t)|^2 d\mathbf{x} = 1$ であることだ。

920 観測可能な量 OBSERVABLES

量子の状態は波動関数ψからわかる。量子論がなじみにくいと感じられる理由の1つが、この関数の出力が実数ではなく複素数であることだ。たとえば、$\psi(\mathbf{x}, 5) = \frac{i}{4} + \frac{1}{3}$のような記述が5秒後の点$\mathbf{x}$での粒子について何をいっているのか、すぐにはわからない(ここで$\mathbf{x} = (x, y, z)^t$は3次元空間での座標ベクトル)。

しかし、この関数こそが粒子の位置や運動量やエネルギーなどのなじみ深い性質を表していることは間違いない。また、これらの性質は一意に値が決まるのではなく、本質的に確率的である。このような性質のことを**観測可能**であるという。

観測可能な量として最も単純なものは**位置**だ。これは、単に$\mathbf{x}$という点の座標で与えられる。これに付随するものが、粒子が時刻tにおいてこの位置にある確率を与える確率分布である。これは、実数$|\psi(\mathbf{x}, t)|^2$として得られる。

921 量子化された観測可能な量
QUANTIZED OBSERVABLES

粒子の波動関数ψを考え、その**運動量p**についての情報を引きだすことができる。この運動量もまた重要な観測可能な量だ。運動量はベクトル量で、各方向x、y、zの成分がある。x方向に注目すると、その運動量を与える公式は以下の通りだ。

$$p_x = -i\hbar \frac{\partial}{\partial x}$$

これはとても奇妙に思える。運動量は数になるだろうと思われているのに、この公式は運動量を微分演算子として定義している。しかし、特定の場合にはこれを数値として扱うことができる。たとえば、$\psi = e^{i6x}$とする(これは正規化されていないので許容される波動関数とはいえないが、大事な点を示している)。すると以下が成り立つ。

$$p_x \psi = -i\hbar \frac{\partial}{\partial x}(\psi) = -i\hbar \frac{\partial}{\partial x}(e^{i6x}) = -i\hbar \times i6 e^{i6x} = 6\hbar \psi$$

方程式の最初の項と最後の項を比べると、運動量p_xに$6\hbar$のような数値を割り当てる価値があるとわかるだろう。

この議論の有効性はψの選択に依存する。多くの場合、運動量

に意味のある数値は得られないだろう。運動量は**量子化された観測可能な量**、つまり、ある特別な状況下でのみ意味ある数値をとる演算子なのだ。

922 量子運動量 QUANTUM MOMENTUM

x方向の運動量の公式は以下の通りだ。

$$p_x = -i\hbar \frac{\partial}{\partial x}$$

同様の公式は運動量のy成分、z成分についても成り立つ。

ベクトル解析を用いてこれら3つの公式を1つに書き、以下のように**運動量演算子**を定義することができる。

$$\mathbf{p} = -i\hbar \nabla$$

ここで、位置xの場合と同じように、対応する確率分布を導きだすこともできる。その確率分布が特定の値の運動量を持つ粒子の確率を与える。

波動関数を見る方法は2つある。1つは、関数ψが位置を与えるものだととらえ、位置から運動量についての情報を導きだすというものだ。これを、反対の視点から見ることも可能だ。これら2つの視点は**フーリエ変換**によって結びつけられ、量子力学の数学に美しい対称性を与えている。

923 非可換演算子 NON-COMMUTING OPERATORS

位置と運動量は量子粒子に関する主要な観測可能な量である。数学的にいえば、これらは2つの演算子で与えられる。位置はx、運動量は$-i\hbar\nabla$だ。x方向に注目すると、これらはxと$-i\hbar\frac{\partial}{\partial x}$だ。

しかし、これらは適用する順によって違いが出る。**積の法則**をただ適用すると、

$$\frac{\partial}{\partial x}(x\psi) = 1\psi + x\frac{\partial}{\partial x}(\psi)$$

となる。これを変形すると、

$$\frac{\partial}{\partial x}(x\psi) - x\frac{\partial}{\partial x}(\psi) = \psi$$

である。これは任意のψについて成り立つので、これを

$$\frac{\partial}{\partial x}x - x\frac{\partial}{\partial x} = 1$$

と略記する。もちろん、x方向の運動量は$\frac{\partial}{\partial x}$ではなく、$-i\hbar\frac{\partial}{\partial x}$となる。この運動量演算子を$p_x$と書き、位置演算子を$x$と書くと、以下のようになる。

$$p_x x - x p_x = -i\hbar$$

このとき、$p_x x \neq x p_x$である。つまり2つの演算子は可換ではない。同様の式はy方向でもz方向でも成り立つ。

924 ハイゼンベルクの不確定性関係
HEISENBERG'S UNCERTAINTY RELATIONS

位置と運動量の演算子が非可換であることに初めに気づいたのは、ヴェルナー・ハイゼンベルクだった。1925年のことだ。初めは、少々扱いにくいだけのことに思えたかもしれない。しかし、1年経つころには、実験物理学と科学哲学に対する重大な結果から、ハイゼンベルクはそのとてつもない影響力を認識するようになった。

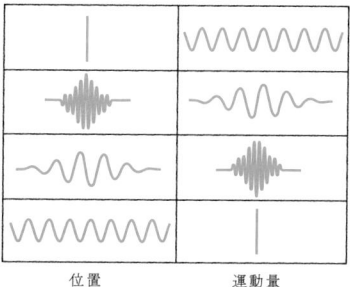

x方向に注目すると、位置は単に座標xで与えられる。しかし、粒子の位置は一意ではない。xとして考えられるすべての値に及ぶのだ。その広がりの程度は、数Δxによって定量化できる(数学的には位置の確率分布の標準偏差)。

同様に、x方向の粒子の運動量はp_xによって与えられる。これも一意に決まるわけではなく、Δp_xによって運動量がどの程度まで広がるのか決まる。**ハイゼンベルクの不確定性関係**は以下の通りである。

$$\Delta x \, \Delta p_x \geq \frac{1}{2}\hbar$$

ここで$\hbar$は換算プランク定数である。同様の不等式はy方向にもz方向にも成り立つ。☞*Fig*

925 ハイゼンベルクの不確定性原理
HEISENBERG'S UNCERTAINTY PRINCIPLE

ハイゼンベルクの**不確定性関係**には深い意味がある。位置 x が空間内で極めて局所化されているなら、Δx は非常に小さい。そうであれば、不等式 $\Delta x \Delta p_x \geq \frac{1}{2}\hbar$ を成り立たせるには Δp_x は大きな数でなくてはならず、運動量は大きく広がる。

逆のこともまた成り立つ。つまり、運動量が小さな数に狭められているなら、位置は大きく広がらなくてはならない。言い換えると、位置と運動量を、同時に正確に特定することはできないということだ。

926 ハミルトニアン THE HAMILTONIAN

位置と運動量以外の重要な観測可能な量は、系の総エネルギーだ。運動量とまさに同じように、これは量子化可能で、演算子で与えられる。その演算子は、**ハミルトニアンH**として知られている。

ニュートン力学では、粒子の運動エネルギーは $E = \frac{1}{2}mv^2$ であり、運動量は $p = mv$ である。これを変形すると、$E = \frac{1}{2m}p^2$ となる。

この公式を量子力学の言葉に置き換えるためには、量子運動量演算子 p の定義をあてはめればいい。この場合、次のようになる。

$$E = -\frac{\hbar^2}{2m}\nabla^2$$

粒子が**自由**(外部の力を一切受けない)であれば、運動エネルギーだけが粒子の持つエネルギーであり、ハミルトニアンは $H = E$ で与えられる。

外部の力が働いていれば、粒子はさらに**位置エネルギー**を持つことになる。点 $\mathbf{x}$、時刻 t で、このエネルギーは $V(\mathbf{x}, t)$ で与えられる。このときの系の総エネルギーは、$H = E + V$ によって与えられる。

927 シュレーディンガー方程式 SCHRÖDINGER'S EQUATION

量子系の状態は波動関数 ψ で書き表せる。物理学のほかの分野と同様に、知りたいことはこれが時間を経てどのように変わるのかだ。この ψ の変化は、偏導関数 $\frac{\partial \psi}{\partial t}$ によって表せる。

量子力学の基本的な方程式は、エルヴィーン・シュレーディンガーが1926年に発見した。

$$i\hbar \frac{\partial \psi}{\partial t} = H(\psi)$$

　この式は、波動関数の変化はエネルギーによってのみ決まることを示している。

　量子力学は、この偏微分方程式に対する可能な解を調べている。数学的な視点から考えると、これを解くのはさほど難しいわけではない。数学者はこのような方程式を調べることには慣れている(少なくとも、ナビエ-ストークス方程式よりは取り組みやすい)。

　難しさはむしろ概念的な部分、つまり、ここでの数学を物理的過程という観点からどう解釈するかというところにある。ここで現れてくる物理的過程は、人間のスケールではおなじみのニュートン力学の挙動から大きく離れているのだ。これこそが、物理学者や哲学者が取り組み続けている問題である。

928 測定のパラドクス　THE MEASUREMENT PARADOX

　波動と粒子の二重性は、量子力学の中核をなす。そして、奇妙な結果をいくつも突きつけてくる。基本的な原理は、波動関数ψが全空間に広がり、シュレーディンガー方程式にしたがって発展するというものだ。関数ψは与えられた任意の領域において粒子が見出される確率を表している(その運動量、エネルギーなどに対する確率も同様である)。この理論によって、観測結果を見事に予測することができる。

　測定にまつわる問題は、次のようなものだ。観測が行われ、粒子の位置が特定の点に定まると、その瞬間にほかの点で見出される確率が消えてしまう。だから、もとの波動関数ψは、粒子の状態についてもはや有効な記述とはならない。

　誰かが測定をすると、量子系は不思議なことに急な変化を見せ、滑らかに広がる状態から、特定の位置で具体的な形をとるようになるという結論を回避するのは難しい。

　これは、**波動関数の収縮**(あるいはデコヒーレンス)と呼ばれている。**測定のパラドクス**とは、測定がきっかけとなってこのデコヒーレンスが起きるというものだ。科学者は、この現象の意味について検討を続けている。

929 追加の測定を行う2重スリット実験
THE DOUBLE-SLIT EXPERIMENT WITH EXTRA MEASUREMENTS

　測定のパラドクスは、それを裏づける実験的な証拠もなく唱えられているわけではない。そのような証拠として、2重スリット実験の変形版がある。それは、センサーを2つのスリットのそれぞれに追加して、光子がどの経路を通るのかを測定するというものだ。

　すると、干渉縞が消えてしまう。測定したことが原因となり、粒子がデコヒーレンスを起こしたかのようである。このとき、粒子が2つ目のスリットを通り抜ける確率がゼロにまで減ってしまうため、干渉は一切起こらなくなる。

930 シュレーディンガーの猫 SCHRÖDINGER'S CAT

　エルヴィーン・シュレーディンガーは、量子論における数学の先駆者の1人だった。シュレーディンガーは、ボーアやハイゼンベルクなどのコペンハーゲン学派による測定のパラドクスの解釈に違和感を覚えるようになった。そこで、この哲学的問題を考察するための思考実験を行った。

　生きた猫が箱に閉じ込められているとしよう。猫の傍らには、放射性物質の粒子とガイガーカウンターがあり、猫を殺すための「残酷な装置」につながっている。1時間以内に放射性物質が崩壊し、ガイガーカウンターが作動する可能性は50パーセントだ。ガイガーカウンターが作動するとそれをきっかけに、残酷な装置が動く。ただし、箱の外からはそれが起きたのかどうかはわからない。1時間後に箱を開けて初めてわかるのだ。

　測定のパラドクスによると、測定前は、粒子の波動関数は広がったまま、放射性崩壊が起きた可能性と起きていない可能性の両方を含んでいることになる。この状況が箱を開けるまで続き、開けた段階で崩壊が起きていたか起きていなかったかが明確になる。

　この思考実験の意味するところは、箱を開けるまで、はっきりと生きているわけでも死んでいるわけでもなく、量子的な生死の状態が重なり合っているということだ。シュレーディンガーはこの結論をばかばかしいと考えたが、その正しい解決法はいまなお議論の対象となっている。

931 量子系 QUANTUM SYSTEMS

シュレーディンガーの猫は、量子力学によって取りあげられた哲学的難問を強調するのと同時に、量子力学の別の側面を説明している。宇宙において、粒子は個別に存在するわけではなく、もっと大きな系の一部分として互いに作用しているということだ。たとえば、2つの粒子AとBは正面衝突するかもしれないし、互いにわずかに向きを逸らすかもしれないし、まっすぐに進んで行き交うかもしれない。

これは、古典的なニュートン力学の粒子にも量子粒子にもいえることだ。違っているのは、量子波動関数が3つすべての可能性にまたがって、はっきりしないことだ。

このことを指して、Aの波動関数はBの波動関数と**もつれている**と表現する。もつれ合った2つの波動関数はもはや別々のものとは考えられず、2つの粒子系に対する結合した波動関数としてのみ考えられる。測定することで、この系は全体として**デコヒーレンス**を起こす。

シュレーディンガー方程式は、1つの粒子の波動関数に限らず、もっと大きな系の関数も支配する。それはもしかすると、宇宙全体の波動関数すら含むのかもしれない。

932 EPRパラドクス THE EPR PARADOX

「神はサイコロを振らない」──アルベルト・アインシュタイン

2つの粒子がもつれ、そして、わかれて互いに遠くへと去っていくことを妨げるものは何もない。1935年にアルベルト・アインシュタイン (Einstein)、ボリス・ポドルスキー(Podolsky)、ネイサン・ローゼン (Rosen)(EPR)は論文を執筆し、長距離にわたるもつれ合いによる、逆説的な結果を導きだした。

粒子AとBがもつれ、その後ばらばらに飛び散っていくとしよう。ここで、アルベルトは粒子Aに対して何らかの測定をする。そして、ボリスは粒子Bを測定する。アルベルトがAの位置を測定するなら、それによってペアとなっている波動関数も収縮し、Bの位置が明らかになる。ボリスがBの位置を測定したとき、その結果は、すでにもう過去の時点で決まっているということだ。

別の場合として、アルベルトがAの位置ではなく、運動量を測定するとしよう。すると、ハイゼンベルクの不確定性原理によって、A、B

両方の位置の分布は広く広範にわたることになる。だから、ボリスが位置を測定したとき、測定値として得られる可能性のある値もかなり広範に及ぶことになる。

この結末は、アルベルトが何を測定するかという選択に応じて、遥か彼方にあるかもしれないボリスの粒子の位置に関する確率分布が影響を受けるということだ。

933 もつれ ENTANGLEMENT

EPRパラドクスは、ある種の「量子情報」が、2つの粒子間でやりとりされていることを示しているように見える。たしかに、瞬間的にはその通りである。

さらにもっと注目すべきEPRの筋書きがその後考えだされた。今回は、結果が単に「イエス」「ノー」となるようなものを測定する。すると、1つ目の粒子を測定することで、2つ目の粒子に対して、その2粒子間の距離にかかわらず、定量化可能な影響が与えられることになる。

アルベルト・アインシュタインは、こうしたことを理由に、量子力学は不完全な理論であると考えた。しかし、1964年にジョン・ベルがこれらの問題を回避できないことを示した。2つの粒子が独立であると考える数学的方法がない、つまり、2つの粒子は離れられないのだ。したがって、ずいぶんと落ち着かない話ではあるが、量子力学は基本的に非局所的なのだ。

こういった予測は、常識に明らかに反している。さらに悪いことに、光速の不可侵性さえ脅かす。しかし一方で、実験的な証拠も出てきている。惑星間の距離を超える実験を行うのは困難だが、数キロメートルといったスケールでこれが実際に起こることが確認されているのだ。

場の量子論
Quantum Field Theory

934 量子場 THE QUANTUM FIELD

量子力学は、原子より小さな粒子の挙動をモデル化する際に力を発揮する理論であり、大規模な実験的証拠によって裏づけられて

いる。しかし、量子力学だけでこの宇宙についての完全な説明ができるわけではない。

自然界の基本的な力の説明が欠けている。科学における最も困難な課題の1つは、基本的な4つの力をすべて組み合わせたモデルを構築することである。そのために20世紀初頭に出現した手法が、**場の量子論**である。

量子力学において、物質は波動と粒子の二重性を持つ。これは、確率論的な波動関数に支配されている。場の量子論が目指すのは、波動関数を伝達する基礎となる媒体（量子場）のモデル化である。ここでは、粒子はもはや基本的対象とはみなされず、量子場を励起する存在となる。この手法によって、数学的に巧みな操作ができるようになり、多岐にわたる観測可能な量を自立的にモデル化することが可能となる。こうして、自然界の力の量子化が表現できるのだ。

935 場の量子論 QUANTUM FIELD THEORY

場の量子論は、量子場の数学的モデルである。この理論は、数学的視点から見ても極めて困難なものだ。にもかかわらず、一連の場の理論（**量子電気力学**、**電弱理論**、**量子色力学**など）は次々に精緻化され、20世紀のうちにかなりの進展がみられた。

こういった理論の一部は、実験によっても裏づけられている。反物質とクオークの発見がその代表例だ。ところが、その基礎をなす数学は遅々として理解が進まない。

また、**万物の理論**の究極的な目的である、自然界の4つの力のすべてを量子論によって説明づけるという目的は、いまだ果たせていない。

936 自然界の力 THE FORCES OF NATURE

物理学者たちは、宇宙には4つの基本的な力が働いていると考えている。

I. **電磁気力**。古典的な電磁気学の理論は、19世紀に包括的な研究が行われ、電磁場に対するマクスウェル方程式という形でまとまっている。

II. **強い核力**。2つの陽子は同じ正の電荷を持つ。だから、電磁気学の理論によれば、陽子同士は互いに反発するはずだ。しか

し、原子核のなかでは穏やかに共存している。どうしてそれが可能なのか？　その答は、陽子同士を引きつける別の力があるということだ。それは電磁気による反発力を上回るのにじゅうぶんな力であり、強い核力と呼ばれる。

III. **弱い核力**。原子核のなかでは、ほかの力も働いている。これは、放射性崩壊のときに原子核が飛び散る場合もあることの説明となるもので、弱い核力と呼ばれ、強い核力とは違って反発する力である。

IV. **重力**。場の量子論の発展が続き、上記3つの力は見事1つにまとまり、**素粒子物理学の標準モデル**に至った。しかし、重力は相変わらず物理学者たちの努力を寄せつけようとしない。巨視的スケールでは、一般相対性に対する**アインシュタインの場の方程式**によって重力をとらえることができる。しかし、これと量子世界の間には、大きな隔たりがある。

937 相対論的量子論 RELATIVISTIC QUANTUM THEORY

20世紀初頭、2つの物理学理論が発達しつつあった。量子力学と相対論だ。アルベルト・アインシュタインはどちらにも深く関わっていたものの、2つの理論を結びつけるための重要な第1歩を踏みだしたのは、ポール・ディラックだった。

1930年、ディラックは電子の量子モデルを構築した。これは、特殊相対性と両立するものだった。ディラックの研究の柱となったのは**ディラック方程式**であり、これは、相対論的なシュレーディンガー方程式といえるものだった。

ディラックの考え方を基盤として、さらなる相対論的場の理論が構築されていった。真っ先に作られたのが、量子電気力学だった。科学者たちは、一般相対性を包含する理論の探究を続けている。

938 反物質 ANTIMATTER

アインシュタインの方程式 $E = mc^2$ は、エネルギーと質量が交換できることを予測している。それゆえ、高エネルギーの状態では、電子のような重い粒子が現れることがある。したがって、質量全体が保存されるというわけではない。

その一方で、量子論において保存されなくてはならない物理量が

ある。電荷がその一例だ。したがって、電子は突然出現することはないだろうと考えられる。

ディラックがこの対立をくぐり抜ける方法を見出したのは、電子の運動に関するディラック方程式が2つ目の解を持つことに気づいたときだ。その解は、質量は等しいものの、電荷は逆のものだった。こうしてディラックは、**陽電子**の存在を予測したのである。高エネルギー状態では、電子と陽電子がペアで現れ得る。このとき、電荷は打ち消し合うことになるので、保存則は破られない。

陽電子は、1932年にカール・アンダーソンによって実験的に確認された。まさに、ディラックの予想通りの性質を持つものだった。2人は、その研究功績が評価されノーベル賞を受賞している。その後、ほかの粒子にも、質量は同じで電荷などの性質が反転している**反粒子**があることが判明した。

939 量子電気力学 QUANTUM ELECTRODYNAMICS

ディラックの相対論的量子論をもとに、1940年代にリチャード・ファインマン、ジュリアン・シュウィンガー、朝永振一郎は、場の量子論をまとめ、自然界の力の1つ目、電磁気力を説明した。

ここで生まれた理論が**量子電気力学**（QED）である。これは、マクスウェル方程式を量子化したものを組み入れており、実験結果を1兆分の1以内という前代未聞の精度で予測する。

940 電弱理論 ELECTROWEAK THEORY

1967年にアブドゥッサラーム、シェルドン・グラショー、スティーヴン・ワインバーグは、量子電気力学を基盤として、新たな場の量子論を作りだし、弱い核力を組み込んだ。この**電弱理論**は、予想外の基盤の上で、両方の力をうまくモデル化していた。この理論は、電磁気力と弱い核力は1つの力の異なる表現であると予測したのである。

地球上では、両者が異なるものに思えるのは間違いない。しかし、電弱理論は、（宇宙の誕生時に存在したような）非常に高エネルギーの状態では、2つの力は強く結びついていると予測している。

電弱理論は、場の量子論として初めてヤンとミルズの功績を利用した。弱い核力を持つ粒子は、W粒子、Z粒子と呼ばれている。これらは、電磁気力を持ち質量を持たない光子とは対照的に、重た

い粒子だ。しかし、2つの力が究極的に1つであるなら、この不均衡の原因は何だろうか？　この問いに答えるためには、質量がどこからくるのかという謎を検討しなくてはならない。

941 ヒッグス粒子　THE HIGGS BOSON

　質量とは何か？　ニュートン力学での答は、すべての物質に固有の性質であり、ある対象の質量は、そのなかに含まれる物質の量に対応するというものだ。これは、20世紀初頭になると説得力を失った。原子よりも小さな粒子で、さまざまな質量を持つものが多く見つかったからだ。代表的なのが、質量を持たない物質として初めて発見された**光子**だ。

　電弱理論によると、質量とは**ヒッグス場**から生じるものだ。ヒッグス場はあらゆるところに行きわたっている。そして、さまざまな粒子の質量はヒッグス場との相互作用として現れてくる。

　ヒッグス場の存在は、それに対応する粒子（ヒッグス粒子という）の存在によって証明される。1983年に、欧州原子核研究機構（CERN）の粒子加速器においてW粒子、Z粒子が発見されたことは、電弱理論の勝利であった。そして、2013年、ヒッグス粒子の存在を強く示唆するデータが得られた。

942 量子色力学　QUANTUM CHROMODYNAMICS

　電弱理論を研究する物理学者がいるのと同様に、場の量子論を次の力である強い核力に適用しようという物理学者もいる。

　その結果が、**量子色力学**（QCD）という、1970年代初めにハロルト・フリッチュ、ハインリヒ・ロイトウィラー、マレー・ゲル＝マンが展開した理論だ。QEDを枠組みとして用いながらも、さらに2つの克服すべき課題があった。

　まず、電磁気学は、ある意味で1次元だった。粒子は正の電荷を持つか、負の電荷を持つか、中性かだ。それに対して、強い核力は3次元だ。「色荷」には3つのタイプ（赤、緑、青）があり、それぞれが反対色（反赤、反緑、反青）を持っている（ただし、こうした名前は単に気まぐれであって通常の色とは何も関係がないことは強調しておきたい）。

　次なる課題は、実験物理学者が1940年代後半以来探していた、**ハドロン**という粒子の急増について説明することだった。QCDは、こ

れらの2つの現象のどちらについても、新しい基本的粒子である**クオーク**によって説明する。

QEDの場合と同じように、QCDから予測されたことは、驚くほどの精度で確かめられている。

943 ハドロン　HADRONS

土、空気、火、水に関する大昔の元素理論の誕生以来、素粒子物理学は長い道のりを経てきた。原子論は**ブラウン運動**とともに19世紀に発展した。原子という名前は、ギリシャ語のatomos（分割できないという意味）に由来している。

しかし、1912年ごろにアーネスト・ラザフォードとニールス・ボーアは、負の電荷を持つ**電子**が正の電荷を持つ核の周りで軌道を描いているという原子の構成を示した。さらに1919年、ラザフォードはこの核自体が正の電荷を持つ**陽子**で構成されていることを発見し、1932年にはジェームズ・チャドウィックが核の内部に**中性子**と呼ばれる中性の粒子も見つけだした。

陽子、中性子、電子はしばらくの間、原子に代わる物質の基本的な単位であるとみなされてきた。しかし、1940年代になると、より強力な道具を手にした物理学者たちは、驚くべき数の新しい粒子を明らかにした。そのなかでも一番重要なのが**ハドロン**という族だ。

そして、ハドロン（陽子、中性子を含む）は、さらに小さな成分からできているに違いないという疑念が大きくなった。最終的な答を示したのは量子色力学であり、ハドロンが、**クオーク**からできていることが明らかとなった。

944 クオーク　QUARKS

1960年代初頭、マレー・ゲル＝マンらは陽子と中性子は分割できないが、それぞれさらに3つのより基本的な粒子からできていることを示した。マレー・ゲル＝マンはこれらを**クオーク**と呼んだ。この言葉はジェイムズ・ジョイスの小説『フィネガンズ・ウェイク』の一節、「マーク大将（たいしょう）のために三唱（さんしょう）せよ、くっくっクオーク！」からとったものだ。

電子が電磁気学的に電荷を持っているのと同じように、クオークは強い核力による色荷を持つ。それぞれ赤、緑、青という色荷を持っているのだ。その一方で、反クオークは反対の色荷を持っている。

クオークは、ほかにも固有の性質として、電荷、スピン、質量を持っており、また、アップ、ダウン、ストレンジ、チャーム、トップ、ボトムという、全部で6つの種類がある(さらに、それぞれに対応する6つの反クオークが存在する)。これら6種類は、粒子加速器での実験においてすべて存在が確認された。最後は、1995年のトップクオークの発見だった。

クオーク理論は、量子色力学の重要な部分を形成している。異なる種類のクオークを組み合わせることによって、異なるハドロンが作りだせる。たとえば、陽子は2つのアップクオーク、1つのダウンクオークからなり、中性子は2つのダウンクオーク、1つのアップクオークからなる。

945 素粒子物理学の標準モデル
STANDARD MODEL OF PARTICLE PHYSICS

電弱理論(電磁気学と弱い核力の理論)と量子色力学(強い核力を説明するための理論)を合わせると、**素粒子物理学の標準モデル**になる。1970年代以来、この枠組みは物質を構成する粒子に対する最善の説明となっている。とはいえ、重大な疑問が残ったままだ。

I. 標準モデル自体も完全な理論ではない。現在でも説明のつかない定数がいくつかある。これらを自然界において観測し、理論に書き込まなくてはならない。

II. 電弱理論は、弱い核力と電磁気力は別々のものではなく、同じ力の異なる側面であることを示している。しかし、強い力は別のものとして扱われている。多くの物理学者は、3つの力すべてがまとまり、**大統一理論**になるはずだと考えている。

III. 重力の説明が完全に抜けている。現代物理学の主目的は、**万物の理論**と呼ばれる、4つの力すべてのモデルを構築することだ。

IV. この枠組みを支える数学が、じつのところあまり理解されていない。目下の問題は**ヤン-ミルズの問題**だ。

946 ゲージ群 GAUGE GROUPS

ヘルマン・ワイルは、電磁気学などの場を説明しようするときに、**対称変換群**が重要な役割を果たすことに気づいた。ここで必要となる**ゲージ群**は、時空の対称変換群とは違い、代数学から生じるものである。

量子力学において、粒子は、確率分布$|\psi|^2$を持つ波動関数ψによって説明される。ここで、aを$|a|=1$なる任意の複素数だとする（したがって、aは単位円上にある）。ここで、ψを$a\times\psi$に置き換えるとどうなるだろうか？　$|a\times\psi|^2=|\psi|^2$となるため、得られる確率分布は変わらない。ψを$a\times\psi$に置き換えることは**相の変換**と呼ばれ、これら2つを区別することのできる測定は考えられない。すなわち、aを掛けることは、系の**ゲージ対称変換**になっている。

947 ヤン-ミルズ理論　YANG-MILLS THEORY

場の量子論を大きく進展させる技法が、1954年に楊振寧（ヤン チェンニン）とロバート・ミルズによって発表された。このとき2人は、ゲージ群において$U(1)$として知られる周回群を、より大きな**リー群**に置き換えてみるという大胆な発想をした。そのようなリー群の最初の例が2×2の複素行列群$SU(2)$である。

この群によって、系の内部に隠されたさらなる対称性を見つけることができた。ただし、この技法には、非可換であるという大きな難点がある。すなわち、2つの対称変換gとhを結合すると、その順序によって異なる結果になり得るのだ。

ヤン-ミルズ理論は、非可換ゲージ群の研究である。これによってできた足場をもとに、電弱理論（群$U(1)\times SU(2)$で記述できる）と量子色力学（群$SU(3)$で記述できる）がその後構築された。これらを合わせた、$U(1)\times SU(2)\times SU(3)$というゲージ群にもとづいて素粒子物理学の標準モデルは成り立っている。

ヤンとミルズは、任意の非可換ゲージ群が満たすべき2つの方程式を書きだした。その方程式は、数理物理学のなかで最もやっかいな問題の一部である**ヤン-ミルズの問題**を生みだすもとにもなっている。

948 ヤン-ミルズの問題　THE YANG-MILLS PROBLEMS

ヤン-ミルズ理論が物理学において卓越した成果をあげてきたにもかかわらず、ヤン-ミルズ方程式自体が満足に解けていないというのは驚くべきことだ。まずは、次の**存在問題**である。

I.　任意の単純リー群Gに対して、ゲージ群Gを持ち、ヤン-ミルズ方程式を満たす場の量子論が構築できることを示せ。

さらに、物理学的性質に関する問題は、ヤン-ミルズ理論から予想される結果にかかわってくる。たとえば、エネルギーや質量は任意の小さな量になることはできず、限界点がある。この**質量ギャップ問題**は次のように定式化されている。

II. ある数$\Delta > 0$が存在し、すべての励起は少なくともΔのエネルギーを持たなくてはならないことを示せ。

2000年に、クレイ数学研究所はこれら2つの問題の解に対して100万ドルの懸賞金を懸けた。ミレニアム懸賞問題の選定にかかわった数理物理学者のエドワード・ウィッテンは、存在問題は「素粒子物理学の標準モデルを本質的に理解することにつながるだろう」と記した。

949 クオークの閉じ込め QUARK CONFINEMENT

ヤン-ミルズ理論に由来する3番目の問題は(100万ドルの懸賞金はかかっていないけれど)、クオークが閉じ込められることを示すというものだ。これによって、陽子や中性子から個々のクオークが決して取りだせない理由が説明できるだろう(クオークは3個の組み合わせか、クオーク-反クオークというペアの形を必ずとっている)。

電荷を持つ2個の粒子が離れていくとき、それらの間に働く力は弱くなっていく。同じことは、重力や弱い核力でも起こる。しかし、強い核力ではそうはならない。距離が離れていっても、強い核力は一定なのだ。その結果、たとえば、クオークを反クオークから引き離そうとするときに必要となるエネルギーは極めて高く、代わりにほかのクオークが生成され、置き換えられてしまうほどになる。

この問題を数学の言葉でいうと、「QCDで考え得るすべての粒子の状態は$SU(3)$不変である」ことを示す、ということになる。

数

幾何学

代数学

離散数学

解析学

論理学

超数学

確率論と統計学

数理物理学

ゲームとレクリエーション

ニュートン力学

波動

場と流れ

特殊相対性

重力

量子力学

場の量子論

GAMES & RECREATION
ゲームとレクリエーション

レクリエーションの数学というはっきりとした括りがあるわけではない。しかし、ピエール・ド・フェルマーが政府の役人や弁護士としての仕事の合間を縫ってすばらしい洞察を残してくれたのは、フェルマー自身が数論のなかに楽しみを見つけたおかげだ。

　現在の数学研究が、専門家だけとは言わないまでも大部分が専門家の担う仕事になっているのは事実だが、同時に、数学への関心はかつてないほど高まっている。

　人々を惹きつけてやまない話題の1つに、13世紀の数学者、フィボナッチの研究成果がある。フィボナッチ数列と、それに関連して出てくる黄金分割は、科学者に、さらには芸術家や建築家にもひらめきを与え続けている。

　20世紀におけるゲーム理論の発展から、チェスや碁のような大昔からあるゲームにも数学が大きく貢献してきたことがわかる。ひときわ目立つものとしては、ディープ・ブルーなど、ゲームをするコンピューターの開発や、2007年のチェッカーの解明などがあげられる。

　また、ゲーム理論の重要性はボードゲームにとどまらず、経済学から人工知能まで戦略が不可欠などんな分野にまでも及んでいる。こんにち、ゲーム理論の研究者は軍事や政治面での戦略に関する助言まで求められている。

ゲーム理論

Game Theory

950 ゲームと戦略　GAMES AND STRATEGIES

　三目並べは、現存するゲームのなかでもとりわけ単純なものの1つだ。ゲームは3×3の格子上で行い、1人のプレイヤーがマル（○）を、もう1人がバツ（×）を書き込む。プレイヤーは交互に印を書き、どちらかが自分の印を1列に3個並べたらその人の勝ちだ。何度か実践してみると、賢いプレイヤーなら、先攻であろうと後攻であろうと、このゲームには決して負けないようになるはずだ。どちらのプレイヤーでも使える、引き分けに持ち込む**戦略**があるからだ。

　ゲーム理論における重要な問題は、勝つか引き分けるかのための戦略が存在するかどうかを割りだすことだ。ゲーム理論は、昔からあるボードゲームについて論理的に考えることから始まった。しかし、その枠を大きく超えて発展することになる。ゲーム理論の研究者は、冷戦時代に戦略に関する助言を求められた。そして、現在この分野は株式市場の研究にとって大きな意味を持っている。

　最善の戦略を慎重に実行することは、問題解決によく似ている。そのため、ゲーム理論は人工知能の研究者にとってもかなり興味深いテーマといえる。

951 青い目の自殺　THE BLUE-EYED SUICIDES

　人口1000人の島がある。そのうちの100人は目が青く、900人は茶色だ。ところが、島には鏡がなく、その島の宗教では目の色について語るのは一切禁じられている。さらに悪いことに、何らかの事情で自分の目の色を知ってしまった人はその日のうちに自ら命を絶たなくてはならない。

　ある日、1人の探検家が島に上陸し、全島民の前で話すよう求められる。ところが、探検家はその地方の習慣を知らなかったため失態を犯す。島民の前でこんな発言をしてしまったのだ。「なんて嬉しいことだ。青い目の人にまた出会えるなんて。何カ月も前に海に出て以来のことだ」。さて、この後どうなるだろうか？

952 青い目の定理　THE BLUE-EYED THEOREM

　青い目の自殺の謎の答は、目の青い島民の数に依存する。もとの問題では100人だったが、たった1人しかいない場合から考えたほ

うが簡単だ。その人をAとしよう。ここでAは、探検家の話を聞いて少なくとも1人は目の青い島民がいることを知る。自分には目の青い人が見当たらないことから、それは自分に違いないとAは結論する。第1日目に、Aは自ら命を絶つ。

では、目の青い人がAとBの2人だとする。AはBを見ている。だからAには、少なくとも1人は目の青い島民がいることがわかる。しかし、2日目になってBが自殺していないとわかると、Bも目の青い人を見ているに違いないと推測できる。ところが、Aから見たとき、Bのほかに目の青い人は見当たらない。よって、自分に違いないと結論する。2日目にAは自分の命を絶つ。Bも同様だ。

一般的な命題は次のようになる。目の青い島民がn人いるなら、全員n日目に自殺する。これは、**帰納法**を使ってわけなく証明できる。だから、もとの問題の答は、目の青い島民は全員100日目に自殺をするというものだ。

053 知識の階数 ORDERS OF KNOWLEDGE

青い目の定理は直観に反するように思える。それはおそらく、探検家は誰かにその人がまだ知らない何かを教えたわけではないように思えるからだ。だが、探検家のふるまいは、**知識の階数**という概念にもとづいてきちんと説明できる。

1つの集団の誰もがXについて知っている場合、Xを**1階の知識**という。誰もがXを知っている、ということを誰もが知っていれば、Xは**2階の知識**だ。別の言い方をすれば、これは次のようになる。Xが1階の知識であることを誰もが知っていれば、それゆえにXは2階の知識になる。

1階の知識が必ずしもすべて2階の知識であるとは限らない。たとえば、ある部屋のなかにいる人たちは、壁の時計が止まっていることに個々には気づいている。しかし、ほかの人もそれに気づいているかどうかは、誰かがそれを口に出して言わない限りわからない。誰かがそれに言及した時点で2階の知識になる（実際は共有知識）。

日々使うために必要となるのは、最大で2階の知識である。高階の知識というものは理解しがたいものだ。それでも、次のように一般化できる。Xがn階の知識であることを誰もが知っていれば、Xは$(n+1)$階の知識である。繰り返しこの規則をあてはめることで、任意

の階数の知識が定義できる。

954 彼がそれを知っているということを彼女が知っているということを……彼は知っている
HE KNOWS THAT SHE KNOWS THAT ……

青い目の自殺問題に関して注目すべきは、知識の階数が100にまで至ることだ（もちろん何らかの人為的仮定のもとで）。Xを「少なくとも島民の1人は目が青い」という命題とする。最も理解しやすい例は、目の青い島民がたった1人のときだ。ここで探検家は、全員にXを教えることで、ただちに1階の知識を増やす。

目の青い島民が2人（A、B）いる場合、誰もがXを知っている。このXは1階の知識だ。しかし、2階の知識ではない。探検家が話さない限りは、BがXを知っていることをAは知らないからだ。

想像しにくくなる最初の例は目の青い島民が3人いるときだ。3人をA、B、Cとする。すると、AもBもCも、目の青い島民が少なくとも2人はいることを知っている。これだけで1階の知識だ。また3人とも、自分が見ている2人はそれぞれ、目の青い島民を少なくとも1人は見ていることもわかっている。だからXは2階の知識だ。しかしXは（探検家が話さない限り）3階の知識ではない。というのも、CがXを知っているということをBは知っているということをAは知らないからだ。

もとの問題で考えると、探検家の何の害もなさそうな話が、実際には100階の知識を増やすに至ったというわけだ。

955 共有知識 COMMON KNOWLEDGE

日常の言語でいうと、1つの集団の人たちがみんな情報Xを知っていれば、Xはその人たちにとって共有知識である。ゲーム理論でいうなら、これは1階の知識だ。

共有知識にはよりいっそう強い意味がある。誰もがXを知っているだけではなく、誰もがXを知っているということを誰もが知っていなくてはならず、さらには誰もがXを知っていることを誰もが知っているということを誰もが知っていなくてはならず、という具合に続いていく。つまり、共有知識は全階数の知識なのだ。

ある情報が共有知識になるための典型的な方法は、公に告知さ

れることだ。

　この考え方の根本は、哲学者デイヴィッド・ヒュームに遡るものの、共有知識の詳しい研究が行われるようになったのはごく最近のことだ。共有知識は、ゲーム理論、とりわけ、ロバート・J・オーマンの研究において重要な考え方である。オーマンによって、共有知識というテーマは経済学にもかかわりを持ち始めた。いまでは、データが1階の知識から階数をあげて共有知識になるまでの道筋が、金融市場にとっておおいに重要であると考えられている。

956 囚人のジレンマ　THE PRISONER'S DILEMMA

　アレックスとボビーは重い詐欺容疑で逮捕され、別々の房に入れられている。検事がそれぞれに同じ提案を持ちかける。

I. あなたが自白し、共犯者が自白しなければ、あなたは釈放されるだろう。あなたが法廷で証言することで共犯者は有罪となり、10年間刑務所に入ることになるだろう。

II. 共犯者が自白し、あなたが自白しなければ、逆のことが起こるだろう。共犯者は自由の身になり、あなたは10年間刑務所に入ることになる。

III. あなたも共犯者も自白したなら、2人とも有罪になるが、刑期は7年に短縮されるだろう。

IV. あなたも共犯者も自白しなければ、2人とも罪は軽くなり、それぞれ6カ月の収監という判決になるだろう。

　最適な答は選択肢4であるように思える。というのも、これで刑期の合計が一番短くなるからだ。しかし、アレックスもボビーもそれぞれ次のように推論することだろう。「向こうが何をしようと、自分は自白したほうがいい」。両方がこの戦略にしたがったら、選択肢3が実現する。これは、ほぼ間違いなく2人にとって最もよくない結果だ。

957 均衡　EQUILIBRIUM

　囚人のジレンマで、選択肢3は**均衡**の例だ。たとえアレックスがボビーの戦略を耳にしたところで、自分の戦略を変えて得るものはない。逆の場合もそうだ。選択肢4は均衡ではない。アレックスは、ボビーのもくろむ戦略に合わせて自分の戦略を変え、ボビーを欺くことができるからだ。同様に、選択肢1、選択肢2は均衡ではない。

2人以上のプレイヤーが参加するゲームでは、たとえ他人の意図がすべてわかっても一方的に戦略を変更する誘因が誰にもない状況というのが均衡の定義である。囚人のジレンマは、均衡が必ずしも最適な結果を生みだすわけではないことを示している。

958 ナッシュの均衡定理 NASH'S EQUILIBRIUM THEOREM

ジョン・ナッシュは、博士論文で**非協力ゲーム**について考察した。非協力ゲームとは、プレイヤー同士で合意を結べないようなゲームのことである。1950年、ナッシュは「どんなゲームにも必ず均衡が存在する」という有名な定理を証明した（証明は、**ブラウワーの不動点定理**の一般化にもとづいたものだった）。ただし、混合戦略が必要となることもある。混合戦略というのは、各プレイヤーがとり得る手段に確率が割り当てられたものである。

ナッシュの洞察は経済学においてとりわけ重要である。経済学では、市場に起こり得る推移が均衡によって予測できるからだ。ナッシュは統合失調症に苦しみながらも、このほかにも多大な貢献を成し遂げ、1994年にノーベル経済学賞を受賞している。

959 ディープ・ブルー DEEP BLUE

チェスをする初の自動機械は、18世紀にヴォルフガング・フォン・ケンペレンによって作られた。これは「トルコ人」と呼ばれ、ナポレオン・ボナパルトやベンジャミン・フランクリンを始めとする挑戦者をすべて負かしたと噂になった。1820年、「トルコ人」の仕組みがとうとう明らかになった。箱のなかにチェスの達人が座っていて、レバーを使って駒を動かしていたのだ。多くの人が怪しいと思っていた通り、「トルコ人」は巧妙ないたずらだった。

20世紀になると、チェスをするコンピューターは現実のものとなった。理論的な土台をクロード・シャノンやアラン・チューリングらが作った後、1958年に初めて実用的なチェスプログラムが開発された。1980年、カーネギーメロン大学のエドワード・フレドキンは、当代の世界チャンピオンを負かすチェスコンピューターのプログラムを最初に作った者に懸賞金として10万ドルを与えようと提示した。

この懸賞金は、1997年にIBM社のプログラマーたちに贈られた。コンピューターの**ディープ・ブルー**が、ガルリ・カスパロフに2勝1敗3分

けで勝ったのだ。

960 ゲームをするコンピューター GAMES-PLAYING MACHINES

ディープ・ブルーの後継機は現在、ほとんどの場面で人間を負かしている。そればかりか、チェス以外のゲームでもコンピューターが優位に立つようになった。

メイヴェン(Maven)はコンピューター制御されたスクラブル(Scrabble®)のプレイヤーであり、これを開発したのはブライアン・シェパードだ。メイヴェンは世界チャンピオンさえ負かしたことがある。オセロ(Othello®)(あるいはリバーシという)では、マイケル・ブロの開発したロジステロ(Logistello)プログラムが、最高レベルのプレイヤーを負かした。昔の中国のゲームである碁でも、コンピューターが優勢になってきている。

961 ゲーム理論の解法 GAME-THEORETIC SOLUTIONS

ディープ・ブルーのようにゲームをするコンピューターというものがすばらしいことは間違いないが、ゲームに対する完璧な解法を示せるかといえばそれにはまだ程遠い。チェスを数学で解くならば、プレイヤーがそれを使えば、どんなに相手が優れていても勝つか引き分けに持ち込める完璧で絶対確実な戦略があるかどうかを判断できるようにしなくてはならない。

チェスや碁の完璧な解法というのは、相変わらず遥かな夢だ。ゲームがあまりに複雑すぎ、あまりにも多くの筋書きが考えられるからだ。クロード・シャノンは、1950年に発表した『Programming a Computer for Playing Chess (チェスをするコンピューターをプログラムする)』のなかで、チェスの局面の数は少なくとも10^{120}であると見積もった。この数は、宇宙にある原子の数が少なく思えるほど大きなもので、どんなコンピューターをもってしてもすぐには扱えない。

碁は、輪をかけて複雑である。その理由の1つは、チェスより大きな19×19の盤の上で行うことだ。碁には推定でおおよそ10^{768}通りの局面があるとされている。

とはいえ、比較的簡単なゲームのなかにはすでに解決しているものもある。四目並べ(先攻のプレイヤーは必ず勝ちに持ち込むことができる)、五目並べ、アワリ(昔のアフリカのゲーム)、ナイン・メンズ・モリス(古代ローマのゲーム)、ニム、チェッカーなどがそうだ。

962 チェッカーの解明 CHECKERS IS SOLVED

『Checker is Solved』(チェッカーの解明)はジョナサン・シェッファー率いるコンピューター科学者チームが2007年に発表した論文のタイトルだ。かなりの年月をかけて、完全に解明されるべき最も複雑なゲームが解決した。これは、数学による分析の勝利であり、人工知能の発展における重要な出来事だった。

シェッファーが見出したものは、決して負けることはない戦略だ。2台のコンピューターが互いに対戦し、それぞれこの完璧な戦略を用いたら、必ず引き分けになる(三目並べで、一定程度の水準に達した2人のプレイヤーが必ず引き分けるのと同じだ)。この結果は、何年も前にトップクラスのチェッカープレイヤーが予想していたことだった。証明は、桁外れに大がかりな作業だった。

この作業には、盤の上に10個の駒が残った状態での最終段階として考えられるすべてのパターンの完全な分析、および、ゲームの初期状態と最終段階のパターンがどう関係するのかを判断するための厳密な探索アルゴリズムが必要だった。「こんにちまでに完了した計算のなかでも、実行するのに長い時間を費やしたものの1つ」というシェッファーの言葉にあるように、最大で200ものコンピュータープロセッサが、1989年から2007年まで連続して稼働することになった。

963 ニム NIM

クロード・バシェという17世紀ヨーロッパの貴族は、レクリエーションのための数学を初めて真剣に研究した人物であり、バシェのゲームという、三目並べよりもさらに単純なものを考案した。これは、テーブルの上に硬貨を積んだ山が1つあり、2人のプレイヤーが交互に硬貨を取っていく。それぞれ1枚か2枚か3枚のうち、好きな枚数だけ取っていい。勝者となるのは最後の硬貨を取ったほうだ。

ゲームの結果は初めの硬貨の数(15枚から25枚が標準的だ)と、どちらが先に硬貨を取るかにかかっている。

バシェのゲームは、ニムゲームの類としては一番単純なものだ。たとえば、マリエンバート(Marienbad)などのほかのゲームでは、硬貨の山が複数あり、どの山から硬貨を取るのかをプレイヤーが選べる。ミゼール(misère)の場合は、最後の硬貨を取ったプレイヤーが負けだ。

その他のゲームをややこしくする要因としては、プレイヤーが取り除く硬貨の枚数を増やしていくことや、前のプレイヤーと同じ枚数の硬貨を取るのを禁じることなどがある。

これらの追加要因によって、ニムは複雑な戦略ゲームになる。ニムには、**スプレイグ・グランディの定理**からわかる通り、レクリエーションを超える価値がある。

964 メックス MEX

ニムのゲームを分析するためには、**ニム数**と呼ばれる数をゲームのさまざまな状態に割り当てる。カギを握る仕組みは、自然数の集合に対する**メックス**（集合に含まれない最小数）だ。集合{0, 1, 3}に対するメックスは2である。2がこの集合に含まれない最小の数だからだ。{0, 1, 2}ならばメックスは3、{1, 2, 3}ならばメックスは0だ。

965 ニム数 NIMBERS

ニムのゲームで考えられる配置のすべてに、**ニム数**と呼ばれる数を割り当てることができる。勝ちの配置のニム数は0だ。

バシェのゲームでは、山を減らしてゼロにすることが勝利の条件だ。だから、大きさゼロの山はニム数0となる。

配置Xのニム数は次のように計算できる。Xから移り得る配置のニム数を列挙する。そして、Xのニム数を列挙したリストの**メックス**として定義するのだ。

バシェのゲームのニム数															
硬貨枚数	0	1	2	3	4	5	6	7	8	9	10	11	12	13	14	15
ニム数	0	1	2	3	0	1	2	3	0	1	2	3	0	1	2	3

大きさ1の山は、大きさ0の山にしか移り得ない。大きさ0の山はニム数が0である。したがって、硬貨が1枚の場合の配置のニム数は{0}のメックス、すなわち1だ。

同様に、硬貨が2枚の山と3枚の山はニム数がそれぞれ2、3である。しかし、4枚の山では、考えられる移動先は1枚か、2枚か、3枚である。だから、ニム数は{1, 2, 3}のメックスとなる。これは0だ。こ

のことは、4枚残しておくことが勝利をもたらす手立てであるという実際のゲームの状況と合致する。

ニムのさらにややこしい変化形として、ニム数のパターンがもっと複雑なものもある。

しかし、どの場合にもニム数0は勝利の配置を示しており、戦略は常にここを目指している。ニムの類のどんなゲームでも、誰かには必ず勝つための戦略がある。

966 スプレイグ・グランディの定理
SPRAGUE-GRUNDY THEOREM

チェスやチェッカーでは、各プレイヤーに自分の駒があり、それを使って相手と戦う。したがって、盤上の配置が同じでも、それぞれのプレイヤーがとれる手はまったく異なったものになる。一方、ニムは**不偏ゲーム**だ。同じ駒を使って2人のプレイヤーが対戦するため、1人のプレイヤーにとっていい手だと思えるものは、相手にとってもいい手である。このとき、プレイヤー間の唯一の違いは、どちらが先かということだ。

スプレイグ・グランディの定理は、ローラント・スプレイグとパトリック・グランディが1930年代に別々に発見したものだ。この定理によると、ニムは不偏ゲームの単なる一例ではない。

不偏ゲームは形が違うように見えても、すべてニムの変化形なのだ。したがって、ニム数をもとにして任意の不偏ゲームを分析することができる。

スプレイグ・グランディの定理は**組み合わせゲーム理論**という分野の基本的な定理である。この理論は、バーレカンプ、コンウェイ、ガイの著作『Winning Ways for your Mathematical Plays』（数学的勝負で勝つ方法）、およびコンウェイの著作『On Numbers and Games』（数とゲームについて）で詳しく紹介されている。

これらの著作、およびそれに続く著作では、分析対象を不偏ゲームから**非不偏ゲーム**に拡張している（非不偏ゲームでは、各プレイヤーがとれる戦略は異なる）。

967 フィボナッチのウサギ　FIBONACCI'S RABBITS

1202年、レオナルド・ダ・ピサ（フィボナッチとして知られている）は、自ら次のような難問を掲げた。「1人の男が1つがいのウサギを塀で囲まれた庭に放す。1年でそのつがいを出発点として、何つがいのウサギが生まれるだろうか？」

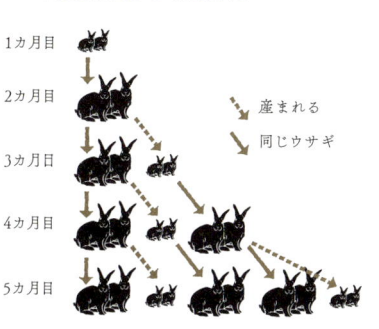

1カ月目
2カ月目　　産まれる
3カ月目　　同じウサギ
4カ月目
5カ月目

調べるにあたり、フィボナッチはこの状況をモデル化し、単純化するためにいくつかの仮定を設けた。

I. ウサギは死なない。
II. ウサギは必ずつがいになっている。
III. ウサギは大人か子供のどちらかだ。
IV. 子供のウサギは子供を産むことはできない。
V. 子供のウサギは1カ月で大人になる。
VI. 1つがいの大人のウサギは、毎月1つがいの子供を産む。

これらの仮定によると、最初の1カ月は庭に子供のウサギが1つがいいるだけだ。2カ月目には、そのつがいが大人になる。3カ月目にはそのつがいが子供を産むので、大人が1つがいと産まれたばかりの子供が1つがいになる。以下、同様だ。☞ Fig

この数列は次のように続く。{1, 1, 2, 3, 5, 8, 13, 21, 34, 55, 89}。そして、12カ月目には144組が存在する。こうして、フィボナッチが掲げた問題の答は、143となる（144組から最初の1つがいを除く）。フィボナッチが見つけたこの数列は**フィボナッチ数列**として知られるようになり、科学の世界で最も有名な数列の1つにあげられる。

968 フィボナッチ数列　THE FIBONACCI SEQUENCE

1, 1, 2, 3, 5, 8, 13, 21, 34, 55, 89, 144, ……

この数列は、フィボナッチがウサギの繁殖について調べる過程で1202年に発見したものであり、以来人々を惹きつけている。また、自然のなかに驚くほど頻繁に現れてくることが知られている。

この数列の各項は、その直前の2項の和となっている（$1+1=2$、$1+2=3$、$2+3=5$、$3+5=8$、……）。だから、いったん初めの2項が（1と1のように）決まれば、数列の残りも決まる。これを、$F_1=F_2=1$, $F_{n+2}=F_n+F_{n+1}$ と定義する。

ウサギについていえば、7月のウサギの総数（F_{n+2}）は、大人の数に子供の数を加えたものだ。大人とは6月までに生まれたウサギ（F_{n+1}）である。子供の数はその親の数、すなわち6月の大人の数に等しい。すなわち、5月のウサギの総数（F_n）である。

F_nに対する公式は、**ビネの公式**によって与えられる。

969 フィボナッチの螺旋 FIBONACCI SPIRAL

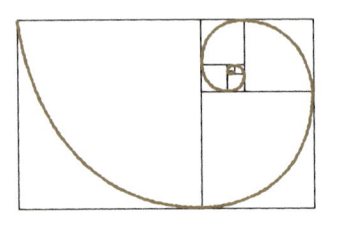

方眼紙に1×1の正方形を描いてみよう。隣にもう1つ描く。これらに隣り合うように2×2の正方形を描き、次に3×3の正方形を描く。螺旋状に巻きながら、次々と正方形を描くことができる。それらの辺の長さは、フィボナッチ数列から得られる。

いったん描くのを終え、正方形の接する点と点を結ぶ弧を描くと**フィボナッチの螺旋**が得られる。これは**対数螺旋**を非常によく近似している。☞Fig

970 フィボナッチ数の比 RATIOS OF FIBONACCI NUMBERS

連続するフィボナッチ数の比をとることで、新しい数列が得られる。

$$\frac{1}{1}, \frac{2}{1}, \frac{3}{2}, \frac{5}{3}, \frac{8}{5}, \frac{13}{8}, \cdots$$

興味深いことに、この数列はある一定値に収束する。フィボナッチ数列が無限に大きくなる一方で、この比の数列はある一定数にどんどん近づいていくのだ。

aとbが（数列のどこか先のほうにある）連続するフィボナッチ数ならば、$\frac{a}{b}$と$\frac{a+b}{a}$は非常に近い数になるはずだ。これは、**黄金分割**φの定義を連想させる（黄金分割は、線分を$\frac{a}{b}=\frac{a+b}{a}=\varphi$を満たすような長さ$a$, bの部分にわける）。この予想の通り、比の数列はφに収束し、2つのテーマを密接に結びつけている。

971 ビネの公式 BINET'S FORMULA

フィボナッチ数列の100項目は何だろうか？ 99の項を順にたどることなくそれを知る方法はあるだろうか？

フィボナッチ数列を定義する式は、$F_{n+2} = F_n + F_{n+1}$ だ。このような**漸化式**を解く標準的な方法がある。**境界条件** $a_1 = a_2 = 1$ のもとでは、**ビネの公式**として知られている解法が得られる。

$$F_n = \frac{1}{\sqrt{5}}(\varphi^n - (1-\varphi)^n)$$

ここで $\varphi = \frac{1+\sqrt{5}}{2}$ は黄金分割だ。だから100番目のフィボナッチ数は、354224848179261915075 となる。

972 リンデンマイヤー・システム LINDENMAYER SYSTEMS

フィボナッチのウサギの思考実験では、さまざまな仮定を立てていた。1カ月の妊娠期間はおおむね正しいが、ウサギは1度に12羽まで子供を産むことができる。また、ウサギが死なないという仮定1は明らかに間違っているし、メスのウサギは少なくとも生まれてから4カ月経つまでは子供を産めないので仮定5も事実に反している。

それでもやはり、フィボナッチ数列が自然界に現れるのは間違いない。どちらかというと、ウサギよりもミツバチの家系図のモデルとして適している。個々のミツバチに父母、祖父母、曽祖父母が何匹いるのかと問うと、その答にフィボナッチ数が現れるのである（人間ならば答は2のべき乗だが、ミツバチの場合、女王バチは単独なので、状況が変わる）。

驚くべきことに、花びらの数がフィボナッチ数である場合がしばしばあり、また、松ぼっくりやパイナップルの実に見られる螺旋の数もフィボナッチ数列になっている。

数列の単純な繰り返しのなかに、自然の成長を映しだす何かが間違いなくある。それこそ、生物数学者が**リンデンマイヤー・システム**と呼ぶものだ。これは、初めてフィボナッチ数を用いて植物の成長をモデル化した植物学者、アリステッド・リンデンマイヤーにちなんでつけられたものだ。

これは、論理的に必要最低限のものだけを備えた**力学系**であり、植物の成長のモデルを見事に作りだすのと同時に、**コッホ曲線**や**カントールの塵**などのなじみのある多くのフラクタルを生みだす。

The Golden Section

黄金分割

973 黄金分割 THE GOLDEN SECTION

ユークリッドは『原論』の命題6.30で、与えられた線分を2つの部分に分割する方法として、線分全体と分割後の長いほうの線分の比と、長いほうの線分と短いほうの線分の比を等しくするやり方を示した。この特別な比を**黄金分割**、または**黄金比**という。紀元前450年ごろに黄金分割の審美的性質を利用した彫刻家ペイディアスにちなんで、これをギリシャ文字ファイ(φ)で表す。

φは、**フィボナッチ数列**と密接に関係するものだ。ロバート・シムソンが1753年に証明した通り、フィボナッチ数を1つ選び、その直前のフィボナッチ数で割ると、その結果はφに近づく。

黄金分割は数学のなかで思いがけず現れることがある。たとえば、ペンローズのタイルの理論では、ペンローズの菱形の面積比がφで与えられる。ペンタグラムでは、主な線分と線分の比が黄金比になっている。

974 黄金分割 φ の値

THE VALUE OF THE GOLDEN SECTION φ

長さ1の線分を考えよう。これをユークリッドによる黄金分割のやり方にもとづいて2つの部分にわけ、長いほうの長さをa、短いほうの長さをbとする。すると、aとbはφを使って表せる。1のaに対する比がφなので、$\frac{1}{a} = \varphi$である。だから$a = \frac{1}{\varphi}$だ。同様に、aのbに対する比は$\frac{a}{b} = \varphi$であり、$b = \frac{a}{\varphi}$だ。つまり$b = \frac{1}{\varphi^2}$となる。☞Fig

$a+b = 1$なので、$\frac{1}{\varphi} + \frac{1}{\varphi^2} = 1$ということだ。両辺に$\varphi^2$を掛けて変形すると、$\varphi^2 - \varphi - 1 = 0$。ここで**二次方程式の解の公式**を用いてこれを解くことができる。2つの数が得られるが、φは正でなくてはならないので、答は$\varphi = \frac{1+\sqrt{5}}{2}$となる。$\varphi$は無理数であり、代数的数でもあり、おおよそ1.61803だ。

$\frac{a+b}{a}$は$\frac{a}{b}$に等しい

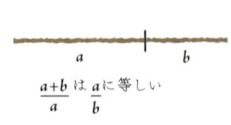

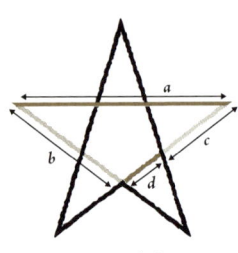

a/b、b/c、c/dは黄金比

975 芸術における黄金分割
THE GOLDEN SECTION IN THE ARTS

アテネのパルテノン神殿の彫刻など、紀元前450年ごろのペイディアスの作品は、(確実とまではいえないものの)**黄金分割**φと芸術の関係性の先駆けになったといえる。

1509年に、数学者のルカ・パチョーリはφについて論じた3巻からなる書籍『神聖比例論』を出版した。これにはパチョーリの友人であり、ともにφを好んだレオナルド・ダ・ヴィンチによる挿絵が含まれていた。

黄金長方形は、審美的に魅力のある図形の1つだといわれることがよくある。この主張に対して心理学者たちは調査を行い、相反する結果を得てきた。

この図形は、(意図的にデザインしたものであってもそうでなくても)装飾芸術のなかによく現れる。最も顕著なものが、20世紀の画家サルバドール・ダリ、そして建築家ル・コルビュジエの作品だ。ル・コルビュジエはφをもとにして、「モデュロール」と呼ばれる尺度体系を開発した。

芸術や建築における黄金分割の地位は確立しているものの、個々の例として議論を呼んでいるものも多い。

エジプトにあるギザの大ピラミッド、パリのノートルダム寺院、イタリアルネッサンス時代の建築家であるアンドレーア・パッラーディオの作品はどれも黄金分割とのかかわりが議論されている。

976 黄金長方形 GOLDEN RECTANGLE

黄金長方形は、辺の比が**黄金分割**で与えられる長方形だ。これには、次に述べるようなエレガントで決定的な性質がある。

黄金長方形の短いほうの辺を一辺とする正方形を作り、取り除く。するとそこには、小さな黄金長方形が残される。黄金長方形は最も審美的な図形であるといわれることがたびたびあり、多くの芸術や建築の基礎となっている。☞*Fig*

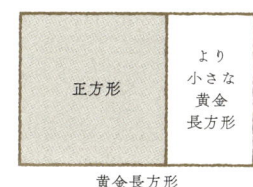

黄金長方形

977 ケプラーの三角形 KEPLER TRIANGLE

ヨハネス・ケプラーは次のように書き記した。
「幾何学には2つの宝物がある。1つはピタゴラスの定理、もう1つは**外中比**での直線の分割だ。1つ目は金塊に喩えられ、2つ目はかけがえのない宝石と呼べる」
「外中比」というのは、黄金分割を表すユークリッドの言葉であり、ケプラーはその言葉をそのまま使った。ケプラーは、辺の長さが1、$\sqrt{\varphi}$、φ の直角三角形を作り、数学的芸術作品のなかに2つの宝物をまとめあげたのである。

978 紙の大きさ PAPER SIZE

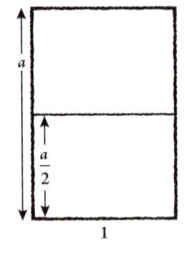

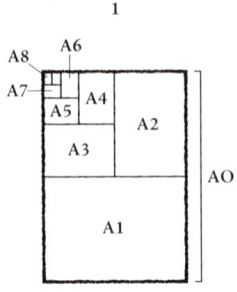

18世紀以来、筆記用紙製造業者は、拡張可能性(スケーラビリティ)の利点を存分に享受している。これは、コンピューターや家庭での印刷が行われるようになって以来、よりいっそう重要性を増した。書類を印刷したい場合に、まずは下書きを半分の大きさに印刷しようと思うかもしれない。これは、下書き印刷用の小さな紙が、もとの紙と縦横の比が同じ、すなわち**相似**でなくてはできないことだ。また、小さな紙がもとの紙のちょうど半分の大きさであれば、小さくした2ページが大きな紙1枚に印刷できるので、なおさら便利だ。

ところが、これはほとんどの図形であてはまらない。たとえば、正方形を半分に切ると2つの長方形になり、2つの正方形にはならない。ほしいのは、半分に切ると相似な長方形ができるような特別な長方形だ(これを黄金長方形の決定的な性質と比べてみると興味深い)。短いほうの辺の長さを1、長いほうをaとする。必要なのはaの1に対する比が、1の$\frac{a}{2}$に対する比と同じであることだ。つまり、aは$\frac{a}{1} = \frac{1}{(\frac{a}{2})}$を満たす。これを変形すると、$a^2 = 2$より、$a = \sqrt{2}$となる。☞Fig

だから、紙の辺の比は $1:\sqrt{2}$ であるべきだ。A判の紙の場合、A0

は辺の比が$1:\sqrt{2}$で、面積が1平方メートルの長方形と定められている。A1はそれを半分に切って得られる。A2はそれをさらに半分に切って得られる。以下、同様だ。

Puzzles and Perplexities

979 魔方陣 MAGIC SQUARES

紀元前2250年ごろ、中国の皇帝、禹は黄河で亀に出くわした。その甲羅には何とも不思議な文様があった。よく見てみると、それは3×3の格子で、マス目には1から9までの数が書かれていた。☞Fig

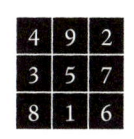

4	9	2
3	5	7
8	1	6

洛書として知られる最初の**魔方陣**については、少なくともそのように言い伝えられている。「魔」と呼ばれるのは、各行、各列内の数を加えると必ず同じ数、15になるからだ。2本の対角線についてもそれぞれそうなる。

回転や鏡映を除けば、洛書は唯一の3×3の魔方陣だ。一方、4×4の魔方陣はデューラーの魔方陣を始めとして、880もの異なる種類が存在する。1693年にベルナール・フレニクル・ド・ベッシーがそれを列挙している。1973年には、リチャード・シュレーペルが5×5の魔方陣には275,305,224もの異なる種類があることを算出した。

n×nの魔方陣の正確な数をどのようにしたら算出できるのかは知られていないが、1998年、ピンとヴィエチェコフスキは統計的方法を用いて、6×6の魔方陣の数をおおよそ1.77×10^{19}と見積もった。

980 デューラーの魔方陣 DÜRER'S MAGIC SQUARE

アルブレヒト・デューラーは、銅版画『メレンコリアⅠ』のなかで、自身の愛する数学に敬意を表した。その銅版画には、不思議な多面体(憂鬱な八面体として知られている)とともに、ヨーロッパで最初の魔方陣が登場していた。

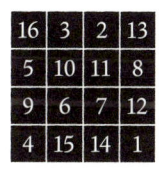

16	3	2	13
5	10	11	8
9	6	7	12
4	15	14	1

デューラーの魔方陣はじつに深い理解にもとづいて作られたものだ。各行、各列、各対角線上の数を加えるとそれぞれ34になるのに加え、4個の象限や中央の4数、4隅の数、そのほか意味のある何カ所か

のまとまりでも和が34になるようにできていた。さらに、1番下の行の真ん中の数1514は版画の製作年であり、その両側の数4と1はデューラーのイニシャルの文字DとAにあたる数字だ。☞Fig

981 一般化された魔方陣 GENERALIZED MAGIC SQUARES

18	1	12
4	6	9
3	36	2

魔方陣はレクリエーションの数学のどれよりも歴史がある。だから、着眼点に応じた多くの変化形が存在しているのは驚くようなことではない。そのような変化形の1つが**掛け算魔方陣**だ。この場合、書き込まれている数が連続である必要はないが、すべて異なっていなくてはならない。

1955年、ウォルター・ホーナーは、8×8の正方形で通常の魔方陣でもあり、掛け算魔方陣でもあるものを見つけた。それとは別の8×8の足し算・掛け算魔方陣、さらには9×9の足し算・掛け算魔方陣が2005年にクリスティアン・ボワイエによって発見された。もっと小さな例があるかどうかは知られていない。

982 立体魔方陣 MAGIC CUBES

1640年、ピエール・フェルマーは、マジックの原理をさらに高次元に引きあげた。**立体魔方陣**とは、各行、列、柱、4本の体対角線上の数の和がすべて同じである立方体だ。各層の対角線上の数を加えた和も同じ数になっていれば、つまり、各立方体が魔方陣からできていれば、この立方体は**完璧**である。

最小の完璧な立体魔方陣が何であるかは何年も未解決の問題だったが、2003年にクリスティアン・ボワイエとヴァルター・トルンプがそれを見出した。5×5×5の立方体で、1から125までの数が振られているものだ。

もちろん、数学者は3次元でおしまいにはしなかった。1990年代に、ジョン・ヘンドリックスは、4次元と5次元の完璧な**魔方超立方体**を作りあげ、さらに高次元の魔方超立方体についても研究している。

983 ボワイエの平方数魔方陣
BOYER'S SQUARE OF SQUARES

1770年、レオンハルト・オイラーは、ジョゼフ＝ルイ・ラグランジュ

に手紙を書き、自分の見つけた4×4の**平方数魔方陣**を送った。平方数魔方陣とは、マス目に入るのが連続した数ではなく、すべて平方数であるものだ。さらに最近、クリスティアン・ボワイエは5×5、6×6、7×7の平方数魔方陣を見出した。7×7の平方数魔方陣はじつに

25^2	45^2	15^2	14^2	44^2	5^2	20^2
16^2	10^2	22^2	6^2	46^2	26^2	42^2
48^2	9^2	18^2	41^2	27^2	13^2	12^2
34^2	37^2	31^2	33^2	0^2	29^2	4^2
19^2	7^2	35^2	30^2	1^2	35^2	40^2
21^2	32^2	2^2	39^2	23^2	43^2	8^2
17^2	28^2	47^2	3^2	11^2	24^2	38^2

見事なもので、0から48までの連続する整数の平方数からできている。3×3の平方数魔方陣が存在し得るのかどうかはまだ知られていない。☞Fig

2003年、ボワイエは巨大な**4重立体魔方陣**という8192×8192×8192の立体魔方陣を見つけだした。驚くべきことに、これは各成分を平方、3乗、さらに4乗した場合に至るまで、完璧な立体魔方陣の条件を満たしている。

984 ナイト・ツアー KNIGHT'S TOURS

チェスでは、多くの駒が水平方向か、垂直方向か、対角線方向に動く。ナイトの動きは、これらの動きでは実行しきれないものとしては、最も単純なものだ。ナイトは、前あるいは後ろに2マス分動いてから右か左に1マス分動くか、左あるいは右に2マス分動いてから前か後ろに1マス分動くという、8通りの動きが可能なのだ。☞Fig

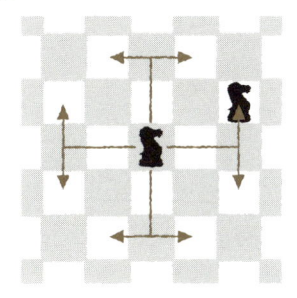

ナイト・ツアーとは、ナイトがすべてのマス目を1回だけ通ってチェス盤上を巡る経路のことだ。また、出発点に戻ってくるものを特に、閉じたツアーと呼ぶ。ナイト・ツアーが可能な最も小さな盤は、6×6である。このとき、9862通りの閉じたツアーが考えられる。特に興味深いのは、ある程度の対称性を持つツアーだ。6×6のチェス盤上では、次数4の回転対称性を持つ閉じたツアーが5通りある。これは、

1882年にパウル・ド・イッホが見出したものである。

985 マジックナイト・ツアー MAGIC KNIGHT'S TOURS

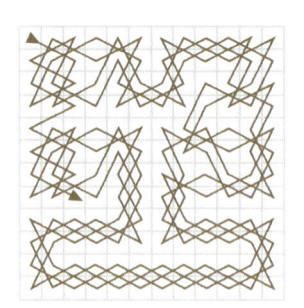

ナイト・ツアーで、ナイトが出発するマス目を1、次のマス目を2、……のように番号づけすると、ナイトがすべてのマス目を1回だけ通るのみならず、付与した数が魔方陣を作ることがあるかもしれない。

最初の**マジックナイト・ツアー**は1848年、ウィリアム・ベヴァリーが8×8の標準的なチェス盤上で見出した。2003年になると、シュテルテンブリンク、メイリニャック、マッカイが、コンピュータを使って、そのようなツアーがちょうど140種類あることを示した。しかし、そのうちのどれも、正しい魔方陣ではなかった。というのも、対角線上の数を加えても行や列上の数の和とは一致しなかったからだ。標準的なチェス盤での正しいマジックナイト・ツアーは存在しない。

だが、12×12の盤上であれば、正しいマジックナイト・ツアーが存在する。例にあげたのもその1つで、これはアワニ・クマールが発見したものだ。近年、クマールは問題をより高次元に拡張し、立方体マジックナイト・ツアーを見つけ、さらに、5次元までの超立方体マジックナイト・ツアーも見出している。☞Fig

986 ラテン方格 LATIN SQUARES

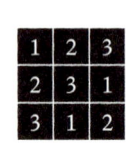

ラテン方格は、ラテンという名前がついているが、中世イスラム世界で誕生した。当時こうしたものは神秘的なものだと考えられ、魔除けに彫り込まれていた。魅力はその単純さと対称性にある。

ラテン方格を作るために、3×3の正方形を、各行や各列に数1、2、3がそれぞれ1度だけ登場するように埋めてみよう。この問題は、4×4、5×5、さらに任意のn×nの場合に拡張できる。☞Fig

レオンハルト・オイラーはラテン方格を「新しいタイプの魔方陣」だと考えて取りあげた。実際、これらには数学的に重要な意味がある。たとえば、有限群の**ケイリー表**は、ラテン方格になっている（逆は必

ずしもいえない）。

　ラテン方格の第1行と第1列の両方に自然数が順で並んでいるとき、それを**標準形**という。すべてのラテン方格は行や列を交換することで標準形にできる。2×2の標準形ラテン方格は1つだけ存在する。同様に3×3の標準形ラテン方格もただ1つだ。4×4の場合には標準形ラテン方格が4種類ある。レオンハルト・オイラーが示したように、5×5の場合には56種類の例がある。1900年にはガストン・タリーが、6×6の場合には、9408の例があることを示した。タリーはそれをもとに、36人の士官の問題を解いている。

　ラテン方格も着眼点に応じた変化形がいくつもある。最もよく知られているのが**数独**とオイラーの**グレコラテン方格**だ。

987 数独 SUDOKU

　数独は、1979年に、ニューヨークのハワード・ガーンズが初めて考えだし、「ナンバー・プレイス」という名でデル社の雑誌『Pencil Puzzles and Word Games』（ペンシルパズルとワードゲーム）で発表した。その後、日本のニコリ社のパズル誌で紹介されて大流行となった。その雑誌のなかで、「数字は独身に限る」を縮めた現在の呼び名がついた。それ以来、数独は世界的に人気を博している。

　パズルの基盤となるのは9×9のラテン方格で、そのなかに1から9までの数を、それぞれが各行各列にちょうど1回出てくるように書き込まなくてはならない。さらにしたがうべき規準がある。数独には9つの3×3のブロックがあり、これらの各ブロックについても1から9の数を1つずつ含むようにしなくてはならないのだ。

　数独は、すでにいくつかの数が書き込んである状態から始める。それが問題を解く**鍵**であり、チャレンジすべき問題は格子をすべて埋めることだ。ここでは、唯一の解を持つように作られていることが重要である。ほとんどは消去法という手続きで一歩一歩進めていくことで完成に至る。難しい問題の場合は、先に進むための選択肢が提示されることになり、どちらかを選んでしばらく進んでみてから、その選択肢でよかったのかがわかる。

988 数独の鍵 SUDOKU CLUES

　数独の問題を考案する人は、そのパズルには確実に答がただ1

つだけ存在するようにしなくてはならない。これは、昔からある**存在と一意性**の問題だ。

存在について考えよう。何も書かれていない格子（鍵が0個）には、無数の答がある。すべて埋めてあるパズル（鍵が81個）にも答はある。パズルに必ず答が存在するようにするにしたければ、両立できない配置を回避するだけでいい。

一方、一意性の保証は難しい問題である。基本的な問いは、いくつの鍵が必要か（つまり初めにいくつの数が示されていればいいのか）、ということだ。驚くべきことに、その答は知られていない。現在のところ数独の答が一意に決まるような最も少ない鍵の個数として知られているのは17で、これが考え得る最も小さな数ではないかと推測されている。

989 36人の士官の問題 THE 36 OFFICERS PROBLEM

1782年、レオンハルト・オイラーは、異なる6個の連隊に所属し、異なる6種類の階級を持つ36人の士官を想定した。ここでオイラーが掲げた問題は、「6×6の格子の各行各列に、同じ連隊の人、同じ階級の人が重複して入らないように士官たちを配置することはできるか？」というものだ。

つまるところこれは、6×6の**グレコラテン方格**を見つけるということだ。オイラーは、「この問題を解こうとしてさんざん苦労したが、このような配置は絶対に不可能であることを理解しなくてはならない。だが厳密な証明は与えられない」と書いている。1901年、ガストン・タリーは6×6のラテン方格として考えられる9408通りを書きだし、そのうちのどの2つを組み合わせてもいくつかのペアが繰り返し出てくることを示し、オイラーの予想を証明した。

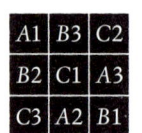

990 グレコラテン方格 GRAECO-LATIN SQUARES

A1	B3	C2
B2	C1	A3
C3	A2	B1

レオンハルト・オイラーは、ラテン方格をまとめる方法に関心を持っていた。たとえば、記号1、2、3からなる3×3のラテン方格と、別の記号A、B、Cからなるラテン方格を作り、それらを合わせて同じペアを含むマス目がないようにラテン方格を作れるのか、という問題だ。もしもそれができれば、その結果が**グレコラテン方格**だ。

3×3の場合の答はイエスだ。だが、同じことを2×2の正方形でやろうとしてもうまくいかない。オイラーは、辺の長さが2、6、10、14、18、……の正方形ではグレコラテン方格は作れないと予想した。

☞Fig

2と6に関して、オイラーは正しかった。タリーが36人の士官の問題に対して示した答が6の場合の証明となる。しかし、1959年にパーカー、ボーズ、シュリクハンド(「オイラーの邪魔者」として知られている)は辺の長さが10であるグレコラテン方格を作り、また、辺の長さが14、18、……の正方形であるグレコラテン方格を構築する方法を示して、オイラーの予想の誤りを明らかにした。

この方格の名前は、オイラーが2つの方格を識別するのにラテン語とギリシャ語のアルファベットを使ったという事実からきている。グレコラテン方格は、さまざまな対象の集合間の最適な組み合わせを作るために幅広く応用できる。たとえば、スポーツの試合や実験計画などだ。

99 スポーツの試合と実験計画
SPORTS CONTESTS AND EXPERIMENT DESIGN

5人のテニスプレイヤーの属する2つのチームが試合を行うとしよう。試合では、各プレイヤーが相手チームのすべてのプレイヤーと対戦する。

1番目のチームのプレイヤーをA、B、C、D、Eとし、2番目のチームのプレイヤーをα、β、γ、δ、εとすると、組み合わせの最適な計画は、5×5の**グレコラテン方格**によって示せる。

	月曜日	火曜日	水曜日	木曜日	金曜日
コート1	$Av.\alpha$	$Bv.\delta$	$Cv.\beta$	$Dv.\varepsilon$	$Ev.\gamma$
コート2	$Bv.\beta$	$Cv.\varepsilon$	$Dv.\gamma$	$Ev.\alpha$	$Av.\delta$
コート3	$Cv.\gamma$	$Dv.\alpha$	$Ev.\delta$	$Av.\beta$	$Bv.\varepsilon$
コート4	$Dv.\delta$	$Ev.\beta$	$Av.\varepsilon$	$Bv.\gamma$	$Cv.\alpha$
コート5	$Ev.\varepsilon$	$Av.\gamma$	$Bv.\alpha$	$Cv.\delta$	$Dv.\beta$

この原理は、科学実験を考案して誤差の本質的な原因を最小化する際にも重要だ。もしも7台の異なる機械の効果を調べたいときに7人の異なる人間のオペレーターがいるのであれば、最善の解はやはりグレコラテン方格を使うことだろう(6台の機械と6人のオペレーターの

ときは、36人の士官の問題に直面することになるだろう）。

992 ガードナーの論理学者 GARDNER'S LOGICIAN

　2010年に他界したマーティン・ガードナーは、レクリエーション数学の分野の世界的第一人者だった。65冊を上回る書籍を執筆し、『サイエンティフィック・アメリカン』誌に25年にわたりコラムを書き続け、そうするなかで、頭を悩ませるパズル、魅力的でもの珍しいこと、さらには、**ペンローズのタイル**や**フラクタル**や**公開鍵暗号**などの奥深い数学を人々の眼前に繰り広げた。『サイエンティフィック・アメリカン』誌に寄せた初期のコラムには、不朽の功績をあげた架空の論理学者が登場する。

　その論理学者は、2つの部族が暮らす島を探検している。片方の部族はいつも嘘をつき、もう片方は常に本当のことを言う。論理学者が歩いてある村に向かっているとき、わかれ道に出くわした。どちらの道へ進むべきかがわからず、近くの木の下で休んでいた地元の男に尋ねる。残念ながら、その男が嘘つきの部族なのか正直者の部族なのか、論理学者にはわからない。にもかかわらず、論理学者はたった1つの質問をすれば、どちらの道を行くべきなのかがわかる。論理学者は何と質問すればいいのだろうか？

993 予期できない絞首刑 THE UNEXPECTED HANGING

　ある論理学者が絞首刑の判決を受けた。判事はその論理学者に、刑は翌週の月曜日から金曜日のいずれかの日の正午に行われる予定だと告げた。しかし、それはあらかじめ予期できないことになっていた。つまり、どの日に刑が執行されるのか、実際に行われるまではわからないのだ。論理学者は房のなかで自分の悲運に思いを巡らせながら、次のように推論した。

　「金曜日は絞首刑が行われ得る最後の日だ。木曜日の午後に私がまだ生きていれば、金曜日が執行日に違いないと確信できる。執行は予期できないというのだから、それはあり得ない。だから金曜日は外せる」

　「そうすると、木曜日が刑の執行され得る最後の日だ。水曜日の午後にまだ生きていれば、木曜日に死ぬつもりにならなくてはいけない。これもまた執行が予期できないことに反する。だからあり得ない。木曜

日は外せる」

　論理学者は同じ論法を繰り返し、水曜日、火曜日、そして月曜日を外し、安堵して眠りについた。火曜日の朝、絞首刑執行人が房にやってきた。まったく予期しないことだった。論理学者は絞首台に立ったとき、恐ろしい絞首刑執行がまさしく判事の約束通りに行われようとしているのだとつくづく考えた。

994 論理と現実 LOGIC AND REALITY

　予期できない絞首刑は、すべての論理的パラドクスのなかで最もやっかいなものの1つだ。このパラドクスは、純粋な演繹法と現実の生活がいかに乖離しているかを見せつけるものであり、私たちはそこに戸惑いを感じる。

　出所は定かではないが、クルト・ゲーデルやウィラード・クワインなど、論理学者や哲学者も熟慮してきたものだ。また、マーティン・ガードナーが1969年に出版した書籍『数学ゲーム1―楽しい数学へのアプローチ』、『数学ゲーム2―楽しい数学的思考のすすめ』で取りあげられ、多くの人々がそれについて考えるようになった。

995 執行できない刑 THE IMPOSSIBLE SENTENCE

　予期できない絞首刑のパラドクスの核心部分を分析するために、判事の判決を短縮してみよう。刑の執行までを最大で1日にしたらどうだろうか？　この場合、判決はつまるところ「月曜日に刑が執行されるだろう。でもあなたはそれを知らない」となる。これにはすでに問題がある。論理学者が自分は月曜日に絞首刑になると確信できるなら、それを知っているということから判事の述べた内容は嘘になる。ところが、判事の述べた内容が嘘ならば、論理学者が自分は月曜日に絞首刑になると信じる根拠がまったくなくなる。

　嘘つきのパラドクスと同じように、論理学者は判事の判決を額面通りに受け取ることができない。というのも、何が本当なのか、そして、自分は**何については正しいと知り得るのか**に関して、相容れない制約が課されているからだ。ただし、嘘つきのパラドクスが恒久的な不合理である一方、悲運な論理学者をめぐる状況は時間の経過とともに変わり、やがて、判事は初めからずっと真実にもとづいて話していたことが明らかになる。

996 禿げ頭のパラドクス THE BALD MAN PARADOX

これはきちんとした数学の帰結ではないが、数学と日常の言語が同じようには使えないことを警告している。このパラドクスは、**数学的帰納法**を用いて誰もが禿げているということを「証明」するものだ。

まず、頭に0本の髪の毛が生えている人を考える。それは、まぎれもなく禿げ頭だ。次に、帰納的手順として、頭にn本の髪の毛が生えている人は禿げ頭であるとする。このとき、次の人は頭に$n+1$本の髪の毛が生えていて、禿げ頭であるか、そうではないかということになるが、1本の髪の毛が禿げている状態と髪が豊かな状態の差にはなり得ない。だから、$n+1$本の髪の毛が生えている人はやはり禿げ頭である。よって、帰納法により、頭に何本の毛が生えていても禿げ頭となる。

パラドクスを解明するポイントは、「禿げ頭」が厳密に定義されていない言葉だというところにある。禿げ頭といっても程度に幅があり、禿げているのか、禿げていないのかが厳密に決まるわけではない。髪の毛のない人は明らかに禿げているが、髪の毛が徐々に増えていけば、だんだん禿げ頭ではなくなり得る。100000本になるころにはもはや禿げ頭とはまったくいえないだろう。

997 1089の謎 THE 1089 PUZZLE

任意の3桁の数を書いてみよう。ただし、前から読んでも後ろから読んでも同じにはならないようにする（たとえば474 はだめだ）。ここで、621を書いたとしよう。まず、桁を逆順にして、126とする。次に、これら2数の大きいほうから小さいほうを引く（621-126 = 495）。ここで、新しい数の桁を逆順にして594を得る。そして、新しく得た2数を足し合わせる（495+594 = 1089）。

どの数から始めても、最終的な答は必ず1089になる。うまくやって見せれば、これを利用して超自然的な力のように錯覚させることもできる（注意しなくてはならない部分はただ1つ。常に3桁の数として扱うことだ。第2段階の結果が099になったなら、逆順にしたとき990とする必要がある）。

998 1089定理 THE 1089 THEOREM

1089問題は、10進記数法ならではの特徴に頼っている。どのよ

うにその特徴が効いているのだろうか？ 数 abc を考えるならば、この数は実際には $100a+10b+c$ という意味である。ここで cba（実際には $100c+10b+a$ という意味）との差をとると、$99a$-$99c$ となる。この数は99の倍数である。99の倍数は、$d9e$（$d+e=9$）という形になる。

ここで、$d9e+e9d$ という足し算を行うと、1の位は9になる（$d+e=9$ だから）。次に、10の位には9が2つあるので1を繰り上げ、10の位には8が残る。そして100の位は $d+e+1=10$ となる。

999 ヘイルストーン数 HAILSTONE NUMBERS

任意の整数を1つ考え、次の規則をあてはめよう。その数が偶数であれば2で割る。奇数であれば3倍して1を加える。

3から始めたとすると、まずは10になる。規則をふたたびあてはめると5となり、その次は16となる。それから8、4、2、1となる。いったん1になればそこで終わりだ。このとき、3は**ヘイルストーン数**である。そのように呼ばれるのは、ヘイルストーン（雹）は最後には地面に落ちる（1で終わる）からだ。

数によっては、もっと複雑な数列になる。7から始めると、7、22、11、34、17、52、26、13、40、20、10、5、16、8、4、2、1だ。だから7もヘイルストーン数だ。ローター・コラッツが1937年に次のような問題を掲げた。すべての数はヘイルストーン数だろうか？

1000 コラッツ予想 THE COLLATZ CONJECTURE

コラッツが**ヘイルストーン数**を考えた当初、じつのところすべての数はヘイルストーン数であると予想していた。そういうのは簡単だが、これは実際、非常にややこしい難問だ。ポール・エルデシュは「数学はそのような問題に備えてはいない」と論評した。

数列のなかに1で終わらずに無限に繰り返し循環するものがある、もしくは、単に大きくなり続けるだけのものがある場合、予想は間違いである。

1985年にジェフリー・ラガリアスは、循環するのであれば、周期の長さは少なくとも275,000でなくてはならないことを証明した。全体として問題は予測がつかないままだが、2009年にトマス・オリヴェイラ・イ・シルヴァはコンピュータを使い、5.76×10^{18} までのすべての数については正しいことを検証した。

記号			
『数学原理』	376	5次方程式	233
∀と∃	361	6指数定理	60
√2が無理数であること	35	6で割り切れるかどうか	19
$0.\dot{9}=1$	35	7で割り切れるかどうか	20
0での割り算	38	8で割り切れるかどうか	20
1=2の証明	38	abc予想	85
1089定理	574	AKS素数判定法	402
1089の謎	574	AMとFM	497
11で割り切れるかどうか	21	BIDMAS	225
16進法	48	e	330
1729は興味深い	44	$E=mc^2$	517
1から100まで加える	45	E_8	258
1からnまで加える: 帰納法による証明	45	EPRパラドクス	537
1対1対応	380	ETAOIN SHRDLU	482
2個のものはいつ同じといえるのか?	266	L関数	105
2次曲線	162	NP完全性	404
2次曲面	166	P=NP問題	404
2次導関数	310	Polymathプロジェクト	436
2次導関数を調べる	310	RSA因数分解問題	403
2次偏導関数	313	π	129
2次方程式	230	πとeの超越性	58
2次方程式の解の公式	230	πの単純連分数	56
2進法	47		
2体問題	520	**あ**	
2つの平方数の差	22	アインシュタインの座標系	522
2つのベクトルのなす角度	239	アインシュタインの時空	524
2平方定理	79	アインシュタインの場の方程式	524
2や4で割り切れるかどうか	19	青い目の自殺	550
36人の士官の問題	570	青い目の定理	550
3次元多様体に対する幾何化定理	193	アキレスと亀	297
3次方程式	231	アトラクターの周期	344
3次方程式の解の公式	232	誤り訂正符号	487
3周期定理	346	アリコット数列	42
3体問題	521	アリストテレスの思考三原則	417
3つの公益事業問題	279	アルキメデスの牛	76
3平方定理	80	アルキメデスの砂粒を算えるもの	51
3や9で割り切れるかどうか	18	アルキメデスの螺旋	171
4次元からやってきた宇宙人	196	アルキメデスの螺旋を使って角を3等分する	65
4次元におけるなめらかなポアンカレ予想	197	アルキメデス立体	138
4次方程式	232	アルゴリズム	393
4次方程式の解の公式	232	アレクサンダーの角付き球面	192
4色問題	182	暗号解読	481
4匹のネズミの問題	172	**暗号学**	480
4平方定理	80	アンドリカ予想	91
		イオの食	511
		移行原理	415

位相幾何学	188
位相幾何学	188
位相幾何学的グラフ理論	280
一意性	427
位置エネルギー	496
一元「体」	262
位置の変化の割合	311
一様多胞体	146
一様多面体	142
一様分布	474
一般化	429
一般化された二項係数	296
一般化された二項定理	297
一般化されたポアンカレ予想	195
一般化された魔法陣	566
一般化されたリーマン予想	105
一般相対性	523
イプシロンとデルタ	301
陰関数の微分	309
因数定理	230
ウェア-フェラン泡	181
ウェアリングの問題	84
ヴェイユのゼータ関数	213
ヴェイユ予想（ドリーニュの定理）	214
嘘つきのパラドクス	418
運動エネルギー	495
運動エネルギーの保存	495
運動量	492
運動量保存	492
エキゾチックな球面	197
エジプト分数	74
エネルギーの相対性	516
エラトステネスの篩	87
エルデシュ-シュトラウス予想	75
エルデシュ数	281
円	128
円	128
演繹法	362
円周角の定理	131
円錐曲線	161
円積問題の近似的解法	69
円の公式	129
円を正方形にする	68
オイラー線	128
オイラーの公式	332
オイラーの積	102

オイラーの多面体公式 191	確率変数………… 469	帰納法による証明 …… 43
オイラーの定理 …… 328	確率論…………… 456	基本………………… 8
オイラーの等式 …… 333	確率を掛け合わせる 458	基本論理………… 360
オイラーの分割関数 275	確率を足し合わせる… 457	逆…………………… 360
オイラーの流体の流れの式 505	角を2等分する …… 64	逆行列…………… 243
	角を3等分する …… 64	逆数………………… 32
オイラーのレンガ … 78	掛谷の針………… 341	逆数学…………… 397
オイラー標数 …… 192	掛谷予想………… 341	九去法…………… 22
黄金長方形………… 563	加算無限………… 382	級数……………… 293
黄金分割 ………… **562**	数の表現法……… 46	級数……………… 293
黄金分割………… 562	仮説H……………… 94	驚異の定理……… 184
黄金分割φの値 … 562	加速度が一定の物体 494	鏡映行列………… 246
オーマンの合意定理 465	カタストロフ理論 … 321	境界条件………… 349
同じ弓形に対する円周角 131	傾き(勾配)……… 115	偽陽性…………… 462
愚かさの試験…… 412	カタラン予想(ミハイレスクの定理)… 84	強制法…………… 390
ガードナーの論理学者 572		共通因数と括弧の展開 225
階型理論………… 376	括弧……………… 224	共通集合………… 378
海岸線問題……… 339	括弧を2乗する…… 226	共有知識………… 552
解空間…………… 348	可展面…………… 183	行列……………… 240
階乗……………… 271	可能世界………… 423	行列群…………… 248
外積……………… 240	加法(足し算)…… 8	行列式…………… 242
解析関数………… 324	紙の大きさ……… 564	行列と方程式 …… 248
解析接続の定理… 325	ガリレオの時空 … 511	行列の掛け算 …… 241
外接円を持つ四角形 132	ガリレオの相対性原理 509	**極座標** ………… **170**
階段関数………… 314	ガリレオの砲丸 … 519	極座標…………… 170
回転……………… 502	彼がそれを知っているということを彼女が知っているということを……彼は知っている 552	極座標を用いた幾何学 170
回転行列………… 245		局所的幾何学と大域的幾何学 …… 184
回転面…………… 168		
ガウス曲率……… 183	ガロアの定理 …… 264	曲線……………… 161
ガウスの十七角形 … 66	ガロア理論……… 263	**曲線と曲面** …… **161**
ガウス-ボンネの定理 184	環………………… 261	極大と極小……… 309
変えるべきか、変えないべきか? 466	眼球定理………… 133	曲面上の多面体公式 191
	関数……………… 379	虚数……………… 29
カオス…………… 345	慣性系…………… 509	巨大基数………… 391
カオス系………… 347	完全数…………… 40	巨大数…………… 50
カオス対ランダムネス 345	完全性定理と健全性定理 372	巨大な素数……… 97
可解群…………… 260	完全直方体……… 79	キラルな結び目 … 200
拡大……………… 149	観測可能な量 …… 531	均衡……………… 553
拡大行列と剪断行列 247	カントールの対角線論法 381	空間の相対性 …… 510
拡大問題………… 258	カントールの塵 … 337	空集合∅………… 387
角柱と反角柱 …… 139	カントールの定理 383	偶数の完全数 …… 40
角度……………… 112	幾何学的不動点 … 205	偶然の一致……… 468
確率……………… 456	基数………………… 47	クオーク………… 543
確率過程 ……… **477**	基数……………… 384	クオークの閉じ込め … 546
確率過程………… 477	基数三分律の原理 … 389	クヌースの矢印表記 … 52
確率反転の誤謬 … 464	奇数の完全数 …… 41	組み合わせ……… 273
確率分布 ……… **469**	期待値と分散 …… 470	**組み合わせ論** … **270**
確率分布………… 469	**帰納法**……………**43**	

位取りと10進記数法 … 46	ケプラー予想	作図可能な多角形 … 67
グラハム数 … 53	(ヘールズの定理1) … 178	三角関数の値 … 124
グラフ … 275	ケルヴィン予想 … 181	三角関数の公式 … 124
グラフ理論 … 275	弦楽器 … 498	三角数 … 81
グラフを描く … 114	検察官の誤謬 … 463	三角不等式 … 238
グリーン-タオの定理 … 96	懸垂線 … 177	三角法 … 122
クレイ数学研究所による	減法(引き算) … 8	**三角形** … 119
ミレニアム懸賞問題 … 432	圏論 … 265	三角形 … 119
グレコラテン方格 … 570	公開鍵 … 485	三角形の描き方 … 210
グレリングのパラドクス … 419	高階微分方程式 … 350	三角形の角 … 119
グローバーの電話帳	交差する弦の定理 … 133	三角形の中心 … 126
逆引きアルゴリズム … 405	光子 … 526	三角形の面積 … 122
グロタンディークの	高次元空間 … 118	三角形分割 … 207
『代数幾何原論』 … 215	高次の面 … 169	算術の基本定理 … 39
群 … 250	構成主義 … 442	算術の取るに足らない定理 438
群の公理 … 249	構成的数学 … 443	三段論法 … 362
群論 … 249	公正なサイコロ … 139	時間的、空間的、
経験主義 … 442	光線の問題 … 36	光的進路 … 516
計算 … 14	光速 … 512	時間の相対性 … 514
計算可能性 … 407	交代群 … 252	時空 … 511
計算可能性理論 … 407	肯定式 … 367	時空の対称変換群 … 518
計算可能な実数 … 408	合同算術 … 71	次元 … 338
計算化枚挙集合 … 407	勾配 … 501	自己相似 … 335
計算尺 … 13	公理的集合論 … 386	事象を分割する … 461
計算不可能な実数 … 408	コーシー・シュヴァルツの	指数関数 … 329
計算不可能な充填形 … 158	不等式 … 239	指数関数的増加 … 291
計算不可能な方程式 … 399	ゴールドバッハ予想 … 88	指数法則 … 10
形式主義 … 441	五角形のタイル張り … 153	自然界の力 … 539
形式体系 … 366	コッホの雪片 … 337	自然数 … 25
芸術における黄金分割 563	コバムのテーゼ … 401	自然対数 … 334
ケイリー表 … 253	コラッツ予想 … 575	自然対数の微積分学 334
ゲージ群 … 544	コルモゴロフ複雑性 … 486	執行できない刑 … 573
ゲーデルの	ゴロム定規 … 284	実射影平面とクラインの壺 190
第一不完全性定理 … 392	ゴロム定規の探索 … 285	実数直線 … 116
ゲーデルの	根 … 11	実数の非加算性 … 380
第二不完全性定理 … 393	コンウェイの	実数 … 29
ケーニヒスベルクの	オービフォールド … 155	実部と虚部 … 322
7つの橋 … 276	コンピューター … 433	質量とエネルギーの等価性 518
ゲームと戦略 … 550	コンピューターによる数学 434	質量の相対性 … 515
ゲーム理論 … 550	サイクロイド … 175	自動定理証明 … 438
ゲーム理論の解法 … 555	最小公倍数 … 40	四分位範囲 … 451
ゲームをするコンピューター 555	最初の桁の数 … 455	射影幾何学 … 211
結果の独立性 … 428	最速降下線問題 … 174	社交数 … 42
決定問題 … 395	最大公約数 … 39	シャヌエル予想 … 60
毛の生えたトーラスと	最短経路問題 … 277	シャノンの情報理論 … 486
クラインの壺 … 205	最短ゴロム定規 … 285	集合 … 377
毛の生えたボールの定理 204	最頻値と範囲の中央 448	集合の元 … 378
ケプラーの三角形 … 564	作図可能な数 … 70	
ケプラー・ポアンソ多面体 140		

集合の分割	273	
集合論	377	
集合論の新しいモデル	390	
集合を2進法で符号化する	408	
囚人のジレンマ	553	
収束	292	
収束する数列と発散する数列	292	
充填形	151	
充填形	151	
重力	519	
重力潮汐	523	
重力の等価性	522	
述語	373	
述語計算	372	
述語の公理化	373	
ジュリア集合	342	
シュレーディンガーの猫	536	
シュレーディンガー方程式	534	
巡回セールスマン問題	278	
巡回表記	251	
循環小数	34	
準結晶	160	
順列	272	
定規とコンパスによる作図	61	
定規とコンパスによる作図	61	
条件付き確率	460	
消失点と消失線	209	
焦点と準線	162	
商の法則	308	
乗法(掛け算)	9	
情報時代の数学	434	
証明	426	
証明チェックソフトウェア	437	
証明論	396	
ジョーンズ多項式	201	
除法(割り算)	33	
ジョンソン立体	143	
神託	409	
振動数	497	
振幅	497	
真理値表	368	
数学的結び目	198	
数学という営み	426	
数学という学問	25	
数学と技術	433	
数学における共同研究	436	

数学の言語	426	
数学の哲学	438	
数体系	24	
数体系	24	
数値解析	321	
数独	569	
数独の鍵	569	
数列	288	
数列	288	
数列の極限	291	
数列の第n項	290	
数論	70	
スカラー関数とベクトル関数	499	
スキーム	216	
スチュアートのトロイド	143	
ストレンジアトラクター	347	
スピアマンの順位相関係数	453	
スプレイグ・グランディの定理	558	
スポーツの試合と実験計画	571	
サンドマンの級数	521	
正規数	411	
正規分布	474	
正弦、余弦、正接	123	
正弦定理	125	
正弦波	352	
成功と結果	457	
正三角形の作図	65	
正充填形	152	
整数	28	
整数の因数分解問題	402	
整数の分割	274	
正方形と正五角形を作図する	66	
正ポリトープ	146	
積の法則	306	
積の法則の証明	307	
積分学	313	
積分可能性	320	
積分定数	317	
積分法	313	
接空間	312	
接弦定理	132	
セッサのチェス盤	289	
接線の傾き	302	
接線の長さに関する定理	130	
接線を割線で近似する	303	
絶対値と偏角	323	

ゼノンの二分法パラドクス	298	
ゼノンのパラドクス	298	
ゼロが誕生する前	26	
ゼロの自然さ	27	
漸近線	165	
線形ディオファントス方程式	75	
線形方程式	228	
線織面	169	
選択公理	388	
線分を2等分する	61	
線分を3等分する	63	
相関	452	
双曲幾何学	202	
双曲三角法	335	
双曲線	164	
双曲面	167	
相似性	149	
相対論的量子論	540	
測地線	185	
測定のパラドクス	535	
速度が一定の物体	493	
素数	86	
素数	86	
素数が無限に存在することの証明	86	
素数計測関数	100	
素数であることの判定法	98	
素数定理1	101	
素数定理2	101	
素数の間隔	90	
素数の分布	93	
素体	262	
素粒子物理学の標準モデル	544	
存在	426	
存在しないもの	427	
体	261	
第1原理から微分する	304	
第1のハーディ・リトルウッド予想	94	
第2のハーディ・リトルウッド予想	100	
対偶	360	
対称性	147	
対称変換群	148	
対称変換と方程式	263	
対数	12	
代数学的構造	260	

項目	頁
代数学の基本定理	234
代数幾何学	**208**
代数幾何学	208
代数多様体	208
代数的位相幾何学	**204**
代数的位相幾何学	206
代数的数論と解析的数論	71
対数の計算尺	13
対数の法則	12
大数の法則	476
対数螺旋	172
楕円	163
楕円幾何学	203
楕円曲線	218
楕円曲線の有理解	218
楕円面	166
互いに排反な事象	458
多角数	81
多角形	133
多角形と多面体	**133**
多項式	228
多項式環	236
多項式を因数分解する	229
多次元球面	118
多値論理学	421
多表式暗号化、符号、綴り誤り	483
多胞体	144
多面体	135
多面体の双対性	138
多様体	193
多様体上の有理点	217
タルスキの幾何学的決定定理	396
タレスの定理	131
単純群	255
単純リー群の分類	257
誕生日定理	460
誕生日問題	459
単表式暗号化	480
単連結性	194
チェッカーの解明	556
置換群	250
置換積分法	319
地球の等長地図	187
知識の階数	551
地図投影法	186
地図の色づけ問題	182
チャーチのテーゼ	393
チャイティンのΩ	409
中央値	448
中間値の定理	299
中国人郵便配達問題	277
中国の剰余定理	72
抽象化	429
抽象代数学	**260**
抽象代数学	260
中心極限定理	476
チューリング次数	410
チューリングマシン	394
超越数	**58**
超越数	58
超越数の不可算性	59
超越数論	59
超球面充填	179
超準解析	416
超準モデル	414
超大数の法則	468
頂点の次数	276
超有限主義	444
超立方体	145
調和級数	294
調和級数の発散	294
直線の方程式	116
直角	113
直角三角形	120
直観主義	421
陳の定理1	93
陳の定理2	93
陳の定理3	93
追加の測定を行う2重スリット実験	536
ツェルメロ=フレンケルの集合論	387
次にくるのは何か?	290
ディープ・ブルー	554
ディオファントス幾何学	**216**
ディオファントス幾何学	216
ディオファントスの『算術』	73
ディオファントス方程式	70
ディオファントス方程式	74
定義域と値域	379
定言的三段論法の分類	363
定言文	363
停止数K	409
停止問題	395
定積分	315
定積分を求める	318
ディナーパーティ問題	282
ディリクレの定理	95
デカルト幾何学	114
デカルト座標	114
デザルグの定理	210
デジタルラジオ	498
デューラーの魔法陣	565
展開図	137
電磁場	507
電弱理論	541
ド・ブロイ式	529
ド・ポリニャック予想	92
ド・モアブルの定理	333
ド・モルガンの法則	361
トゥエの円充填	178
等角多面体	143
導関数	304
導関数の歌	305
統計学	**448**
同型写像	254
統語論と意味論	414
等差数列	288
等時曲線問題	174
同次座標	211
透視図法	209
同値分数	33
等比級数	293
等比数列	289
導来圏	266
トートロジーと論理的同値	369
特殊相対性	**509**
特殊相対性	515
独立事象	459
独立同分布の確率変数	475
解けない方程式	233
床屋のパラドクス	385
ドジソンの連鎖式	364
図書館員の悪夢の定理	252
図書館員のパラドクス	385
度数分布表	449
度数分布表から平均を求める	449
凸四角形	134
凸面体	134
どの数も興味深いことの証明	44

賭博師の誤謬	477
トラハテンベルクの11の掛け算	24
トラハテンベルクの計算	23

な

内サイクロイドと外サイクロイド	175
内積	238
ナイト・ツアー	567
流れ	504
ナッシュの均衡定理	554
ナビエ-ストークスの問題	507
ナビエ-ストークス方程式	506
波の重ね合わせ	352
滑らかな関数	324
二角形	204
二項係数	273
二項試行	471
二項定理	226
二項分布	471
二次系	342
ニム	556
ニム数	557
ニュートンの3次曲線	165
ニュートンの逆二乗則	520
ニュートンの第1法則	490
ニュートンの第2法則	490
ニュートンの第3法則	491
ニュートンの法則	490
ニュートン力学	490
熱伝導方程式	504
熱伝導方程式の解	504
熱の運動論	479

は

ハーケンのアルゴリズム	201
バーチ・スウィナートン=ダイアー予想	219
倍音	499
ハイゼンベルクの不確定性関係	533
ハイゼンベルクの不確定性原理	534
排中律	418
倍率	150
背理法	427
バウアーズの演算子	52
爆発	422
禿げ頭のパラドクス	574
初めの100個の平方数を加える	45
パスカルの三角形	227
パズルと難問	565
バタフライ効果	346
蜂が知らないこと	180
八元数	31
発散	501
発想と努力	437
ハッピーエンドにちなんで	283
ハッピーエンド問題	283
波動	496
波動	496
波動関数と確率振幅	530
波動と粒子の二重性	528
場と流れ	499
鳩の巣原理	270
ハドロン	543
バナッハ-タルスキのパラドクス	388
ハニカム模様と結晶	160
場の量子論	538
場の量子論	539
ハミルトニアン	534
バラ曲線	173
反作用	491
反射光線の問題	37
半正充填形	153
反物質	540
反例	428
ヒーシュのタイル	157
ビール予想	83
ピカールの定理	326
非可換演算子	532
非加算無限	383
光の双曲幾何学	514
非決定性チューリングマシン	401
非決定性複雑性クラス	401
被告側弁護士の誤謬	463
非周期充填形	158
非正充填形	152
非正多面体	137
微積分学の基本定理	316
微積分学の基本定理の証明	316
ピタゴラス数	121
ピタゴラスの定理	120
ピタゴラスの定理の証明	121
非単純連分数	55
ヒッグス粒子	542
ピックの定理	177
筆算:掛け算	16
筆算:掛け算(表を使う方法)	16
筆算:足し算	14
筆算:引き算	15
筆算:割り算(短除法)	17
筆算:割り算(長除法)	17
必要と十分	360
否定	368
非凸四角形	135
ビネの公式	561
微分位相幾何学	196
微分学	302
微分可能性	302
微分幾何学	183
微分方程式	348
微分方程式	348
非ユークリッド幾何学	202
ビュッフォンの針	467
表現論	264
標準形	49
標準的導関数	305
標本分散	451
ヒルの定理	456
ヒルベルトの第10問題	398
ヒルベルトの問題	430
ヒルベルトプログラム	392
ヒルベルトプログラム	392
ヒンチンの定数	57
頻度主義	464
頻度分析	481
ファジー集合	420
ファジー論理	420
ファノ平面	213
フィールズ賞	432
フィボナッチ	559
フィボナッチ数の比	560
フィボナッチ数列	559
フィボナッチのウサギ	559
フィボナッチの螺旋	560
フーリエ解析	352
フーリエ級数	353
フーリエの公式	354
フーリエの定理	354
フーリエ変換	355
フェルマー素数	96

索引項目	ページ
フェルマーの2平方定理	90
フェルマーの最終定理	83
フェルマーの小定理	72
フェルマーの素数判定法	98
フェルマーの多角数定理	82
不確実性推論	419
不確実性とパラドクス	**417**
複合多面体	141
複雑性クラス	400
複雑性理論	**399**
複雑性理論	399
複素解析	**322**
複素解析	323
複素関数	324
複素数	30
複素数における累乗法	330
複素数の掛け算	322
複素数の累乗	331
複素数の割り算	323
複素フーリエ級数	355
複利	331
不尽根数	49
双子素数予想	92
不定積分	315
不定積分を求める	317
負の数	28
負の数を掛ける	37
負の累乗	11
部分集合	379
部分積分	319
ブラーマグプタのゼロ	27
ブラウワーの不動点定理	206
ブラウン運動	479
フラクタル	335
フラクタル次元	338
ブラックホール	525
プラトン哲学	440
プラトンの洞窟	439
プラトン立体	136
プランク定数	529
フリーズ群	154
フリードマンのツリー数列	54
フルヴィッツの定理	32
ブルン定数	295
フレーゲの論理主義	440
フロッギーの問題	364
分岐	345
分散コンピューティング	435
分散数学プロジェクト	435
分数の掛け算	34
分数の足し算	34
分数の累乗	12
分母の有理化	50
分類	430
分類理論	416
ペアノ算術	374
ペアノ算術の公理	374
ペアノ算術のモデル	375
ペアノの空間充填曲線	340
閉曲面の分類	190
平均	448
平行四辺形の法則	237
平行線	112
平行線公準	111
平行線公準の独立性	111
平行線を作図する	62
並進鏡映対称性	154
並進対称性	153
ベイズ主義	464
ベイズ推定	465
ベイズの定理	461
平方完成	231
平方根を作図する	67
平方剰余の相互法則	73
平方数を使った計算	22
平面的グラフ	280
平面の等長変換	147
ヘイルストーン数	575
べき級数	**326**
べき級数	327
べき級数としての関数	327
べき級数の微積分学	327
べき集合	383
ベクトル	236
ベクトル解析	500
ベクトルと行列	**236**
ベクトルに行列を掛ける	241
ベクトルの長さ	238
ベクトル場	500
ベズーの補題	75
ペルコ対	199
ベル数	274
ベルトランの公準	91
ベルヌーイ分布	470
ベル方程式	77
変位が一定の物体	493
変位と速度	311
変換	**147**
変換行列	244
変数と代入	224
変数分離	349
ペンタフレーク	336
偏導関数	311
ペンと紙で解くパズル	278
偏微分	312
偏微分方程式	351
偏微分方程式の解	351
ベンフォードの法則	455
ペンローズのタイルとアンマンのタイル	159
ポアソン過程	472
ポアソン分布	472
ポアンカレ群	519
ポアンカレの円板	203
ポアンカレ予想（ペレルマンの定理）	194
放射性崩壊	350
包除原理	271
方程式	**227**
方程式	227
放物線	163
放物面	167
ボーヤのランダムウォーク	478
ほかの素数で割り切れるかどうか	21
星形多角形と星形多面体	141
ホッジの定理	503
ホッジ予想	215
ホッジ理論	214
ホモトピー	195
ボワイエの平方数魔法陣	566
マイケルソン・モーリーの実験	**512**
マクスウェル方程式	508
マジックナイト・ツアー	568
マチャセビッチの定理	398
魔法陣	565
マルコフ連鎖	478
稀な事象の法則	473
マンデルブロ集合	342
ミンコフスキーの時空	513
向き付け可能な曲面	188
向き付け不可能な曲面	189

無限小	415	
矛盾許容論理	422	
結び目解消問題	202	
結び目表	199	
結び目不変量	200	
結び目理論	198	
無理数	35	
命題計算	367	
命題論理の先にあるもの	372	
メックス	557	
メビウスの帯	188	
メルセンヌ素数	97	
モーメント	452	
文字で数を表す	224	
文字で数を表す	224	
モジュラー形式	219	
モジュラー性定理	220	
もつれ	538	
モデル理論	413	
モデル理論	413	
モデル理論的代数学	417	
モンスター群	256	
モンティ・ホール問題	466	
多様群	156	

や

約数と倍数	37	
ヤングの2重スリット実験	526	
ヤン・ミルズの問題	545	
ヤン・ミルズ理論	545	
友愛数	41	
ユークリッド幾何学	110	
ユークリッドの『原論』	110	
ユークリッドの公準	110	
ユークリッド平面	117	
有限幾何学	212	
有限主義	443	
有限体	262	
有限単純群の分類	255	
有理数	32	
有理数	28	
有理数長の直線	63	
有理数には隙間がある	299	
余因子行列	243	
様相論理	423	
余割、正割、余接	124	
予期できない絞首刑	572	
余弦定理	126	
より大きな方程式系	235	

ら

四元数	31	
ラジアン	130	
落下する物体	494	
ラッセルのパラドックス	384	
ラテン方格	568	
ラプラシアン	502	
ラプラス方程式	503	
ラマヌジャンの連分数	55	
ラムゼー数	282	
ラムゼーの定理	281	
ラムゼー理論	281	
ラングランズの数体予想	221	
ラングランズプログラム	220	
ランダウの問題とn^2+1予想	89	
ランダムな実数	412	
ランダムネス	412	
リー群	256	
リー群の「アトラス」計画	258	
リーマンゼータ関数	102	
リーマンの級数定理	295	
リーマンのゼロ点	104	
リーマン予想	103	
リウヴィルの非初等積分	320	
利益と負債	27	
力学系	341	
力学系	341	
離散幾何学	177	
離散性と連続性	300	
立体射影	187	
立体魔法陣	566	
立方体を2倍する	69	
流体モデル	505	
流体力学	504	
リュカ-レーマーテスト	99	
量子色力学	542	
量子運動量	532	
量子化された観測可能な量	531	
量子系	537	
量子計算	405	
量子的2重スリット実験	527	
量子電気力学	541	
量子場	538	
量子複雑性クラス	406	
量子力学	526	
量子力学	528	
理論と実験	439	
リンデンマイヤー・システム	561	
累乗	329	
累乗	10	
累乗の総和をとる	326	
累乗を高く積みあげる	51	
累積度数	450	
ルーレット	176	
ルジャンドル予想	91	
連鎖法則	307	
連鎖法則の証明	307	
連続確率分布	473	
連続関数	300	
連続性	297	
連続体仮説	389	
連続複利	331	
連分数	54	
連分数を作る	56	
連立方程式	234	
ロジスティック写像	343	
六角ハニカム予想（ヘールズの定理2）	180	
論理学としての数学	440	
論理ゲート	371	
論理結合子	370	
論理と現実	573	

わ

ワイルズの定理	83	
和集合	378	
和集合の大きさ	270	
和と積	9	
割り切れるかどうかを調べる	18	
ワンタイムパッド	484	

マスペディア1000

発行日　2016年12月25日　第1刷
　　　　2022年1月5日　第3刷

Author　　　　　　　　リチャード・エルウィス

Translator　　　　　　宮本寿代（翻訳協力：株式会社トランネット https://www.trannet.co.jp/）
Book Design　　　　　辻中浩一　内藤万起子　吉田帆波　角田真季（ウフ）

Publication　　　　　　株式会社ディスカヴァー・トゥエンティワン
　　　　　　　　　　　〒102-0093　東京都千代田区平河町2-16-1 平河町森タワー11F
　　　　　　　　　　　TEL 03-3237-8321（代表） 03-3237-8345（営業）
　　　　　　　　　　　FAX 03-3237-8323
　　　　　　　　　　　https://d21.co.jp/

Publisher　　　　　　　谷口奈緒美
Editor　　　　　　　　堀部直人

Store Sales Company　　安永智洋　伊東佑真　榊原僚　佐藤昌幸　古矢薫　青木翔平　青木涼馬　井筒浩
　　　　　　　　　　　小田木もも　越智佳南子　小山怜那　川本寛子　佐竹祐哉　佐藤淳基　佐々木玲奈
　　　　　　　　　　　副島杏南　高橋龍乃　滝口景太郎　竹内大貴　辰巳佳衣　津野主揮　野村美空
　　　　　　　　　　　羽地夕夏　廣内悠理　松ノ下直輝　宮田有利子　山中麻吏　井澤徳子　石橋佐知子
　　　　　　　　　　　伊藤香　葛目美枝子　鈴木洋子　畑野衣見　藤井多穂子　町田加奈子

EPublishing Company　　三輪真也　小田孝文　飯田智樹　川島理　中島俊平　松原史与志　磯部隆　大崎双葉
　　　　　　　　　　　岡本雄太郎　越野志絵良　斎藤悠人　庄司知世　中西花　西川なつか　野崎竜海
　　　　　　　　　　　野中保奈美　三角真穂　八木眸　高原未来子　中澤泰宏　伊藤由美　蛯原華恵　俵敬子

Product Company　　　　大山聡子　大竹朝子　小関勝則　千葉正幸　原典宏　藤田浩芳　榎本明日香　倉田華
　　　　　　　　　　　志摩麻衣　舘瑞恵　橋本莉奈　牧野類　三谷祐一　元木優子　安永姫菜　渡辺基志
　　　　　　　　　　　小石亜季

Business Solution Company　蛯原昇　早水真吾　志摩晃司　野村美紀　林秀樹　南健一　村尾純司　藤井かおり

Corporate Design Group　塩川和真　森谷真一　大星多聞　堀部直人　井上竜之介　王廳　奥田千晶　佐藤サラ圭
　　　　　　　　　　　杉田彰子　田中亜紀　福永友紀　山田諭志　池田望　石光まゆ子　栗原朋子　福田章平
　　　　　　　　　　　丸山香織　宮崎陽子　阿知波淳平　伊藤花笑　伊藤沙恵　岩城萌花　岩淵瞭　内堀瑞穂
　　　　　　　　　　　遠藤文香　王玮祎　大野真里菜　大場美範　小田日和　加藤沙葵　金子瑞実　河北美汐
　　　　　　　　　　　吉川由莉　菊地美恵　工藤奈津子　黒野有花　小林雅治　坂上めぐみ　佐藤淳基
　　　　　　　　　　　鈴木あさひ　簑妙也乃　高田彩菜　瀧山響子　田澤愛実　田中真悠　田山礼真
　　　　　　　　　　　玉井里奈　鶴岡蒼也　道玄萌　富永啓　中島魁星　永田健太　夏山千穂　原千晶
　　　　　　　　　　　平池輝　日吉理咲　星明里　峯岸美有

Proofreader　　　　　　文字工房燦光
DTP　　　　　　　　　朝日メディアインターナショナル株式会社
Printing　　　　　　　共同印刷株式会社

・定価はカバーに表示してあります。本書の無断転載・複写は、著作権法上での例外を除き禁じられて
　います。インターネット、モバイル等の電子メディアにおける無断転載ならびに第三者による
　スキャンやデジタル化もこれに準じます。
・乱丁・落丁本はお取り替えいたしますので、小社「不良品交換係」まで着払いにてお送りください。
・本書へのご意見ご感想は下記からご送信いただけます。
　https://d21.co.jp/inquiry/

ISBN978-4-7993-2020-4
©Discover 21, Inc., 2016, Printed in Japan.

MATHS 1001 by Richard Elwes
Copyright ©Richard Elwes, 2010

The Author's moral rights have been asserted.
Japanese translation rights arranged with Quercus Editions Limited, London
through Tuttle-Mori Agency, Inc., Tokyo